大学物理教程

（上册）

主　编　郑家树　胡　军
副主编　陈波涛　杨金科
编　者　王续宇　吴运梅　马驰华　徐延亮
王秀芳　林月霞　高思敏

西南交通大学出版社
·成　都·

内 容 简 介

本书是根据教育部理工学科大学物理课程教学要求，针对西南交通大学峨眉校区“3+1”人才培养模式，结合各专业实际情况而编写的教材。本着培养学生分析问题、解决问题能力的原则，切实加强理论基础，有助于帮助学生确立正确的科学观念，树立科学的世界观。

全书分上、下两册，包括了力学、电磁学、热学、波动光学、近代物理的全部内容，能满足理工科各相关专业不同学时的教学要求。

图书在版编目（CIP）数据

大学物理教程：全2册／郑家树，胡军主编. —成都：西南交通大学出版社，2015.1
ISBN 978-7-5643-3697-4

Ⅰ. ①大… Ⅱ. ①郑… ②胡… Ⅲ. ①物理学－高等学校－教材 Ⅳ. ①O4

中国版本图书馆CIP数据核字（2015）第016916号

大学物理教程
（上、下册）
主编 郑家树 胡 军

责任编辑	牛 君
封面设计	何东琳设计工作室
出版发行	西南交通大学出版社 （四川省成都市金牛区交大路146号）
发行部电话	028-87600564 028-87600533
邮政编码	610031
网 址	http://www.xnjdcbs.com
印 刷	成都中铁二局永经堂印务有限责任公司
成品尺寸	185 mm × 260 mm
总 印 张	29
总 字 数	723千
版 次	2015年1月第1版
印 次	2015年1月第1次
书 号	ISBN 978-7-5643-3697-4
套 价	63.80元

课件咨询电话：028-87600533
图书如有印装质量问题 本社负责退换

前　言

1998年9月西南交通大学峨眉校区招收本科学生以来，按照教育部非物理类理工学科大学物理课程教学基本要求，开设了大学物理课程。十多年来，随着人才培养计划的多次修订，大学物理课程及大学物理实验在本校区各系开设的学时和内容参差不齐，鉴于此，靳红云根据多年的教学经验及对本校区"3+1"人才培养模式的深刻领悟，分析了国内外教材特点，结合本校区电气系、计算机系、土木系、机械系、交通运输系的实际情况，提出了编写教材的思路，组织教研室全体教师共同编写了一本教材试用。经过一年的教学实践，对部分内容进行了修订并补充了部分内容，编写而成本教材，对于本校区各个工科专业不同学时的大学物理课程均能够适用。

全书分上、下两册，包括了力学、电磁学、热学、波动光学、近代物理的全部内容，能满足理工科各相关专业不同学时的教学要求。

本书在内容上注重培养学生分析问题和解决问题的能力，培养学生的探索精神和创新意识，努力实现学生知识、能力、素质的协调发展。

本书编写分工如下：郑家树和胡军主持全书编写的具体工作，王续宇参加编写了第1、2章，吴运梅参加编写了第3、4章，杨金科参加编写了第5、7章，胡军参加编写了第6、8章，马驰华参加编写了第9、10章，陈波涛参加编写了第11、13章，徐延亮参加编写了第12章，王秀芳参加编写了第14章，林月霞参加了第5章修订，高思敏参加了第6章修订。

由于编者学识和教学经验有限，书中不当和疏漏之处在所难免，诚挚欢迎广大读者批评和指正。

郑家树　胡　军

2014年9月于峨眉山

前言

目　录

1 质点运动学

1.1 质点、参考系

1.1.1 力学与机械运动

力学是研究物体机械运动规律的学科。机械运动是指物体的位置变化和形状变化（简称为位变与形变）。

力学分为运动学和动力学。运动学用于描述物体是怎么运动的，动力学解答物体为什么是这样运动的。

1.1.2 质 点

质点是一个只有质量而没有形状和大小的几何点。质点是一个抽象（理想）的物理模型，当在一个力学问题中物体的大小、形状可以忽略时，我们可以把物体当作一个有质量的点来处理，这就是质点概念。

当物体的形状和大小对运动没有影响或其影响可以忽略不计时，该物体就可以当成质点。例如，我们讨论地球的公转，无论地球多么大，我们总可以把它当作质点来处理，几乎不会引起什么误差；但是，如果我们讨论的是地球自转，就不能把它当作质点来处理。因此，一个物体能否看作质点，是由所研究问题的性质决定的。

质点是实物的一种理想化模型，在力学和物理学中，常常将实物用相应的理想模型来简化，目的是突出主要矛盾，以简化问题，如刚体、理想流体、理想气体、点电荷等都是实物的理想模型。

1.1.3 参考系

从微观到宏观乃至宇宙万物无一不在永恒地运动中，不存在绝对不动的物体。房屋建筑、高山在地面上看是固定不动的，但它们实际上随地球运动，以极高的速度绕太阳运动；太阳也不是静止的，它以 220 ~ 250 km/s 的速度绕银河系中心运动；而银河系也是运动的。在宇宙学尺度上，所有的物质集团都是运动的。从哲学意义上来讲，运动是绝对的；但是从物理学角度来讲，由于不同的观察者对同一物体的运动描述是不同的，为了定量描述物体的运动以及研究不同观察者对运动描述的相互关系（这就是运动描述的相对性），因此，必须选定一个参照物，并把参照物当作静止不动的，从而描述物体相对于此参照物的运动。

为了描述物体的运动而选为参考的物体叫参照物（或参考系）。当我们谈到某物体的位置时，总是要相对于另一参考物体而言。

最常用的参照系是以地球表面为参照物。根据研究问题的不同还可以选其他物体作为参照系。当我们在描述一个运动时必须指明它的参照系，一般来说，以地球表面为参照系时可以不指明它。

虽然我们常用的参照系是地球表面参照系，但对物体的运动，我们可以任选参照系。

1.1.4 坐标系

1.1.4.1 坐标系的定义

有了参照系，我们就可以定性地描述物体的运动。为了定量描述物体（质点）的运动，必须将参照系进行量化，量化后的参照系就称为坐标系。常用的坐标系有直角坐标系、极坐标系、柱坐标系、球坐标系等。

1.1.4.2 力学中常用的坐标系

1. 直角坐标系

直角坐标系又分为平面和三维立体坐标系（图 1.1）。

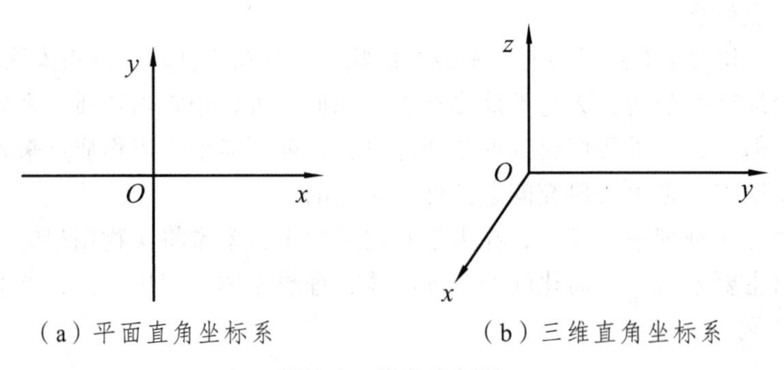

图 1.1 直角坐标系

坐标系总是和参照系固定在一起的。我们总是在参照系上选一个点作为坐标原点，选择 2 个（或 3 个）相互垂直的方向建立坐标轴，从而形成直角坐标系。

2. 自然坐标系

在某些情况下，质点相对参照系的运动轨迹是已知的，例如，以地面为参照系，火车（视为质点）的运动轨迹（铁路轨道）是已知的，这时可以轨迹上任一点 P 的切线和法线构成坐标系来研究平面曲线运动，这种坐标系称为自然坐标系，如图 1.2 所示。图中 $\boldsymbol{\tau}$，$\boldsymbol{n}$ 分别代表切线和法线方向的单位矢量。显然，随着质点位置的改变，$\boldsymbol{\tau}$ 及 $\boldsymbol{n}$ 的方向也随之而变。因此自然坐标系是活动坐标系，它随质点运动而变化。

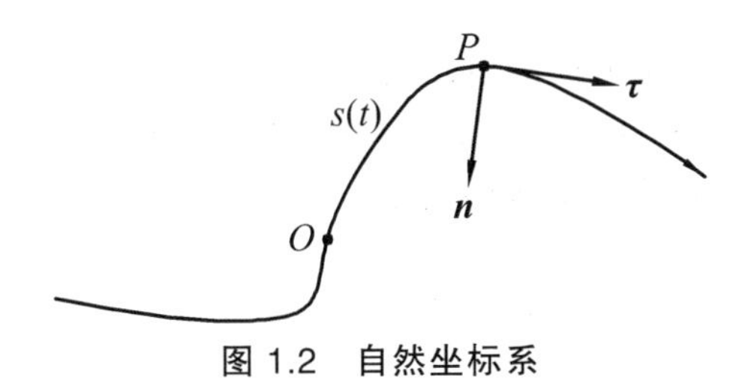

图 1.2　自然坐标系

1.2　描述运动的 4 个物理量

1.2.1　位置矢量

1.2.1.1　位置矢量的定义

要描述质点的运动，首先要描述质点位置。决定质点位置的有两个因素：距离和方向。当确定了坐标系后（此时参照系也是确定了的），用从坐标原点指向质点 P 的矢量来确定质点位置。这个矢量称为位置矢量，简称为位矢，常用 $\boldsymbol{r}$ 来表示。显然，这个矢量准确地描述了质点所在位置。图 1.3 表示了位置矢量的定义。

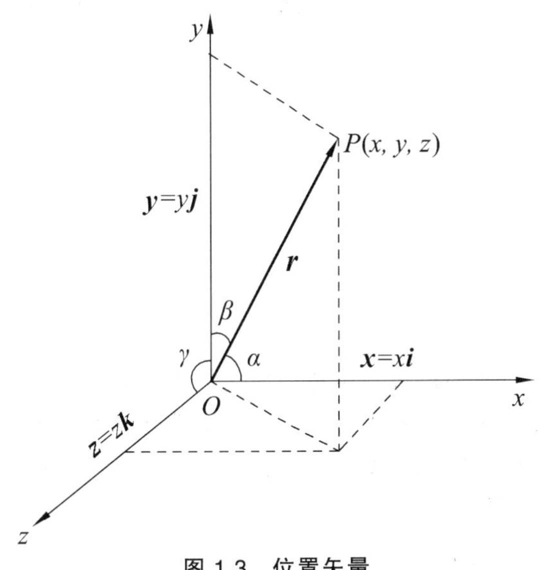

图 1.3　位置矢量

1.2.1.2 位置矢量的分解

如图 1.3 所示，设 P 点在 x、y、z 3 个坐标轴上的坐标为 x、y、z，则可以把 $\boldsymbol{r}$ 表示为：

$$\boldsymbol{r} = x\boldsymbol{i} + y\boldsymbol{j} + z\boldsymbol{k} \tag{1.1}$$

式中 $\boldsymbol{i}$，$\boldsymbol{j}$，$\boldsymbol{k}$——沿 3 个坐标轴方向的单位矢量。

x，y，z 称为位矢 $\boldsymbol{r}$ 的 3 个分量，分量是标量，有大小和符号。由位矢的 3 个分量可以求出位矢的大小（模）以及表示方向的方向余弦。

位矢的大小：

$$r = |\boldsymbol{r}| = \sqrt{x^2 + y^2 + z^2} \tag{1.2}$$

位矢的方向余弦：

$$\cos\alpha = x/r\text{，}\quad \cos\beta = y/r\text{，}\quad \cos\gamma = z/r \tag{1.3}$$

1.2.1.3 运动方程

运动方程表示质点位置随时间的变化规律，由它可以确定质点在任意时刻 t 的位矢 $\boldsymbol{r}$。质点运动方程包含了质点运动中的全部信息。质点运动时，其位矢 $\boldsymbol{r}$ 随时间而变，位矢 $\boldsymbol{r}$ 是时间 t 的函数。

$$\boldsymbol{r} = \boldsymbol{r}(t) = x(t)\boldsymbol{i} + y(t)\boldsymbol{j} + z(t)\boldsymbol{k} \tag{1.4}$$

这个矢量函数表示了质点位置随时间的变化规律，称为质点的运动方程。式（1.4）也可以用分量表示为：

$$x = x(t),\ y = y(t),\ z = z(t)$$

叫作运动方程的分量形式。例如，对 xOy 平面内的平抛运动，质点的位矢 $\boldsymbol{r} = v_0t\boldsymbol{i} + \frac{1}{2}gt^2\boldsymbol{j}$，其分量为 $x = v_0t,\ y = \frac{1}{2}gt^2$。

1.2.2 位移矢量

1.2.2.1 位移矢量

一般情况下，质点在一个时间段内位置的变化，我们可以用质点初时刻位置指向末时刻位置的矢量来描述，这个矢量叫位移矢量，常用$\Delta\boldsymbol{r}$ 来表示（图 1.4）。

如图 1.4 所示，质点 t 时刻在 p_1 点，位矢为 $\boldsymbol{r}_1$，$t + \Delta t$ 时刻在 p_2 点，位矢为 $\boldsymbol{r}_2$，则用位移矢量定义该时间段内质点的位移为

$$\Delta\boldsymbol{r} = \boldsymbol{r}_2 - \boldsymbol{r}_1 \tag{1.5}$$

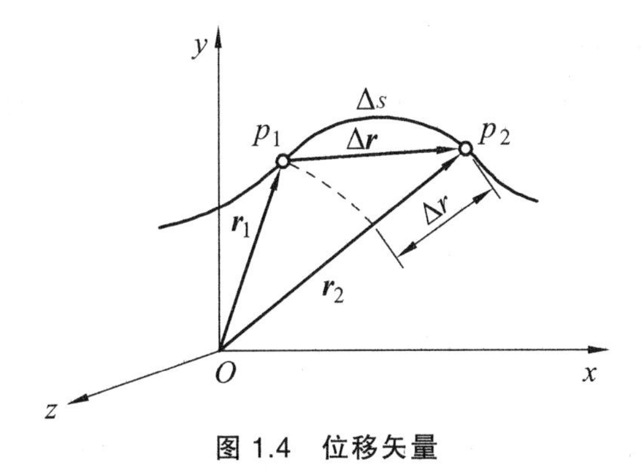

图 1.4 位移矢量

按位置矢量的分量表示，则有

$$\begin{aligned}\Delta\boldsymbol{r}&=\boldsymbol{r}_2-\boldsymbol{r}_1=(x_2-x_1)\boldsymbol{i}+(y_2-y_1)\boldsymbol{j}+(z_2-z_1)\boldsymbol{k}\\&=\Delta x\boldsymbol{i}+\Delta y\boldsymbol{j}+\Delta z\boldsymbol{k}\end{aligned}\tag{1.6}$$

可见位移矢量的三个分量为

$$\Delta x=x_2-x_1,\ \Delta y=y_2-y_1,\ \Delta z=z_2-z_1$$

若知道了位移矢量的三个分量Δx、Δy 和Δz，则位移的大小和方向余弦可以按照求位矢大小和方向时所用的方法求出：

$$|\Delta\boldsymbol{r}|=\sqrt{(\Delta x)^2+(\Delta y)^2+(\Delta z)^2}$$

$$\cos\alpha=\Delta x/|\Delta\boldsymbol{r}|,\ \ \cos\beta=\Delta y/|\Delta\boldsymbol{r}|,\ \ \cos\gamma=\Delta z/|\Delta\boldsymbol{r}|$$

1.2.2.2 路 程

质点运动过程中经过轨迹的长度叫作路程，常用Δs 表示，如图 1.4 所示。

1.2.2.3 路程与位移的区别和联系

路程是标量，只有大小，没有方向；位移是矢量。一般情况下，路程与位移的大小$|\Delta\boldsymbol{r}|$也不相等。在图 1.4 中，在 t 到 $t+\Delta t$ 的过程中，质点路程Δs 为 p_1 与 p_2 两点之间的弧长 $\overset{\frown}{p_1p_2}$，而位移的大小$|\Delta\boldsymbol{r}|$为 p_1 与 p_2 之间直线的长度 $\overline{p_1p_2}$。但是在 $\Delta t\to 0$ 时，路程等于位移的大小，$\mathrm{d}s=|\mathrm{d}\boldsymbol{r}|$。

应该指出，在图 1.4 中，$\Delta r=|\boldsymbol{r}_2|-|\boldsymbol{r}_1|$表示位矢大小在末时刻与初时刻之差，与位移和路程的大小没有直接可比关系，但在有心力场做功中将用到。

【例 1.1】 已知一质点运动方程：$\boldsymbol{r}=(1+t)\boldsymbol{i}+t^2\boldsymbol{j}+(2-t^3)\boldsymbol{k}$（SI），求 $t=1$ s 到 $t=3$ s 之间的位移。

解： $t=1$ s 时刻，$\boldsymbol{r}_1=2\boldsymbol{i}+\boldsymbol{j}+\boldsymbol{k}$

$t=3$ s 时刻，$\boldsymbol{r}_2=4\boldsymbol{i}+9\boldsymbol{j}-25\boldsymbol{k}$

则位移为 $\Delta \boldsymbol{r} = \boldsymbol{r}_2 - \boldsymbol{r}_1 = 2\boldsymbol{i} + 8\boldsymbol{j} - 26\boldsymbol{k}$ （m）

本例题的目的是使学生学会矢量运算及矢量表达，强调矢量的概念。

1.2.3 速度矢量

1.2.3.1 速　度

将位移矢量与发生这段位移所用时间之比定义为速度，它也是一个矢量。它的物理意义是单位时间内质点所发生的位移。速度一般分为平均速度和瞬时速度。

1. 平均速度

有限长时间内质点位移与时间之比叫平均速度，即

$$\bar{\boldsymbol{v}} = \Delta \boldsymbol{r} / \Delta t$$

式中 Δt——考察的时间段；

$\Delta \boldsymbol{r}$——该时间段内质点所发生的位移。

显然，平均速度是一个矢量，它的方向就是过程中质点位移的方向。按矢量的分量表示方法，可以得到平均速度的三个分量为

$$\bar{v}_x = \Delta x / \Delta t,\ \bar{v}_y = \Delta y / \Delta t,\ \bar{v}_z = \Delta z / \Delta t$$

2. 瞬时速度

无限短时间内质点位移与时间的比叫瞬时速度，简称为速度。速度可以表示为平均速度的极限，即

$$\boldsymbol{v} = \lim_{\Delta t \to 0} \frac{\Delta \boldsymbol{r}}{\Delta t} = \frac{\mathrm{d}\boldsymbol{r}}{\mathrm{d}t} \tag{1.7}$$

即速度为位矢对时间的变化率。

由位置矢量的分量形式，我们有

$$\boldsymbol{v} = \frac{\mathrm{d}\boldsymbol{r}}{\mathrm{d}t} = \frac{\mathrm{d}x}{\mathrm{d}t}\boldsymbol{i} + \frac{\mathrm{d}y}{\mathrm{d}t}\boldsymbol{j} + \frac{\mathrm{d}z}{\mathrm{d}t}\boldsymbol{k} \tag{1.8}$$

定义： $\boldsymbol{v} = v_x \boldsymbol{i} + v_y \boldsymbol{j} + v_z \boldsymbol{k}$

式中 v_x，v_y，v_z——速度的 x，y，z 分量。

$$v_x = \frac{\mathrm{d}x}{\mathrm{d}t},\ v_y = \frac{\mathrm{d}y}{\mathrm{d}t},\ v_z = \frac{\mathrm{d}z}{\mathrm{d}t}$$

速度的大小和方向余弦也可根据矢量运算的一般方法由它的 3 个分量确定。

速度是矢量，它的方向即 $\Delta t \to 0$ 时 $\Delta \boldsymbol{r}$ 的极限方向。在图 1.5 中可以看出，$\Delta t \to 0$ 时 $\Delta \boldsymbol{r}$ 趋于轨道在 P_1 点的切线方向，即速度的方向是沿着轨道的切向，且指向前进的一侧。质点

的速度描述质点的运动状态，速度的大小表示质点运动的快慢，速度的方向即为质点的运动方向。

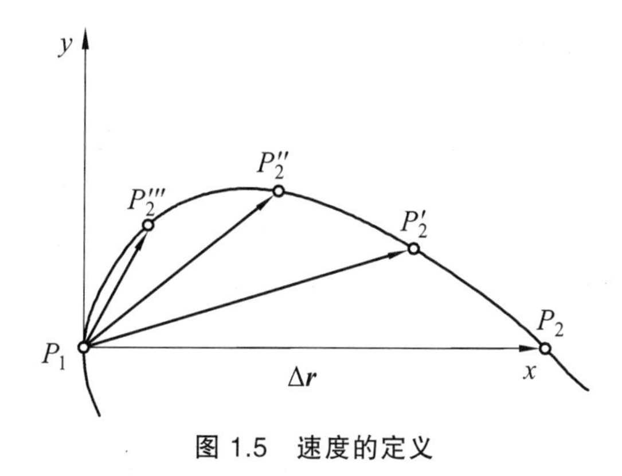

图 1.5　速度的定义

1.2.3.2　速　率

质点经过的路程与时间的比叫作速率。

1. 平均速率

有限长时间内质点路程与时间的比叫平均速率。数学上表示为

$$\overline{v}=\frac{\Delta s}{\Delta t}$$

2. 瞬时速率

无限短时间内质点路程与时间的比叫瞬时速率，简称为速率。数学上表示为

$$v=\frac{\mathrm{d}s}{\mathrm{d}t}$$

由于$\frac{\mathrm{d}s}{\mathrm{d}t}$可能为正，也可能为负，而正负号仅表示速度的方向，速率是正的，因此规定：当$\frac{\mathrm{d}s}{\mathrm{d}t}$以隐含的形式出现时视为正。

1.2.3.3　速率与速度的区别与联系

它们的定义不同，速度是矢量，而速率是标量。但在$\Delta t\to 0$时，由于$\mathrm{d}s=|\mathrm{d}\boldsymbol{r}|$，而 $\mathrm{d}t$ 永远是正量，所以$v=\frac{\mathrm{d}s}{\mathrm{d}t}=\frac{|\mathrm{d}\boldsymbol{r}|}{\mathrm{d}t}=\left|\frac{\mathrm{d}\boldsymbol{r}}{\mathrm{d}t}\right|=|\boldsymbol{v}|$，即速率等于速度矢量的大小。这种关系对有限长时间段内的平均速度和平均速率，则不一定成立。

应该指出，$\mathrm{d}r=|\mathrm{d}\boldsymbol{r}|$表示位矢的大小在前后时刻之差，$\frac{\mathrm{d}r}{\mathrm{d}t}$虽有速度或速率的形式，但不具有速度或速率的概念。

1.2.4 加速度矢量

1.2.4.1 加速度矢量的定义

一段时间内速度的变化量与时间的比定义为加速度。质点的加速度描述质点速度变化的快慢。由于速度是矢量，所以无论质点的速度大小或是方向发生变化，都意味着质点有加速度。

在考察的时间段内，质点末时刻的速度（简称为末速度）与初时刻的速度（简称为初速度）的矢量差叫作速度增量。如图 1.6 所示。$\boldsymbol{v}_2$ 表示末速度，$\boldsymbol{v}_1$ 表示初速度，而$\Delta\boldsymbol{v}$ 表示速度增量。

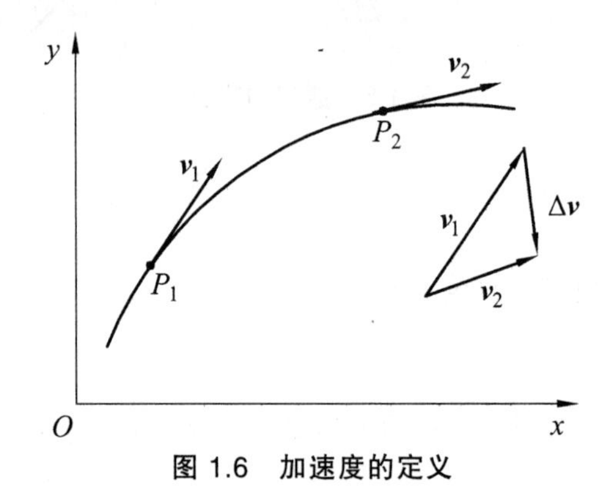

图 1.6 加速度的定义

1.2.4.2 平均加速度

在有限时间段内速度增量与时间的比叫平均加速度。

设质点在 t 时速度为 $\boldsymbol{v}_1$，在 $t+\Delta t$ 时速度为 $\boldsymbol{v}_2$，速度增量 $\Delta\boldsymbol{v}=\boldsymbol{v}_2-\boldsymbol{v}_1$，则平均加速度为

$$\bar{\boldsymbol{a}}=\frac{\Delta\boldsymbol{v}}{\Delta t} \tag{1.9}$$

1.2.4.3 瞬时加速度

在无限短时间内速度增量与时间的比叫瞬时加速度，简称加速度。

根据极限的思想，加速度可以表示为 $\Delta t\to 0$ 时平均加速度的极限

$$\bar{\boldsymbol{a}}=\lim_{\Delta t\to 0}\frac{\Delta\boldsymbol{v}}{\Delta t}=\frac{\mathrm{d}\boldsymbol{v}}{\mathrm{d}t}=\frac{\mathrm{d}^2\boldsymbol{r}}{\mathrm{d}t^2} \tag{1.10}$$

即加速度为速度对时间的变化率（速度对时间的一阶导数，或位置矢量对时间的二阶导数）。加速度矢量 $\boldsymbol{a}$ 的方向为 $\Delta t\to 0$ 时速度变化$\Delta\boldsymbol{v}$ 的极限方向。在直线运动中，加速度的方向与速度方向相同或相反，相同时速率增加，如自由落体运动；相反时速率减小，如竖直上抛运动。而在曲线运动中，加速度的方向与速度方向并不一致，如斜抛运动中速度方向为抛物线轨迹的切向，而加速度的方向始终竖直向下。

定义：　　$$\boldsymbol{a}=a_x\boldsymbol{i}+a_y\boldsymbol{j}+a_z\boldsymbol{k} \tag{1.11}$$

式中　a_x，a_y，a_z——加速度的 x，y 和 z 分量。

根据速度的分量表达式可以得到加速度矢量的 3 个分量：

$$a_x=\frac{\mathrm{d}v_x}{\mathrm{d}t}=\frac{\mathrm{d}^2x}{\mathrm{d}t^2}$$

$$a_y=\frac{\mathrm{d}v_y}{\mathrm{d}t}=\frac{\mathrm{d}^2y}{\mathrm{d}t^2}$$

$$a_z=\frac{\mathrm{d}v_z}{\mathrm{d}t}=\frac{\mathrm{d}^2z}{\mathrm{d}t^2}$$

由加速度的 3 个分量可以确定加速度的大小和方向余弦。

【例 1.2】　有一质点作平面曲线运动，运动方程为 $\boldsymbol{r}=\left(1+\frac{3}{2}t^2\right)\boldsymbol{i}+2t^2\boldsymbol{j}$（SI）。试求：

（1）第 2 s 末的速度；

（2）加速度；

（3）$t=1$ s 到 $t=3$ s 路程。

解：（1）　　$$\boldsymbol{v}=\frac{\mathrm{d}\boldsymbol{r}}{\mathrm{d}t}=3t\boldsymbol{i}+4t\boldsymbol{j}$$

则　　$$\boldsymbol{v}(2)=6\boldsymbol{i}+8\boldsymbol{j}\ \text{（m/s）}$$

（2）　　$$\boldsymbol{a}=\frac{\mathrm{d}\boldsymbol{v}}{\mathrm{d}t}=3\boldsymbol{i}+4\boldsymbol{j}\ \text{（m/s}^2\text{）}$$

（3）　　$$v=\sqrt{v_x^2+v_y^2}=\sqrt{(3t)^2+(4t)^2}=5t$$

由 $v=\frac{\mathrm{d}s}{\mathrm{d}t}$，有

$$\mathrm{d}s=v\mathrm{d}t=5t\mathrm{d}t$$

两边积分得

$$\Delta s=\int\mathrm{d}s=\int v\mathrm{d}t=\int_1^3 5t\mathrm{d}t=20\ \text{（m）}$$

1.3　圆周运动

圆周运动是日常中常见的物体运动形式，是运动学研究的重要运动形式之一。

1.3.1　匀速圆周运动与法向加速度

匀速圆周运动的特点是质点在运动过程中速率保持不变，但是速度的方向是在不断变化

的（因为是圆周运动）。速度方向的变化也会有加速度。下面我们详细讨论加速度的大小和方向问题。

如图 1.7 所示，质点从 P 点运动到 Q 点有速度增量$\Delta\boldsymbol{v}$存在。根据加速度的定义可得加速度为

$$\boldsymbol{a}=\lim_{\Delta t\to 0}\frac{\Delta\boldsymbol{v}}{\Delta t} \tag{1.12}$$

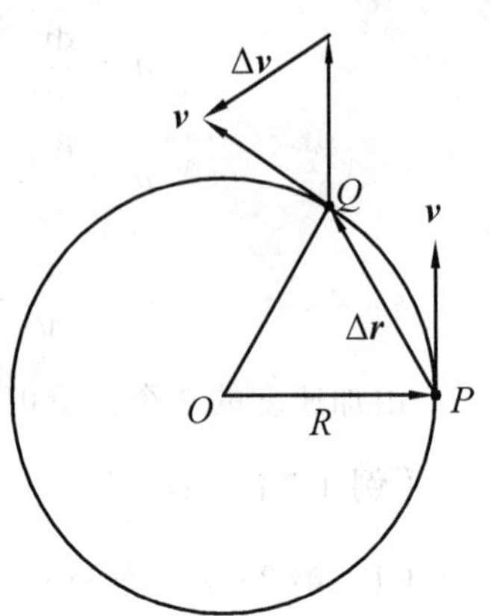

图 1.7　圆周运动

显然，当 $\Delta t\to 0$ 时 Q 点将无限靠近 P 点，$\Delta\boldsymbol{v}$ 的极限方向为圆周在 P 点的法向。在质点的运动过程中此加速度的方向一直指向 O 点，我们将它称为法向加速度。利用相似三角形关系，我们有

$$\frac{v}{R}=\left|\frac{\Delta\boldsymbol{v}}{\Delta\boldsymbol{r}}\right|$$

于是，加速度的大小为

$$|\boldsymbol{a}|=\left|\lim_{\Delta t\to 0}\frac{\Delta\boldsymbol{v}}{\Delta t}\right|=\lim_{\Delta t\to 0}\frac{|\Delta\boldsymbol{v}|}{\Delta t}=\lim_{\Delta t\to 0}\frac{v}{R}\frac{|\Delta\boldsymbol{r}|}{\Delta t}=\frac{v^2}{R}$$

用矢量将匀速圆周运动中的法向加速度表示为

$$\boldsymbol{a}_n=\frac{v^2}{R}\boldsymbol{n} \tag{1.13}$$

式中　$\boldsymbol{n}$ ——轨迹内法向的单位矢量。

1.3.2　用自然坐标表示平面曲线运动中的速度和加速度

在有些情况下，质点相对参考系的运动轨迹是已知的。例如，以地面为参考系，火车（视为质点）的运动轨迹（铁路轨道）是已知的。这时可以轨迹上任一点 P 的切线和法线构成坐标系来研究平面曲线运动。这种坐标系称为自然坐标系，如图 1.8 所示。图中 $\boldsymbol{\tau}$，$\boldsymbol{n}$ 分别代表切线和法线方向的单位矢量。显然，随着质点位置的改变，$\boldsymbol{\tau}$ 及 $\boldsymbol{n}$ 的方向也随之而变。因此，$\boldsymbol{\tau}$，$\boldsymbol{n}$ 与 $\boldsymbol{i}$，$\boldsymbol{j}$，$\boldsymbol{k}$ 不同，前者的方向在运动中是可变的，而后者则是固定的。

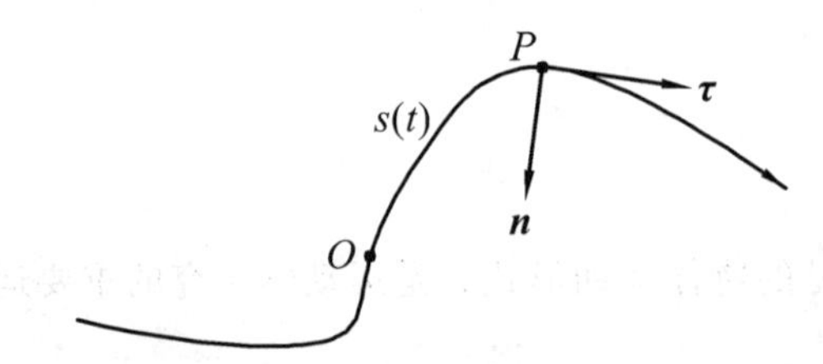

图 1.8　自然坐标表示平面曲线运动中的速度和加速度

1. 运动方程

如图 1.8，在轨道上任选定一点 O 作为原点（或称为弧长起算点，原点不一定是 P 的初

始位置），沿轨道规定一个弧长正方向（轨道上箭头表示，不一定是 P 运动的方向），则可用 O 至 P 的轨道弧长 s 来描述 P 的位置。当 P 随 t 改变位置时，s 是 t 的标量函数。

$$s = s(t) \tag{1.14}$$

这就是以自然坐标表示的质点运动学方程。

2. 速　度

在自然坐标系中，质点的速率可以通过对式（1.14）求导得到。于是，自然坐标系中的质点速度

$$\boldsymbol{v} = v\boldsymbol{\tau} = \frac{\mathrm{d}s}{\mathrm{d}t}\boldsymbol{\tau} \tag{1.15}$$

3. 加速度

对式（1.15）求导，得质点在自然坐标系中的加速度

$$\boldsymbol{a} = \frac{\mathrm{d}\boldsymbol{v}}{\mathrm{d}t} = \frac{\mathrm{d}v}{\mathrm{d}t}\boldsymbol{\tau} + v\frac{\mathrm{d}\boldsymbol{\tau}}{\mathrm{d}t} = \frac{\mathrm{d}^2 s}{\mathrm{d}t^2}\boldsymbol{\tau} + \frac{v^2}{\rho}\boldsymbol{n} \tag{1.16}$$

（这里用到 $\mathrm{d}\boldsymbol{\tau} = \mathrm{d}\theta\boldsymbol{n} = \frac{\mathrm{d}s}{\rho}\boldsymbol{n}$ ）

式中右边第一项大小为质点在某一位置（某一时刻）速率的变化率，方向与切线方向平行，故称切向加速度，以 a_τ 表示；第二项与前项垂直，即与 $\boldsymbol{n}$ 同向，方向为法向，故称法向加速度，用 a_n 表示。所以，在自然坐标系中，质点的加速度表达式为

$$\boldsymbol{a} = \frac{\mathrm{d}^2 s}{\mathrm{d}t^2}\boldsymbol{\tau} + \frac{v^2}{\rho}\boldsymbol{n} = a_\tau\boldsymbol{\tau} + a_n\boldsymbol{n} \tag{1.17}$$

加速度的大小及方向与切线方向的夹角为

$$\left.\begin{aligned} &\text{大小} \qquad a = \sqrt{a_\tau^2 + a_n^2} \\ &\text{方向} \qquad \alpha = \arctan\frac{a_n}{a_\tau} \end{aligned}\right\} \tag{1.18}$$

从以上讨论可以看出，切向加速度给出了速度大小随时间的变化率；而法向加速度则反映了速度方向随时间的变化率。

【例 1.3】 由楼窗口以水平初速度 $\boldsymbol{v}_0$ 射出一发子弹，取枪口为原点，沿 $\boldsymbol{v}_0$ 方向为 x 轴，竖直向下为 y 轴，并取发射时刻 t 为 0（图 1.9）。试求：

（1）子弹在任一时刻 t 的位置坐标及轨迹方程；

（2）子弹在 t 时刻的速度、切向加速度和法向加速度。

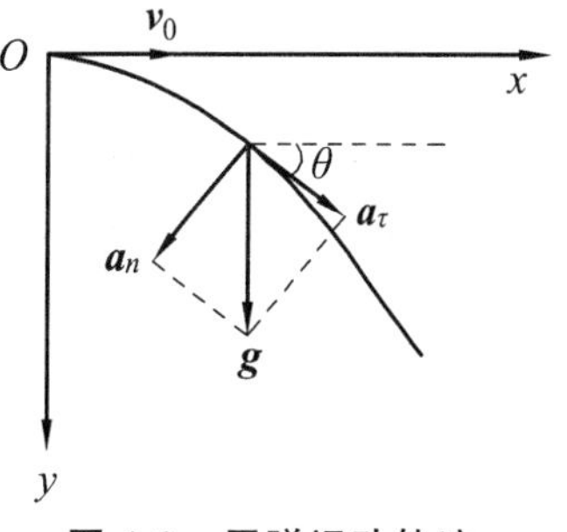

图 1.9　子弹运动轨迹

解：（1）　　$x = v_0 t$，$y = \frac{1}{2}gt^2$

轨迹方程为

$$y=\frac{1}{2}x^2g/v_0^2$$

（2）$v_x=v_0$，$v_y=gt$，速度大小为

$$v=\sqrt{v_x^2+v_y^2}=\sqrt{v_0^2+g^2t^2}$$

方向为：与 x 轴夹角

$$\theta=\arctan\frac{gt}{v_0}$$

$a_\tau=\mathrm{d}v/\mathrm{d}t=g^2t/\sqrt{v_0^2+g^2t^2}$，与 $\boldsymbol{v}$ 同向。

$a_n=\sqrt{g^2-a_\tau^2}=v_0g/\sqrt{v_0^2+g^2t^2}$，方向与 $\boldsymbol{a}_\tau$ 垂直。

1.3.3 圆周运动的角量表示　角量与线量的关系

质点的圆周运动常用平面极坐标系和自然坐标系描述。极坐标是用角位置、角速度和角加速度等物理量来描述圆周运动，称为角量表示，而自然坐标是用路程、速率、切向加速度及法向加速度来描述圆周运动，称为线量表示。

1.3.3.1 角位置与角位移

圆周运动的角量描述是一种简化的平面极坐标表示方法。平面极坐标系的构成如图 1.10 所示，以平面上 O 点为原点（极点），Ox 轴为极轴，就建立起一个平面极坐标系。平面上任一点 p 的位置，可用 p 到 O 的距离（极径）r 和 r 与 x 轴的夹角（极角）θ 来表示。

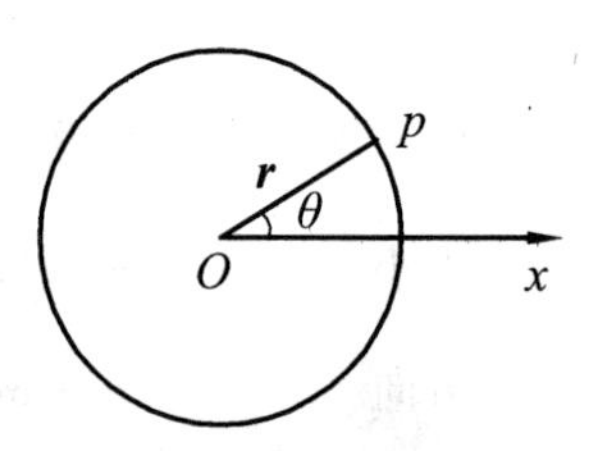

图 1.10　平面极坐标系

平面极坐标系适于描述质点的圆周运动。以圆心为极点，再沿一半径方向设一极轴 Ox，则质点到 O 点的距离 r 即为圆半径 R 是一个常量，故质点位置仅用夹角 θ 即可确定。θ 称为质点的角位置，它代表质点相对于原点的方向。θ 随时间 t 变化的关系式

$$\theta=\theta(t)$$

称为角量运动方程。质点在从 t 到 $t+\Delta t$ 过程中角位置的变化叫作角位移。

$$\Delta\theta=\theta(t+\Delta t)-\theta(t)$$

通常取逆时针转向的角位移为正值。

1.3.3.2 角速度

质点在作圆周运动时，在一段时间内的角位移与时间的比值定义为角速度。在有限长时

间段内的角位移与时间的比值称为平均角速度，即

$$\bar{\omega} = \Delta\theta / \Delta t$$

而在无限短时间内角位移与时间的比值称为瞬时角速度，简称为角速度。根据极限的概念，在 $\Delta t \to 0$ 时平均角速度的极限就是质点在 t 时刻的瞬时角速度，即

$$\omega = \lim_{\Delta t \to 0} \frac{\Delta\theta}{\Delta t} = \frac{\mathrm{d}\theta}{\mathrm{d}t}$$

即角速度为角位置的时间变化率（角位置对时间的一阶导数），通常以逆时针转动的角速度为正。角速度的单位是 rad/s（弧度每秒）或 s^{-1}。

1.3.3.3 角加速度

圆周运动过程中角速度增量与时间的比值定义为角加速度，常用 β 表示。角速度增量是指质点在 t 到 $t+\Delta t$ 过程中末角速度与初角速度之差。即

$$\Delta\omega = \omega(t+\Delta t) - \omega(t)$$

在有限长的时间段内，角速度增量与时间 Δt 之比称为平均角加速度，即

$$\bar{\beta} = \Delta\omega / \Delta t$$

在无限短的时间内，角速度增量与时间之比称为瞬时角加速度，简称为角加速度。根据极限的概念，在 $\Delta t \to 0$ 时平均角加速度的极限即质点在 t 时刻的瞬时角加速度：

$$\beta = \lim_{\Delta t \to 0} \frac{\Delta\omega}{\Delta t} = \frac{\mathrm{d}\omega}{\mathrm{d}t} = \frac{\mathrm{d}^2\theta}{\mathrm{d}t^2}$$

即角加速度为角速度对时间的变化率（即角速度对时间的一阶导数，或角运动方程对时间的二阶导数）。角加速度的单位是 rad/s^2 或 s^{-2}。

1.3.3.4 圆周运动中角量与线量的关系

如图 1.11 所示，质点沿半径为 R 的圆周运动，以 p 点为路程起点，以角位置 θ 和路程 s 增加的方向为运动正方向。设质点 t 时刻在 p_1 点，其角位置为 θ，路程为 s，则有

$$s = R\theta \tag{1.19}$$

若到 $t+\Delta t$ 时刻质点运动到 p_2 点，过程中质点路程为 Δs，角位移为 $\Delta\theta$，则有角位移与路程的关系：

$$\Delta s = R\Delta\theta$$

将式（1.19）对时间 t 求导得到质点速率

$$v = \frac{\mathrm{d}s}{\mathrm{d}t} = R\omega \tag{1.20}$$

再将式（1.20）对时间 t 求导得质点的切向加速度

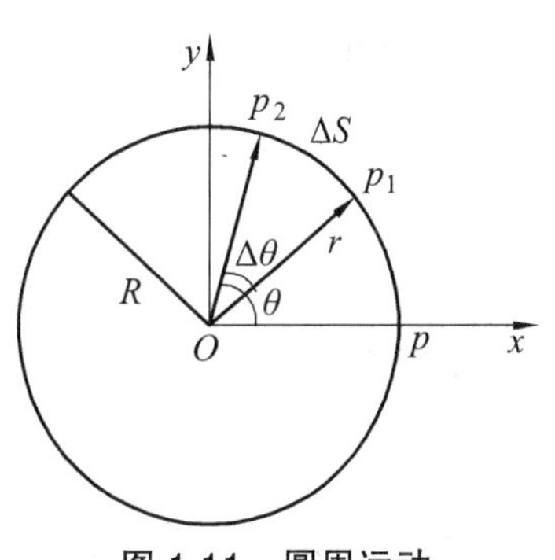

图 1.11　圆周运动

$$a_\tau = \frac{dv}{dt} = R\beta$$

而质点的法向加速度为

$$a_n = \frac{v^2}{R} = v\omega = \omega^2 R$$

1.4 运动学的两类基本问题

运动学的问题一般可以分为如下两类。

（1）已知运动方程求速度、加速度的问题。这类问题从数学的角度看是微分问题。对运动方程求时间的一阶导数就得到速度，求二阶导数就得到加速度。再将具体的时间代入速度和加速度公式中就可以求得任意时刻的速度和加速度，如例题 1.2 所示。

（2）已知加速度和初始条件求速度、运动方程的问题。这类问题从数学的角度看是积分问题。积分常数的确定常常需要一些已知条件，即初始条件。初始条件是指给定时刻（通常是 $t=0$ 的时刻，但也有 t 不为零的情况）质点运动的速度和位置。

【例 1.4】 一质点沿 x 轴运动，其加速度为 $a=4t$（SI），已知 $t=0$ 时，质点位于 $x_0=10$ m 处，初速度 $v_0=0$。试求其位置和时间的关系式。

解： 由 $a=dv/dt=4t$，分离变量得

$$dv = 4t dt$$

两边分别积分（注意上下限对应）

$$\int_0^v dv = \int_0^t 4t dt$$

$$v = 2t^2$$

由 $v=dx/dt=2t^2$，分离变量得

$$dx = 2t^2 dt$$

两边分别积分

$$\int_{x_0}^x dx = \int_0^t 2t^2 dt$$

$$x = 2t^3/3 + 10 \text{（SI）}$$

【例 1.5】 某质点做直线运动，其加速度为 $a=-kv^4t$（k 为大于零的常量），当 $t=0$ 时，初速为 v_0，求速度 v 与时间 t 的函数关系。

解： 由 $a=\dfrac{dv}{dt}=-kv^4t$，分离变量得

$$\frac{\mathrm{d}v}{v^4}=-kt\mathrm{d}t$$

两边积分：

$$\int_{v_0}^{v}\frac{\mathrm{d}v}{v^4}=\int_0^t -kt\mathrm{d}t$$

$$-\frac{1}{3}v^{-3}\bigg|_{v_0}^{v}=-\frac{kt^2}{2}\bigg|_0^t$$

得
$$\frac{1}{v^3}=\frac{1}{v_0^3}+\frac{3kt^2}{2}$$

要求出位置和时间的关系，原则上可以用速度积分，但是由于本例中速度和时间的关系复杂，因此不再求位置和时间的关系。

1.5 相对运动

1.5.1 相对运动中的速度关系

在不同的参考系中考察同一物体的运动时，其描述的结果是不相同的，这反映了运动描述的相对性。在大学物理中我们用笛卡尔坐标系来讨论这个问题，而且只讨论坐标系之间平动的情况，这时两个坐标系 x、y、z 的指向始终相同，如图 1.12 所示。

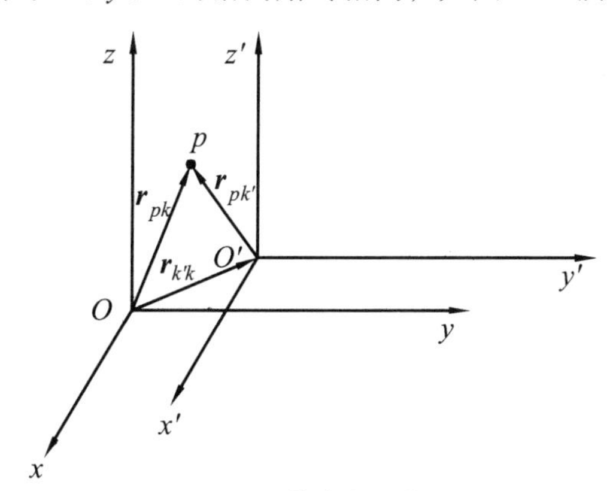

图 1.12 笛卡尔坐标系

相对运动描述的相对性首先表现在对质点位置的描述上。相对于上述两个坐标系 $Oxyz$ 和 $Ox'y'z'$（简称为 k 系和 k'系），若 t 时刻质点在 p 点，它相对于 k 系的位矢是 $\boldsymbol{r}_{pk}$，相对于 k'系的位矢是 $\boldsymbol{r}_{pk'}$，而 k'系相对于 k 系的位矢用 $\boldsymbol{r}_{k'k}$ 表示，在图中可以看到，这三个相对位矢有如下关系：

$$\boldsymbol{r}_{pk} = \boldsymbol{r}_{pk'} + \boldsymbol{r}_{k'k} \tag{1.21}$$

这表示同一质点对于 k 和 k'两个坐标系的位矢 $\boldsymbol{r}_{pk}$ 和 $\boldsymbol{r}_{pk'}$ 不相等。式（1.21）描述相对位置之间的关系，也称为位置变换。

在质点的运动过程中，两个系中质点的位置矢量一般可能是变化的，同时两个坐标系之间还可能有相对运动，因此，$\boldsymbol{r}_{pk}$、$\boldsymbol{r}_{pk'}$ 和 $\boldsymbol{r}_{k'k}$ 都随时间变化，将其分别对时间求一阶导数，则由位置变换可得到相对速度之间的关系，即速度变换：

$$\boldsymbol{v}_{pk} = \boldsymbol{v}_{pk'} + \boldsymbol{v}_{k'k} \tag{1.22}$$

式中　$\boldsymbol{v}_{pk}$，$\boldsymbol{v}_{pk'}$，$\boldsymbol{v}_{k'k}$——质点相对于 k 系的速度、质点相对于 k'系的速度和 k'系相对于 k 系的速度。将其表示成分量的形式，有

$$v_{pkx} = v_{pk'x} + v_{k'kx}$$

$$v_{pky} = v_{pk'y} + v_{k'ky}$$

$$v_{pkz} = v_{pk'z} + v_{k'kz}$$

上述关系表明，同一质点的速度在不同参照系中测量，结果是不同的，除非 $\boldsymbol{v}_{k'k}$ 为零（即两个参照系之间没有相对运动）。

在处理相对运动的速度关系时，应该注意的重点是，确认已知的和未知的速度是公式中的哪一个速度。只要确认无误，计算是非常简单的并且不会出错。

【例 1.6】 河水自西向东流动，速度为 10 km/h。一轮船在水中航行，船相对于河水的航向为北偏西 30°，相对于河水的航速为 20 km/h。此时风向为正西，风速为 10 km/h。试求：在船上观察到的烟囱冒出的烟缕的飘向（设烟离开烟囱后很快就获得与风相同的速度）。

解：记水、风、船和地球分别为 w，f，s 和 e，则水-地、风-船、风-地和船-地间的相对速度分别为 $\boldsymbol{v}_{\mathrm{we}}$、$\boldsymbol{v}_{\mathrm{fs}}$、$\boldsymbol{v}_{\mathrm{fe}}$ 和 $\boldsymbol{v}_{\mathrm{se}}$。

由已知条件

$\boldsymbol{v}_{\mathrm{we}}$ = 10 km/h，正东方向。

$\boldsymbol{v}_{\mathrm{fe}}$ = 10 km/h，正西方向。

$\boldsymbol{v}_{\mathrm{sw}}$ = 20 km/h，北偏西 30°方向。

根据速度合成法则：$\boldsymbol{v}_{\mathrm{se}} = \boldsymbol{v}_{\mathrm{sw}} + \boldsymbol{v}_{\mathrm{we}}$

由图 1.13 可得：$\boldsymbol{v}_{\mathrm{se}} = 10\sqrt{3}$ km/h，方向正北。

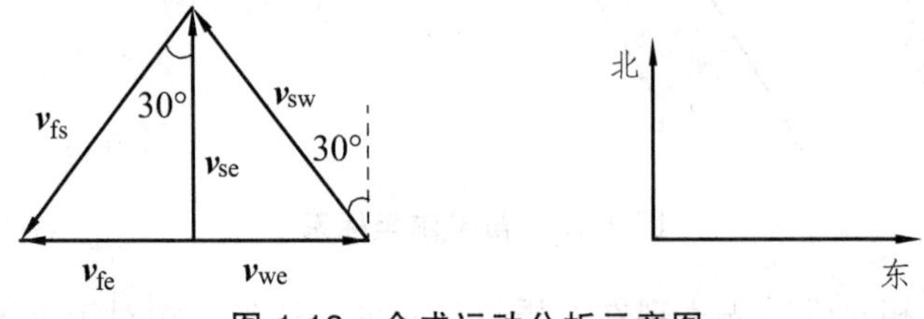

图 1.13　合成运动分析示意图

同理　　　$\boldsymbol{v}_{\mathrm{fs}} = \boldsymbol{v}_{\mathrm{fe}} - \boldsymbol{v}_{\mathrm{se}}$

由于 $\boldsymbol{v}_{\mathrm{fe}} = -\boldsymbol{v}_{\mathrm{we}}$，所以

$$\boldsymbol{v}_{\mathrm{fs}} = \boldsymbol{v}_{\mathrm{sw}}$$

$\boldsymbol{v}_{\mathrm{fs}}$ 的方向为南偏西 30°。

在船上观察烟缕的飘向即 $\boldsymbol{v}_{\mathrm{fs}}$ 的方向，它为南偏西 30°。

1.5.2 相对运动中的加速度关系

大家考虑一下就可以知道，两个参照系中质点的速度一般可能是变化的，同时两个坐标系之间相对运动的速度也可能是变化的，因此，$\boldsymbol{v}_{pk}$，$\boldsymbol{v}_{pk'}$ 和 $\boldsymbol{v}_{k'k}$ 再分别对时间求一阶导数，则由速度变换可得到加速度之间的关系，即加速度变换：

$$\boldsymbol{a}_{pk} = \boldsymbol{p}_{pk'} + \boldsymbol{a}_{k'k} \tag{1.23}$$

式中 $\boldsymbol{a}_{pk}$，$\boldsymbol{a}_{pk'}$，$\boldsymbol{a}_{k'k}$——质点相对于 k 系的加速度、质点相对于 k' 系的加速度和 k' 系相对于 k 系的加速度。

将其表示成分量的形式，有

$$a_{pkx} = a_{pk'x} + a_{k'kx}$$

$$a_{pky} = a_{pk'y} + a_{k'ky}$$

$$a_{pkz} = a_{pk'z} + a_{k'kz}$$

上述关系表明，同一质点的加速度在不同参照系中测量，结果是不同的，除非 $\boldsymbol{a}_{k'k}$ 为零（即两个参照系之间是匀速直线运动或相对静止）。大家在处理相对运动的加速度关系时，应该注意的重点同样是，确认已知的和未知的加速度是公式中的哪一个加速度。只要确认无误，计算是非常简单的并且不会出错。

本章小结

1. 质点运动的描述

在笛卡尔坐标系中。

（1）位置和位移

位置矢量　$\boldsymbol{r} = x\boldsymbol{i} + y\boldsymbol{j} + z\boldsymbol{k}$

运动方程　$\boldsymbol{r} = \boldsymbol{r}(t) = x(t)\boldsymbol{i} + y(t)\boldsymbol{j} + z(t)\boldsymbol{k}$

运动方程的分量形式　$x = x(t)$，$y = y(t)$，$z = z(t)$

位移　$\Delta\boldsymbol{r} = \boldsymbol{r}_2 - \boldsymbol{r}_1$

位移的分量　$\Delta x = x_2 - x_1$，$\Delta y = y_2 - y_1$，$\Delta z = z_2 - z_1$

（2）速度

平均速度　$\bar{\boldsymbol{v}} = \dfrac{\Delta\boldsymbol{r}}{\Delta t}$

速度　$\boldsymbol{v}=\dfrac{\mathrm{d}\boldsymbol{r}}{\mathrm{d}t}$

速度的分量　$v_x=\dfrac{\mathrm{d}x}{\mathrm{d}t}$，$v_y=\dfrac{\mathrm{d}y}{\mathrm{d}t}$，$v_z=\dfrac{\mathrm{d}z}{\mathrm{d}t}$

位移公式　$\boldsymbol{r}-\boldsymbol{r}_0=\int_0^t \boldsymbol{v}\mathrm{d}t$

（3）加速度

平均加速度　$\overline{\boldsymbol{a}}=\dfrac{\Delta\boldsymbol{v}}{\Delta t}$

加速度　$\boldsymbol{a}=\dfrac{\mathrm{d}\boldsymbol{v}}{\mathrm{d}t}=\dfrac{\mathrm{d}^2\boldsymbol{r}}{\mathrm{d}t^2}$

加速度的分量　$a_x=\dfrac{\mathrm{d}v_x}{\mathrm{d}t}=\dfrac{\mathrm{d}^2x}{\mathrm{d}t^2}$，$a_y=\dfrac{\mathrm{d}v_y}{\mathrm{d}t}=\dfrac{\mathrm{d}^2y}{\mathrm{d}t^2}$，$a_z=\dfrac{\mathrm{d}v_z}{\mathrm{d}t}=\dfrac{\mathrm{d}^2z}{\mathrm{d}t^2}$

速度公式　$\boldsymbol{v}-\boldsymbol{v}_0=\int_0^t \boldsymbol{a}\mathrm{d}t$

2. 切向加速度和法向加速度

在自然坐标系中，以运动方向为正方向。

（1）路程（运动方程）

$$s=s(t)$$

（2）速率

$v=\dfrac{\mathrm{d}s}{\mathrm{d}t}$，速度沿轨道切向并指向前进一侧。

（3）加速度

切向加速度　$a_\tau=\dfrac{\mathrm{d}v}{\mathrm{d}t}$，$\boldsymbol{a}_\tau$沿轨道切向。

法向加速度　$a_n=\dfrac{v^2}{R}$，$\boldsymbol{a}_n$指向轨道的曲率中心。

加速度的大小　$a=\sqrt{a_\tau^2+a_n^2}$

加速度与速度的夹角满足　$\tan\varphi=\dfrac{a_n}{a_\tau}$

v增加时$a_\tau>0$，$\boldsymbol{a}_\tau$沿$\boldsymbol{v}$方向，φ为锐角；v减小时$a_\tau<0$，$\boldsymbol{a}_\tau$逆$\boldsymbol{v}$方向，φ为钝角。

3. 圆周运动的角量描述

在平面极坐标系中：

（1）角位置（角量运动方程）　$\theta=\theta(t)$

（2）角速度　$\omega=\dfrac{\mathrm{d}\theta}{\mathrm{d}t}$

角位移公式　$\theta-\theta_0=\int_0^t \omega\mathrm{d}t$

（3）角加速度　$\beta=\dfrac{\mathrm{d}\omega}{\mathrm{d}t}=\dfrac{\mathrm{d}^2\theta}{\mathrm{d}t^2}$

角速度公式　$\omega-\omega_0=\int_0^t \beta \mathrm{d}t$

（4）匀角加速运动公式

$$\omega=\omega_0+\beta t$$

$$\theta=\theta_0+\omega_0 t+\frac{1}{2}\beta t^2$$

（5）角量与线量的关系

$$v=\omega R\text{，}\quad a_\tau=R\beta\text{，}\quad a_n=\frac{v^2}{R}=v\omega=\omega^2 R$$

4. 相对运动

设两个笛卡尔坐标系 k 和 k' 的 x、y、z 轴指向相同。

（1）位置变换　$\boldsymbol{r}_{pk}=\boldsymbol{r}_{pk'}+\boldsymbol{r}_{k'k}$

位移变换　$\Delta\boldsymbol{r}_{pk}=\Delta\boldsymbol{r}_{pk'}+\Delta\boldsymbol{r}_{k'k}$

（2）速度变换　$\boldsymbol{v}_{pk}=\boldsymbol{v}_{pk'}+\boldsymbol{v}_{k'k}$

加速度变换　$\boldsymbol{a}_{pk}=\boldsymbol{a}_{pk'}+\boldsymbol{a}_{k'k}$

思 考 题

1.1　一个物体能否看作质点，是由该物体的大小决定的吗？

1.2　假设月球绕地球公转运动的轨迹是圆周，若以太阳为参考系，月球的运动轨迹大体是什么曲线？

1.3　质点作平面曲线运动，加速度的方向总是指向凹进的一侧，为什么？

1.4　质点作曲线运动，以直角坐标、位矢法、自然坐标都能描述其运动，它们的形式各不相同，描述是等价的吗？

1.5　宇宙不但在膨胀，而且是加速膨胀的，来源于 138.2 亿年前的宇宙大爆炸，以银河系或银河本星系团为参考系，如果能准确观测其他星系集团的运动，能否找到宇宙的中心？

1.6　若已知运动方程，就能求得质点的速度和加速度，反之，若已知加速度或速度，能求得唯一的运动方程吗？

习　题

一、选择题

1.1　以下 4 种运动形式中，$\boldsymbol{a}$ 保持不变的运动是（　　）

A. 单摆的运动　　　　B. 匀速率圆周运动

C. 行星的椭圆轨道运动　　　　D. 抛体运动

1.2　对于沿曲线运动的物体，以下几种说法中是正确的是（　　）

A. 切向加速度必不为零

B. 法向加速度必不为零（拐点处除外）

C. 由于速度沿切线方向，法向分速度必为零，因此法向加速度必为零

D. 若物体作匀速率运动，其总加速度必为零

1.3　质点作半径为 R 的变速圆周运动时的加速度大小为（v 表示任一时刻质点的速率）（　　）

A. $\dfrac{dv}{dt}$　　　　B. $\dfrac{v^2}{R}$

C. $\dfrac{dv}{dt}+\dfrac{v^2}{R}$　　　　D. $\left[\left(\dfrac{dv}{dt}\right)^2+\left(\dfrac{v^4}{R^2}\right)\right]^{1/2}$

1.4　质点作曲线运动，$\boldsymbol{r}$ 表示位置矢量，$\boldsymbol{v}$ 表示速度，$\boldsymbol{a}$ 表示加速度，s 表示路程，a 表示切向加速度，下列表达式正确的是（　　）

① $dv/dt=a$　　② $dr/dt=v$

③ $ds/dt=v$　　④ $|d\boldsymbol{v}/dt|=a_\tau$

A. 只有①④是对的　　B. 只有②④是对的

C. 只有②是对的　　D. 只有③是对的

1.5　一质点在平面上作一般曲线运动，其瞬时速度为 $\boldsymbol{v}$，瞬时速率为 v，某一时间内的平均速度为 $\bar{\boldsymbol{v}}$，平均速率为 $\bar{v}$，它们之间的关系必定有（　　）

A. $|\boldsymbol{v}|=v,\ |\bar{\boldsymbol{v}}|=\bar{v}$　　B. $|\boldsymbol{v}|\neq v,\ |\bar{\boldsymbol{v}}|=\bar{v}$

C. $|\boldsymbol{v}|\neq v,\ |\bar{\boldsymbol{v}}|\neq\bar{v}$　　D. $|\boldsymbol{v}|=v,\ |\bar{\boldsymbol{v}}|\neq\bar{v}$

1.6　下列关于加速度的说法中错误的是（　　）

A. 质点加速度方向恒定，但其速度的方向仍可能在不断地变化

B. 质点速度方向恒定，但加速度方向仍可能在不断地变化

C. 某时刻质点加速度的值很大，则该时刻质点速度的值也必定很大

D. 质点作曲线运动时，其法向加速度一般不为零，但也有可能在某时刻法向加速度为零

1.7　某物体的运动规律为 $dv/dt=-kv^2t$（k 为大于零的常量）。当 $t=0$ 时，初速为 v_0，则速度 v 与时间 t 的函数关系是（　　）

A. $v=\dfrac{1}{2}kt^2+v_0$　　　　B. $v=-\dfrac{1}{2}kt^2+v_0$

C. $\dfrac{1}{v}=\dfrac{kt^2}{2}+\dfrac{1}{v_0}$　　　　D. $\dfrac{1}{v}=-\dfrac{kt^2}{2}+\dfrac{1}{v_0}$

1.8　如图 1.14 所示，湖中有一小船，有人用绳绕过岸上一固定高度处的定滑轮拉湖中的船向岸边运动。设该人以匀速率 v_0 收绳，绳不伸长、湖水静止，则小船的运动是（　　）

A. 匀加速运动　　　　B. 匀减速运动

C. 变加速运动　　　　D. 变减速运动

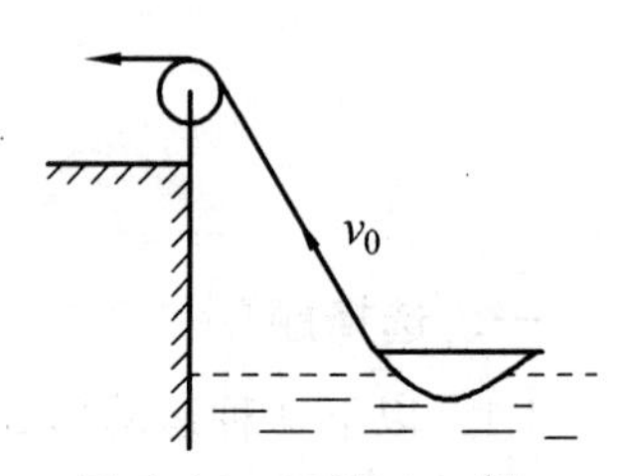

图 1.14　习题 1.8 图

二、填空题

1.9　一质点沿直线运动，其运动学方程为 $x = 6t - t^2$（SI），则在 t 由 0 到 4 s 的时间内质点走过的路程为__________。

1.10　质点 p 在一直线上运动，其坐标 x 与时间 t 有如下关系：

$$x = -A\sin\omega t \text{（SI）（}A\text{ 为常数）}$$

任意时刻 t，质点的加速度 $a =$ __________。

1.11　一质点沿 x 方向运动，其加速度随时间变化的关系为

$$a = 3 + 2t \text{（SI）}$$

如果初始时质点的速度 v_0 为 5 m/s，则当 $t = 3$ s 时，质点的速度 $v =$ ________。

1.12　一物体悬挂在弹簧上，在竖直方向上振动，其振动方程为 $y = A\sin\omega t$，其中 A、ω 均为常量，则物体的速度与时间的函数关系式为__________。

1.13　已知质点的运动学方程为 $\boldsymbol{r} = 4t^2\boldsymbol{i} + (2t + 3)\boldsymbol{j}$（SI），则该质点的轨迹方程为________。

1.14　质点沿半径为 R 的圆周运动，运动学方程为 $\theta = 3 + 2t^2$（SI），则 t 时刻质点的法向加速度大小为 $a_n =$ __________。

1.15　一质点作半径为 0.1 m 的圆周运动，其角位置的运动学方程为

$$\theta = \frac{\pi}{4} + \frac{1}{2}t^2 \text{（SI）}$$

则其切向加速度为 $a_\tau =$ __________。

1.16　以初速率 v_0、抛射角 θ_0 抛出一物体，则其抛物线轨道最高点处的曲率半径为__________。

1.17　一质点从静止出发沿半径 $R = 1$ m 的圆周运动，其角加速度随时间 t 的变化规律是 $\beta = 12t^2 - 6t$（SI），则质点的角速度 $\omega =$ __________。

1.18　一质点沿半径为 R 的圆周运动，其路程 s 随时间 t 变化的规律为 $s = bt - \frac{1}{2}ct^2$（SI）（b、c 为大于零的常量，且 $b^2 > Rc$）。则此质点运动的切向加速度 $a_\tau =$ __________。

1.19　轮船在水上以相对于水的速度 $\boldsymbol{v}_1$ 航行，水流速度为 $\boldsymbol{v}_2$，一人相对于甲板以速度 $\boldsymbol{v}_3$ 行走。如人相对于岸静止，则 $\boldsymbol{v}$、$\boldsymbol{v}_2$ 和 $\boldsymbol{v}_3$ 的关系是__________。

1.20　当一列火车以 10 m/s 的速率向东行驶时，若相对于地面竖直下落的雨滴在列车的窗子上形成的雨迹偏离竖直方向 30°，则雨滴相对于地面的速率是__________。

三、计算题

1.21　一质点沿 x 轴运动，其加速度 a 与位置坐标 x 的关系为

$$a = 2 + 6x^2 \text{（SI）}$$

如果质点在原点处的速度为零，试求其在任意位置处的速度。

1.22　对于在 xy 平面内，以原点 O 为圆心作匀速圆周运动的质点。

（1）试用半径 r、角速度 ω 和单位矢量 $\boldsymbol{i}$、$\boldsymbol{j}$ 表示其 t 时刻的位置矢量。

已知在 $t=0$ 时，$y=0$，$x=r$，角速度 ω 如图 1.15 所示。

（2）由（1）导出速度 $\boldsymbol{v}$ 与加速度 $\boldsymbol{a}$ 的矢量表示式；

（3）试证加速度指向圆心。

1.23　一人自原点出发，25 s 内向东走 30 m，又 10 s 内向南走 10 m，再 15 s 内向正西北走 18 m，如图 1.16 所示。求在这 50 s 内：

（1）平均速度的大小和方向；

（2）平均速率的大小。

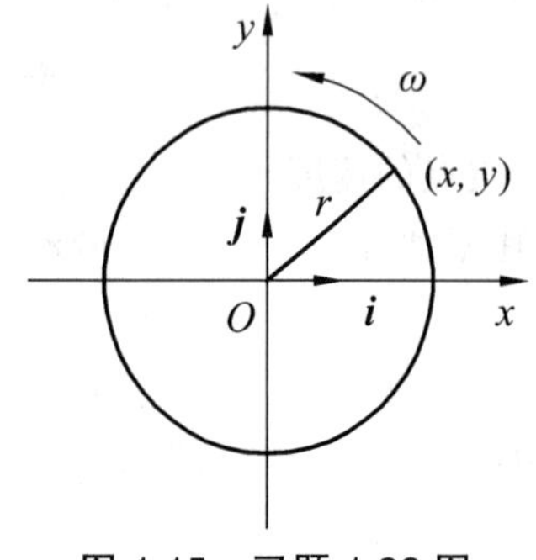

图 1.15　习题 1.22 图

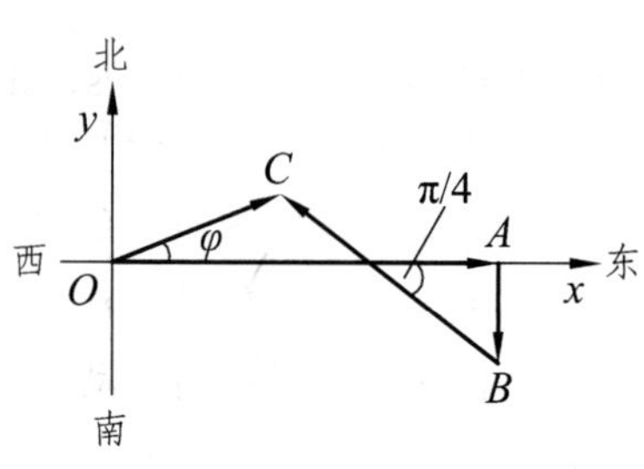

图 1.16　习题 1.23 图

1.24　一敞顶电梯以恒定速率 $v=10$ m/s 上升，当电梯离地面 $h=10$ m 时，一小孩竖直向上抛出一球，球相对于电梯初速率 $v_0=20$ m/s。试问：

（1）从地面算起，球能达到的最大高度为多大？

（2）球被抛出后经过多长时间再回到电梯上？

1.25　当火车静止时，乘客发现雨滴下落方向偏向车头，偏角为 30°，当火车以 35 m/s 的速率沿水平直路行驶时，发现雨滴下落方向偏向车尾，偏角为 45°，如图 1.17 所示。假设雨滴相对于地面的速度保持不变，试计算雨滴相对地面的速度大小。

1.26　当一列火车以 36 km/h 的速率水平向东行驶时，相对于地面匀速竖直下落的雨滴在列车的窗子上形成的雨迹与竖直方向成 30°角，如图 1.18 所示。

（1）雨滴相对于地面的水平分速有多大？相对于列车的水平分速有多大？

（2）雨滴相对于地面的速率多大？相对于列车的速率如何？

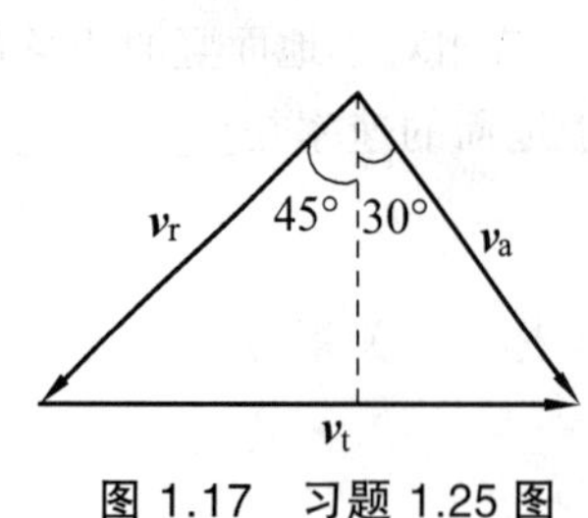

图 1.17　习题 1.25 图

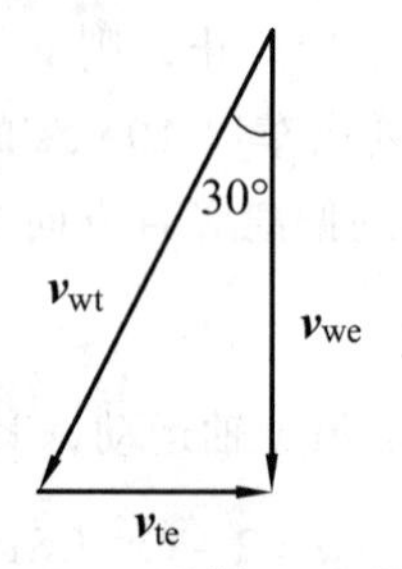

图 1.18　习题 1.26 图

2　牛顿运动定律

质点动力学讨论质点之间的相互作用，以及在这种相互作用下质点机械运动的变化。质点动力学的基本定律是牛顿（I. Newton，1642—1727 年）运动定律，这是整个牛顿力学的基础。本章着重介绍牛顿三个运动定律以及运用牛顿定律处理质点动力学问题的基本方法。

2.1　牛顿运动定律

在前人长期实践和科学研究的基础上，牛顿经过实验，分析和总结得出物体之间的相互作用与物体机械运动状态变化的关系，于 1687 年在他的名著《自然哲学的数学原理》中发表了运动的三个定律。本节分别介绍如下：

2.1.1　牛顿第一定律

任何物体都保持静止或匀速直线运动状态，直至其他物体所作用的力迫使它改变这种状态为止。

牛顿第一定律指出物体具有保持静止或匀速直线运动状态的性质，这种性质称为惯性，所以牛顿第一定律又称为惯性定律。定律还指出，要改变物体的静止或匀速运动状态，必须有其他物体对其作用以力。物体静止或匀速运动状态的改变，即速度的改变，产生加速度，那么牛顿第一定律就指出：力是使物体产生加速度的原因。

然而速度是一个具有相对意义的物理量。物体不受外力作用保持静止或匀速直线运动状态，只能对某些特殊的参考系成立。惯性定律成立的参考系称为惯性参考系，简称惯性系。因此牛顿第一定律实际上是一种关于惯性系的表述。但不受其他物体作用的“孤立”物体，世界上是没有的。所以尽管牛顿第一定律确实是大量观察与实验事实的抽象和概括，但要在地面上直接用实验验证，却是不可能的。

远离其他所有物体的彗星，其运动很接近于匀速直线运动，使我们相信牛顿第一定律的正确；从牛顿第一定律出发导出的结果都与实验事实相符合，也使我们确信其正确。

地球就是很好的惯性系，归纳出惯性定律的实验就是在地球上做的。相对于惯性系作匀速直线运动的参考系也是惯性系，在这些参考系中，牛顿定律同样也成立。但是对惯性系作变速运动的参考系就不再是惯性系，因为在这种参考系中牛顿定律不成立。例如，桌面上放一块木板，水平方向不受外力，在地面参考系看，木板在水平方向没有加速度；但是在一辆相对于地面参考系有加速度 $\boldsymbol{a}$ 的汽车中看，这块木板连同桌子都以 $-\boldsymbol{a}$ 的加速度向车后作加速运动。汽车参考系就不是惯性参考系。精确地观测表明，地球不是严格的惯性系，地球绕太阳公转，用圆周运动估算向心加速度约 5.9×10^{-3} m/s^2；地球自转，赤道上一点对地心的向心加速度约 3.4×10^{-2} m/s^2。对于要求不太高的实验，这些加速度均不大，可忽略；在要求较精确的时候，可以选用太阳为参考系（指以太阳为原点，以太阳和恒星的连线为坐标轴组成的参考系）。其实太阳相对于银河系的中心也在运动，速度约 3×10^5 m/s，用平均半径 3×10^{20} m 作圆周运动来估算，太阳绕银河系中心的向心加速度约为 3×10^{-10} m/s^2。比起地球，太阳确实是精度高得多的惯性系。精度更高的惯性系有 FK_4 系（是选用 1535 颗恒星的平均静止位形作基准的惯性系），进一步研究更精确的惯性系的工作仍在进行中。

2.1.2 牛顿第二定律

由牛顿第一定律可知物体运动状态的改变既与外力有关，也与物体本身的惯性有关，这三者之间的数量关系，就是牛顿第二定律。牛顿第二定律表述为物体受到外力作用时所产生的加速度的大小与合外力的大小成正比，与物体的质量成反比，加速度的方向与合外力的方向相同。

牛顿第二定律是实验定律，实验指出，同一物体在不同外力作用下产生的加速度的大小与外力的大小成正比，表示成：

$$a \propto F \tag{2.1}$$

实验又指出，在相同外力作用下，质量不同的物体产生的加速度的大小与质量 m 成反比，表示为

$$a \propto \frac{1}{m} \tag{2.2}$$

将式（2.1）、式（2.2）合并，写成等式

$$F = kma$$

式中　k——比例常数，其数值和单位决定于力、质量和加速度的单位。

适当选择单位使 $k=1$，则 $F=ma$。由于加速度 $\boldsymbol{a}$ 的方向与合外力 $\boldsymbol{F}$ 方向一致，牛顿第二定律表达式可写成：

$$\boldsymbol{F} = m\boldsymbol{a} \tag{2.3}$$

式中　$\boldsymbol{F}$——物体所受的合外力，即外力的矢量和：

$$\boldsymbol{F} = \sum_{i=1}^{n} \boldsymbol{F}_i$$

在国际单位制中，质量单位为千克（kg），力的单位是根据式（2.3）规定，使质量为 1 kg 的物体产生 1 m/s^2 加速度的力，称为1牛顿（N）。

式（2.3）也称为牛顿运动方程，这是质点动力学的基本方程式。由这个方程，可以从物体受到的合外力和其本身质量，求得物体的加速度，再根据运动初始位置和初速度求得物体在任意时刻的速度和位置。

再介绍一下质量概念：将同样大小的外力 F_1 依次作用在不同的两个物体 A 和 B 上，产生不同的加速度，分别记为 $a_{1(1)}$ 和 $a_{2(1)}$。发现比值 $F_1/a_{1(1)}=m_1$ 与 F_1 及 $a_{1(1)}$ 无关；比值 $F_1/a_{2(1)}=m_2$ 与 F_1 及 $a_{2(1)}$ 无关。改变外力为 F_2（或 F_3，F_4，…）分别得加速度为 $a_{1(2)}$ 和 $a_{2(2)}$。同样，比值 $F_2/a_{1(2)}=m_1$ 与 F_2 及 $a_{1(2)}$ 无关；比值 $F_2/a_{2(2)}=m_2$ 与 F_2 及 $a_{2(2)}$ 无关。物理量 m_1，m_2 分别是物体 A 和 B 本身的某种性质的标志。两个物体 A 与 B 的这两个物理量之比：

$$\frac{m_1}{m_2}=\frac{a_{2(1)}}{a_{1(1)}}=\frac{a_{2(2)}}{a_{1(2)}}=\cdots \tag{2.4}$$

这两个物体的物理特性 m_1 和 m_2 之比等于同样外力作用下产生的加速度的反比。同样外力作用下，物体产生加速度大的容易改变运动状态，叫惯性小；物体产生加速度小的表示不容易改变运动状态，称惯性大。这个物理量 m，正是物体惯性的标志，称为惯性质量，简称质量。所以质量是描述物体惯性的物理量。有了质量的概念，式（2.4）就是实验规律：相同外力作用下，质量不同的物体产生的加速度的大小与质量成反比。写成表达式为式（2.2）。

还应该指出，牛顿第二定律表达式（2.3）是同一瞬时，作用的合外力 $\boldsymbol{F}$ 与物体加速度 $\boldsymbol{a}$ 之间的关系。在使用时，经常用它在坐标系中的分量形式。对于最常用的直角坐标系，牛顿第二定律表达式的分量形式为

$$\left.\begin{aligned}F_x&=ma_x\\F_y&=ma_y\\F_z&=ma_z\end{aligned}\right\} \tag{2.5}$$

式中　F_x，F_y，F_z——作用于物体上的外力在 x，y，z 轴上分量之代数和，或合外力分别在 x，y，z 轴上的分量。即

$$F_x=\sum_i F_{ix}\,,\quad F_y=\sum_i F_{iy}\,,\quad F_z=\sum_i F_{iz}$$

而 a_x，a_y，a_z 分别为物体的加速度在 x，y，z 轴上的分量。

在平面曲线运动的动力学问题中，也常将牛顿第二定律表达式写成沿运动切向和法向的分量形式：

$$\left.\begin{aligned}F_\tau&=ma_\tau=m\frac{\mathrm{d}v}{\mathrm{d}t}\\F_n&=ma_n=m\frac{v^2}{\rho}\end{aligned}\right\} \tag{2.6}$$

式中　F_τ，F_n——合外力的切向和法向分量。

牛顿运动定律只对质点适用。对于一般物体，外力作用的效果除了表现在使物体产生加速度，还可能表现在使物体改变形状等方面。

2.1.3 牛顿第三定律

当物体 A 以力 $\boldsymbol{F}_1$ 作用在物体 B 上时，物体 B 同时以力 $\boldsymbol{F}_2$ 作用在物体 A 上，作用力 $\boldsymbol{F}_1$ 和 $\boldsymbol{F}_2$ 沿同一直线，大小相等、方向相反。

$$\boldsymbol{F}_2=-\boldsymbol{F}_1 \tag{2.7}$$

这两个作用力中任一个，如 $\boldsymbol{F}_1$（或 $\boldsymbol{F}_2$）称为作用力，则 $\boldsymbol{F}_2$（或 $\boldsymbol{F}_1$）就称为反作用力。牛顿第三定律指出作用力和反作用力是同时存在、同时消失的，是成对出现的。所以牛顿第三定律指出了物体之间的作用力具有相互作用的性质。并且作用力与反作用力的性质也是相同的。例如，如果作用力是摩擦力，则反作用力也是摩擦力；如果作用力是弹性力，反作用力也是弹性力；如果作用力是万有引力，反作用力也是万有引力等。

2.2 力学中常见的力

2.2.1 基本自然力

两物体之间的相互作用称为力。自然界中力的具体表现形式多种多样、形形色色。人们按力的表现形式不同，习惯地将其分别称为重力、正压力、弹力、摩擦力、电力、磁力、核力等。但是究其本质，所有的这些力都来源于四种基本的自然力（按照最新的科学理论也可以认为是三种），即万有引力、电磁力、强力和弱力（其基本特征见表 2.1）。下面分别进行简单的介绍。

表 2.1 四种基本自然力的特征

力的种类	相互作用的物体	力　程
万有引力	全部粒子	∞
电磁力	带电粒子	$10^{-14}\sim10^{7}$ m
强力	夸克	$<10^{-15}$ m
弱力	大多数（基本）粒子	$<10^{-17}$ m

2.2.1.1 万有引力

万有引力是存在于一切物体之间的相互吸引力。万有引力遵循的规律由牛顿总结为引力定律：任何两个质点都相互吸引，引力的大小与它们的质量的乘积成正比，与它们的距离的平方成反比，力的方向沿两质点的连线方向。设有两个质量分别为 m_1、m_2 的质点，相对位置矢量为 $\boldsymbol{r}$，则两者之间的万有引力 $\boldsymbol{F}$ 的大小和方向由下式给出

$$\boldsymbol{F}=-G\frac{m_1m_2}{r^2}\boldsymbol{e}_r \tag{2.8}$$

式中　$\boldsymbol{e}_r$——$\boldsymbol{r}$ 方向的单位矢量；

负号——表示 $\boldsymbol{F}$ 与 $\boldsymbol{r}$ 方向相反，表现为引力；

G——引力常量，$G=6.67\times10^{-11}\ \mathrm{m^3/kg\cdot s^2}$。

m_1、m_2 称为物体的引力质量，是物体具有产生引力和感受引力的属性的量度。引力质量与牛顿运动定律中反映物体惯性大小的惯性质量是物体两种不同属性的体现，在认识上应加以区别。但是精确的实验表明，引力质量与惯性质量在数值上是相等的，因而一般教科书在作了简要说明之后不再加以区分。引力质量等于惯性质量这一重要结论，是爱因斯坦广义相对论基本原理之一——等效原理的实验事实。

2.2.1.2 电磁力

静止电荷之间存在电力，运动电荷之间存在电力还存在磁力。按照相对论的观点，运动电荷受到的磁力是其他运动电荷对其作用的电力的一部分。因此磁力源自于电力，故将电力与磁力合称为电磁力。

两个静止点电荷之间的电磁力遵从库仑定律：真空中两静止点电荷之间的相互作用力的大小与它们所带电量的乘积成正比，与它们之间距离的平方成反比；作用力的方向沿着两电荷的连线，同号电荷相斥（为正），异号电荷相吸（为负），这一结论称为库仑定律（图 2.1）。这一规律用矢量公式可表示为

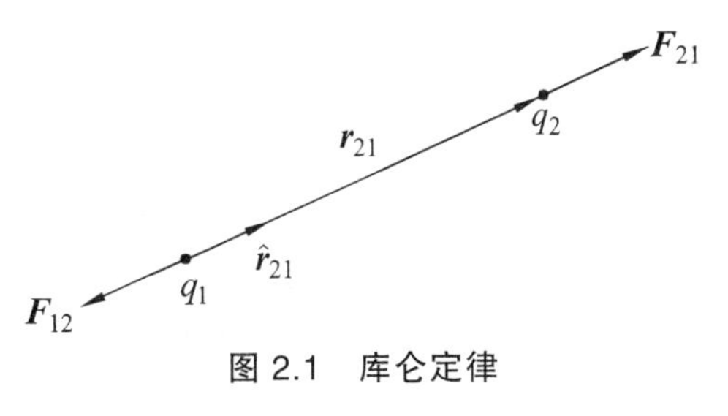

图 2.1　库仑定律

$$\boldsymbol{F}_{21}=k\frac{q_1q_2}{r_{21}^2}\hat{\boldsymbol{r}}_{21} \tag{2.9}$$

式中　q_1，q_2——两个点电荷的电量（带有正、负号）；

r_{21}——两个点电荷之间的距离；

$\hat{\boldsymbol{r}}_{21}$——从电荷 q_1 指向电荷 q_2 的单位矢量；

$\boldsymbol{F}_{21}$——电荷 q_1 受电荷 q_2 的作用力；

k——比例系数，其数值和单位取决于式（2.9）中各量的单位，且可由实验确定。在国际单位制（SI）中，其数值为

$$k = 8.987\ 551\ 8 \times 10^9\ \mathrm{N \cdot m^2 / C^2} \approx 9 \times 10^9\ \mathrm{N \cdot m^2 / C^2}$$

当两个点电荷 q_1 与 q_2 同号时，$\boldsymbol{F}_{21}$ 与 $\hat{\boldsymbol{r}}_{21}$ 同方向，表明电荷 q_2 受 q_1 的斥力；当 q_1 与 q_2 反号时，$\boldsymbol{F}_{21}$ 与 $\hat{\boldsymbol{r}}_{21}$ 方向相反，表示 q_2 受 q_1 的引力。由式（2.9）还可以看出，两个静止的点电荷之间的作用力满足牛顿第三定律，即

$$\boldsymbol{F}_{21} = -\boldsymbol{F}_{12}$$

库仑定律在数学形式上与万有引力定律有类同之处，与万有引力不同的是电磁力可以表现为引力，也可以表现为斥力。电磁力的强度也比较大。

2.2.1.3 强　力

强力是作用于基本粒子（现在均改称为“粒子”）之间的一种强相互作用力，它是物理学研究深入到原子核及粒子范围内才发现的一种基本作用力。原子核由带正电的质子和不带电的中子组成，质子和中子统称为核子。核子间的万有引力是很弱的，约为 10^{-34} N。质子之间的库仑力表现为排斥力，约为 10^2 N，比万有引力大得多，但是绝大多数原子核相当稳定，且原子核体积极小，质量密度极大，说明核子之间一定存在着远比电磁力和万有引力强大得多的一种作用力，它能将核子紧紧地束缚在一起形成原子核，这就是强力（在原子核问题的讨论中，特称为核力）。由表 2.1 可以看到，相邻两核子间的强力比电磁力大 2 个数量级。

强力是一种作用范围非常小的短程力。粒子之间的距离为 $0.4 \times 10^{-15} \sim 10^{-15}$ m 时表现为引力，距离小于 0.4×10^{-15} m 时表现为斥力，距离大于 10^{-15} m 后迅速衰减，可以忽略不计。

强力也是靠场传递的，粒子的场彼此交换称为“胶子”的媒介粒子，实现强相互作用。

由于强力的强度大而力程短，它是粒子间最重要的相互作用力。

2.2.1.4 弱　力

弱力也是各种粒子之间的一种相互作用，它支配着某些放射性现象，在β衰变等过程中显示出重要性。弱力的力程比强力更短，仅为 10^{-17} m，强度也很弱。弱力是通过粒子的场彼此交换“中间玻色子”传递的。

由于在本书的讨论中不涉及强力和弱力，对此有兴趣的同学可以参阅核物理和粒子物理的有关书籍。

2.2.2 经典力学中常见的力

经典力学中常见的力都是来源于自然界基本的相互作用，其细节我们不在这里讨论。我们在这里重点讨论的是这些力的宏观特征。

2.2.2.1 重　力

重力是地球表面附近的物体受到的地球作用的万有引力。若近似地将地球视为一个半径

R，质量 m_E 的均匀分布的球体，质量为 m 的物体作质点处理，则当物体处在距离地球表面 h（$h \ll R$）高度处时，所受地球的引力（重力）大小为

$$F = G\frac{m_E \cdot m}{(R+h)^2} \cong G\frac{m_E}{R^2} \cdot m = mg \tag{2.10}$$

式中　g——重力加速度，数值上等于单位质量的物体受到的重力，故也可称为重力场的场强。在一般的计算中 g 取值为 $9.8\ m/s^2$。

2.2.2.2 弹　力

两个物体彼此相互接触产生了挤压或者拉伸，出现形变，物体具有消除形变恢复原来形状的趋势，而产生了弹力。弹力的表现形式多种多样，以下三种最为常见。

1. 正压力

正压力是两个物体彼此接触产生了挤压而形成的。由于物体有恢复挤压形成的形变的趋势，从而形成正压力。因此正压力必然表现为一种排斥力。正压力的方向沿着接触面的法线方向，即与接触面垂直，大小则视挤压的程度而定。很显然，两物体接触紧密，挤压及形变程度高，正压力就大；两物体接触轻微，挤压及形变程度低，正压力就小。两物体接触是否紧密，挤压及形变程度究竟有多高，取决于物体所处的整个力学环境。图 2.2（a）（b）中质量为 m 的物体分别置于水平地面及斜面上，其所受正压力的大小是不同的。物体所受正压力的大小取决于外部环境（物体所受的其他力）对它的约束程度，因此也称为约束反力（或被动力）。在动力学中，正压力常常需要在求解了整个系统的运动的情况下才能最后确定，因而它常常是题目的未知量。图 2.2（c）为夹具中的球体受正压力的示意图，图（d）为一杆斜靠墙角，杆上压一重物，杆所受正压力的示意图，可见不同的力学环境，物体所受正压力的大小不一样。

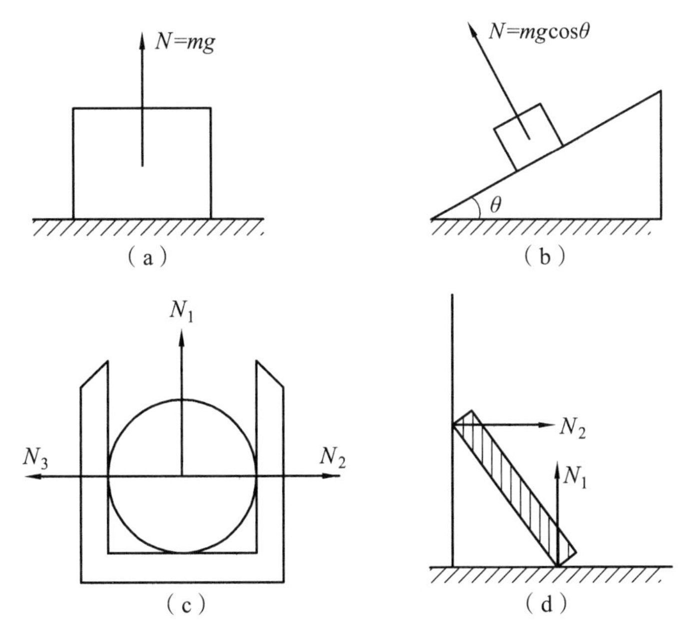

图 2.2　物体所受正压力示意图

2. 张力（拉力）

不论什么原因造成杆或绳发生形变，则杆或绳上互相紧靠的质量元间彼此拉扯，从而形成拉力，通常也称为张力。在杆和柔绳上，拉力的方向沿杆或绳的切线方向。因此弯曲的柔绳可以起到改变力的方向的作用。拉力的大小要视拉扯的程度而定，也是一种约束反力。

对于一段有质量的杆或绳，其上各点的拉力是否相等呢？图 2.3 为一段质量为Δm的绳，F_{t1}为该段绳左端点上的拉力，F_{t2}为右端点上的拉力。根据牛顿第二定律$F_{t2}-F_{t1}=\Delta ma$，只要加速度 a 不等于零，就有$F_{t1}\neq F_{t2}$，绳上拉力各点不同。这个例子说明，力和加速度都是通过绳的质量起作用的，这也是实际中真实的情况。在一般教科书的讨论中或者简单实际问题处理上，为了将分析的着重点集中到研究对象身上，常常在忽略次要因素的原则下忽略绳或杆的质量，即令$\Delta m\to 0$，称为轻绳或轻杆。此时由$F_{t2}-F_{t1}=\Delta ma=0$，可以得到$F_{t1}=F_{t2}$的结果，也就是轻绳或轻杆上拉力处处相等。这个结论显然是理想模型的结果。

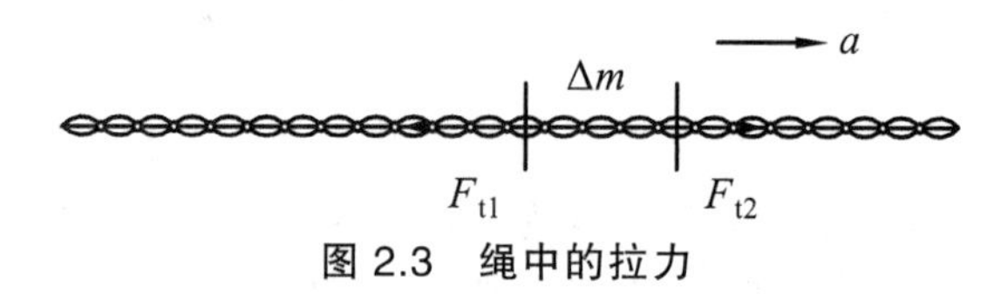

图 2.3　绳中的拉力

3. 弹簧的弹性力

弹簧在受到拉伸或压缩的时候产生弹性力，这种力总是力图使弹簧恢复原来的形状，称为回复力。设弹簧被拉伸或被压缩的长度为 x，则在弹性限度内，弹性力由胡克定律给出：

$$F=-kx \tag{2.11}$$

式中　k——弹簧的劲度系数；

x——弹簧相对于原长的形变量，弹性力与弹簧的形变成正比；

负号——表示弹性力的方向始终与弹簧位移的方向相反，指向弹簧恢复原长的方向。

2.2.2.3　摩擦力

两个物体相互接触，同时具有相对运动或者相对运动的趋势，则沿它们接触的表面将产生阻碍相对运动或相对运动趋势的阻力，称为摩擦力。摩擦力的起因及微观机理十分复杂，因相对运动的方式以及相对运动的物质不同而有所差别，摩擦力有干摩擦与湿摩擦之分，还有静摩擦、滑动摩擦及滚动摩擦之分。有关理论研究认为，各种摩擦都源自于接触面分子、原子之间的电磁相互作用。这里我们只简单讨论静摩擦与滑动摩擦。

1. 静摩擦

静摩擦是两个彼此接触的物体相对静止但具有相对运动的趋势时出现的。静摩擦力出现在接触面的表面上，力的方向沿着表面的切线方向，与相对运动的趋势相反，阻碍相对运动的发生。静摩擦力的大小可以通过一个简单的例子来说明：如图 2.4 所示，给予水平粗糙平面上的物

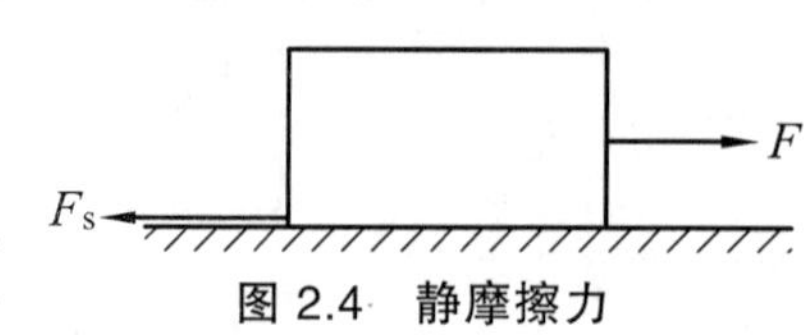

图 2.4　静摩擦力

体一个向右的水平力 F，物体并没有动，但是具有了向右运动的趋势，这时在物体与地面的接触面上将产生静摩擦力 F_s。由于物体相对于地面静止不动，静摩擦力的大小与水平外力的大小相等。经验告诉我们，在外力 F 逐渐增大到某一值之前，物体一直能保持对地静止，这说明在外力 F 增大的过程中，静摩擦力 F_s 也在增大，因此，静摩擦力是有一个变化范围的。当外力 F 增至某一值时，物体开始对地滑动，这时静摩擦力也达到最大，以后变为滑动摩擦力。实验表明，最大静摩擦力与两物体之间的正压力 F_N 的大小成正比：

$$F_{s,max}=\mu_s F_N \tag{2.12}$$

式中　μ_s——静摩擦系数，与接触物体的材质和表面情况有关。

由以上分析可以知道，静摩擦力的规律应为

$$0\leqslant F_s\leqslant F_{s,max}$$

在涉及静摩擦力的讨论中，最大静摩擦力往往作为相对运动启动的临界条件。

由于静摩擦力的方向与相对运动的趋势相反，所以判断静摩擦力方向的关键是判断两个物体间相对运动趋势的方向。

2. 滑动摩擦

相互接触的物体之间有相对滑动时，接触面的表面出现的阻碍相对运动的阻力，称为滑动摩擦力。滑动摩擦力的方向沿接触面的切线方向，与相对运动方向相反。滑动摩擦力的大小与物体的材质、表面情况以及正压力等因素有关，一般还与物体的相对运动速率有关。与相对速率 v 的关系可以粗略地用图 2.5 表示。在相对速度不是太大或太小的时候，可以认为滑动摩擦力的大小与物体间正压力 F_N 的大小成正比：

$$F_k=\mu_k F_N$$

式中　μ_k——滑动摩擦因数。

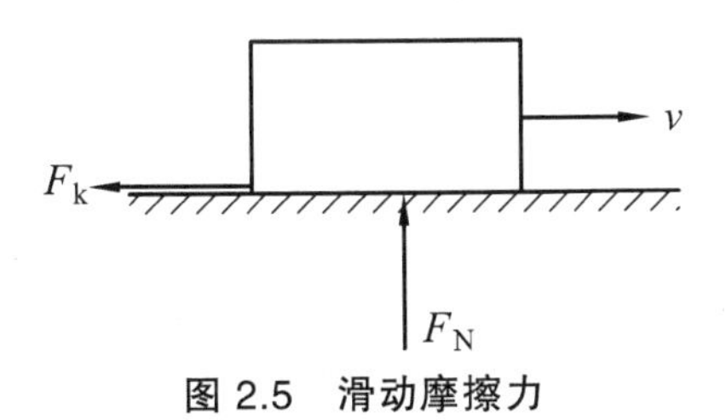

图 2.5　滑动摩擦力

一些典型材料的滑动摩擦因数 μ_k 和静摩擦因数 μ_s 可以查阅有关的工具书，二者有明显的区别。一般的教科书常常将 μ_k 和 μ_s 不加区别地使用，为的是将注意力集中在摩擦力而不是摩擦系数身上。

静摩擦和滑动摩擦指发生在固体之间的摩擦。固体和流体（气体或液体）之间也有摩擦作用。当物体在气体或液体中有相对运动时，气体或液体要对运动物体施加摩擦阻力，例如，跳伞运动员从高空下落时要受到空气的阻力作用，船只在江河湖海中航行受水的阻力，都是这一类实例。此时的阻力既与流体的密度、黏滞性等性质有关，又与物体的形状和相对运动速度有关。当本书在有关问题的讨论中提到阻力与速率的一次方成正比 $F\propto v$，或与速

率的二次方成正比 $F \propto v^2$ 等情况时，就是对这一类实例的抽象。更详细的讨论可参阅有关的书籍。

2.3 牛顿运动定律的应用

牛顿运动定律广泛地应用于科学研究和生产技术中，也大量地体现在人们的日常生活中。这里所指的应用主要涉及用牛顿运动定律牛顿运动方程 $F = ma$ 解题，也就是对实际问题中抽象出的理想模型进行分析及计算。

牛顿运动定律的应用大体上可以分为两个方面。一是已知物体的运动状态，求物体所受的力。例如，已知物体的加速度，已知物体的速度或运动方程，求物体所受的力。可以是求合力，也可以是求某一分力，或者是与此相关的物理量，比如摩擦因数、物体质量等。另一方面是已知物体的受力情况，求物体的运动状态。例如，求物体的加速度、速度，进而求物体的运动方程。若已知物体受力情况，求解物体的加速度，直接应用牛顿运动方程就可以了；如果还要进而求解物体的速度或者运动方程，就转化为运动学的第二类问题来求解。然而，更为常见的情况是只已知部分受力而求解加速度和其他力（通常是被动力），这时使用如下处理步骤将是非常有益的。

1. 隔离物体，受力分析

首先选择研究对象。研究对象可能是一个也可能是若干个，分别将这些研究对象隔离出来，依次对其作受力分析，画出受力图。凡两个物体彼此有相对运动，或者需要讨论两个物体的相互作用时，都应该隔离物体再作受力分析。牛顿运动定律是紧紧围绕“力”而展开的，正确分析研究对象的受力大小、方向，以及受力分析的完整性都是正确完成后续步骤并得到正确解答的前提。

2. 对研究对象的运动状况作定性分析

根据题目给出的条件，分析研究对象是作直线运动或者曲线运动，是否具有加速度；研究对象不止一个时，彼此之间是否具有相对运动，它们的加速度、速度、位移具有什么联系。对研究对象的运动建立起大致的图像，对定量计算是有帮助的。

3. 建立恰当的坐标

坐标系设置得恰当，可以使方程的数学表达式以及运算求解达到最大的简化。例如，斜面上的运动，既可以沿斜面和垂直于斜面建立直角坐标系，也可以沿水平方向和铅直方向建立直角坐标等，选择哪一种设置方法，应该根据研究对象的运动情况来确定。

坐标系建立后，应当在受力图上一并标出，使力和运动沿坐标方向的分解一目了然。

4. 列方程

一般情况下可以先列出牛顿运动定律的分量式方程。有时也直接使用矢量方程。方程的表述应当物理意义清楚，等式的左边为物体所受的合外力，等式右边为力作用的效果，即质点的质量乘以加速度，表明质点的加速度与所受合外力成正比而同方向的关系。

不要在一开始列方程时就将某一分力随意移项到等式的右边，使方程表达的物理意义不清晰。如果物体受到了约束或各个物体之间有某种联系，应列出相应的约束方程，如与摩擦力相关的方程、与相对运动相关的方程。如果需要进一步求解速度、运动方程等，则还应该根据题意列出初始条件。

5. 求解方程，分析结果

求解方程的过程应当用文字、符号进行运算并给出以文字、符号表述的结果，检查无误之后再代入具体的数值。以文字、符号表述的方程和结果可以使各物理量的关系清楚，所表述的规律一目了然，既便于定性分析和量纲分析，还可以避免数值的重复计算。

下面以具体的例题来讲解牛顿运动定律的应用。

【例 2.1】 在水平桌面上有 2 个物体 A 和 B，它们的质量分别为 $m_1 = 1.0$ kg，$m_2 = 2.0$ kg，它们与桌面间的滑动摩擦系数 $\mu = 0.5$，现在 A 上施加一个与水平成 36.9°角的指向斜下方的力 $\boldsymbol{F}$，恰好使 A 和 B 作匀速直线运动，如图 2.6。求所施力的大小和物体 A 与 B 间的相互作用力的大小（$\cos 36.9° = 0.8$）。

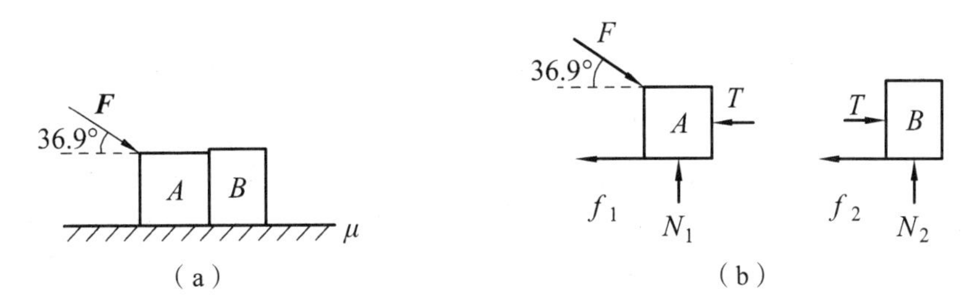

图 2.6 两物体在非光滑表面滑动

解：受力分析如图 2.6（b），由图可知：

对 A：

$$F\cos 36.9° - f_1 - T = 0 \quad ①$$

$$N_1 - m_1 g - F\sin 36.9° = 0 \quad ②$$

$$f_1 = \mu N_1 \quad ③$$

对 B：

$$T - f_2 = 0 \quad ④$$

$$N_2 - m_2 g = 0 \quad ⑤$$

$$f_2 = \mu N_2 \quad ⑥$$

由式④⑤⑥得 $T = \mu m_2 g = 9.8\ \text{N}$

再由式①②③得

$$F = \frac{\mu(m_1 + m_2)g}{\cos 36.9° - \mu\sin 36.9°} = 29.4\ (\text{N})$$

【例 2.2】 质量为 m 的物体系于长度为 R 的绳子的一个端点上，在竖直平面内绕绳子另一端点（固定）作圆周运动。设 t 时刻物体瞬时速度的大小为 v，绳子与竖直向上的方向成 θ 角，如图 2.7（a）所示。

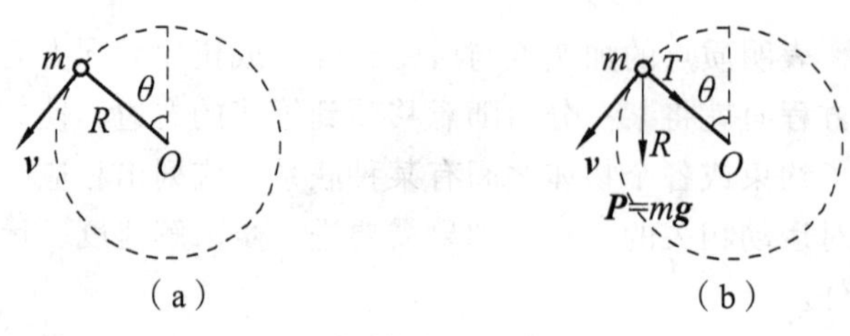

图 2.7　物体绕绳作圆周运动

（1）求 t 时刻绳中的张力 T 和物体的切向加速度 a_τ；

（2）说明在物体运动过程中 a_τ 的大小和方向如何变化。

解：（1）t 时刻物体受力如图 2.7（b）所示，在法向有

$$T + mg\cos\theta = mv^2 / R$$

所以　$$T = mv^2 / R - mg\cos\theta$$

在切向有：

$$mg\sin\theta = ma_\tau$$

所以　$$a_\tau = g\sin\theta$$

（2）$a_\tau = g\sin\theta$，它的数值随 θ 的增加按正弦函数变化（规定物体由顶点开始转一周又到顶点，相应 θ 角由 0 连续增加到 2π）。

$\pi > \theta > 0$ 时，$a_\tau > 0$，表示 $\boldsymbol{a}_\tau$ 与 $\boldsymbol{v}$ 同向；$2\pi > \theta > \pi$ 时，$a_\tau < 0$，表示 $\boldsymbol{a}_\tau$ 与 $\boldsymbol{v}$ 反向。

【例 2.3】　如图 2.8 所示，质量为 m 的钢球 A 沿着中心在 O、半径为 R 的光滑半圆形槽下滑，当 A 滑到图示的位置时，其速率为 v，钢球中心与 O 的连线 OA 和竖直方向成 θ 角，求这时钢球对槽的压力和钢球的切向加速度。

解：球 A 只受法向力 $\boldsymbol{N}$ 和重力 $m\boldsymbol{g}$，根据牛顿第二定律

法向：　$$N - mg\cos\theta = mv^2 / R \quad ①$$

切向：　$$mg\sin\theta = ma_t \quad ②$$

由式①可得　$$N = m(g\cos\theta + v^2 / R)$$

根据牛顿第三定律，球对槽压力大小同上，方向沿半径向外。

由式②得　$$a_\tau = g\sin\theta$$

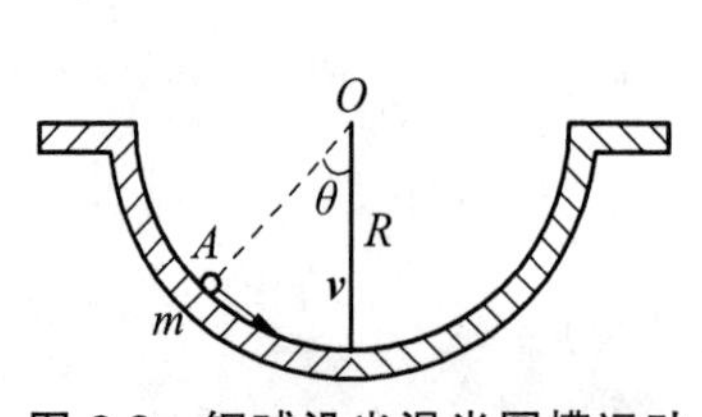

图 2.8　钢球沿光滑半圆槽运动

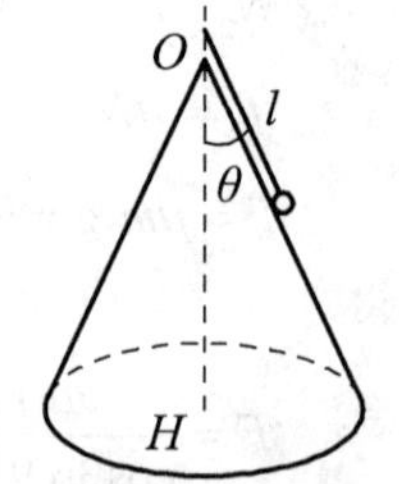

图 2.9　小球在光滑圆锥面上转动

【例 2.4】　表面光滑的直圆锥体，顶角为 2θ，底面固定在水平面上，如图 2.9 所示。质量为 m 的小球系在绳的一端，绳的另一端系在圆锥的顶点。绳长为 l，且不能伸长，质量不

计。今使小球在圆锥面上以角速度ω绕 OH 轴匀速转动，求

（1）锥面对小球的支持力 N 和细绳的张力 T;

（2）当ω增大到某一值ω_c时小球将离开锥面，这时ω_c及 T 又各是多少？

解：以 r 表示小球所在处圆锥体的水平截面半径，对小球写出牛顿定律方程为

$$T\sin\theta - N\cos\theta = ma = m\omega^2 r \quad ①$$

$$T\cos\theta + N\sin\theta - mg = 0 \quad ②$$

其中 $$r = l\sin\theta \quad ③$$

联立求解，得

（1） $$N = mg\sin\theta - m\omega^2 l\sin\theta\cos\theta$$

$$T = mg\cos\theta + m\omega^2 l\sin^2\theta$$

（2） $$\omega = \omega_c,\quad N = 0$$

$$\omega_c = \sqrt{g/l\cos\theta}$$

$$T = mg/\cos\theta$$

2.4 牛顿运动定律的适用范围　惯性系与非惯性系

2.4.1 牛顿运动定律的适用范围

（1）牛顿运动定律适用于质点。牛顿运动定律中的“物体”是指质点，$\boldsymbol{F} = m\boldsymbol{a}$ 或 $\boldsymbol{F} = m\dfrac{\mathrm{d}\boldsymbol{v}}{\mathrm{d}t}$ 均针对质点成立。如果一个物体的大小、形状在讨论问题时不能够忽略不计，可以将该物体处理为由许许多多质点构成的质点系统（简称为质点系）。质点系中每一个质点的运动规律都应当遵从牛顿运动定律。

（2）牛顿力学适用于宏观物体的低速运动情况。在牛顿于 1687 年提出著名的牛顿三大定律的年代，人们对物质及其运动的认识还仅仅局限于宏观物体的低速运动。低速运动是指物体的运动速度远远小于光在真空中的传播速度。牛顿力学在宏观物体低速运动的范围内描述物体的运动规律是极为成功的。但是到了 19 世纪末期，随着物理学在理论上和实验技术上的不断发展，人类观察的领域不断扩大，实验上相继观察到了微观领域和高速运动领域中的许多现象，如电子、放射性射线等。人们发现用牛顿力学解释这些现象是不成功的。直到 20 世纪初，量子力学诞生，才对微观粒子的运动规律给予了正确的解释，而对于高速运动的物理问题，则必须用爱因斯坦的相对论进行讨论。

（3）牛顿力学只适用于惯性参照系。关于惯性系与非惯性系的问题我们将在下面专门讨论。

2.4.2 惯性系与非惯性系

在讨论牛顿运动定律知识点时曾经明确指出，牛顿运动定律只在惯性参照系中成立。这

句话包含着两层意思：① 参照系有惯性参照系和非惯性参照系两类；② 在惯性参照系中，牛顿运动定律成立，而在非惯性参照系中牛顿运动定律不成立。

通常我们把牛顿运动定律成立的参照系叫作惯性系，而牛顿运动定律不成立的参照系叫非惯性系。以地球表面为参照系，牛顿运动定律较好地与实验一致，所以近似地认为固着在地球表面上的地面参照系是惯性参照系。由相对运动的知识可知，凡是相对于地面作匀速直线运动的参照系都是惯性参照系，如匀速直线运动的列车；凡是相对于地面作加速运动的参照系都是非惯性参照系，如正在启动或制动的车辆、升降机，旋转着的转盘等。这可以用一个简单的例子来说明，如图 2.10，水平地面上有一个质量为 m 的石块相对地面静止不动。以地面为惯性参照系 K，地面上的观察者观测到石块水平方向不受外力作用，因此静止不动，符合牛顿运动定律。现在有一辆运动着的小车，小车上的观察者观测到什么结果呢？图 2.10（a）中，设小车相对地面作速度为 v 的匀速运动，此时小车也是一惯性参照系，记作 K'。小车上的观察者看不到小车的运动，他看到的是石块以（$-v$）向车尾方向匀速度运动，这也符合牛顿运动定律，因为石块在水平方向不受外力作用，应当保持静止或者匀速直线运动的状态。图 2.10（b）中设小车相对于地面以加速度 a 运动，这时候的小车参照系 K'变成了非惯性参照系。小车上的观察者发现石块在水平方向不受外力作用，却以加速度（$-a$）向车尾方向作加速运动，这显然违背牛顿第二定律。所以，在非惯性系中牛顿运动定律不适用。

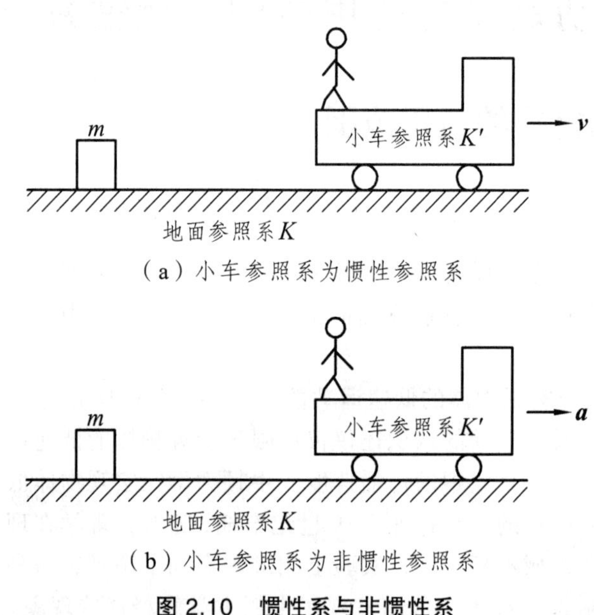

（a）小车参照系为惯性参照系

（b）小车参照系为非惯性参照系

图 2.10　惯性系与非惯性系

然而许多实际的力学问题在非惯性参照系中分析和处理是非常简洁和方便的。怎样在非惯性参照系中处理这些问题呢？那就是引入一个假想的力，叫作惯性力，记作 F^*。这个力的大小等于物体的质量 m 与非惯性参照系的加速度 a 的乘积，方向与非惯性参照系的加速度相反，即

$$\boldsymbol{F}^* = -m\boldsymbol{a}$$

引入这个惯性力，牛顿第二定律在非惯性参照系中形式上就可以应用了。例如，图 2.10（b）

中的小车是非惯性参照系，若假设石块在水平方向受到了一个惯性力 $\boldsymbol{F}^*=-m\boldsymbol{a}$ 的作用，则石块以（$-\boldsymbol{a}$）的加速度向车尾方向加速运动就顺理成章了。

引入惯性力 $\boldsymbol{F}^*$后，在非惯性参照系 K'中物体所受的真实的力（合外力）为 F，惯性力 $\boldsymbol{F}^*$，总的有效力 $\boldsymbol{F}'$为真实力 $\boldsymbol{F}$ 和惯性力 $\boldsymbol{F}^*$的矢量合。物体对非惯性参照系 K'的加速度以 $\boldsymbol{a}'$表示，那么

$$\boldsymbol{F}'=\boldsymbol{F}+\boldsymbol{F}^*=m\boldsymbol{a}'$$

牛顿第二定律在形式上仍然保持不变，所有牛顿定律应用的方法和技巧都可以使用。

惯性力是假想力，或者叫作虚拟力，它与真实的力最大的区别在于它不是因物体之间相互作用而产生，它没有施力者，也不存在反作用力，牛顿第三定律对于惯性力并不适用。人们常说的离心力就是典型的惯性力。如果大家只在惯性系中讨论力学问题，就没有惯性力的概念。

本章小结

1. 牛顿运动定律

第一定律　惯性和力的概念，惯性系定义。

第二定律　$\boldsymbol{F}=\dfrac{\mathrm{d}\boldsymbol{P}}{\mathrm{d}t}$

常用形式　$\boldsymbol{F}=m\boldsymbol{a}$ 或 $\boldsymbol{F}=m\dfrac{\mathrm{d}\boldsymbol{v}}{\mathrm{d}t}=m\dfrac{\mathrm{d}^2\boldsymbol{r}}{\mathrm{d}t^2}$

笛卡尔直角坐标系分量式

$$F_x=ma_x=m\frac{\mathrm{d}v_x}{\mathrm{d}t}=m\frac{\mathrm{d}^2x}{\mathrm{d}t^2}$$

$$F_y=ma_y=m\frac{\mathrm{d}v_y}{\mathrm{d}t}=m\frac{\mathrm{d}^2y}{\mathrm{d}t^2}$$

$$F_z=ma_z=m\frac{\mathrm{d}v_z}{\mathrm{d}t}=m\frac{\mathrm{d}^2z}{\mathrm{d}t^2}$$

自然坐标系分量式　$F_n=ma_n=m\dfrac{v^2}{\rho}$，$F_\tau=ma_\tau=m\dfrac{\mathrm{d}v}{\mathrm{d}t}$

第三定律　$\boldsymbol{F}_{12}=-\boldsymbol{F}_{21}$

2. 牛顿运动定律应用两大类问题

已知质点运动状态（$\boldsymbol{a}$，$\boldsymbol{v}$，$\boldsymbol{r}$）求力。

已知质点受力情况（$\boldsymbol{F}$）求运动状态。

思 考 题

2.1 只要物体不受力或者所受合力为零，就一定沿直线运动或者静止吗？

2.2 根据牛顿第二定律，只要物体受到力的作用，就一定会产生加速度吗？

2.3 相互不接触的物体，其作用力和反作用力能满足牛顿第三定律吗？

2.4 摩擦力的方向总是与物体运动方向相反，对吗？

2.5 由惯性系和非惯性系的概念，请说明牛顿时空观的局限性。

2.6 牛顿运动定律的适用范围是什么？在这个范围之外的问题如何处理？

习 题

一、选择题

2.1 如图 2.11，在升降机天花板上拴有轻绳，其下端系一重物，当升降机以加速度 a_1 上升时，绳中的张力正好等于绳子所能承受的最大张力的一半，则升降机以多大加速度上升时，绳子刚好被拉断（　　）

A. $2a_1$　　B. $2(a_1+g)$

C. $2a_1+g$　　D. a_1+g

2.2 如图 2.12，竖立的圆筒形转笼，半径为 R，绕中心轴 OO' 转动，物块 A 紧靠在圆筒的内壁上，物块与圆筒间的摩擦系数为 μ，要使物块 A 不下落，圆筒转动的角速度 ω 至少应为（　　）

A. $\sqrt{\dfrac{\mu g}{R}}$　　B. $\sqrt{\mu g}$

C. $\sqrt{\dfrac{g}{\mu R}}$　　D. $\sqrt{\dfrac{g}{R}}$

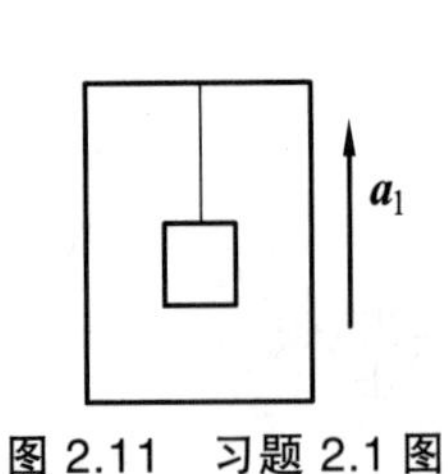

图 2.11　习题 2.1 图

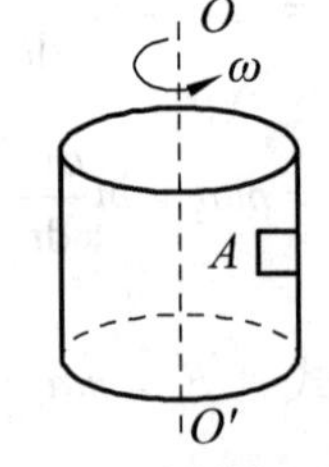

图 2.12　习题 2.2 图

2.3 在作匀速转动的水平转台上，与转轴相距 R 处有一体积很小的工件 A，如图 2.13 所示。设工件与转台间静摩擦系数为 μ_s，若使工件在转台上无滑动，则转台的角速度 ω 应满足（　　）

A. $\omega \leqslant \sqrt{\dfrac{\mu_s g}{R}}$　　　　B. $\omega \leqslant \sqrt{\dfrac{3\mu_s g}{2R}}$

C. $\omega \leqslant \sqrt{\dfrac{3\mu_s g}{R}}$　　　　D. $\omega \leqslant 2\sqrt{\dfrac{\mu_s g}{R}}$

2.4　光滑的水平桌面上放有两块相互接触的滑块，质量分别为 m_1 和 m_2，且 $m_1<m_2$。今对两滑块施加相同的水平作用力，如图 2.14 所示。设在运动过程中，两滑块不离开，则两滑块之间的相互作用力 N 应有（　　）

A. $N = 0$　　　　B. $0 < N < F$

C. $F < N < 2F$　　　　D. $N > 2F$

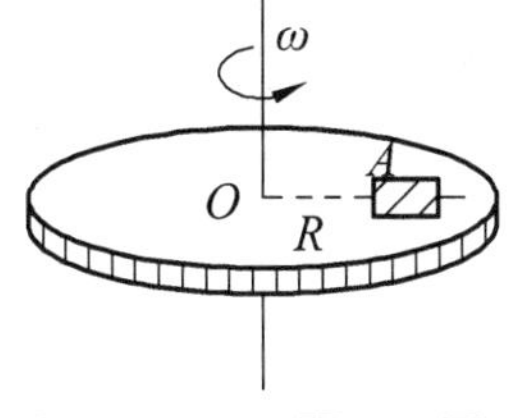

图 2.13　习题 2.3 图

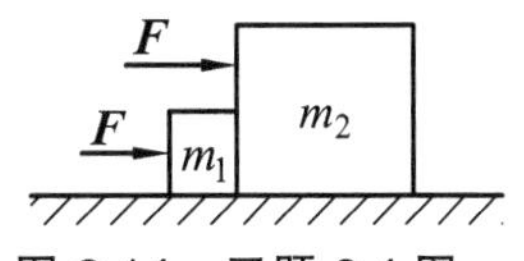

图 2.14　习题 2.4 图

2.5　如图 2.15 所示，质量为 m 的物体 A 用平行于斜面的细线连接置于光滑的斜面上，若斜面向左方作加速运动，当物体开始脱离斜面时，它的加速度的大小为（　　）

A. $g\sin\theta$　　　　B. $g\cos\theta$

C. $g\cot\theta$　　　　D. $g\tan\theta$

2.6　如图 2.16，一只质量为 m 的猴，原来抓住一根用绳吊在天花板上的质量为 M 的直杆，悬线突然断开，小猴则沿杆竖直向上爬以保持它离地面的高度不变，此时直杆下落的加速度为（　　）

A. g　　　　B. $\dfrac{m}{M}g$

C. $\dfrac{M+m}{M}g$　　　　D. $\dfrac{M+m}{M-m}g$

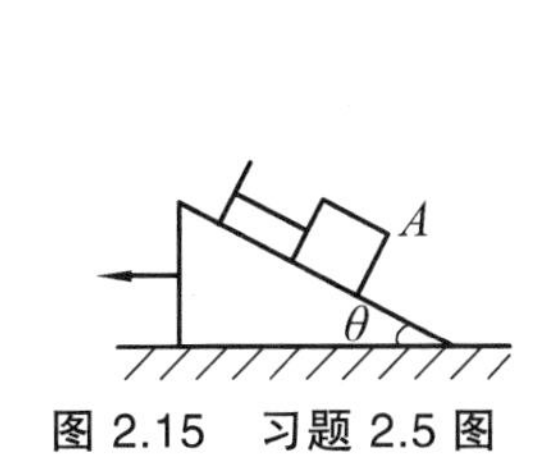

图 2.15　习题 2.5 图

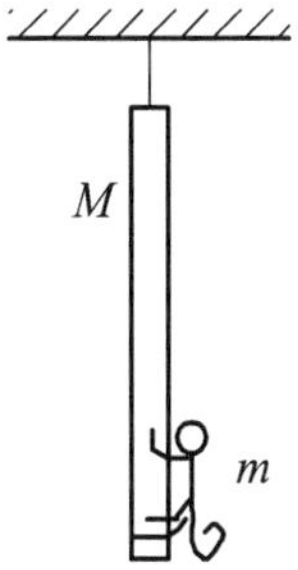

图 2.16　习题 2.6 图

2.7　一辆汽车从静止出发在平直公路上加速前进的过程中，如果发动机的功率一定，阻力大小不变，那么，下面哪一个说法是正确的（　　）

A. 汽车的加速度是不变的　　　　B. 汽车的加速度不断减小

C. 汽车的加速度与它的速度成正比　　D. 汽车的加速度与它的速度成反比

2.8　一段路面水平的公路，转弯处轨道半径为 R，汽车轮胎与路面间的摩擦系数为μ，要使汽车不至于发生侧向打滑，汽车在该处的行驶速率（　　）

A. 不得小于 $\sqrt{\mu gR}$　　B. 不得大于 $\sqrt{\mu gR}$

C. 必须等于 $\sqrt{2gR}$　　D. 还应由汽车的质量 M 决定

2.9　一公路的水平弯道半径为 R，路面的外侧高出内侧，与水平面夹角为θ。要使汽车通过该段路面时不引起侧向摩擦力，则汽车的速率为（　　）

A. $\sqrt{Rg}$　　B. $\sqrt{Rg\tan\theta}$

C. $\sqrt{\dfrac{Rg\cos\theta}{\sin^2\theta}}$　　D. $\sqrt{Rg\cot\theta}$

2.10　质量为 m 的小球，放在光滑的木板和光滑的墙壁之间，并保持平衡，如图 2.17 所示。设木板和墙壁之间的夹角为α，当α逐渐增大时，小球对木板的压力将（　　）

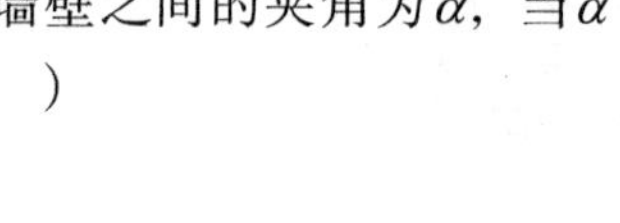

A. 增加

B. 减少

C. 不变

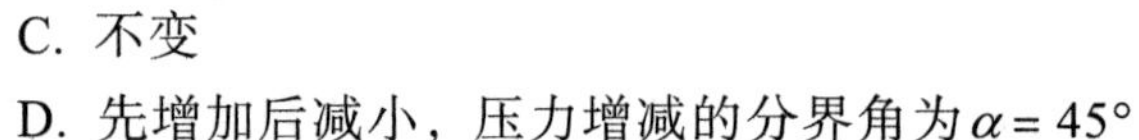

D. 先增加后减小，压力增减的分界角为$\alpha = 45°$

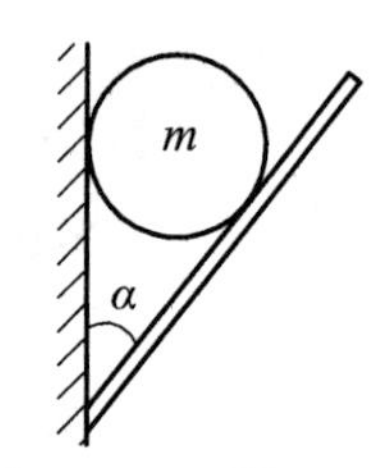

图 2.17　习题 2.10 图

2.11　如图 2.18 所示，质量为 m 的物体用细绳水平拉住，静止在倾角为θ的固定的光滑斜面上，则斜面给物体的支持力为（　　）

A. $mg\cos\theta$　　B. $mg\sin\theta$

C. $\dfrac{mg}{\cos\theta}$　　D. $\dfrac{mg}{\sin\theta}$

2.12　一个圆锥摆的摆线长为 l，摆线与竖直方向的夹角恒为θ，如图 2.19 所示。则摆锤转动的周期为（　　）

A. $\sqrt{\dfrac{l}{g}}$　　B. $\sqrt{\dfrac{l\cos\theta}{g}}$

C. $2\pi\sqrt{\dfrac{l}{g}}$　　D. $2\pi\sqrt{\dfrac{l\cos\theta}{g}}$

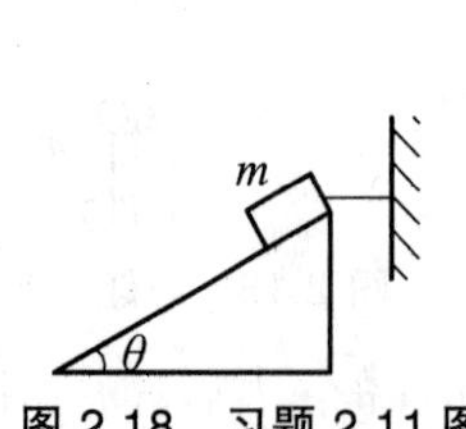

图 2.18　习题 2.11 图

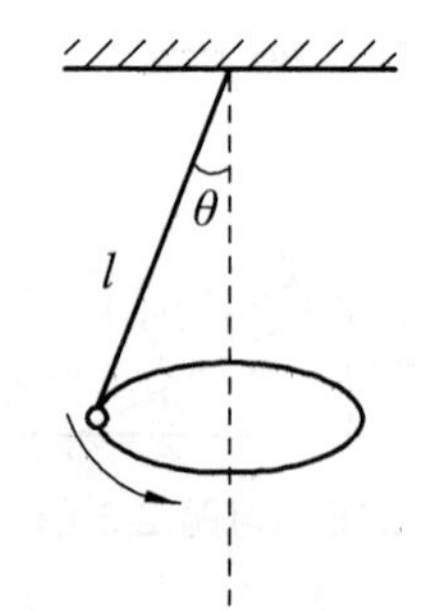

图 2.19　习题 2.12 图

2.13　已知水星的半径是地球半径的 0.4 倍，质量为地球的 0.04 倍。设在地球上的重力

加速度为 g，则水星表面上的重力加速度为（　　）

A. 0.1 g　　B. 0.25 g

C. 2.5 g　　D. 4 g

2.14　用水平压力 $\boldsymbol{F}$ 把一个物体压着靠在粗糙的竖直墙面上保持静止。当 $\boldsymbol{F}$ 逐渐增大时，物体所受的静摩擦力 f（　　）

A. 恒为零　　B. 不为零，但保持不变

C. 随 F 成正比地增大　　D. 开始随 F 增大，达到某一最大值后，就保持不变

2.15　如图 2.20，滑轮、绳子质量及运动中的摩擦阻力都忽略不计，物体 A 的质量 m_1 大于物体 B 的质量 m_2。在 A、B 运动过程中弹簧秤 S 的读数是（　　）

A. $(m_1+m_2)g$　　B. $(m_1-m_2)g$

C. $\dfrac{2m_1m_2}{m_1+m_2}g$　　D. $\dfrac{4m_1m_2}{m_1+m_2}g$

2.16　升降机内地板上放有物体 A，其上再放另一物体 B，二者的质量分别为 M_A、M_B。当升降机以加速度 a 向下加速运动时（$a<g$），物体 A 对升降机地板的压力在数值上等于（　　）

A. M_Ag　　B. $(M_A+M_B)g$

C. $(M_A+M_B)(g+a)$　　D. $(M_A+M_B)(g-a)$

2.17　如图 2.21 所示，一轻绳跨过一个定滑轮，两端各系一质量分别为 m_1 和 m_2 的重物，且 $m_1>m_2$。滑轮质量及轴上摩擦均不计，此时重物的加速度大小为 a。今用一竖直向下的恒力 $F=m_1g$ 代替质量为 m_1 的物体，可得质量为 m_2 的重物的加速度大小为 a'，则（　　）

A. $a'=a$　　B. $a'>a$

C. $a'<a$　　D. 不能确定

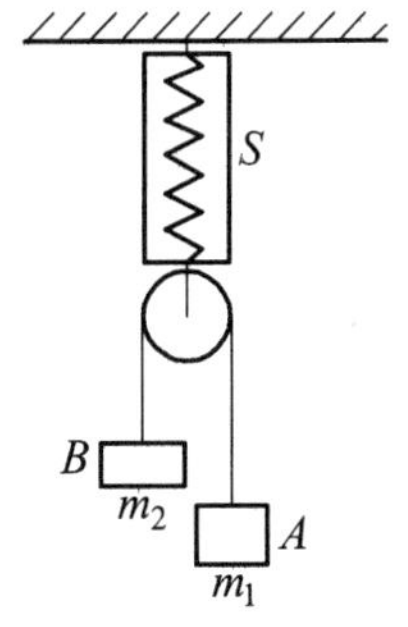

图 2.20　习题 2.15 图

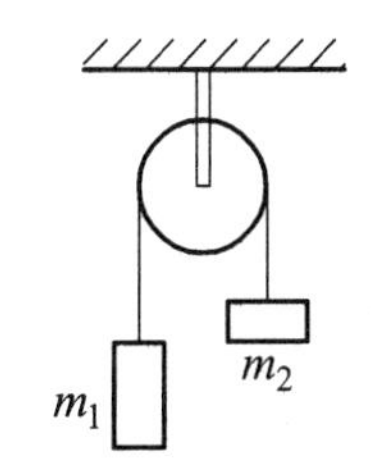

图 2.21　习题 2.17 图

2.18　质量分别为 m_1 和 m_2 的两滑块 A 和 B 通过一轻弹簧水平连接后置于水平桌面上，滑块与桌面间的摩擦系数均为 μ，系统在水平拉力 F 作用下匀速运动，如图 2.22 所示。如突然撤销拉力，则刚撤销瞬间，二者的加速度 a_A 和 a_B 分别为（　　）

A. $a_A=0$，$a_B=0$　　B. $a_A>0$，$a_B<0$

C. $a_A<0$，$a_B>0$　　D. $a_A<0$，$a_B=0$

2.19　水平地面上放一物体 A，它与地面间的滑动摩擦系数为 μ。现加一恒力 $\boldsymbol{F}$，如图 2.23 所示。欲使物体 A 有最大加速度，则恒力 $\boldsymbol{F}$ 与水平方向夹角 θ 应满足（　　）

A. $\sin\theta=\mu$　　B. $\cos\theta=\mu$

C. $\tan\theta=\mu$　　D. $\cot\theta=\mu$

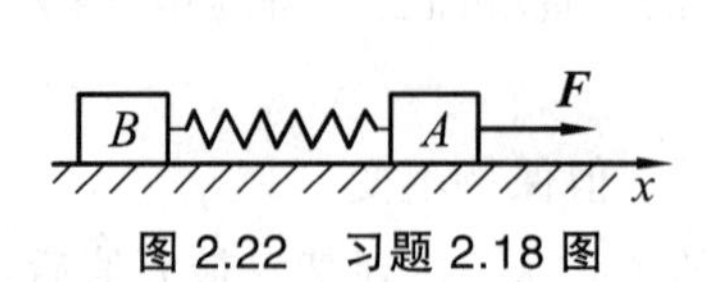

图 2.22　习题 2.18 图

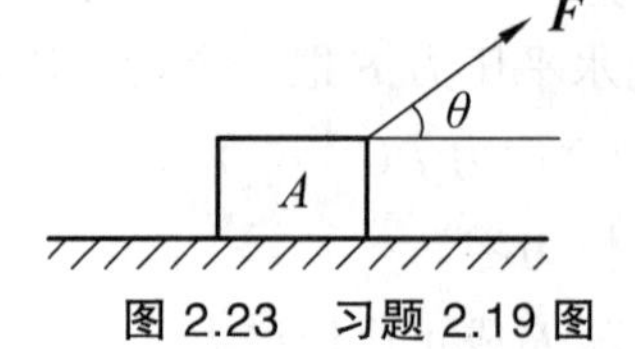

图 2.23　习题 2.19 图

二、填空题

2.20　如图 2.24，沿水平方向的外力 F 将物体 A 压在竖直墙上，由于物体与墙之间有摩擦力，此时物体保持静止，并设其所受静摩擦力为 f_0，若外力增至 $2F$，则此时物体所受静摩擦力为________。

2.21　有两个弹簧，质量忽略不计，原长都是 10 cm，第一个弹簧上端固定，下挂一个质量为 m 的物体后，长 11 cm，而第二个弹簧上端固定，下挂一质量为 m 的物体后，长 13 cm，现将两弹簧串联，上端固定，下面仍挂一质量为 m 的物体，则两弹簧的总长为________。

2.22　如图 2.25，在光滑水平桌面上，有两个物体 A 和 B 紧靠在一起，它们的质量分别为 $m_A=2$ kg，$m_B=1$ kg。今用一水平力 $F=3$ N 推物体 B，则 B 推 A 的力等于________。

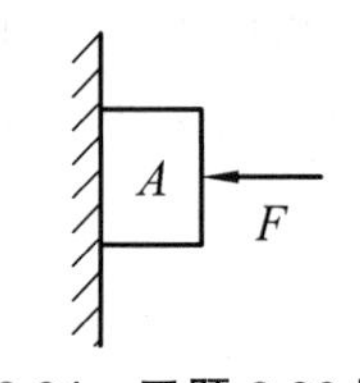

图 2.24　习题 2.20 图

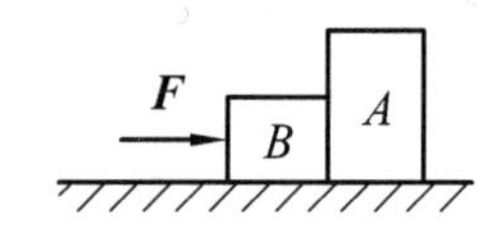

图 2.25　习题 2.22 图

2.23　一块水平木板上放一砝码，砝码的质量 $m=0.2$ kg，手扶木板保持水平，托着砝码使之在竖直平面内做半径 $R=0.5$ m 的匀速率圆周运动，速率 $v=1$ m/s。当砝码与木板一起运动到图 2.26 所示位置时，砝码受到木板的支持力为________。

2.24　在如图 2.27 所示的装置中，两个定滑轮与绳的质量以及滑轮与其轴之间的摩擦都可忽略不计，绳子不可伸长，m_1 与平面之间的摩擦也可不计，在水平外力 F 的作用下，质量为 m_1 与 m_2 的物体的加速度 $a=$________。

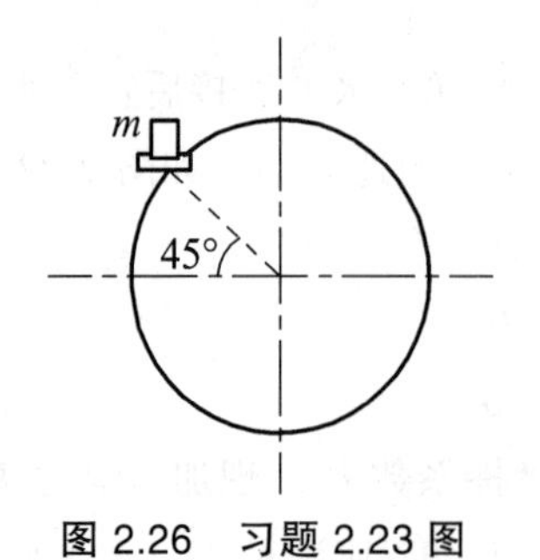

图 2.26　习题 2.23 图

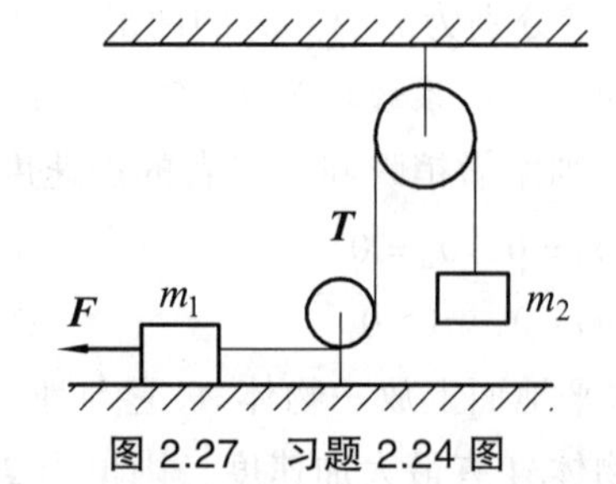

图 2.27　习题 2.24 图

2.25 如图 2.28 所示，质量分别为 M 和 m 的物体用细绳连接，悬挂在定滑轮下，已知 $M>m$，不计滑轮质量及一切摩擦，则它们的加速度大小为________。

2.26 倾角为 30°的一个斜面体放置在水平桌面上。一个质量为 2 kg 的物体沿斜面下滑，下滑的加速度为 3.0 m/s^2。若此时斜面体静止在桌面上不动，则斜面体与桌面间的静摩擦力 $f=$ ________。

2.27 如图 2.29 所示，一水平圆盘，半径为 r，边缘放置一质量为 m 的物体 A，它与盘的静摩擦系数为 μ，圆盘绕中心轴 OO' 转动，当其角速度 ω 小于或等于________时，物 A 不至于飞出。

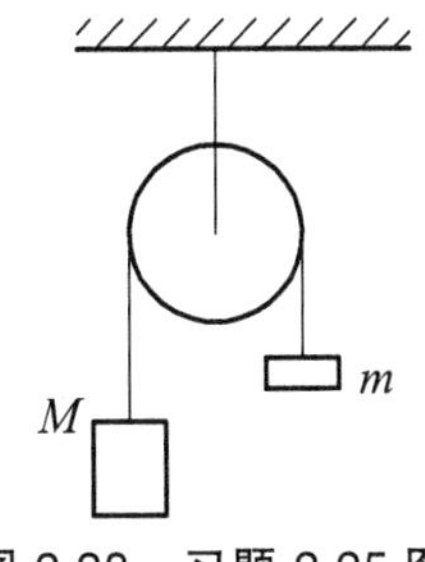

图 2.28 习题 2.25 图

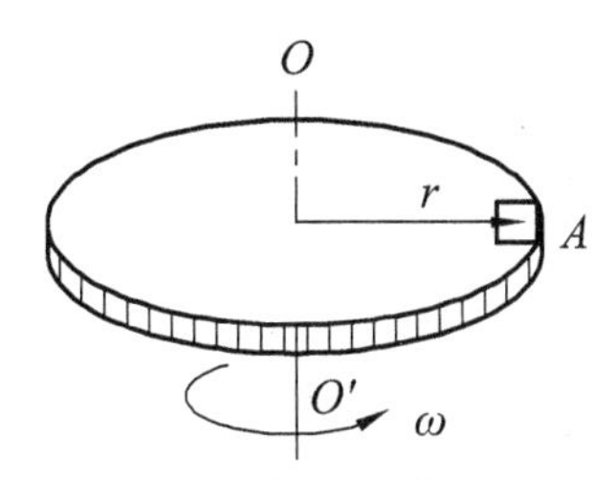

图 2.29 习题 2.27 图

2.28 如果一个箱子与货车底板之间的静摩擦系数为 μ，当这货车爬一与水平方向成 θ 角的平缓山坡时，要使箱子不在车底板上滑动，车的最大加速度 $a_{\max}=$ ________。

2.29 如图 2.30，一物体质量为 M，置于光滑水平地板上。今用一水平力 $\boldsymbol{F}$ 通过一质量为 m 的绳拉动物体前进，则物体的加速度 $a=$ ________。

2.30 如图 2.31，一圆锥摆摆长为 l、摆锤质量为 m，在水平面上作匀速圆周运动，摆线与铅直线夹角 θ，则摆线的张力 $T=$ ________。

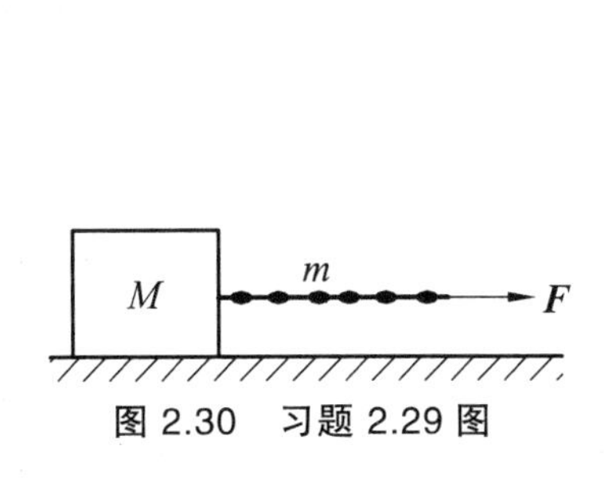

图 2.30 习题 2.29 图

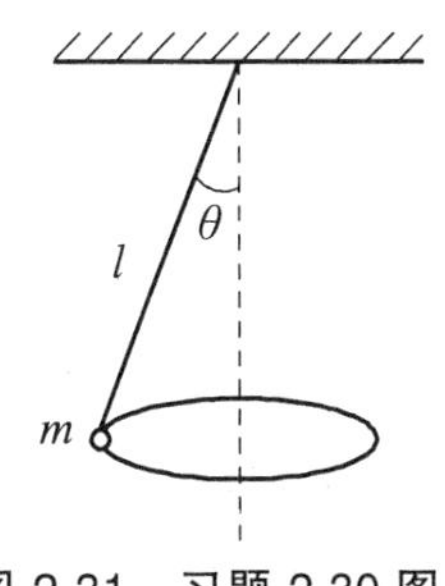

图 2.31 习题 2.30 图

2.31 如图 2.32，质量 $m=40$ kg 的箱子放在卡车的车厢底板上，已知箱子与底板之间的静摩擦系数为 $\mu_s=0.40$，滑动摩擦系数为 $\mu_k=0.25$，试问当卡车以 $a=2$ m/s^2 的加速度行驶时，作用在箱子上的摩擦力大小 $f=$ ________。

2.32 假如地球半径缩短 1%，而它的质量保持不变，则地球表面的重力加速度 g 增大的百分比是________。

2.33 质量为 m 的小球，用轻绳 AB、BC 连接，如图 2.33，其中 AB 水平。剪断绳 AB 前后的瞬间，绳 BC 中的张力比 $T:T'=$ ________。

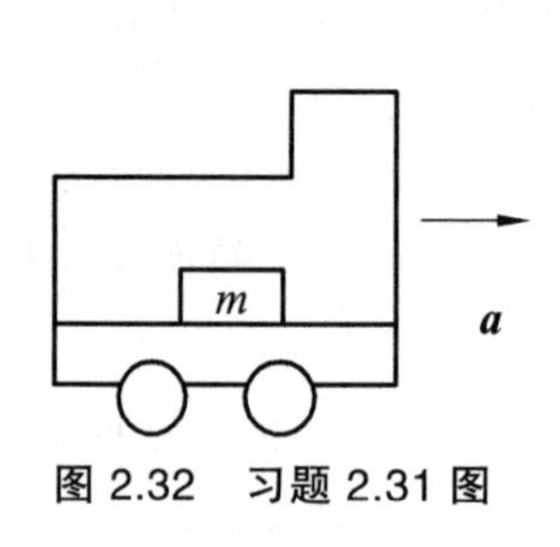

图 2.32　习题 2.31 图

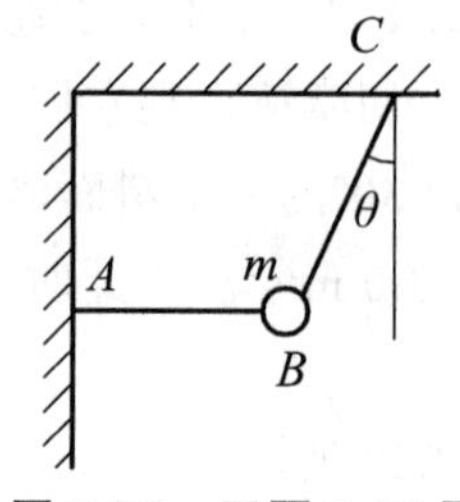

图 2.33　习题 2.33 图

2.34　如图 2.34 所示，一个小物体 A 靠在一辆小车的竖直前壁上，A 和车壁间静摩擦系数是μ_s，若要使物体 A 不致掉下来，小车的加速度的最小值应为 a = ________。

2.35　质量分别为 m_1、m_2、m_3 的三个物体 A、B、C，用一根细绳和两根轻弹簧连接并悬于固定点 O，如图 2.35。取向下为 x 轴正向，开始时系统处于平衡状态，后将细绳剪断，则在刚剪断瞬间，物体 A 的加速度 $\boldsymbol{a}_A$ = ________。

2.36　质量相等的两物体 A 和 B，分别固定在弹簧的两端，竖直放在光滑水平面 C 上，如图 2.36 所示。弹簧的质量与物体 A、B 的质量相比，可以忽略不计。若把支持面 C 迅速移走，则在移开的一瞬间，B 的加速度大小 a_B = ________。

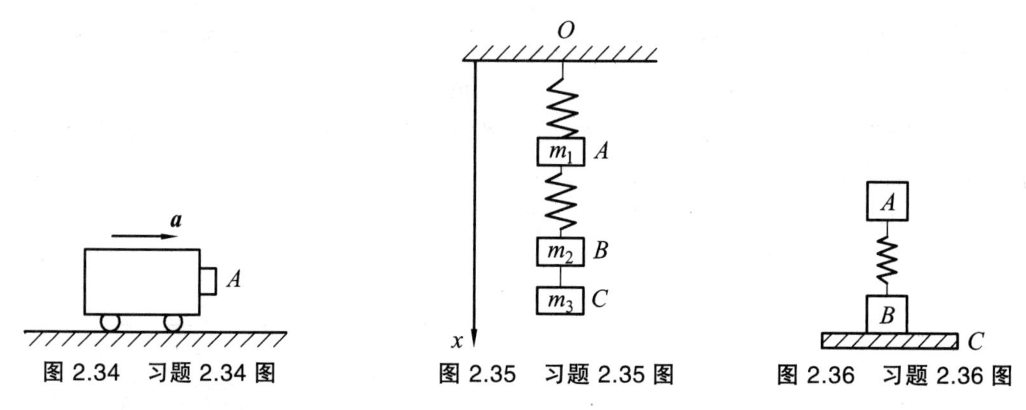

图 2.34　习题 2.34 图　　图 2.35　习题 2.35 图　　图 2.36　习题 2.36 图

三、计算题

2.37　月球质量是地球质量的 1/81，直径为地球直径的 3/11，计算一个质量为 65 kg 的人在月球上所受的月球引力大小。

2.38　水平转台上放置一质量 M = 2 kg 的小物块，物块与转台间的静摩擦系数μ_s = 0.2，一条光滑的绳子一端系在物块上，另一端则由转台中心处的小孔穿下并悬一质量 m = 0.8 kg 的物块。转台以角速度ω= 4π rad/s 绕竖直中心轴转动，求：转台上面的物块与转台相对静止时，物块转动半径的最大值 $r_{\max}$ 和最小值 $r_{\min}$。

2.39　如图 2.37 所示，质量为 m 的摆球 A 悬挂在车架上。求在下述各种情况下，摆线与竖直方向的夹角α和线中的张力 T。

（1）小车沿水平方向作匀速运动；

（2）小车沿水平方向作加速度为 a 的运动。

2.40　如图 2.38，质量分别为 m_1 和 m_2 的两只球，用弹簧连在一起，且以长为 L_1 的线

拴在轴 O 上，m_1 与 m_2 均以角速度 ω 绕轴在光滑水平面上作匀速圆周运动。当两球之间的距离为 L_2 时，将线烧断。试求线被烧断的瞬间两球的加速度 a_1 和 a_2（弹簧和线的质量忽略不计）。

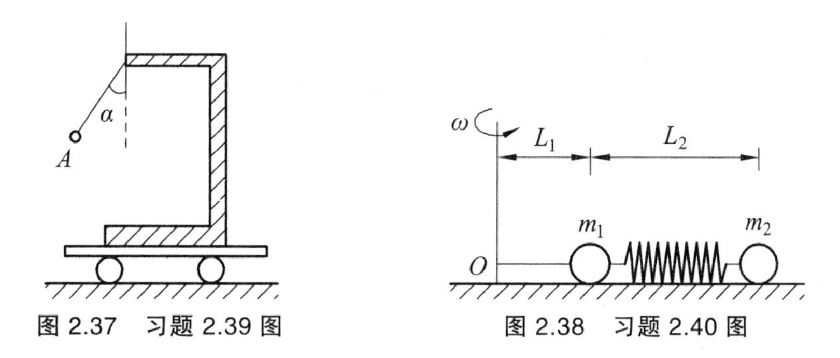

图 2.37　习题 2.39 图　　　　图 2.38　习题 2.40 图

2.41　如图 2.39，绳 CO 与竖直方向成 30°角，O 为一定滑轮，物体 A 与 B 用跨过定滑轮的细绳相连，处于平衡状态。已知 B 的质量为 10 kg，地面对 B 的支持力为 80 N。若不考虑滑轮的大小，求：

（1）物体 A 的质量。

（2）物体 B 与地面的摩擦力。

（3）绳 CO 的拉力。

（取 $g = 10\ \mathrm{m/s^2}$）

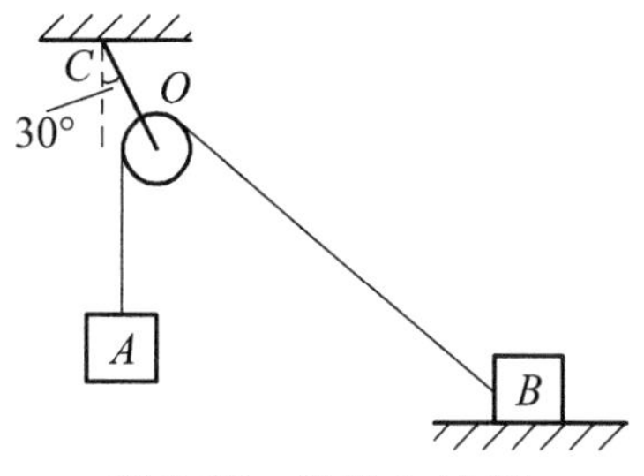

图 2.39　习题 2.41 图

3 动量和能量

3.1 质点动量定理

3.1.1 质点的动量

在牛顿定律建立以前，力学已经有了一定的发展。在对碰撞和打击问题的研究中，物体的质量和速度越大，其“运动量”就越大。因此，我们用质点的质量和它的速度的乘积 $m\boldsymbol{v}$ 来度量质点作机械运动的“运动量”，称为质点的动量。通常用 $\boldsymbol{p}$ 表示动量，即

$$\boldsymbol{p} = m\boldsymbol{v} \tag{3.1}$$

动量是矢量，它的方向与速度的方向相同。在国际单位制中，动量的单位是 kg·m/s。

动量有它的分量形式：

$$p_x = mv_x$$

$$p_y = mv_y$$

$$p_z = mv_z$$

由于物体在运动过程中不同时刻速度是不同的，所以动量的大小和方向都可能是变化的。初动量和末动量是指初始时刻和末时刻的动量。

3.1.2 质点动量的时间变化率　力

当质点的运动状态发生变化时，质点的动量随之变化。由式（3.1）可求得质点动量对时间的变化率，即

$$\frac{\mathrm{d}\boldsymbol{p}}{\mathrm{d}t} = \frac{\mathrm{d}(m\boldsymbol{v})}{\mathrm{d}t}$$

在质点速率远小于光速时，质点的质量可视为恒量，于是

$$\frac{\mathrm{d}\boldsymbol{p}}{\mathrm{d}t}=\frac{\mathrm{d}(\mathrm{m}\boldsymbol{v})}{\mathrm{d}t}=m\boldsymbol{a}$$

由牛顿第二定律 $\boldsymbol{F}=m\boldsymbol{a}$，上式可写为

$$\boldsymbol{F}=\frac{\mathrm{d}\boldsymbol{p}}{\mathrm{d}t} \tag{3.2}$$

式（3.2）表示质点所受的合力等于质点动量随时间的变化率，这是牛顿第二定律更普遍的表述形式，也是力的定义式：力是质点动量随时间变化率的量度。在质点高速运动的情况下，质点的质量 m 不再是恒量，$\boldsymbol{F}=m\boldsymbol{a}$ 不再适用，但式（3.2）仍然是成立的。

3.1.3 质点动量定理　力的冲量

由式（3.2）得

$$\boldsymbol{F}\mathrm{d}t=\mathrm{d}\boldsymbol{p} \tag{3.3}$$

式（3.3）左端 $\boldsymbol{F}\mathrm{d}t$ 称为力 $\boldsymbol{F}$ 在 $\mathrm{d}t$ 时间内的元冲量，用 $\mathrm{d}\boldsymbol{I}$ 表示。对式（3.3）两端分别积分，得

$$\int_{t_1}^{t_2}\boldsymbol{F}\mathrm{d}t=\int_{\boldsymbol{p}_1}^{\boldsymbol{p}_2}\mathrm{d}\boldsymbol{p}=\boldsymbol{p}_2-\boldsymbol{p}_1=\Delta\boldsymbol{p} \tag{3.4}$$

式（3.4）左端是在 $t_1\sim t_2$ 时间内作用力对时间的积累，称为**力的冲量**，用 $\boldsymbol{I}$ 表示，则式（3.4）成为

$$\boldsymbol{I}=\int_{t_1}^{t_2}\boldsymbol{F}\mathrm{d}t=\Delta\boldsymbol{p} \tag{3.5}$$

若用 $\bar{\boldsymbol{F}}$ 表示 $t_1\sim t_2$ 的 Δt 时间内合力 $\boldsymbol{F}$ 的平均力，则式（3.5）成为

$$\boldsymbol{I}=\int_{t_1}^{t_2}\boldsymbol{F}\mathrm{d}t=\bar{\boldsymbol{F}}\cdot\Delta t=\Delta\boldsymbol{p} \tag{3.6}$$

平均力 $\bar{\boldsymbol{F}}$ 的方向与 $\Delta\boldsymbol{p}$ 的方向相同。

式（3.5）表明，质点在 $t_1\sim t_2$ 时间内所受合力的冲量等于同一时间内质点动量的增量，这一结论称为**质点的动量定理**。而式（3.3）则称为质点动量定理的微分形式。

在实际运用中，式（3.5）常表示为分量形式，即

$$\left.\begin{aligned}I_x&=\int_{t_1}^{t_2}F_x\mathrm{d}t=p_{2x}-p_{1x}=\Delta p_x\\I_y&=\int_{t_1}^{t_2}F_y\mathrm{d}t=p_{2y}-p_{1y}=\Delta p_y\\I_z&=\int_{t_1}^{t_2}F_z\mathrm{d}t=p_{2z}-p_{1z}=\Delta p_z\end{aligned}\right\} \tag{3.7}$$

I_x 对应于图 3.1 中 F_x-t 曲线下阴影部分的面积。由平均力 $\bar{F}_x$ 的物理意义可知，图中矩形面积 $S=\bar{F}_x(t_2-t_1)$ 与阴影部分面积相等。

质点动量定理表明，力对时间的累积效应是改变质点的动量。也就是说，质点的动量变化不是与质点所受的合力相对应，而是与质点所受的合力的冲量相对应。要产生同样的动量增量，合力大时，时间短些；合力小时，时间长些。只要合力的时间累积即冲量相同，质点的动量增量就相同。

应用动量定理解决碰撞、冲击等力在短时间内发生复杂变化的实际问题，可以避开某过程的细节而只讨论该过程的总体效果。

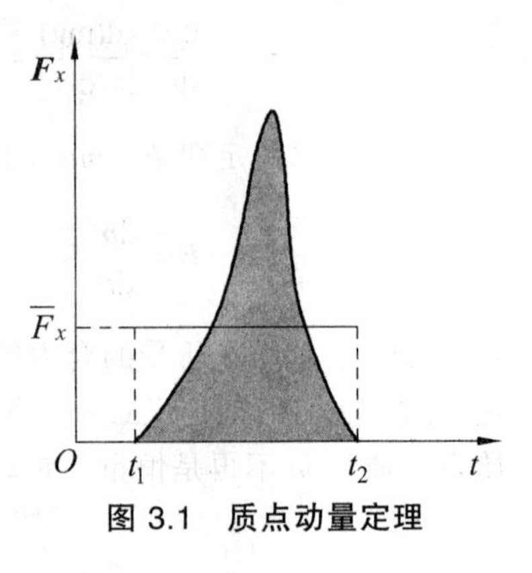

图 3.1　质点动量定理

3.2　质点系动量定理

3.2.1　质点系的动量

对多个物体（或质点），还有总动量的概念，即系统总动量。质点系总动量定义为质点系内各质点动量的矢量和，其数学表达式为

$$\boldsymbol{p}=\sum\boldsymbol{p}_i=\sum m_i\boldsymbol{v}_i \tag{3.8}$$

$\boldsymbol{p}_i$表示质点系内各个质点的动量。总动量在直角坐标系中的分量形式为

$$\left.\begin{aligned}p_x&=\sum_i p_{ix}\\p_y&=\sum_i p_{iy}\\p_z&=\sum_i p_{iz}\end{aligned}\right\}$$

3.2.2　质点系动量的时间变化率　内力和外力

当研究由许多质点组成的质点系时，可把系统内质点所受的力划分为外力和内力：外力是指系统外的物体对系统内任一质点的作用力，而内力是指系统内质点间的相互作用力。外力和内力的划分具有相对的意义：同一个力可能对某一个系统为外力而对另一个系统则是内力。例如，对地球和月球组成的系统，太阳作用于地球的力是该系统所受的外力，而地球对月球的引力则是该系统所受的内力。

根据牛顿第三定律，一切物体间的作用都是相互的，力总是以大小相等、方向相反且共线的方式成对出现。这样，系统内所有质点间相互作用的内力的矢量和必然为零。即

$$F_{内} = \sum F_{内i} \equiv 0 \tag{3.9}$$

式（3.9）表示系统内所有内力的矢量和恒为零，这是从牛顿第三定律得出的非常重要的结论。

设质点系由质量分别为 m_1，m_2，…，m_i，…，m_N的 N 个质点组成，系统内任一质点 m_i 所受的外力矢量和为 $\boldsymbol{F}_i$，所受内力矢量和为 $\boldsymbol{f}_i$，由式（3.2）可知，质点的动量变化率为

$$\frac{\mathrm{d}\boldsymbol{p}_i}{\mathrm{d}t} = \boldsymbol{F}_i + \boldsymbol{f}_i \tag{3.10}$$

将上述 N 个式子相加得

$$\sum_{i=1}^{N}\frac{\mathrm{d}\boldsymbol{p}_i}{\mathrm{d}t} = \sum_{i=1}^{N}\boldsymbol{F}_i + \sum_{i=1}^{N}\boldsymbol{f}_i \tag{3.11}$$

由牛顿第三定律，质点系内所有内力矢量和为零

$$\sum_{i=1}^{N}\boldsymbol{f}_i = 0$$

式（3.11）成为

$$\frac{\mathrm{d}}{\mathrm{d}t}\sum_{i}\boldsymbol{p}_i = \sum_{i}\boldsymbol{F}_i$$

或写为

$$\frac{\mathrm{d}\boldsymbol{p}}{\mathrm{d}t} = \boldsymbol{F}_{外} \tag{3.12}$$

式（3.12）表明质点系总动量的时间变化率等于质点系所受外力的矢量和。若质点系所受外力的矢量和为零，则质点系总动量不随时间变化，即质点系动量守恒。

3.2.3 质点系动量定理

由式（3.12）可得

$$\boldsymbol{I}_{外} = \int_{t_1}^{t_2}\boldsymbol{F}_{外}\mathrm{d}t = \int_{\boldsymbol{p}_1}^{\boldsymbol{p}_2}\mathrm{d}\boldsymbol{p} = \boldsymbol{p}_2 - \boldsymbol{p}_1 = \Delta\boldsymbol{p} \tag{3.13}$$

式（3.13）表示质点系所受外力的矢量和在 $t_1 \sim t_2$ 时间内的冲量等于质点系的总动量在同一时间内的增量，称为**质点系的动量定理**。在直角坐标系下，式（3.13）可写为分量式

$$\left.\begin{aligned} I_x &= \Delta p_x \\ I_y &= \Delta p_y \\ I_z &= \Delta p_z \end{aligned}\right\} \tag{3.14}$$

质点系的动量定理表明，质点系总动量的变化只与质点系所受外力的冲量有关，与内力

的冲量无关。原因在于质点系内力的矢量和 $\boldsymbol{F}_{内}=\sum \boldsymbol{F}_{内i}\equiv 0$，因此质点系内力的冲量的矢量和也恒为零，即

$$\boldsymbol{I}_{内}=\int \boldsymbol{F}_{内}\mathrm{d}t\equiv 0 \tag{3.15}$$

质点系内力的冲量不影响质点系的总动量，而只能改变质点系总动量在质点系内各质点间的分配。

【例 3.1】 如图 3.2 所示，质量 $m=0.15$ kg 的小球以 $v_0=10$ m/s 的速度射向光滑地面，入射角 $\theta_1=30°$，然后沿 $\theta_2=60°$ 的反射角方向弹出。设碰撞时间 $\Delta t=0.01$ s，计算小球对地面的平均冲力。

解：因为地面光滑，地面对小球的冲力沿法线方向竖直向上，在水平方向小球不受作用力，设地面对小球的平均冲力为 $\bar{F}$，碰后小球速度为 v。建立坐标如图 3.2，根据质点的动量定理有

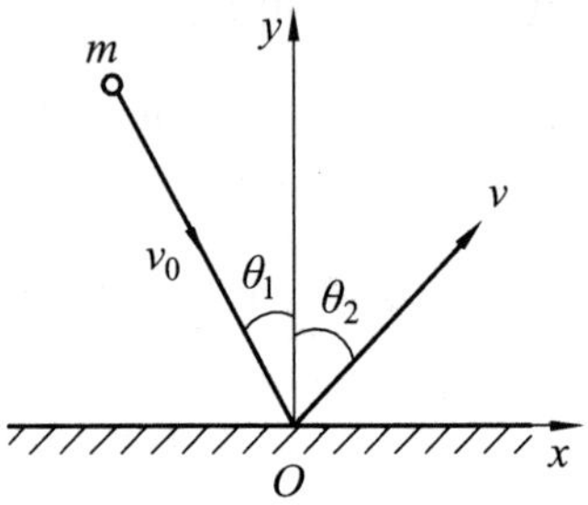

图 3.2　小球与光滑地面之间的碰撞

$$I_x=0=mv\sin\theta_2-mv_0\sin\theta_1$$

$$I_y=(\bar{F}-mg)\Delta t=mv\cos\theta_2-(-mv_0\cos\theta_1)$$

由此得

$$v=v_0\frac{\sin\theta_1}{\sin\theta_2}$$

$$\bar{F}=\frac{mv_0\sin(\theta_1+\theta_2)}{\Delta t\cdot\sin\theta_2}+mg$$

代入数据：

$$\bar{F}=\frac{0.15\times 10}{0.01\times\sqrt{3}/2}+0.15\times 9.8=175\ (\mathrm{N})$$

小球对地面的平均冲力就是 $\bar{F}$ 的反作用力。在本题中考虑了重力的作用，事实上重力 $mg=0.15\times 9.8=1.47$ N，不到 $\bar{F}$ 的 1%，因此可以忽略不计。

3.3　动量守恒定律

3.3.1　动量守恒定律

从质点系动量定理可知，如果质点系所受的合外力（或合外力的冲量）为零，质点系的

总动量将保持不变，即

$$\left.\begin{array}{l}\boldsymbol{F}_{外}=0\ (或\ \boldsymbol{I}_{外}=0)\\ \boldsymbol{p}=\sum_{I} m_i\boldsymbol{v}_i=常矢量\end{array}\right\} \tag{3.16}$$

这个结论叫作**动量守恒定律**。动量守恒定律是自然界的基本规律之一，具有广泛的应用领域。

讨论：

（1）动量守恒是指质点系总动量不变，$\sum_i m_i\boldsymbol{v}_i=$常矢量。质点系中各质点的动量是可以变化的，质点通过内力的作用交换动量，一个质点获得多少动量，另一个质点就失去多少动量，而总动量保持不变。

（2）$\boldsymbol{F}_{外}=0$是动量守恒的条件，但它是一个很严格很难实现的条件，真实系统通常与外界或多或少地存在着某些作用。当质点系内部的作用远远大于外力，或者外力不太大而作用时间很短促，以致形成的冲量很小的时候，外力对质点系动量的相对影响就比较小，此时可以忽略外力的效果，近似地应用动量守恒定律。例如，在空中爆炸的炸弹，各碎片间的作用力是内力，由于爆炸过程的时间很短，内力很大，外力是重力，相比之下，重力远远小于爆炸时的内力，因而重力可以忽略不计，认为炸弹系统动量守恒，爆炸后所有碎片动量的矢量和等于爆炸前炸弹的动量。在近似条件下应用动量守恒定律，极大地扩展了动量守恒定律解决实际问题的范围。

（3）式（3.16）是动量守恒定律的矢量形式，在实际应用中常表示为分量形式，即

$$\begin{array}{l}当\ F_x=0，则\ \sum_i m_i v_{ix}=常量\\ 当\ F_y=0，则\ \sum_i m_i v_{iy}=常量\\ 当\ F_z=0，则\ \sum_i m_i v_{iz}=常量\end{array} \tag{3.17}$$

合外力在哪一个方向的分量为零，则质点系总动量在该方向上的分量就守恒。

（4）在物理学中，常常涉及封闭系统，封闭系统是指与外界没有任何相互作用的系统，封闭系统受到的合外力必然为零，因此动量守恒定律又可以表述为封闭系统的动量保持不变。

（5）碰撞过程中的动量守恒现象。碰撞泛指强烈而短暂的相互作用过程，如撞击、锻打、爆炸、投掷、喷射等都可以视为广义的碰撞。若将碰撞中相互作用的物体看作一个系统，碰撞过程的表现是内力作用强，通常情况下满足$F_{内}\gg F_{外}$，且作用时间短暂，外力的冲量一般可以忽略不计，因此动量守恒是一般碰撞过程的共同特点。

（6）动量守恒定律与牛顿运动定律。从牛顿运动定律出发导出了动量定理，进而导出了动量守恒定律。事实上，动量守恒定律远比牛顿运动定律更广泛、更深刻，更能揭示物质世界的一般性规律。动量守恒定律适用的质点系范围，大到宇宙，小到微观粒子，当把质点系的范围扩展到整个宇宙时，可以得出宇宙中动量的总量是一个不变量的结论，这就使得动量守恒定律成为自然界普遍遵从的定律。而牛顿运动定律只是在宏观物体作低速运动的情况下成立，超越这个范围，牛顿运动定律不再适用。

（7）动量守恒定律和动量定理都只对惯性参照系成立。在非惯性参照系中则需要加上惯性力才能应用。

3.3.2 动量守恒定律的应用

动量守恒定律在很多力学问题的分析与求解过程中都有广泛的应用。应用动量守恒定律的关键是能够准确判断动量守恒的条件是否满足。另一方面，也要注意判断是否有动量的分量守恒。下面通过例题来说明动量守恒定律的应用。

【例 3.2】 质量为 m_1 的小球 A 以速度 v_0 沿 x 轴正向运动，与另一质量为 m_2 的静止小球 B 在水平面内碰撞，碰后 A 沿 y 轴正向运动，B 的运动方向与 x 轴成 θ 角，如图 3.3 所示。

（1）求碰撞后 A 的速率 v_1 和 B 的速率 v_2；

（2）设碰撞的接触时间为 Δt，求 A 受到的平均冲力。

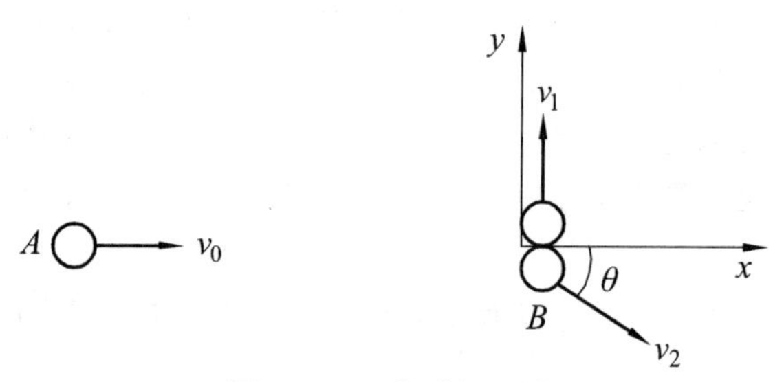

图 3.3 两小球相碰撞

解：（1）以 A、B 两球构成系统，合外力为零，系统的动量守恒。建立坐标如图 3.3，应用动量守恒定律的分量形式：

x 方向： $m_2 v_2 \cos\theta = m_1 v_0$

y 方向： $m_1 v_1 - m_2 v_2 \sin\theta = 0$

联立上两式，得

$$v_1 = v_0 \tan\theta$$

$$v_2 = \frac{m_1 v_0}{m_2 \cos\theta}$$

（2）以小球 A 为研究对象，由质点的动量定理可得

x 方向： $\bar{F}_x = \dfrac{m_1 v_{1x} - m_1 v_{0x}}{\Delta t} = -\dfrac{m_1 v_0}{\Delta t}$

y 方向： $\bar{F}_y = \dfrac{m_1 v_{1y} - m_1 v_{0y}}{\Delta t} = -\dfrac{m_1 v_1}{\Delta t}$

所以 $\bar{F}$ 的大小为

$$\bar{F} = \sqrt{(\bar{F}_x)^2 + (\bar{F}_y)^2} = \sqrt{\left(-\frac{m_1 v_0}{\Delta t}\right)^2 + \left(\frac{m_1 v_1}{\Delta t}\right)^2} = \frac{m_1}{\Delta t}\sqrt{v_0^2 + v_1^2}$$

$\bar{F}$ 与 x 轴的夹角

$$\alpha = \arctan\frac{\bar{F}_y}{\bar{F}_x} = \arctan\left(-\frac{v_1}{v_0}\right)$$

【例 3.3】 如图 3.4 所示，一轻绳悬挂质量为 m_1 的沙袋静止下垂，质量为 m_2 的子弹以速度 v_0、倾斜角 θ 射入沙袋中不再出来，求子弹与沙袋共同开始运动时的速度。

解： 在子弹射入沙袋的过程中，以子弹和沙袋构成一系统，竖直方向上受重力（可忽略）和绳的张力（不可忽略）的作用，动量的竖直分量不守恒。在水平方向上系统不受外力作用，动量的水平分量守恒。设碰后子弹与沙袋以共同速度 v 开始运动，则

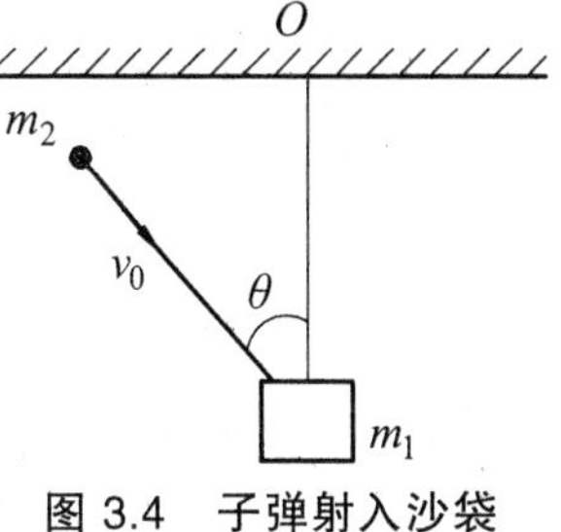

图 3.4　子弹射入沙袋

$$m_2 v_0 \sin\theta = (m_1 + m_2)v$$

得

$$v = \frac{m_2 \sin\theta}{m_1 + m_2} \cdot v_0$$

【例 3.4】 如图 3.5，小游船靠岸的时候速度已几乎减为零，坐在船上远离岸一端的一位游客站起来走向船近岸的一端准备上岸，设游人体重 $m_1 = 50$ kg，小游船质量 $m_2 = 100$ kg，小游船长 $L = 5$ m，问游人能否一步跨上岸。（水的阻力不计）

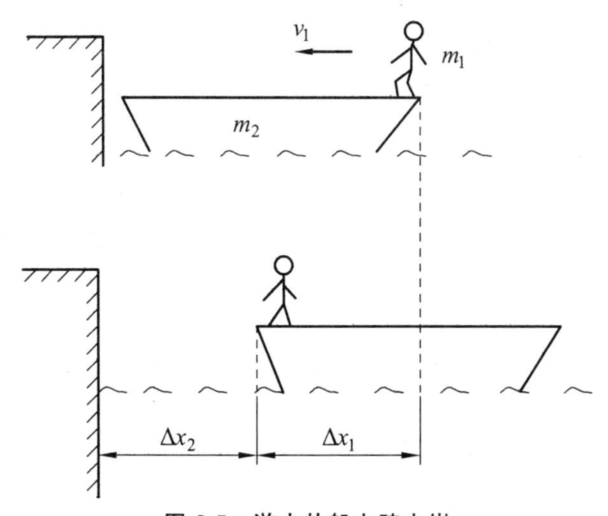

图 3.5　游人从船上跨上岸

解： 由图 3.5 可以看出，将游客与游船视作一个系统，该系统水平方向不受外力作用，动量守恒。设游客速度为 v_1，游船速度为 v_2。

$$m_1 v_1 + m_2 v_2 = 0$$

或

$$m_1 v_1 = -m_2 v_2 \text{（负号表示方向）} \quad ①$$

当游客走到船近岸一端时，游客相对岸行走了 Δx_1 距离，游船相对岸行走了 Δx_2 距离。

$$\Delta x_1 = \int_{\Delta t} v_1 \mathrm{d}t \tag{②}$$

$$\Delta x_2 = \int_{\Delta t} v_2 \mathrm{d}t \tag{③}$$

$$\Delta x_2 = L - \Delta x_1 \tag{④}$$

联立求解式①至④，可得游船已离岸

$$\Delta x_2 = \frac{m_1}{m_1 + m_2} \cdot L = \frac{50}{50+100} \times 5 = 1.67 \text{（m）}$$

可见，游客要想一步跨上岸是很困难的，最好用缆绳先将船固定住，游人再登陆上岸。

3.4　动能　功　动能定理

3.4.1　动能及其时间变化率

动能是描述物体机械运动的另一个重要物理量。中学物理将 $\frac{1}{2}mv^2$ 定义为质点的动能，用 E_k 表示，即

$$E_k = \frac{1}{2}mv^2 \tag{3.18}$$

动能是机械能的一种形式，是由于物体运动而具有的一种能量。动能的单位与功相同，但意义不一样，功是力的空间累积，与过程有关，是过程量；动能则取决于物体的运动状态，或者说是物体机械运动状态的一种表示，因此是状态量，也称为状态函数。

质点系动能定义为质点系内所有质点动能之和，数学表达式为

$$E_k = \sum_i E_{ki} = \sum \frac{1}{2} m_i v_i^2 \tag{3.19}$$

由式（3.18），质点动能的时间变化率为

$$\begin{aligned}
\frac{\mathrm{d}E_k}{\mathrm{d}t} &= \frac{\mathrm{d}}{\mathrm{d}t}\left(\frac{1}{2}mv^2\right) = \frac{1}{2}m\frac{\mathrm{d}}{\mathrm{d}t}(\boldsymbol{v}\cdot\boldsymbol{v}) \\
&= \frac{1}{2}m\left(\frac{\mathrm{d}\boldsymbol{v}}{\mathrm{d}t}\cdot\boldsymbol{v} + \boldsymbol{v}\cdot\frac{\mathrm{d}\boldsymbol{v}}{\mathrm{d}t}\right) = m\frac{\mathrm{d}\boldsymbol{v}}{\mathrm{d}t}\cdot\boldsymbol{v} \\
&= m\boldsymbol{a}\cdot\boldsymbol{v} \\
&= \boldsymbol{F}\cdot\frac{\mathrm{d}\boldsymbol{r}}{\mathrm{d}t}
\end{aligned}$$

即 $$\mathrm{d}E_{\mathrm{k}} = \boldsymbol{F}\cdot\mathrm{d}\boldsymbol{r}\ \text{（注意矢量表达）} \tag{3.20}$$

或 $$\int_{E_{\mathrm{k1}}}^{E_{\mathrm{k2}}}\mathrm{d}E_{\mathrm{k}} = \int_{r_1}^{r_2}\boldsymbol{F}\cdot\mathrm{d}\boldsymbol{r} \tag{3.21}$$

3.4.2 功

中学物理已经讨论过恒力的功，如图 3.6 所示，沿直线运动的质点 M 受恒力 $\boldsymbol{F}$ 的作用，从 a 点运动到 b 点的过程中，位移大小 $|\Delta\boldsymbol{r}| = s$，力与位移的夹角为 θ，则力对质点所做的功为

$$A = Fs\cos\theta$$

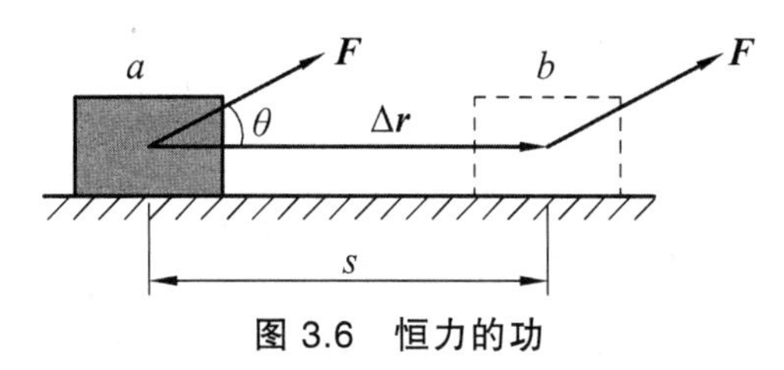

图 3.6 恒力的功

下面讨论变力的功。

设质点在变力 $\boldsymbol{F}$ 作用下沿曲线路径 L 由 a 运动到 b，如图 3.7 所示。采用微元分析法，将曲线 ab 划分为许多段元位移（微元），在每段微元上“以直代曲”，“以恒代变”，认为元位移的大小 $|\mathrm{d}\boldsymbol{r}| = \mathrm{d}s$。在该元位移 $\mathrm{d}\boldsymbol{r}$ 过程中，质点所受力 $\boldsymbol{F}$ 的大小、方向不变，力对质点所做的功用 $\mathrm{d}A$ 表示，称为元功或微功，如图 3.8。

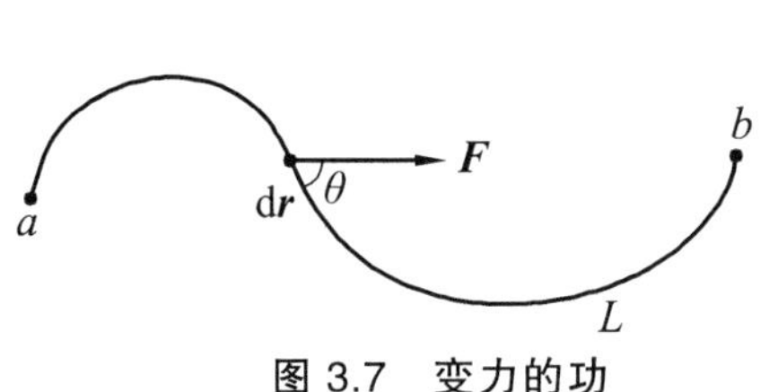

图 3.7 变力的功

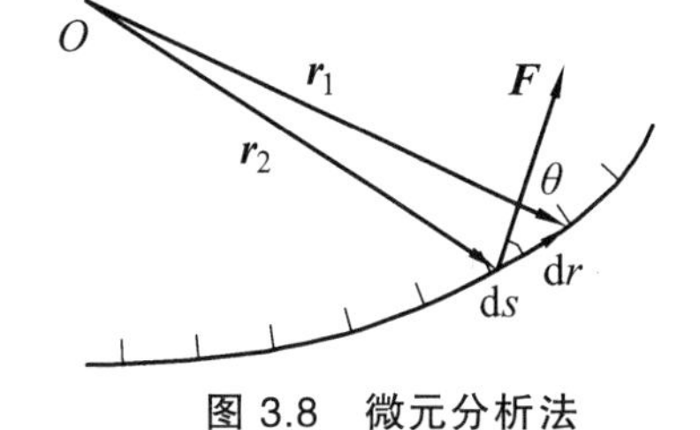

图 3.8 微元分析法

$$\mathrm{d}A = F\cos\theta\mathrm{d}s = F|\mathrm{d}\boldsymbol{r}|\cos\theta = \boldsymbol{F}\cdot\mathrm{d}\boldsymbol{r} \tag{3.22}$$

在各元位移上，力对质点所做元功的代数和就是变力 $\boldsymbol{F}$ 在整个路径上对质点所做的总功。

$$A = \int_{\substack{a\\(\text{沿}L)}}^{b}\mathrm{d}A = \int_{\substack{a\\(\text{沿}L)}}^{b}F\cos\theta\mathrm{d}s = \int_{\substack{a\\(\text{沿}L)}}^{b}F|\mathrm{d}\boldsymbol{r}|\cos\theta = \int_{\substack{a\\(\text{沿}L)}}^{b}\boldsymbol{F}\cdot\mathrm{d}\boldsymbol{r} \tag{3.23}$$

在工程上常作出 $F\cos\theta$ 随 s 变化的曲线，称为**示功图**，在由 a 至 b 路径上力 $\boldsymbol{F}$ 所做的功对应于图中曲线下阴影部分的面积，如图 3.9 所示。

式（3.23）中的积分叫作力 $\boldsymbol{F}$ 沿路径 $\boldsymbol{L}$ 从 a 至 b 的线积分。

在直角坐标系中

$$\begin{aligned}\boldsymbol{F} &= F_x\boldsymbol{i} + F_y\boldsymbol{j} + F_z\boldsymbol{k}\\ \mathrm{d}\boldsymbol{r} &= \mathrm{d}x\boldsymbol{i} + \mathrm{d}y\boldsymbol{j} + \mathrm{d}z\boldsymbol{k}\end{aligned}\quad\text{（注意矢量表达）}$$

所以 $$dA = F_x dx + F_y dy + F_z dz$$

$$A = \int_a^b (F_x dx + F_y dy + F_z dz) \tag{3.24}$$

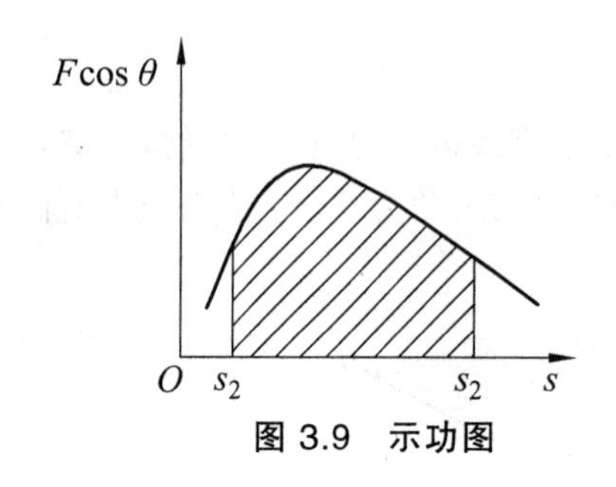

图 3.9 示功图

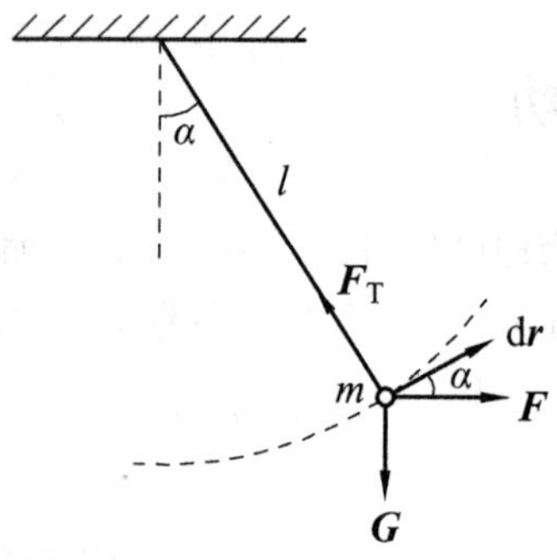

图 3.10 单摆的运动

【例 3.5】 如图 3.10，一绳长为 l，小球质量为 m 的单摆竖直悬挂，在水平力 F 的作用下，小球由静止极其缓慢地移动，直至绳与竖直方向的夹角为θ，求力 F 做的功。

解： 因小球极其缓慢地移动，可近似认为加速度为零，所受合力为零，即水平力 $\boldsymbol{F}$、重力 $\boldsymbol{G}$、拉力 $\boldsymbol{F}_T$ 的矢量和 $\boldsymbol{F}+\boldsymbol{G}+\boldsymbol{F}_T=0$。图 3.10 为小球移动过程中绳与竖直方向成任意角α时的示力图，由于合力的切向分量 $F\cos\alpha - mg\sin\alpha = 0$，可得

$$F = mg\tan\alpha$$

力 F 做功

$$A = \int \boldsymbol{F}\cdot d\boldsymbol{r} = \int F\cdot|d\boldsymbol{r}|\cos\alpha = \int_0^\theta mg\tan\alpha\cdot\cos\alpha\cdot l d\alpha$$

$$= mgl\int_0^\theta \sin\alpha d\alpha = mgl(1-\cos\theta)$$

3.4.3 动能定理

对质量为 m 的单个质点而言，在合外力 $\boldsymbol{F}$ 作用下发生了一个无穷小的元位移 $d\boldsymbol{r}$，合力在此元位移中做的元功

$$dA = \boldsymbol{F}\cdot d\boldsymbol{r} = F\cos\theta\,|d\boldsymbol{r}|$$

$F\cos\theta = F_\tau$ 是力在位移方向也就是切线方向的分量，表明力做功是力的切向分量在做功（力的法向分量不做功）。根据 $F_\tau = ma_\tau = m\dfrac{dv}{dt}$，以及 $v=\dfrac{|d\boldsymbol{r}|}{dt}$，代入上式，则

$$dA = \boldsymbol{F}\cdot d\boldsymbol{r} = F_\tau|d\boldsymbol{r}| = m\frac{|d\boldsymbol{r}|}{dt}dv = mv dv = d\left(\frac{1}{2}mv^2\right)$$

根据动能的定义，上式又可以表述为

$$dA = \boldsymbol{F}\cdot d\boldsymbol{r} = dE_k \tag{3.25}$$

式（3.25）表明，合力对质点做功（元功），质点的动能就发生变化（微增量 dE_k），并且合外

力在元位移中对质点做的总功等于质点动能的微增量，这就是**质点动能定理**（微分形式）。

考虑在力的作用下质点发生有限大的位移，从 a 点经路径 l 运动到 b 点，相应的动能从 a 点时的 $E_{\mathrm{k}a}=\frac{1}{2}mv_a^2$ 变化到 b 点时的 $E_{\mathrm{k}b}=\frac{1}{2}mv_b^2$，将式（3.25）积分得

$$A=\int_a^b \boldsymbol{F}\cdot \mathrm{d}\boldsymbol{r}=\int_{E_{\mathrm{k}a}}^{E_{\mathrm{k}b}}\mathrm{d}E_{\mathrm{k}}=E_{\mathrm{k}b}-E_{\mathrm{k}a} \tag{3.26}$$

式（3.26）为质点动能定理的积分形式。表明合外力对质点做的功等于质点动能的增量。由于在处理实际问题时通常对应的都是一段有限空间的移动和做功，因此大多采用动能定理的积分形式进行计算。

在讨论质点组的动能定理时，既要考虑外力的功，也要考虑内力的功。对系统中第 i 个质点，外力做的功 $A_{外i}=\int \boldsymbol{F}_{外i}\cdot \mathrm{d}\boldsymbol{r}_i$，内力做的功 $A_{内i}=\int \boldsymbol{F}_{内i}\cdot \mathrm{d}\boldsymbol{r}_i$，质点的动能从 $E_{\mathrm{k}i1}$ 变化到 $E_{\mathrm{k}i2}$，应用质点的动能定理

$$A_{外i}+A_{内i}=E_{\mathrm{k}i2}-E_{\mathrm{k}i1}$$

再对系统中所有质点求和：

$$\sum_i A_{外i}+\sum_i A_{内i}=\sum_i E_{\mathrm{k}i2}-\sum_i E_{\mathrm{k}i1}$$

式中 $\sum_i A_{外i}=A_{外}$——所有外力对质点系做的功（外力的总功）；

$\sum_i A_{内i}=A_{内}$——质点系内各质点间的内力做的功（内力的总功）；

$\sum_i E_{\mathrm{k}i2}=E_{\mathrm{k}2}$，$\sum_i E_{\mathrm{k}i1}=E_{\mathrm{k}1}$——系统末态和初态的总动能。

上式又可以表述为

$$A_{外}+A_{内}=E_{\mathrm{k}2}-E_{\mathrm{k}1} \tag{3.27}$$

这个结论称为**质点系动能定理**。表明所有外力对质点系做的功与内力做功之和等于质点系动能的增量。

质点系动能定理指出，系统的动能既可以因为外力做功而改变，又可以因为内力做功而改变，这与质点系的动量定理和质点系的角动量定理不同，一对内力由于作用时间相同，其冲量之和必为零，又由于对同一参考点的力臂相同，其冲量矩之和也必为零，因此内力不改变系统的总动量和角动量。但是通过一对内力做功的讨论可知，做功之和并不一定为零（取决于两质点的相对位移），因此内力的功要改变系统的总动能。例如，飞行中的炮弹发生爆炸，爆炸前后系统的动量是守恒的，但爆炸后各碎片的动能之和必定远远大于爆炸前炮弹的动能，这就是爆炸时内力（炸药的爆破力）做功的原因。

动能定理在力学中有广泛的应用。通过下面几个例题来说明动能定理的使用方法。

【例 3.6】 如图 3.11 所示，一链条长为 l、质量为 m，放在光滑的水平桌面上，链条一端下垂，长度为 a。假设链条在重力作用下由静止开始下滑，求链条全部离开桌面时的速度。

解： 重力做功只体现在悬挂的一段链条上，设某时刻悬挂着的一段链条长为 x，所受重力

$$\boldsymbol{W}=x\cdot\rho\cdot g\boldsymbol{i}=\frac{m}{l}gx\boldsymbol{i}\text{（注意矢量表达）}$$

经过位移元 dx，重力的元功

$$dA = W \cdot dx = \frac{m}{l} gx dx$$

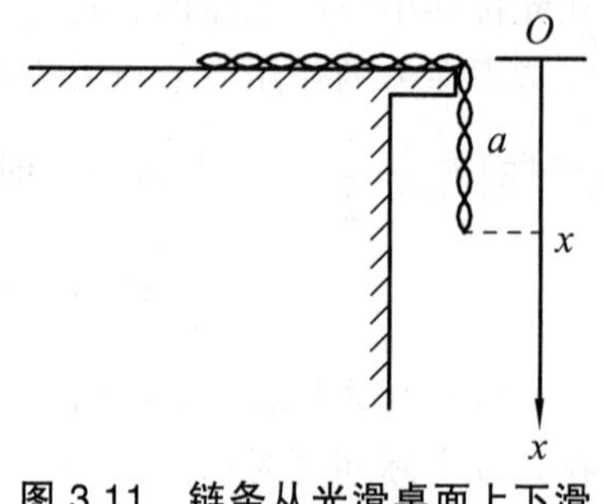

图 3.11　链条从光滑桌面上下滑

当悬挂的长度由 a 变为 l（链条全部离开桌面）时，重力的功

$$A = \int dA = \int_a^l \frac{m}{l} gx dx = \frac{m}{2l} g(l^2 - a^2)$$

根据动能定理，外力的功等于链条动能的增量。

$$A = \frac{mg}{2l}(l^2 - a^2) = \frac{1}{2}mv^2 - 0$$

得

$$v = \sqrt{\frac{g}{l}(l^2 - a^2)}$$

【例 3.7】　质量为 m_B 的木板静止在光滑桌面上，质量为 m_A 的物体放在木板 B 的一端，现给物体 A 一初始速度 v_0，使其在 B 板上滑动，如图 3.12（a）所示，设 A、B 之间的摩擦系数为μ，$m_A = m_B$，并设 A 滑到 B 的另一端时 A、B 恰好具有相同的速度，求此时 B 板走过的距离以及 B 板的长度。（A 可视为质点）

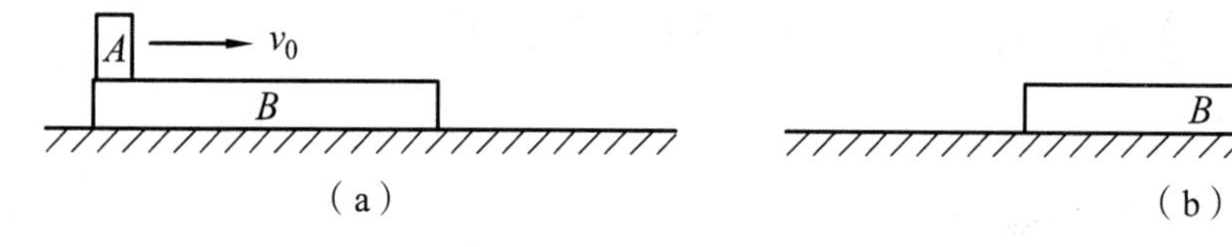

图 3.12　两物体在光滑桌面上运动

解： A 向右滑动时，B 给 A 一向左的摩擦力，A 给 B 一向右的摩擦力，摩擦力的大小为 $\mu m_A g$，将 A、B 视为一系统，摩擦力是内力，因此系统水平方向动量守恒，设 A 滑到 B 的右端时二者的共同速度为 v，则

$$m_A v_0 = (m_A + m_B)v$$

解得

$$v = \frac{v_0}{2}$$

再对 A、B 系统应用质点系动能定理并注意到摩擦力的功是一对力的功，可设 B 不动，A 相对 B 移动了的长度为 L，摩擦力的功应为 $-\mu m_A g L$，代入质点系动能定理

$$-\mu m_A g L = \frac{1}{2}(m_A + m_B)v^2 - \frac{1}{2}m_A v_0^2$$

可得

$$L = \frac{v_0^2}{4\mu g}$$

为了计算 B 板走过的距离Δx，再单独对 B 板应用质点的动能定理，此时 B 板受的摩擦力做正功 $\mu m_A g \cdot \Delta x$

$$\mu m_A g \cdot \Delta x = \frac{1}{2} m_B v^2 - 0$$

得

$$\Delta x = \frac{v_0^2}{8\mu g}$$

3.5 保守力 势能 功能原理

3.5.1 保守力

下面先讨论重力、弹力、引力做功的特点。

3.5.1.1 重力的功

在地球表面附近，可以将物体的重力视为恒力。将地球与质点（物体）视为一个系统，重力是系统的一对内力，它的总功只和质点与地球的相对位移有关。设地球不动，质量为 m 的质点在重力作用下由 a 点（高度 h_a）经路径 acb 到达 b 点（高度 h_b），如图 3.13 所示，在元位移 $\mathrm{d}\boldsymbol{r}$ 中，重力做的元功

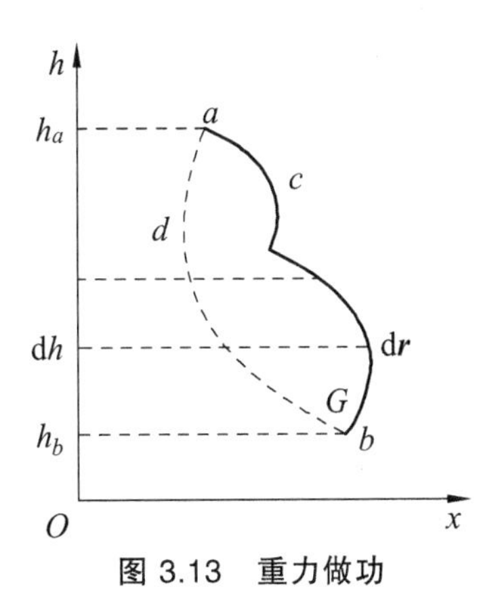

图 3.13 重力做功

$$\mathrm{d}A = \boldsymbol{G} \cdot \mathrm{d}\boldsymbol{r} = mg \cdot |\mathrm{d}\boldsymbol{r}| \cos\theta = -mg\mathrm{d}h$$

$-\mathrm{d}h = |\mathrm{d}\boldsymbol{r}|\cos\theta$ 是元位移 $\mathrm{d}\boldsymbol{r}$ 在 h 方向的分量，则从 a 点到达 b 点重力做的功为

$$A_{acb} = \int \mathrm{d}A = -mg\int_{h_a}^{h_b} \mathrm{d}h = mgh_a - mgh_b \tag{3.28}$$

从式（3.28）可以看到，重力做功只与重力系统（地球与质点）的始末相对位置 h_a、h_b 有关，与做功的具体路径没有关系（功的计算结果中没有路径的反映）。如果质点经由另一路径（如图 3.13 中虚线所示的 adb 路径）由 a 点到达 b 点，重力的功

$$A_{adb}=\int \boldsymbol{G}\cdot \mathrm{d}\boldsymbol{r}=\int mg\,|\,\mathrm{d}\boldsymbol{r}\,|\cos\theta=-mg\int_{h_a}^{h_b}\mathrm{d}h$$
$$=mgh_a-mgh_b=A_{acb}$$

二者是相同的，而且还应有 $A_{adb}=-A_{bda}$。

进一步讨论在重力作用下质点经由一闭合路径移动的情况。设质点从 a 出发经 $acbda$ 又回到 a 点，在这一闭合路径中，重力的总功为

$$A=A_{acb}+A_{bda}=A_{acb}+(-A_{adb})=0$$

由于 $acbda$ 是一任意闭合路径，因此上式说明在重力场中，重力沿任一闭合路径的功等于零。显然，这一结论是重力做功与路径无关的必然结果。

因此重力做功的特点是：重力做功与路径无关，只与系统始末状态的相对位置有关；或者说在重力场中重力沿任一闭合路径的功等于零。

3.5.1.2 弹力的功

对于弹簧和物体组成的系统（常简称为弹簧振子），弹力也是一对内力。设弹簧的一端固定，系在另一端的物体偏离平衡位置为 x 时，受弹力 $F=-kx$，如图 3.14。弹力在物体发生元位移 $\mathrm{d}x$ 时做的元功为

$$\mathrm{d}A=\boldsymbol{F}\cdot\mathrm{d}\boldsymbol{r}=-kx\mathrm{d}x$$

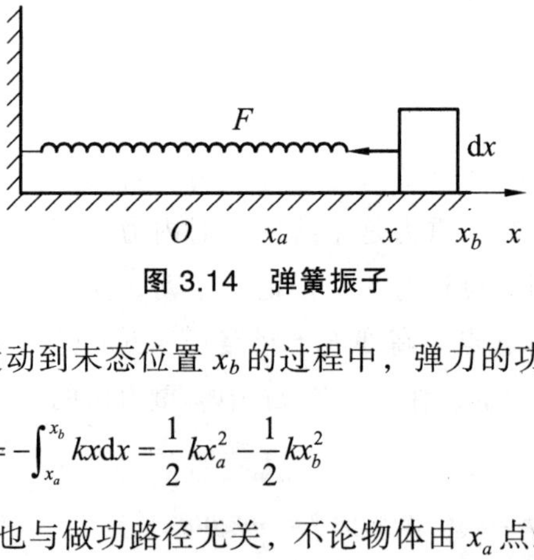

图 3.14 弹簧振子

当物体从初态位置 x_a 运动到末态位置 x_b 的过程中，弹力的功

$$A=\int\mathrm{d}A=-\int_{x_a}^{x_b}kx\mathrm{d}x=\frac{1}{2}kx_a^2-\frac{1}{2}kx_b^2 \tag{3.29}$$

与重力做功类似，弹力做功也与做功路径无关，不论物体由 x_a 点经历何种路径到达 x_b 点，弹力做功都一样。如果物体由 x_a 点，出发经历任何闭合路径最后又回到 x_a 点，弹力的功一定等于零。

3.5.1.3 引力的功

一对质量分别为 m_1 和 m_2 的质点，彼此之间存在万有引力的作用，如图 3.15 所示。设 m_1 固定不动，m_2 在 m_1 的引力作用下由 a 点经某路径 l 运动到 b 点。已知 m_2 在 a 点和 b 点时距离 m_1 分别为 r_a 和 r_b。

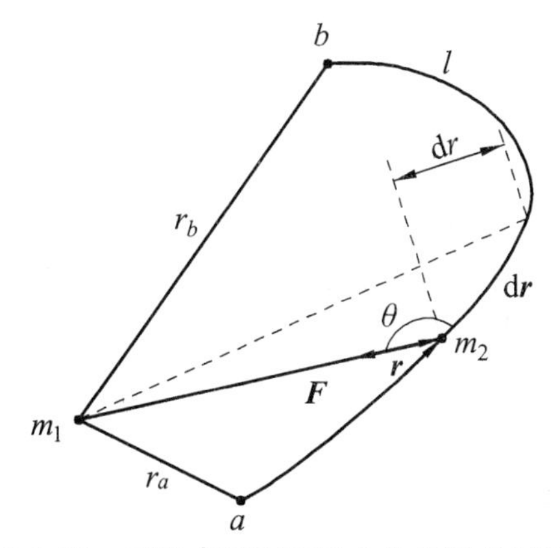

图 3.15　两质点在万有引力作用下的运动

假设取 m_1 为坐标原点，某时刻 m_2 对 m_1 的位矢为 $\boldsymbol{r}$，引力 $\boldsymbol{F}$ 与 $\boldsymbol{r}$ 方向相反。当 m_2 在引力作用下的元位移为 $\mathrm{d}\boldsymbol{r}$ 时，引力做的元功为（注意矢量表达）

$$\mathrm{d}A=\boldsymbol{F}\cdot\mathrm{d}\boldsymbol{r}=G\frac{m_1m_2}{r^2}|\mathrm{d}\boldsymbol{r}|\cos\theta$$

由图 3.15 可见，$-|\mathrm{d}\boldsymbol{r}|\cos\theta=|\mathrm{d}\boldsymbol{r}|\cos(\pi-\theta)=\mathrm{d}r$（这个式子在物理学的计算中是非常重要的，今后常常会碰到这种类似的微元关系），$\mathrm{d}r$ 为位矢大小的增量（不是位移的大小），故上式可以写为

$$\mathrm{d}A=-G\frac{m_1m_2}{r^2}\mathrm{d}r$$

质点由 a 点运动到 b 点引力做的总功为

$$A=\int\mathrm{d}A=-\int_{r_a}^{r_b}G\frac{m_1m_2}{r^2}\mathrm{d}r=-Gm_1m_2\left(\frac{1}{r_a}-\frac{1}{r_b}\right)\tag{3.30}$$

由式（3.30）可知，万有引力做功也与做功的具体路径无关，只与两物体构成的引力系统的初态和末态的相对位置 r_a、r_b 有关，不论物体由 r_a 经历何种路径到达 r_b，万有引力做功都一样。如果物体由 r_a 出发经历任何闭合路径最后又回到 r_a，万有引力的功一定等于零。

3.5.2 保守力与势能

3.5.2.1 保守力

重力做功、弹力做功与万有引力做功具有相同的特点，做功与路径无关，只与系统始末状态的相对位置有关；或者说这些力沿任一闭合路径做功等于零。更一般地看，在某一力学系统中，有一对内力，简单地记作 $\boldsymbol{F}$，如果力 $\boldsymbol{F}$ 做功只与系统始末状态的相对位置有关，而与做功路径无关，具有上述特点的力 $\boldsymbol{F}$ 称为**保守力**。或者等效地说，保守力 $\boldsymbol{F}$ 沿任一闭合路径做功等于零，用数学公式可表示为

$$\oint_l \boldsymbol{F}_{保守} \cdot \mathrm{d}\boldsymbol{l} = 0 \tag{3.31}$$

在数学上叫作保守力的环流（环路积分）等于零（将元位移 d$\boldsymbol{r}$ 写为 d$\boldsymbol{l}$ 是为了与数学上环路积分公式一致）。重力、弹力、万有引力以及静电力等都是保守力。

如果力 $\boldsymbol{F}$ 做的功与做功路径有关，则称为**非保守力**。摩擦力就是典型的非保守力，将物体由 a 点移动到 b 点，经历不同的路程，摩擦力做功不一样；沿一个闭合路径移动物体一周，摩擦力做功也不等于零。

3.5.2.2 势能 势能曲线

动能定理说明，力做功将使物体（系统）的动能发生变化，功是物体（系统）在运动过程中动能变化的量度。那么，在保守力做功的时候，是什么形式的能量在发生变化呢？下面再来分析保守力做功的一般特点，这将引出另一种形式的能量即势能。将重力的功、弹力的功、万有引力的功列在一起进行分析：

$$A_{重力} = \int_a^b \boldsymbol{G} \cdot \mathrm{d}\boldsymbol{r} = mgh_a - mgh_b$$

$$A_{弹力} = \int_a^b F_{弹} \cdot \mathrm{d}x = \frac{1}{2}kx_a^2 - \frac{1}{2}kx_b^2$$

$$A_{引力} = \int_a^b \boldsymbol{F}_{引} \cdot \mathrm{d}\boldsymbol{r} = \left(-G\frac{m_1 m_2}{r_a}\right) - \left(-G\frac{m_1 m_2}{r_b}\right)$$

三式的左侧都是保守力的功，而右侧都是两项之差，每一项都与系统的相对位置有关，其中第一项与系统初态时的相对位置（h_a、x_a、r_a）相联系，第二项与系统末态时的相对位置（h_b、x_b、r_b）相联系，因此，保守力做的功改变的是与系统相对位置有关的一种能量。把这种与系统相对位置有关的能量定义为**系统的势能或势函数**，用 E_{p} 表示。这样，与初态相对位置相关的势能用 $E_{\mathrm{p}a}$ 表示，与末态相对位置相关的势能用 $E_{\mathrm{p}b}$ 表示，上面三式就可以归纳为

$$A_{ab} = \int_a^b \boldsymbol{F}_{保守} \cdot \mathrm{d}\boldsymbol{r} = E_{\mathrm{p}a} - E_{\mathrm{p}b} = -(E_{\mathrm{p}b} - E_{\mathrm{p}a}) \tag{3.32}$$

上式说明：在系统由相对位置 a 变化到相对位置 b 的过程中，保守力做的功等于系统势能的减少量（或势能增量的负值）。式（3.32）是势能的定义式，可称为系统的势能定理，定理中负号表示保守力做正功时系统的势能将减少。

与动能定理相同，功是动能变化的量度，保守力的功是系统势能变化的量度。由于保守力的功实际上指的是系统的一对（或多对）内力做功，故势能应该是系统共有的能量，是一种相互作用能。势能不像动能，可以属于某一个质点独有，一般情况下常说某物体具有多少势能，只是一种习惯上的简略说法。

由式（3.32）可知，势能的绝对值是没有物理意义的，只有势能差才有物理意义。势能是由系统的相对位置决定的能量，因此势能只能是一个相对值，要确定系统在空间某点的势能，需要选择一个参考点，叫作势能零点，可用 r_0 表示，势能零点的势能 $E_{\mathrm{p}}(r_0)=0$。利用势

能定理式（3.32），令 b 为势能的零点，$r_0=b$，$E_{pb}=0$，a 为任意一点，相对位置为 r，则

$$E_p(r)=\int_r^{r_0}\boldsymbol{F}_{保守}\cdot \mathrm{d}\boldsymbol{r}=A_{r\to r_0} \tag{3.33}$$

式（3.33）是势能计算的普遍公式，空间某点的相对位置 r 的势能等于保守力由该点（r）到势能零点（r_0）做的功。

若以地面为重力势能零点，用 h 表示物体距离地面的高度，重力势能的表达式为

$$E_p=mgh \tag{3.34}$$

若以弹簧原长为弹性势能零点，用 x 表示弹簧的伸长，弹性势能公式为

$$E_p=\frac{1}{2}kx^2 \tag{3.35}$$

若以两个质点相距无穷远（$r=\infty$）时的引力势能为零，物体系的万有引力势能为

$$E_p=-G\frac{m_1m_2}{r} \tag{3.36}$$

几种常见的保守力及其势能曲线如图 3.16 所示：

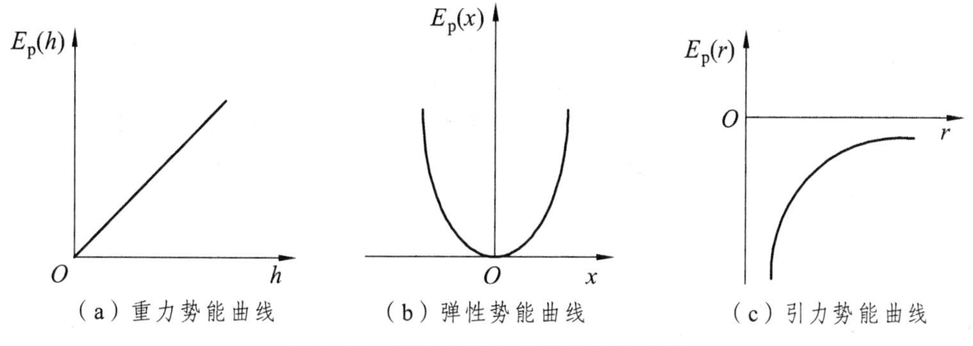

（a）重力势能曲线　（b）弹性势能曲线　（c）引力势能曲线

图 3.16　常见的保守力及其势能曲线

一个复杂的系统可能包含不止一种势能。例如，一个竖直悬挂的弹簧振子既有重力势能，又有弹性势能。这时可以把各种势能的总和定义为系统的势能，势能定理依然成立，且

$$A_{ab}=E_{pa}-E_{pb}=-(E_{pb}-E_{pa})=-\Delta E_p$$

即系统在一个变化过程中，各保守力所做的总功等于系统（总）势能的减少量（或系统势能增量的负值）。

3.5.3　功能原理

现在将质点系的动能定理和势能定理结合起来，全面阐述涉及系统的功能关系。由质点系的动能定理：

$$A_{外} + A_{内} = E_{k2} - E_{k1}$$

式中　$A_{内}$——系统内各质点相互作用的内力做的功。

如果将内力分为保守内力和非保守内力，内力的功相应地分为保守内力的功 $A_{内保}$ 和非保守内力的功 $A_{内非保}$。

$$A_{内} = A_{内保} + A_{内非保}$$

而保守力的功等于系统势能的减少

$$A_{内保} = E_{p1} - E_{p2}$$

综合上面三式，并考虑到动能和势能都是系统因机械运动而具有的能量，统称为机械能 $E = E_k + E_p$，所以

$$A_{外} + A_{内非保} = (E_{k2} + E_{p2}) - (E_{k1} + E_{p1}) = E_2 - E_1 \tag{3.37}$$

这个结论称为**功能原理**：它表明外力与非保守内力做功之和等于质点系机械能的增量。质点系的动能定理（系统只含一个质点时就是质点的动能定理）、势能定理和功能原理都从不同的角度反映了力的功与系统能量变化的关系。在具体应用时应根据不同的研究对象和力学环境选择使用。

机械能是描述系统机械运动能力状态的一个物理量。计算机械能有几个要点：

（1）明确指定势能的零点位置，并始终以此为计算势能的标准。

（2）机械能具有系统特性，即机械能中有许多质点的动能和势能的计算问题，不能遗漏。

（3）通过各个质点的动能计算机械能时应该注意，必须是同一时刻的能量才能相加。

3.6　机械能守恒定律

3.6.1　机械能守恒定律

如果质点系只有保守内力做功，外力和非保守内力不做功或者做功之和始终等于零，根据功能原理，系统的机械能守恒，即

若　　$A_{外} + A_{内非保} = 0$

则　　$E_1 = E_2 = 常量$　　（3.38）

式（3.38）称为**机械能守恒定律**。它指出：对于只有保守内力做功的系统，系统的机械能是一守恒量。在机械能守恒的前提下，系统的动能和势能可以互相转化，系统各组成部分的能量可以互相转移，但它们的总和不会变化。

机械能守恒的条件：外力和非保守力不做功或者做功之和始终等于零，数学表达式为

$$A_{外}+A_{内非保}=0$$

为了理解上述条件，除分清外力、保守力和非保守力外还要分析它们是否做功。做到了这两点就不难判断机械能是否守恒。

3.6.2 机械能守恒定律的应用

机械能守恒定律用于求解力学问题在很多情况下是非常方便的。下面我们通过一些例题来介绍机械能守恒定律的应用。使用机械能守恒定律的要点是能准确判断出机械能是否守恒，并准确计算过程始末的机械能。

【例 3.8】 如图 3.17 所示，劲度系数为 k 的轻弹簧下端固定，沿斜面放置，斜面倾角为 θ。质量为 m 的物体从与弹簧上端相距为 a 的位置以初速度 v_0 沿斜面下滑并使弹簧最多压缩 b。求物体与斜面之间的摩擦因数 μ。

解：将物体、弹簧、地球视为一个系统，重力和弹力是保守内力，正压力与物体位移垂直不做功，只有摩擦力 f 为非保守内力且做功。根据系统的功能原理，摩擦力做的功等于系统机械能的增量，并注意到弹簧最大压缩时物体的速度为零，即

$$-f(a+b)=\left(\frac{1}{2}kb^2\right)-\left[\frac{1}{2}mv_0^2+mg(a+b)\sin\theta\right]$$

有

$$f=\mu mg\cos\theta$$

解得

$$\mu=\frac{\frac{1}{2}mv_0^2+mg(a+b)\sin\theta-\frac{1}{2}kb^2}{mg(a+b)\cos\theta}$$

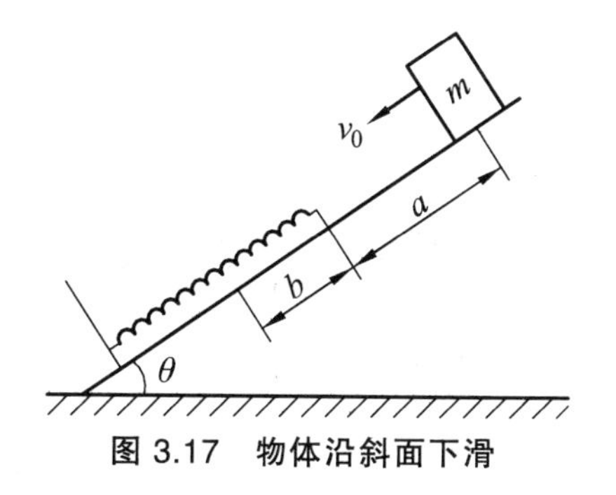

图 3.17 物体沿斜面下滑

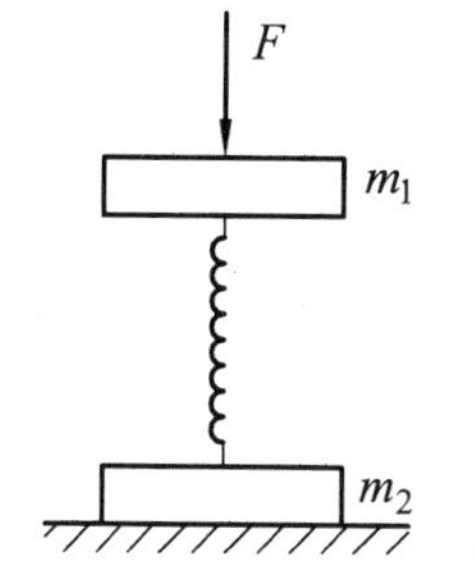

图 3.18 弹簧的压缩问题

【例 3.9】 两块质量各为 m_1 和 m_2 的木板，用劲度系数为 k 的轻弹簧连在一起，放置在地面上，如图 3.18 所示。求：至少要用多大的力 F 压缩上面的木板，才能在该力撤去后因上面的木板升高而将下面的木板提起？

解：加外力 F 后，弹簧被压缩，m_1 在重力 G_1、弹力 F_1 及压力 F 的共同作用下处于平衡

状态，如图 3.19（a）所示。一旦撤去 F，m_1 就会因弹力 F_1 大于重力 G_1 而向上运动，只要 F 足够大以至于弹力 F_1 也足够大，m_1 就会上升至弹簧由压缩转为拉伸状态，以致将 m_2 提离地面。

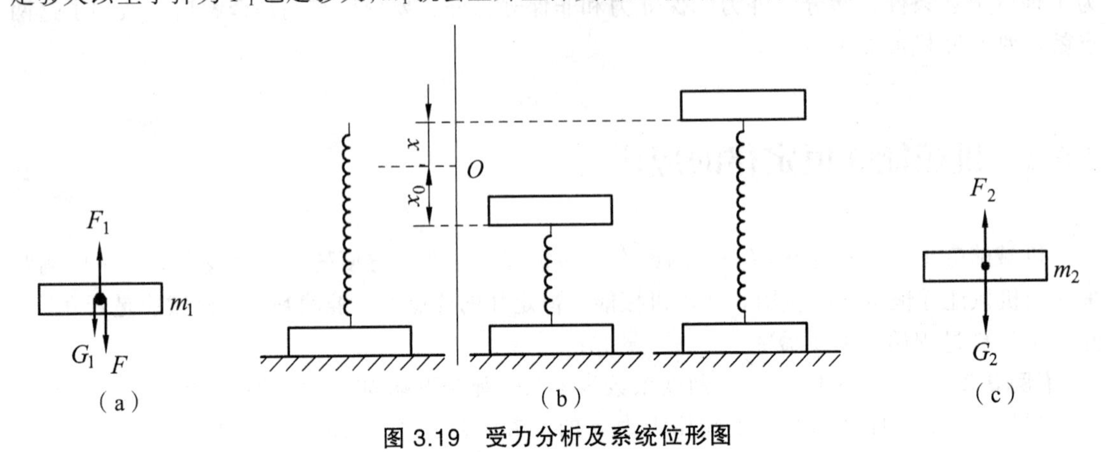

图 3.19　受力分析及系统位形图

将 m_1、m_2、弹簧和地球视为一个系统，该系统在压力 F 撤离后，只有保守内力做功，该系统机械能守恒。设压力 F 撤离时刻为初态，m_2 恰好提离地面时为末态，初态、末态时 m_2 的动能均为零。设弹簧原长时为坐标原点和势能零点，见图 3.19（b），则由机械能守恒有

$$m_1gx+\frac{1}{2}kx^2=-m_1gx_0+\frac{1}{2}kx_0^2 \quad ①$$

式中　x_0——压力 F 作用时弹簧的压缩量，由图 3.19（c）可得

$$m_1g+F-kx_0=0 \quad ②$$

式中　x——m_2 恰好能提离地面时弹簧的伸长量，由图 3.19（b）可知，此时要求

$$kx \geqslant m_2g \quad ③$$

联立求解方程①②③，解得

$$F \geqslant (m_1+m_2)g$$

故能使 m_2 提离地面的最小压力

$$F_{\min}=(m_1+m_2)g$$

【例 3.10】　轻弹簧下端固定在地面，上端连接一质量为 M 的木板，静止不动，如图 3.20 所示。一质量为 m_0 的弹性小球从距木板 h 高度处以水平速度 v_0 平抛，落在木板上与木板弹性碰撞，设木板没有左右摆动，求碰后弹簧对地面的最大作用力。

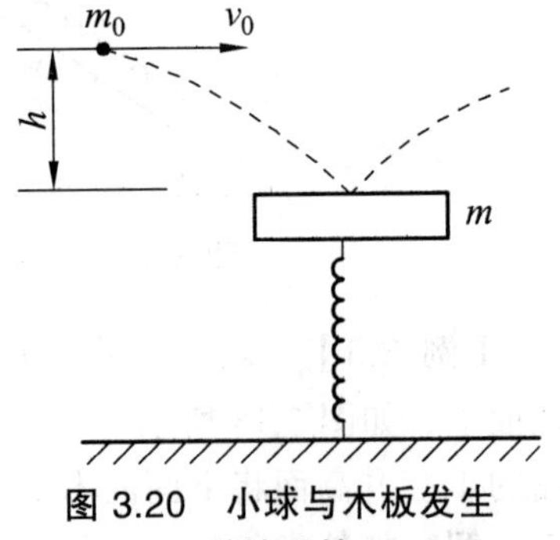

图 3.20　小球与木板发生弹性碰撞

解：本题讨论的是一个复合过程。对于复合过程，可以分解为若干个分过程讨论。

第一个分过程是 m_0 的平抛，当 m_0 到达木板时，其水平和竖直方向的速度分别为

$$v_x = v_0 \quad ①$$

$$v_y = \sqrt{2gh} \quad ②$$

第二个分过程是小球与木板的弹性碰撞过程，将小球与木板视为一个系统，动量守恒。因碰后木板没有左右摆动，小球水平速度不变，故只需考虑竖直方向动量守恒即可。设碰后小球速度竖直分量为 v_y'，木板速度为 v，则根据动量守恒

$$m_0 v_y = m_0 v_y' + mv \quad ③$$

弹性碰撞，系统动能不变，有

$$\frac{1}{2}m_0(v_x^2 + v_y^2) = \frac{1}{2}m_0(v_x^2 + v_y'^2) + \frac{1}{2}mv^2 \quad ④$$

第三个分过程是碰后木板的振动过程，将木板、弹簧和地球视为一个系统，机械能守恒。取弹簧为原长时作为坐标原点和势能零点，并设木板静止时弹簧已有的压缩量为 x_1，碰后弹簧的最大压缩量为 x_2，如图 3.21 所示，由机械能守恒有

$$\frac{1}{2}mv^2 + \frac{1}{2}kx_1^2 - mgx_1 = \frac{1}{2}kx_2^2 - mgx_2 \quad ⑤$$

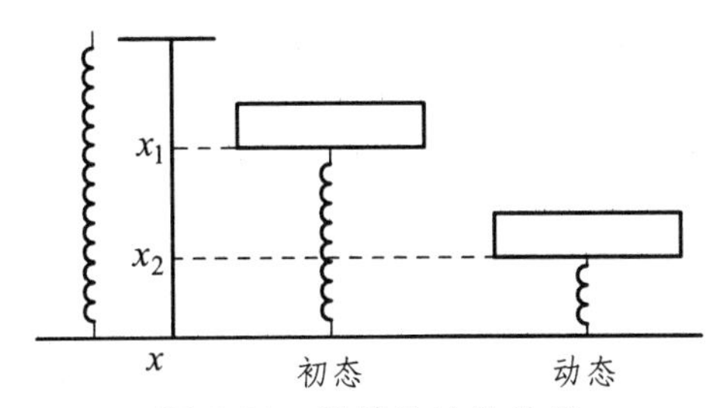

图 3.21 弹簧的拉伸分析

x_1 可由碰撞前弹簧、木板平衡时的受力情况求出：

$$mg = kx_1 \quad ⑥$$

弹簧处于最大压缩时对地的作用力最大

$$F_{\max} = kx_2 \quad ⑦$$

联立求解式①至⑦，得

$$F_{\max} = mg + \frac{2m_0}{m_0 + m}\sqrt{2mgkh}$$

3.7 能量守恒定律

一个与外界没有能量交换的系统称为孤立系统，孤立系统没有外力做功，$A_{外} = 0$。孤立系统内可以有非保守内力做功，根据功能原理：

$$A_{内非保} = E_2 - E_1 = \Delta E$$

这时系统的机械能不守恒。例如，系统内某两个物体之间有摩擦力做功，一对摩擦力的功必定是负值，因此系统的机械能要减少。减少的机械能到哪里去了呢？人们注意到，当摩擦力做功时，有关物体的温度升高了，即通常所说的摩擦生热。根据热学的研究，温度是构成物质的分子、原子无规则热运动剧烈程度的量度。温度越高，分子、原子无规则热运动就越剧烈，物体（系统）具有的与大量分子、原子无规则热运动相关的内能就越高。由此可见，在摩擦力做功的过程中，机械运动转化为热运动，机械能转换成了热能，实验表明两种能量的转换是等值的。

事实上，由于物质运动形式的多样性，能量的形式也是多种多样的，除机械能以外，还有热能、电磁能、原子能、化学能等。人类在长期的实践中认识到，一个系统（孤立系统）当其机械能减少或增加的时候，必有等量的其他形式的能量增加或减少，系统的机械能和其他形式的能量的总和保持不变。概括地说：一个孤立系统经历任何变化过程时，系统所有能量的总和保持不变，能量既不能产生也不能消灭，只能从一种形式转化为另一种形式，或者从一个物体转移到另一个物体，这就是**能量守恒定律**。它是自然界具有最大普遍性的定律之一，机械能守恒定律仅仅是它的一个特例。

能量的概念是物理学中最重要的概念之一。在物质世界千姿百态的运动形式中，能量是能够跨越各种运动形式并作为物质运动一般性量度的物理量。能量守恒的实质正是表明各种物质运动可以相互转换，但是物质或运动本身既不能创造又不能消灭。20 世纪初狭义相对论诞生，爱因斯坦提出了著名的相对论质量-能量关系：$E=mc^2$，再一次阐明了孤立系统能量守恒的规律，并指出能量守恒的同时必有质量守恒。它不但将能量守恒定律与质量守恒定律统一起来，而且当我们将系统扩展到整个宇宙时，我们再一次体会到了能量守恒、物质不灭是自然界最基本的规律。

本章小结

1. 动量　动量守恒定律

（1）冲量：力对时间的累积称为力的冲量。

$$\mathrm{d}\boldsymbol{I}=\boldsymbol{F}\mathrm{d}t\,,\quad \boldsymbol{I}=\int_{t_1}^{t_2}\boldsymbol{F}\mathrm{d}t$$

（2）动量定理：合外力的冲量等于质点（系）动量的增量。

$$\mathrm{d}\boldsymbol{I}=\boldsymbol{F}_{外}\mathrm{d}t=\mathrm{d}\boldsymbol{p}\text{（微分形式）}$$

$$\boldsymbol{I}=\int_{t_1}^{t_2}\boldsymbol{F}_{外}\mathrm{d}t=\boldsymbol{p}_2-\boldsymbol{p}_1\text{（积分形式）}$$

（3）动量守恒定律：合外力为零时，质点（系）动量守恒。

$$\boldsymbol{F}_{外}=0\,,\quad \boldsymbol{p}=\sum_i m_i\boldsymbol{v}_i=\text{恒矢量}$$

（4）碰撞。

完全弹性碰撞：动量守恒，机械能守恒。

非完全弹性碰撞：动量守恒。

完全非弹性碰撞：动量守恒。

（5）平均冲力 $\bar{\boldsymbol{F}}=\dfrac{\boldsymbol{I}}{\Delta t}=\dfrac{\boldsymbol{p}_2-\boldsymbol{p}_1}{\Delta t}$

2. 功

$$A=\int_a^b \boldsymbol{F}\cdot \mathrm{d}\boldsymbol{r}$$

合力对质点的功等于各分力功的代数和 $A=\sum A_i$

一对内力的功与参照系无关，只与作用物体的相对位移有关。

3. 动能定理

（1）质点的动能定理：合外力对质点做的功等于质点动能的增量。

$$A=\int \boldsymbol{F}\cdot \mathrm{d}\boldsymbol{r}=E_{k2}-E_{k1}$$

或

$$\mathrm{d}A=\boldsymbol{F}\cdot \mathrm{d}\boldsymbol{r}=\mathrm{d}E_{k}\text{（微分形式）}$$

（2）质点系动能定理：外力做的功与内力做的功之和等于质点系动能的增量。

$$A_{外}+A_{内}=E_{k2}-E_{k1}$$

4. 势　能

（1）势能定理：保守力做的功等于系统势能增量的负值。

$$A_{保}=\int_a^b \boldsymbol{F}_{保}\cdot \mathrm{d}\boldsymbol{r}=-(E_{pb}-E_{pa})=-\Delta E_{p}$$

（2）势能的计算：空间任一点的势能等于保守力从该点到势能零点做的功。

$$E_p(r)=\int_r^{r_0} \boldsymbol{F}_{保}\cdot \mathrm{d}\boldsymbol{r}$$

（3）常用势能公式：

重力势能　$E_p=mgh$（$h=0$ 为势能零点）

弹性势能　$E_p=\dfrac{1}{2}kx^2$（弹簧原长为势能零点）

引力势能　$E_p=-G\dfrac{m_1m_2}{r}$（$r\to\infty$ 为势能零点）

5. 功能原理

外力与非保守内力做功之和等于系统机械能的增量。

$$A_{外}+A_{非保内}=E_2-E_1$$

6. 机械能守恒定律

只有保守内力做功的系统，机械能守恒。

若 $$A_{外}+A_{非保}=0$$

则 $$E=常量$$

思 考 题

3.1 质点动量定理的积分形式和微分形式有本质的区别吗？

3.2 质点系动量守恒定律的严格条件是什么？

3.3 为什么在碰撞、打击、爆炸等过程中可以应用动量守恒定律近似处理相关问题？

3.4 质点系动量守恒定律反映了什么对称性？

3.5 作用于质点上的某个力没有做功，是否表明该力对质点运动没有影响？

3.6 质点动能定理的积分形式和微分形式有本质的区别吗？

3.7 质点系机械能守恒定律的严格条件是什么？

3.8 能量守恒定律有条件限制吗？

3.9 能量守恒定律反映了什么对称性？

习 题

一、选择题

3.1 在距地面 h 高处以 v_0 水平抛出质量为 m 的物体，当物体着地时和地面碰撞时间为 Δt，则这段时间内物体受到地面给予竖直方向的冲量为（　　）

A. $mg\sqrt{2h/g}$　　B. $mg\sqrt{2h/g}+mg\Delta t$

C. $mg\Delta t$　　D. $mg\Delta t-mg\sqrt{2h/g}$

3.2 如图 3.22 所示，两个质量相等的物体，在同一高度沿倾角不同的两个光滑斜面由静止自由滑下到达斜面底端的过程中，相同的物理量是（　　）

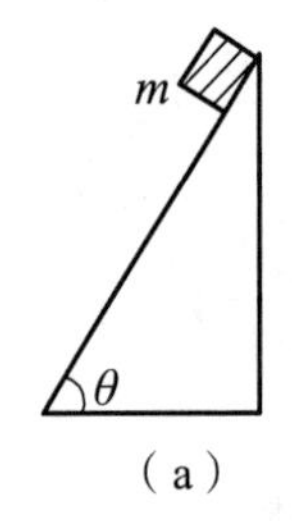

（a）

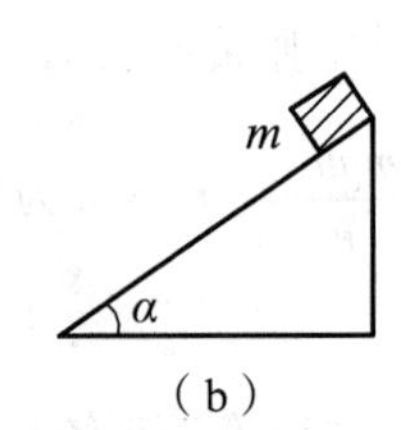

（b）

图 3.22　习题 3.2 图

A. 重力的冲量　　　　　　　　　　B. 弹力的冲量
C. 合力的冲量　　　　　　　　　　D. 刚到达底端的动量
E. 刚到达底端时动量的水平分量　　F. 以上几个量都不同

3.3 在以下几种运动中，相等的时间内物体的动量变化相等的是（　　）

A. 匀速圆周运动　　　　　　　　　B. 自由落体运动
C. 平抛运动　　　　　　　　　　　D. 单摆的摆球沿圆弧摆动

3.4 质量相等的物体 P 和 Q，并排静止在光滑的水平面上，现用一水平恒力 F 推物体 P，同时给 Q 物体一个与 F 同方向的瞬时冲量 I，使两物体开始运动，当两物体重新相遇时，所经历的时间为（　　）

A. I/F　　B. $2I/F$　　C. $2F/I$　　D. F/I

3.5 A、B 两个物体都静止在光滑水平面上，当分别受到大小相等的水平力作用，经过相等时间，则下述说法中正确的是（　　）

A. A、B 所受的冲量相同　　　　B. A、B 的动量变化相同
C. A、B 的末动量相同　　　　　D. A、B 的末动量大小相同

3.6 A、B 两球质量相等，A 球竖直上抛，B 球平抛，两球在运动中空气阻力不计，则下述说法中正确的是（　　）

A. 相同时间内，动量的变化大小相等，方向相同
B. 相同时间内，动量的变化大小相等，方向不同
C. 动量的变化率大小相等，方向相同
D. 动量的变化率大小相等，方向不同

3.7 关于冲量、动量与动量变化，下述说法中正确的是（　　）

A. 物体的动量等于物体所受的冲量
B. 物体所受外力的冲量大小等于物体动量的变化大小
C. 物体所受外力的冲量方向与物体动量的变化方向相同
D. 物体的动量变化方向与物体的动量方向相同

二、填空题

3.8 将质量为 0.5 kg 的小球以 10 m/s 的速度竖直向上抛出，在 3 s 内小球的动量变化大小等于______kg · m/s，方向______；若将它以 10 m/s 的速度水平抛出，在 3 s 内小球的动量变化大小等于______kg · m/s，方向______。

3.9 在光滑水平桌面上停放着 A、B 两小车，其质量 $m_A = 2m_B$，两车中间有一根用细线缚住的被压缩的弹簧，当烧断细线弹簧弹开时，A 车的动量变化量和 B 车的动量变化量之比为______。

3.10 以初速度 v_0 竖直上抛一个质量为 m 的小球，不计空气阻力，则小球上升到最高点所用时间的一半时间内的动量变化为______，小球上升到最高点的一半高度时的动量变化为______（选竖直向下为正方向）。

3.11 车在光滑水平面上以 2 m/s 的速度匀速行驶，煤以 100 kg/s 的速率从上面落入车中，为保持车的速度为 2 m/s 不变，则必须对车施加水平方向拉力______N。

3.12　在距地面 15 m 高处，以 10 m/s 的初速度竖直上抛出小球 a，向下抛出小球 b，若 a、b 质量相同，运动中空气阻力不计，经过 1 s，重力对 a、b 二球的冲量比等于_______，从抛出至到达地面，重力对 a、b 两球的冲量比等于______。

3.13　重力为 10 N 的物体在倾角为 37 °的斜面上下滑，通过 A 点后再经 2 s 到达斜面底，若物体与斜面间的动摩擦系数为 0.2，则从 A 点到斜面底的过程中，重力的冲量大小为 N · s，方向____；弹力的冲量大小为____N · S，方向____；摩擦力的冲量大小为____N · s。方向____；合外力的冲量大小为____N · s，方向____。

3.14　如图 3.23 所示，重为 100 N 的物体，在与水平方向成 60°角的拉力 $F = 10$ N 作用下，以 2 m/s 的速度匀速运动，在 10 s 内，拉力 F 的冲量大小等于______N · S，摩擦力的冲量大小等于______N · s。

3.15　质量 $m = 3$ kg 的小球，以速率 $v = 2$ m/s 绕圆心 O 做匀速圆周运动，如图 3.24 所示，小球转过 $\frac{1}{4}$ 个圆周过程中动量的变化量大小为______，转过半个圆周的过程中动量的变化量大小为______。

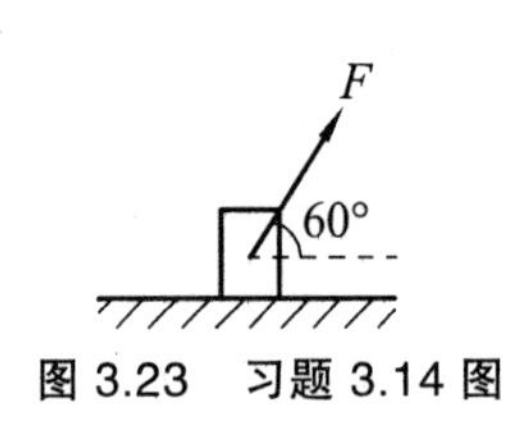

图 3.23　习题 3.14 图

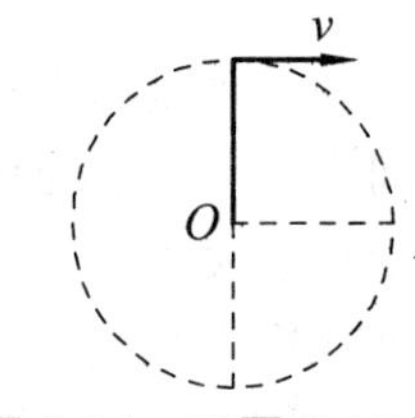

图 3.24　习题 3.15 图

3.16　质量为 20 g 的小球，以 20 m/s 的水平速度与竖直墙碰撞后，仍以 20 m/s 的水平速度反弹。在这过程中，小球动量变化的大小为______。

3.17　已知地球的半径为 R，质量为 M，现有一质量为 m 的物体，在离地面高度为 $2R$ 处，如图 3.25 所示。以地球和物体为系统，若取地面为势能零点，则系统的引力势能为_______；若取无穷远处为势能零点，则系统的引力势能为_______（G 为万有引力常数）。

3.18　如图 3.26 所示，一弹簧原长 $l_0 = 0.1\,\text{m}$，劲度系数 $k = 5\,\text{N/m}$，其一端固定在半径为 $R = 0.1\,\text{m}$ 的半圆环的端点 A，另一端与一套在半圆环上的小环相连。在把小环由半圆环中点 B 移到另一端点 C 的过程中，弹簧的拉力对小环所做的功为______J。

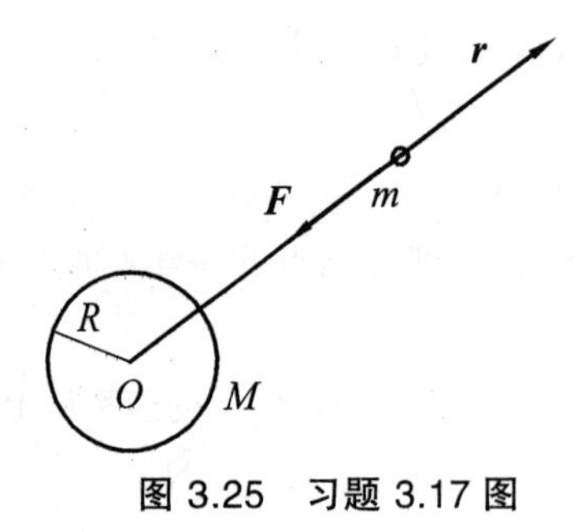

图 3.25　习题 3.17 图

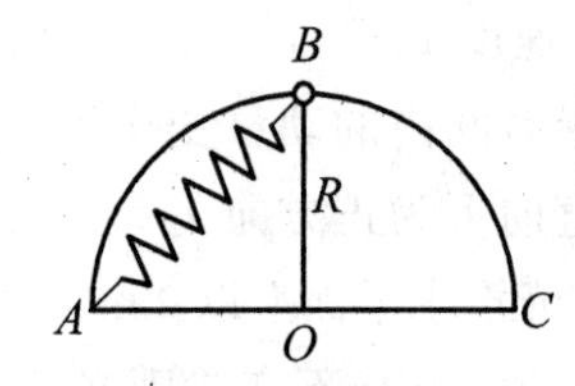

图 3.26　习题 3.18 图

三、计算题

3.19　如图 3.27 所示，水平地面上一辆静止的炮车发射炮弹。炮车质量为 M，炮身仰角为α，炮弹质量为 m，炮弹刚出口时，相对于炮身的速率为 u，不计地面摩擦。

（1）求炮弹刚出口时，炮车的反冲速度大小；

（2）若炮筒长为 l，求发炮过程中炮车移动的距离。

3.20　如图 3.28 所示，质量为 M 的滑块正沿着光滑水平地面向右滑动，一质量为 m 的小球水平向右飞行，以速率 v_1（对地）与滑块斜面相碰，碰后竖直向上弹起，速率为 v_2（对地），若碰撞时间为Δt，试计算此过程中滑块对地的平均作用力和滑块速度增量的大小。

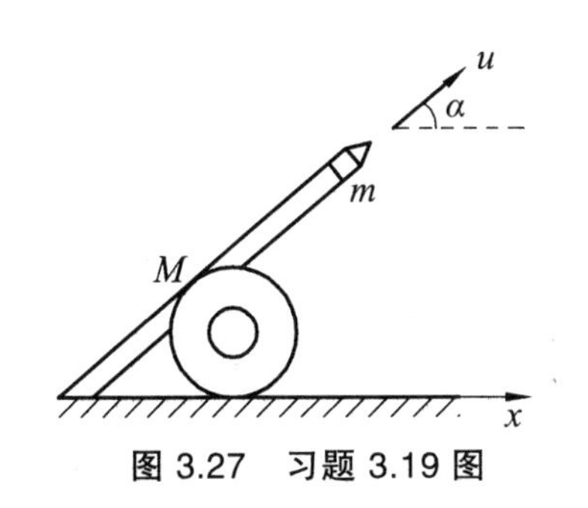

图 3.27　习题 3.19 图

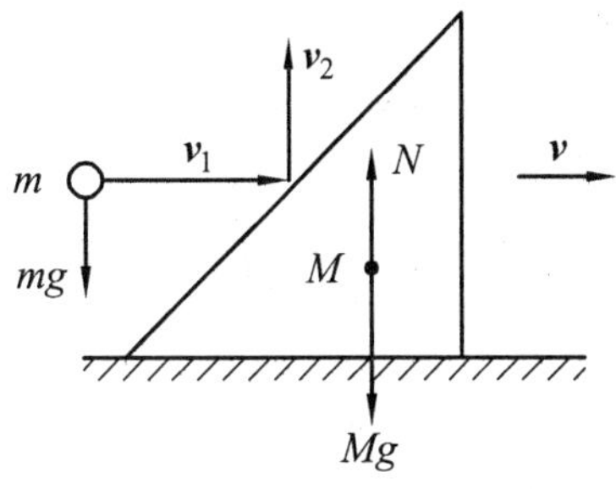

图 3.28　习题 3.20 图

3.21　在 X 射线散射实验中，测得入射光子的动量为1.177×10^{-13} kg·m/s，光子与电子碰撞后沿与入射方向成$\pi/2$ 的方向弹开，动量变为1.128×10^{-13} kg·m/s，如图 3.29。设碰撞前电子静止，求碰撞后电子的动量。

3.22　一人从 10 m 深的井中提水。起始时桶中装有 10 kg 的水，桶的质量为 1 kg，由于水桶漏水，每升高 1 m 要漏去 0.2 kg 的水，求将水桶匀速地从井中提到井口人所做的功。

3.23　如图 3.30 所示的系统中（滑轮质量不计，轴光滑），外力 $\boldsymbol{F}$ 通过不可伸长的绳子和一劲度系数 $k=200$ N/m 的轻弹簧缓慢地拉地面上的物体，物体的质量 $M=2$ kg，初始时弹簧为自然长度。求在把绳子拉下 20 cm 的过程中，$\boldsymbol{F}$ 所做的功（重力加速度 g 取 10 m/s^2）。

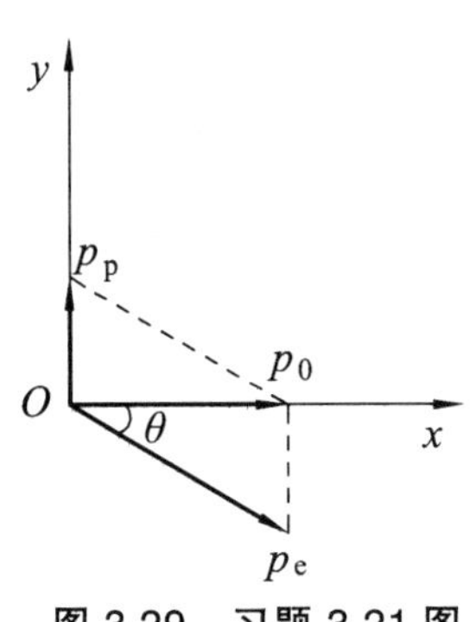

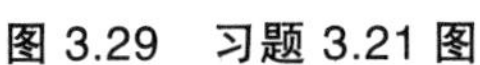

图 3.29　习题 3.21 图

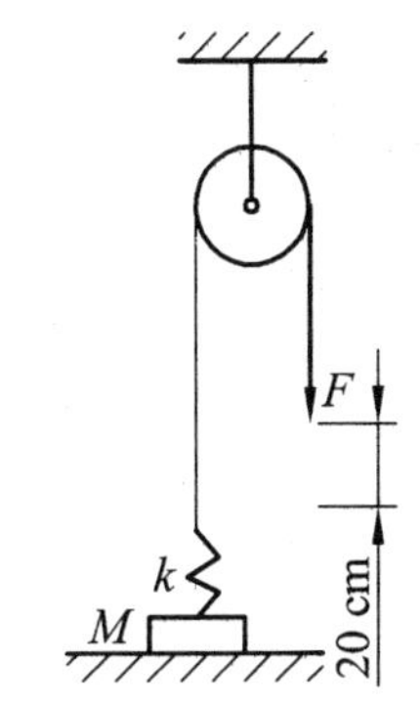

图 3.30　习题 3.23 图

3.24　如图 3.31 所示，长为 L、质量为 m 的匀质链条，置于水平桌面上，链条与桌面间的摩擦系数为μ，下垂部分的长度为 a。链条由静止开始运动，求在链条滑离桌面过程中，重力和摩擦力所做的功和链条离开桌面时的速率。

3.25　如图 3.32 所示，一弹簧劲度系数为 k，一端固定在 A 点，另一端连一质量为 m 的物体，靠在光滑的半径为 a 的圆柱面，弹簧原长为 l（弹簧原长时，另一端位置在 B）。在切向变力 $\boldsymbol{F}$ 的作用下，物体极缓慢地沿表面从位置 B 移到 C，求力 $\boldsymbol{F}$ 做的功。

（1）用积分方法解；

（2）用动能定理解；

（3）用功能原理解。

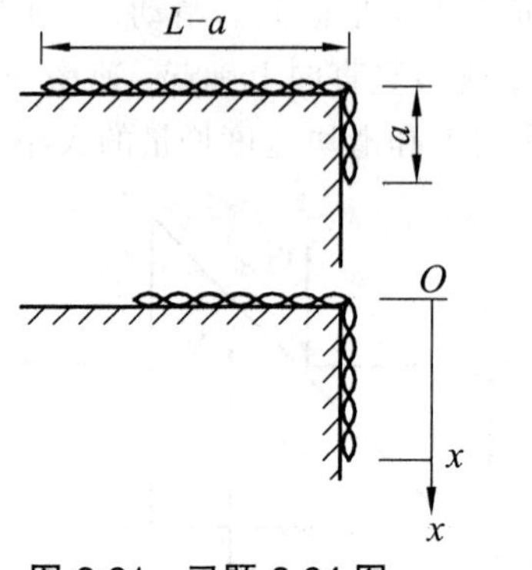

图 3.31　习题 3.24 图

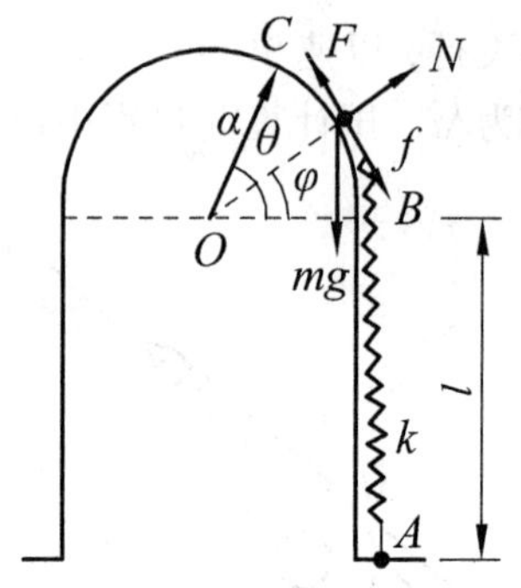

图 3.32　习题 3.25 图

3.26　一质量为 m 的人造地球卫星沿一圆形轨道，离开地面的高度等于地球半径的 2 倍（即 $2R$）。试以 m、R、引力恒量 G 和地球质量 M 表示出：

（1）卫星的动能；

（2）卫星在地球引力场中的引力势能；

（3）卫星的总机械能。

4 刚体定轴转动

4.1 刚体的基本运动

4.1.1 刚 体

实验表明，任何物体在受到力的作用或其他外界作用时，都会发生程度不同的变形。例如，汽车过桥，桥墩将发生压缩变形，桥身将发生弯曲变形；压电晶体在电场作用下将发生伸缩变形等。对于一般物体，这种变形通常非常微小，只有用应变仪等精密仪器才能测量出来。**在力的作用下，物体的这种变形对于所研究的问题可以忽略不计，形状和大小都保持不变的物体称为刚体**。刚体也可定义为：**在力的作用下，其中任意两个质点间的距离始终保持不变的质点系**。实际上，物体在外力作用下总是有变形的，因此刚体是一个理想模型，在工程技术问题中具有重要的实用价值。

4.1.2 刚体的基本运动

刚体的一般运动是比较复杂的，但刚体的复杂运动可以看作平动和转动的叠加。下面就讨论刚体运动中这两种最简单、最基本的运动形式。

4.1.2.1 刚体的平动

刚体运动时，如果刚体内部任意两个质点之间连线的方向都始终保持不变，这种运动称为刚体的平动，如图 4.1 所示。电梯的上下运动，缆车的运动都可看成刚体平动。

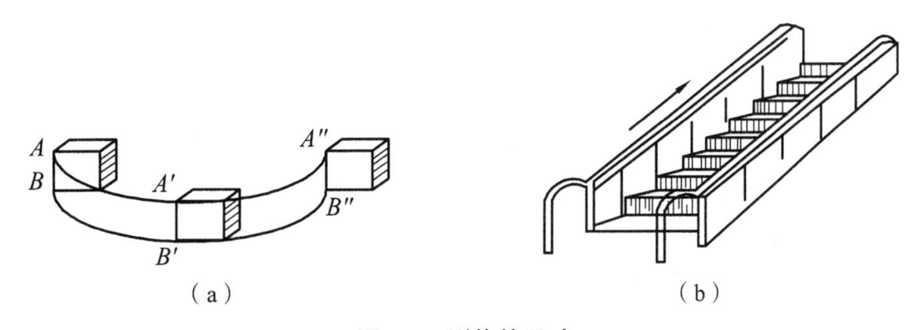

图 4.1 刚体的平动

刚体平动的一个明显特点是，在平动过程中刚体上各质点的运动轨迹都相同，且在任意瞬时各质点的位移、速度和加速度也都相同。如果我们要研究刚体的平动，只需研究刚体上任意一质点的运动规律，就可以代表整个刚体的运动规律。也就是说，刚体平动的研究可归结为质点运动的研究。通常都是用刚体质心的运动来代表作平动刚体的运动，可以用前面质点力学的知识去分析和处理它们。

4.1.2.2　刚体绕定轴转动

刚体运动时，如果刚体内部各质点都绕同一直线作圆周运动，则这种运动称为刚体的转动，该直线称为转轴，如火车车轮的运动、飞机螺旋桨的运动都是转动。如果转轴相对于参考系是固定不动的，则称为刚体绕定轴转动，如车床齿轮的运动、吊扇扇页的运动均属于定轴转动。

定轴转动中刚体上的任一质点 P 都绕一个固定轴作圆周运动，如图 4.2 所示习惯上常把转轴设为 z 轴，圆周所在平面 M 称为质点的转动平面，转动平面与转轴垂直。质点作圆周运动的圆心 O 叫作质点的转心，质点对于转心的位矢 $\boldsymbol{r}$ 叫作质点的矢径。

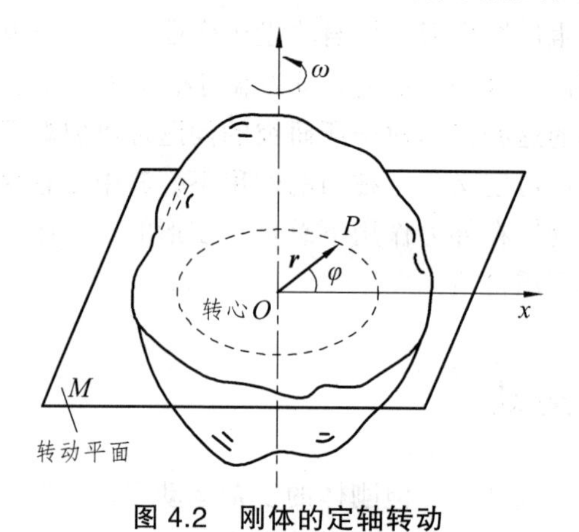

图 4.2　刚体的定轴转动

刚体绕定轴转动有两个显著特点，分别为：

（1）转动平面上各质点作半径不同的圆周运动，角量相同，线量不同。因此用角量来描述定轴转动刚体的运动比较方便。

（2）定轴转动刚体上各质点角速度 $\boldsymbol{\omega}$ 的方向均沿轴线。因此，若在轴上选定一正方向，描述刚体绕定轴转动的角量可用代数量来表示。当角速度 ω 与选定的正方向同向时记为正，反向时为负，如图 4.3 所示。

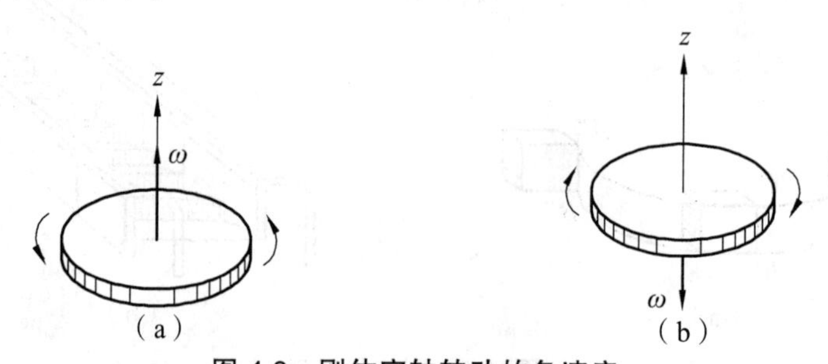

图 4.3　刚体定轴转动的角速度

4.2 角动量及其时间变化率

4.2.1 角动量

4.2.1.1 质点的角动量

设质量为 m 的质点在某时刻相对于坐标原点 $\boldsymbol{O}$ 的位置矢量为 $\boldsymbol{r}$，速度为 $\boldsymbol{v}$，动量 $\boldsymbol{p}=m\boldsymbol{v}$，如图 4.4 所示。定义质点对坐标原点 $\boldsymbol{O}$ 的角动量为该质点的位置矢量与动量的矢量积，即

$$\boldsymbol{L}=\boldsymbol{r}\times\boldsymbol{P}=\boldsymbol{r}\times m\boldsymbol{v} \tag{4.1}$$

角动量是矢量，大小为

$$L=rp\sin\theta=rmv\sin\theta \tag{4.2}$$

式中　θ——质点位置矢量与质点动量的夹角。

角动量的方向由右手螺旋法则确定：右手四指由 $\boldsymbol{r}$ 的正方向沿小于π的角度转向 $\boldsymbol{p}$ 的正方向，这时大拇指所指的方向即为角动量 $\boldsymbol{L}$ 的方向，如图 4.5 所示。因此角动量 $\boldsymbol{L}$ 的方向垂直于 $\boldsymbol{r}$ 和 $\boldsymbol{p}$ 组成的平面。

在国际单位制中，角动量的单位为 $\mathrm{kg\cdot m^2/s}$。

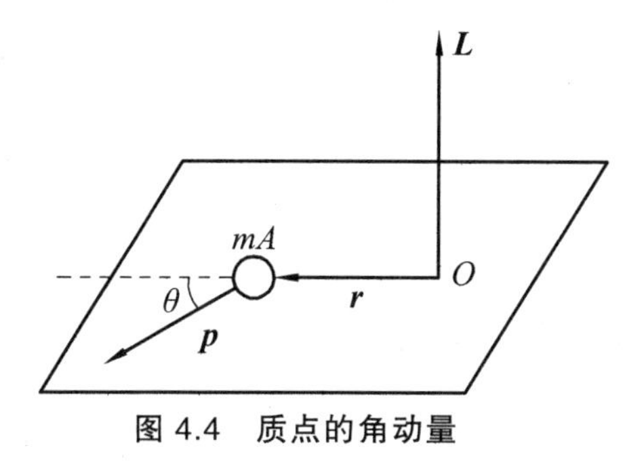

图 4.4　质点的角动量

图 4.5　角动量方向的确定

说明：

（1）大到星系，小到基本粒子，都具有转动的特征。但从 18 世纪定义角动量，直到 20 世纪人们才开始认识到角动量是自然界最基本、最重要的概念之一，它不仅在经典力学中很重要，而且在近代物理中的运用更为广泛。

例如，电子绕核运动，具有轨道角动量，电子本身还有自旋运动，具有自旋角动量等。原子、分子和原子核系统的基本性质之一，是它们的角动量仅具有一定的不连续的量值，这叫作角动量的量子化。因此，在描述这种系统的性质时，角动量起着主要的作用。

（2）角动量不仅与质点的运动有关，还与参考点有关。对于不同的参考点，同一质点有不同的位置矢量，因而角动量也不相同。因此，在说明一个质点的角动量时，必须指明是相对于哪一个参考点而言的。

（3）角动量的定义式 $\boldsymbol{L}=\boldsymbol{r}\times\boldsymbol{P}=\boldsymbol{r}\times m\boldsymbol{v}$ 与力矩的定义式 $\boldsymbol{M}=\boldsymbol{r}\times\boldsymbol{F}$ 形式相同，故角动量有

时也称为动量矩——动量对参考点（或转轴）的矩。

（4）若质点作圆周运动，如图 4.6，$\boldsymbol{v}\perp\boldsymbol{r}$，且在同一平面内，则角动量的大小为 $L=rmv=r^2m\omega$，写成矢量形式为 $\boldsymbol{L}=m\mathrm{r}^2\boldsymbol{\omega}$。

（5）质点作匀速直线运动时，尽管位置矢量 $\boldsymbol{r}$ 变化，但是质点相对某点的角动量 $\boldsymbol{L}$ 保持不变。

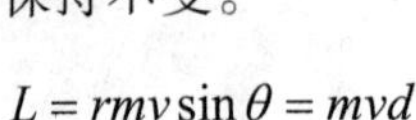

$$L=rmv\sin\theta=mvd$$

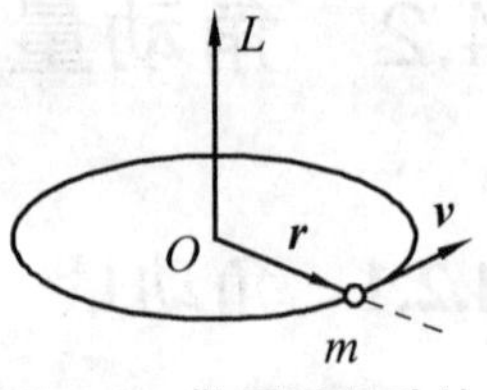

图 4.6　做圆周运动的质点的角动量

4.2.1.2　质点系的角动量

质点系内所有质点对同一参考点的角动量的矢量和称为质点系对该参考点的角动量，即

$$\boldsymbol{L}=\sum_i \boldsymbol{L}_i=\sum_i(\boldsymbol{r}_i\times m_i\boldsymbol{v}_i) \tag{4.3}$$

设质点系的质心为 C，系内任一质点的位矢 $\boldsymbol{r}_i$ 可以用质心的位矢 $\boldsymbol{r}_C$ 与该质点相对于质心的位矢 $\boldsymbol{r}_i'$ 的矢量和来表示，如图 4.7 所示。

$$\boldsymbol{r}_i=\boldsymbol{r}_C+\boldsymbol{r}_i' \tag{4.4}$$

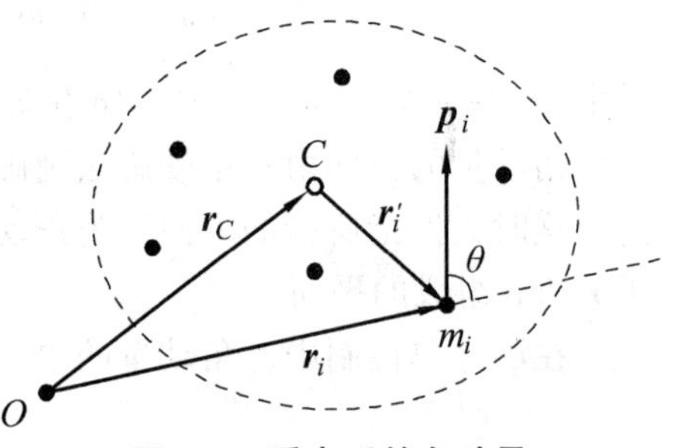

图 4.7　质点系的角动量

式（4.4）两边对时间求导，得

$$\boldsymbol{v}_i=\boldsymbol{v}_C+\boldsymbol{v}_i' \tag{4.5}$$

将式（4.4）和式（4.5）代入式（4.3），得

$$\begin{aligned}\boldsymbol{L}&=\sum_i[(\boldsymbol{r}_C+\boldsymbol{r}_i')\times m_i\boldsymbol{v}_i]\\&=\boldsymbol{r}_C\times\sum_i m_i\boldsymbol{v}_i+\sum_i[\boldsymbol{r}_i'\times m_i(\boldsymbol{v}_C+\boldsymbol{v}_i')]\\&=\boldsymbol{r}_C\times\sum_i m_i\boldsymbol{v}_i+\sum_i(\boldsymbol{r}_i'\times m_i\boldsymbol{v}_C)+\sum_i(\boldsymbol{r}_i'\times m_i\boldsymbol{v}_i')\end{aligned} \tag{4.6}$$

设质点系总质量为 $M=\sum_i m_i$，则

$$\boldsymbol{v}_C=\frac{\sum m_i\boldsymbol{v}_i}{M},\qquad \frac{\sum m_i\boldsymbol{r}_i'}{M}=\boldsymbol{r}_C'$$

因此，式（4.6）中第一项为

$$\boldsymbol{r}_C\times\sum_i m_i\boldsymbol{v}_i=\boldsymbol{r}_C\times M\boldsymbol{v}_C$$

式中　$\boldsymbol{r}_C'$——质心相对于质心的位矢，所以 $\boldsymbol{r}_C'=0$，即式（4.6）中第二项

$$\sum_i(\boldsymbol{r}_i'\times m_i\boldsymbol{v}_C)=\left(\sum_i m_i\boldsymbol{r}_i'\right)\times\boldsymbol{v}_C=0$$

故质点系的角动量

$$\boldsymbol{L}=\boldsymbol{r}_C\times M\boldsymbol{v}_C+\sum_i\left(\boldsymbol{r}_i'\times m_i\boldsymbol{v}_i'\right)$$

由此，质点系的角动量分解为形式不同的两项：第一项中包含质点系总质量 M 和描述质心性质的参数 $\boldsymbol{r}_C$ 和 $\boldsymbol{v}_C$，称为质点系的轨道角动量，即将质点系全部质量集中于质心处的一个质点上，该质点对参考点的角动量。它以质心为代表，描述质点系整体绕参考点的旋转运动。第二项是质点系内各质点相对于质心角动量的矢量和，称为质点系的自旋角动量，即系内各质点绕质心的旋转运动，与参考点的选择无关，描述系统的内禀性质。

所以质点系的角动量可以表示为

$$\boldsymbol{L}=\boldsymbol{L}_{轨道}+\boldsymbol{L}_{自旋} \tag{4.7}$$

其中

$$\boldsymbol{L}_{轨道}=\boldsymbol{r}_C\times M\boldsymbol{v}_C \tag{4.8}$$

$$\boldsymbol{L}_{自旋}=\sum_i(\boldsymbol{r}_i'\times m_i\boldsymbol{v}_i') \tag{4.9}$$

【例 4.1】 已知地球的质量 $m=6.0\times10^{24}kg$，地球与太阳的中心距离 $r=1.5\times10^{11}m$，若近似认为地球绕太阳作匀速率圆周运动，$v=3.0\times10^4 m/s$，求地球对太阳中心的角动量。

解：如图 4.8 所示，O 点为太阳中心，地球对太阳中心的角动量 $\boldsymbol{L}=\boldsymbol{r}\times m\boldsymbol{v}$。因为 $\boldsymbol{r}$ 与 $\boldsymbol{v}$ 垂直，$\theta=\dfrac{\pi}{2}$，故角动量的大小为

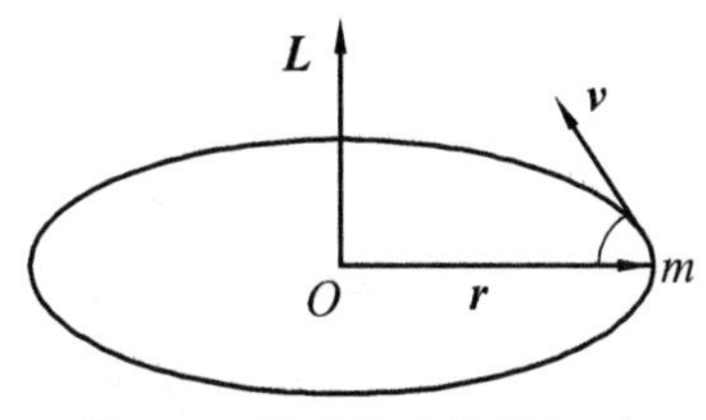

图 4.8 地球绕太阳的运动

$$\begin{aligned}L&=r\cdot mv\cdot\sin\frac{\pi}{2}=rmv\\&=1.5\times10^{11}\times6.0\times10^{24}\times3\times10^4=2.7\times10^{40}\ (\mathrm{kg\cdot m^2/s})\end{aligned}$$

角动量的方向由右手螺旋法则确定：$\boldsymbol{L}$ 垂直于 $\boldsymbol{r}$、$\boldsymbol{v}$ 构成的平面，方向向上。

由此例可见，对于做圆周运动的质点，由于矢径 $\boldsymbol{r}$ 与速度 $\boldsymbol{v}$ 时时都彼此垂直，故质点对圆心 O 的角动量的大小 $L=rmv$。如果是作匀速率圆周运动，角动量的大小是一常量。

4.2.1.3 定轴转动刚体的角动量

刚体绕定轴转动时，其上每一个质点都在转动平面内绕轴作圆周运动。如图 4.9 所示，作半径为 r 的圆周运动的质点 m 对 O 点的角动量为

$$\boldsymbol{L}=\boldsymbol{r}\times m\boldsymbol{v} \tag{4.10}$$

对 z 轴的角动量定义为质点对 z 轴上任意一点角动量沿 z 轴的分量，即对其圆心 O 的角动量

$$\boldsymbol{L}=\boldsymbol{r}\times m\boldsymbol{v}=mr^2\boldsymbol{\omega} \tag{4.11}$$

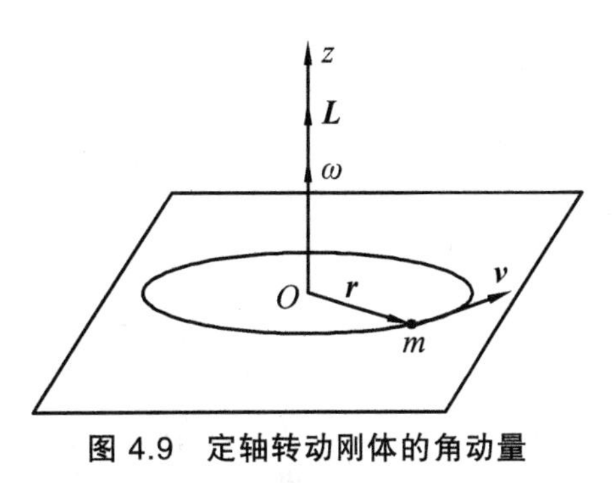

图 4.9 定轴转动刚体的角动量

定轴转动刚体对轴的角动量定义为刚体各质点对轴的角动量的矢量和，即

$$\boldsymbol{L}=\sum \boldsymbol{L}_i$$

式中 $\boldsymbol{L}_i$——第 i 个质点对 z 轴的角动量。

设第 i 个质点质量为 m_i，速度为 $\boldsymbol{v}_i$，对 z 轴的径矢为 $\boldsymbol{r}_i$，则 $\boldsymbol{L}_i=\boldsymbol{r}_i\times\boldsymbol{P}_i=\boldsymbol{r}_i\times m_i\boldsymbol{v}_i$。由于定轴转动时刚体中每一个质点都在作圆周运动，且质点的角速度都相同，质点的速度和矢径垂直，所以质点对 z 轴的角动量的大小为

$$L_i=p_i r_i=m_i v_i r_i=m_i r_i^2\omega$$

式中 r_i——质点到轴的距离；

ω——刚体转动的角速度。

考虑到质点作圆周运动时角动量矢量的方向和角速度矢量的方向始终相同，故有

$$\boldsymbol{L}_i=m_i r_i^2\boldsymbol{\omega}$$

则刚体对定轴的角动量为

$$\boldsymbol{L}=\sum \boldsymbol{L}_i=\sum m_i r_i^2\boldsymbol{\omega}=(\sum m_i r_i^2)\boldsymbol{\omega} \tag{4.12}$$

若在轴上选定一正方向，则定轴转动刚体的角动量是一个代数量。

将式（4.12）与动量 $\boldsymbol{p}=m\boldsymbol{v}$ 类比，可以发现，$\sum\limits_i m_i r_i^2$ 与平动问题中的质量 m 地位相当，故将此量定义为描述转动物体惯性大小的量度——转动惯量，通常用 J 来表示，即 $J=\sum\limits_i m_i r_i^2$。

4.2.2 角动量的时间变化率

由质点角动量的定义式（4.1）

$$\boldsymbol{L}=\boldsymbol{r}\times\boldsymbol{P}=\boldsymbol{r}\times m\boldsymbol{v}$$

角动量对时间的变化率为

$$\frac{\mathrm{d}\boldsymbol{L}}{\mathrm{d}t}=\frac{\mathrm{d}\boldsymbol{r}}{\mathrm{d}t}\times\boldsymbol{p}+\boldsymbol{r}\times\frac{\mathrm{d}\boldsymbol{p}}{\mathrm{d}t}$$

上式第一项

$$\frac{\mathrm{d}\boldsymbol{r}}{\mathrm{d}t}\times\boldsymbol{p}=\boldsymbol{v}\times m\boldsymbol{v}=0$$

上式第二项

$$\boldsymbol{r}\times\frac{\mathrm{d}\boldsymbol{p}}{\mathrm{d}t}=\boldsymbol{r}\times\boldsymbol{F}$$

因此 $$\frac{\mathrm{d}\boldsymbol{L}}{\mathrm{d}t}=\boldsymbol{r}\times\boldsymbol{F} \tag{4.13}$$

式（4.13）右端 $\boldsymbol{r}\times\boldsymbol{F}$ 的物理意义：在图 4.10 中，$\boldsymbol{F}$ 为质点 m 所受的合力，$\boldsymbol{r}$ 为 m 对参考点的位矢。则

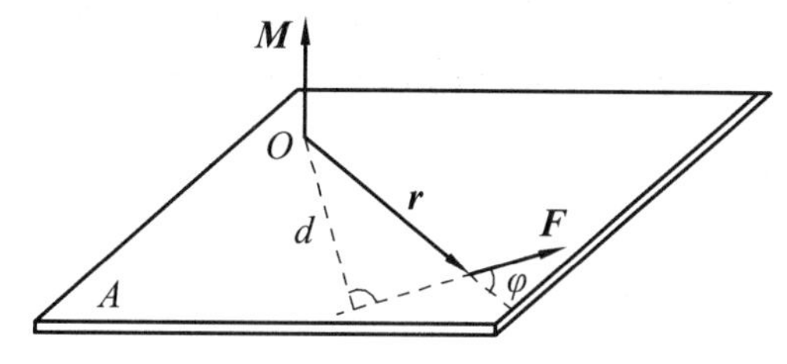

图 4.10　角动量的时间变化率

$$|\boldsymbol{r}\times\boldsymbol{F}| = rF\sin\varphi = Fd$$

即 $\boldsymbol{r}\times\boldsymbol{F}$ 的大小为力 F 与参考点到力的作用线的垂直距离 d 的乘积。这就是我们熟悉的力矩 M，下面对力矩进行一般性讨论。

4.3　力矩　转动惯量　刚体定轴转动定律

4.3.1　力　矩

4.3.1.1　对参考点的力矩

力的作用点对参考点 O 的矢径 $\boldsymbol{r}$ 与力 $\boldsymbol{F}$ 的矢积定义为力对该参考点的力矩，用 $\boldsymbol{M}$ 表示

$$\boldsymbol{M} = \boldsymbol{r}\times\boldsymbol{F} \tag{4.14}$$

力矩 $\boldsymbol{M}$ 的大小由图 4.10 求得

$$M = r\cdot F\cdot\sin\varphi = F\cdot d$$

力矩 $\boldsymbol{M}$ 的方向垂直于 $\boldsymbol{r}$ 矢量与 $\boldsymbol{F}$ 矢量共同构成的平面，指向由右手螺旋法则确定。

力矩 $\boldsymbol{M}$ 一方面反映了力的大小和方向，同时又反映了力的作用位置，它也是描述物体间相互作用的物理量。

若一个物体同时受到几个力的作用，则物体所受到的合外力矩等于各力形成的力矩的矢量和。

需强调的是，能够求和的力矩必须是对同一个参考点的力矩。

在国际单位制中，力矩的单位为 N · m。

4.3.1.2　对定轴的力矩

在图 4.11 中，一刚体绕定轴 z 转动，力 $\boldsymbol{F}$ 作用在刚体上 p 点，且力的方向在 p 点的转动

平面 M 内。如果力不在转动平面内，可以把 $\boldsymbol{F}$ 分解为平行于轴的分力和在转动平面内的分力。

轴向分力的作用是改变轴的方向，在定轴转动中会被定轴的支撑力矩抵消而不起作用，所以可以只考虑在转动平面内分力的作用，以后也只讨论力在转动平面内的情况。设 p 点的转心为 O，径矢为 $\boldsymbol{r}$。通常把力 $\boldsymbol{F}$ 对定轴 z 的力矩定义为一个矢量

$$\boldsymbol{M}=\boldsymbol{r}\times\boldsymbol{F} \tag{4.15}$$

它的大小为

$$M=Fr\sin\varphi=Fd \tag{4.16}$$

或

$$M=Fr\sin\varphi=F_{\tau}r \tag{4.17}$$

式中　$d=r\sin\varphi$——力 $\boldsymbol{F}$ 对轴的力臂；

$F_{\tau}=F\sin\varphi$——力 $\boldsymbol{F}$ 的切向分量。

由式（4.17）可知，力矩矢量的方向是矢径 $\boldsymbol{r}$ 和力 $\boldsymbol{F}$ 矢积的方向。图 4.11 中的力矩矢量的方向向上。在刚体的定轴转动中，力矩矢量的方向总是平行于轴的。若在轴上选定一个正方向，则力矩均可用代数量来表示。

力对定轴 z 的力矩是力对轴上任一定点的力矩在 z 轴方向的分量。若作用在 p 点的力不止一个，则该点所受合力的力矩等于各分力力矩之和。合力的力矩

$$\boldsymbol{M}=\boldsymbol{r}\times\boldsymbol{F}=\boldsymbol{r}\times\sum\boldsymbol{F}_i=\sum\boldsymbol{r}\times\boldsymbol{F}_i=\sum\boldsymbol{M}_i \tag{4.18}$$

式中　$\boldsymbol{M}_i=\boldsymbol{r}\times\boldsymbol{F}_i$——各分力的力矩。

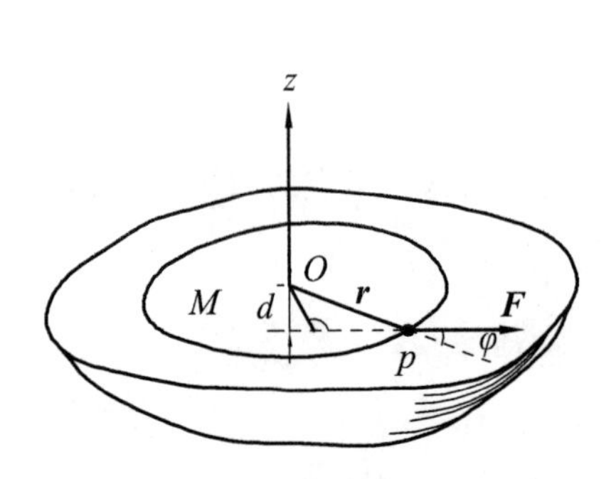

图 4.11　对定轴的力矩

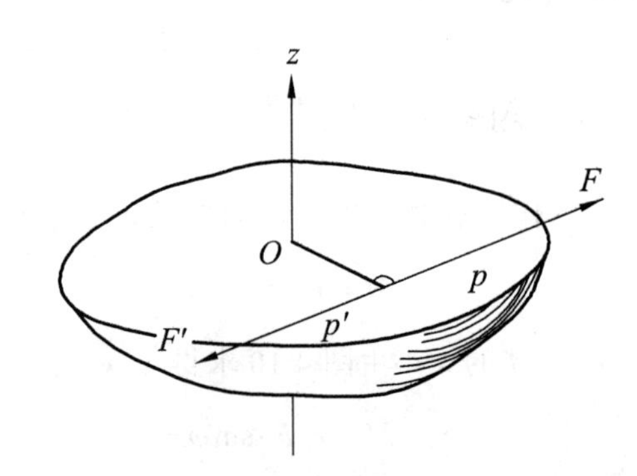

图 4.12　作用力矩和反作用力矩

由于作用力和反作用力是成对出现的，所以它们的力矩也成对出现。作用力与反用力的大小相等，方向相反且在同一直线上，因而有相同的力臂，如图 4.12 所示，因此作用力矩和反作用力矩也是大小相等，方向相反，其和为零。

$$\boldsymbol{M}+\boldsymbol{M}'=0 \tag{4.19}$$

4.3.2　刚体转动惯量

刚体对定轴的转动惯量，等于刚体上各质点的质量与该质点到转轴垂直距离平方的乘积之和，即

$$J=\sum m_i r_i^2 \tag{4.20}$$

对于质量连续分布的物体，式（4.20）中的求和应写为积分形式，即

$$J=\int \mathrm{d}J=\int r^2\mathrm{d}m \tag{4.21}$$

式中　dm——物体上的质量元；

　　r——质元到轴的距离；

　　$\mathrm{d}J=r^2\mathrm{d}m$——质元对轴的转动惯量。

说明： 质量分布通常用质量密度来描述。

（1）如果质量在空间构成体分布，则空间任一点的质量体密度定义为该点附近单位体积内的质量 $\rho=\dfrac{\mathrm{d}m}{\mathrm{d}V}$。如果式（4.21）中的质元的体积为 d$V$，该点的质量体密度为$\rho$，则质元的质量 $\mathrm{d}m=\rho\mathrm{d}V$，把此式代入式（4.21），积分为体积分。

（2）如果质量构成面分布，则质量面密度定义为该处单位面积内的质量 $\sigma=\dfrac{\mathrm{d}m}{\mathrm{d}S}$。如果所取质元的面积为 d$S$，该点的质量面密度为$\sigma$，则质元的质量 $\mathrm{d}m=\sigma\mathrm{d}S$，把此式代入式（4.21），积分为面积分。

（3）对于质量线分布，质量线密度定义为单位长度内的质量 $\lambda=\dfrac{\mathrm{d}m}{\mathrm{d}l}$。如果质元的长度为 d$l$，该点的质量面密度为$\lambda$，则质元的质量 $\mathrm{d}m=\lambda\mathrm{d}l$，把此式代入式（4.21），积分为线积分。

刚体对定轴的转动惯量的大小取决于三个因素，即刚体的总质量、质量对轴的分布情况和转轴的位置。

引入转动惯量概念以后，定轴转动刚体的角动量式（4.12）可以表示为

$$\boldsymbol{L}=\sum m_i r_i^2\boldsymbol{\omega}=J\boldsymbol{\omega} \tag{4.22}$$

下面举例说明几种几何形状简单、质量分布均匀的刚体转动惯量的计算方法。

【例 4.2】　一正方形边长为 l，它的 4 个顶点各有一个质量为 m 的质点，求此系统对下列转轴的转动惯量：（1）z_1 轴；（2）z_2 轴；（3）z_3 轴（垂直于纸面）（图 4.13）。

解：（1）对 z_1 轴，4 个质点的转动惯量均为 $m\left(\dfrac{l}{2}\right)^2$，故

$$J_1=\sum m_i r_i^2=4m\left(\frac{l}{2}\right)^2=ml^2$$

（2）对 z_2 轴，a、d 两质点的转动惯量为 0，而 b、c 两质点的转动惯量均为 ml^2，故

$$J_2=2ml^2$$

（3）对 z_3 轴

$$J_3=\sum m_i r_i^2=4m\left(\frac{\sqrt{2}}{2}l\right)^2=2ml^2$$

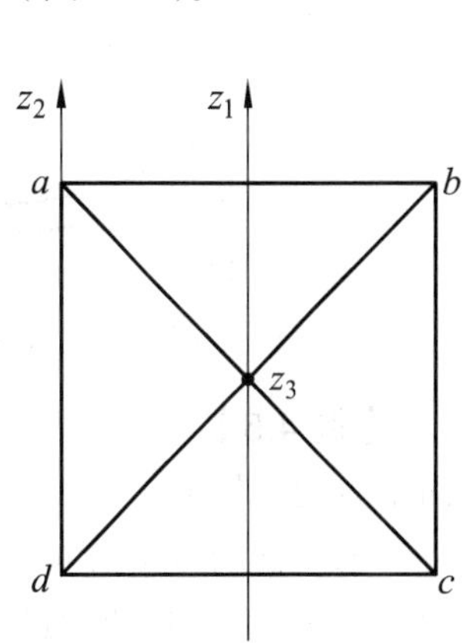

图 4.13　正方形质点系的转动惯量

【例 4.3】 一匀质细杆长度为 l，质量为 m（图 4.14）。求细杆对下列转轴的转动惯量：（1）通过一端并与杆垂直的轴；（2）通过中心并垂直于杆的轴。

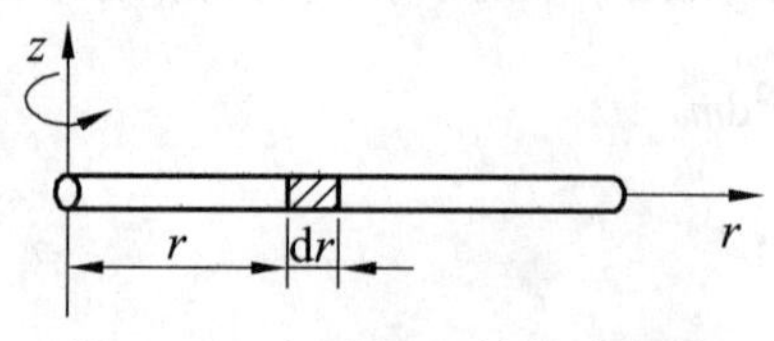

图 4.14 匀质细杆的转动惯量

解：（1）细杆的质量线密度 $\lambda = m/l$，如图 4.14 所示，在距轴 r 处取一线元 dr，线元的质量为 $\mathrm{d}m = \lambda \mathrm{d}r$，线元的转动惯量 $\mathrm{d}J = r^2\mathrm{d}m = \lambda r^2\mathrm{d}r$，故细杆的转动惯量为

$$J_1 = \int \mathrm{d}J = \int_0^l \lambda r^2 \mathrm{d}r = \frac{1}{3}\lambda l^3 = \frac{1}{3}ml^2$$

（2）若轴在杆中心，可以把杆从中心分为两部分，两部分的转动惯量相等，而且每一部分的转动惯量都可以用问题（1）中的结论来表示。只是每部分的长度只有 $\frac{l}{2}$，质量也只有 $\frac{m}{2}$。

$$J_2 = 2\cdot\frac{1}{3}\cdot\frac{m}{2}\left(\frac{l}{2}\right)^2 = \frac{1}{12}ml^2$$

【例 4.4】 一质量均匀分布的细圆环，半径为 r，质量为 m，求圆环对过圆心并与环面垂直的转轴的转动惯量（图 4.15）。

解：在环上取一质量为 dm 的质元，它对轴的转动惯量 $\mathrm{d}J = r^2\mathrm{d}m$，故圆环的转动惯量为

$$J = \int \mathrm{d}J = \int r^2 \mathrm{d}m = r^2\int_m \mathrm{d}m = mr^2$$

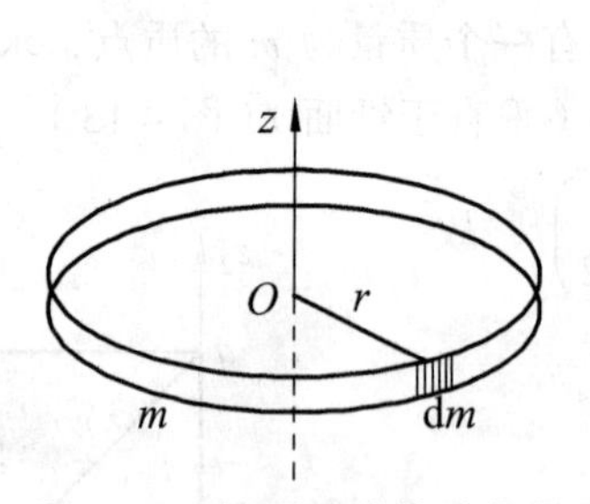

图 4.15 细圆环的转动惯量

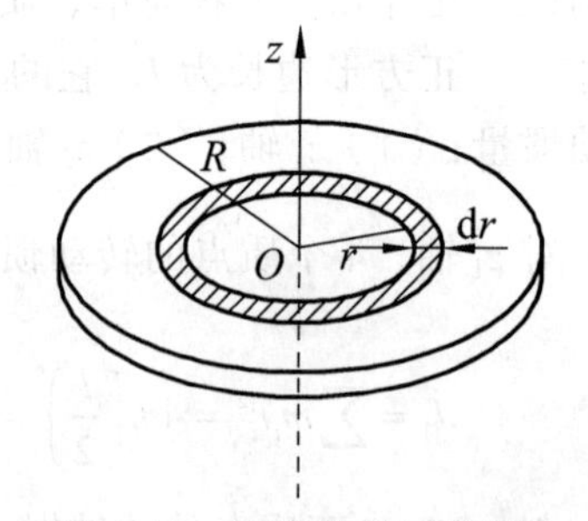

图 4.16 圆盘的转动惯量

【例 4.5】 有一质量均匀分布的圆盘，半径为 R，质量为 m，求圆盘对过圆心并与圆盘面垂直的转轴的转动惯量（图 4.16）。

解：盘的质量面密度为 $\sigma = m/\pi R^2$，在盘上取一半径为 r，宽度为 dr 的圆环，圆环面积 $\mathrm{d}S = 2\pi r\mathrm{d}r$，圆环的质量为 $\mathrm{d}m = \sigma\mathrm{d}S = 2\pi\sigma r\mathrm{d}r$，利用例 4.4 的结论，圆环的转动惯量为

$$\mathrm{d}J = r^2\mathrm{d}m = 2\pi\sigma r^3\mathrm{d}r$$

故圆盘的转动惯量为

$$J=\int \mathrm{d}J=\int_0^R 2\pi\sigma r^3\mathrm{d}r=\frac{1}{2}\pi\sigma R^4=\frac{1}{2}mR^2$$

常用均匀刚体对定轴的转动惯量如表 4.1 所示。

表 4.1　常见刚体的转动惯量

刚体形状	转轴位置	转动惯量
细棒 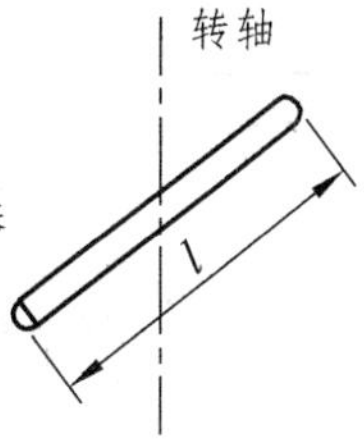	中垂轴（转轴通过中心与棒垂直）	$J=\frac{1}{12}ml^2$
细棒 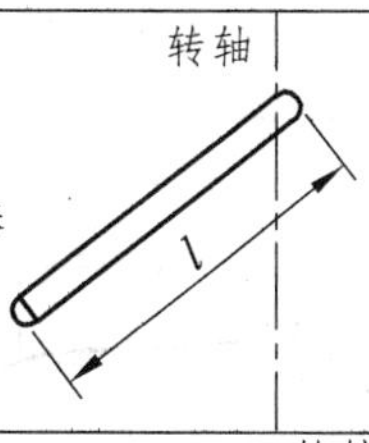	一端的垂直轴(转轴通过端点与棒垂直)	$J=\frac{1}{3}ml^2$
薄圆环 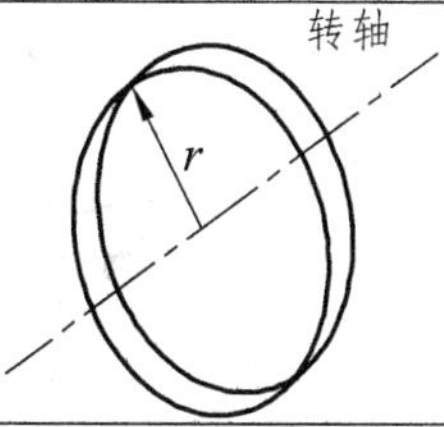	几何对称轴(转轴通过中心与环面垂直)	$J=mr^2$
薄圆环 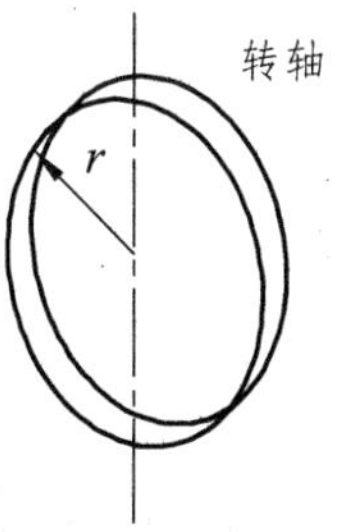	任意直径为轴	$J=\frac{1}{2}mr^2$
圆盘 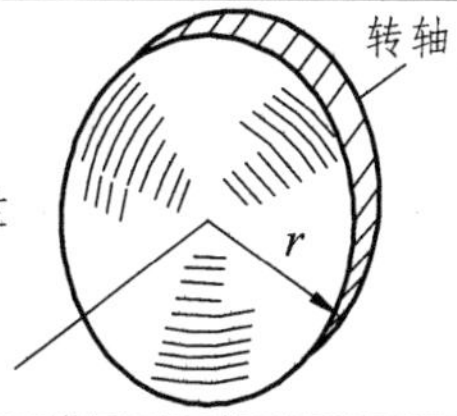	几何对称轴(转轴通过中心与盘面垂直)	$J=\frac{1}{2}mr^2$
圆盘	任意直径为轴	$J=\frac{1}{4}mr^2$

续表 4.1

刚体形状	转轴位置	转动惯量
球体（转轴，2r）	任意直径为轴	$J=\frac{2}{5}mr^2$
圆筒（转轴，r_1，r_2）	几何对称轴	$J=\frac{1}{2}m(r_1^2+r_2^2)$

在计算刚体对定轴的转动惯量时还常运用以下法则：

平行轴定理 刚体对某轴的转动惯量 J 等于刚体对过质心 C，且与该轴平行的轴 z_C 的转动惯量 J_C 与刚体质量 m 和两轴间距离 d 的平方的积之和（图 4.17）。即

$$J=J_C+md^2 \tag{4.23}$$

定理的证明，读者可以参阅书后列出的有关参考书。

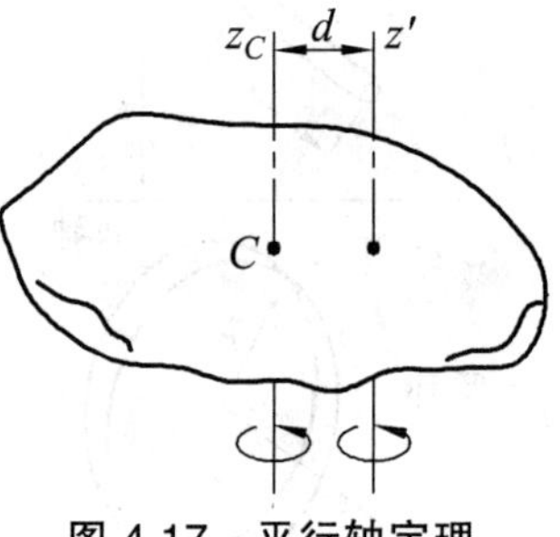

图 4.17 平行轴定理

4.3.3 刚体定轴转动定律

引入力矩概念以后，质点角动量对时间的变化率式（4.13）成为

$$\frac{\mathrm{d}\boldsymbol{L}}{\mathrm{d}t}=\boldsymbol{r}\times\boldsymbol{F}=\boldsymbol{M} \tag{4.24}$$

即质点角动量对时间的变化率等于质点所受合力矩。注意式中 $\boldsymbol{L}$、$\boldsymbol{M}$ 应对同一参考点计算。

对于质点系，其角动量对时间的变化率为

$$\frac{\mathrm{d}}{\mathrm{d}t}\sum_i\boldsymbol{L}_i=\sum_i\boldsymbol{M}_{i外}+\sum_i\boldsymbol{M}_{i内} \tag{4.25}$$

式中 $\sum_i\boldsymbol{L}_i$——质点系的总角动量 $\boldsymbol{L}$；

$\sum_i\boldsymbol{M}_{i外}$——系统内各个质点所受外力的力矩之和，称为合外力矩，用 $\boldsymbol{M}_外$ 表示。

因为任意一对内力对同一参考点的力矩之和为 0，故对整个系统而言，$\sum_i\boldsymbol{M}_{i内}\equiv 0$。则

式（4.24）成为

$$\frac{\mathrm{d}\boldsymbol{L}}{\mathrm{d}t} = \boldsymbol{M}_{外} \tag{4.26}$$

即质点系角动量对时间的变化率等于质点系所受合外力矩，而与内力矩无关。

对定轴转动刚体，式（4.26）成为

$$\boldsymbol{M}_{轴} = \frac{\mathrm{d}\boldsymbol{L}}{\mathrm{d}t} = \frac{\mathrm{d}(J\boldsymbol{\omega})}{\mathrm{d}t} = J\frac{\mathrm{d}\boldsymbol{\omega}}{\mathrm{d}t} = J\boldsymbol{\beta} \tag{4.27}$$

此式称为**刚体定轴转动定律**，表明力矩的瞬时作用效果是产生角加速度；刚体角加速度的大小与合外力矩成正比，而与刚体的转动惯量成反比，角加速度的方向与合外力矩的方向一致。

将刚体定轴转动定律 $\boldsymbol{M}_{轴} = J\boldsymbol{\beta}$ 与牛顿第二定律 $\boldsymbol{F} = m\boldsymbol{a}$ 类比，可以看到：转动问题中力矩的地位和作用于平动问题中的力相当，而转动惯量的地位与平动问题中的质量相当。因此，力矩是物体转动状态变化的原因，而转动惯量是物体转动惯性大小的量度。

4.3.4 转动定律的应用

刚体定轴转动定律的应用与牛顿运动定律的应用相似。牛顿运动定律应用的基础是受力分析，而对于转动定律的应用，不仅要进行受力分析，还要进行力矩分析。按力矩分析可用转动定律列出刚体定轴转动的动力学方程并求解出结果。在刚体定轴转动定律的应用中还常常涉及与牛顿运动定律的综合。下面以具体的例子来介绍刚体定轴转动定律的应用方法。

【例 4.6】 如图 4.18 所示，一轻杆（不计质量）长度为 $2l$，两端各固定一小球，A 球质量为 $2m$，B 球质量为 m，杆可绕过中心的水平轴 O 在铅垂面内自由转动，求杆与竖直方向成 θ 角时的角加速度。

解：轻杆连接两个小球构成一个简单的刚性质点系统。系统运动形式为绕 O 轴的转动，利用转动定律求解：

$$M = J\beta \quad ①$$

先分析系统所受的合外力矩：系统受外力有 3 个，即 A、B 受到的重力和轴的支撑作用力。轴的作用力对轴的力臂为 0，故力矩为 0，系统只受 2 个重力矩作用。以顺时针方向作为运动的正方向，则 A 球受力矩为正，B 球受力矩为负，2 个重力的力臂相等，为 $d = l\sin\theta$，故合力矩

$$M = 2mgl\sin\theta - mgl\sin\theta = mgl\sin\theta \quad ②$$

系统的转动惯量为 2 个小球（可看作质点）的转动惯量之和

$$J = 2ml^2 + ml^2 = 3ml^2 \quad ③$$

将式②③代入式①，得

$$mgl\sin\theta = 3ml^2\beta$$

解得

$$\beta = \frac{g\sin\theta}{3l}$$

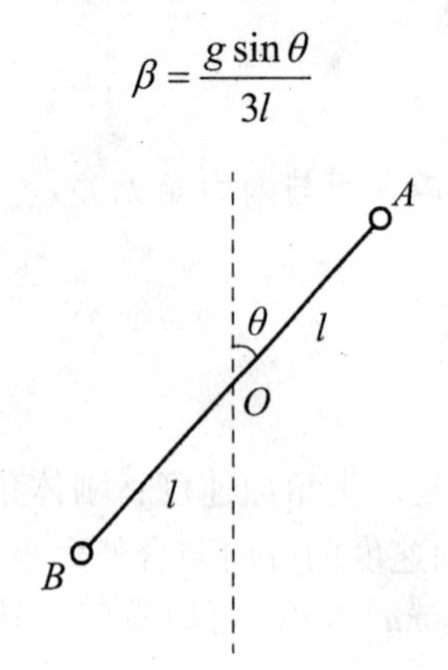

图 4.18　轻杆绕中心轴转动

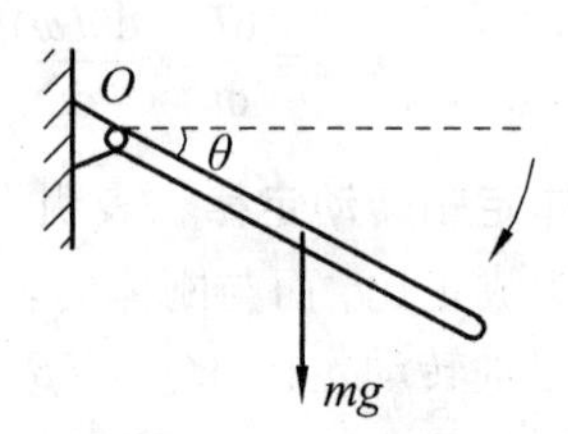

图 4.19　匀质细杆绕一端的水平轴转动

【例 4.7】　如图 4.19 所示，有一匀质细杆长度为 l，质量为 m，可绕其一端的水平轴 O 在铅垂面内自由转动。当它自水平位置自由下摆到角位置θ时角加速度有多大？

解：杆受到 2 个力的作用，一个是重力，一个是 O 轴作用的支撑力。O 轴的作用力的力臂为 0，故只有重力提供力矩。重力是作用在物体的各个质点上的，但对于刚体，可以看作合力作用于重心，即杆的中心，力臂为 $d = \frac{l}{2}\cos\theta$。杆对 O 轴的转动惯量为 $\frac{1}{3}ml^2$。由刚体定轴转动定律 $M = J\beta$，有

$$mg \cdot \frac{l}{2}\cos\theta = \frac{1}{3}ml^2\beta$$

解得

$$\beta = \frac{3g}{2l}\cos\theta$$

【例 4.8】　如图 4.20（a）所示，一固定光滑斜面上装有一匀质圆盘 A 作为定滑轮，轮上绕有轻绳（不计质量），绳上连接两重物 B 和 C。已知 A、B、C 的质量均为 m，轮半径为 r，斜面倾角 $\theta = 30°$。若轮轴的摩擦可忽略，轮子和绳子之间无相对滑动，求装置启动后两重物的加速度及绳中的张力。

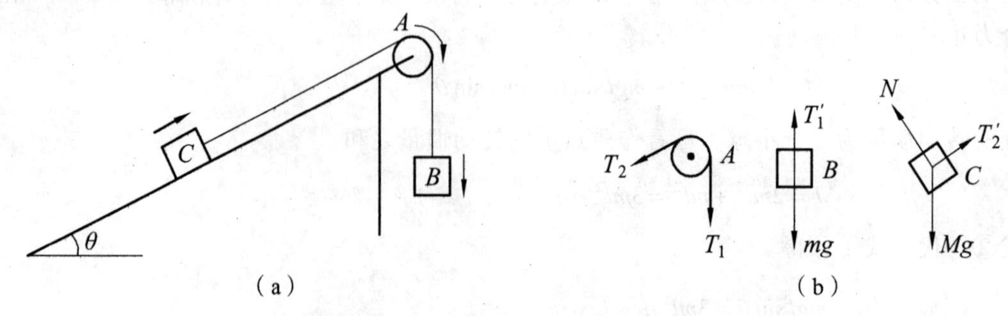

图 4.20　定滑轮系统的运动及受力分析

解：A、B、C 构成一个连接体，A 轮沿顺时针方向转动，B 物体向下运动，C 物体沿斜面向上运动。设 A 的角加速度为β，B、C 加速度的大小相等，设为 a，绳子中张力的大小在 A、B 间设为 T_1、T_1'（$T_1 = T'$），在 A、C 间设为 T_2、T_2'（$T_2 = T_2'$），T_1 和 T_2 不相等，否则轮 A 受合力矩将为 0，就不可能随绳子运动了，这显然不符合题意。

对滑轮 A，滑轮所受的重力的力心在轴上，轮轴的支撑力也在轴上，它们的力臂均为 0，故力矩也为 0，所以只有绳子的张力 T_1 和 T_2 提供力矩，由刚体定轴转动定律有

$$T_1 r - T_2 r = \frac{1}{2} m r^2 \beta$$

对重物 B，由牛顿运动定律有

$$mg - T_1' = ma$$

对重物 C，由牛顿运动定律有

$$T_2' - mg\sin 30° = ma$$

由于轮子和绳子之间无相对滑动，A 轮边缘的切向加速度和 B、C 加速度的大小相等，$a_\tau = a$，利用角量与线量关系 $a_\tau = r\beta$ 有

$$a = r\beta$$

联立以上 4 个方程可解得

$$a = 0.2g,\quad T_1 = 0.8mg,\quad T_2 = 0.7mg$$

【**例 4.9**】 如图 4.21 所示，有一匀质圆盘半径为 R，质量为 m，在水平桌面上绕过圆心的垂轴 O 转动。若圆盘的初角速度为ω_0，桌面的摩擦系数为μ 并且与相对速度无关。求圆盘停止下来所需要的时间以及停转过程中的角位移。

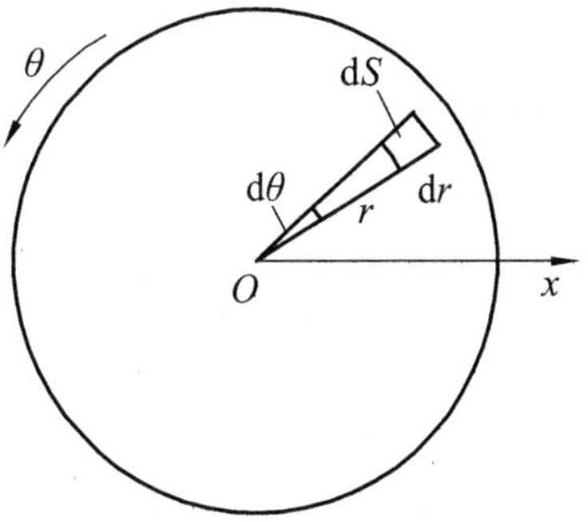

图 4.21 匀质圆盘的转动

解：此题的难点在于求圆盘所受的摩擦力矩。圆盘的质量面密度为 $\sigma = \dfrac{m}{\pi R^2}$。如图 4.21 建立平面极坐标，取面元 $\mathrm{d}S = r\mathrm{d}\theta\mathrm{d}r$，面元的质量 $\mathrm{d}m = \sigma\mathrm{d}S = \sigma r\mathrm{d}\theta\mathrm{d}r$，面元受到桌面的正压力等于它受到的重力 $\mathrm{d}N = g\cdot\mathrm{d}m = \sigma g r\mathrm{d}\theta\mathrm{d}r$，面元受到的摩擦力

$$\mathrm{d}f_\mathrm{r} = -\mu\mathrm{d}N = -\mu\sigma g r\mathrm{d}\theta\mathrm{d}r$$

摩擦力矩为

$$\mathrm{d}M_\mathrm{r} = r\mathrm{d}f_\mathrm{r} = -\mu\sigma g r^2\mathrm{d}\theta\mathrm{d}r$$

整个圆盘受到的摩擦力矩为

$$M_\mathrm{r} = \int\mathrm{d}M_\mathrm{r} = -\mu\sigma g\int_0^{2\pi}\mathrm{d}\theta\int_0^R r^2\mathrm{d}r = -\mu\sigma g\cdot 2\pi\cdot\frac{R^3}{3} = -\frac{2}{3}\mu mgR$$

方向与转动方向相反。圆盘受到的重力和桌面正压力的力心在 O 轴上，力矩为零。

由刚体定轴转动定律 $M = J\beta$，有

$$-\frac{2}{3}\mu mgR = \frac{1}{2}mR^2\beta$$

解得

$$\beta = -\frac{4\mu g}{3R}$$

盘的角加速度为常量，负号表示力矩和角加速度方向与角速度方向相反。

再由匀角加速度运动公式 $\omega = \omega_0 + \beta t$ 得到转动时间

$$t = \frac{\omega - \omega_0}{\beta} = -\frac{\omega_0}{\beta} = \frac{3R\omega_0}{4\mu g}$$

转动角位移为

$$\Delta\theta = \omega_0 t + \frac{1}{2}\beta t = \frac{3R\omega_0^2}{8\mu g}$$

4.4 角动量定理

4.4.1 角动量定理

4.4.1.1 质点的角动量定理

由式（4.24）

$$\frac{\mathrm{d}\boldsymbol{L}}{\mathrm{d}t} = \boldsymbol{r}\times\boldsymbol{F} = \boldsymbol{M}$$

即质点受到的合力矩等于质点角动量对时间的变化率，称为**质点的角动量定理**（微分形式）。该式指明角动量变化的原因在于受到合力矩的作用，且定量地给出了合力矩与角动量变化率的关系。将式（4.24）作变换，可写为

$$\boldsymbol{M}\mathrm{d}t = \mathrm{d}\boldsymbol{L}$$

$$\int_{t_1}^{t_2}\boldsymbol{M}\mathrm{d}t = \int_{L_1}^{L_2}\mathrm{d}\boldsymbol{L} = \boldsymbol{L}_2 - \boldsymbol{L}_1 = \Delta\boldsymbol{L} \tag{4.28}$$

左端 $\int_{t_1}^{t_2}\boldsymbol{M}\mathrm{d}t$ 是力矩对时间的累积，称为力矩的**角冲量**或**冲量矩**。式（4.28）表明质点所受合力矩的角冲量等于质点角动量的增量，称为**质点的角动量定理**（积分形式）。角动量定理揭示了力矩的角冲量是质点角动量变化的原因，质点角动量的变化是力矩对时间累积的结果。

4.4.1.2 质点系的角动量定理

将式（4.26）

$$\boldsymbol{M}_{外}=\frac{\mathrm{d}\boldsymbol{L}}{\mathrm{d}t}$$

写为积分形式，得

$$\int_{t_1}^{t_2}\boldsymbol{M}_{外}\mathrm{d}t=\int_{L_1}^{L_2}\mathrm{d}\boldsymbol{L}=\boldsymbol{L}_2-\boldsymbol{L}_1=\Delta\boldsymbol{L} \qquad (4.29)$$

此式称为**质点系的角动量定理**（积分形式），表明质点系所受合外力矩的角冲量等于质点系角动量的增量。式（4.29）说明只有作用于系统的合外力矩才改变系统的角动量，内力矩并不改变系统的角动量，只能影响质点系角动量在质点系内的分配。引起质点系角动量变化的原因是合外力矩的角冲量，质点系角动量的增量是质点系所受合外力矩对时间累积的效果。式（4.26）则为质点系角动量定理的微分形式。

4.4.1.3 定轴转动刚体的角动量定理

对于定轴转动刚体，角动量动量的微分形式即刚体定轴转动定律式（4.27）为

$$M_{轴}=J\frac{\mathrm{d}\omega}{\mathrm{d}t}=J\beta$$

可得

$$\int_{t_1}^{t_2}M_{轴}\mathrm{d}t=\int_{\omega_1}^{\omega_2}J\mathrm{d}\omega=J\omega_2-J\omega_1=\Delta L \qquad (4.30)$$

此式即**定轴转动刚体的角动量定理**。

请注意以上各式中的 $\boldsymbol{M}$、$\boldsymbol{L}$、$\boldsymbol{\omega}$ 都是对同一参考点或同一转轴而言。

4.5 角动量守恒定律

4.5.1 角动量守恒

由质点的角动量定理式（4.24）：当 $\boldsymbol{M}=0$ 时，$\mathrm{d}\boldsymbol{L}/\mathrm{d}t=0$，$\boldsymbol{L}=$恒矢量。即对某一固定参考点，质点所受的合力矩为零，则质点对该定点的角动量不随时间变化，这就是**质点的角动量守恒定律**。

对多个质点构成的质点系来说，同样地有：当质点系所受外力对某参考点的力矩矢量和为零时，即 $\boldsymbol{M}_{外}=0$，质点系对该参考点的总角动量不随时间变化，$\boldsymbol{L}=\sum_i\boldsymbol{L}_i=$恒矢量，这就是**质点系的角动量守恒定律**。

定轴转动刚体的角动量守恒定律可以表述为：当刚体所受的对转轴的合外力矩为零时，

刚体对转轴的角动量守恒，即若 $\boldsymbol{M}=0$，则 $\boldsymbol{L}=$ 常量。

理论和实验表明，角动量守恒定律是自然界一个普遍适用的定律。无论物体是做低速运动还是高速运动，无论是宏观领域的物理现象还是微观世界的物理过程，角动量守恒定律都成立，这已被大量实验事实证明是正确的，无一相悖。

角动量守恒定律成立的条件是质点所受的合外力矩为零；合外力矩为零有两种实现的可能，一是质点所受的合外力为零，则合外力矩为零。合外力矩为零的第二种可能是外力 $\boldsymbol{F}_{外}\neq 0$，但力与作用点的矢径在同一直线上，$\boldsymbol{r}\times\boldsymbol{F}=0$。在地球绕太阳运动的简化模型中，地球在太阳的万有引力作用下作匀速圆周运动，任一时刻，地球受到的太阳引力恒指向太阳中心，引力对太阳中心的力矩为零，因而地球对太阳中心的角动量为一守恒量。事实上，地球绕太阳运动的轨道是一椭圆，太阳位于椭圆的一个焦点上，但太阳对地球的引力仍然指向太阳中心，引力对太阳中心的力矩为零，因此地球对太阳中心的角动量仍然是一守恒量。这类情况在有心力场如万有引力场、点电荷的库仑场中是常见的。

角动量是一个矢量，角动量守恒要求角动量的大小不变，方向也不变。仍以地球绕太阳运行为例，地球对太阳中心的角动量根据 $\boldsymbol{L}=\boldsymbol{r}\times m\boldsymbol{v}$ 可知方向垂直于椭圆轨道平面，由于角动量守恒，这一方向不发生变化，这意味着地球绕太阳运行的轨道平面方位不变，类似的情况在人造地球卫星绕地球运转时也是一样的。

角动量守恒也可以有分量式，例如：

$$M_z=0\text{，}\quad L_z=\text{常量}$$

z 是过参考点 O 的 z 轴，M_z 是合外力矩在 z 轴上的分量，称为对 z 轴的力矩，L_z 是角动量沿 z 轴的分量。上式表明，合外力矩沿某一轴的分量（对某一轴的力矩）为零，角动量沿该轴的分量则为一守恒量。

我们在看滑冰表演时经常发现，一个运动员站在冰上旋转（图 4.22），当她把手臂和腿伸展开时转得较慢，而当他把手臂和腿收回靠近身体时则转得较快，这就是角动量守恒定律的表现。冰的摩擦力矩很小，可忽略不计，所以人对转轴的角动量守恒。当她的手臂和腿伸开时转动惯量大，故角速度较小，而收回后转动惯量变小，故角速度变大。在体育运动中，优秀的体操运动员、跳水运动员都会很熟练地演示角动量守恒定律，读者可以自己分析。

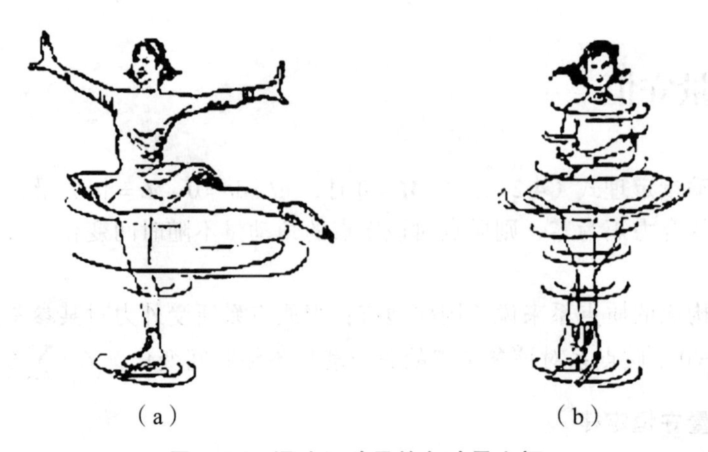

（a）　　（b）

图 4.22　滑冰运动员的角动量守恒

安装在轮船、飞机或火箭上的导航装置回转仪，也叫陀螺，也是通过角动量守恒的原理来工作的（图 4.23）。回转仪的核心器件是一个转动惯量较大的转子，装在“常平架”上。常平架由两个圆环构成，转子和圆环之间用轴承连接，轴承的摩擦力矩极小，常平架的作用是使转子不受任何力矩的作用。转子一旦转动起来，它的角动量就守恒，即其指向永远不变，因而能实现导航作用。

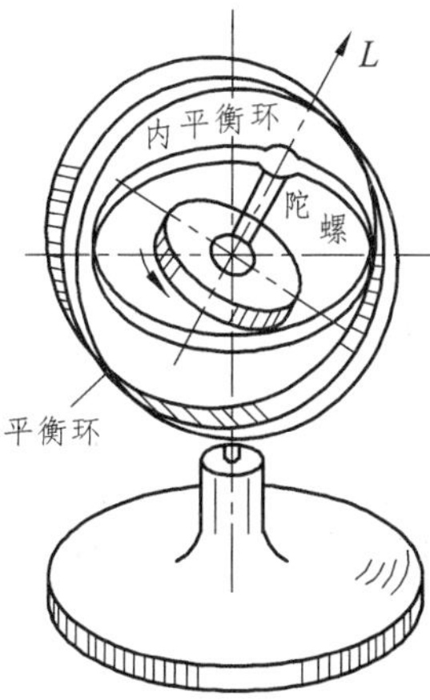

图 4.23　回转仪

4.5.2　角动量守恒的应用

角动量守恒在分析一些定轴转动时是非常有用的，下面举例说明角动量守恒定律的使用方法。

【例 4.10】　我国第一颗人造地球卫星“东方红”绕地球运行的轨道为一椭圆，地球在椭圆的一个焦点上，卫星在近地点和远地点时距地心分别为 $r_1 = 6.82\times10^6$ m 和 $r_2 = 8.76\times10^6$ m，在近地点时的速度 $v_1 = 8.1\times10^3$ m/s，求卫星在远地点时的速度 v_2。

解：如图 4.24 所示，卫星在轨道上任一处受地球的引力始终指向地心，引力对地心的力矩为零，因此卫星对地心的角动量守恒，在近地点的角动量等于在远地点的角动量，设卫星质量 m，则

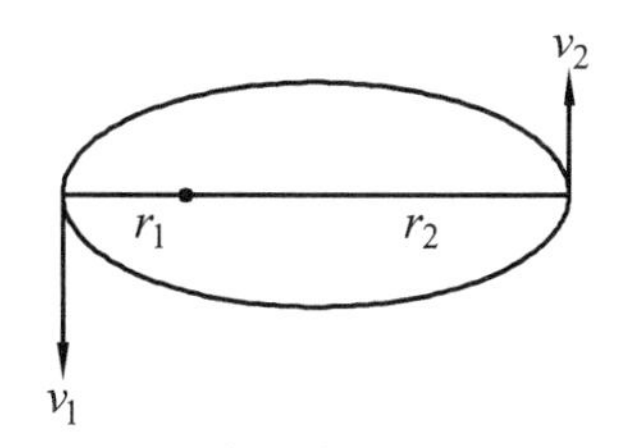

图 4.24　人造地球卫星绕地球运行

在近地点：　$L_1 = mr_1v_1$

在远地点：　$L_2 = mr_2v_2$

角动量守恒：　$L_1 = L_2$

所以

$$v_2 = \frac{r_1}{r_2}v_1 = \frac{6.82\times10^6}{8.76\times10^6}\times8.31\times10^3 = 6.3\times10^3\ (\text{m/s})$$

在本例中，卫星受到地球的引力作用，引力的冲量要改变卫星的动量，动量是不守恒的。但是引力对地心的力矩为零，卫星对地心的角动量守恒，这就显示出了在这一类问题的处理中角动量守恒的重要性。事实上角动量这个概念和角动量守恒定律正是在物理学不断发展的过程中逐步被人们确认为是最重要的概念和最基本的规律之一。

【例 4.11】　光滑水平台面上有一质量为 m 的物体拴在轻绳一端，轻绳的另一端穿过台面上的小孔被一只手拉紧，并使物体以初始角速度 ω_0 作半径为 r_0 的圆周运动，如图 4.25 所示。手拉着绳以匀速率 v 向下运动，使半径逐渐减小，求半径减小为 r 时物体的角速度 ω；若以开始向下拉动时为计时起点（$t = 0$），求角速度与时间的关系 $\omega(t)$。

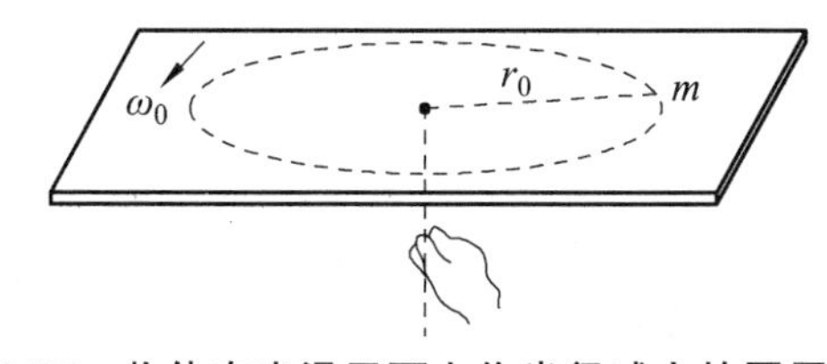

图 4.25　物体在光滑平面上作半径减小的圆周运动

解：在水平方向上，物体 m 只受绳的拉力作用，拉力对小孔的力矩为零，物体对小孔的角动量守恒。

则

$$mr^2\omega = mr_0^2\omega_0$$

因此

$$\omega = \frac{r_0^2}{r^2}\omega_0$$

再由题意，$r = r_0 - vt$，代入上式

$$\omega = \frac{r_0^2}{(r_0 - vt)^2}\cdot\omega_0$$

【例 4.12】 长为 a 的轻质细杆可在光滑水平面上绕过中心的竖直轴转动，细杆的两端分别固定质量为 m_1 和 m_2 的小球，且静止不动。有一质量为 m_3 的小黏性泥团以水平速度 v_0 且与杆成 θ 角的方向射向 m_2，并粘在 m_2 上，如图 4.26 所示，设 $m_1 = m_2 = m_3$，求杆开始旋转时的角速度 ω。

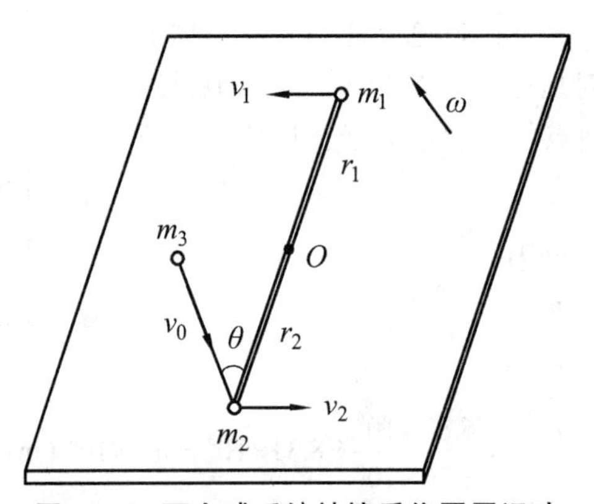

图 4.26 两小球系统被撞后作圆周运动

解：将三个质点 m_1、m_2 和 m_3 设想为一个质点系，在 m_3 与 m_2 碰撞的过程中，作用在轴 O 上的合外力矩为零，系统对 O 轴角动量守恒。碰前 m_1 和 m_2 静止，系统角动量 $L_0 = r_2\cdot m_3 v_0\cdot\sin\theta$，碰后三个质点都在运动并且有相同的角速度，系统角动量 $L = r_1\cdot m_1 v_1 + r_2\cdot m_2 v_2 + r_2\cdot m_3 v_3$，角动量守恒 $L_0 = L$，故

$$r_2 m_3 v_0 \sin\theta = r_1 m_1 v_1 + r_2 m_2 v_2 + r_2 m_3 v_3$$

由于 $r_1 = r_2 = \frac{a}{2}$，$m_1 = m_2 = m_3$，$v_1 = v_2 = v_3 = \frac{a}{2}\omega$，可解得

$$\omega = \frac{2v_0}{3a}\sin\theta$$

值得注意的是：在 m_3 与 m_2 碰撞的过程中，由于轴 O 上存在着冲力（外力），系统的动量不守恒，但对 O 轴的合外力矩为零，故系统对 O 轴的角动量才是守恒量。

【例 4.13】 如图 4.27 所示，一转盘可看作匀质圆盘，能绕过中心 O 的垂轴在水平面自由转动，一人站在盘边缘。初时人、盘均静止，然后人在盘上随意走动，于是盘也转起来。请问：在这个过程中人和盘组成的系统的机械能、动量和对轴的角动量是否守恒？若不守恒，原因是什么？

解：系统的机械能显然不守恒，静止时和运动时重力势能相同，而运动时系统有了动能，机械能增加。增加的原因是人的肌肉的力量作为非保守内力做了正功。

系统的动量也不守恒。一个匀质圆盘，无论它转多快，其动量始终是零。如图 4.28，以 O 为对称轴在盘上取一对对称的质元，它们的质量相同，到轴的距离相同，速度相反，因而动量大小相同、速度相反，所以它们的动量之和为零。由于整个圆盘可看作无数的质元成对地组成的，每一对质元的动量为零，则整个圆盘的动量也是零。系统静止时动量为零，系统运动时盘的动量依然是零，而人的动量不为零，可见动量不守恒。不守恒的原因是圆盘的轴要给盘一个冲量来制止盘的平动。系统对轴的角动量守恒，因为人受到的重力和盘受到的重力的方向与轴平行，根据对定轴力矩的定义，它们不提供对轴的力矩。盘受到的轴的支撑力的力心在盘中心，力臂为零，故力矩也为零。所以系统受到的对轴的合外力矩为零。故角动量守恒。

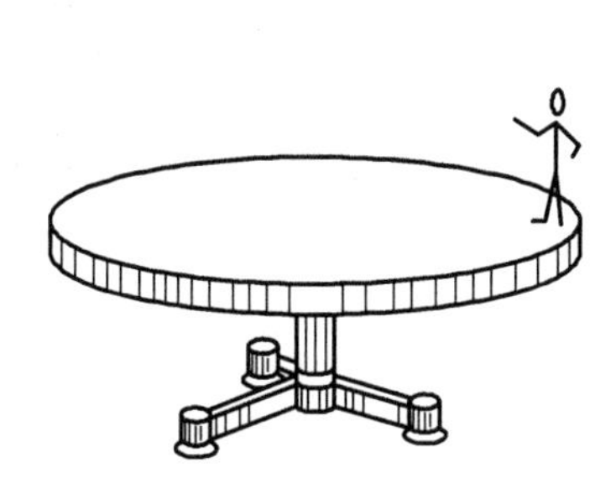

图 4.27 人和匀质圆盘组成的系统作圆周运动

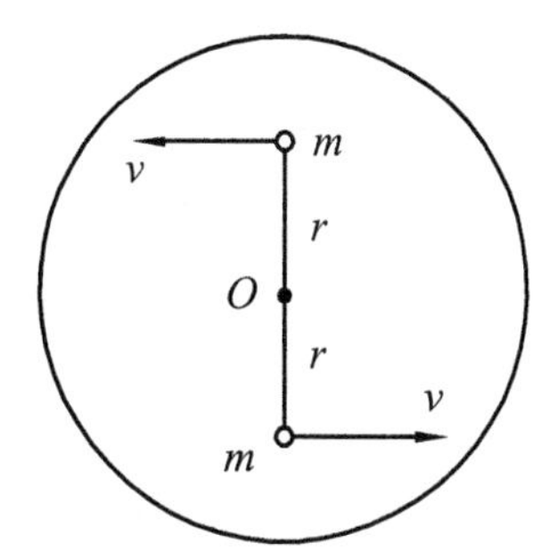

图 4.28 圆盘的动量分析

【例 4.14】 如图 4.29 所示，在一个固定轴上有两个飞轮，其中 A 轮是主动轮，转动惯量为 J_1，正以角速度 ω_1 旋转。B 轮是从动轮，转动惯量为 J_2，处于静止状态。若将从动轮与主动轮啮合后一起转动，它们的角速度有多大？

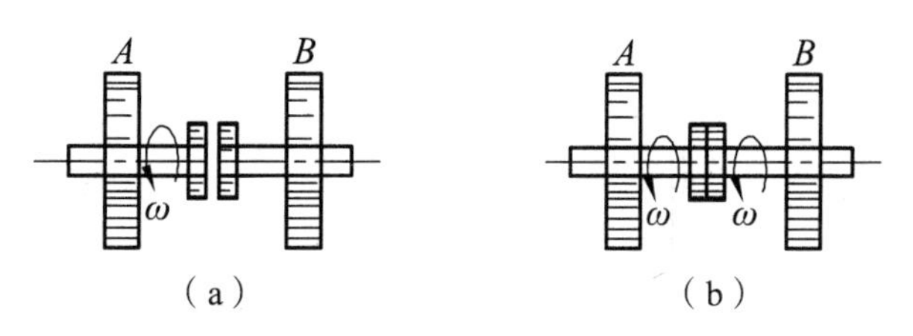

图 4.29 两个飞轮啮合后的转动

解：两个轮组成一个定轴刚体系统，由于啮合过程很短，外力矩对系统的冲量可以忽略不计，故系统的角动量守恒，有

$$J_1\omega_1 = (J_1 + J_2)\omega$$

可得

$$\omega = \frac{J_1\omega_1}{J_1 + J_2}$$

【例 4.15】 如图 4.30 所示，一个匀质圆盘半径为 r，质量为 m_1，可绕过中心的垂轴 O 转动。初时盘静止，一颗质量为 m_2 的子弹以速度 v 沿与盘半径成 $\theta_1 = 60°$ 的方向击中盘边缘后以速度 $v/2$ 沿与半径成 $\theta_2 = 30°$ 的方向反弹，求盘获得的角速度。

解：对于盘和子弹组成的系统，撞击过程中轴 O 的支撑力的力臂为零，不提供力矩，其他外力矩的冲量可忽略不计，故系统对轴 O 的角动量守恒，即

$$L_1 = L_2$$

初态时盘的角动量为零，只有子弹的角动量，故

$$L_1 = m_2 vr\sin 60°$$

末态时盘和子弹都有角动量，设盘的角速度为ω，则

$$L_2 = m_2 \cdot \frac{v}{2} r\sin 30° + \frac{1}{2}m_1 r^2 \omega$$

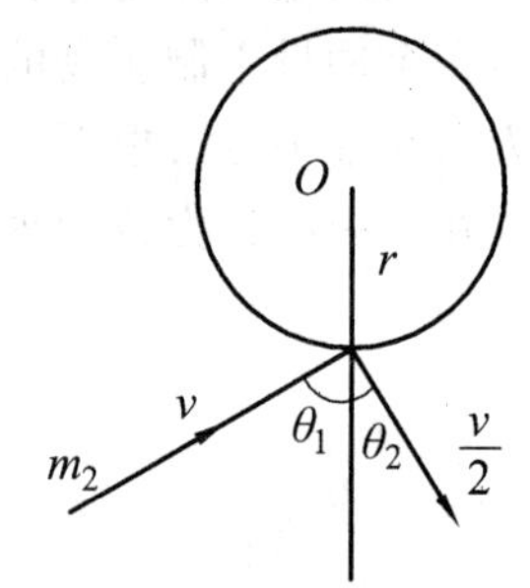

图 4.30　子弹与圆盘的相撞

故

$$m_2 vr\sin 60° = \frac{1}{2}m_2 vr\sin 30° + \frac{1}{2}m_1 r^2 \omega$$

解得

$$\omega = \frac{(2\sqrt{3}-1)m_2 v}{2m_1 r}$$

【例 4.16】 如图 4.31 所示，一长度为 l，质量为 m 的细杆在光滑水平面内沿杆的垂向以速度 v 平动。杆的一端与定轴 z 相碰撞后杆将绕 z 轴转动，求杆转动的角速度。

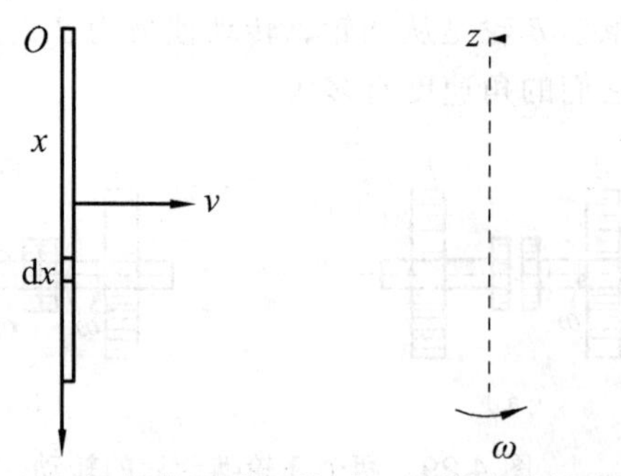

图 4.31　细杆先平动再绕过一端的定轴转动

解：碰撞过程中轴 z 对杆的作用力的力臂为零，故力矩也为零，所以杆对 z 轴的角动量守恒，$L_1 = L_2$。

碰撞前杆的角动量可通过积分算出。杆的质量线密度 $\lambda = m/l$，如图 4.31，在杆上取 Ox 轴，在杆上距 O 点为 x 处取线元 $\mathrm{d}x$，线元质量 $\mathrm{d}m = \lambda\mathrm{d}x$，线元的角动量

$$dL = dm \cdot v \cdot x = \lambda vx dx$$

故碰前杆的角动量为

$$L_1 = \int dL = \int_0^L \lambda vx dx = \frac{1}{2}\lambda vl^2 = \frac{1}{2}mvl$$

碰后杆绕 z 轴转动，其角动量为

$$L_2 = J\omega = \frac{1}{3}ml^2\omega$$

由 $L_1 = L_2$ 有

$$\frac{1}{2}mvl = \frac{1}{3}ml^2\omega$$

解得

$$\omega = \frac{3v}{2l}$$

【例 4.17】 如图 4.32 所示，一个匀质圆盘 A 作为定滑轮绕有轻绳，绳上挂两物体 B 和 C。盘 A 的质量为 m_1，半径为 r，物体 B、C 的质量分别为 m_2、m_3，且 $m_2>m_3$。忽略轴的摩擦，求物体 B 由静止下落到 t 时的速度。

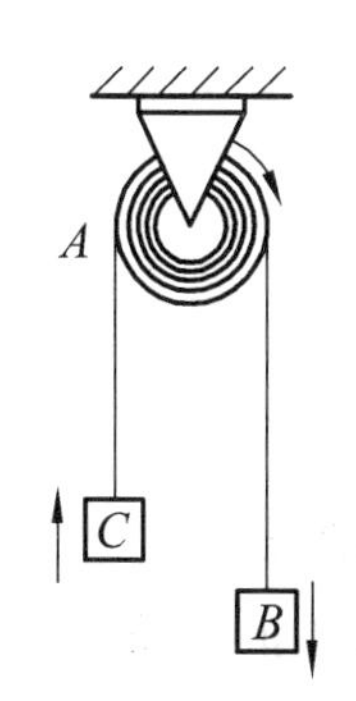

图 4.32 三个物体组成的系统的运动

解：此题可用转动定律求解，先求出物体 B 的加速度，进而求出速度。但若把滑轮 A、物体 B、C 作为一个系统，用对定轴的角动量定理求解，则可以不必考虑物体之间的相互作用，不必作隔离图，因而思路更明快一些。该系统是一个连接体，其运动从整体上看对定轴 O 是顺时针方向的，即轮 A 沿顺时针方向转动，物 B 向下运动，物 C 向上运动，以顺时针方向的运动作为系统运动的正方向。由角动量定理，运动过程中系统受到的冲量矩等于系统角动量的增量

$$\int_0^t M dt = L - L_0 \qquad ①$$

式①左边为系统受到的合外力矩对轴 O 的冲量矩，由于轮 A 所受重力和轴的作用力对轴 O 的力矩为零，故只有两物体所受重力提供力矩，注意到两个重力矩的方向相反，故合力矩为

$$M = m_2 gr - m_1 gr = (m_2 - m_1)gr$$

合力矩在运动过程中的冲量矩为

$$\int_0^t M dt = (m_2 - m_1)grt \qquad ②$$

式①右边为系统对轴 O 的角动量的增量。

$t=0$ 时系统静止，角动量

$$L_0 = 0 \qquad ③$$

到 t 时刻，A、B、C 三个物体均沿顺时针方向运动，角动量均为正。设此时轮 A 的角速度为 ω，B、C 两物体的速率相同，设为 v，则有

$$L = L_A + L_B + L_C = \frac{1}{2}m_1 r^2 \omega + m_2 vr + m_3 vr \qquad ④$$

把式②③④代入式①，有

$$(m_2 - m_1)grt = \frac{1}{2}m_1 r^2 \omega + m_2 vr + m_3 vr \qquad ⑤$$

由于系统为一连接体，两物体的速率与轮边缘的速率相同，即有

$$v = r\omega$$

把此式代入式⑤即可求得物体下落 t 时的速度

$$v = \frac{2(m_2 - m_1)gt}{m_1 + 2m_2 + 2m_3}$$

本章小结

1. 角动量

（1）质点的角动量

$$L = pd = mvr\sin\varphi \quad 或 \quad \boldsymbol{L} = \boldsymbol{r} \times \boldsymbol{p}$$

（2）质点系的角动量

$$\boldsymbol{L} = \sum_i \boldsymbol{L}_i = \sum_i (\boldsymbol{r}_i \times m_i \boldsymbol{v}_i)$$

$$\boldsymbol{L}_{轨道} = \boldsymbol{r}_C \times M\boldsymbol{v}_C$$

$$\boldsymbol{L}_{自旋} = \sum_i (\boldsymbol{r}_i' \times m_i \boldsymbol{v}_i')$$

（3）定轴转动刚体的角动量

$$L = J\omega \quad 或 \quad \boldsymbol{L} = J\boldsymbol{\omega}$$

2. 力　矩

（1）对参考点的力矩

$$\boldsymbol{M} = \boldsymbol{r} \times \boldsymbol{F}$$

（2）对定轴的力矩

$$M = Fd = Fr\sin\varphi \quad 或 \quad \boldsymbol{M} = \boldsymbol{r} \times \boldsymbol{F}$$

其中 $\boldsymbol{F}$ 是转动平面内的力。合力矩即各分力矩的代数和，作用力与反作用力的力矩等值反向。

3. 刚体对定轴的转动惯量

对质点系　　$J=\sum J_i=\sum m_i r_i^2$

对连续体　　$J=\int \mathrm{d}J=\int r^2\mathrm{d}m$

转动惯量为刚体在转动中惯性的量度，取决于刚体的质量、质量分布及转轴的位置。刚体整体的转动惯量为其各部分转动惯量之和。

4. 刚体定轴转动定律

$$M=J\beta \quad 或 \quad \boldsymbol{M}=J\boldsymbol{\beta}$$

其中 M 为作用在刚体上的合外力矩，J 为刚体的转动惯量，β 为刚体的角加速度，M、J、β 是对同一定轴而言。

5. 角动量定理

（1）质点的角动量定理

$$\frac{\mathrm{d}\boldsymbol{L}}{\mathrm{d}t}=\boldsymbol{r}\times\boldsymbol{F}=\boldsymbol{M}$$

$$\int_{t_1}^{t_2}\boldsymbol{M}\mathrm{d}t=\int_{L_1}^{L_2}\mathrm{d}\boldsymbol{L}=\boldsymbol{L}_2-\boldsymbol{L}_1=\Delta\boldsymbol{L}$$

（2）质点系的角动量定理

$$\boldsymbol{M}_{外}=\frac{\mathrm{d}\boldsymbol{L}}{\mathrm{d}t}$$

$$\int_{t_1}^{t_2}\boldsymbol{M}_{外}\mathrm{d}t=\int_{L_1}^{L_2}\mathrm{d}\boldsymbol{L}=\boldsymbol{L}_2-\boldsymbol{L}_1=\Delta\boldsymbol{L}$$

（3）定轴转动刚体的角动量定理

$$\boldsymbol{M}_{轴}=J\frac{\mathrm{d}\boldsymbol{\omega}}{\mathrm{d}t}=J\boldsymbol{\beta}$$

$$\int_{t_1}^{t_2}\boldsymbol{M}_{轴}\mathrm{d}t=\int_{\omega_1}^{\omega_2}J\mathrm{d}\boldsymbol{\omega}=J\boldsymbol{\omega}_2-J\boldsymbol{\omega}_1=\Delta\boldsymbol{L}$$

6. 角动量守恒定律

（1）质点的角动量守恒定律

当 $\boldsymbol{M}=0$ 时，$\mathrm{d}\boldsymbol{L}/\mathrm{d}t=0$，$\boldsymbol{L}=$ 恒矢量

（2）质点系的角动量守恒定律

当 $\boldsymbol{M}_{外}=0$ 时，$\boldsymbol{L}=\sum_i \boldsymbol{L}_i=$ 恒矢量

（3）定轴转动刚体的角动量守恒定律

当 $\boldsymbol{M}_{轴}=0$ 时，$\boldsymbol{L}_{轴}=$ 恒矢量

7. 质点运动与刚体定轴转动的对比

质点运动和刚体定轴转动的规律在形式上相似，这反映出力学规律的共性。通过对比可以加深对刚体定轴转动的理解，帮助记忆（表 4.2）。

表 4.2　质点运动与刚体定轴转动的对比

质点运动		刚体定轴转动	
速度	$\boldsymbol{v}=\dfrac{\mathrm{d}\boldsymbol{r}}{\mathrm{d}t}$	角速度	$\omega=\dfrac{\mathrm{d}\theta}{\mathrm{d}t}$
加速度	$\boldsymbol{a}=\dfrac{\mathrm{d}\boldsymbol{v}}{\mathrm{d}t}$	角加速度	$\beta=\dfrac{\mathrm{d}\omega}{\mathrm{d}t}$
质量	m	转动惯量	$J=\int r^2\mathrm{d}m$
力	$\boldsymbol{F}$	力矩	$M=Fd=Fr\sin\varphi$
牛顿第二定律	$\boldsymbol{F}=m\boldsymbol{a}$	转动定律	$M=J\beta$
动量	$\boldsymbol{P}=m\boldsymbol{v}$	角动量	$L=J\omega$
动量定理	$\boldsymbol{F}=\dfrac{\mathrm{d}\boldsymbol{p}}{\mathrm{d}t}$ $\int\boldsymbol{F}\mathrm{d}t=\boldsymbol{p}_2-\boldsymbol{p}_1$	角动量定理	$M=\dfrac{\mathrm{d}L}{\mathrm{d}t}$ $\int M\mathrm{d}t=L_2-L_1$
动量守恒定律	若 $\boldsymbol{F}=0$ 则 $\boldsymbol{p}=const$	角动量守恒定律	若 $M=0$，则 $L=const$
力的功	$A=\int\boldsymbol{F}\cdot\mathrm{d}\boldsymbol{r}$	力矩的功	$A=\int M\mathrm{d}\theta$
动能	$E_\mathrm{k}=\dfrac{1}{2}mv^2$	转动动能	$E_\mathrm{k}=\dfrac{1}{2}J\omega^2$
动能定理	$A=E_{\mathrm{k}2}-E_{\mathrm{k}1}$	转动动能定理	$A=E_{\mathrm{k}2}-E_{\mathrm{k}1}$
重力势能	$E_\mathrm{p}=mgh$	重力势能	$E_\mathrm{p}=mgh_c$
机械能守恒定律	若只有保守力做功，则机械能守恒	机械能守恒定律	若只有保守力做功，则机械能守恒

思 考 题

4.1　下面的叙述是否正确，试分析，并把错误的叙述改正过来：

（1）一定质量的质点在运动中某时刻的加速度一经确定，则质点所受的合力就可以确定了，同时，作用于质点的力矩也就被确定了。

（2）质点作圆周运动必定受到力矩的作用；质点作直线运动必定不受力矩作用。

（3）力 $\boldsymbol{F}_1$ 与 z 轴平行，所以力矩为零；力 $\boldsymbol{F}_2$ 与 z 轴垂直，所以力矩不为零。

（4）小球与放置在光滑水平面上的轻杆一端连接，轻杆另一端固定在铅直轴上，垂直于杆用力推小球，小球受到该力力矩作用，由静止而绕铅直轴转动，产生了角动量。所以，力矩是产生角动量的原因，而且力矩的方向与角动量方向相同。

（5）作匀速圆周运动的质点，其质量 m、速度 v 及圆周半径 r 都是常量。虽然其速度方向时时在改变，但总与半径垂直，所以，其角动量守恒。

4.2　回答下列问题，并作解释：

（1）作用于质点的力不为零，质点所受的力矩是否也总不为零？

（2）作用于质点系的外力矢量和为零，是否外力矩之和也为零？

（3）质点的角动量不为零，作用于该质点上的力是否可能为零？

习　题

一、选择题

4.1　有两个半径相同、质量相同的细圆环，A 环质量分布均匀，B 环的质量分布不均匀。设它们对通过环心并与环面垂直的轴的转动惯量分别为 J_A 和 J_B，则应有（　　）

A. $J_A>J_B$　　B. $J_A<J_B$

C. $J_A=J_B$　　D. 不能确定

4.2　一力矩 M 作用于飞轮上，使该轮得到角加速度 β_1。如撤去这一力矩，此轮的角加速度为 $-\beta_2$，则该轮的转动惯量为（　　）

A. $\dfrac{M}{\beta_1}$　　B. $\dfrac{M}{\beta_2}$

C. $\dfrac{M}{\beta_1+\beta_2}$　　D. $\dfrac{M}{\beta_1-\beta_2}$

4.3　一根长为 l、质量为 m 的均匀细棒在地上竖立着。如果让竖立着的棒以下端与地面接触处为轴倒下，则上端到达地面时速率应为（　　）

A. $\sqrt{6gl}$　　B. $\sqrt{3gl}$

C. $\sqrt{2gl}$　　D. $\sqrt{\dfrac{3g}{2l}}$

4.4　一质量为 m_0、长为 l 的棒能绕通过 O 点的水平轴自由转动。一质量为 m，速率为 v_0 的子弹从水平方向飞来，击中棒的中点且留在棒内，如图 4.33 所示。则棒中点的速度为（　　）

A. $\dfrac{mv_0}{m+m_0}$　　B. $\dfrac{3mv_0}{3m+4m_0}$

C. $\dfrac{3mv_0}{2m_0}$　　D. $\dfrac{3mv_0}{4m_0}$

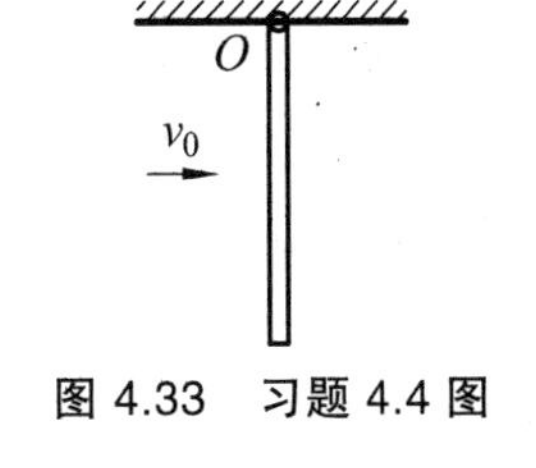

图 4.33　习题 4.4 图

4.5　下列有关角动量的说法正确的是（　　）

A. 质点系的总动量为零，总角动量一定为零

B. 一质点作直线运动，质点的角动量一定为零

C. 一质点作直线运动，质点的角动量一定不变

D. 一质点作匀速直线运动，质点的角动量一定不变

4.6　已知地球的质量为 m，太阳的质量为 M，地心与日心的距离为 R，引力常数为 G，则地球绕太阳作圆周运动的轨道角动量为（　　）

A. $m\sqrt{GMR}$　　　　B. $\sqrt{\frac{GMm}{R}}$

C. $Mm\sqrt{\frac{G}{R}}$　　　　D. $\sqrt{\frac{GMm}{2R}}$

4.7　均匀细棒 OA 可绕通过其一端 O 而与棒垂直的水平固定光滑轴转动，如图 4.34 所示，今使棒从水平位置由静止开始自由下落，在棒摆动到竖直位置的过程中，下述说法正确的是（　　）

A. 角速度从小到大，角加速度从大到小。

B. 角速度从小到大，角加速度从小到大。

C. 角速度从大到小，角加速度从大到小。

D. 角速度从大到小，角加速度从小到大。

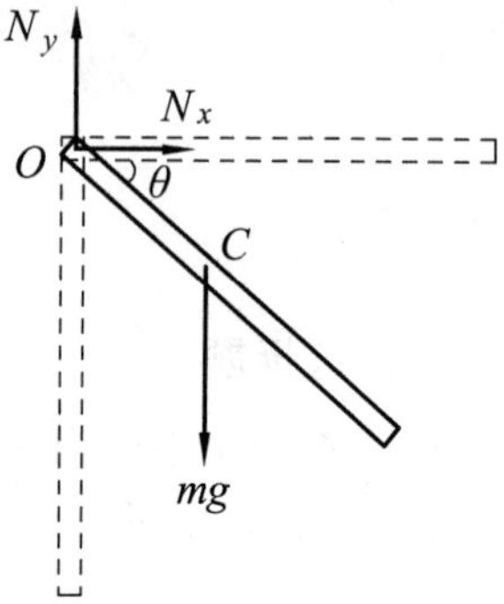

图 4.34　习题 4.7 图

4.8　关于力矩有以下几种说法：

① 对某个定轴而言，内力矩不会改变刚体的角动量；

② 作用力和反作用力对同一轴的力矩之和必为零；

③ 质量相等，形状和大小不同的两个刚体，在相同力矩的作用下，它们的角加速度一定相等。

在上述说法中，正确的是（　　）

A. 只有②是正确的。

B. ①②是正确的。

C. ②③是正确的。

D. ①②③都是正确的。

二、填空题

4.9　决定刚体的转动惯量的因素有：________ ________。

4.10　角速度的方向规定为________________；线速度和角速度的关系式为________________。

4.11　半径为 0.2 m，质量为 1 kg 的匀质圆盘，可绕过圆心且垂直于盘的轴转动。现有一变力 $F = 0.1t$（SI）沿切线方向作用在圆盘边缘上，如果圆盘最初处于静止状态，那么它在第 3 s 末的角加速度为________，角速度为________。

4.12　一球体绕通过球心的竖直轴旋转，转动惯量 $J = 5\times10^{-2}\ \text{kg}\cdot\text{m}^2$。从某一时刻开始，有一个力作用在球体上，使球按规律 $\theta = 2 + 2t - t^2$ 旋转，则从力开始作用到球体停止转动的时间为________，在这段时间内作用在球上的外力矩的大小为________。

4.13　角动量守恒定律成立的条件是________________。

4.14　某人站在匀速旋转的圆台中央，两手各握一个哑铃，双臂向两侧平伸与平台一起旋转。当他把哑铃收到胸前时，人、哑铃和平台组成的系统转动角速度应变________；转动惯量________。

4.15 两个滑冰运动员的质量各为 70 kg，以 6.5 m/s 的速率沿相反的方向滑行，滑行路线间的垂直距离为 10 m，当彼此交错时，各抓住一 10 m 长的绳索的一端，然后相对旋转，则抓住绳索之后各自对绳中心的角动量 $L=$__________；它们各自收拢绳索，到绳长为 5 m 时，各自的速度 $v=$__________。

4.16 一质量为 m 的质点沿着一条空间曲线运动，该曲线在直角坐标系下的定义式为 $\boldsymbol{r}=a\cos\omega t\boldsymbol{i}+b\sin\omega t\boldsymbol{j}$，其中 a、b、ω 皆为常数，则此质点所受的对原点的力矩 $\boldsymbol{M}=$__________；该质点对原点的角动量 $\boldsymbol{L}=$__________。

4.17 有一半径为 R 的匀质圆形水平转台，可绕通过盘心 O 且垂直于盘面的竖直固定轴 OO' 转动，转动惯量为 J。台上有一人，质量为 m。当他站在离转轴距离 r 处时（$r<R$），转台和人一起以 ω_1 的角速度转动，如图 4.35。若转轴处摩擦可以忽略，当人走到转台边缘时，转台和人一起转动的角速度 $\omega_2=$__________。

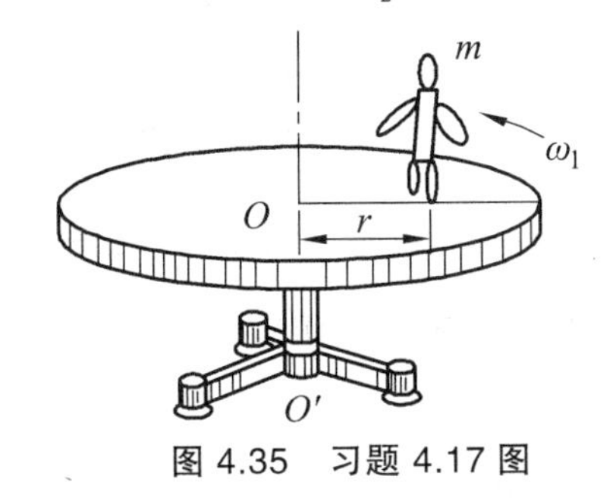

图 4.35 习题 4.17 图

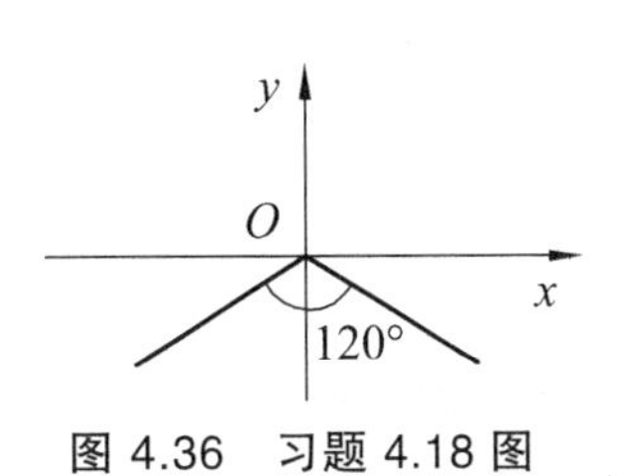

图 4.36 习题 4.18 图

三、计算题

4.18 一根均匀铁丝，质量为 m，长度为 l，在其中点 O 处弯成 $\theta=120°$，放在 xy 平面内，如图 4.36 所示。求铁丝对 x 轴、y 轴与 z 轴的转动惯量。

4.19 一圆盘绕固定轴由静止开始作匀加速运动，角加速度 $\beta=3.14\ \text{rad/s}^2$。求经过 10 s 后盘上离轴 $r=1.0$ cm 处一点的切向加速度和法向加速度各等于多少？在刚开始时，该点的切向加速度和法向加速度各等于多少？

4.20 一轻绳绕于半径 $r=0.2$ m 的飞轮边缘，现以恒力 $F=98$ N 拉绳的一端，使飞轮由静止开始加速转动，如图 4.37（a）所示。已知飞轮的转动惯量 $J=0.5\ \text{kg}\cdot\text{m}^2$，飞轮与绳之间的摩擦不计。求：

（1）飞轮的角加速度；

（2）绳子拉下 5 m 时，飞轮的角速度和飞轮获得的动能；

（3）此动能和拉力 F 所做的功是否相等？为什么？

（4）如以重量 $G=98$ N 的物体挂于绳端，如图 4.37（b）。试再回答上面三问。

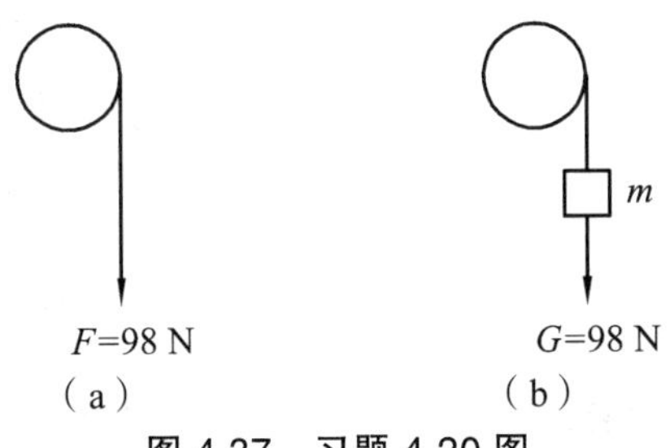

图 4.37 习题 4.20 图

4.21　在图 4.38 中，物体的质量 m_1 和 m_2，定滑轮的质量 m_A 和 m_B，半径 R_A 和 R_B 均为已知，且 $m_1>m_2$。设绳子长度不变，且绳子和滑轮间不打滑，滑轮可视为圆盘，试求 m_1 和 m_2 的加速度。

4.22　长为 l，质量为 m_0 的细棒，可绕垂直于一端的水平轴自由转动。棒原来处于平衡状态，现有一质量为 m 的小球沿光滑水平面飞来，正好与棒下端相碰（设碰撞为完全非弹性碰撞）使棒向上摆到 $\theta=30°$ 处，如图 4.39 所示，求小球的初速度。

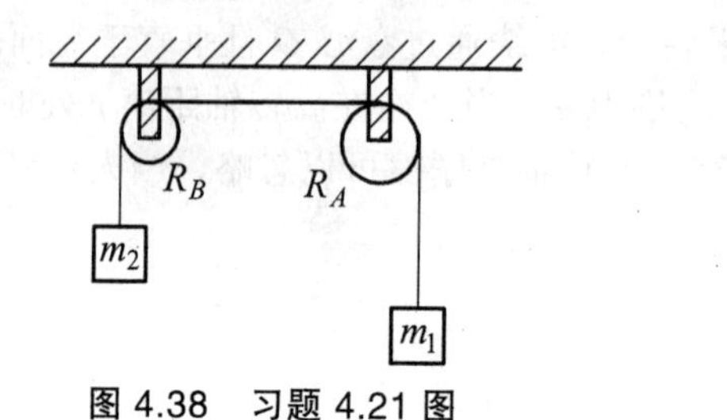

图 4.38　习题 4.21 图

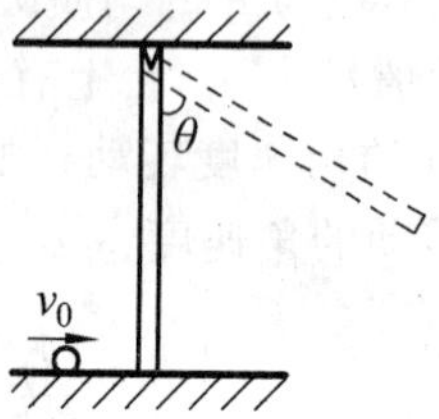

θ　v_0

图 4.39　习题 4.22 图

4.23　均匀细棒长 L，质量为 m，可绕通过 O 点与棒垂直的水平轴转动，如图 4.40 所示。在棒 A 端作用一水平恒力 $F=2mg$，$\overline{OA}=\dfrac{L}{3}$。棒在力 $\boldsymbol{F}$ 的作用下，由静止转过角度 $\theta=30°$。求：

（1）力 $\boldsymbol{F}$ 所做的功；

（2）若此时撤去力 $\boldsymbol{F}$，则细棒回到平衡位置时的角速度。

4.24　质量为 m 的质点，当它处在 $\boldsymbol{r}=-2\boldsymbol{i}+4\boldsymbol{j}+6\boldsymbol{k}$ 的位置时，速度为 $\boldsymbol{v}=5\boldsymbol{i}+4\boldsymbol{j}+6\boldsymbol{k}$。试求其对原点的角动量。

4.25　两个匀质圆盘，一大一小，同轴地黏结在一起，构成一个组合轮，小圆盘的半径为 r，质量为 m；大圆盘的半径 $r'=2r$，质量 $m'=2m$。组合轮可绕通过其中心且垂直于盘面的光滑水平固定轴 O 转动。对 O 轴的转动惯量 $J=9mr^2/2$。两圆盘边缘上分别绕有轻质细绳，细绳下端各悬挂质量为 m 的物体 A 和 B，如图 4.41 所示，这一系统从静止开始运动，绳与盘无相对滑动，绳的长度不变。已知 $r=10$ cm，求：

（1）组合轮的角加速度 β；

（2）当物体 A 上升 $h=40$ cm 时，组合轮的角速度 ω。

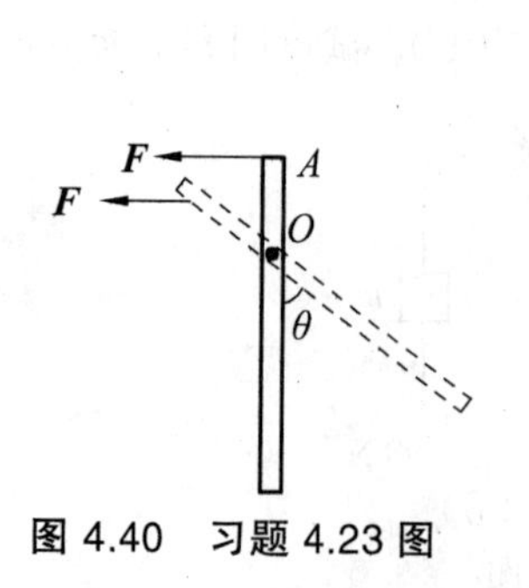

图 4.40　习题 4.23 图

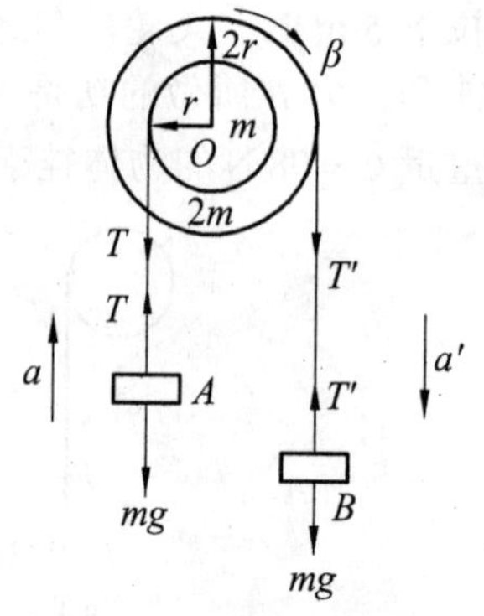

图 4.41　习题 4.25 图

4.26 如图 4.42 所示，两物体质量分别为 m_1 和 m_2，滑轮质量为 m，半径为 r。已知 m_2 与桌面间的滑动摩擦系数为 μ，不计轴承摩擦，求 m_1 下落的加速度和两段绳中的张力。

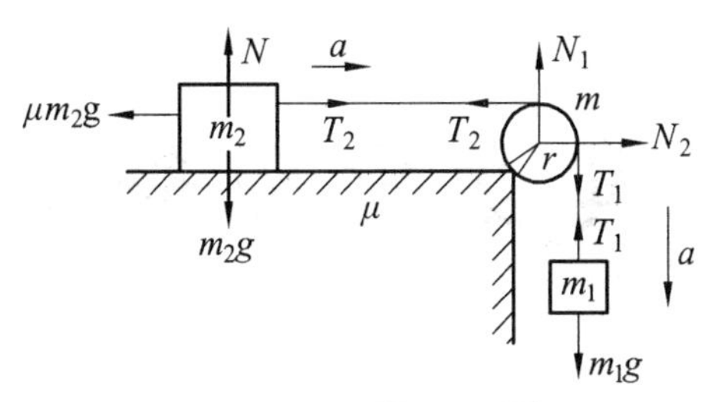

图 4.42　习题 4.26 图

4.27 图 4.43 为一匀质转台，质量为 M，半径为 R，可绕竖直中心轴转动，初角速度为 ω_0。有一质量为 m 的人以相对于转台的恒定速率 u 沿半径从转台中心向边缘走去，求转台转过的角度与时间 t 的函数关系。

4.28 如图 4.44 所示，长为 l 的轻杆，两端各固定质量分别为 m 和 $2m$ 的小球，杆可绕水平光滑轴在竖直面内转动，转轴 O 距两端分别为 $l/3$ 和 $2l/3$。原来杆静止在竖直的位置。今有另一质量为 m 的小球，以水平速度 v_0 与杆下端小球 m 作对心碰撞，碰后以 $v_0/2$ 的速度返回，试求碰撞后轻杆所获得的角速度 ω。

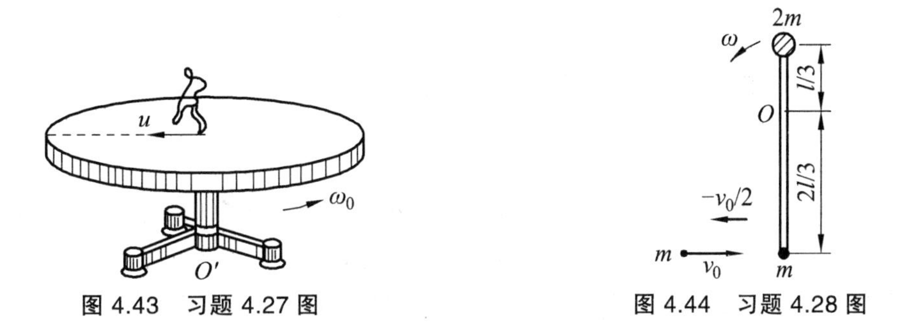

图 4.43　习题 4.27 图　　图 4.44　习题 4.28 图

4.29 我国第一颗人造卫星沿椭圆轨道运动，地球中心 O 为该椭圆的一个焦点。已知地球半径 $R = 6\ 378\ \text{km}$，卫星与地面最近距离为 $L_1 = 439\ \text{km}$，最远距离为 $L_2 = 2\ 384\ \text{km}$。若卫星在近地点的速率为 $v_1 = 8.1\ \text{km/s}$，求卫星在远地点的速率 v_2。

5 真空中的静电场

电磁学是研究电磁现象规律的学科，而本章是电磁学的开始。任何电荷周围都存在一种特殊的物质，我们称为电场。相对于观察者静止的电场在其周围所激发的电场称为静电场。本章研究真空中静电场的基本性质。在简要地说明电荷的性质后，介绍了库仑定律和静电力叠加原理。并从静电场对电荷有力的作用以及电荷在电场中运动时电场力对它要做功这两个方面出发，引入了描述电场的两个重要物理量——电场强度和电势，同时还通过考查电场强度对封闭曲面的通量和对闭合曲线的环流，给出静电场中的两条基本定理——高斯定理和环路定理，揭示出静电场的性质。最后讨论电场强度和电势两者之间的微分关系。

5.1 电　荷

在长期的生活和生产过程中，人们发现一些经过摩擦的物体能够吸引轻微物体，处于这种特殊状态的物体，称为带电体，或者说物体分别带有电荷。物质能产生电磁现象，现在都归因于电荷以及这些电荷的运动。通过对电荷（包括静止的和运动的电荷）的各种相互作用和相应的研究，人们现在认识到电荷的基本性质有以下几个方面。

5.1.1 电荷的种类

电荷是实物的一种属性，带电荷的物体称为带电体。电荷有两种，分别称为正电荷和负电荷。它们之间存在相互作用力，同种电荷相互排斥，异种电荷相互吸引。

宏观带电体所带电荷种类的不同根源于组成它们的微观粒子所带电荷种类的不同：电子带负电荷，质子带正电荷，中子不带电荷。现代物理实验证实，电子的电荷集中在半径小于 10^{-18} m 的小体积内。质子中只有正电荷，都集中在半径约为 10^{-15} m 的体积内。中子内部也有电荷，靠近中心为正电荷，靠外为负电荷，但中子整体不带电。一个原子中的质子数在通常情况下与电子数是相等的，正负电荷电量相等，所以对外不显带电。但是，在一定外因作用下，物体（或其中的一部分）得到或失去一定数量的电子，使得电子的总数和质子的总数不再相等，这时物体就呈现电性。两种不同材质的物体相互摩擦时，电子会相互转移给对方，并且转移的电子数目往往不相等，结果使得净失去电子的物体带正电，净得到电子的物体带负电，这就是摩擦起电的原因。

物体所带电荷的多少称为电量，用 q 或 Q 表示，国际单位制中，电量的单位取库仑（C）。正电荷电量取正值，负电荷电量取负值。一个带电体所带总电量为其所带正负电量的代数和。

5.1.2 电荷的量子性

实验表明，在自然界中，存在着最小的电荷基本单元 e，任何带电体所带的电量只能是这个基本单元的整数倍，即

$$Q = ne \quad (n = \pm 1,\ \pm 2,\ \cdots)$$

电荷的这一特性称为电荷的量子性。实验测得这个基本单元的电量为

$$e = 1.602\ 177\ 33(49)\times 10^{-19}\ \text{C} \qquad （近似取 1.602\times 10^{-19}\ \text{C}）$$

由于 e 的量值非常小，在宏观现象中不易观察到电荷的量子性，常将电量 Q 看成是可以连续变化的物理量，它在带电体上的分布也看成是连续的。

由物质的电结构可知，原子中一个电子带一个单位负电荷，一个质子带一个单位正电荷，其量值就是 $e = 1.602\times 10^{-19}$ C。原子失去电子带正电，原子得到电子带负电。

随着人们对物质结构的认识，1964 年盖尔曼（M. Gell-Mann）等人提出了夸克模型，认为夸克粒子是物质结构的基本单元，强子（质子、中子等）是由夸克组成的，而不同类型的夸克带有不同的电量，分别为 $\pm\frac{1}{3}e$ 或 $\pm\frac{2}{3}e$。截至 1995 年，核子的 6 个夸克已全部被实验发现，可靠的依据也证明了分数电荷的存在。但到目前为止还没有发现自由状态存在的夸克（即使发现了，也不过是把基本元电荷的大小缩小到目前的 1/3 而已，电荷的量子性依然不变）。

在以后的讨论中，经常用到点电荷这一概念。当一个带电体本身的线度比所研究的问题中所涉及的距离小很多时，该带电体的形状与电荷在其上的分布状况均无关紧要，该带电体就可以看做是一个带电的点，叫点电荷。由此可见，点电荷是个相对的概念，是对实际情况的抽象，是一种理想化的物理模型。一个带电体能否看成点电荷，必须根据具体情况来决定。一般的带电体不能看成点电荷，但总可以把它看成是许多点电荷的集合体。

5.1.3 电荷守恒

我们已经知道，在正常情况下物体不带电，呈电中性，即物体上正、负电荷的代数和为零。当物体呈带电状态时，是由于电子转移或电子重新分配的结果，在电子转移或重新分配的过程中，正、负电荷的代数和并不改变。大量实验表明，把参与相互作用的几个物体或粒

子作为一个系统，若整个系统与外界没有电荷交换，则不管在系统中发生什么变化过程，整个系统电荷量的代数和将始终保持不变。这一结论称为电荷守恒定律，它是自然界的一条基本定律。实验还发现，一切宏观的、微观的，物理的、化学的、生物的等过程都遵守电荷守恒定律。

现代物理研究已表明，在粒子的相互作用过程中，电荷是可以产生和消失的。然而电荷守恒并未因此而遭到破坏。例如，一个高能光子与一个重原子核作用时，该光子可以转化为一个正电子和一个负电子（这叫电子对的“产生”）；而一个正电子和一个负电子在一定条件下相遇，又会同时消失而产生两个或三个光子（这叫电子对的“湮灭”）。在已观察到的各种过程中，正负电荷总是成对出现或成对消失。由于光子不带电，正、负电子又各带有等量异号电荷，所以这种电荷的产生和消失并不改变系统中电荷数的代数和，因而电荷守恒定律依然有效。

5.1.4 电荷的相对论不变性

实验证明，一个电荷的电量与它的运动状态无关。较为直接的实验例子是比较氢分子和氦原子的电中性。氢分子和氦原子都有两个电子作为核外电子，这些电子的运动状态相差不大。氢分子还有两个质子，它们作为两个原子核，在保持相对距离约为 0.07 nm 的情况下转动的[图 5.1（a）]。氦原子中也有两个质子，但它们组成一个原子核，两个质子紧密地束缚在一起运动[图 5.1（b）]。氦原子中两个质子的能量比氢分子中两个质子的能量大得多（100 万倍的数量级），因而两者的运动状态有显著的差别。如果电荷的电量与运动状态有关，氢分子中质子的电量就应该和氦原子中质子的电量不同，但两者的电子的电量是相同的，因此，两者就不可能是电中性的。但是实验证实，氢分子和氦原子都精确地是电中性的，它们内部正、负电荷在数量上的相对差异小于 $1/10^{20}$。这就说明，质子的电量与其运动状态无关。当然，还有其他大量的实验，也都证明电荷的电量与其运动状态无关。

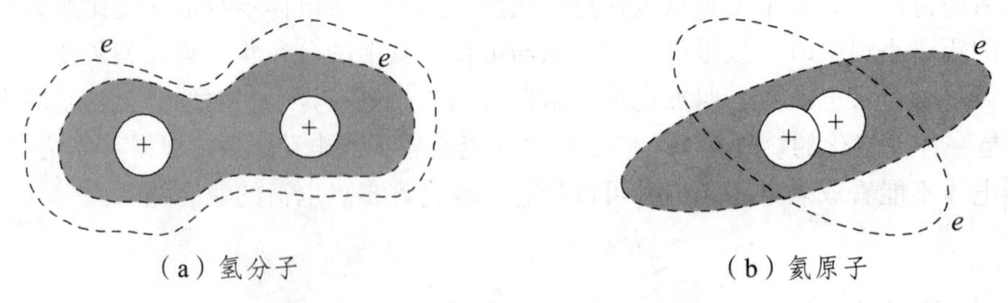

图 5.1　氢分子和氦原子的结构示意图

由于在不同的参考系中观察，同一个电荷的运动状态不同，所以电荷的电量与其运动状态无关，也就是说，在不同的参考系内观察，同一带电粒子的电量不变。电荷的这一性质叫电荷的相对论不变性。

5.2 库仑定律与静电力叠加原理

5.2.1 库仑定律

在发现电现象后的 2 000 多年的长时期内，人们对电的认识一直停留在定性阶段。从 18 世纪中叶开始，不少人着手研究电荷之间作用力的定量规律，最先是研究静止电荷之间的作用力。研究静止电荷之间的相互作用的理论叫静电学。它是以 1785 年法国科学家库仑(Charles Augustin de Coulomb，1736—1806) 通过扭秤实验总结出的规律——库仑定律——为基础的。

这一定律的表述如下：真空中两静止点电荷之间的相互作用力的大小与它们所带电量的乘积成正比，与它们之间距离的平方成反比；作用力的方向沿着两电荷的连线，同号电荷相斥（为正），异号电荷相吸（为负），这一结论称为库仑定律。这一规律用矢量公式可表示为

$$\boldsymbol{F}_{21} = k\frac{q_1 q_2}{r_{21}^2}\hat{\boldsymbol{r}}_{21} \tag{5.1}$$

式中 q_1，q_2——两个点电荷的电量（带有正、负号）；

r_{21}——两个点电荷之间的距离；

$\hat{\boldsymbol{r}}_{21}$——从电荷 q_1 指向电荷 q_2 的单位矢量；

$\boldsymbol{F}_{21}$——电荷 q_1 受电荷 q_2 的作用力，如图 5.2 所示；

k——比例系数，其数值和单位取决于式（5.1）中各量的单位，且可由实验确定。在国际单位制（SI）中，其数值为

$$k = 8.987\ 551\ 8\times10^9\ \mathrm{N\cdot m^2/C^2} \approx 9\times10^9\ \mathrm{N\cdot m^2/C^2}$$

当两个点电荷 q_1 与 q_2 同号时，$\boldsymbol{F}_{21}$ 与 $\hat{\boldsymbol{r}}_{21}$ 同方向，表明电荷 q_2 受 q_1 的斥力；当 q_1 与 q_2 反号时，$\boldsymbol{F}_{21}$ 与 $\hat{\boldsymbol{r}}_{21}$ 方向相反，表示 q_2 受 q_1 的引力。由此式还可以看出，两个静止的点电荷之间的作用力满足牛顿第三定律，即

$$\boldsymbol{F}_{21} = -\boldsymbol{F}_{12}$$

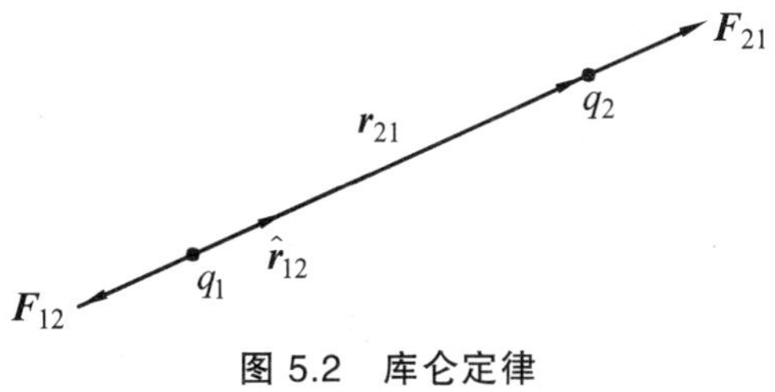

图 5.2 库仑定律

在以后的计算中，为使由库仑定律导出的其他公式具有较简单的形式，通常将库仑定律中的比例系数写为

$$k = \frac{1}{4\pi\varepsilon_0}$$

式中 ε_0——真空的电容率（或真空中的介电常数）。

于是库仑定律又可写为

$$\boldsymbol{F}=\frac{q_1q_2}{4\pi\varepsilon_0 r^2}\hat{\boldsymbol{r}} \tag{5.2}$$

在国际单位制中，真空中的电容率 ε_0 的数值和单位是

$$\varepsilon_0=\frac{1}{4\pi k}=8.85\times10^{-12}\ \mathrm{C^2/(N\cdot m^2)}$$

在库仑定律表示式中引入“4π”因子的作法，称为单位制的有理化。这样做的结果虽然使库仑定律的形式变得更复杂了，但却使以后经常用到的电磁学规律的表示式因不出现“4π”因子而变得更简单了。这种做法的优越性，在今后的学习中读者是会逐步体会到的。

值得指出的是，库仑定律只适用于描述两个相对于观察者为静止的点电荷之间的相互作用，这种静止电荷的作用力称为静电力（或库仑力）。空气对电荷之间的作用影响较小，可看成是真空。

库仑定律是关于一种基本力的定律，它的正确性不断经历着实验的考验。卢瑟福的 α 粒子散射实验（1910 年）已证实小到 10^{-15} m 的空间范围内，库仑定律是成立的，而现代高能电子散射实验进一步证实小到 10^{-17} m 的范围，该定律仍然精确地成立。大范围的结果是通过人造地球卫星研究地球磁场时得到的。它给出库仑定律精确地适用于大到 10^7 m 的范围，因此一般就认为在更大的范围内库仑定律仍然有效。

【例 5.1】 三个点电荷 q_1、q_2 和 Q 所处的位置如图 5.3 所示，它们所带的电量分别为 $q_1=q_2=2.0\times10^{-6}$ C，$Q=4.0\times10^{-6}$ C。求 q_1 和 q_2 对 Q 的作用力。

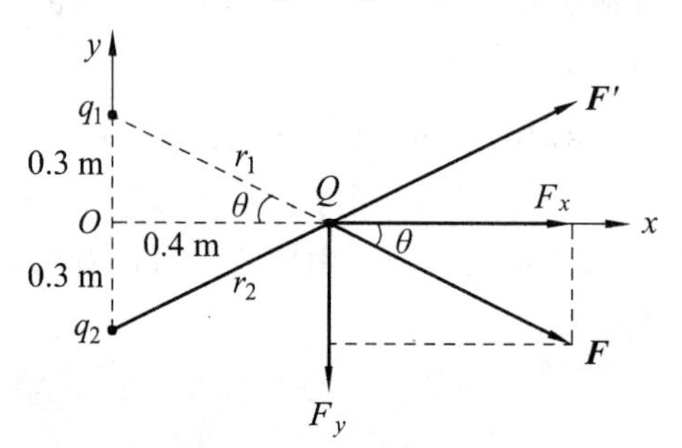

图 5.3　3 个点电荷之间的作用力

解：本问题一般是先利用库仑定律求出 q_1、q_2 分别对 Q 的作用力 $\boldsymbol{F}$ 和 $\boldsymbol{F}'$，然后求出它们的合力。

由本问题的对称性可知 $\boldsymbol{F}$ 和 $\boldsymbol{F}'$ 的 y 分量大小相等，方向相反，因而互相抵消。Q 所受 q_1、q_2 之合力方向沿 x 轴正向。由库仑定律得 q_1 对 Q 的作用力 $\boldsymbol{F}$ 的大小为

$$F=\frac{q_1Q}{4\pi\varepsilon_0 r_1^2}=8.99\times10^9\times\frac{2.0\times10^{-6}\times4.0\times10^{-6}}{0.3^2+0.4^2}=0.29\ (\mathrm{N})$$

$$F_x=F\cos\theta=0.29\times\frac{0.4}{0.5}=0.23\ (\mathrm{N})$$

所以 Q 所受 q_1、q_2 之合力大小为

$$f=F_x+F_x'=2F_x=F\cos\theta=2\times0.23=0.46\ (\mathrm{N})$$

5.2.2 静电力叠加原理

库仑定律只讨论两个静止的点电荷之间的作用力，当考虑两个以上的静止的点电荷之间的作用时，就必须补充另一个实验事实：两个点电荷之间的作用力并不因第三个点电荷的存在而有所改变。因此，两个以上的点电荷对一个点电荷的作用力等于各个点电荷单独存在时对该点电荷的作用力的矢量和，这个结论叫作静电力的叠加原理。

如图 5.4 所示，对于由空间中 n 个点电荷 q_1，q_2，…，q_n 构成的点电荷系，若以 $\boldsymbol{F}_1$，$\boldsymbol{F}_2$，…，$\boldsymbol{F}_n$ 分别表示它们单独存在时对另一点电荷 q_0 产生的静电力，则由静电力的叠加原理可知，q_0 所受的总的静电力 $\boldsymbol{F}$ 等于各点电荷分别单独存在时 q_0 所受电场力的矢量和：

$$\boldsymbol{F}=\boldsymbol{F}_1+\boldsymbol{F}_2+\cdots+\boldsymbol{F}_n=\sum_{i=1}^{n}\boldsymbol{F}_i \tag{5.3}$$

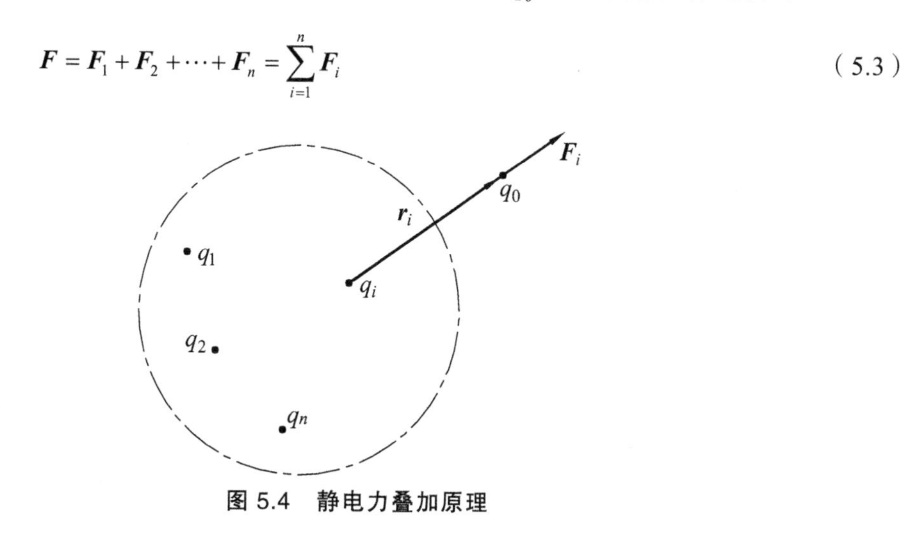

图 5.4　静电力叠加原理

在 q_1，q_2，…，q_n 和 q_0 都静止的情况下，$\boldsymbol{F}_i$ 都可以用库仑定律式（5.2）计算，因而可得

$$\boldsymbol{F}=\sum_{i=1}^{n}\frac{q_0 q_i}{4\pi\varepsilon_0 r_i^2}\hat{\boldsymbol{r}}_i \tag{5.4}$$

式中　r_i——q_0 与 q_i 之间的距离；

$\hat{\boldsymbol{r}}_i$——从点电荷 q_i 指向 q_0 的单位矢量。

5.3 电场强度　场的叠加原理

5.3.1 电　场

上节的库仑定律说明了真空中点电荷之间作用力的大小与哪些因素有关，但它并未说明电荷是如何相互作用的。关于电荷之间如何进行相互作用，历史上曾经有过两种不同的观点：

一种观点认为这种相互作用不需要介质，也不需要时间，一个带电体可以瞬间施加作用力到相隔一定距离的另一带电体上，即电荷之间的相互作用是一种"超距作用"。这种作用方式可表示为

$$\text{电荷} \Leftrightarrow \text{电荷}$$

这种观点历史上称为超距作用观点。另一种观点认为，电荷之间的相互作用力需要靠中间的其他介质来传递，而且传递的过程是需要时间的。任何电荷都在自己的周围空间激发电场，而电场的基本特征是对其中的任何电荷都有作用力。因此，电荷之间的相互作用是通过其中一个电荷所激发的电场对另一个电荷的作用来传递的。这种作用方式可表示为

$$\text{电荷} \Leftrightarrow \text{电场} \Leftrightarrow \text{电荷}$$

这种传递虽然很快（约 3×10^8 m/s，即光速），但仍需要时间，这种观点叫作近距作用观点或场的观点。

近代物理学的理论和大量实验事实证明，场的观点是正确的。电磁场是物质存在的一种形态，它分布在一定范围内，并和一切物质一样，具有能量、动量、质量等属性，所不同的是它没有静止质量。除此之外，场具有可入性和叠加性。本章只讨论相对于观察者静止的电荷在周围空间所激发的电场，即静电场。静电场是普遍存在的电磁场的一种特殊情况。

5.3.2 电场强度

前面谈到静止电荷周围有静电场，不同的带电体系具有不同的电场，且静电场的一个基本特性是它对放入电场的任何电荷有力的作用，因此，我们可以利用电场的这一特性，从中找出能反映电场性质的某个物理量来。

为了定量地了解电场中任意一点的性质，可引入一个电量为 q_0 的试探电荷（也叫检验电荷）来研究电场的性质。所谓试探电荷是这样一种电荷：首先它所带的电量必须尽可能地小，以至于它的引入使原电场发生的改变可以忽略，否则测量结果将不能反映被测电场的真实情况；其次，它的几何尺寸也必须足够小，以至于它可以被看做一个点电荷，能够用它来确定场中每一点的性质，否则，只能反映出它所占空间的平均性质。

设相对于惯性参考系，在真空中存在一固定不动的点电荷系 q_1，q_2，…，q_n。将一试探电荷 q_0 移至该点电荷系周围的 $P(x,y,z)$ 点（称作场点）处并保持其静止，则 q_0 所受该点电荷系的作用力，可由式（5.4）给出。可以看出，试探电荷 q_0 静止时所受的电场力 $\boldsymbol{F}$ 与 q_0 之比只取决于点电荷系的结构（包括每个点电荷的电量以及各点电荷之间的相对位置）和试探电荷 q_0 所在的位置 (x,y,z)，而与试探电荷 q_0 的量值无关。可见比值 $\boldsymbol{F}/q_0$ 反映了点电荷系周围空间各点的一种特殊性质，它能给出该点电荷系对静止于各点的其他电荷 q_0 的作用力。这时我们就说该点电荷系周围空间存在着由它所产生的电场。电荷 q_1，q_2，…，q_n 叫场源电荷，而比值 $\boldsymbol{F}/q_0$ 揭示了该电场的性质，表示电场中各点的强度，所以我们可将这一比值定义为电场强度，简称场强，用符号 $\boldsymbol{E}$ 表示，即

$$\boldsymbol{E}=\frac{\boldsymbol{F}}{q_0} \tag{5.5}$$

式（5.5）说明，静电场中任意一点的电场强度其大小等于单位试探电荷静止于该点时所受到的电场力，其方向与正电荷在该点的受力方向相同。

通常 $\boldsymbol{E}$ 是空间坐标的矢量函数。若 $\boldsymbol{E}$ 的大小和方向均与空间坐标无关，这种电场称为匀强电场。

在 SI 单位制中，电场强度的单位为牛顿/库仑（N/C），或伏特/米（V/m），这两个单位是等价的，即

$$1\ \mathrm{V/m}=1\ \mathrm{N/C}$$

在场源电荷是静止的参考系中观察到的电场叫静电场，静电场对电荷的作用力叫静电力。在已知静电场中各点电场强度 $\boldsymbol{E}$ 的条件下，可由式（5.5）直接求得置于其中任意点处的静止点电荷 q_0 所受的力为

$$\boldsymbol{F}=q_0\boldsymbol{E} \tag{5.6}$$

关于场的概念是 19 世纪 30 年代法拉第首先提出的。这样引入的电场对电荷周围空间各点赋予一种局域性，即：如果知道了某一小区域的 $\boldsymbol{E}$，无需更多的要求，我们就可以知道任意电荷在此区域内的受力情况，从而可以进一步知道它的运动。这时，也不需要知道是些什么电荷产生了这个电场。这种局域性场的引入是物理概念上的重要发展。

5.3.3 静止的点电荷的电场及其叠加

现在来讨论在场源电荷都是静止的参考系中电场强度的分布，首先从最简单的静止点电荷谈起，再计算复杂带电体的电场强度分布。

5.3.3.1 单个点电荷产生的电场

考虑真空中的静电场是由电量为 q 的点电荷产生的，以 q 所在处为原点 O，考虑任意一点 P 的电场强度（P 称为场点，q 称为场源电荷），距离 $OP=r$。场点 P 的电场强度应该可以根据场强的定义求得。我们设想把一个试探电荷 q_0 放在 P 点，那么 q_0 所受的电场力可由库仑定律式（5.2）求得

$$\boldsymbol{F}=\frac{q_0 q}{4\pi\varepsilon_0 r^2}\hat{\boldsymbol{r}}$$

式中 $\boldsymbol{r}$——从场源电荷 q 指向场点 P 的位置矢量；

r——该位置矢量的大小；

$\hat{\boldsymbol{r}}$——从场源电荷指向场点 P 的单位矢量，如图 5.5。

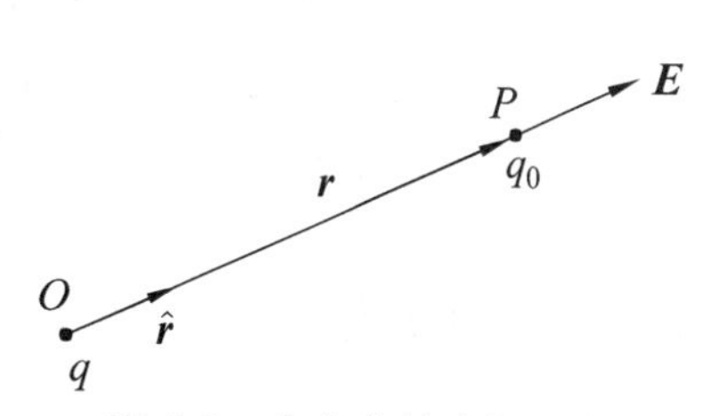

图 5.5 点电荷的电场强度

由电场强度的定义式（5.5）则得 P 点处的电场强度为

$$E=\frac{F}{q_0}=\frac{q}{4\pi\varepsilon_0 r^2}\hat{r}=\frac{q}{4\pi\varepsilon_0 r^3}r \tag{5.7}$$

若 $q>0$，则 $\boldsymbol{E}$ 沿 $\hat{\boldsymbol{r}}$ 方向；若 $q<0$，则 $\boldsymbol{E}$ 沿 $\hat{\boldsymbol{r}}$ 的反方向。

在上面的计算中，场点 P 是任意的，所以我们得到静止点电荷 q 产生的电场在空间中的分布为：$\boldsymbol{E}$ 的方向处处沿以 q 为中心的矢径方向（$q>0$）或其反方向（$q<0$）；$\boldsymbol{E}$ 的大小决定于这个点电荷的电量和点 P 到该点电荷的距离。故在以 q 为中心的每个球面上，场强的大小是相等的，通常说这样的电场分布是球对称的，并且由式（5.7）可知，$\boldsymbol{E}$ 的大小与 r^2 成反比，当 $r\to\infty$ 时，$E\to 0$。

5.3.3.2 场强的叠加原理 多个点电荷的电场强度

考虑空间存在由 n 个点电荷 q_1，q_2，…，q_n 构成的静止点电荷系在周围激发的电场。设在任意点 P 处有一试探电荷 q_0，若点电荷 q_1，q_2，…，q_n 单独存在时所产生的电场对 q_0 的作用力分别为 $\boldsymbol{F}_1, \boldsymbol{F}_2, \cdots, \boldsymbol{F}_n$，则根据前面介绍的静电力叠加原理和库仑定律，这些点电荷同时存在时 q_0 所受的电场力应为式（5.4）所表示的结果：

$$\boldsymbol{F}=\sum_{i=1}^{n}\boldsymbol{F}_i=\sum_{i=1}^{n}\frac{q_0 q_i}{4\pi\varepsilon_0 r_i^2}\hat{\boldsymbol{r}}_i$$

式中 r_i——q_0 与 q_i 之间的距离；

$\hat{\boldsymbol{r}}_i$——从点电荷 q_i 指向 q_0 的单位矢量。

可以看出 q_0 与求和号无关，故

$$\boldsymbol{F}=q_0\sum_{i=1}^{n}\frac{q_i}{4\pi\varepsilon_0 r_i^2}\hat{\boldsymbol{r}}_i$$

则

$$\boldsymbol{E}=\frac{\boldsymbol{F}}{q_0}=\sum_{i=1}^{n}\frac{q_i}{4\pi\varepsilon_0 r_i^2}\hat{\boldsymbol{r}}_i \tag{5.8}$$

而 $\frac{q_i}{4\pi\varepsilon_0 r_i^2}\hat{\boldsymbol{r}}_i$ 就是第 i 个点电荷在 P 点产生的电场强度，记为 $\boldsymbol{E}_i$，于是我们得到静止的点电荷系所产生的电场中任一点的场强为

$$\boldsymbol{E}=\sum_{i=1}^{n}\boldsymbol{E}_i \tag{5.9}$$

式（5.9）即电场强度叠加原理的数学表示式。它说明点电荷系在空间中任一点所激发的总场强等于各个点电荷单独存在时在该点各自激发的场强的矢量和。电场强度叠加原理是电场的基本性质之一。利用这一原理，理论上来说可以计算出任意带电体所激发的场强。

5.3.3.3 任意带电体产生的电场

若一任意带电体的电荷是连续分布的，则可把该带电体的电荷看作是很多极小的电荷元

$\mathrm{d}q$ 的集合，每一个电荷元 $\mathrm{d}q$ 在空间任意一点 P 所产生的电场强度，与点电荷在同一点产生的电场强度相同。整个带电体在 P 点产生的电场强度就等于带电体上所有电荷元在 P 点场强的矢量和。如果电荷元 $\mathrm{d}q$ 指向场点 P 的位置矢量为 $\boldsymbol{r}$，则电荷元 $\mathrm{d}q$ 在 P 点产生的电场强度 $\mathrm{d}\boldsymbol{E}$，进而整个带电体在 P 点产生的电场强度 $\boldsymbol{E}$ 分别为

$$\mathrm{d}\boldsymbol{E}=\frac{1}{4\pi\varepsilon_0}\frac{\mathrm{d}q}{r^3}\boldsymbol{r}\xrightarrow{\text{求积分}}\boldsymbol{E}=\int\mathrm{d}\boldsymbol{E}=\frac{1}{4\pi\varepsilon_0}\int\frac{\mathrm{d}q}{r^3}\boldsymbol{r} \tag{5.10}$$

式中，$\mathrm{d}q$ 的具体形式与连续带电体的电荷分布情况有关，需要引入点和密度的概念。

如果电荷分布在整个体积内，这种分布称为体分布。在带电体内任取一点，作一包含该点的体积元 ΔV，设该体积元中的电荷量为 Δq，则该点的电荷体密度 ρ 定义为

$$\rho=\lim_{\Delta V\to 0}\frac{\Delta q}{\Delta V}=\frac{\mathrm{d}q}{\mathrm{d}V}$$

ρ 的单位是 $\mathrm{C/m^3}$，电荷元可写成 $\mathrm{d}q=\rho\mathrm{d}V$。

若电荷分布在极薄的表面层里，这种分布称为面分布。在带电面内任取一点，作一个包含该点的面积元 ΔS，设该面积元中的电荷量为 Δq，则该点的电荷面密度 σ 定义为

$$\sigma=\lim_{\Delta S\to 0}\frac{\Delta q}{\Delta S}=\frac{\mathrm{d}q}{\mathrm{d}S}$$

σ 的单位为 $\mathrm{C/m^2}$，电荷元可写成 $\mathrm{d}q=\sigma\mathrm{d}S$。

若电荷分布在细长的线上，这种分布称为线分布。同理，可定义电荷线密度 λ 如下：

$$\lambda=\lim_{\Delta l\to 0}\frac{\Delta q}{\Delta l}=\frac{\mathrm{d}q}{\mathrm{d}l}$$

式中　Δl——包含某点的线元；

　　　Δq——线元 Δl 上所带的电荷量。

λ 的单位是 $\mathrm{C/m}$，电荷元可写成 $\mathrm{d}q=\lambda\mathrm{d}l$。

这样，根据电荷分布的不同，所取电荷元 $\mathrm{d}q$ 的形式也不相同，电场强度的表达式分别应为

$$\boldsymbol{E}=\begin{cases}\dfrac{1}{4\pi\varepsilon_0}\displaystyle\int\frac{\rho\mathrm{d}V}{r^3}\boldsymbol{r}\ \text{（体分布）} & (5.11)\\ \dfrac{1}{4\pi\varepsilon_0}\displaystyle\int\frac{\sigma\mathrm{d}S}{r^3}\boldsymbol{r}\ \text{（面分布）} & (5.12)\\ \dfrac{1}{4\pi\varepsilon_0}\displaystyle\int\frac{\lambda\mathrm{d}l}{r^3}\boldsymbol{r}\ \text{（线分布）} & (5.13)\end{cases}$$

注意：式（5.11）至式（5.13）都为矢量式。在实际应用中，由于各个电荷元 $\mathrm{d}q$ 在场点 P 处产生的电场强度 $\mathrm{d}\boldsymbol{E}$ 的方向通常是不同的，所以在积分的时候，多用标量式（投影式）来进行分量积分。如总场强 $\boldsymbol{E}$ 沿 x 轴的分量（投影式）计算为

$$E_x=\int\mathrm{d}E_x=\int\frac{\mathrm{d}q}{4\pi\varepsilon_0 r^2}\cos\alpha$$

式中　α——$\boldsymbol{r}$ 与 x 轴的夹角。

$\boldsymbol{E}$ 沿 y 轴、z 轴的分量可同理计算得到。

【例 5.2】 如图 5.6 所示，有两个电量相等而符号相反的点电荷 $+q$ 和 $-q$，相距 l。求在两点电荷的中垂面上任一点 P 的电场强度。

解： 以 l 的中点 O 为原点建立坐标系，如图 5.6，设点 P 到点 O 的距离为 r。电荷 $+q$ 和 $-q$ 在点 P 产生的电场强度分别用 $\boldsymbol{E}_+$ 和 $\boldsymbol{E}_-$ 表示，它们的大小相等，为

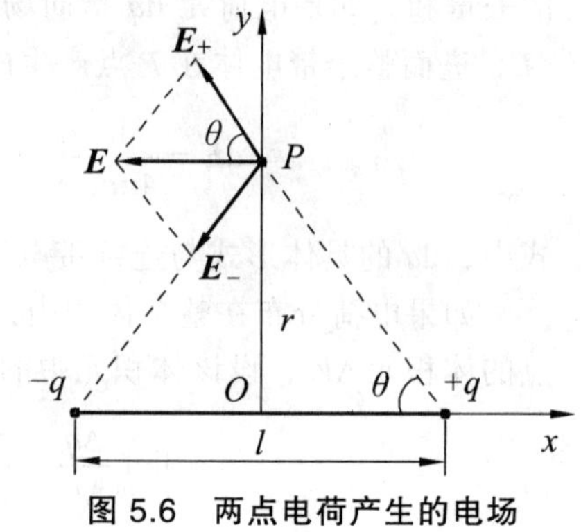

图 5.6 两点电荷产生的电场

$$E_+ = E_- = \frac{1}{4\pi\varepsilon_0}\frac{q}{r^2 + l^2/4}$$

它们的方向如图 5.6 所示。

点 P 总的电场强度 $\boldsymbol{E}$ 为 $\boldsymbol{E}_+$ 和 $\boldsymbol{E}_-$ 的矢量和，即

$$\boldsymbol{E} = \boldsymbol{E}_+ + \boldsymbol{E}_-$$

$\boldsymbol{E}$ 的 x 轴分量为

$$E_x = E_{+x} + E_{-x} = -E_+\cos\theta - E_-\cos\theta = -\frac{1}{4\pi\varepsilon_0}\frac{ql}{(r^2 + l^2/4)^{3/2}}$$

$\boldsymbol{E}$ 的 y 轴分量为

$$E_y = E_{+y} + E_{-y} = E_+\sin\theta - E_-\sin\theta = 0$$

所以，点 P 的电场强度大小为

$$E = |E_x| = \frac{1}{4\pi\varepsilon_0}\frac{ql}{(r^2 + l^2/4)^{3/2}}$$

方向沿 x 轴负方向。

当 $r \gg l$ 时，这样一对电量相等、符号相反的点电荷所组成的系统，称为电偶极子。从负电荷到正电荷所引的有向线段 $\boldsymbol{l}$ 称为电偶极子的轴。电量 q 与电偶极子的轴 $\boldsymbol{l}$ 的乘积，定义为电偶极子的电偶极矩，简称电矩，用 $\boldsymbol{p}$ 表示，即

$$\boldsymbol{p} = q\boldsymbol{l} \tag{5.14}$$

由于 $r \gg l$，故有 $(r^2 + l^2/4)^{3/2} \approx r^3$，所以在电偶极子轴的中垂面上任意一点的电场强度可表示为

$$\boldsymbol{E} \approx -\frac{\boldsymbol{p}}{4\pi\varepsilon_0 r^3} \tag{5.15}$$

电偶极子是一个很重要的物理模型，在研究电介质极化、电磁波的发射和吸收等问题中都要用到该模型。

【例 5.3】 有一均匀带电细直棒，长为 L，所带总电量为 q。直棒外一点 P 到直棒的距离为 a，求点 P 的电场强度。

解： 如图 5.7 所示，以直棒左端点为原点建立一维坐标系。设直棒两端至点 P 的连线与 x 轴正向间的夹角分别为 θ_1 和 θ_2，考虑棒上 x 处的线元 $\mathrm{d}x$，其带电量

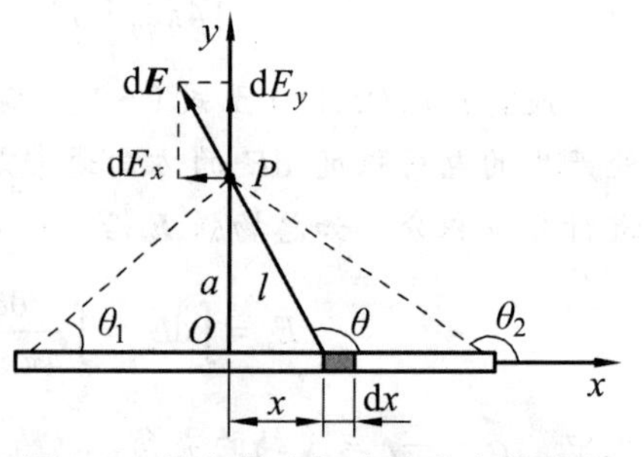

图 5.7 均匀带电细直棒产生的电场

$\mathrm{d}q=\lambda\mathrm{d}x=\dfrac{q}{L}\mathrm{d}x$，它在 P 点产生的电场强度大小为

$$\mathrm{d}E=\frac{\lambda\mathrm{d}x}{4\pi\varepsilon_0 l^2}$$

式中　l——线元 $\mathrm{d}x$ 到 P 点的距离。

$\mathrm{d}\boldsymbol{E}$ 的方向如图 5.7 所示，计算其沿 x 轴和 y 轴的分量，分别积分得

$$E_x=\int\mathrm{d}E_x=\int\frac{\lambda\mathrm{d}x}{4\pi\varepsilon_0 l^2}\cos\theta=\frac{q}{4\pi\varepsilon_0 aL}(\sin\theta_2-\sin\theta_1)$$

$$=\int_{\theta_1}^{\theta_2}\frac{\lambda}{4\pi\varepsilon_0 a}\cos\theta\mathrm{d}\theta$$

$$E_y=\int_{\theta_1}^{\theta_2}\frac{\lambda}{4\pi\varepsilon_0 a}\sin\theta\mathrm{d}\theta=\frac{q}{4\pi\varepsilon_0 aL}(\cos\theta_1-\cos\theta_2)$$

讨论：

（1）对于半无限长均匀带电细棒（$\theta_1=0,\ \theta_2=\pi/2$ 或 $\theta_1=\pi/2,\ \theta_2=\pi$），则有

$$E_x=\pm\frac{\lambda}{4\pi\varepsilon_0 a},\quad E_y=\frac{\lambda}{4\pi\varepsilon_0 a}$$

（2）对于无限长均匀带电细棒（$\theta_1=0,\ \theta_2=\pi$），则有

$$E_x=0,\quad E_y=\frac{\lambda}{2\pi\varepsilon_0 a} \tag{5.16}$$

5.4　电通量　高斯定理及其应用

上一节我们研究了描述电场性质的一个重要物理量——电场强度，并从叠加原理出发，讨论了点电荷系和带电体的电场强度。为了更形象地描述电场，这一节将在介绍电场线的基础上引进电通量的概念，并导出静电场的重要定理——高斯定理。

5.4.1　电场线（电力线）

要全面了解电场的分布，就必须知道电场中各点的场强大小和方向。在实际问题中，遇到的电场往往比较复杂，通常用近似计算或实验测量的方法进行研究。由于电场强度的定义比较抽象，为了形象地描述整个电场的分布情况，可以在电场中作出许多曲线，使这些曲线上每一点的切线方向与该点的场强方向一致，通常把这些有向曲线称为电场线（又称电力线），简称 $\boldsymbol{E}$ 线。

定量地说，为了使电场线不仅能表示出电场中各点场强的方向，而且还能表示出场强的大小，我们对电场线作如下的规定：在电场中任一点，取一个垂直于该点场强方向的面积元

$dS_\perp$，由于$dS_\perp$很小，所以$dS_\perp$面上各点的$\boldsymbol{E}$可认为是相同的。而且，通过面积元$dS_\perp$的电场线条数dN与面积元$dS_\perp$满足如下正比关系：

$$dN = EdS_\perp \quad 或 \quad \frac{dN}{dS_\perp} = E（电场线密度）$$

这就是说，通过电场中某点垂直于$\boldsymbol{E}$的单位面积的电场线条数等于该点处电场强度$\boldsymbol{E}$的大小，$\frac{dN}{dS_\perp}$也叫作电场线密度。显然，按照这种规定，在场强较大的地方电场线较密，在场强较小的地方电场线较疏。这样，电场线的疏密程度就形象地反映了电场中场强大小的分布。特别地，匀强电场的电场线是一些方向一致、距离相等的平行线。图 5.8 给出了几种典型静电场的电场线分布。

由图 5.8 可以看出，静电场的电场线具有以下特点：

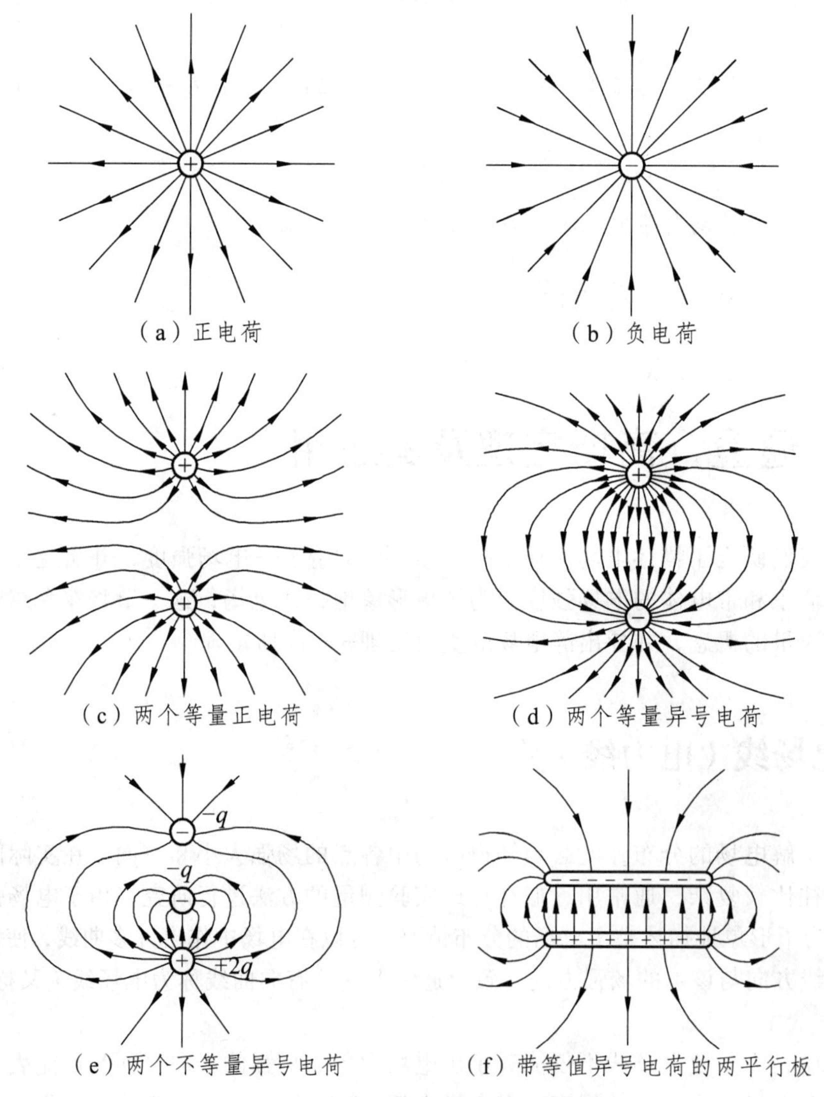

图 5.8　几种典型静电场的电场线分布

（1）电场线起自正电荷（或来自无穷远），终止于负电荷（或伸向无穷远），但不会在无电荷的地方中断。

（2）电场线不能形成闭合曲线。

（3）任何两条电场线都不可能相交。因为静电场中的任一点，只能有一个确定的场强方向。

注意：引入电场线的目的在于形象地反映电场中场强的情况，并不是电场中真有这些电场线存在。另外，电场线一般并不表示电荷在电场中运动的轨迹，因为运动轨迹上各点的切线方向应与电荷的速度方向一致，而电场线上各点的切线方向表示场强的方向，即正电荷所受的电场力的方向，两者是不同的。

电场线的图形也可以通过实验显示出来。将一些针状晶体碎屑撒到绝缘油中使之悬浮起来，加以外电场后，这些小晶体会因感应而成为小的电偶极子。它们在电场力的作用下就会转到电场方向排列起来，于是就显示出了电场线的图形。

上节中我们通过叠加原理给出了场源电荷和它们的电场分布的关系。现在，利用电场线的概念，可以用另一种形式——高斯定理——把这一关系表示出来。后一种形式还有更普遍的理论意义，为了导出这一形式，我们引入电通量的概念。

5.4.2　电通量

通量是描述矢量场的一个重要概念。我们把通过电场中某一个曲面的电场线的总条数称为通过该曲面的电场强度通量，简称电通量或 $\boldsymbol{E}$ 通量，用 $\varPhi_e$ 来表示。

下面我们分别讨论在均匀电场和非均匀电场中不闭合曲面的电通量 $\varPhi_e$ 。

先讨论均匀电场的情况。按照电场线的规定，均匀电场的电场线是一系列均匀分布的平行直线，设在均匀电场中取一个平面 S，并使它和电场强度方向垂直，如图 5.9（a）所示，则通过平面 S 的电场线的条数即电通量应为

$$\varPhi_e = E \cdot S \tag{5.17}$$

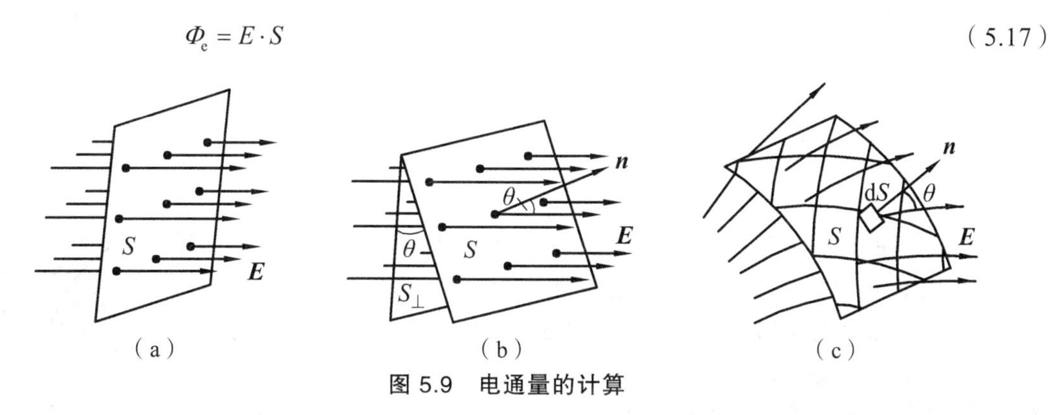

图 5.9　电通量的计算

如果所取平面与场强 $\boldsymbol{E}$ 方向成 θ 角，如图 5.9（b）所示。为了求出这一电通量，我们考虑电场线密度的规定，作出此平面在垂直于场强方向的投影 $S_{\perp}$ 。很明显，通过 S 和 $S_{\perp}$ 的电场线条数是一样的。由图 5.9（b）可知，$S_{\perp} = S\cos\theta$ 。将此关系代入式（5.17），可得到通过该平面 S 的电场线的条数，即电通量应为

$$\Phi_e = E \cdot S_\perp = E \cdot S \cdot \cos\theta \tag{5.18}$$

为了以后表达方便，我们规定平面的法向单位矢量 $\boldsymbol{n}$ 为该平面的方向，这时平面面积就可以用矢量 $\boldsymbol{S} = S\boldsymbol{n}$ 来表示。由图 5.9（b）可以看出，S 和 $S_\perp$ 两平面之间的夹角也等于电场强度 $\boldsymbol{E}$ 和法向单位矢量 $\boldsymbol{n}$ 之间的夹角。由矢量标积的定义，式（5.18）可以写成

$$\Phi_e = E \cdot S \cdot \cos\theta = \boldsymbol{E} \cdot \boldsymbol{S} \tag{5.19}$$

注意： 因为 θ 可以是锐角或钝角，所以，通过给定平面的电通量 Φ_e 可正可负。当 θ 为锐角时，Φ_e 为正；当 θ 为钝角时，Φ_e 为负；当 $\theta = \dfrac{\pi}{2}$ 时，$\Phi_e = 0$。

如果电场是非均匀电场，而且 S 为任意曲面，如图 5.9（c）所示。因为在曲面上场强的大小和方向是逐点变化的，要计算通过该曲面的电通量，则先要设想把该曲面划分为无限多个面积元 $\mathrm{d}S$，在每一个无限小的面积元 $\mathrm{d}S$ 上电场强度 $\boldsymbol{E}$ 可以认为是均匀的，而 $\mathrm{d}S$ 也可以视为一无限小的平面。通过此面元 $\mathrm{d}S$ 的电场线条数就定义为通过这一面元的电通量，我们称为元通量。利用式（5.19）的结论，可得到通过 $\mathrm{d}S$ 的元通量应为

$$\mathrm{d}\Phi_e = E\mathrm{d}S\cos\theta = \boldsymbol{E} \cdot \mathrm{d}\boldsymbol{S} \tag{5.20}$$

式中　$\mathrm{d}\boldsymbol{S}$——面积元矢量，$\mathrm{d}\boldsymbol{S} = \mathrm{d}S\boldsymbol{n}$，$\boldsymbol{n}$ 为面元 $\mathrm{d}S$ 的法向单位矢量；

　　θ——电场强度 $\boldsymbol{E}$ 和面元矢量 $\mathrm{d}\boldsymbol{S}$ 的夹角。

同样的道理，由此式决定的电通量 $\mathrm{d}\Phi_e$ 有正、负之别，取决于 θ 的值。

为了求出通过任意曲面 S 的电通量[图 5.9（c）]，可将整个 S 面上所有面元的电通量 $\mathrm{d}\Phi_e$ 相加。用数学式表示就有

$$\Phi_e = \int \mathrm{d}\Phi_e = \int_S \boldsymbol{E} \cdot \mathrm{d}\boldsymbol{S} \tag{5.21}$$

这样的积分在数学上叫面积分，积分号下标 S 表示此积分遍及整个曲面。

特殊情况下，如果曲面 S 是封闭的曲面，则通过该封闭曲面的电通量可表示为

$$\Phi_e = \oint_S \boldsymbol{E} \cdot \mathrm{d}\boldsymbol{S} \tag{5.22}$$

积分符号“$\oint$”表示对整个封闭曲面进行面积分，是闭合环路积分。

值得一提的是，对于不闭合的曲面，面上各处法向单位矢量的正方向可以任意取这一侧或那一侧。而对于闭合曲面，由于它使整个空间划分成内、外两部分，所以一般规定自内向外的方向为各处面元法向的正方向。因此，当电场线从内部穿出时，(如在图 5.10 中面元 $\mathrm{d}S_1$ 处)，$0 \leqslant \theta < \pi/2$，$\mathrm{d}\Phi_e$ 为正。当电场线由外面穿入时（如图 5.10 中面元 $\mathrm{d}S_2$ 处），$\pi/2 < \theta \leqslant \pi$，$\mathrm{d}\Phi_e$ 为负。式（5.22）中表示的通过整个封闭曲面的电通量 Φ_e 就等于穿出与穿入封闭曲面的电场线的条数之差，也就是净穿出封闭曲面的电场线的总条数。

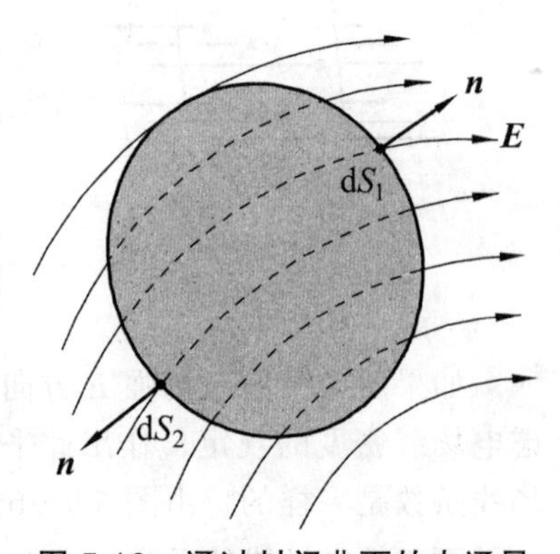

图 5.10　通过封闭曲面的电通量

所以，对于封闭曲面，由于规定了面元法向的正向为从面内指向面外，所以有

$$\Phi_e = \oint_S \boldsymbol{E}\cdot \mathrm{d}\boldsymbol{S}\begin{cases} >0 & \text{从闭合曲面穿出的电场线数大于穿入闭合曲面的电场线} \\ <0 & \text{从闭合曲面穿出的电场线数小于穿入闭合曲面的电场线} \end{cases}$$

5.4.3 高斯定理

上一小节介绍了电通量的概念，现在进一步讨论通过封闭曲面的电通量和场源电荷之间的关系，从而得出一个表征静电场性质的基本定理——高斯定理。高斯（K. F. Gauss，1777—1855 年）是德国物理学家和数学家，他在实验物理和理论物理以及数学方面都作出了很多贡献，他导出的高斯定理是电磁学的一条重要规律。定理反映了静电场中任一闭合曲面的电通量和该闭合曲面所包围的电荷之间的确定数量关系。下面在电通量概念的基础上，利用库仑定律和场的叠加原理来推导出高斯定理。

5.4.3.1 包围点电荷 q 的球面的电通量

以点电荷 q 所在点为中心，取任意长度 r 为半径，作一球面 S 包围这个点电荷 q，如图 5.11（a）所示，根据点电荷电场的球对称性可知，球面上任一点的电场强度 $\boldsymbol{E}$ 的大小处处相等，都为 $\dfrac{q}{4\pi\varepsilon_0 r^2}$，方向都是以原点为圆心沿径向，而处处与球面垂直，根据式（5.22）可得电场通过该球面的电通量为

$$\Phi_e = \oint_S \boldsymbol{E}\cdot \mathrm{d}\boldsymbol{S} = \oint_S E\cos\theta \mathrm{d}S$$

式中　θ——球面上面元矢量 $\mathrm{d}\boldsymbol{S}$ 与其所在处的电场强度 $\boldsymbol{E}$ 的夹角，显然处处都有 $\theta = 0°$。

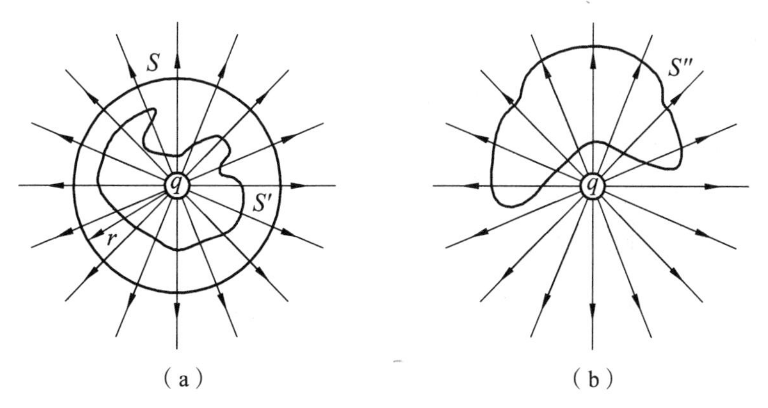

图 5.11　证明高斯定理用图

把球面上 $\boldsymbol{E}$ 的大小代入，得到

$$\Phi_e = \oint_S \frac{q}{4\pi\varepsilon_0 r^2}\mathrm{d}S = \frac{q}{4\pi\varepsilon_0 r^2}\oint_S \mathrm{d}S = \frac{q}{4\pi\varepsilon_0 r^2}\cdot 4\pi r^2 = \frac{q}{\varepsilon_0}\begin{cases} >0 \\ <0 \end{cases}$$

此结果与球面的半径 r 无关，只与它包围的电荷有关。这意味着，对以点电荷 q 为中心的任意球面来说，通过它们的电通量都一样，等于 q/ε_0。用电场线的图像来说，这表示通过各球面的电场线总条数相等。也或者说，电量为 q 的点电荷，发出了 q/ε_0 条电场线。当 $q>0$ 时，$\Phi_e>0$，点电荷的电场线从点电荷发出，不间断地延伸到无限远处；$q<0$ 时，$\Phi_e<0$，电场线从无限远处不间断地终止到点电荷。

5.4.3.2 包围点电荷的任意封闭曲面 S' 的电通量

现在设想另一个任意的闭合曲面 S'，S' 和球面 S 包围同一个点电荷 q，如图 5.11（a）所示，由于电场线的连续性，可以得出通过任意封闭曲面 S' 的电场线条数就等于通过球面 S 的电场线条数。所以通过任意形状的包围点电荷 q 的封闭曲面的电通量都等于 q/ε_0。

5.4.3.3 不包围点电荷 q 的封闭曲面 S'' 的电通量

如图 5.11（b）所示，若点电荷 q 在闭合曲面 S'' 的外部，则由电力线的连续性可得，由一侧穿入 S'' 的电场线条数就等于从另一端穿出 S'' 的电场线条数，所以净穿出 S'' 的电场线条数为零，即通过 S'' 面的电通量为零。用公式表示就是

$$\Phi_e = \oint_S \boldsymbol{E}\cdot \mathrm{d}\boldsymbol{S} = 0$$

5.4.3.4 任意带电系统的电通量

以上三种情况只讨论了单个点电荷的电场中，通过任一封闭曲面的电通量。我们把上述结果推广到任意点电荷系的电场中，该点电荷系由 $q_1, q_2, \cdots, q_n$ 等 n 个点电荷组成，在它们的电场中的任一点，由场强叠加原理可得

$$\boldsymbol{E} = \boldsymbol{E}_1 + \boldsymbol{E}_2 + \cdots + \boldsymbol{E}_n$$

式中　$\boldsymbol{E}_1, \boldsymbol{E}_2, \cdots, \boldsymbol{E}_n$——单个点电荷产生的电场；

$\boldsymbol{E}$——该点总电场。

这时通过任一闭合曲面 S 的电通量为

$$\begin{aligned}\Phi_e &= \oint_S \boldsymbol{E}\cdot \mathrm{d}\boldsymbol{S} \\ &= \oint_S \boldsymbol{E}_1\cdot \mathrm{d}\boldsymbol{S} + \oint_S \boldsymbol{E}_2\cdot \mathrm{d}\boldsymbol{S} + \cdots + \oint_S \boldsymbol{E}_3\cdot \mathrm{d}\boldsymbol{S} \\ &= \Phi_{e1} + \Phi_{e2} + \cdots + \Phi_{en}\end{aligned}$$

式中　$\Phi_{e1}, \Phi_{e2}, \cdots, \Phi_{en}$——单个点电荷的电场通过封闭曲面的电通量。

由上述关于点电荷的结论可知，当 q_i 在封闭曲面内时，$\Phi_{ei} = q_i/\varepsilon_0$；当 q_i 在封闭曲面外时，$\Phi_{ei}=0$，所以上式可以写成

$$\Phi_e = \oint_S \boldsymbol{E}\cdot \mathrm{d}\boldsymbol{S} = \frac{1}{\varepsilon_0}\sum q_{\text{int}} \tag{5.23}$$

式中 $\sum q_{\text{int}}$——在封闭曲面内的电量的代数和。

5.4.3.5 高斯定理

综上可得如下结论：在真空中的静电场内，通过任意封闭曲面的电通量等于该封闭曲面所包围电荷的电量的代数和的$1/\varepsilon_0$倍，这就是高斯定理。其数学表达式为

$$\oint_S \boldsymbol{E}\cdot \mathrm{d}\boldsymbol{S} = \frac{1}{\varepsilon_0}\sum q_{\text{int}} \tag{5.24}$$

对高斯定理的理解应注意以下几点：

（1）高斯定理说明了通过封闭曲面（也称高斯面）的电通量只与该封闭曲面所包围的电荷有关，并没有说封闭曲面上任一点的电场强度只与所包围的电荷有关。

（2）高斯定理表达式左方的场强 $\boldsymbol{E}$ 是高斯面 S 上任一点的总场强，它是由全部电荷（包括高斯面内、外所有的电荷）共同产生的合场强。

上面利用库仑定律（已暗含了空间的各向同性）和叠加原理导出了高斯定理。对静电场来说，库仑定律和高斯定理并不是互相独立的定律，而是用不同形式表示的电场与场源电荷关系的同一客观规律。二者具有“相逆”的意义：库仑定律使我们在电荷分布已知的情况下，能求出场强的分布；而高斯定律使我们在电场强度分布已知时，能求出任意区域内的电荷。尽管如此，当电荷分布具有某些对称性的时候，也可用高斯定理求出该种电荷系统的电场分布，而且，这种方法在数学上比库仑定律简便得多。

可以附带指出的是，如上所述，对于静止电荷的电场，可以说库仑定律与高斯定律二者等价。但在研究运动电荷的电场或一般地随时间变化的电场时，人们发现，库仑定律不再成立，而高斯定理却仍然有效。所以说，高斯定理不仅适用于静电场，而且对变化的电场也是适用的，它是电磁场理论的基本方程之一。

5.4.4 高斯定理的应用

一般情况下，当电荷分布给定时，从高斯定理只能求出通过某一闭合曲面的电通量，并不能把电场中各点的场强确定下来。但是，当静止的电荷分布具有某些特殊的对称性，从而使相应的电场分布也具有相应的几何对称性时，应用高斯定理来计算场强分布比用叠加原理即式（5.9）简便得多。这种方法一般包含两步：首先，根据电荷分布的对称性分析电场分布的对称性；然后，再应用高斯定理计算场强。这一方法的决定性技巧是选取合适的封闭积分曲面（即高斯面），以便使积分 $\oint_S \boldsymbol{E}\cdot \mathrm{d}\boldsymbol{S}$ 中的 $\boldsymbol{E}$ 能以标量形式从积分号内提出来。

用高斯定理来计算场强，常要求电荷所激发的电场具有球对称、均匀面对称或均匀轴对称这三种特殊对称性。这样，就可以通过场点作出适当的闭合曲面（高斯面），例如，对于点电荷激发的电场，以点电荷为球心作出球形高斯面，使闭合面上电场强度都垂直于这个闭合

面，而且大小处处相等。一般原则是，使场强在闭合曲面的某些部分大小处处相等，方向与该部分曲面垂直；在其他部分，场强方向处处与曲面平行，让通过这部分曲面的电通量为零。高斯面形状要规则，便于计算。一般情况下，如果带电系统不具有以上三种特殊对称性，高斯定理就不便用来计算场强。

下面举几个电荷分布具有以上对称性的例子，来说明应用高斯定理计算场强的方法。

5.4.4.1 均匀带电球面的电场分布

【例 5.4】 已知均匀带电球面半径为 R，所带总电量为 $q(q>0)$。求空间中的电场分布。

解： 首先考虑空间中任一点 P 的场强。由电荷分布的球对称性可知电场分布也具有球对称性。以 O 为球心，r 为半径，过 P 点作一与带电球面同心的球面 S，即球形高斯面，如图 5.12 所示。则高斯面上任一点场强 $\boldsymbol{E}$ 的方向沿径向向外，且大小处处相等。通过高斯面 S 的电通量为

$$\Phi_e=\oint_S \boldsymbol{E}\cdot \mathrm{d}\boldsymbol{S}=\oint_S E\cdot \mathrm{d}S=E\oint_S \mathrm{d}S=E\cdot 4\pi r^2$$

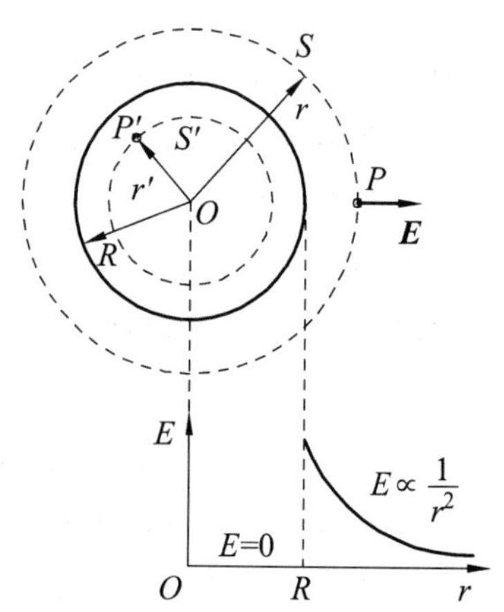

图 5.12 均匀带电球面的电场分析

根据高斯定理有

$$\Phi_e=E\cdot 4\pi r^2=\frac{1}{\varepsilon_0}\sum q_{\text{int}}$$

（1）当 P 点在带电球面外部的时候，所作高斯面半径 $r>R$，此时高斯面内包含的电荷为 $\sum q_{\text{int}}=q$，代入上式得球面外任一点的场强为

$$E=\frac{q}{4\pi\varepsilon_0 r^2}\quad (r>R)$$

考虑 $\boldsymbol{E}$ 的方向，则 $\boldsymbol{E}$ 的矢量表示式为

$$\boldsymbol{E}=\frac{q}{4\pi\varepsilon_0 r^3}\boldsymbol{r}\quad (r>R) \tag{5.25}$$

（2）当 P 点在带电球面内部的时候，所作高斯面半径 $r<R$，此时高斯面内包含的电荷为 $\sum q_{\text{int}}=0$，代入上式得球面内任一点的场强为

$$E=0\quad (r<R) \tag{5.26}$$

根据上述结果，可以画出场强随距离的变化曲线，即 E-r 曲线，见图 5.12。由 E-r 曲线可知，场强值在球面 R 处是不连续的。这是因为我们采用的是面模型，而实际上的“带电球面”都是有厚度的。

5.4.4.2 均匀带电球体的电场分布

【例 5.5】 已知均匀带电球体半径为 R，所带总电量为 $q(q>0)$。求空间中的电场分布。

解：设想均匀带电的球体是由一层层同心均匀带电球面组成的。利用上面的结果可知，均匀带电球体的电场分布依然是呈现球对称性的。考虑任一点 P 的电场强度，以过 P 点、半径为 r 的同心闭合球面 S 为高斯面，如图 5.13 所示，通过此高斯面的电通量为

$$\Phi_e = \oint_S \boldsymbol{E} \cdot d\boldsymbol{S} = \oint_S E \cdot dS = E \cdot 4\pi r^2$$

根据高斯定理有

$$\Phi_e = E \cdot 4\pi r^2 = \frac{1}{\varepsilon_0}\sum q_{int}$$

（1）当 P 点在带电球体外部的时候，所作高斯面半径 $r \geqslant R$，此时高斯面内包含的电荷为 $\sum q_{int} = q$，考虑方向后，得球体外任一点的电场强度为

$$\boldsymbol{E} = \frac{q}{4\pi\varepsilon_0 r^3}\boldsymbol{r} \quad (r \geqslant R) \tag{5.27}$$

（2）当 P 点在带电球体内部的时候，所作高斯面半径 $r \leqslant R$，此时高斯面内包含的电荷为 $\sum q_{int} = \frac{q}{\frac{4}{3}\pi R^3} \cdot \frac{4}{3}\pi r^3 = \frac{q}{R^3}r^3$，代入式（5.27）得球体内任一点的场强为

$$E = \frac{q}{4\pi\varepsilon_0 R^3}\boldsymbol{r} \quad (r \leqslant R) \tag{5.28}$$

均匀带电球体的 E-r 曲线如图 5.13 所示。

注意：在球体表面上，场强的大小是连续的。

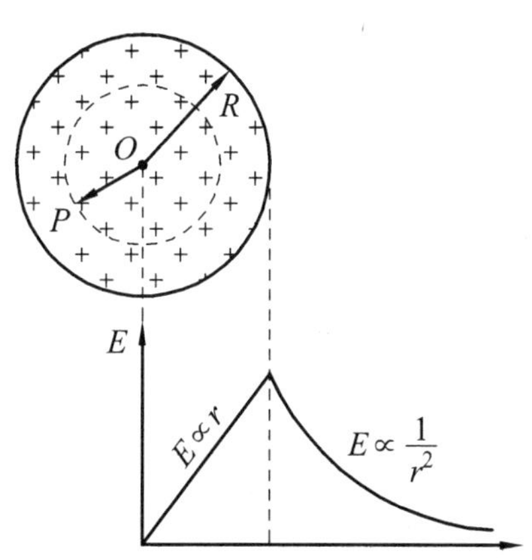

图 5.13　均匀带电球体的电场分析

5.4.4.3　无限长均匀带电直线的电场分布

【例 5.6】　已知无限长均匀带电直线的电荷线密度为 λ（$\lambda > 0$），求空间中的电场分布。

解：根据电荷分布的特征可知，场强呈辐射状分布，即与带电直线等距离的各点处的场强大小相等，方向垂直于带电直线，沿半径向外，如图 5.14 所示。以带电直线为轴，底面半径为 r，高为 l 的闭合圆柱面作为高斯面，通过此高斯面的电通量为

$$\Phi_e = \oint_S \boldsymbol{E} \cdot d\boldsymbol{S} = \int_{侧面} \boldsymbol{E} \cdot d\boldsymbol{S} + \int_{上底} \boldsymbol{E} \cdot d\boldsymbol{S} + \int_{下底} \boldsymbol{E} \cdot d\boldsymbol{S}$$

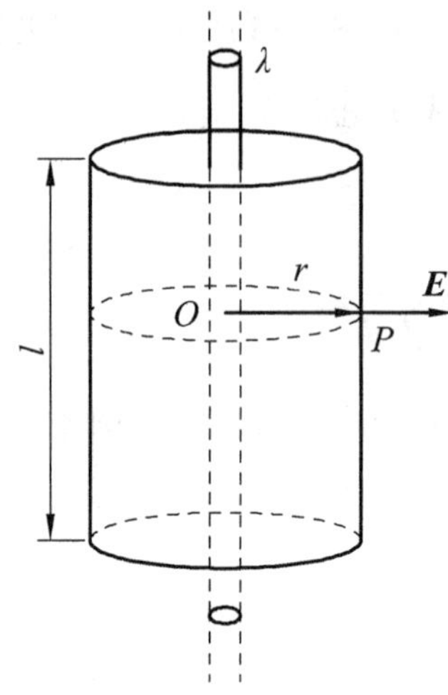

图 5.14　无限长均匀带电直线的电场分析

由于高斯面上、下底的面元矢量 d$\boldsymbol{S}$ 的方向与该处的电场强度 $\boldsymbol{E}$ 方向始终垂直，所以上、下底面的电通量为零，只有通过圆柱面侧面的电通量不为零，即

$$\Phi_e = \int_{侧面} \boldsymbol{E} \cdot d\boldsymbol{S} = \int_{侧面} E \cos 0° \cdot dS = E \cdot 2\pi rl$$

由高斯定理得

$$\Phi_e = E \cdot 2\pi rl = \frac{1}{\varepsilon_0} \sum q_{int}$$

显然，高斯面内包围的电荷量 $\sum q_{int} = \lambda l$，所以电场强度大小

$$E = \frac{\lambda}{2\pi\varepsilon_0 r} \tag{5.29}$$

这一结果与本章例题 5.3 中讨论（2）的结果相同。由此可见，当条件允许时，利用高斯定理计算场强分布要简便得多。

5.4.4.4　无限大均匀带电平面的电场分布

【例 5.7】　已知无限大均匀带电平面上的电荷面密度为 $\sigma(\sigma > 0)$，求空间中的电场分布。

解： 由对称性分析可知，与平面等距离点处的场强大小相等，方向处处与平面垂直并指向两侧。

考虑空间中任一点 P 的电场强度。现选一个其轴垂直于带电平面的闭合圆柱面 S 作为高斯面，带电平面平分此圆柱面，而 P 点位于它的一个底上，如图 5.15（a）所示。则通过此高斯面的电通量为

$$\Phi_e = \oint_S \boldsymbol{E} \cdot d\boldsymbol{S} = \int_{侧面} \boldsymbol{E} \cdot d\boldsymbol{S} + \int_{左底} \boldsymbol{E} \cdot d\boldsymbol{S} + \int_{右底} \boldsymbol{E} \cdot d\boldsymbol{S}$$

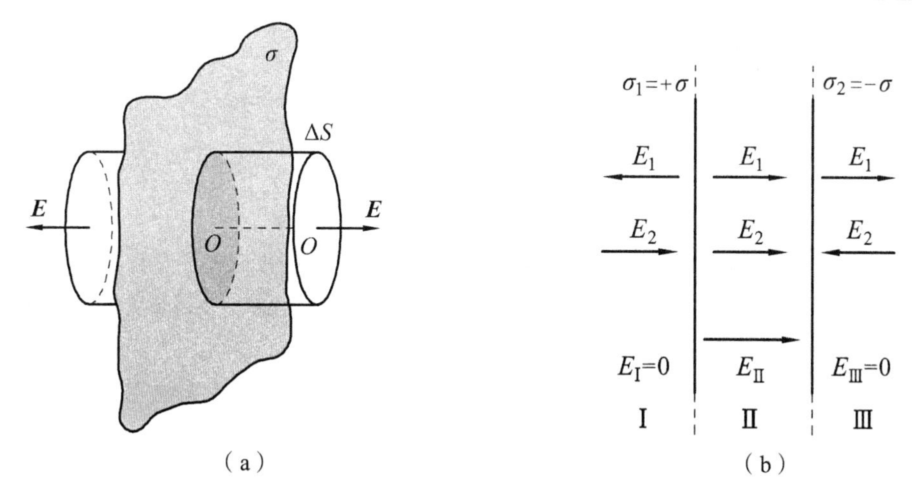

（a）　　　　　　（b）

图 5.15　无限大均匀带电平面的电场分析

由于圆柱面的侧面上各点的场强 $\boldsymbol{E}$ 与侧面法线矢量垂直，所以通过侧面的电通量为零。因而只需要计算通过两底面的电通量。以 ΔS 表示一个底的面积，则通过高斯面的电通量为

$$\Phi_{\mathrm{e}}=\int_{\text{左底}}\boldsymbol{E}\cdot\mathrm{d}\boldsymbol{S}+\int_{\text{右底}}\boldsymbol{E}\cdot\mathrm{d}\boldsymbol{S}=2E\cdot\Delta S$$

由高斯定理可得

$$\Phi_{\mathrm{e}}=2E\cdot\Delta S=\frac{1}{\varepsilon_0}\sum q_{\mathrm{int}}$$

高斯面内包含的电荷量 $\sum q_{\mathrm{int}}=\sigma\cdot\Delta S$，则可得任一点的电场强度

$$E=\frac{\sigma}{2\varepsilon_0} \tag{5.30}$$

讨论：

（1）无限大均匀带电平面两侧的电场是均匀场，当 $\sigma>0$ 时，场强方向垂直指离平面，当 $\sigma<0$ 时，场强方向垂直指向平面。

（2）对于几个平行的无限大带电平面，可用场的叠加原理得其电场分布。例如，两无限大带等量异号（$\pm\sigma$）电荷的平行平面的电场，在两平面内的场强为

$$E=\frac{\sigma}{\varepsilon_0} \tag{5.31}$$

而平行平面外部场强为 $E=0$，如图 5.15（b）。

上述各例中的带电体的电荷分布都具有特殊对称性，利用高斯定理计算这类带电体电场分布是很方便的。不具有特定对称性的电荷分布，其电场不能直接用高斯定理求出。当然，这绝不是说，高斯定理对这些电荷分布不成立。

对于带电体系来说，如果其中每个带电体上的电荷分布都具有特殊对称性，那么可以利用高斯定理求出每个带电体的电场，然后再应用场强叠加原理求出带电体系的总电场分布。

5.5 静电场力的功 环路定理

从前面几节的讨论中，我们知道，把试探电荷放入电场中，它在场中任一点都受到电场力的作用。单位正电荷在场中某点所受的力定义为该点的电场强度，因此，电场强度是从电场力的角度来描述电场性质的物理量。当试探电荷在电场力作用下从一点移动到另一点时，电场力将对试探电荷做功，因而会引起电荷能量的变化。电势的概念就是从电场力做功的特点引入的，它也是描述电场性质的物理量。

5.5.1 静电场力的功

如图 5.16 所示，有一正点电荷 q 固定在原点 O，试探电荷 q_0 在点电荷 q 的电场中由 A 点沿任意路径 ACB 移至 B 点。由于 q_0 受到的电场力是变力，所以这是变力做功的问题。我们在路径上任意点 C 处取微元位移 $\mathrm{d}\boldsymbol{l}$，由于 $\mathrm{d}\boldsymbol{l}$ 很小，可认为 $\mathrm{d}\boldsymbol{l}$ 所在处的场强处处相等，即为 C 点的场强。设从原点 O 到 C 点的矢径为 $\boldsymbol{r}$，则 C 点的电场强度为

$$\boldsymbol{E}=\frac{q}{4\pi\varepsilon_0 r^3}\boldsymbol{r}=\frac{q}{4\pi\varepsilon_0 r^2}\hat{\boldsymbol{r}}$$

式中　$\hat{\boldsymbol{r}}$——沿矢径的单位矢量。

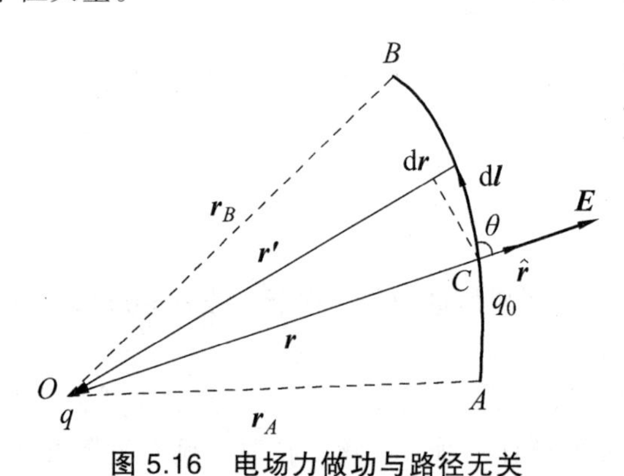

图 5.16　电场力做功与路径无关

则试探电荷 q_0 在点 C 附近的微元位移 $\mathrm{d}\boldsymbol{l}$ 中电场力所做的元功为

$$\mathrm{d}A=\boldsymbol{F}\cdot\mathrm{d}\boldsymbol{l}=q_0\boldsymbol{E}\cdot\mathrm{d}\boldsymbol{l}=q_0E\cos\theta\cdot\mathrm{d}\boldsymbol{l}$$

式中　θ——$\boldsymbol{E}$ 与 $\mathrm{d}\boldsymbol{l}$ 间的夹角。

由图 5.16 可知，$\cos\theta\cdot\mathrm{d}l=\mathrm{d}r$，所以

$$\mathrm{d}A=q_0E\mathrm{d}r=\frac{qq_0}{4\pi\varepsilon_0 r^2}\mathrm{d}r$$

于是，试探电荷 q_0 从 A 点移动到 B 点的过程中，静电场力所做的总功应为

$$A=\int_A^B \mathrm{d}A=\int_A^B q_0\boldsymbol{E}\cdot\mathrm{d}\boldsymbol{l}=\frac{qq_0}{4\pi\varepsilon_0}\int_A^B\frac{\mathrm{d}r}{r^2}=\frac{qq_0}{4\pi\varepsilon_0}\left(\frac{1}{r_A}-\frac{1}{r_B}\right) \tag{5.32}$$

式中　r_A，r_B——试探电荷 q_0 在起点 A 和终点 B 的位置。

式（5.32）表明，在点电荷 q 的非均匀电场中，电场力对试探电荷 q_0 所做的功，只与其移动时的起点和终点位置有关，与所经历的路径无关。

任意带电体都可看成由许多点电荷组成的点电荷系。由场强叠加原理可知，点电荷系在某点的场强 $\boldsymbol{E}$ 为各点电荷单独存在时在该点的场强的矢量和，即

$$\boldsymbol{E}=\boldsymbol{E}_1+\boldsymbol{E}_2+\boldsymbol{E}_3+\cdots$$

因此，任意点电荷系的电场力所做的功，等于组成此点电荷系的各点电荷的电场力所做功的代数和，即

$$A=q_0\int_L\boldsymbol{E}\cdot\mathrm{d}\boldsymbol{l}=q_0\int_L\boldsymbol{E}_1\cdot\mathrm{d}\boldsymbol{l}+q_0\int_L\boldsymbol{E}_2\cdot\mathrm{d}\boldsymbol{l}+q_0\int_L\boldsymbol{E}_3\cdot\mathrm{d}\boldsymbol{l}+\cdots$$

上式中每一项都与路径无关，所以它们的代数和也必然与路径无关。由此得出如下结论：一试探电荷 q_0 在静电场中从一点沿任意路径运动到另一点时，静电场力对它所做的功，仅与试探电荷 q_0 及路径的起点和终点的位置有关，而与该路径的形状无关。

应当指出，在静电场中，电场力对试探电荷做功与路径无关是静电场的一个重要性质，这与重力和弹性力做功的特性是一样的。所以，静电场力与重力和弹性力一样，也是保守力，静电场也是保守场。

5.5.2　静电场的环路定理

上面我们已经得到静电场力做功的结果，可以看出静电场力做功的结果与重力、弹力和万有引力有相同的形式，都与路径无关。静电场力的这种做功特点还可以用另外一种形式来表示。

设试探电荷 q_0 在电场中从某点 A 出发，经过一闭合路径 L 又回到原来位置 A 点，则由式（5.32）可知电场力做功为零，即

$$A=q_0\oint_L\boldsymbol{E}\cdot\mathrm{d}\boldsymbol{l}=q_0\oint_L E\cos\theta\cdot\mathrm{d}l=\frac{q}{4\pi\varepsilon_0 r_A}-\frac{q}{4\pi\varepsilon_0 r_A}=0$$

因为试探电荷 $q_0\neq 0$，所以上式可写成

$$\oint_L\boldsymbol{E}\cdot\mathrm{d}\boldsymbol{l}=0 \tag{5.33}$$

上式的左边是场强 $\boldsymbol{E}$ 沿闭合路径的曲线积分，也称为场强 $\boldsymbol{E}$ 的环流。因此，静电场力做功与路径无关这一性质又可表示为场强 $\boldsymbol{E}$ 的环流等于零。它是反映静电场基本特性的又一个重要规律，称为静电场的环路定理。它和高斯定理是描述静电场的两个基本定理。

5.6 电势 电势的计算

5.6.1 静电场中的电势能

在上面的讨论中，我们已经知道静电场是一个保守力场。在力学中，我们为了反映重力、弹性力这一类做功与路径无关的保守力的特点，曾引入重力势能和弹性势能的概念。而静电场的保守性意味着，也存在着一个与静电场力对应的相关势能，我们称之为电势能。

与物体在重力场中具有重力势能，并且可以用重力势能的改变量来量度重力所做的功一样，我们可以认为，电荷在静电场中某位置上具有一定的电势能，而静电场力对试探电荷所做的功就等于试探电荷电势能的改变量。以 W_A 和 W_B 分别表示试探电荷 q_0 在起点 A 和终点 B 处的电势能，则 q_0 从 A 点移动到 B 点的过程中，静电场力做功为

$$A_{AB}=q_0\int_A^B \boldsymbol{E}\cdot \mathrm{d}\boldsymbol{l}=W_A-W_B=-(W_B-W_A) \tag{5.34}$$

式（5.34）表示，静电场力做功等于试探电荷电势能增量的负值。当电场力做正功时，电荷与静电场间的电势能减小；做负功时，电势能增加。可见，电场力的功是电势能改变的量度。

静电势能与重力势能相似，是一个相对量。为了确定电荷在电场中某一点电势能的大小，必须选定一个作为参考的电势能的零点，这个参考点的选择从理论上来说是任意的。假设我们选定试探电荷 q_0 在 B 点处的静电势能为零，即令 $W_B=0$，则试探电荷从 A 点移动到 B 点处的过程中，由式（5.34）可得

$$A_{AB}=q_0\int_A^B \boldsymbol{E}\cdot \mathrm{d}\boldsymbol{l}=W_A-W_B=W_A$$

可见，试探电荷 q_0 在电场中 A 点的静电势能为

$$W_A=q_0\int_A^{\text{“0”}} \boldsymbol{E}\cdot \mathrm{d}\boldsymbol{l} \tag{5.35}$$

式中 “0”——电势能零点。

因此，试探电荷 q_0 在电场中某一点的电势能 W_A 在数值上等于 q_0 从 A 点处移到势能零点处时电场力所做的功。

应该指出，与重力势能相似，电势能也是属于一定系统的。式（5.35）表明电势能是试探电荷 q_0 与场源电荷所激发的电场之间的相互作用能量，故电势能属于试探电荷 q_0 和电场所组成的系统，且与 q_0 的大小成正比。在国际单位制中，电势能的单位就是一般能量的单位，即焦耳，符号为 J。还有一种常用的能量单位名称为电子伏，符号为 eV，1 eV 表示 1 个电子通过 1 V 电势差时所获得的动能：

$$1\ \mathrm{eV}=1.60\times10^{-19}\ \mathrm{C\cdot V}=1.60\times10^{-19}\ \mathrm{J}$$

5.6.2 静电场中的电势 电势差

我们再进一步分析式（5.35），不难发现，虽然电势能 W_A 在数值上与 q_0 有关，但其比值 $\dfrac{W_A}{q_0}$

却与 q_0 无关，这个比值即为 $\int_A^{“0”} \boldsymbol{E} \cdot \mathrm{d}\boldsymbol{l}$，它只与场点、势能零点的位置和电场强度的分布有关系，代表着电场中场点 A 处固有的物理性质，所以我们用这个比值作为表征静电场中任意给定点电场性质的物理量，称为电势。用 U_A 表示 A 点的电势，则由式（5.35）可得

$$U_A = \frac{W_A}{q_0} = \int_A^{“0”} \boldsymbol{E} \cdot \mathrm{d}\boldsymbol{l} \tag{5.36}$$

式中 “0”——电势能零点，其实也是电势零点，简称零势点。

可以看出，静电场中某点的电势在数值上等于单位正电荷在该点时的电势能，也等于单位正电荷从该点经过任意路径移动到电势零点时电场力所做的功。

有了电势的定义，式（5.35）还可以写成

$$W_A = q_0 U_A$$

这就是说，一个电荷在电场中某点的电势能等于它的电量与电场中该点的电势的乘积。

电势是标量，但相对于电势零点却有正或负的数值。在国际单位制中，电势的单位是 J/C，称为伏特（V）。当电势零点选定以后，电场中各点就具有确定的电势。所以，对静电场来说，存在着一个由电场中各点的位置（空间坐标）所决定的标量函数，即 $U = U(x, y, z)$。

在静电场中，任意两点 A 和 B 的电势的差值，称为电势差，也常叫作电压，记作 U_{AB}，用公式表示为

$$U_{AB} = U_A - U_B = \int_A^{“0”} \boldsymbol{E} \cdot \mathrm{d}\boldsymbol{l} - \int_B^{“0”} \boldsymbol{E} \cdot \mathrm{d}\boldsymbol{l} = \int_A^B \boldsymbol{E} \cdot \mathrm{d}\boldsymbol{l} \tag{5.37}$$

这就是说，静电场中 A、B 两点的电势差，等于电场强度沿任意路径从 A 点到 B 点做线积分，也等于单位正电荷在电场中从 A 点经过任意路径到达 B 点时电场力所做的功。因此，当任一电荷 q_0 在电场中从 A 点移动到 B 点时，电场力所做的功可用电势差表示为

$$A_{AB} = W_A - W_B = q_0 U_{AB} = q_0 (U_A - U_B) \tag{5.38}$$

在实际应用中，经常遇到的是两点之间的电势差，所以，式（5.38）是计算电场力做功和计算电势能增减变化时常用的公式。

前面已经讲过，电势和电势能零点的选取是任意的，这要根据具体问题的需要而定。在理论上，计算一个有限大小的带电体所激发的电场中各点的电势时，往往选取无限远处为零势点。这时式（5.36）可写成

$$U_A = \int_A^{\infty} \boldsymbol{E} \cdot \mathrm{d}\boldsymbol{l} \tag{5.39}$$

而当激发电场的场源电荷分布延伸到无限远时，不宜把零势点选在无限远处，否则，将导致场中任一点的电势值为无限大，这时只能根据具体问题，选有限远处某一点为零势点，以保证空间中的电势分布具有确定的值。在许多实际问题中，常取地球的电势为零，其他带电体的电势都是相对地球而言的。在电子仪器中，常取机壳（或公共地线）的电势为零，各点的电势值就等于它们与机壳（或公共地线）之间的电势差，只要测出这些电势差的数值，就很容易判定仪器工作是否正常。

需要特别强调的是，电场中各点电势的大小与电势零点的选择有关，对于不同的电势零点，电场中同一点的电势会有不同的值。因此，在具体说明各点电势数值时，必须事先明确电势零点在何处。虽然电势是一个相对值，但电势差是一个绝对的值，与电势零点的选择是无关的。电势和电势差具有相同的单位。

5.6.3 电势的计算

下面举例说明，在真空中，当静止的电荷分布已知时，如何求出电势的分布。一般来讲，电势的计算可分两种类型考虑。

5.6.3.1 场强积分法（定义法）

利用定义式（5.36）计算电势的方法，叫作场强积分法。采用这种方法时，首先要求出空间中电场的分布，其次是要选定电势零点，然后选一条恰当的路径进行积分。下面我们来求真空中静止点电荷的电势分布。

在点电荷 q 的电场中，电场强度在空间中的分布我们是知道的。若选无限远处为电势零点，由电势的定义式（5.36），把电场强度沿径向积分，可得在与点电荷 q 相距为 r 的任一场点 P 上的电势为

$$U=\int_r^{\infty}\boldsymbol{E}\cdot\mathrm{d}\boldsymbol{l}=\int_r^{\infty}\frac{q\boldsymbol{r}}{4\pi\varepsilon_0 r^3}\cdot\mathrm{d}\boldsymbol{r}=\frac{q}{4\pi\varepsilon_0 r} \tag{5.40}$$

式（5.40）是真空中静止的点电荷的电场中任一点的电势计算公式。它表示，在点电荷的电场中，任意一点的电势与点电荷的电量 q 成正比，与该点到点电荷的距离成反比。此式中视 q 的正负，电势 U 可正可负。在正电荷的电场中，各点电势均为正值，离电荷越远的点，电势越低；在负电荷的电场中，各点电势均为负值，离电荷越远的点，电势越高。

【例 5.8】 半径为 R 的球面均匀带电，所带总电量为 q。求电势在空间的分布。

解： 先由高斯定理求得电场强度在空间的分布

$$\boldsymbol{E}=\begin{cases}\dfrac{q\boldsymbol{r}}{4\pi\varepsilon_0 r^3} & (r>R)\\ 0 & (r<R)\end{cases}$$

方向沿球的径向向外。

取无限远处为电势零点，沿径向积分。对于球面外任一点，若距球心为 r（$r>R$），则电势为

$$U_{外}=\int_r^{\infty}\boldsymbol{E}\cdot\mathrm{d}\boldsymbol{l}=\int_r^{\infty}\frac{q}{4\pi\varepsilon_0 r^2}\cdot\mathrm{d}r=\frac{q}{4\pi\varepsilon_0 r}$$

对于球面内的任一点，若距球心为 r（$r<R$），则电势为

$$U_{内}=\int_{r}^{\infty}\boldsymbol{E}\cdot\mathrm{d}\boldsymbol{l}=\int_{r}^{R}0\cdot\mathrm{d}\boldsymbol{l}+\int_{R}^{\infty}\frac{q}{4\pi\varepsilon_0 r^2}\cdot\mathrm{d}r=\frac{q}{4\pi\varepsilon_0 R}$$

结果表明，在球面外部的电势，等同于把电荷集中在球心的点电荷的电势，在球面内部，电势为一恒量，整个球面内是一个等势体。电势随着离开球心的距离 r 的变化情形如图 5.17 所示。

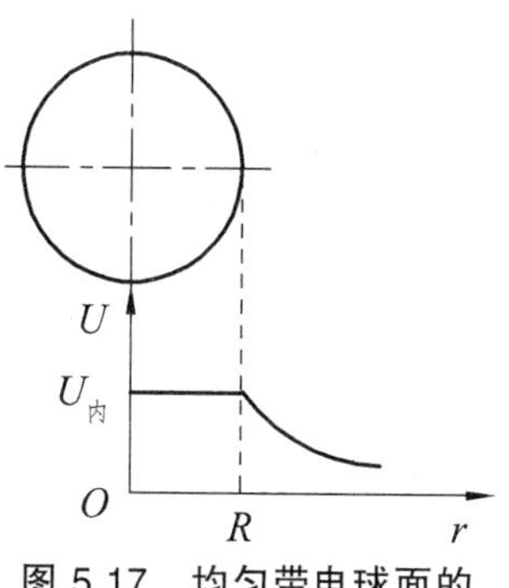

图 5.17　均匀带电球面的电势分析

由上面的例题可以发现，在用场强积分法计算电势的过程中，当带电体把空间分为几个区域，而每个区域内的电场强度的表达式不同时，沿选定路径对电场强度进行线积分应注意采用分段积分。

5.6.3.2　叠加法

已知在真空中静止的电荷分布，求其电场中的电势分布时，除了直接利用定义公式（5.36）以外，还可以在点电荷电势公式（5.40）的基础上应用叠加原理求出结果。这一方法的原理如下。

设在真空中的场源电荷是由 n 个点电荷组成的，它们在空间中各自分别产生的电场强度为 $\boldsymbol{E}_1, \boldsymbol{E}_2, \cdots, \boldsymbol{E}_n$，由场强叠加原理可知，空间中某点的总场强 $\boldsymbol{E}=\boldsymbol{E}_1+\boldsymbol{E}_2+\cdots+\boldsymbol{E}_n$。根据电势的定义公式（5.36），该点电荷系的电场中任意点 P 的电势应为

$$\begin{aligned}U&=\int_{P}^{“0”}\boldsymbol{E}\cdot\mathrm{d}\boldsymbol{l}=\int_{P}^{“0”}(\boldsymbol{E}_1+\boldsymbol{E}_2+\cdots+\boldsymbol{E}_n)\cdot\mathrm{d}\boldsymbol{l}\\&=\int_{P}^{“0”}\boldsymbol{E}_1\cdot\mathrm{d}\boldsymbol{l}+\int_{P}^{“0”}\boldsymbol{E}_2\cdot\mathrm{d}\boldsymbol{l}+\cdots+\int_{P}^{“0”}\boldsymbol{E}_n\cdot\mathrm{d}\boldsymbol{l}\\&=U_1+U_2+\cdots+U_n\end{aligned}$$

即 P 点的电势为

$$U=\sum_i U_i \tag{5.41}$$

式（5.41）表示，一个点电荷系激发的电场中任一点的电势等于每一个点电荷单独存在时在该点所产生的电势的代数和。电势的这一性质，称为电势叠加原理。

将点电荷的电势公式（5.40）代入式（5.41），可得点电荷系的电场中任意一点 P 的电势为

$$U=\sum_i U_i=\sum_i\frac{q_i}{4\pi\varepsilon_0 r_i} \tag{5.42}$$

式中　r_i——从 P 点到各个点电荷 q_i 的距离。

对于一个电荷连续分布的带电体，可以设想它由许多电荷元 dq 所组成。将每个电荷元都当成点电荷，就可以由式（5.42）得出用叠加原理求电势的积分公式

$$U=\int\frac{\mathrm{d}q}{4\pi\varepsilon_0 r} \tag{5.43}$$

式（5.42）和式（5.43）都是以点电荷的电势公式（5.40）为基础的，所以电势零点都已选定在无限远处了。应该强调的是：在用叠加原理来计算电势时，必须电势零点相同的电势才可以叠加，即对电势求代数和或积分时必须基于相同的电势零点。

式（5.43）中的电荷元 $\mathrm{d}q$ 要依据带电体形状的不同而灵活选取，一般有以下三种情况。

$$U=\int\frac{\mathrm{d}q}{4\pi\varepsilon_0 r}=\begin{cases}\int_V\frac{\rho\mathrm{d}V}{4\pi\varepsilon_0 r} & \text{体分布}\\ \int_S\frac{\sigma\mathrm{d}S}{4\pi\varepsilon_0 r} & \text{面分布}\\ \int_L\frac{\lambda\mathrm{d}l}{4\pi\varepsilon_0 r} & \text{线分布}\end{cases}\tag{5.44}$$

式中　ρ，σ 和 λ——电荷的体密度、面密度和线密度。

在计算电势时，如果已知电荷的分布而尚不知电场强度的分布时，总可以利用式（5.42）或式（5.43）直接计算电势。对于电荷分布具有一定对称性的问题，往往先利用高斯定理求出电场的分布，然后采用场强积分法通过式（5.36）来计算电势。

【例 5.9】　求电场中的电势分布，已知电偶极子的电偶极矩 $\boldsymbol{p}=q\boldsymbol{l}$。

解：如图 5.18 所示，P 点的电势为电偶极子正负电荷分别在该点产生电势的叠加（求代数和），即

$$U_P=\frac{1}{4\pi\varepsilon_0}\frac{q}{r_+}-\frac{1}{4\pi\varepsilon_0}\frac{q}{r_-}$$

由于 $r\gg l$，因此 $r_+r_-\approx r^2$，$r_--r_+\approx l\cos\theta$，因而有

$$U_P=\frac{1}{4\pi\varepsilon_0}\frac{ql}{r^2}\cos\theta=\frac{1}{4\pi\varepsilon_0}\frac{\boldsymbol{p}\cdot\boldsymbol{r}}{r^3}$$

由此可见，在轴线上的电势为 $U_P=\frac{1}{4\pi\varepsilon_0}\frac{p}{r^2}$；在中垂面上任一点的电势为 $U_P=0$。

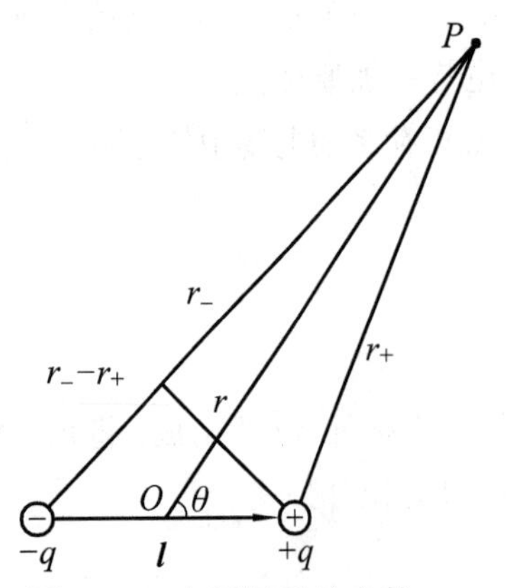

图 5.18　电偶极子的电势

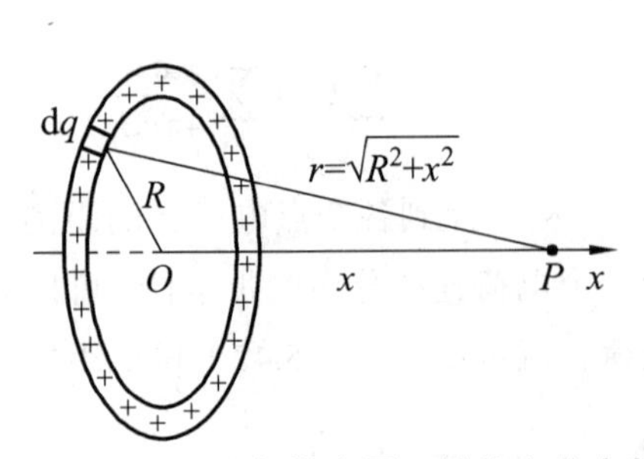

图 5.19　均匀带电圆环轴线上的电势

【例 5.10】 电量为 q 的电荷任意地分布在半径为 R 的圆环上，求圆环轴线上任一点 P 的电势。

解： 取坐标轴如图 5.19 所示，x 轴沿圆环的轴线，原点 O 位于环中心处。设 P 点距环心的距离为 x，它到环上任一点的距离为 r；在环上任取一电荷元 $\mathrm{d}q$，它在 P 点的电势为

$$\mathrm{d}U = \frac{\mathrm{d}q}{4\pi\varepsilon_0 r}$$

于是整个带电圆环在 P 点的电势为

$$U = \oint \frac{\mathrm{d}q}{4\pi\varepsilon_0 r} = \frac{q}{4\pi\varepsilon_0 \sqrt{R^2 + x^2}}$$

在 $x = 0$ 处，即圆环中心处的电势

$$U = \frac{q}{4\pi\varepsilon_0 R}$$

5.7 电场强度与电势的关系

电场强度和电势都是用来描述静电场中各点性质的物理量，电场强度表征了电场力的性质，而电势表征了电场能量的性质，两者之间有密切的关系。式（5.36）和式（5.37）指明了两者之间的积分形式关系。本节将着重研究两者之间的微分形式关系。为了使读者对这种关系有比较直观的认识，我们首先介绍电势的图示法。

5.7.1 等势面

前面我们曾介绍用电场线来形象地描述电场中各点场强的情况，现在我们将用等势面来形象地描述电场中电势的分布情况，并指出两者的联系。静电场中电势相等的点所构成的曲面叫等势面。

不同的电荷分布的电场具有不同形状的等势面。例如，对于一个点电荷 q 的电场，根据式（5.40），与点电荷 q 相距为 r 处的任一场点 P 的电势为

$$U = \frac{q}{4\pi\varepsilon_0 r}$$

由此可见，在点电荷的电场中，等势面应是一系列以点电荷为球心的同心球面，如图 5.20 所示。我们知道，在点电荷的电场中，电场线是由正电荷发出（或向负电荷汇聚）的一系列直线，显然，这些电场线（沿半径方向）与等势面（同心球面）处处正交，电场线的方向指向电势降落的方向。

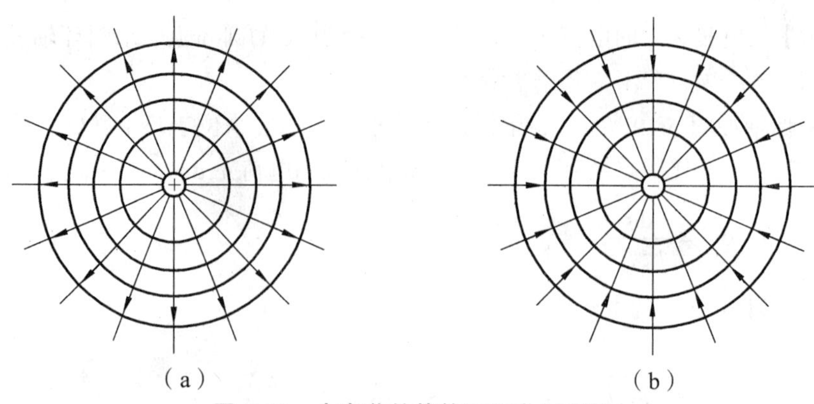

图 5.20 点电荷的等势面和电场线图

电场线和等势面之间处处正交这一结论，不仅在点电荷的电场中成立，在任何带电体的电场中都成立，可以进行如下证明：设试探电荷 q_0 在某等势面上的 P 点沿等势面作一微小的位移 $\mathrm{d}\boldsymbol{l}$ 到达 Q 点，这时，电场力所做的功为

$$\mathrm{d}A = q_0(U_P - U_Q) = q_0(\boldsymbol{E}\cdot\mathrm{d}\boldsymbol{l}) = q_0 E\cos\theta\cdot\mathrm{d}\boldsymbol{l}$$

式中 $\boldsymbol{E}$ —— P 到 Q 这一无限小位移 $\mathrm{d}\boldsymbol{l}$ 内的场强；

θ——$\boldsymbol{E}$ 和 $\mathrm{d}\boldsymbol{l}$ 之间的夹角。

因为 P 、Q 两点在同一等势面上，故 $U_P = U_Q$ ，所以

$$\mathrm{d}A = q_0 E\cos\theta\cdot\mathrm{d}\boldsymbol{l} = 0$$

式中，q_0 、E 和 $\mathrm{d}\boldsymbol{l}$ 均不等于零，必然有 $\cos\theta = 0$ ，即 $\theta = 90°$ ，这说明场强 $\boldsymbol{E}$ 垂直于 $\mathrm{d}\boldsymbol{l}$。由于 $\mathrm{d}\boldsymbol{l}$ 是等势面上的任意位移元，因此，电场强度与等势面必定处处正交。

前面曾用电场线的疏密程度来表示电场的强弱，现在我们也可以用等势面的疏密程度来表示电场的强弱。为此，对等势面作这样的规定：在画等势面时，往往使电场中任意两个相邻等势面之间的电势差都相等。则根据电势差的定义，容易知道电场的强弱可以通过空间中等势面的疏密程度来形象地描述。等势面密集处的电场强度数值大，等势面稀疏处电场强度数值小。

所以，根据等势面的意义，可知它与电场分布有如下关系：

（1）电场线与等势面处处正交；

（2）两个等势面相距较近处的场强数值大，相距较远处场强数值小。

（3）电荷沿着等势面运动时，电场力不做功。

在实际问题中，由于电势差易于测量，所以常常是先测出电场中电势相等的各点，并把这些点连接起来，画出电场的等势面，再根据某点的电场强度与通过该点的等势面相垂直的特点画出电场线，从而对电场有较全面的定性的直观了解。

5.7.2 电场强度与电势的关系

电场强度和电势都是描述电场中各点性质的物理量。式（5.36）以积分形式表示了场强和电势之间的关系，即电势等于电场强度的线积分。反过来，场强与电势的关系也应该可以

用微分的形式表示出来，即场强等于电势的导数。但由于场强是一个矢量，后一导数关系显得复杂一些。下面我们来导出场强和电势的关系的微分形式。

在电场中考虑任意的相距很近的两点 P_1 和 P_2，如图 5.21 所示，从 P_1 到 P_2 的微小位移矢量为 d***l***。假设电势 U 沿 d***l*** 方向有一微小增量，P_1 点的电势为 U，P_2 点的电势为 $U+\mathrm{d}U$。由于 P_1 和 P_2 相距非常近，因此，它们之间的电场强度 ***E*** 可以认为是不变的。则单位正电荷（$q_0 = 1\ \mathrm{C}$）由 P_1 点移动到 P_2 点时，电场力所做的功为

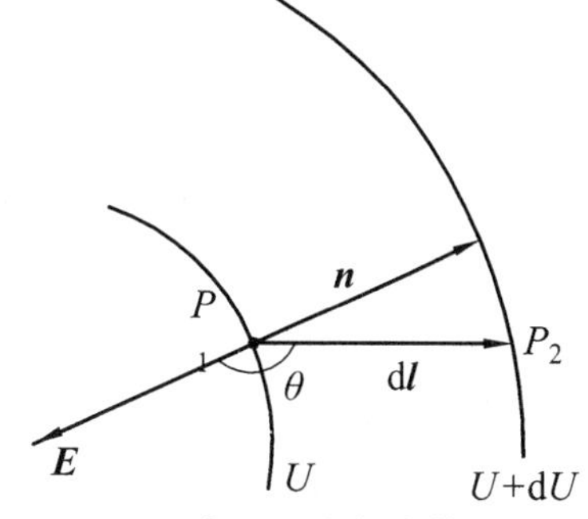

图 5.21　电场强度与电势的关系

$$A = q_0 \boldsymbol{E} \cdot \mathrm{d}\boldsymbol{l} = \boldsymbol{E} \cdot \mathrm{d}\boldsymbol{l}$$

又由式（5.38），电场力做功可以用电势差来表示，即

$$A = 1 \cdot (U_{P_1} - U_{P_2}) = U - (U + \mathrm{d}U) = -\mathrm{d}U$$

所以有　　$$-\mathrm{d}U = \boldsymbol{E} \cdot \mathrm{d}\boldsymbol{l} = E\cos\theta \mathrm{d}l$$

式中　θ——***E*** 与 d***l*** 之间的夹角。

由此式可得

$$E\cos\theta = E_l = -\frac{\mathrm{d}U}{\mathrm{d}l} \tag{5.45}$$

式中　$\frac{\mathrm{d}U}{\mathrm{d}l}$——电势函数沿 d***l*** 方向的变化率，即电势对空间的变化率。它代表沿某方向单位长度上电势的变化量。

式（5.45）说明，在电场中某点场强沿某方向的分量等于电势沿此方向的空间变化率的负值。

由式（5.45）可以看出，当 $\theta = 0$ 时，即 d***l*** 沿着 ***E*** 方向时，变化率 $\frac{\mathrm{d}U}{\mathrm{d}l}$ 有最大值，这时

$$E\cos\theta = E = -\left.\frac{\mathrm{d}U}{\mathrm{d}l}\right|_{\max} \tag{5.46}$$

对于电场中任意一点，沿不同方向其电势随距离的变化率一般是不相等的。沿某一方向其电势随距离的变化率最大，此最大值称为该点的电势梯度，电势梯度是一个矢量，它的方向是该点附近电势升高最快的方向。如图 5.21 中，电势梯度的方向即为等势面法线 ***n*** 方向。

式（5.46）说明，电场中任意点的场强大小等于该点电势梯度的负值，负号表示该点场强方向和电势梯度方向相反，即场强指向电势降低的方向，如图 5.21 所示。

当电势函数用直角坐标表示，即 $U = U(x, y, z)$ 已知时，由式（5.45）可求得电场强度沿 3 个坐标轴方向的分量，分别为

$$E_x = -\frac{\partial U}{\partial x},\quad E_y = -\frac{\partial U}{\partial y},\quad E_z = -\frac{\partial U}{\partial z} \tag{5.47}$$

故电场中任意一点 (x, y, z) 处的场强可用矢量表示为

$$\boldsymbol{E} = -\left(\frac{\partial U}{\partial x}\boldsymbol{i} + \frac{\partial U}{\partial y}\boldsymbol{j} + \frac{\partial U}{\partial z}\boldsymbol{k}\right) \tag{5.48}$$

这就是电场强度与电势的微分关系，由它可方便地根据电势分布求出场强分布。梯度常用 grad

或∇算符表示，这样式（5.48）又常写作

$$\boldsymbol{E}=-\text{grad}U=-\nabla U \tag{5.49}$$

因为电势U是标量，比矢量$\boldsymbol{E}$容易计算，故在实际计算时，可以先计算U，然后再由式（5.47）和式（5.48）求解$\boldsymbol{E}$。

需要指出的是，场强与电势的关系的微分形式说明，电场中某点的场强决定于电势在该点的空间变化率，而与该点电势值本身无直接关系。

电势梯度的单位名称是伏特每米，符号为V/m。根据式（5.46）可知，场强的单位也可用V/m表示，它与场强的另一单位N/C是等价的。

本章小结

1. 电荷的基本性质

两种电荷，量子性，电荷守恒，相对论不变性。

2. 库仑定律

真空中两个静止的点电荷之间的作用力

$$\boldsymbol{F}=\frac{q_1q_2}{4\pi\varepsilon_0 r^2}\hat{\boldsymbol{r}}$$

其中，真空中电容率（介电常量）$\varepsilon_0=\dfrac{1}{4\pi k}=8.85\times10^{-12}\ \text{C}^2/(\text{N}\cdot\text{m}^2)$

3. 静电力叠加原理

$$\boldsymbol{F}=\boldsymbol{F}_1+\boldsymbol{F}_2+\cdots+\boldsymbol{F}_n=\sum_{i=1}^{n}\boldsymbol{F}_i$$

4. 电场强度

$$\boldsymbol{E}=\frac{\boldsymbol{F}}{q_0}$$

式中　q_0——静止于电场中的检验电荷。

5. 场强叠加原理

$$\boldsymbol{E}=\sum_{i=1}^{n}\boldsymbol{E}_i$$

用叠加法求电荷系的静电场分布

$$\boldsymbol{E}=\sum_{i=1}^{n}\boldsymbol{E}_i=\sum_{i=1}^{n}\frac{q_i}{4\pi\varepsilon_0 r_i^2}\hat{\boldsymbol{r}}_i \quad 或 \quad \boldsymbol{E}=\int \text{d}\boldsymbol{E}=\frac{1}{4\pi\varepsilon_0}\int\frac{\text{d}q}{r^3}\boldsymbol{r}$$

6. 电通量

$$\varPhi_\text{e}=\int \text{d}\varPhi_\text{e}=\int_S \boldsymbol{E}\cdot\text{d}\boldsymbol{S}$$

7. 高斯定理

$$\oint_S \boldsymbol{E}\cdot\mathrm{d}\boldsymbol{S}=\frac{1}{\varepsilon_0}\sum q_{\text{int}}$$

8. 典型静电场的分布

均匀带电球面

$$\begin{cases} E=0 & (r<R) \\ \boldsymbol{E}=\dfrac{q}{4\pi\varepsilon_0 r^3}\boldsymbol{r} & (r>R) \end{cases}$$

均匀带电球体

$$\begin{cases} E=\dfrac{q}{4\pi\varepsilon_0 R^3}\boldsymbol{r} & (r\leqslant R) \\ \boldsymbol{E}=\dfrac{q}{4\pi\varepsilon_0 r^3}\boldsymbol{r} & (r\geqslant R) \end{cases}$$

均匀带电无限长直线

$$E=\frac{\lambda}{2\pi\varepsilon_0 r}\text{（方向垂直于带电直线）}$$

均匀带电无限大平面

$$E=\frac{\sigma}{2\varepsilon_0}\text{（方向垂直于带电平面）}$$

9. 静电场的环路定理

$$\oint_L \boldsymbol{E}\cdot\mathrm{d}\boldsymbol{l}=0$$

10. 电　势

$$U_A=\frac{W_A}{q_0}=\int_A^{\text{“0”}}\boldsymbol{E}\cdot\mathrm{d}\boldsymbol{l}\text{（“0” 指电势零点）}$$

电势差

$$U_{AB}=U_A-U_B=\int_A^B\boldsymbol{E}\cdot\mathrm{d}\boldsymbol{l}$$

电荷在外电场中的静电势能

$$W_A=q_0\int_A^{\text{“0”}}\boldsymbol{E}\cdot\mathrm{d}\boldsymbol{l}=q_0U_A$$

移动电荷时电场力做的功

$$A_{AB}=q_0\int_A^B\boldsymbol{E}\cdot\mathrm{d}\boldsymbol{l}=q_0(U_A-U_B)=W_A-W_B$$

11. 点电荷周围的电势

$$U=\frac{q}{4\pi\varepsilon_0 r}$$

电势叠加原理

$$U=\sum_i U_i$$

电荷连续分布的带电体周围的电势

$$U=\int\frac{\mathrm{d}q}{4\pi\varepsilon_0 r}$$

12. 电场强度 $\boldsymbol{E}$ 与电势 U 的关系的微分形式

$$\boldsymbol{E}=-\mathrm{grad}U=-\nabla U$$

或

$$\boldsymbol{E}=-\left(\frac{\partial U}{\partial x}\boldsymbol{i}+\frac{\partial U}{\partial y}\boldsymbol{j}+\frac{\partial U}{\partial z}\boldsymbol{k}\right)$$

电场线处处与等势面垂直，并指向电势降低的方向；电场线密处等势面间距小。

思 考 题

5.1　点电荷的电场公式为 $\boldsymbol{F}=\dfrac{q_1q_2}{4\pi\varepsilon_0 r^2}\boldsymbol{r}$，从形式上看，当所考察的点与点电荷的距离 $r\to 0$ 时，场强 $E\to\infty$。这是没有物理意义的，对此如何解释？

5.2　$\boldsymbol{E}=\dfrac{\boldsymbol{F}}{q_0}$ 与 $\boldsymbol{E}=\dfrac{q}{4\pi\varepsilon_0 r^2}\hat{\boldsymbol{r}}$ 两公式，说明其区别和联系？对前一公式中的 q_0 有何要求？

5.3　电场线、电通量和电场强度的关系如何？电通量的正、负表示什么意义？

5.4　如果通过闭合面 S 的电通量 Φ_e 为零，是否能肯定面 S 上每一点的场强都等于零？

5.5　如果在封闭面 S 上，场强 E 处处为零，能否肯定此封闭面一定没有包围静电荷？

5.6　电场线能否在无电荷处中断？为什么？

5.7　下列说法是否正确？请举一例加以论述。

（1）场强相等的区域，电势也处处相等；

（2）场强为零处，电势一定为零；

（3）电势为零处，场强一定为零；

（4）场强大处，电势一定高。

5.8　用电势的定义直接说明：为什么在正（或负）点电荷电场中，各点电势为正（或负）值，且离电荷越远，电势越低（或高）。

5.9　试用环路定理证明：静电场的电场线永不闭合。

5.10　如果在一空间区域中电势是常数，对于这区域内的电场可得出什么结论？如果在一表面上的电势为常数，对于这表面上的电场强度又能得出什么结论？

5.11 已知在地球表面以上电场强度方向指向地面，试分析在地面以上电势随高度增加还是减小。

5.12 如果已知给定点处的电场强度 $\boldsymbol{E}$，能否算出该点的电势 U？如果不能，还需要知道些什么才能计算？

5.13 一只鸟停在一根 30 000 V 的高压输电线上，它是否会受到伤害？

习 题

一、选择题

5.1 真空中一“无限大”均匀带负电荷的平面如图 5.22 所示，其电场的场强分布图（图 5.23）应是（设场强方向向右为正、向左为负）(　　)

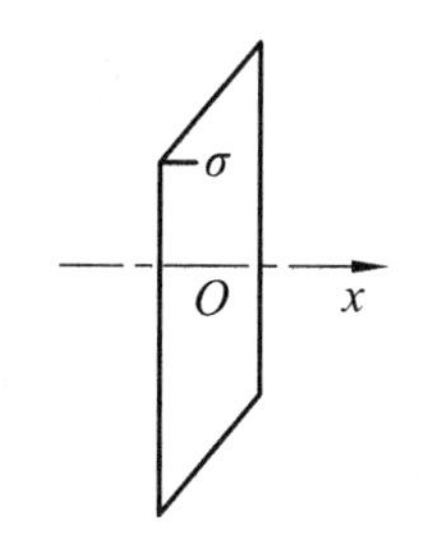

图 5.22 习题 5.1 图

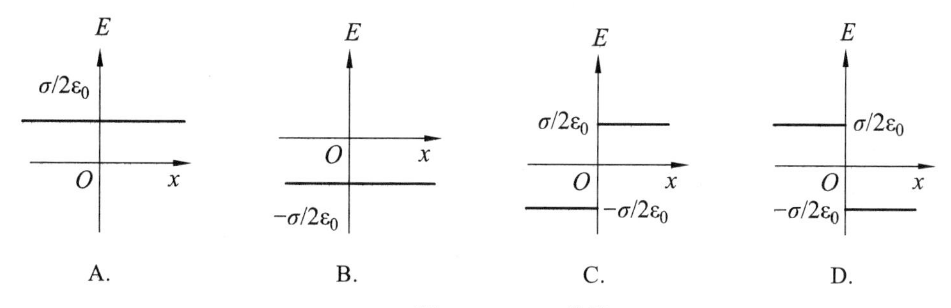

图 5.23 E-x 曲线

5.2 在没有其他电荷存在的情况下，一个点电荷 q_1 受另一点电荷 q_2 的作用力为 f_{12}，当放入第三个电荷 Q 后，以下说法正确的是 (　　)

A. f_{12} 的大小不变，但方向改变，q_1 所受的总电场力不变

B. f_{12} 的大小改变了，但方向没变，q_1 受的总电场力不变

C. f_{12} 的大小和方向都不会改变，但 q_1 受的总电场力发生了变化

D. f_{12} 的大小、方向均发生改变，q_1 受的总电场力也发生了变化

5.3 有两个点电荷，电量都为 $+q$，相距 $2a$，今以左边的点电荷所在处为球心，以 a 为半径作一球形高斯面，在球面上取两块相等的小面积元 S_1 和 S_2，其位置如图 5.24 所示，设

通过 S_1 和 S_2 的电场强度通量分别为 Φ_1 和 Φ_2，通过整个球面的电场强度通量为 Φ_s，则（　　）

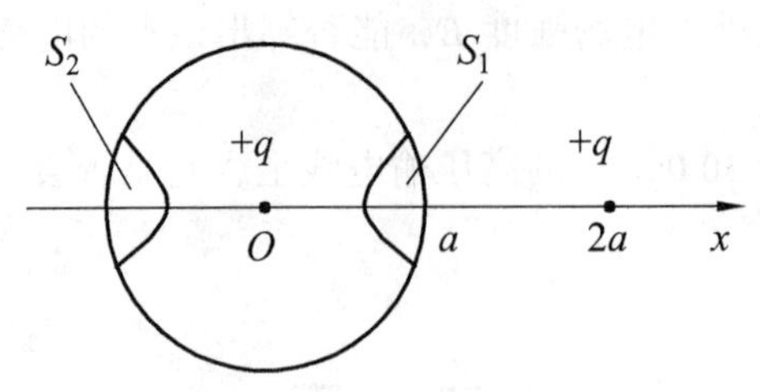

图 5.24　习题 5.3 图

A. $\Phi_1 > \Phi_2$；$\Phi_s = q/\varepsilon_0$

B. $\Phi_1 < \Phi_2$；$\Phi_s = 2q/\varepsilon_0$

C. $\Phi_1 = \Phi_2$；$\Phi_s = q/\varepsilon_0$

D. $\Phi_1 < \Phi_2$；$\Phi_s = q/\varepsilon_0$

5.4　在带电量为 $-Q$ 的点电荷 A 的静电场中，将另一带电量为 q 的点电荷 B 从 a 点移动到 b 点，a、b 两点距离点电荷 A 的距离分别为 r_1 和 r_2，如图 5.25 所示，则移动过程中电场力做的功为（　　）

A. $\dfrac{-Q}{4\pi\varepsilon_0}\left(\dfrac{1}{r_1}-\dfrac{1}{r_2}\right)$　　B. $\dfrac{qQ}{4\pi\varepsilon_0}\left(\dfrac{1}{r_1}-\dfrac{1}{r_2}\right)$

C. $\dfrac{-qQ}{4\pi\varepsilon_0}\left(\dfrac{1}{r_1}-\dfrac{1}{r_2}\right)$　　D. $\dfrac{-qQ}{4\pi\varepsilon_0(r_2-r_1)}$

5.5　一电量为 $-q$ 的点电荷位于圆心 O 处，A、B、C、D 为同一圆周上的 4 点，如图 5.26 所示，现将一试验电荷从 A 点分别移动到 B、C、D 各点，则（　　）

A. 从 A 到 B，电场力做功最大

B. 从 A 到各点，电场力做功相等

C. 从 A 到 D，电场力做功最大

D. 从 A 到 C，电场力做功最大

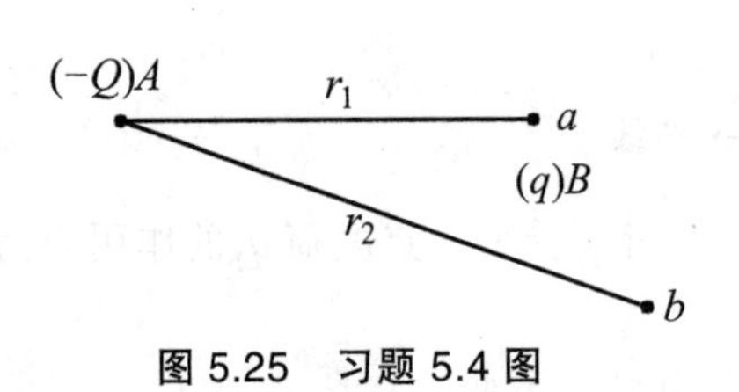

图 5.25　习题 5.4 图

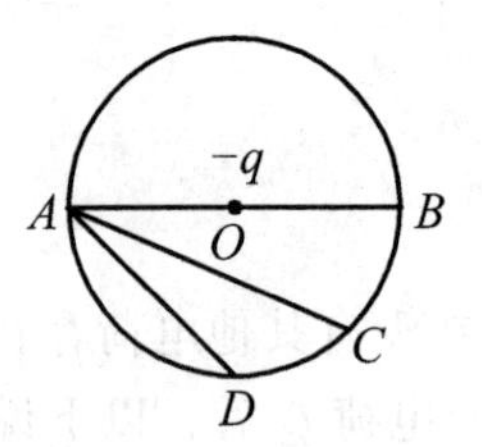

图 5.26　习题 5.5 图

二、填空题

5.6　如图 5.27 所示，一电荷线密度为 λ 的无限长带电直线垂直通过图面上的 A 点，一电荷为 Q 的均匀球体，其球心为 O 点，$\triangle AOP$ 是边长为 a 的等边三角形，为了使 P 点处场强方向垂直于 OP，则 λ 和 Q 的数量关系式为__________，且 λ 与 Q 为________号电荷（填“同号”或“异号”）。

5.7 在一个正电荷激发的电场中的某点 A，放入一个正的点电荷 q，测得它所受力的大小为 f_1；将其撤走，改放一个等量的点电荷 $-q$，测得电场力的大小为 f_2，则 A 点电场强度 $\boldsymbol{E}$ 的大小满足的关系式为____________。

5.8 一半径为 R 的带有一缺口的细圆环，缺口宽度为 d（$d \ll R$），环上均匀带正电，总电量为 q，如图 5.28 所示，则圆心 O 处的场强大小 $E=$__________，场强方向为_________。

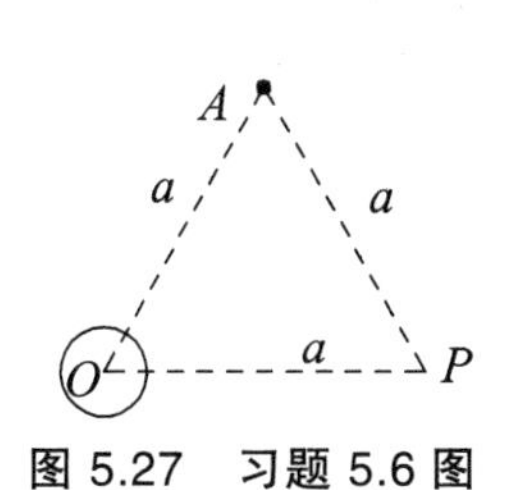

图 5.27 习题 5.6 图

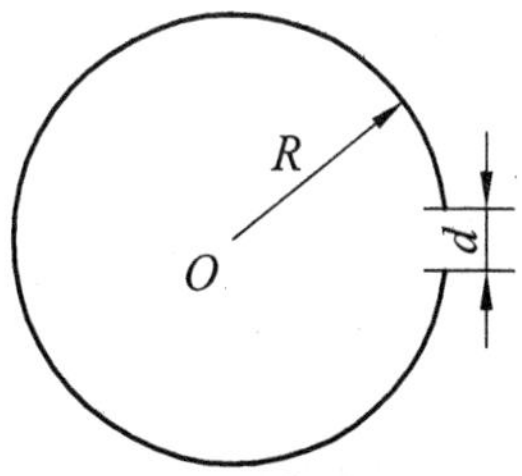

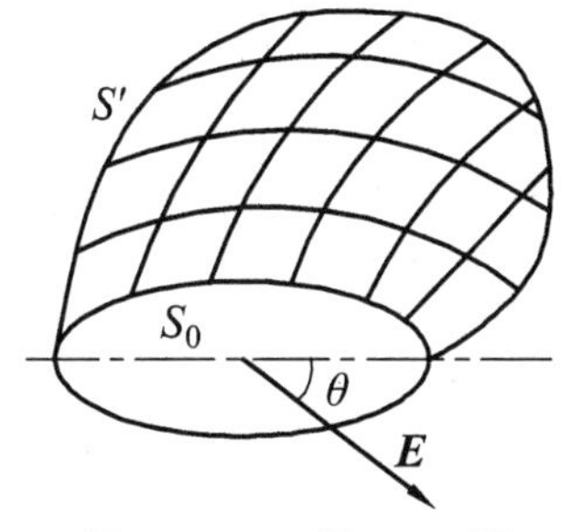

图 5.28 习题 5.8 图

5.9 真空中两条平行的无限长的均匀带电直线，电荷线密度分别为 $+\lambda$ 和 $-\lambda$，点 P_1 和 P_2 与两带电线共面，其位置如图 5.29 所示，取向右为坐标轴正向，则 $\boldsymbol{E}_{P_1}=$______________，$\boldsymbol{E}_{P_2}=$_____________。

5.10 为求半径为 R、带电量为 Q 的均匀带电圆盘中心轴线上 P 点的电场强度，可将圆盘分成无数个同心的细圆环，圆环宽度为 $\mathrm{d}r$，半径为 r，此面元的面积 $\mathrm{d}S=$_________，带电量 $\mathrm{d}q=$________，此细圆环在中心轴线上距圆心 x 的一点产生的电场强度的大小 $E=$________。

5.11 如图 5.30 所示，均匀电场 E 中有一袋形曲面，袋口边缘线在一平面 S 内，边缘线所围面积为 S_0，袋形曲面的面积为 S'，法线向外，电场与 S 面的夹角为 θ，则通过袋形曲面的电通量为__________。

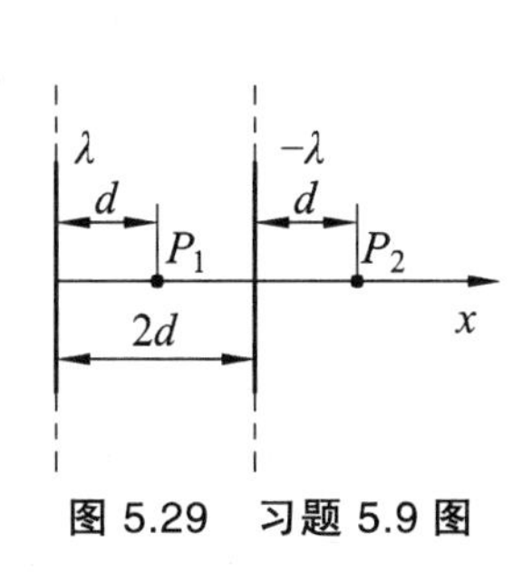

图 5.29 习题 5.9 图

图 5.30 习题 5.11 图

5.12 两块“无限大”的均匀带电平行平板，其电荷面密度分别为 $\sigma(\sigma>0)$ 和 -2σ，如图 5.31 所示，试写出各区域的电场强度 $\boldsymbol{E}$：

Ⅰ区 $\boldsymbol{E}$ 的大小________________，方向__________________；

Ⅱ区 $\boldsymbol{E}$ 的大小________________，方向__________________；

Ⅲ区 $\boldsymbol{E}$ 的大小________________，方向__________________。

5.13 如图 5.32 所示，真空中两个正点电荷，带电量都为 Q，相距 $2R$，若以其中一点电荷所在处 O 点为中心，以 R 为半径作高斯球面 S，则通过该球面的电场强度通量 $\Phi_e=$______；

若以 $\hat{\boldsymbol{r}}$ 表示高斯面外法线方向的单位矢量，则高斯面上 a、b 两点的电场强度的矢量式分别为__________，__________。

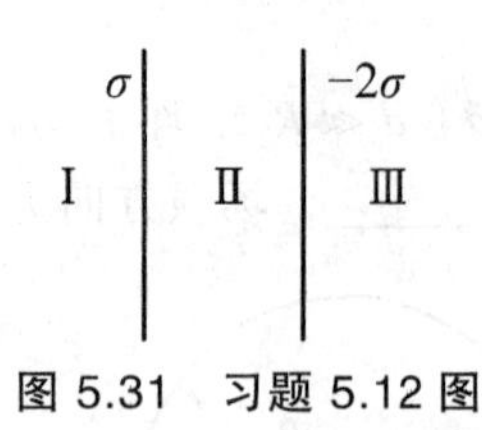

图 5.31　习题 5.12 图

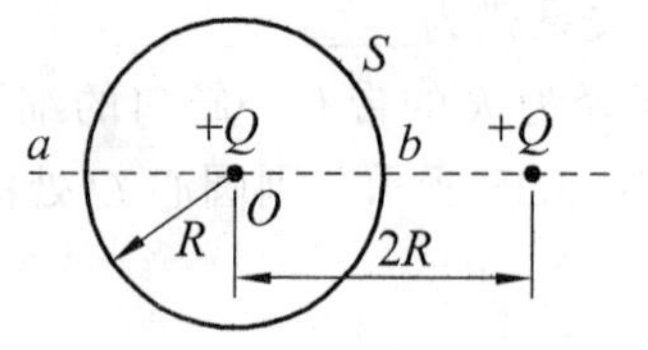

图 5.32　习题 5.13 图

5.14　点电荷 q_1、q_2、q_3 和 q_4 在真空中的分布如图 5.33 所示，图中 S 为闭合曲面，则通过该闭合曲面的电通量 $\Phi_e = \oint_S \boldsymbol{E}\cdot d\boldsymbol{S} =$__________，式中的 $\boldsymbol{E}$ 是点电荷________在闭合曲面上任一点产生的场强的矢量和。

5.15　电量分别为 q_1，q_2，q_3 的 3 个点电荷分别位于同一圆周的 3 个点上，如图 5.34 所示，设无穷远处为电势零点，圆半径为 R，则 b 点处的电势 $U =$__________。

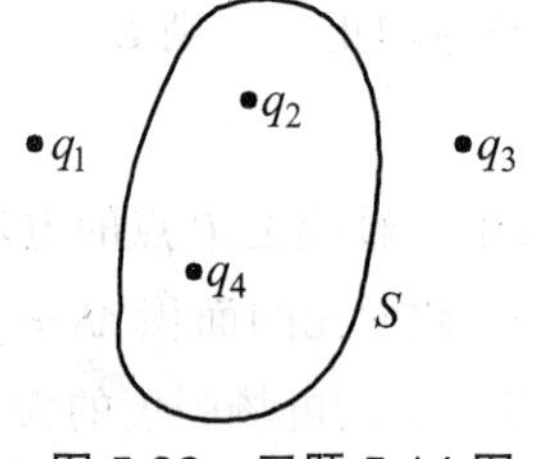

图 5.33　习题 5.14 图

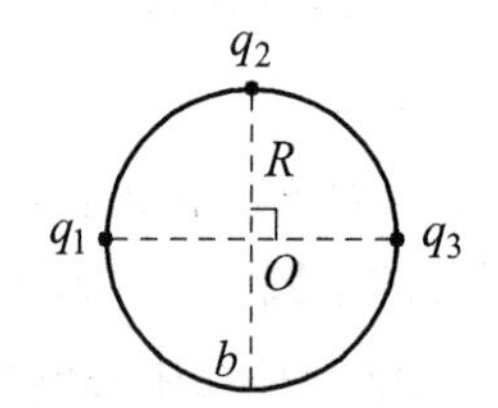

图 5.34　习题 5.15 图

5.16　如图 5.35，在场强为 $\boldsymbol{E}$ 的均匀电场中，A、B 两点距离为 d，AB 连线方向与 $\boldsymbol{E}$ 方向一致，从 A 点经任意路径到 B 点的场强线积分 $\int_A^B \boldsymbol{E}\cdot d\boldsymbol{l} =$__________。

5.17　如图 5.36 所示，BCD 是以 O 点为圆心，以 R 为半径的半圆弧，在 A 点有一电量为 $+q$ 的点电荷，O 点有一电量为 $-q$ 的点电荷，线段 $\overline{BA} = R$，现将一单位正电荷从 B 点沿半圆弧轨道 BCD 移到 D 点，则电场力所做的功为__________。

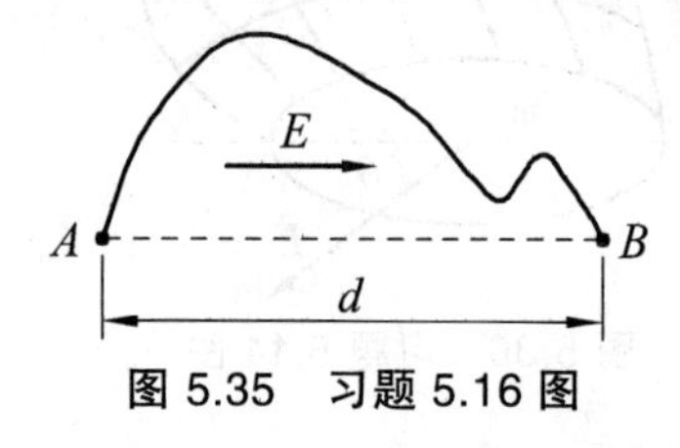

图 5.35　习题 5.16 图

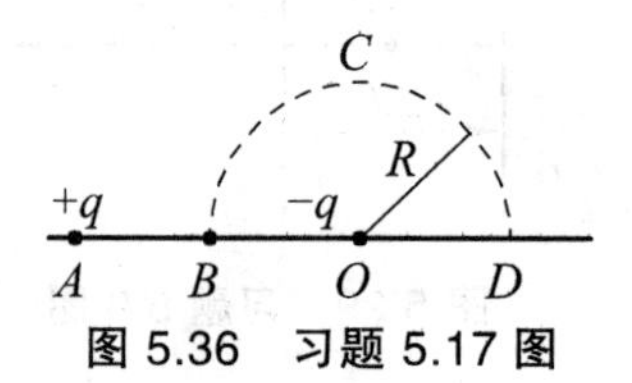

图 5.36　习题 5.17 图

5.18　一偶极矩为 $\boldsymbol{p}$ 的电偶极子放在电场强度为 $\boldsymbol{E}$ 的均匀外电场中，$\boldsymbol{p}$ 与 $\boldsymbol{E}$ 的夹角为 α，在此电偶极子绕过其中心且垂直于 $\boldsymbol{p}$ 与 $\boldsymbol{E}$ 组成平面的轴沿 α 增加的方向转过 180°的过程中，电场力做功为 $A =$__________。

5.19　若静电场的某个立体区域电势等于恒量，则该区域的电场强度分布是__________；若电势随空间坐标作线性变化，则该区域的场强分布是__________。

5.20　一“无限长”均匀带电直线，电荷线密度为 λ，在它的电场作用下，一质量为 m，带电量为 q 的质点以直线为轴线作匀速圆周运动，该质点的速率 $v =$__________。

三、计算题

5.21　一“无限长”均匀带电的半圆柱面，半径为 R，设半圆柱面沿轴线单位长度上的电量为λ，如图 5.37 所示。试求轴线上任一点的电场强度。

5.22　一带电细线弯成半径为 R 的半圆形，电荷线密度为 $\lambda=\lambda_0\sin\varphi$，式中$\lambda_0$为一常数，$\varphi$为半径 R 与 x 轴所成的夹角，如图 5.38 所示，试求环心 O 处的电场强度。

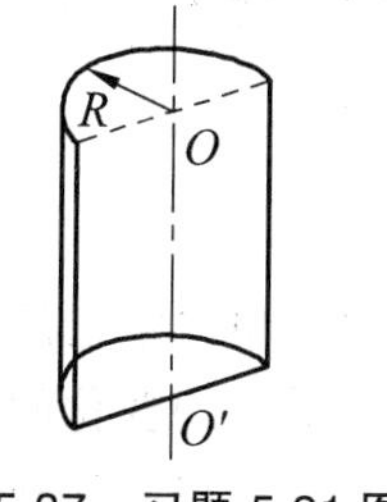

图 5.37　习题 5.21 图

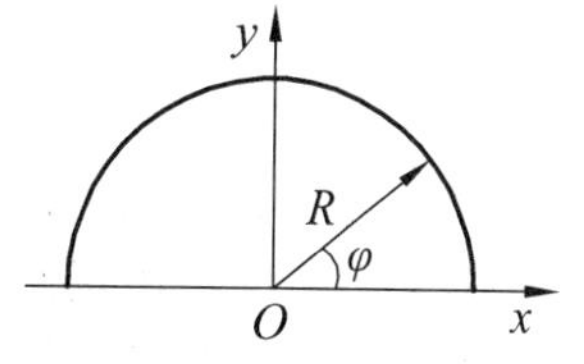

图 5.38　习题 5.22 图

5.23　一带电细棒弯曲成半径为 R 的半圆形，带电均匀，总电量为 Q，求圆心处的电场强度 $\boldsymbol{E}$。

5.24　真空中有一半径为 R 的圆平面，在通过圆心 O 与平面垂直的轴线上一点 P 处，有一电量为 q 的点电荷，O、P 间距离为 h，试求通过该圆平面的电通量。

5.25　厚度为 d 的无限大均匀带电平板，带电体密度为ρ，试用高斯定理求带电平板内外的电场强度。

5.26　一半径为 R 的球体内均匀分布着电荷体密度为ρ的正电荷，若保持电荷分布不变，在该球体内挖去半径为 r 的一个小球体，球心为 O'，两球心间距离 $\overline{OO'}=d$，如图 5.39 所示。求：

（1）在球形空腔内，球心 O'处的电场强度 $\boldsymbol{E}_0$；

（2）在球体内 P 点处的电场强度 $\boldsymbol{E}$。设 O'、O、P 三点在同一直径上，且 $\overline{OP}=d$。

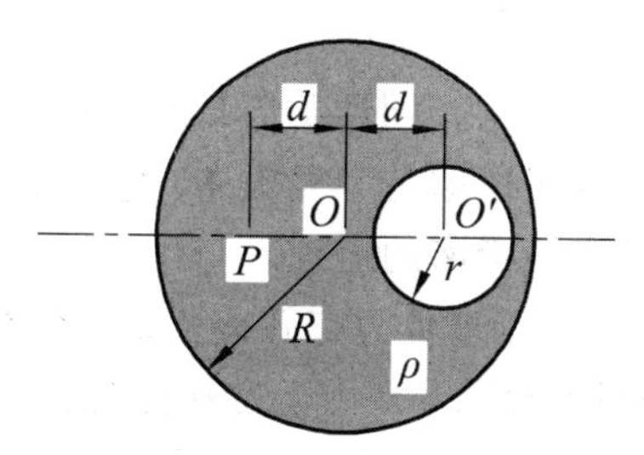

图 5.39　习题 5.26 图

5.27　电量 q 均匀分布在长为 $2l$ 的细杆上，求在杆外延长线上与杆端距离为 a 的 P 点的电势（设无穷远处为电势零点）。

5.28　内、外半径分别为 R_1 和 R_2 的均匀带电球壳，总电荷为 Q。求空间各点的电场强度。

5.29　一均匀带电的球层，其电荷体密度为ρ，球层内表面半径为 R_1，外表面半径为 R_2，设无穷远处为电势零点，求空腔内任一点的电势。

5.30　已知某静电场的电势函数 $U=-\sqrt{x^2+y^2}+\ln x$（SI），求点 (4, 3, 0) 处的电场强度各分量值。

6 真空中的稳恒磁场

在第 5 章中我们曾研究了静电场的性质和规律。本章将研究由恒定电流在真空中产生的恒定磁场的性质和规律。所谓恒定磁场是指在空间中的分布不随时间变化的磁场。本章将先讨论磁感应强度 $\boldsymbol{B}$、毕奥-萨伐尔定律，计算磁感应强度 $\boldsymbol{B}$ 的方法，在此基础上讲述磁场的高斯定理和安培环路定理，然后讨论磁场对载流导线、载流线圈和运动电荷作用所遵从的规律。

6.1 磁场力和安培定律

6.1.1 磁的基本现象

磁体能够吸引铁、钴、镍等物质的性质称为磁性。磁体磁性最强的两端称为磁极，将条形磁铁拦腰系绳悬挂起来。静止时指向南北方向，磁铁指南的一端称为南极，用 S 表示，指北的一端称为北极，用 N 表示。

实验表明，磁体之间具有相互作用，同性磁极相互排斥，异性磁极相互吸引。根据这一性质和磁针沿南北取向的事实，说明地球是个大磁体，它的 N 极在地理的南极附近，磁针的 N 极受其吸引而指北，这就是指南针指南的道理。

对于磁现象和电现象，人们长期以来认为它们是彼此互补关联的，库仑甚至宣布他从理论上“证明了”电现象与磁现象不可能有联系。由于这种物理思想的束缚，19 世纪 20 年代以前，电学和磁学的研究进展缓慢。1820 年 7 月 21 日，丹麦人奥斯特发现了电流的磁效应，证明电和磁是紧密联系的。从此，开创了电磁学的新纪元，电磁学进入迅速发展的时期，在短短的几年内，人们就发现了稳恒电流的所有规律。下面，我们通过几个实验来定性地说明电磁相互作用。

6.1.1.1 电磁相互作用

如图 6.1 所示，在一段沿南北方向的 AB 导线下方，放一个可以在水平面内自由转动的磁针，当导线中的电流 $I=0$ 时，磁针沿南北方向，当导线通以由 B 向 A 的电流时，从上往下看，磁针立刻沿顺时针方向偏转到与直导线垂直的位置；如果电流反向，磁针偏转方向也反过来。这一实验表明，电流能够产生磁场，电流对磁铁有作用力。

如图 6.2 所示，在马蹄形磁铁 N、S 极之间，用两根与电源相连的软导线挂一根比较粗的导线 ab，当电流由 b 向 a 通过粗导线时，ab 向右运动；当电流反向时，ab 向左运动。可见磁铁对电流也有作用力。

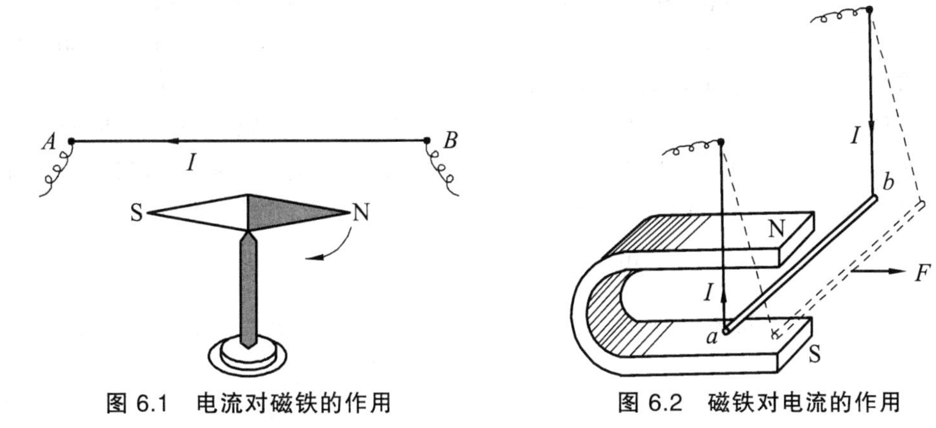

图 6.1　电流对磁铁的作用　　　图 6.2　磁铁对电流的作用

图 6.3（a）、（b）是保持适当距离的平行导线。当两导线中电流同向时，彼此吸引；两电流反向时，彼此排斥。这表明电流与电流之间也有相互作用。

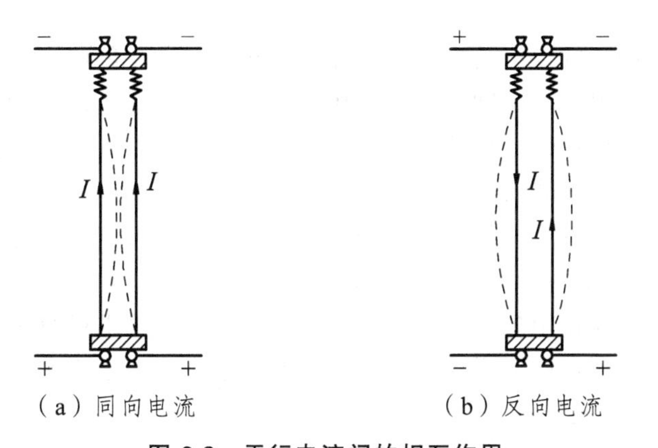

（a）同向电流　　　（b）反向电流

图 6.3　平行电流间的相互作用

在静电场中，电荷之间的相互作用是通过电场传递的。在磁现象中，上述三个实验中的相互作用都是通过磁场传递的。磁铁或电流在它周围空间会产生磁场，磁场跟电场一样是一种特殊的物质，它的基本性质是对处于磁场中的其他磁铁或电流有力的作用。

6.1.1.2　分子电流观点

磁铁为什么会产生磁场呢？如图 6.4 所示，通电螺线管的磁性与一块条形磁铁相似。其极性符合右手定则，即右手四指弯曲沿电流方向，大拇指伸直所指的一端就是螺线管的 N 极。若将通电螺线管悬挂起来让它自由转动，它跟磁铁一样沿南北取向；若用另一磁铁去接近它就跟接近磁铁一样，同性磁极相互

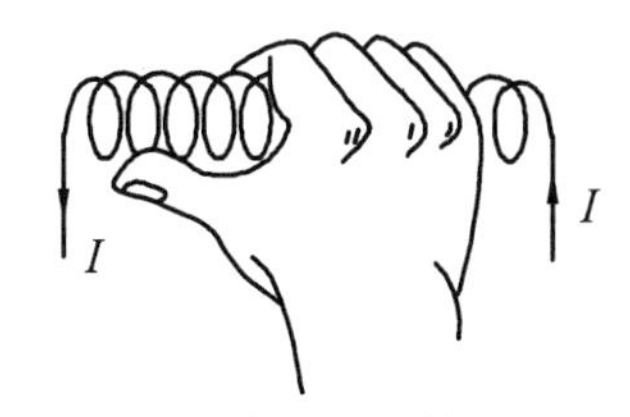

图 6.4　载流螺线管的极性

排斥，异性磁极相互吸引。通电螺线管与磁铁的这些相似性，使我们推想：磁铁的磁性起源于电流。为了解释永磁体和磁体的磁化现象，安培提出了分子电流假说，他认为：组成磁铁的最小单元（磁分子）就是环形电流。在没有外磁场时，由于热运动，环形电流的轴线取向混乱，因此，它们的平均磁场为零，宏观上不显磁性。在有外磁场时，环形电流受力矩作用，其轴线沿一定方向排列起来，在宏观上就显示出 N、S 极来。这就是安培的分子电流假说。

现在看来，根据近代物理知识，电子既有绕核旋转的轨道运动，又有自旋运动，原子、分子等微观粒子内，电子的这些运动形成了“分子电流”，这就是物质磁性的基本来源。也就是说，磁现象来源于电荷的运动。因此，磁铁与磁铁、磁铁与电流、电流与电流之间的相互作用，归根到底都是运动电荷（电流）之间的相互作用，这种作用通过磁场来传递，可表示为

电流 $\Longleftrightarrow$ 磁场 $\Longleftrightarrow$ 电流

注意： 电荷无论运动还是静止，它们之间都有库仑相互作用。但是，只有运动电荷才有磁场相互作用。

6.1.2 安培定律

库仑定律是两个静止的点电荷之间的相互作用规律，它是静电场理论的基础。类似地，安培定律是两个稳恒的电流元之间的相互作用规律，它是静磁场理论的基础。在研究带电体之间的相互作用时，我们把任意形状的带电体分成许多无限小的电荷元，每个电荷元可视为点电荷，只要求出电荷元之间的相互作用力，再根据力的叠加原理则可求得任意带电体间的相互作用力。两个稳恒电流之间的相互作用，也可以设想把载流回路分割成许多无限短的载流线元，称为电流元，用 $I\mathrm{d}\boldsymbol{l}$ 表示，电流元的方向就是该段元上电流的方向。只要知道了任意一对电流元之间的相互作用规律，再根据力的叠加原理则可求得整个载流回路所受的力。但是，由于稳恒电流的闭合性，不存在稳恒的电流元，因而无法用实验来确定电流元间的相互作用规律。这个规律，是安培在 4 个示零实验和 1 个假设的基础上，通过理论分析得到的，所以称为安培定律。

安培定律现在普遍采用的形式是

$$\mathrm{d}\boldsymbol{F}_{12}=\frac{\mu_0}{4\pi}\cdot\frac{I_2\mathrm{d}\boldsymbol{l}_2\times(I_1\mathrm{d}\boldsymbol{l}_1\times\hat{\boldsymbol{r}}_{12})}{r_{12}^2} \tag{6.1}$$

式中 $\hat{\boldsymbol{r}}_{12}$——电流元 $I_1\mathrm{d}\boldsymbol{l}_1$ 到 $I_2\mathrm{d}\boldsymbol{l}_2$ 的单位矢径；

$\mathrm{d}\boldsymbol{F}_{12}$——电流元 $I_1\mathrm{d}\boldsymbol{l}_1$ 对 $I_2\mathrm{d}\boldsymbol{l}_2$ 的作用力（图 6.5）。

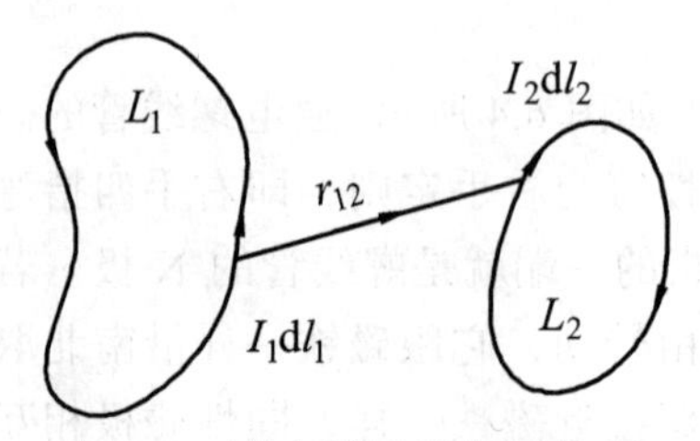

图 6.5 两电流元的相互作用

同理，电流元 2 对电流元 1 的作用力 $\mathrm{d}\boldsymbol{F}_{21}$ ，只需将式（6.1）中的下标对换，得

$$\mathrm{d}\boldsymbol{F}_{21}=\frac{\mu_0}{4\pi}\cdot\frac{I_1\mathrm{d}\boldsymbol{l}_1\times(I_2\mathrm{d}\boldsymbol{l}_2\times\hat{\boldsymbol{r}}_{21})}{r_{21}^2} \tag{6.2}$$

在国际单位制中，电流的单位安培的定义和绝对测量，都是以式（6.1）为依据。在这个单位制中，μ_0 称为真空磁导率，是有量纲的常量，其值为

$$\mu_0=4\pi\times10^{-7}\ \mathrm{N/A^2}$$

无论是 $\mathrm{d}\boldsymbol{F}_{12}$ 还是 $\mathrm{d}\boldsymbol{F}_{21}$ 的方向，都不是一望便知，它们是双重矢积的方向，既与两电流元的方向有关，又与它们之间的矢径的方向有关。

需要说明的是，根据式（6.1）计算的两电流元之间的相互作用力，一般不满足牛顿第三定律。因为稳恒电流不存在孤立电流元，能存在的孤立电流元是非稳恒的，如单个的运动电荷，运动电荷（非稳恒电流元）之间的相互作用力不满足牛顿第三定律，表明它们的动量不守恒，这是因为非稳恒的电流元要产生变化的电磁场，而电磁场具有动量，如果考察电流元和电磁场组成的封闭系统，把电磁场的动量变化也包括在内，则封闭系统的总动量守恒。

稳恒电流元间的作用力一般不满足牛顿第三定律，但闭合的稳恒电流回路之间总的相互作用力，却满足牛顿第三定律。

6.2 毕奥-萨伐尔定律

6.2.1 磁感应强度矢量 B

在研究静电场时，我们根据电场对场中的电荷有作用力这一特性，引入电场强度 $\boldsymbol{E}$ 来描述电场的分布。任意形状的带电体对试探电荷 q_0 的作用力根据库仑定律为

$$\boldsymbol{F}=\frac{q_0}{4\pi\varepsilon_0}\int\frac{\mathrm{d}q}{r^2}\hat{\boldsymbol{r}} \tag{6.3}$$

我们定义 q_0 处的电场强度为

$$\boldsymbol{E}=\frac{\boldsymbol{F}}{q_0}=\frac{1}{4\pi\varepsilon_0}\int\frac{\mathrm{d}q}{r^2}\hat{\boldsymbol{r}} \tag{6.4}$$

用场的观点将式（6.3）改写成

$$\boldsymbol{F}=q_0\boldsymbol{E}$$

同样，我们可以根据试探电流元在磁场中所受的力，来定义磁感应强度矢量 $\boldsymbol{B}$，用 $\boldsymbol{B}$ 来描述磁场的分布。

在磁场中与库仑定律地位相当的是安培定律。在式（6.1）中把电流元 $I_2\mathrm{d}\boldsymbol{l}_2$ 看成试探电流

元，整个闭合回路 L_1 对 $I_2\mathrm{d}\boldsymbol{l}_2$ 的作用力就是对式（6.1）的积分，即

$$\mathrm{d}\boldsymbol{F}_{12}=\frac{\mu_0}{4\pi}\oint_{L_1}\frac{I_2\mathrm{d}\boldsymbol{l}_2\times(I_1\mathrm{d}\boldsymbol{l}_1\times\hat{\boldsymbol{r}}_{12})}{r_{12}^2}=I_2\mathrm{d}\boldsymbol{l}_2\times\frac{\mu_0}{4\pi}\oint_{L_1}\frac{I_1\mathrm{d}\boldsymbol{l}_1\times\hat{\boldsymbol{r}}_{12}}{r_{12}^2} \tag{6.5}$$

对于给定的载流回路 L_1 来说，此式中最后一个积分值只决定于场点的位置，而与试探电流元 $I_2\mathrm{d}\boldsymbol{l}_2$ 无关，积分的大小和方向反映了空间磁场的强弱和方向，因此，我们可以仿照电场中定义 $\boldsymbol{E}$ 的办法，将式（6.5）分成两部分为

$$\mathrm{d}\boldsymbol{F}_{12}=I_2\mathrm{d}\boldsymbol{l}_2\times\boldsymbol{B} \tag{6.6}$$

其中

$$\boldsymbol{B}=\frac{\mu_0}{4\pi}\oint_{L_1}\frac{I_1\mathrm{d}\boldsymbol{l}_1\times\hat{\boldsymbol{r}}_{12}}{r_{12}^2} \tag{6.7}$$

称为磁感应强度矢量，式（6.7）就是 $\boldsymbol{B}$ 的定义式。用场的观点看式（6.6），它表示试探电流元 $I_2\mathrm{d}\boldsymbol{l}_2$ 在磁场 $\boldsymbol{B}$ 中所受的磁力，略去下标，写成

$$\mathrm{d}\boldsymbol{F}=I\mathrm{d}\boldsymbol{l}\times\boldsymbol{B} \tag{6.8}$$

此式称为安培力公式，它反映了任意电流元在磁场中受力的大小和方向，其中的 $\boldsymbol{B}$ 可以是电流产生的，也可以是磁铁产生的磁场。$\mathrm{d}\boldsymbol{F}$ 的方向服从矢量叉乘的右手定则，如图 6.6 所示，图中的 $I\mathrm{d}\boldsymbol{l}$ 和 $\boldsymbol{B}$ 在同一平面内，$\mathrm{d}\boldsymbol{F}$ 垂直于该表面，$\mathrm{d}\boldsymbol{F}$ 的大小为

$$\mathrm{d}F=BI\mathrm{d}l\sin\theta$$

式中　θ——$I\mathrm{d}\boldsymbol{l}$ 与 $\boldsymbol{B}$ 的夹角。当 $I\mathrm{d}\boldsymbol{l}$ 与 $\boldsymbol{B}$ 垂直时，$\theta=90°$，$\mathrm{d}F$ 最大。

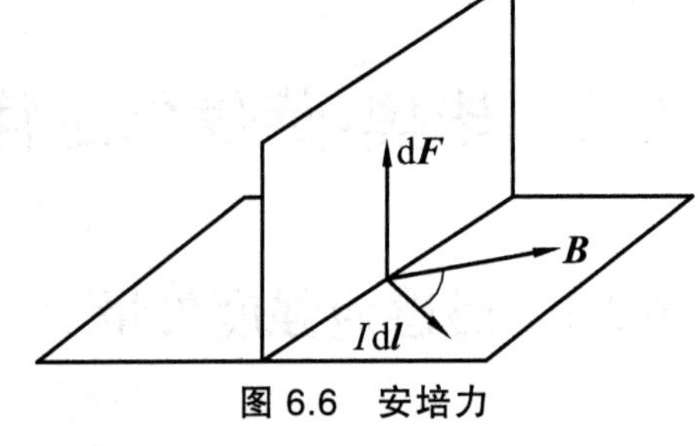

图 6.6　安培力

由此，我们定义空间任一点 $\boldsymbol{B}$ 的大小为

$$B=\frac{\mathrm{d}F_{最大}}{I\mathrm{d}l_{\perp}} \tag{6.9}$$

此式表明，磁场中某点的磁感应矢量 $\boldsymbol{B}$ 的大小，等于单位电流元受到的最大磁场力；$\boldsymbol{B}$ 的方向是按右手定则 $\mathrm{d}\boldsymbol{F}\times I\mathrm{d}\boldsymbol{l}$ 的方向。磁感应强度矢量 $\boldsymbol{B}$ 的大小和方向与试探电流元无关，它决定于产生磁场的场源电流的分布和场点的位置。

在国际单位制中，根据式（6.9），$\boldsymbol{B}$ 的单位是牛顿/(安培·米)，称为特斯拉，用 T 表示。

$$1\ \mathrm{T}=1\ \mathrm{N/(A\cdot m)}$$

6.2.2　毕奥-萨伐尔定律

式（6.7）表示载流为 I_1 的回路，在空间产生的磁感应强度。任意载流回路在场点产生的

磁场，可以看成是该回路上所有电流元在该点产生的磁场的叠加。任意电流元 $I\mathrm{d}\boldsymbol{l}$ 在相距为 r 的场点 P 产生的磁感应强度矢量为

$$\mathrm{d}\boldsymbol{B}=\frac{\mu_0}{4\pi}\frac{I\mathrm{d}\boldsymbol{l}\times\hat{\boldsymbol{r}}}{r^2} \tag{6.10}$$

式中 $\hat{\boldsymbol{r}}$——由电流元 $I\mathrm{d}\boldsymbol{l}$ 指向场点 P 的单位矢量。

这就是毕奥-萨伐尔定律的数学表达式，这个定律反映了电流元激发磁场的规律，它表明，电流元在距它为 r 处产生的元磁场 $\mathrm{d}\boldsymbol{B}$ 的大小与 $I\mathrm{d}l$ 成正比，与距离的平方成反比，即

$$\mathrm{d}B=\frac{\mu_0}{4\pi}\frac{I\mathrm{d}l\sin\theta}{r^2} \tag{6.11}$$

式中 θ—— $I\mathrm{d}\boldsymbol{l}$ 和 $\hat{\boldsymbol{r}}$ 的夹角；

$\mathrm{d}\boldsymbol{B}$——方向由矢积 $I\mathrm{d}\boldsymbol{l}\times\hat{\boldsymbol{r}}$ 确定，它垂直于 $I\mathrm{d}\boldsymbol{l}$ 和 $\hat{\boldsymbol{r}}$ 决定的平面。

为求整个载流导线在场点 P 处产生的磁感应强度，可通过积分式

$$\boldsymbol{B}=\int\mathrm{d}\boldsymbol{B}=\int\frac{\mu_0}{4\pi}\frac{I\mathrm{d}\boldsymbol{l}\times\hat{\boldsymbol{r}}}{r^2} \tag{6.12}$$

得到。

【例 6.1】 载流直导线的磁场分布：图 6.7 是一载流为 I 的直导线，试求在距它为 a 的场点 P 处的磁感应强度。

解： 在导线上距 O 点为 l 的地方，取一电流元 $I\mathrm{d}\boldsymbol{l}$，它到 P 点的位矢为 $\boldsymbol{r}$，根据毕奥-萨伐尔定律，电流元 $I\mathrm{d}\boldsymbol{l}$ 在 P 点产生的磁感应强度

$$\mathrm{d}\boldsymbol{B}=\frac{\mu_0}{4\pi}\frac{I\mathrm{d}\boldsymbol{l}\times\hat{\boldsymbol{r}}}{r^2}$$

方向垂直纸面向里。

由于各电流元在 P 点产生的 $\mathrm{d}\boldsymbol{B}$ 方向相同，所以

$$B=\int\mathrm{d}B=\frac{\mu_0}{4\pi}\int\frac{I\mathrm{d}l\sin\theta}{r^2}$$

利用图 6.7 中几何关系，将被积函数统一成 θ 的函数，由图知

$$r=a\csc\theta\,,\quad l=a\cot(\pi-\theta)\,,\quad \mathrm{d}l=a\csc^2\theta\mathrm{d}\theta$$

将 r 和 $\mathrm{d}l$ 的值代入被积函数，得

$$B=\frac{\mu_0 I}{4\pi a}\int_{\theta_1}^{\theta_2}\sin\theta\mathrm{d}\theta=\frac{\mu_0 I}{4\pi a}(\cos\theta_1-\cos\theta_2) \tag{6.13}$$

若导线无限长，则 $\theta_1=0$，$\theta_2=\pi$，代入式（6.13）得

$$B=\frac{\mu_0 I}{2\pi a} \tag{6.14}$$

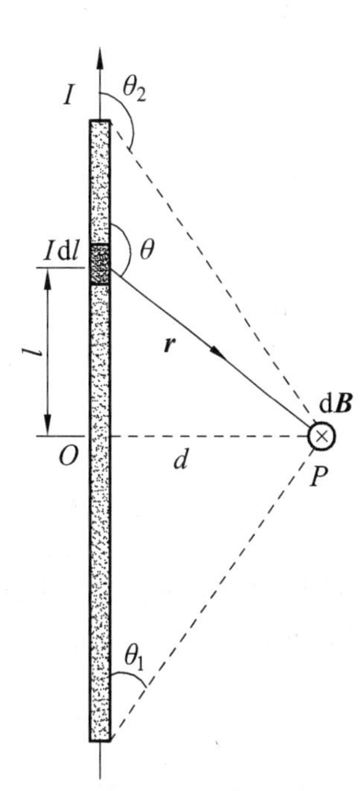

图 6.7　直导线的磁场分布

可见，无限长载流直导线在它周围产生的 $\boldsymbol{B}$ 的大小，与距离的一次方成反比，与电流成正比；其方向在垂直于直导线的平面内，沿着以导线为中心的圆周的切线方向，同电流方向成右手螺旋关系。

若导线为半无限长，则 $\theta_1=0$ ，$\theta_2=\pi/2$ ，或 $\theta_1=\pi/2$ ，$\theta_2=0$ ，这时

$$B=\frac{\mu_0 I}{4\pi a} \tag{6.15}$$

若场点 P 在直导线的延长线上，则 $\theta_1=\theta_2=0$ 或 π，这时 $B=0$ ，即不产生磁场。

【例 6.2】 圆电流轴线上的磁场分布：一半径为 R 载流为 I 的圆环，其轴线垂直圆面通过圆心，求轴线上距圆心为 x 的 P 点的磁感应强度矢量 $\boldsymbol{B}$。

解：如图 6.8，在直径的 a 端取一电流元 $I\mathrm{d}\boldsymbol{l}$ ，它到 P 点的矢径为 $\boldsymbol{r}$，它在 P 点产生的磁感应强度为 $\mathrm{d}\boldsymbol{B}_1$ ，其方向垂直于 $I\mathrm{d}\boldsymbol{l}$ 和 $\boldsymbol{r}$ 组成的平面(阴影)，且位于 aOp 平面内。在直径的 b 端取另一电流元，它在 P 点产生的磁感应强度为 $\mathrm{d}\boldsymbol{B}_2$ 。由图 6.8 可知，$\mathrm{d}\boldsymbol{B}_1$ 与 $\mathrm{d}\boldsymbol{B}_2$ 的合矢量沿 z 轴方向，所以求 P 点的总磁场只需对 $\mathrm{d}\boldsymbol{B}$ 的 z 分量积分即可。

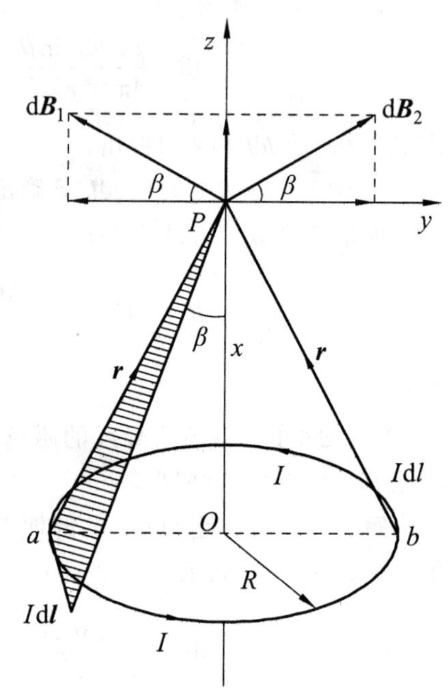

图 6.8 圆电流轴上的磁场分布

各电流元在 P 点产生的磁场的 z 分量之和为

$$B=\oint \mathrm{d}B\sin\beta=\frac{\mu_0}{4\pi}\oint\frac{I\mathrm{d}l\sin\theta\sin\beta}{r^2}$$

由于所有电流元都垂直于自己到场点的矢径，所以上式中 $\sin\theta=1$ 。又由图中的几何关系可知 $\sin\beta=\dfrac{R}{r}$ ，将这些代入上式积分得

$$B=\frac{\mu_0 R}{4\pi}\oint\frac{I\mathrm{d}l}{r^3}=\frac{\mu_0}{2}\frac{IR^2}{r^3}=\frac{\mu_0 IR^2}{2(R^2+x^2)^{3/2}} \tag{6.16}$$

轴线上 $\boldsymbol{B}$ 的方向都沿轴线与 I 成右手螺旋关系，$\boldsymbol{B}$ 的大小与到圆心的距离有关，离圆心越近，磁场越强，在圆心处 $x=0$ ，这时

$$B=\frac{\mu_0 I}{2R} \tag{6.17}$$

将此式变成 $B=\dfrac{\mu_0 I}{4\pi R}(2\pi)$ ，它表明整个圆电流或一段圆弧形电流，在圆心处产生的 B 与圆心角的弧度成正比。由此可以导出一段载流为 I ，圆心角为 φ 的圆弧在圆心处的磁感应强度大小为

$$B=\frac{\mu_0 I}{4\pi R}\varphi \tag{6.18}$$

在轴上离圆心很远的地方，$x\gg R$ ，由式（6.16）可得

$$B=\frac{\mu_0 IR^2}{2x^3} \tag{6.19}$$

将此式分子、分母同乘 2π，并由磁矩 $p_m=I\cdot\pi R^2$，得

$$B=\frac{\mu_0}{4\pi}\cdot\frac{2p_m}{x^3}$$

此式与电偶极子在臂的延长线上产生的电场强度相似。

【例 6.3】 载流螺线管轴上的磁场分布：设载流为 I 的密绕螺线管，长为 L，横截面的半径为 R，单位长度内的匝数为 n，求轴上任一点的磁感应强度矢量 $\boldsymbol{B}$。

解：如图 6.9 所示，由于螺旋管密绕，所以可近似看成一系列彼此平行、共轴、同半径的圆电流，轴上任一点 P 处的 $\boldsymbol{B}$，等于各圆电流在该点产生的磁场的叠加。今在螺线管上取长为 $\mathrm{d}x$ 的元段，这元段上共有 $n\mathrm{d}x$ 匝。它相当于一个电流为 $In\mathrm{d}x$ 的圆电流。根据公式（6.16）

$$\mathrm{d}B=\frac{\mu_0}{2}\frac{R^2In\mathrm{d}x}{(R^2+x^2)^{3/2}}$$

$\mathrm{d}\boldsymbol{B}$ 的方向沿 x 轴，因为各个圆电流在 P 点产生的 $\mathrm{d}\boldsymbol{B}$ 方向相同，所以，P 点总的磁感应强度为

$$B=\frac{\mu_0 IR^2 n}{2}\int\frac{\mathrm{d}x}{(R^2+x^2)^{3/2}} \tag{6.20}$$

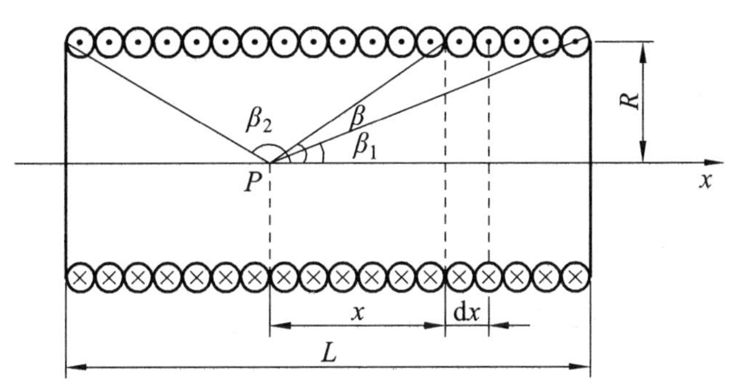

图 6.9 螺线管轴上的磁场分布

为了方便，将被积函数换为 β 的函数，β 表示从场点 P 到小段 $n\mathrm{d}x$ 的矢径与 x 轴的夹角。于是，由图可知 $x=R\cot\beta$，微分得

$$\mathrm{d}x=-\frac{R\mathrm{d}\beta}{\sin^2\beta}$$

又

$$R^2+x^2=R^2+R^2\cot^2\beta=\frac{R^2}{\sin^2\beta}$$

将 $\mathrm{d}x$ 和 R^2+x^2 之值代入式（6.20），整理得

$$B=-\frac{\mu_0 nI}{2}\int_{\beta_2}^{\beta_1}\sin\beta\mathrm{d}\beta=\frac{\mu_0 nI}{2}(\cos\beta_1-\cos\beta_2) \tag{6.21}$$

式中 β_1，β_2——从 P 点到螺线管右端和左端的连线与 x 轴的夹角。

轴上不同的点，β_1和β_2不同，从而 **B** 的大小不同，**B** 的方向沿 x 轴方向。

对于无限长螺线管，$\beta_1 = 0$，$\beta_2 = \pi$，代入式（6.21）得

$$B = \mu_0 nI \tag{6.22}$$

可见，无限长螺线管轴上各点的 **B** 大小、方向相同，是均匀磁场，其实，在整个无限长螺线管内部的 **B** 都是均匀的。

对于半无限长螺线管，$\beta_1 = 0$，$\beta_2 = \pi/2$，或$\beta_1 = \pi/2$，$\beta_2 = 0$，代入式（6.21）得

$$B = \frac{1}{2}\mu_0 nI$$

螺线管内磁感应强度矢量 **B** 的方向，也满足右手螺旋关系，即右手四指沿电流方向弯曲，伸直的大拇指的指向即为 **B** 的方向。

6.2.3 运动电荷的磁场

无论是导体中的电流还是磁铁，它们的本源都是一个，就是运动的电荷。因此可以说，电流产生的磁场，本质上还是由运动电荷产生的磁场。从毕奥-萨伐尔定律出发，可以导出运动电荷所产生的磁场。

如图 6.10 所示，电流元 $I\mathrm{d}\boldsymbol{l}$ 的横截面积为 S，载流子数密度为 n，每一载流子的电量为 q，以漂流速度 $\boldsymbol{u}$ 定向运动。由电流定义可知，$I = \dfrac{\Delta q}{\Delta t} = nqSu$，于是 $I\mathrm{d}\boldsymbol{l} = nqSu\mathrm{d}\boldsymbol{l} = nqS\mathrm{d}l\boldsymbol{u}$，代入式（6.10），可得电流元 $I\mathrm{d}\boldsymbol{l}$ 在任意场点 P 所产生的磁感应强度为

$$\mathrm{d}\boldsymbol{B} = \frac{\mu_0}{4\pi}\cdot\frac{nqS\mathrm{d}l\boldsymbol{u}\times\hat{\boldsymbol{r}}}{r^2}$$

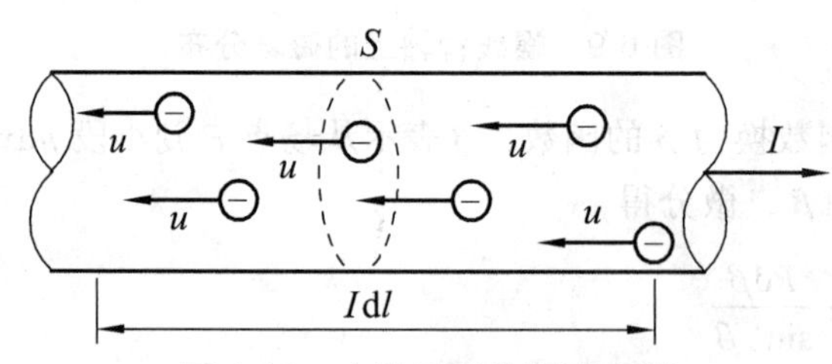

图 6.10 电流元中的运动电荷

由于电流元中载流子总数 $\mathrm{d}N = nS\mathrm{d}l$，电流元的磁场 $\mathrm{d}\boldsymbol{B}$ 实质上就是由这 $\mathrm{d}N$ 个运动电荷共同激发的，因此每一个运动电荷产生的磁感应强度应为

$$\boldsymbol{B} = \frac{\mathrm{d}\boldsymbol{B}}{\mathrm{d}N} = \frac{\mu_0}{4\pi}\cdot\frac{q\boldsymbol{u}\times\hat{\boldsymbol{r}}}{r^2} \tag{6.23}$$

应该指出，式中的 q 是代数量。当 $q > 0$ 时，**B** 的方向与（$\boldsymbol{u}\times\hat{\boldsymbol{r}}$）的方向相同；$q < 0$ 时，**B** 的方向与（$\boldsymbol{u}\times\hat{\boldsymbol{r}}$）的方向相反。

式（6.23）说明了电流激发磁场的微观本质。

实验表明，若干个运动电荷共同激发的磁场对某一运动电荷 q 的磁场力等于各个场源运动电荷单独激发的磁场对 q 的磁场力的矢量和。所以，若干个运动电荷共同激发的磁场在某点的总的磁感应强度等于各场源电荷单独激发的磁场在该点的磁感应强度的矢量和

$$\boldsymbol{B}=\sum_i \boldsymbol{B}_i \tag{6.24}$$

这个结论称为磁场的叠加原理。

对于电子绕核运动这个简单模型，利用式（6.23）可以直接求出其磁效应。当电子以速度 $\boldsymbol{u}$ 绕核作半径为 R 的圆周运动时，在核所在位置（圆心处）产生的磁感应强度为

$$\boldsymbol{B}=\frac{\mu_0}{4\pi}\cdot\frac{(-e)\boldsymbol{u}\times\hat{\boldsymbol{r}}}{R^2}$$

式中　$\hat{\boldsymbol{r}}$——从运动电荷指向中心点之矢径的单位矢量。

由于运动速度 $\boldsymbol{u}$ 始终与单位矢径 $\hat{\boldsymbol{r}}$ 垂直，所以，$\boldsymbol{u}\times\hat{\boldsymbol{r}}$ 的大小总是 u，因此 $\boldsymbol{B}$ 的大小为

$$B=\frac{\mu_0}{4\pi}\cdot\frac{eu}{R^2}$$

方向与 $\boldsymbol{u}\times\hat{\boldsymbol{r}}$ 反向。

这个例子表明，原子不仅是电性的系统，而且还是一个磁性的系统。这对于探究物质磁性的起源是很有帮助的。

6.3 磁高斯定理和安培环路定理

6.3.1 磁通量

为了形象地描述恒定磁场，可以引入磁场线（也称磁感应线）来描述磁场。我们规定：① 磁场线为一些有向曲线，其上各点的切线方向与该点处的磁感应强度 $\boldsymbol{B}$ 方向一致；② 在磁场中某点处，垂直于该点磁感应强度 $\boldsymbol{B}$ 的单位面积所穿过的磁场线条数等于该场点处 $\boldsymbol{B}$ 的大小，即 $B=\dfrac{\mathrm{d}N}{\mathrm{d}S_\perp}$。由这样的规定，在磁场线分布图中，磁场线密集的地方，表示磁感应强度 $\boldsymbol{B}$ 较大，而在磁场线稀疏的地方，表示磁感应强度 $\boldsymbol{B}$ 较小。

图 6.11 是小磁棒周围铁粉的分布情况及根据实验描绘出的无限长载流直导线、载流圆线圈和载流螺线管等几种典型磁场的磁场线图。从图中可以看到，磁场线都是环绕电流既无起点又无终点的闭合曲线（包括两头伸向无限远的曲线）。同时，磁场线的环绕方向与电流方向遵从右手螺旋法则，如图 6.12 所示。

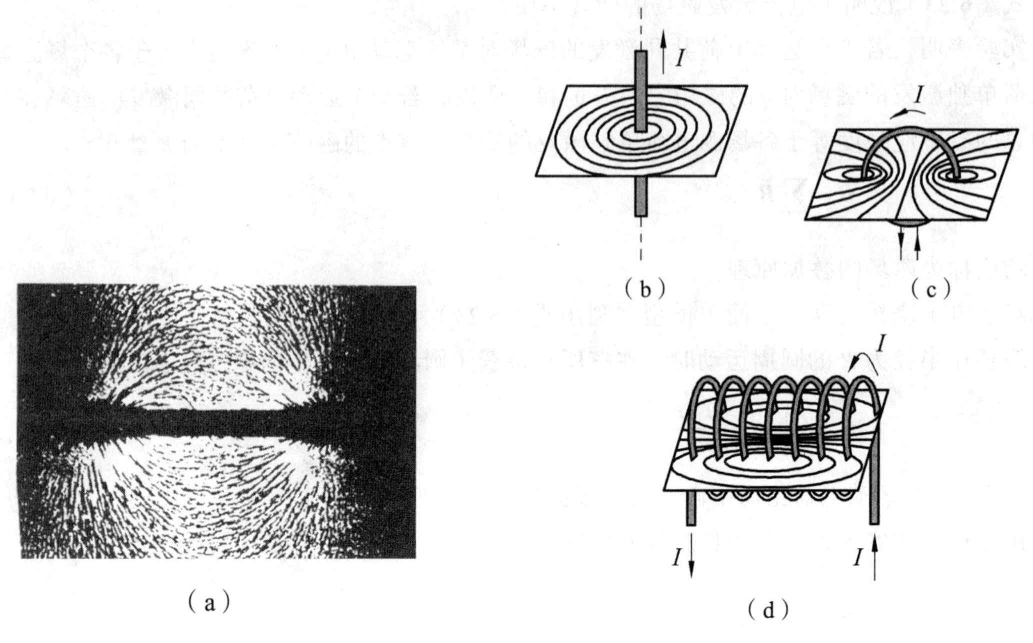

图 6.11　几种典型磁场线图

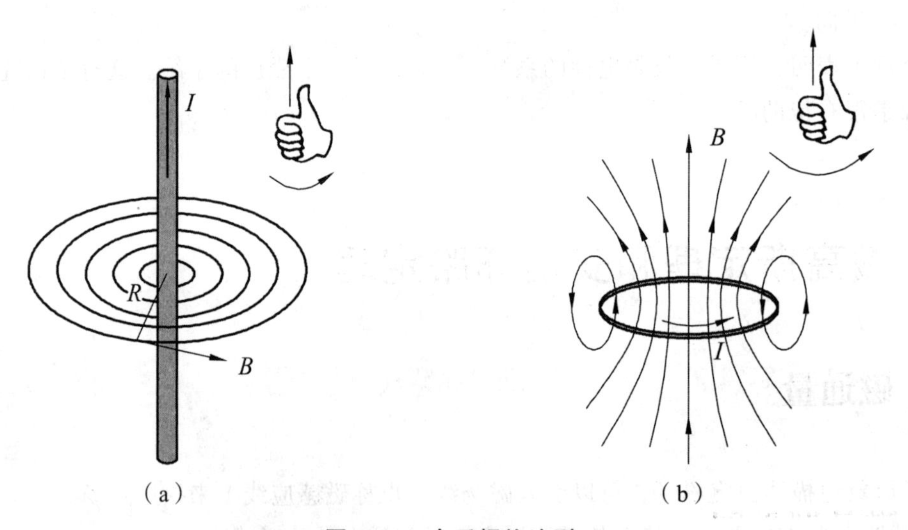

图 6.12　右手螺旋法则

在磁场中穿过任意曲面 S 的磁场线的条数称为穿过该面的磁通量，用 Φ_m 表示。如图 6.13 所示，为求得穿过磁场中任意曲面的磁通量，我们将曲面 S 分割为无限多个面积元，并根据上述磁场线的规定，在磁场中穿过任一面积元 dS 的磁通量为

$$d\Phi_m = BdS_{\perp} = B\cos\theta dS \tag{6.25}$$

式中　θ——面积元 dS 的法向 $\boldsymbol{n}$ 和磁感应强度 $\boldsymbol{B}$ 间的夹角。

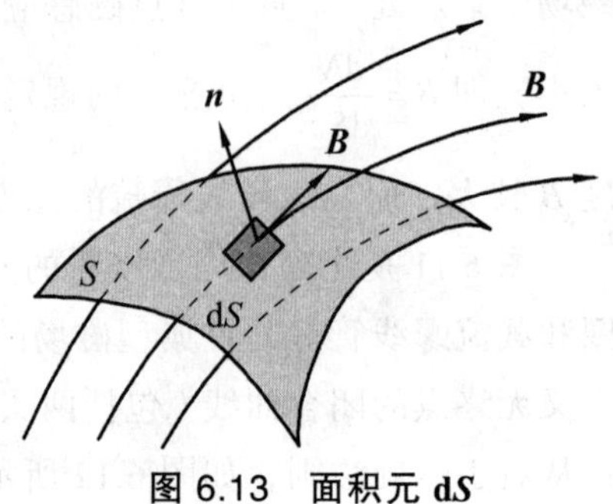

图 6.13　面积元 dS

根据矢量标积的定义，穿过面积元 dS 的磁通量也可表示为

$$\mathrm{d}\Phi_{\mathrm{m}} = \boldsymbol{B}\cdot\mathrm{d}\boldsymbol{S}$$

式中　d$\boldsymbol{S}$——面积元矢量，$\mathrm{d}\boldsymbol{S} = \mathrm{d}S\boldsymbol{n}$。

通过积分，便可得到穿过整个曲面 S 的磁通量

$$\Phi_{\mathrm{m}} = \int_S \boldsymbol{B}\cdot\mathrm{d}\boldsymbol{S} \tag{6.26}$$

如果 S 为任意闭合曲面，则在磁场中穿过 S 的磁通量为

$$\Phi_{\mathrm{m}} = \oint_S \boldsymbol{B}\cdot\mathrm{d}\boldsymbol{S} \tag{6.27}$$

对于闭合曲面 S 来说，仍取曲面的法线 $\boldsymbol{n}$ 向外为正。当磁场线由闭合曲面穿出时，$\boldsymbol{B}$ 与法线 $\boldsymbol{n}$ 的夹角 θ 为 $0\leqslant\theta<\pi/2$，相应的磁通量为正；当磁场线穿入任意闭合曲面时，$\boldsymbol{B}$ 与法线 $\boldsymbol{n}$ 间的夹角为 $\dfrac{\pi}{2}<\theta\leqslant\pi$，相应的磁通量为负；当磁场线与闭合曲面相切时，$\boldsymbol{B}$ 与法线 $\boldsymbol{n}$ 间的夹角为 $\theta=\dfrac{\pi}{2}$，相应的磁通量为 0。如图 6.14 所示，因此，磁通量为代数量。

在 SI 制中，磁通量的单位是韦伯（wb）。

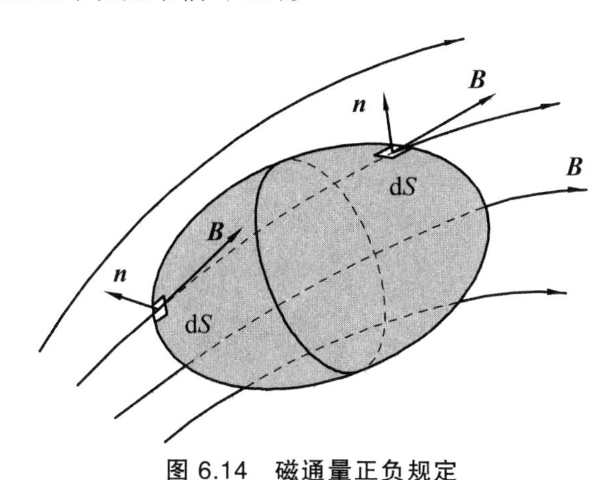

图 6.14　磁通量正负规定

6.3.2　磁高斯定理

由于磁场线都是闭合曲线，因此，从一个闭合曲面 S 某处穿进的磁场线必定要从该闭合曲面的另一处穿出，所以，通过磁场中任意闭合曲面 S 的净磁通量恒等于零，即

$$\oint_S \boldsymbol{B}\cdot\mathrm{d}\boldsymbol{S} = 0 \tag{6.28}$$

式（6.28）称为磁高斯定理，它是电磁场的一条基本规律。

将静电场的高斯定理 $\oint_S \boldsymbol{E}\cdot\mathrm{d}\boldsymbol{S} = \sum_i \dfrac{q_{内}}{\varepsilon_0}$ 与磁场的高斯定理 $\oint_S \boldsymbol{B}\cdot\mathrm{d}\boldsymbol{S} = 0$ 相比较可知，静电场

$\boldsymbol{E}$ 通过任意闭合曲面的通量不为零，而磁场线 $\boldsymbol{B}$ 通过任意闭合曲面的通量恒为零。两者的差别在于静电场线是由电荷发出的，总是源自于正电荷，终止于负电荷，因此，静电场是有源场；而磁场线都是环绕电流的、无首无尾的闭合曲线，因此，磁场是无源场。这表明磁场没有与正、负电荷相对应的正、负“磁荷”（即磁单极）存在。

6.3.3 安培环路定理

在静电场中，电场强度 $\boldsymbol{E}$ 沿任一闭合路径 L 的线积分（称为 $\boldsymbol{E}$ 的环流）恒等于零，即 $\oint_L \boldsymbol{E}\cdot d\boldsymbol{l}=0$，它反映了静电场是无旋场、保守场这一基本性质。下面，我们来计算在恒定磁场中，$\boldsymbol{B}$ 矢量沿任一闭合路径 L 的线积分 $\oint_L \boldsymbol{B}\cdot d\boldsymbol{l}$（称为 $\boldsymbol{B}$ 的环流）。

如前所述，无限长载流直导线周围的磁场线是一系列在垂直于导线的平面内、圆心在导线上的同心圆。在垂直于导线的平面内，作一包围无限长载流直导线的任意闭合路径 L，如图 6.15（a）所示。因为无限长直导线产生的磁感应强度 $\boldsymbol{B}$ 的大小为

$$B=\frac{\mu_0 I}{2\pi r}$$

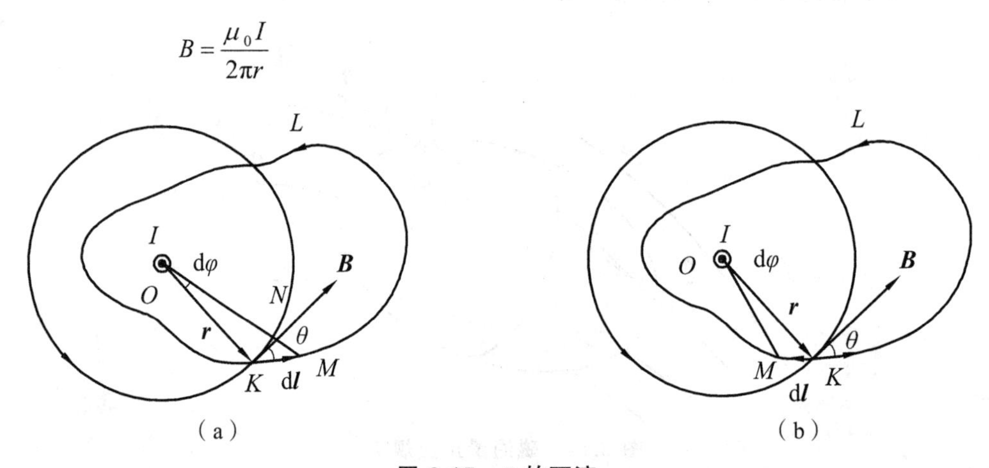

图 6.15　$\boldsymbol{B}$ 的环流

磁感应强度 $\boldsymbol{B}$ 的方向与位矢 $\boldsymbol{r}$ 垂直，指向由右手螺旋法则确定。在场点 K 处取一线元 $d\boldsymbol{l}$，若取闭合路径环绕方向与电流方向满足右螺旋法则，如图 6.15（a）所示，$d\boldsymbol{l}$ 与 $\boldsymbol{B}$ 间的夹角为 θ，有 $dl\cos\theta=rd\varphi$，$d\varphi$ 是 $d\boldsymbol{l}$ 对圆心 O 点所张的角，将上式代入磁感应强度 $\boldsymbol{B}$ 的环流公式，得

$$\oint_L \boldsymbol{B}\cdot d\boldsymbol{l}=\oint\frac{\mu_0 I}{2\pi r}\cos\theta dl=\frac{\mu_0 I}{2\pi}\int_0^{2\pi}d\varphi=\mu_0 I \tag{6.29}$$

如果闭合路径反向绕行，即绕行方向与电流方向之间满足左手螺旋法则，如图 6.15（b）所示，这时，$d\boldsymbol{l}$ 与 $\boldsymbol{B}$ 间的夹角为（$\pi-\theta$），$dl\cos(\pi-\theta)=-rd\varphi$，则有

$$\oint_L \boldsymbol{B}\cdot d\boldsymbol{l}=-\mu_0 I=\mu_0(-I) \tag{6.30}$$

由以上讨论，可以看出：① 磁场中磁感应强度 $\boldsymbol{B}$ 沿闭合路径的线积分与闭合路径的形状及大小无关，只与闭合路径包围的无限长载流直导线的电流有关；② 当电流的方向与闭合路径绕行方向间满足右手螺旋法则时，电流 I 取正值，反之，I 取负值，作此规定后，式(6.30)可以统一到式（6.29）。

若在磁场中取不包围无限长载流直导线的任意一个平面闭合路径 L，如图 6.16 所示，这时，可以从无限长载流直导线出发作许多条射线，将环路 L 分割为成对的线元，$\mathrm{d}\boldsymbol{l}_1$ 和 $\mathrm{d}\boldsymbol{l}_2$ 就是其中任意一对，它们对无限长载流直导线张有同一圆心角 $\mathrm{d}\varphi$，设 $\mathrm{d}\boldsymbol{l}_1$ 和 $\mathrm{d}\boldsymbol{l}_2$ 分别与导线相距 r_1 和 r_2，则有

$$\boldsymbol{B}_1\cdot\mathrm{d}\boldsymbol{l}_1=B_1\mathrm{d}l_1\cos\theta_1=-B_1r_1\mathrm{d}\varphi=-\frac{\mu_0 I}{2\pi}\mathrm{d}\varphi$$

$$\boldsymbol{B}_2\cdot\mathrm{d}\boldsymbol{l}_2=B_2\mathrm{d}l_2\cos\theta_2=B_2r_2\mathrm{d}\varphi=\frac{\mu_0 I}{2\pi}\mathrm{d}\varphi$$

对于每一对线元 $\mathrm{d}\boldsymbol{l}_1$ 和 $\mathrm{d}\boldsymbol{l}_2$，都有

$$\boldsymbol{B}_1\cdot\mathrm{d}\boldsymbol{l}_1+\boldsymbol{B}_2\cdot\mathrm{d}\boldsymbol{l}_2=0$$

这个结果表明，$\oint_L\boldsymbol{B}\cdot\mathrm{d}\boldsymbol{l}=0$，也就是说，未被闭合路径 L 包围的无限长载流直导线尽管在空间产生磁场，但对于 $\boldsymbol{B}$ 在 L 上的环流却为 0。

可以证明，所得结论对任意闭合积分路径 L、包围有多根载有大小不相同、方向也不相同的恒定电流的情况，如图 6.17 所示，式（6.29）和式（6.30）仍然是正确的，即

$$\oint_L\boldsymbol{B}\cdot\mathrm{d}\boldsymbol{l}=\mu_0 I=\mu_0\sum_L I_i \tag{6.31}$$

式中，右端的电流是闭合路径 L 包围的电流代数和，左端的 $\boldsymbol{B}$ 则是所有电流（其中也包括未被 L 包围的电流）产生的磁感应强度的矢量和。

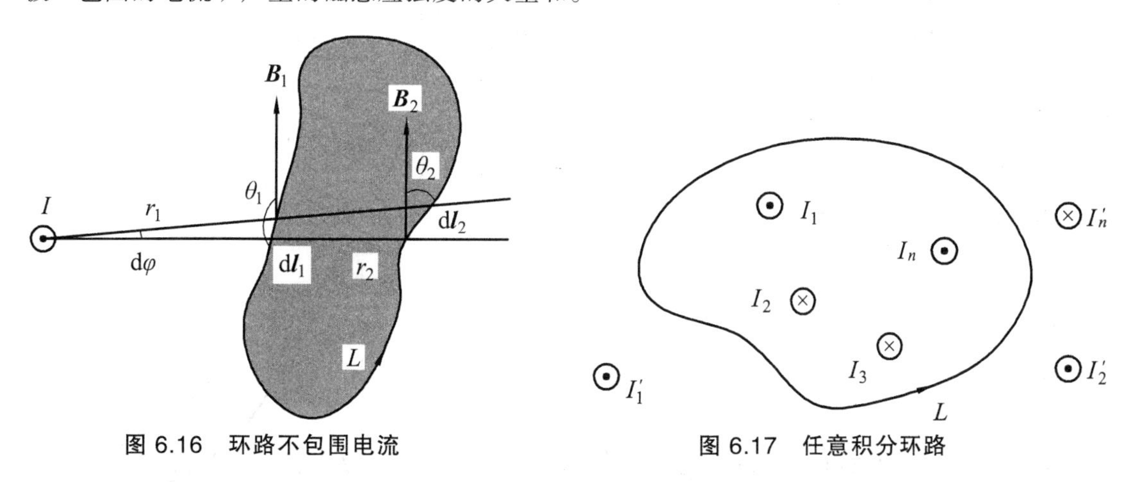

图 6.16 环路不包围电流

图 6.17 任意积分环路

式（6.31）表明，恒定磁场的磁感应强度 $\boldsymbol{B}$ 沿闭合路径 L 的积分，等于闭合路径 L 所包围的电流代数和的 μ_0 倍，由理论和实验表明，式（6.31）对于任意形状的稳恒电流所产生的

磁场都正确，这就是恒定磁场的安培环路定理。这一定理反映了恒定磁场的基本性质。

在矢量分析中，把矢量环流等于零的场称为无旋场，反之称为有旋场（也称涡旋场）。因此，静电场为无旋场，恒定磁场为有旋场。

6.3.4 安培环路定理的应用举例

在载流导体具有某种对称性时，利用安培环路定理可以很方便地计算电流产生的磁场的磁感应强度 $\boldsymbol{B}$。

【例 6.4】 无限长均匀载流圆柱导体的磁场：无限长均匀载流圆柱导体的截面半径为 R，电流 I 沿轴线方向流动，试求载流圆柱导体内、外的磁感应强度 $\boldsymbol{B}$。

解：因在圆柱导体截面上的电流均匀分布，而且圆柱导体为无限长，所以，磁场以圆柱导体轴线为对称轴，磁场线是在垂直于轴线的平面内，并以该平面与轴线交点为中心的同心圆，如图 6.18 所示，为求解无限长均匀载流圆柱导体外距离轴线为 r 处一点 P 的磁感应强度，可取通过 P 点的磁场作为积分路径 L，并使电流方向与积分路径环绕方向间满足右手螺旋法则，则有 $\boldsymbol{B}\cdot \mathrm{d}\boldsymbol{l} = B\mathrm{d}l$，且在 L 上 $\boldsymbol{B}$ 的大小处处相同，应用安培环路定理，有

$$\oint \boldsymbol{B}\cdot \mathrm{d}\boldsymbol{l} = B\cdot 2\pi r = \mu_0 I$$

可得

$$B = \frac{\mu_0 I}{2\pi r} \quad (r > R)$$

即在圆柱导体外部，$\boldsymbol{B}$ 的大小与该点到轴线的距离 r 成反比，这一结果与将全部电流 I 集中在圆柱导体轴线上的一根无限长载流直导线所产生的磁场相同。

对圆柱导体内一点 Q 来说，可用同样的方法求解磁感应强度。以过 Q 点的磁场线为积分路径 L，如图 6.18 所示，这时，闭合积分路径包围的电流只是总电流 I 的一部分，设其为 I'，在电流均匀分布的情况下，由于电流密度 $j = \dfrac{I}{\pi R^2}$，所以

$$I' = j\pi r^2 = I\frac{r^2}{R^2}$$

于是有

$$\oint \boldsymbol{B}\cdot \mathrm{d}\boldsymbol{l} = B\cdot 2\pi r = \mu_0 I' = \frac{\mu_0 r^2 I}{R^2}$$

$$B = \frac{\mu_0 I r}{2\pi R^2} \quad (r < R)$$

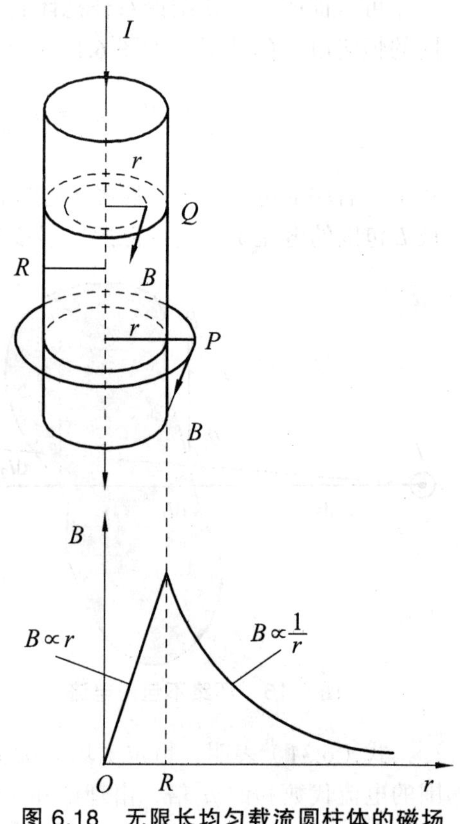

图 6.18 无限长均匀载流圆柱体的磁场

这一结果表明，在无限长均匀载流圆柱导体内，$\boldsymbol{B}$ 的大小与该点到轴线的距离 r 成正比。图 6.18 表示了 B-r 的分布曲线。

【例 6.5】 无限长载流螺线管内的磁场：设无限长载流螺线管中通有电流 I，单位长度上的匝数为 n，试求载流螺线管内的外磁感应强度 $\boldsymbol{B}$。

解： 在例 6.3 中，用毕奥-萨伐尔定律得到无限长载流螺线管轴线上各点磁感应强度 $\boldsymbol{B}$ 的大小为 $B=\mu_0 nI$，其方向沿轴线，指向由右手螺旋法则确定，在图 6.19 中 $\boldsymbol{B}$ 指向向右。根据对称性可知，管内平行于轴线的任一直线上各点的磁感应强度大小也应相同，过管内 M 点作矩形闭合路径 $abcda$，其中 ab 边在轴线上。对 $abcda$ 闭合路径应用安培环路定理，由于闭合路径不包围电流，故有

$$\oint_L \boldsymbol{B}\cdot \mathrm{d}\boldsymbol{l}=\int_a^b \boldsymbol{B}\cdot \mathrm{d}\boldsymbol{l}+\int_b^c \boldsymbol{B}\cdot \mathrm{d}\boldsymbol{l}+\int_c^d \boldsymbol{B}\cdot \mathrm{d}\boldsymbol{l}+\int_d^a \boldsymbol{B}\cdot \mathrm{d}\boldsymbol{l}=0$$

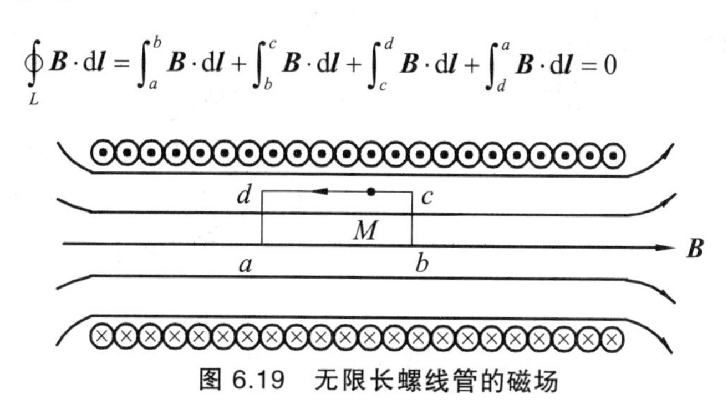

图 6.19 无限长螺线管的磁场

因为在 da 和 bc 段上，$\boldsymbol{B}$ 与 $\mathrm{d}\boldsymbol{l}$ 垂直，所以有

$$\int_d^a \boldsymbol{B}\cdot \mathrm{d}\boldsymbol{l}=\int_b^c \boldsymbol{B}\cdot \mathrm{d}\boldsymbol{l}=0$$

则

$$\int_a^b \boldsymbol{B}\cdot \mathrm{d}\boldsymbol{l}+\int_b^c \boldsymbol{B}\cdot \mathrm{d}\boldsymbol{l}+\int_c^d \boldsymbol{B}\cdot \mathrm{d}\boldsymbol{l}+\int_d^a \boldsymbol{B}\cdot \mathrm{d}\boldsymbol{l}=B\cdot ab-B_M cd=0$$

而 $ad=cb$，$B=\mu_0 nI$，故

$$B_M=B=\mu_0 nI$$

$\boldsymbol{B}_M$ 方向与 $\boldsymbol{B}$ 相同。

结果表明：无限长载流螺线管内 $\boldsymbol{B}$ 的大小与螺线管的直径无关，在螺线管的横截面上各点的 B 是常量，即无限长载流螺线管内为均强磁场。虽然上式是从无限长载流螺线管导出的，但对实际螺线管内靠近中央轴线部分的各点也可以认为是适用的。在实际应用中，无限长载流螺线管是建立匀强磁场的一个常用方法。

依据上述方法，围绕螺线管的轴线在螺线管外做闭合路径 L，可以证明无限长载流螺线管外的磁感应强度 $\boldsymbol{B}=0$。

【例 6.6】 载流螺绕环的磁场：设一螺绕环的总匝数为 N，螺绕环中通有电流 I，试求载流螺绕环内轴线上一点 P 的磁感应强度 $\boldsymbol{B}$。

解： 当环上线圈绕得很密时，则其磁场几乎全部集中在环内，根据对称性，环内的磁力线都是同心圆，如图 6.20 所示，在同一条磁力线上各点磁感应强度 $\boldsymbol{B}$ 的大小都相等，方向沿着圆的切线方向，且与电流 I 的方向间满足右手螺旋法则。为求螺绕环内离环心 O 距离为 r 处

的一点 P 的磁感应强度，可取过 P 点的磁场线为积分路径 L，根据安培环路定理，有

$$\oint_L \boldsymbol{B}\cdot \mathrm{d}\boldsymbol{l} = B\oint_L \mathrm{d}l = B\cdot 2\pi r = \mu_0 NI$$

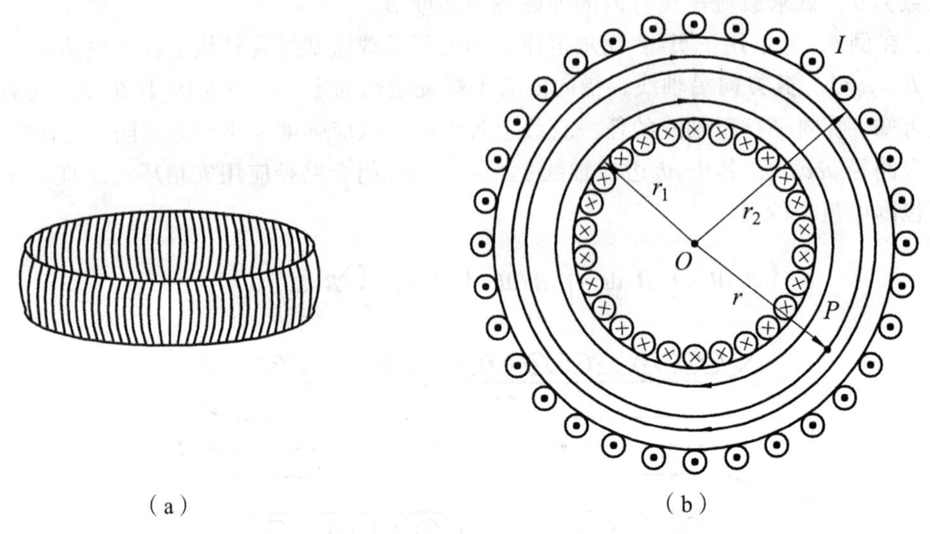

图 6.20　载流螺绕环的磁场

可得

$$B=\frac{\mu_0 NI}{2\pi r}$$

由此可见，在载流螺绕环横截面上各点 $\boldsymbol{B}$ 的大小不同，它随 r 的变化而变化。

求载流螺绕环外一点的磁感应强度 $\boldsymbol{B}$ 时，可用同样的方法，过该点取以环心为圆心的圆为积分路径 L'，这时 L' 包围电流的代数和 $\sum I_i = 0$，故得

$$B=0$$

6.4　磁场对电流及运动电荷的作用

6.4.1　磁场对载流导线的作用

放置在磁场中的载流导线将受到磁场力（安培力），这是由安培首先发现并进行了一系列实验研究后，给出了著名的安培力公式。为了计算磁场对载流导线的安培力，可由式（6.8）先确定电流元 $I\mathrm{d}\boldsymbol{l}$ 所受到的安培力 $\mathrm{d}\boldsymbol{F}$，然后通过积分计算出整个载流导线所受的安培力，即

$$\boldsymbol{F}=\int_l \mathrm{d}\boldsymbol{F}=\int_L I\mathrm{d}\boldsymbol{l}\times\boldsymbol{B} \tag{6.32}$$

式中 $\boldsymbol{B}$——载流导线上各电流元所在处的磁感应强度。

利用安培定律可以计算各种形状的载流回路在外磁场中所受的力和力矩。下面将首先介绍磁场对载流导线的作用力，再讨论磁场对载流线圈的力矩。

【例 6.7】 两平行长直电流的相互作用：设两无限长平行直导线 1、2 相距 r，分别载有稳恒电流 I_1 和 I_2，如图 6.21 所示，求导线上单位长度所受的磁场力。

解： 电流 I_1 在 I_2 所在处的磁场

$$B_1 = \frac{\mu_0 I_1}{2\pi r}$$

$\boldsymbol{B}_1$ 的方向如图 6.21 所示，它对导线 2 上的电流元 $I_2 \mathrm{d}\boldsymbol{l}_2$ 作用的安培力大小

$$\mathrm{d}F_2 = B_1 I_2 \mathrm{d}l_2 = \frac{\mu_0 I_1 I_2 \mathrm{d}l_2}{2\pi r}$$

方向如图 6.21 所示。

导线 2 上单位长度所受的磁场力

$$f_2 = \frac{\mathrm{d}F_2}{\mathrm{d}l_2} = \frac{\mu_0 I_1 I_2}{2\pi r}$$

同理可得，导线 1 上单位长度受力

$$f_1 = \frac{\mathrm{d}F_1}{\mathrm{d}l_1} = \frac{\mu_0 I_1 I_2}{2\pi r}$$

当两电流同向时，互相吸引，反向时互相排斥。

在 SI 制中，电流的单位就是利用上式来定义的：在真空中相距 1 m 的两条平行长直导线，通以相同的电流，如果每米长度导线上所受的磁场力为 2×10^{-7} N，那么导线中的电流为 1 安培（A）。安培是 SI 制的基本单位之一。

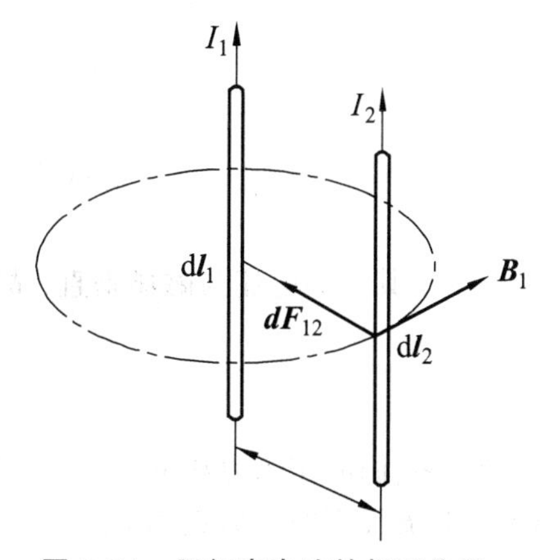

图 6.21 平行直电流的相互作用

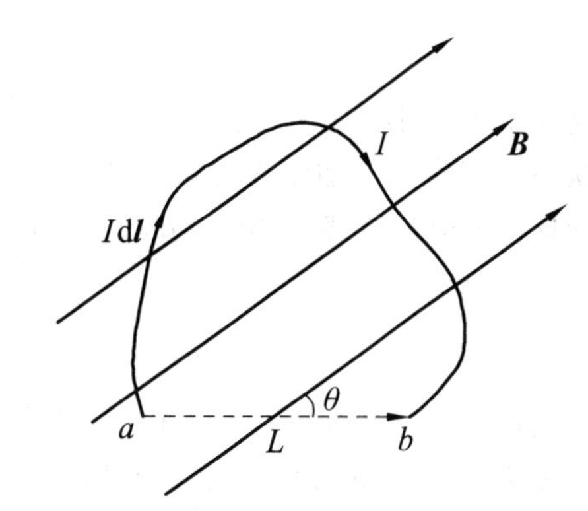

图 6.22 弯曲载流导线所受的磁场力

【例 6.8】 均匀磁场中弯曲载流导线所受的磁场力：设均匀磁场磁感应强度为 $\boldsymbol{B}$，弯曲导线 ab 中通有稳恒电流 I，从 a 到 b 的矢量为 $\boldsymbol{L}$，如图 6.22 所示，求 ab 所受磁场力。

解：在载流导线上取电流元 $I\mathrm{d}\boldsymbol{l}$，在安培定律表达式（6.32）中 $\boldsymbol{B}$ 为电流元所在处的总磁感应强度，包括外磁场和电流元所在载流导线上除电流元外其余部分的贡献，一般情况下略去电流元所在回路其余部分在该电流元处所产生的磁场。因此只计算电流元所受外磁场的作用力，即

$$\boldsymbol{F}=\int_a^b I\mathrm{d}\boldsymbol{l}\times\boldsymbol{B}=I\int_a^b \mathrm{d}\boldsymbol{l}\times\boldsymbol{B}$$

而

$$\int_a^b \mathrm{d}\boldsymbol{l}=\boldsymbol{L}$$

所以

$$\boldsymbol{F}=I\boldsymbol{L}\times\boldsymbol{B}$$

在图 6.22 所示情况下，磁场力的大小为

$$F=BIL\sin\theta$$

其方向垂直于纸面向外。

由此得出：在均匀磁场中，弯曲载流导线所受磁场力与从起点到终点间载有同样电流的直导线所受的磁场力相等。

6.4.2 匀强磁场对平面载流线圈的作用

设在磁感应强度为 $\boldsymbol{B}$ 的匀强磁场中，有一刚性矩形平面载流线圈 $ABCDA$，边长分别为 l_1 和 l_2，线圈可以绕垂直于磁场的轴 OO' 自由转动，$\boldsymbol{B}$ 与线圈平面间的夹角为 θ，现分别分析磁场对载流线圈四条边的作用力及线圈的运动。

根据安培力公式，可确定磁场作用在线圈导线 BC 和 DA 上安培力的大小，分别为

$$F_{BC}=BIl_1\sin\theta$$

$$F_{DA}=BIl_1\sin(\pi-\theta)=-BIl_1\sin\theta$$

这两个力大小相等、方向相反，作用在一条直线上，因此，它们对改变平面载流线圈的运动状态不起作用，如图 6.23（a）所示。

同样，可以计算线圈导线 AB 和 CD 所受的安培力，由于其上的电流与磁场垂直，故安培力的大小分别为

$$F_{AB}=F_{CD}=BIl_2$$

这表明它们也是大小相等、方向相反，如图 6.23（b），但是它们的作用力却不在一条直线上，于是形成力矩。从图 6.23（b）上看出，磁场作用于平面载流线圈的磁力矩 $\boldsymbol{M}$ 的大小为

$$M=F_{AB}l_1\cos\theta=BIl_2l_1\sin\varphi=BIS\sin\varphi$$

式中 S——平面载流线圈的面积，$S=l_1l_2$；

φ——平面载流线圈的正法向 $\boldsymbol{n}$（$\boldsymbol{n}$ 的方向与电流成右手螺旋关系）与 $\boldsymbol{B}$ 间的夹角。

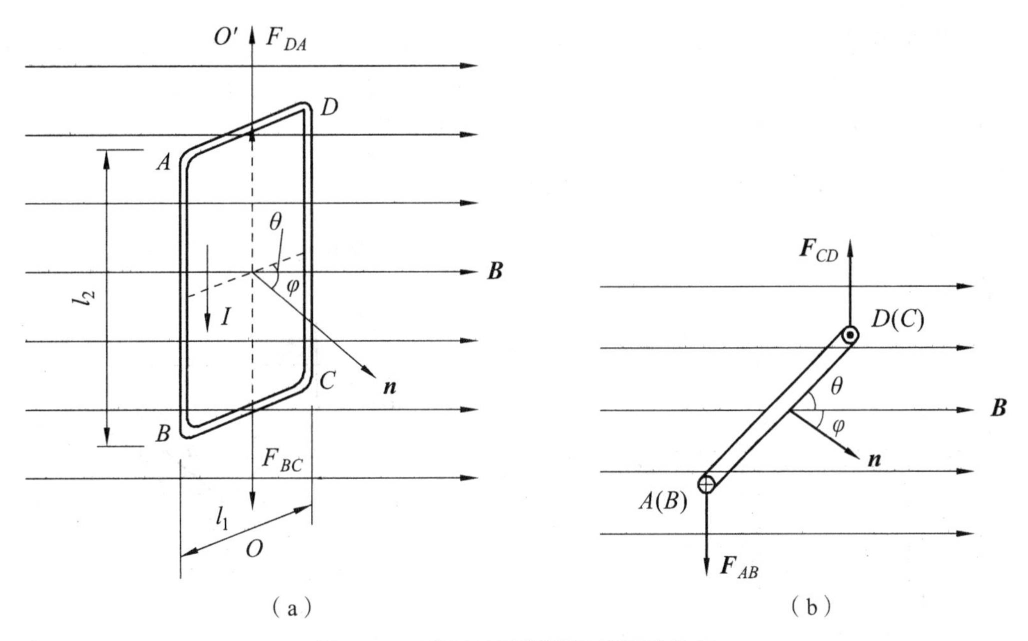

图 6.23　磁场对平面载流线圈的作用

由于平面载流线圈的磁矩 $\boldsymbol{p}_{\mathrm{m}}=IS\boldsymbol{n}$，故磁力矩可写成矢量形式，即

$$\boldsymbol{M}=\boldsymbol{p}_{\mathrm{m}}\times\boldsymbol{B} \tag{6.33}$$

如果线圈有 N 匝，则平面载流线圈受到的磁力矩为

$$\boldsymbol{M}=N\boldsymbol{p}_{\mathrm{m}}\times\boldsymbol{B} \tag{6.34}$$

从上述结果可以看出，匀强磁场对平面载流线圈的磁力矩 $\boldsymbol{M}$ 不仅与线圈中的电流 I、线圈面积 S 以及磁感应强度 $\boldsymbol{B}$ 有关，还与线圈平面与磁感应强度 $\boldsymbol{B}$ 间的夹角有关，式（6.33）适用于在匀强磁场中任意形状的平面载流线圈。

由式（6.33）可知，当 $\varphi=\pi/2$（即线圈平面与磁感应强度平行）时，磁力矩 M 达到最大值 $M_{\max}=BIS$，该磁力矩有使 φ 减小的趋势；当 $\varphi=0$（即线圈平面与磁感应强度垂直）时，$M=0$，载流线圈不受磁力矩作用，这时线圈处于一稳定平衡状态；当 $\varphi=\pi$ 时，$M=0$，此时磁力矩虽也等于零，但这时载流线圈处于一非稳定平衡状态，即当线圈受到一微小扰动后，它并不能够自动回到原来的平衡状态。

可见，磁场对平面载流线圈所作用的磁力矩，总是要使线圈转到其磁矩方向与磁感应强度方向相同的稳定平衡位置处，从磁通量角度分析，当 $\varphi=0$、$M=0$ 时，穿过载流线圈所围面积的磁通量最大；而当 $\varphi=\pi/2$、$M_{\max}=BIS$ 时，磁通量最小。

在非均匀磁场中，一般情况下载流线圈所受磁力和磁力矩均不为零，线圈不仅要转动，还要移向 $\boldsymbol{B}$ 较强的区域。

6.4.3　磁场力的功

载流导线和载流线圈在磁场力（安培力）和磁力矩作用下运动时，磁场力和磁力矩就要做功。

（1）设在磁感应强度为 $\boldsymbol{B}$ 的匀强磁场中有带一滑动导线 ab 的载流闭合回路 $abcda$，如图 6.24 所示，若回路中通有恒定电流 I，那么长为 l 的载流导线 ab 在磁场力 $\boldsymbol{F}$ 作用下将向右运动，当由初始位置 ab 移到 $a'b'$ 位置时，磁场力 $\boldsymbol{F}$ 做的功是

$$A = F\overline{aa'} = BIl\overline{aa'} = BI\Delta S = I\Delta\Phi_{\mathrm{m}} \tag{6.35}$$

这个结果表明，如果电流保持不变，磁场力 $\boldsymbol{F}$ 的功等于电流乘以通过回路所包围面积内磁通量的增量。

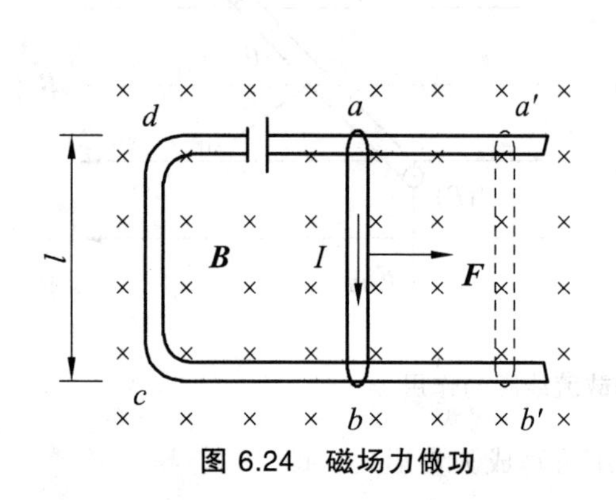

图 6.24　磁场力做功

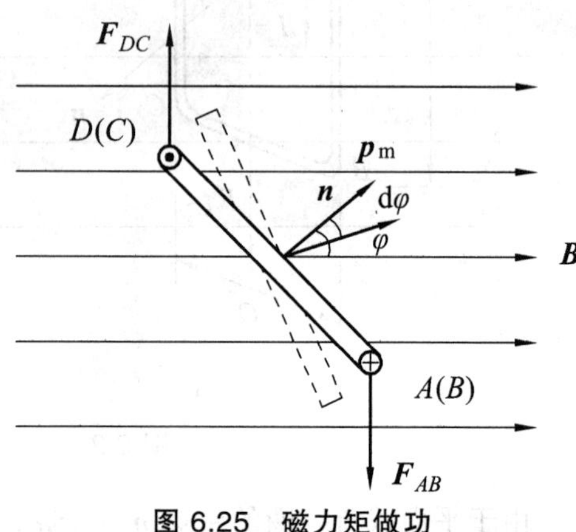

图 6.25　磁力矩做功

（2）载流线圈在磁场内转动时磁场力的功：

设一载流线圈在匀强磁场中作顺时针方向转动，如图 6.25 所示，若设法保持线圈中电流不变，由式（6.33）可知，线圈受到的磁力矩为 $M = BIS\sin\varphi$，当线圈转过 $\mathrm{d}\varphi$ 角时，磁力矩所做的元功为

$$\mathrm{d}A = -M\mathrm{d}\varphi = -BIS\sin\varphi\mathrm{d}\varphi = I\mathrm{d}(BS\cos\varphi) = I\mathrm{d}\Phi_{\mathrm{m}}$$

式中，负号表示磁力矩做正功时，将使 φ 角减小，$\mathrm{d}\varphi$ 为负值，当线圈从 φ_1 转到 φ_2 时，由上式积分，可得到磁力矩做的总功为

$$A = \int_{\Phi_1}^{\Phi_2} I\mathrm{d}\Phi_{\mathrm{m}} = I(\Phi_{\mathrm{m}2} - \Phi_{\mathrm{m}1}) = I\Delta\Phi_{\mathrm{m}} \tag{6.36}$$

这个结果与式（6.35）相同。

【例 6.9】　在图 6.26 中，正方形载流线圈与长直电流共面。保持电流 I_1、I_2 不变，求边长为 a 的正方形线圈离直线电流的距离由 b 变为 $b/2$ 过程中磁力所做的功。

解：建立如图 6.26 所示 Ox 坐标。直线电流 I_1 在周围产生的磁场为

$$B_1 = \frac{\mu_0 I_1}{2\pi r}$$

穿过正方形线圈中面积元 $\mathrm{d}S$ 的磁通量为

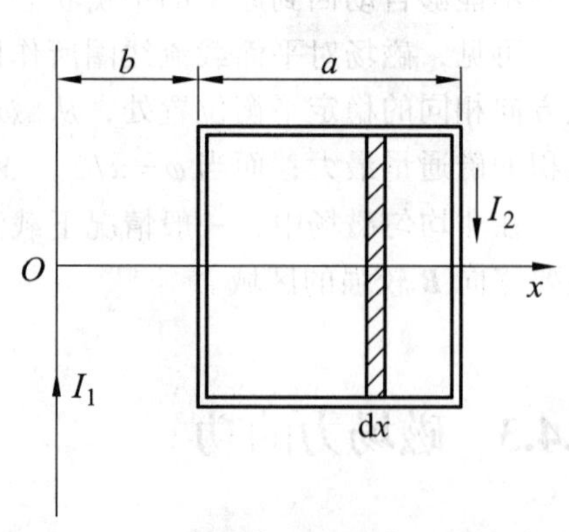

图 6.26　正方形载流线圈在磁场中运动

$$\mathrm{d}\Phi_{\mathrm{m}} = B \cdot \mathrm{d}S = \frac{\mu_0 I_1 a \mathrm{d}x}{2\pi x}$$

所求磁力的功为

$$A = I_2 \Delta\Phi_{\mathrm{m}} = I_2 \left(\int_{\frac{b}{2}}^{a+\frac{b}{2}} \frac{\mu_0 I_1}{2\pi x} a\mathrm{d}x - \int_{b}^{a+b} \frac{\mu_0 I_1}{2\pi x} a\mathrm{d}x \right)$$

$$= \frac{\mu_0 I_1 I_2 a}{2\pi} \left(\ln\frac{2a+b}{b} - \ln\frac{a+b}{b} \right) = \frac{\mu_0 I_1 I_2 a}{2\pi} \ln\frac{2a+b}{a+b}$$

6.4.4 带电粒子在磁场中的运动

载流导线在磁场中所受到的安培力就其微观本质来讲,应归结为运动电荷所受磁场力(也称洛伦兹力)的宏观表现,因此,我们可以直接从安培力公式来导出洛伦兹力。

已知任意电流元在磁场中受到的安培力为 $\mathrm{d}\boldsymbol{F} = I\mathrm{d}\boldsymbol{l} \times \boldsymbol{B}$,载流导线中的电流为 $I = nqvS$,由于运动电荷 q 速度 $\boldsymbol{v}$ 的方向与电流元 $I\mathrm{d}\boldsymbol{l}$ 的方向相同,所以,安培力也可写为

$$\mathrm{d}\boldsymbol{F} = nqvS\mathrm{d}\boldsymbol{l} \times \boldsymbol{B} = nqS\mathrm{d}l\boldsymbol{v} \times \boldsymbol{B} = \mathrm{d}Nq\boldsymbol{v} \times \boldsymbol{B}$$

则以速度 $\boldsymbol{v}$ 运动的单个带电粒子 q 在磁场中受到的磁场力 $\boldsymbol{f}$ 可表示为

$$\boldsymbol{f} = \frac{\mathrm{d}\boldsymbol{F}}{\mathrm{d}N} = q\boldsymbol{v} \times \boldsymbol{B} \tag{6.37}$$

这称为洛伦兹力公式。由于洛伦兹力 $\boldsymbol{f}$ 垂直于电荷运动速度 $\boldsymbol{v}$,它是电荷运动轨道的法向力,所以它只能改变 $\boldsymbol{v}$ 的方向,不能改变 $\boldsymbol{v}$ 的大小,不对运动电荷做功。

对于带电粒子在匀强磁场中运动,一般可分为三种情况进行分析:

1. $\boldsymbol{v}$ 和 $\boldsymbol{B}$ 平行或反平行

在这种情况下,对带电粒子来说,磁场为纵向,由式(6.37)知,$\boldsymbol{f} = q\boldsymbol{v} \times \boldsymbol{B} = 0$,故带电粒子的运动不受磁场影响。

2. $\boldsymbol{v}$ 和 $\boldsymbol{B}$ 垂直

设在磁感应强度为 $\boldsymbol{B}$ 的匀强磁场中,在垂直于 $\boldsymbol{B}$ 的平面内,一带正电荷 $+q$ 的粒子以速度 $\boldsymbol{v}$ 运动,如图 6.27 所示,由于粒子所受的洛伦兹力 $\boldsymbol{f}$ 与 $\boldsymbol{v}$ 和 $\boldsymbol{B}$ 垂直,$\boldsymbol{f}$ 只改变粒子的运动速度 $\boldsymbol{v}$ 的方向,所以,粒子仅在垂直于 $\boldsymbol{B}$ 的平面内作匀速圆周运动。设粒子运动的圆轨道半径为 R,根据牛顿运动定律,有

$$qvB = \frac{mv^2}{R}$$

可得粒子运动的圆轨道半径 R 为

$$R = \frac{mv}{qB}$$

式中　q/m——带电粒子的荷质比。

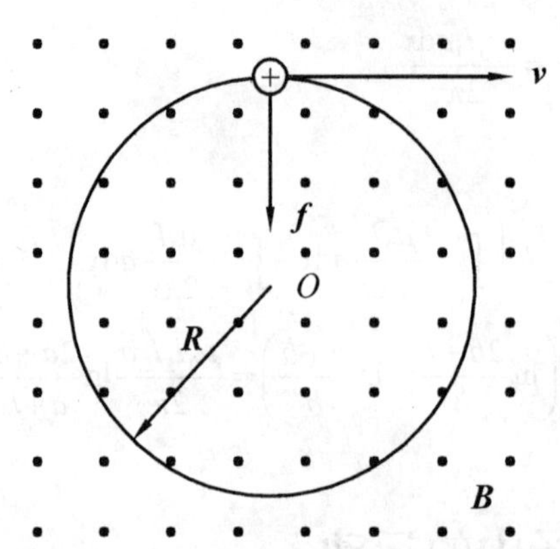

图 6.27　带电粒子在与其速度方向垂直的匀强磁场中运动

对一定的带电粒子，q/m是一定的。所以，当B一定时，粒子的速率（或动能）越大，则粒子运动的圆轨道半径也越大，这一点在基本粒子研究和核物理研究中都有着十分重要的应用。

3. $\boldsymbol{v}$ 和 $\boldsymbol{B}$ 成θ角

如图 6.28 所示，在这种情况下可以将粒子的运动速度v分解为平行于$\boldsymbol{B}$的分量$v_{//}=v\cos\theta$和垂直于$\boldsymbol{B}$的分量$v_{\perp}=v\sin\theta$。显然，带电粒子在磁场中将作螺旋运动，螺旋线的回旋半径R、旋转周期T和螺距h分别为

$$\left.\begin{aligned} R&=\frac{mv_{\perp}}{qB}=\frac{mv\sin\theta}{qB}\\ T&=\frac{2\pi R}{v_{\perp}}=\frac{2\pi m}{qB}\\ h&=v_{//}T=\frac{2\pi mv\cos\theta}{qB}\end{aligned}\right\}\tag{6.38}$$

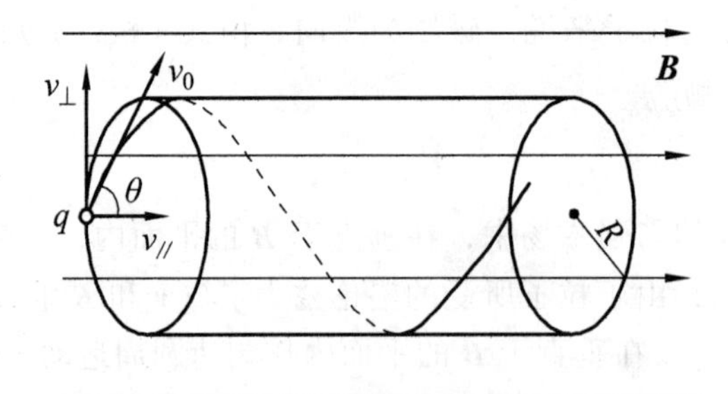

图 6.28　带电粒子在磁场中作螺旋运动

由此可见，带电粒子每回旋一周所前进的距离h与$v_{\perp}=v\sin\theta$无关，于是，当从磁场中某点A发射一束很窄的带电粒子流时，若它们的速度$\boldsymbol{v}$很接近，且与$\boldsymbol{B}$的夹角θ都很小，尽管$v_{\perp}=v\sin\theta\approx v\theta$会使各个粒子沿不同半径的螺旋线运动，但是，由于$v_{//}=v\cos\theta\approx v$，各粒子的螺距$h$近似相等，因此，各个粒子经过距离$h$后又会重新汇集在一起，如图 6.29 所示，这就是磁聚焦原理。它广泛地应用于电子真空元件，特别是电子显微镜之中。

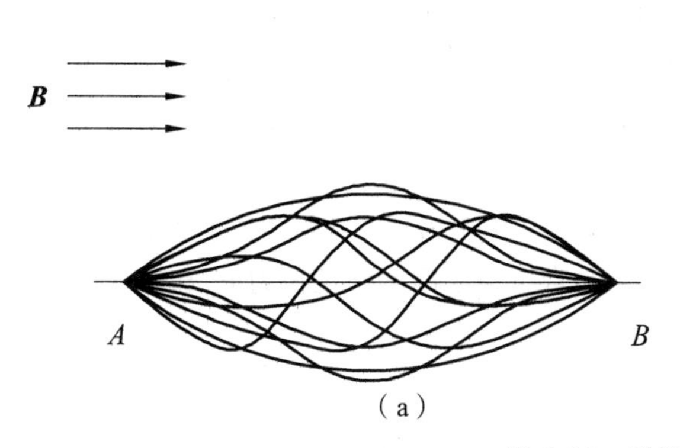

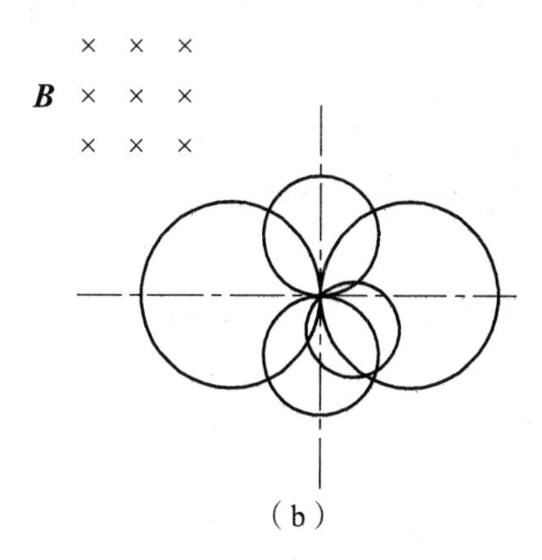

图 6.29 磁聚焦

在非均匀磁场中，速度 $\boldsymbol{v}$ 与磁场 $\boldsymbol{B}$ 成任意角的带电粒子也要作螺旋线运动，但其半径与螺距都将不断变化。我们也可以利用非均匀磁场来约束带电粒子的运动。如图 6.30，向强磁场区域运动的带电粒子受到的洛伦兹力有一个与粒子前进方向相反的分量 $f_{//}$，它会使粒子沿磁场方向的速率减小到零并反向运动，或者说这种磁场分布能使粒子“反射”，我们称之为“磁镜”。两端各有一个磁镜的磁场分布被称为“磁瓶”，它可以使粒子在两个磁镜之间来回振荡（图 6.31）。这些磁约束方法常用于受控热核反应实验和核聚变动力反应堆中，用来把高温等离子体限制在一定的空间区域内。

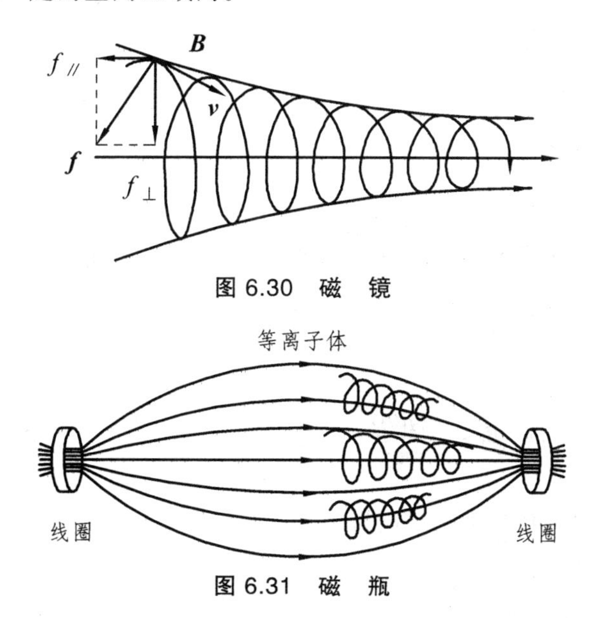

图 6.30 磁 镜

图 6.31 磁 瓶

地球磁场从赤道到两极逐渐增强，在空间形成一个天然的“磁瓶”。它能俘获宇宙射线中的电子和质子，形成一个带电粒子区域，称为范艾仑辐射带。有时，由于太阳表面状况的变化（如黑子活动），地球磁场分布会受到严重影响，而使大量带电粒子在两极附近漏掉。绚丽的极光就是这些漏出的粒子进入大气层时形成的。

在近代科学和工程技术中，除上述介绍的磁聚焦和磁约束等应用外，还有用气泡室检验和测量宇宙射线或基本粒子的反应和衰变；用质谱仪对带电粒子的电荷量、质量和两者的比值进行测量，并研究同位素以及测量离子荷质比；用粒子加速器获得高能粒子流；用速度选择器来控制和选择粒子束；电磁泵；等等，这些典型应用的物理基础都是带电粒子在电磁场中运动的规律。

【例 6.10】 两个带电量分别为 q_1 和 q_2 的粒子，相距为 r，以相同速度垂直于两粒子连线的方向运动，如图 6.32 所示，试求这两个运动带电粒子间的洛伦兹力 $\boldsymbol{F}_{\mathrm{m}}$ 和库仑力 $\boldsymbol{F}_{\mathrm{e}}$ 大小之比。

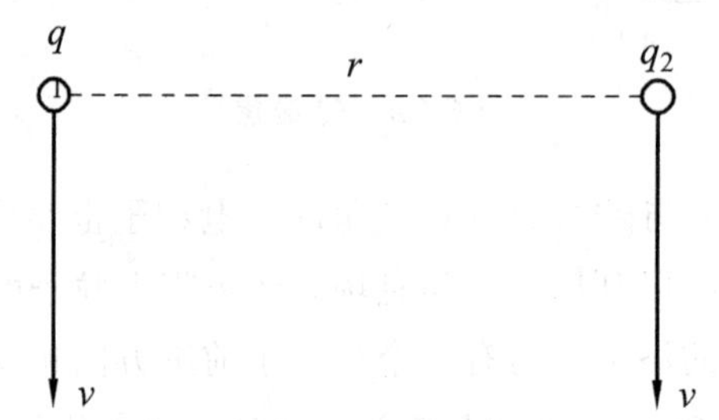

图 6.32 两带电粒子运动过程中所受的力

解： 粒子 q_1 在粒子 q_2 处所产生的电场强度 $\boldsymbol{E}_1$ 和磁感应强度 $\boldsymbol{B}_1$ 分别为

$$\boldsymbol{E}_1=\frac{q_1\boldsymbol{r}}{4\pi\varepsilon_0 r^3}$$

$$\boldsymbol{B}_1=\frac{\mu_0 q_1\boldsymbol{v}\times\boldsymbol{r}}{4\pi r^3}$$

式中 $\boldsymbol{r}$——由 q_1 到 q_2 的径矢。

由于 $\boldsymbol{v}\perp\boldsymbol{r}$，粒子 q_2 所受到的磁场力 $\boldsymbol{F}_{\mathrm{m}}$ 和电场力 $\boldsymbol{F}_{\mathrm{e}}$ 的大小分别为

$$F_{\mathrm{e}}=q_2E_1=\frac{q_1q_2}{4\pi\varepsilon_0 r^2}$$

$$F_{\mathrm{m}}=q_2\,|\boldsymbol{v}\times\boldsymbol{B}_1|=\frac{\mu_0 q_1q_2v^2}{4\pi r^2}$$

所以，洛伦兹力 $\boldsymbol{F}_{\mathrm{m}}$ 和库仑力 $\boldsymbol{F}_{\mathrm{e}}$ 大小之比为

$$\frac{F_{\mathrm{m}}}{F_{\mathrm{e}}}=\varepsilon_0\mu_0v^2=\frac{v^2}{c^2}$$

式中 c——常量，$c=\dfrac{1}{\sqrt{\varepsilon_0\mu_0}}$，这个常量就是真空中的光速。

由此可见，在 $v\ll c$ 时，运动电荷之间的磁相互作用远小于电相互作用。

6.4.5 霍尔效应

1879 年，美国物理学家霍尔发现将一块通有电流 I 的导体板放在磁感应强度为 $\boldsymbol{B}$ 的匀强磁场中，当磁场方向与电流方向垂直时，如图 6.33，则在导体板的 a、b 两个侧面之间出现微弱的电势差 U_{ab}，这一现象称为霍尔效应，U_{ab} 称为霍尔电压。实验证明，霍尔电压 U_{ab} 与通过导体板的电流 I 和磁感应强度 $\boldsymbol{B}$ 的大小成正比，与板的厚度 d 成反比，即

$$U_{ab}=k\frac{IB}{d} \tag{6.39}$$

式中 k——比例系数，称为霍尔系数。

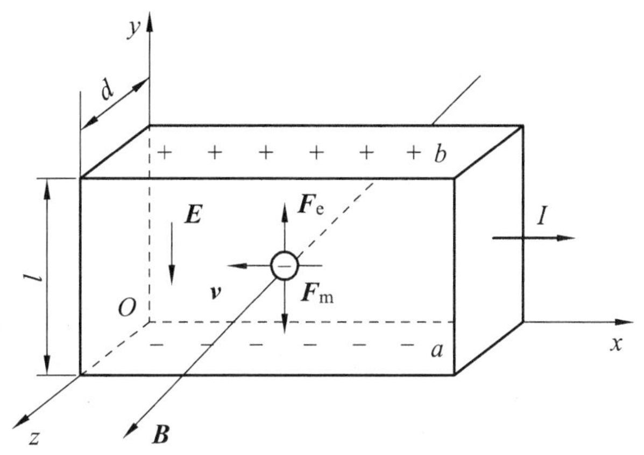

图 6.33 霍尔效应

霍尔效应可以用运动电荷在磁场中受洛伦兹力的作用来解释，如图 6.33 所示，假设导体板内载流子的电荷量 q 为负，其运动方向与电流方向相反，在磁场 $\boldsymbol{B}$ 中受到方向向下的洛伦兹力 $\boldsymbol{F}_{\mathrm{m}}$ 作用，该作用力使导体板内的载流子发生偏转，结果在 a 面和 b 面上分别聚集了异号电荷，并在导体内形成不断增大的由 b 指向 a 的电场 $\boldsymbol{E}$（又称霍尔电场）。由于载流子 q 受到的电场力 $\boldsymbol{F}_{\mathrm{e}}$ 与洛伦兹力 $\boldsymbol{F}_{\mathrm{m}}$ 反向，所以，电场力将阻碍载流子继续向 a 面聚集，当载流子受到的电场力与洛伦兹力达到平衡时，载流子将不再作侧向运动，这样，在 a 、b 两面间便形成了一定的霍尔电势差 U_{ab}。

由经典电子论可以解释霍尔电势差产生的原因：以金属导体为例，其载流子为自由电子，设载流子密度为 n，自由电子漂移速度为 $\boldsymbol{v}$，则

$$I=nqvS$$

$$v=\frac{I}{neld} \tag{6.40}$$

如图 6.33 所示，向左漂移的自由电子在磁场 $\boldsymbol{B}$ 中受洛伦兹力方向向下，即

$$F_{\mathrm{m}}=evB$$

于是，自由电子在向左漂移的同时受洛伦兹力向下偏转，使导体上、下侧面带异号电荷。这些电荷在导体内形成附加电场，使自由电子受到向上的电场力

$$F_e = eE = e\frac{U_{ab}}{l}$$

当自由电子所受洛伦兹力与电场力平衡时，自由电子沿导体定向漂移而不再偏转

$$evB = e\frac{U_{ab}}{l}$$

这时导体上、下侧面有稳定的电势差，即霍尔电压

$$U_{ab} = Blv$$

将式（6.40）的关系代入上式，得

$$U_{ab} = Bl\cdot\frac{I}{neld} = \frac{1}{en}\frac{BI}{d} = k\frac{BI}{d} \tag{6.41}$$

式中　k——霍尔系数，由导体中载流子密度和载流子电量决定。一般情况下，当载流子电量为 q 时，则

$$k = \frac{1}{nq} \tag{6.42}$$

式（6.42）表明：

（1）霍尔系数 k 与载流子浓度 n 成反比，因此，通过霍尔系数 k 的测量，可以确定导体载流子的浓度。在半导体材料的研究中，载流子浓度 n 是一个重要参数，半导体内载流子的浓度远比金属中的小，所以半导体的霍尔系数 k 比金属的大得多；而且，半导体内载流子的浓度受杂质、温度及其他因素的影响很大，因此，霍尔效应为研究半导体载流子浓度随杂质、温度等的变化提供了重要方法。

（2）霍尔系数 k 的正负取决于载流子电荷的正负，由式（6.42）可知，当 q 为正时，k 为正；当 q 为负时，k 也为负。式（6.41）则表明，霍尔电压 U_{ab} 的正负决定于 k 的正负。通过测定霍尔电压的正负，可确定载流子是正的还是负的，如图 6.34 所示，对于 N 型半导体，其载流子为带负电的电子；对于 P 型半导体，其载流子为带正电的“空穴”。所以，根据霍尔系数的正负，可以判断半导体的类型。

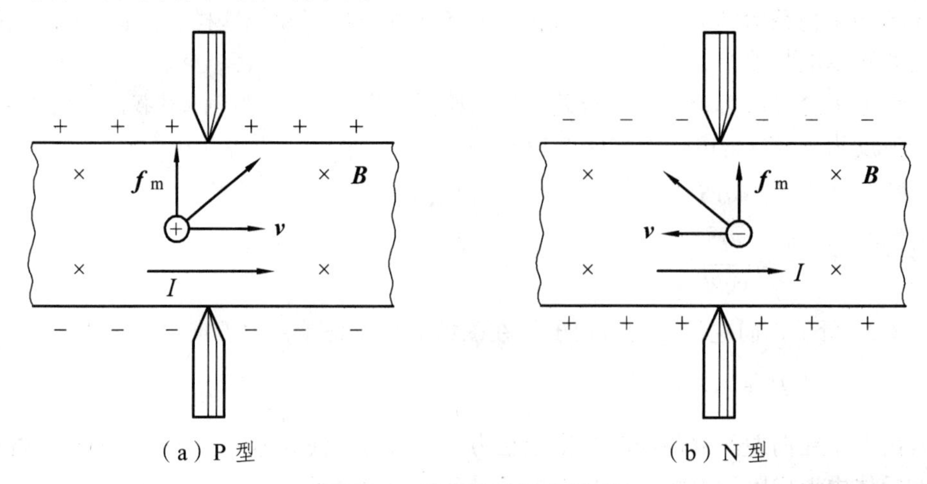

图 6.34　半导体的导电类型

有的金属（如 Be、Zn、Cd、Fe 等）出现反常霍尔效应：其霍尔电压极性与载流子为正电荷的情况相同。20 世纪 80 年代又发现了在低温、强磁场条件下的整数量子霍尔效应（获 1985 年诺贝尔物理奖）和分数量子霍尔效应，这些现象用经典电子论无法解释，只能用量子理论加以解释。

【例 6.11】 一块宽 $a=0.1\ \text{cm}$，厚 $b=1\ \text{cm}$ 的半导体样品，放入 $B=0.1\ \text{T}$ 的均匀磁场中，在与磁场垂直的方向上通电流 $I=2\ \text{mA}$，测得霍尔电压 $U_{AA'}=-5\ \text{mV}$（图 6.35）。试判断半导体的类型，并求其载流子浓度和载流子的漂移速率。

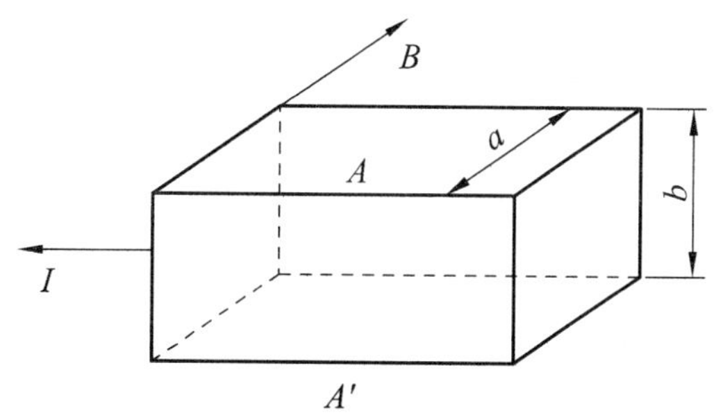

图 6.35 霍尔效应在研究半导体中的应用

解： 由 $U_A<U_{A'}$，可判断载流子带正电荷，此半导体为 P 型半导体。

由式（6.41），载流子浓度为

$$n=\frac{BI}{eaU_{AA'}}=\frac{0.1\times 2\times 10^{-3}}{1.6\times 10^{-19}\times 10^{-3}\times 5\times 10^{-3}}=2.5\times 10^{20}\ (\text{m}^{-3})$$

由平衡条件

$$F_{\text{m}}=F_{\text{e}}$$

$$\frac{eU_{AA'}}{b}=evB$$

载流子的漂移速率

$$v=\frac{U_{AA'}}{Bb}=\frac{5\times 10^{-3}}{0.1\times 0.01}=5\ (\text{m/s})$$

本章小结

1. 磁感应强度 $\boldsymbol{B}$ 矢量的定义

空间任一点 $\boldsymbol{B}$ 的大小 $B=\dfrac{\text{d}F_{最大}}{I\text{d}l_{\perp}}$

$\boldsymbol{B}$ 的方向为右手定则 $\mathrm{d}\boldsymbol{F}\times I\mathrm{d}\boldsymbol{l}$ 的方向，单位是牛顿/(安培·米)，称为特斯拉，用 T 表示。

2. 毕奥–萨伐尔定律

电流元 $I\mathrm{d}\boldsymbol{l}$ 产生的磁感应强度 $\boldsymbol{B}$ 矢量　$\mathrm{d}\boldsymbol{B}=\dfrac{\mu_0}{4\pi}\dfrac{I\mathrm{d}\boldsymbol{l}\times\hat{\boldsymbol{r}}}{r^2}$

运动电荷产生的磁感应强度　$\boldsymbol{B}=\dfrac{\mathrm{d}\boldsymbol{B}}{\mathrm{d}N}=\dfrac{\mu_0}{4\pi}\cdot\dfrac{q\boldsymbol{u}\times\hat{\boldsymbol{r}}}{r^2}$

3. 磁高斯定理

磁通量：

穿过整个曲面 S 的磁通量　$\Phi_{\mathrm{m}}=\int_S\boldsymbol{B}\cdot\mathrm{d}\boldsymbol{S}$

穿过闭合曲面 S 的磁通量　$\Phi_{\mathrm{m}}=\oint_S\boldsymbol{B}\cdot\mathrm{d}\boldsymbol{S}$

磁高斯定理　$\oint_S\boldsymbol{B}\cdot\mathrm{d}\boldsymbol{S}=0$

稳恒磁场是无源场。

4. 安培环路定理

$$\oint_L\boldsymbol{B}\cdot\mathrm{d}\boldsymbol{l}=\mu_0 I=\mu_0\sum_L I_i$$

稳恒磁场是非保守场，是涡旋场或无旋场。

5. 磁场对电流及运动电荷的作用

安培力　$\boldsymbol{F}=\int_l\mathrm{d}\boldsymbol{F}=\int_L I\mathrm{d}\boldsymbol{l}\times\boldsymbol{B}$

安培力的功　$A=\int_{\Phi_1}^{\Phi_2}I\mathrm{d}\Phi_{\mathrm{m}}=I(\Phi_{\mathrm{m}2}-\Phi_{\mathrm{m}1})=I\Delta\Phi_{\mathrm{m}}$

洛伦兹力　$\boldsymbol{f}=\dfrac{\mathrm{d}\boldsymbol{F}}{\mathrm{d}N}=q\boldsymbol{v}\times\boldsymbol{B}$

思 考 题

6.1　试说明 $\int_S\boldsymbol{B}\cdot\mathrm{d}\boldsymbol{S}=0$ 具有的重要性质。

6.2　在同一根磁场线上的各点，$\boldsymbol{B}$ 的大小是否处处相同？为何不把作用于运动电荷的磁力方向定义为磁感应强度 $\boldsymbol{B}$ 的方向？

6.3　如图 6.36 所示，试证明穿过以闭合曲线 C 为边界的任意曲面 S_1 和 S_2 的磁通量相同。

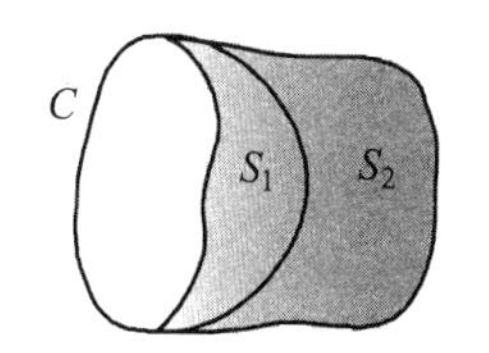

图 6.36 思考题 6.3 图

6.4 半“无限长”载流螺线管内轴线上的磁感应强度为 $\mu_0 nI$，端面部分轴线上的磁感应强度为 $\mu_0 nI/2$，这是否说明在螺线管内某处有 1/2 的磁场线突然中断了？

6.5 用安培环路定理能否求一段有限长载流直导线周围的磁场？

6.6 如果一个电子在通过空间某一区域时不偏转，能否肯定这个区域中没有磁场?如果它发生偏转，能否肯定这个区域中存在磁场?

习 题

一、选择题

6.1 如图 6.37 所示，两根长直载流导线垂直纸面放置，电流 $I_1 = 1$ A，方向垂直纸面向外；电流 $I_2 = 2$ A，方向垂直纸面向内，则 P 点的磁感应强度 $\boldsymbol{B}$ 的方向与 x 轴的夹角为（　　）

A. 30°　　B. 60°　　C. 120°　　D. 210°

6.2 如图 6.38 所示，一半径为 R 的载流圆柱体，电流 I 均匀流过截面。设柱体内（$r < R$）的磁感应强度为 B_1，柱体外（$r > R$）的磁感应强度为 B_2，则（　　）

A. B_1、B_2 都与 r 成正比

B. B_1、B_2 都与 r 成反比

C. B_1 与 r 成反比，B_2 与 r 成正比

D. B_1 与 r 成正比，B_2 与 r 成反比

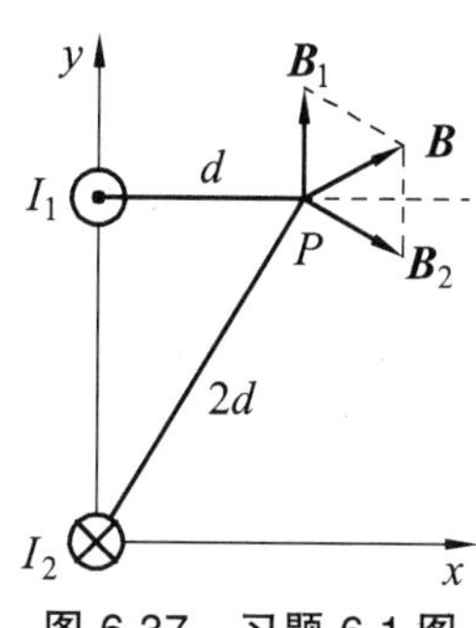

图 6.37 习题 6.1 图

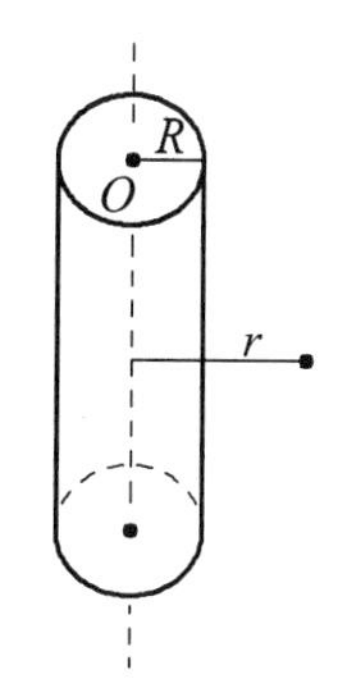

图 6.38 习题 6.2 图

6.3 关于稳恒电流产生的磁场的磁场强度 $\boldsymbol{H}$，下列几种说法中正确的是（　　）

A. $\boldsymbol{H}$ 仅与传导电流有关

B. 若闭合曲线内没有包围传导电流，则曲线上各点的 $\boldsymbol{H}$ 必为零

C. 若闭合曲线上各点 $\boldsymbol{H}$ 均为零，则该曲线所包围传导电流的代数和为零

D. 以闭合曲线 L 为边缘的任意曲面的 $\boldsymbol{H}$ 通量均相等

6.4　一无限长直圆筒，半径为 R，表面带有一层均匀电荷，面密度为 σ，在外力矩的作用下，这圆筒从 $t=0$ 时刻开始以匀角加速度 β 绕轴转动，在 t 时刻圆筒内离轴为 r 处的磁感应强度 $\boldsymbol{B}$ 的大小为（　　）

A. 0　　B. $\mu_0\sigma R\beta t$　　C. $\mu_0\sigma\dfrac{R}{r}\beta t$　　D. $\mu_0\sigma\dfrac{r}{R}\beta t$

6.5　能否用安培环路定律直接求出下列各种截面的长直载流导线各自所产生的磁感应强度 $\boldsymbol{B}$（　　）

（1）圆形截面；（2）半圆形截面；（3）正方形截面。

A. 第（1）种可以，第（2）（3）种不行

B. 第（1）（2）种可以，第（3）种不行

C. 第（1）（3）种可以，第（2）种不行

D. 第（1）（2）（3）种都可以

二、填空题

6.6　如图 6.39 所示，一无限长扁平铜片，宽度为 a，厚度不计，电流 I 在铜片上均匀分布。求铜片外与铜片共面、离铜片右边缘距离为 b 处的 P 点的磁感应强度 $\boldsymbol{B}$ 的大小______。

6.7　在真空中，电流 I 由长直导线 1 沿垂直于 bc 边方向经 a 点流入一电阻均匀分布的正三角形线框，再由 b 点沿平行于 ac 边方向流出，经长直导线 2 返回电源，如图 6.40 所示。三角形框每边长为 l，则在该正三角形框中心 O 点处磁感应强度的大小 $B=$______。

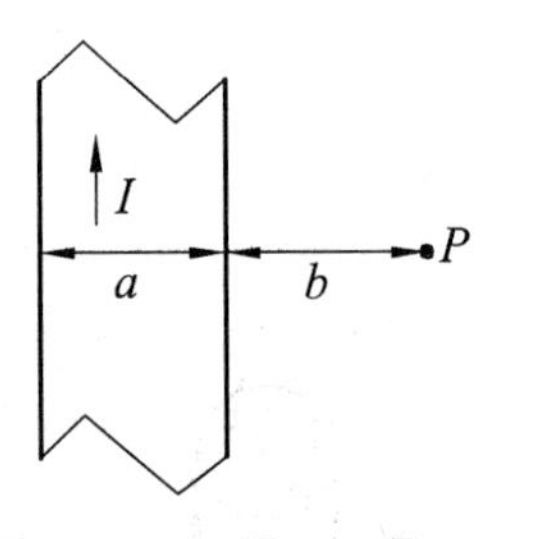

图 6.39　习题 6.6 图

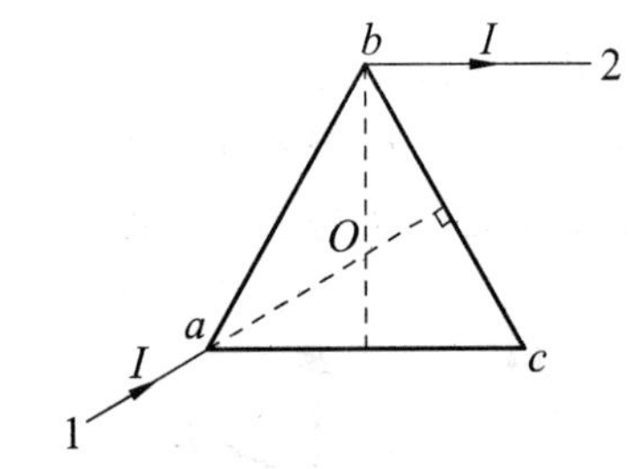

图 6.40　习题 6.7 图

6.8　在一根通有电流 I 的长直导线旁，与之共面地放着一个长、宽各为 a 和 b 的矩形线框，线框的长边与载流长直导线平行，且二者相距为 b，如图 6.41 所示。在此情形中，线框内的磁通量 $\Phi=$______。

6.9　电子在磁感应强度为 $\boldsymbol{B}$ 的均匀磁场中沿半径为 R 的圆周运动，电子运动所形成的等效圆电流 $I=$______；等效圆电流的磁矩 $P_{\mathrm{m}}=$______。（已知电子的电荷量为 e，质量为 m）。

6.10　如图 6.42 所示，无限长直导线在 P 处弯成半径为 R 的圆，当通以电流 I 时，则在圆心 O 点的磁感应强度大小等于______________；方向________________。

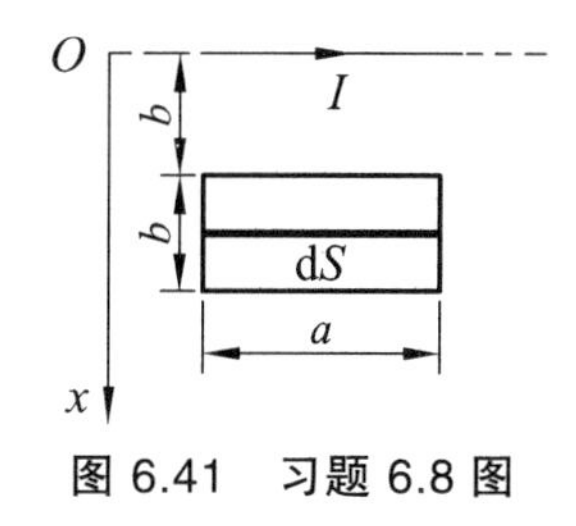

图 6.41　习题 6.8 图

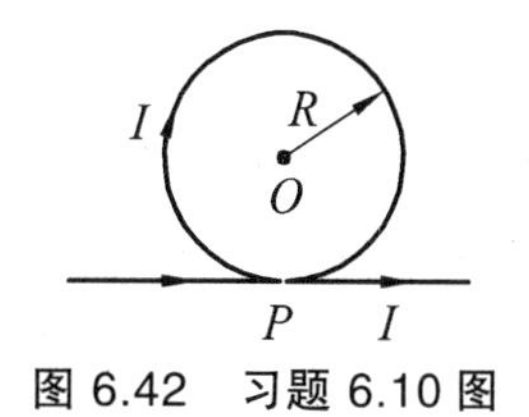

图 6.42　习题 6.10 图

三、计算题

6.11　已知半径为 R 的载流圆线圈与边长为 a 的载流正方形线圈的磁矩之比为 2∶1，且载流圆线圈在中心 O 处产生的磁感应强度为 B_0，求在正方形线圈中心 O'处的磁感应强度的大小。

6.12　如图 6.43 所示，载流圆线圈通有电流 I，求载流圆线圈轴线上某点 P 的磁感应强度。

6.13　如图 6.44 所示的两个载有相等电流 I 的圆形线圈，一个处于水平位置，一个处于竖直位置，半径均为 R，并同圆心，求圆心 O 处的磁感应强度。

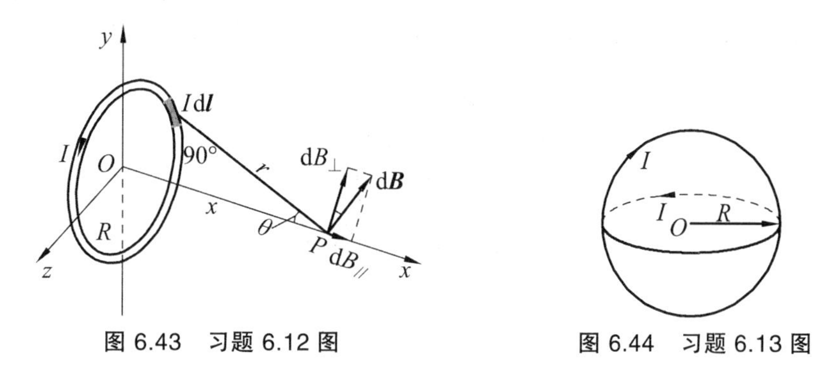

图 6.43　习题 6.12 图　　　　图 6.44　习题 6.13 图

6.14　载有电流 I 的导线由两根半无限长直导线和半径为 R、以 xyz 坐标系原点 O 为中心的 3/4 圆弧组成，圆弧在 yOz 平面内，两根半无限长直导线分别在 xOy 平面和 xOz 平面内且与 x 轴平行，电流流向如图 6.45 所示，求 O 点的磁感应强度 $\boldsymbol{B}$（用坐标轴正方向单位矢量 $\hat{\boldsymbol{x}}$，$\hat{\boldsymbol{y}}$，$\hat{\boldsymbol{z}}$ 表示）。

6.15　如图 6.46 所示，真空中一无限长圆柱形铜导体，磁导率为 μ_0，半径为 R，I 均匀分布，求通过 S（阴影区）的磁通量。

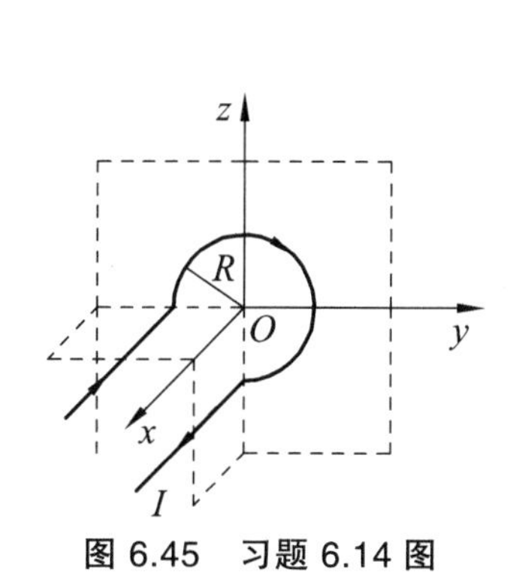

图 6.45　习题 6.14 图

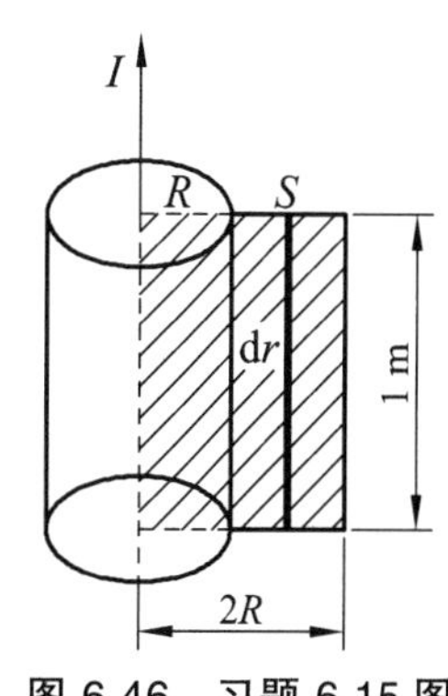

图 6.46　习题 6.15 图

6.16 如图 6.47，一半径为 R 的均匀带电无限长直圆筒，电荷面密度为σ，该筒以角速度 ω 绕其轴线匀速旋转，求圆筒内部的磁感应强度。

6.17 一平面线圈由半径为 0.2 m 的 1/4 圆弧和相互垂直的两根直线组成，通以电流 2 A，把它放在磁感应强度为 0.5 T 的均匀磁场中，求：

（1）线圈平面与磁场垂直时（图 6.48），圆弧 $\widehat{AC}$ 段所受的磁力；

（2）线圈平面与磁场成 60°角时，线圈所受的磁力矩。

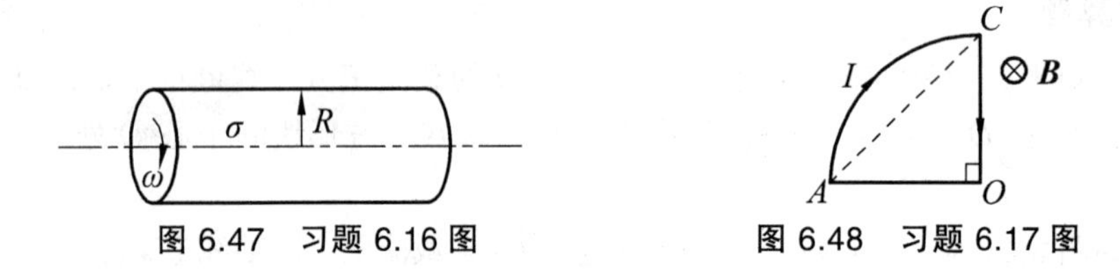

图 6.47 习题 6.16 图　　图 6.48 习题 6.17 图

6.18 如图 6.49 所示，两个共面的平面带电圆环，其内外半径分别为 R_1、R_2 和 R_2、R_3，外面的圆环以每秒钟 n_2 转的转速顺时针转动，里面的圆环以每秒钟 n_1 转的转速反时针转动。若两圆环的电荷面密度都是σ，求 n_1 和 n_2 的比值多大时，圆心 O 处的磁感应强度为零。

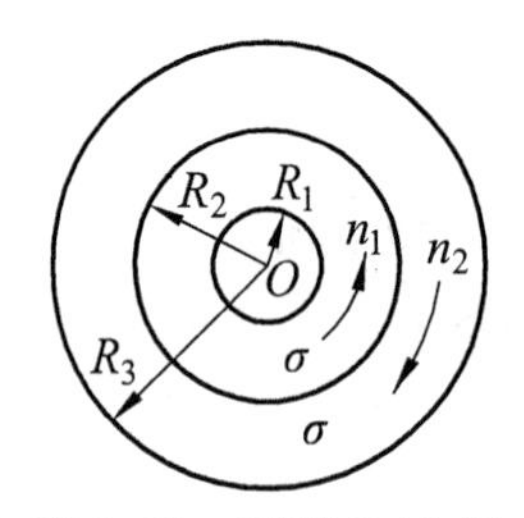

图 6.49 习题 6.18 图

7 电介质和磁介质

7.1 静电场中的导体

7.1.1 导体的静电平衡

从物质的电结构理论可知，在金属导体中存在着大量的自由电子。当金属导体不带电，也没有外电场作用时，自由电子在晶格点阵间作无规则的微观热运动，没有宏观定向运动，所以导体中无宏观电流。导体中各部分正负电荷数值相等，呈现中性状态，即导体内净电荷的体密度为零。但是，金属导体自身带电或在外电场作用的最初阶段，其中的自由电子受到静电场力的作用，相对于晶格点阵作瞬时宏观定向运动，从而引起电荷重新分布，在导体表面上出现感应电荷，这些感应电荷在导体内部产生的附加电场与外电场的方向相反，在导体内部任一点，当其感应电荷产生的附加电场与外电场大小相等时，电子的定向运动停止，电荷重新分布的过程结束，导体达到静电平衡。

一般说来，任意形状的带电导体，在任意静电场中都有上述过程，导体内的自由电子在外电场作用下，产生宏观定向运动，从而引起导体上电荷的重新分布，新的电荷分布又反过来影响外电场的分布，总之，导体上的电荷分布和空间的电场分布，互相影响，彼此制约，最后达到稳定的静电平衡。换句话说，对于给定的导体系，在一定的外电场作用下，并不是导体表面上的电荷和空间电场的任一种分布都能达到静电平衡，而是必须满足一定的条件，导体才能达到静电平衡。均匀导体的静电平衡条件如下：

（1）导体内部的场强处处为零，这是导体静电平衡的充要条件。如果导体内的总场强不处处为零，那么，在总场强 E 不为零的地方的自由电子，就要在 E 的作用下产生宏观定向运动，也就是说，导体没有达到静电平衡。换句话说，导体达到静电平衡时，其内部场强必定处处为零。

（2）导体表面上的场强处处垂直于导体表面，否则自由电子将会在沿表面分量的电场力的作用下作定向运动。

由导体的静电平衡条件容易推出处于静电平衡状态的金属导体必具有下列性质：

（1）整个导体是等势体，导体表面是等势面（这是由于导体内各处电场强度为零而使导体上的任意两点电势差为零）；

（2）导体内部不存在净电荷，电荷都分布在导体的表面上（这是由于导体内各处电场强度为零，使得在导体内任意一闭合曲面的电通量为零）。

7.1.2　导体表面的电荷和电场

7.1.2.1　导体内部无净电荷

电荷体密度 $\rho=0$，净电荷只分布在导体表面上。对于实心导体，如图 7.1 虚线所示，在导体内部任取一高斯面 S。根据静电平衡条件，S 上的场强处处为零，从而通过 S 的电通量 $\oiint E\cdot \mathrm{d}S=0$，按照高斯定理，$S$ 内的净电量 $\sum q_i=0$。高斯面 S 是任意选取的，即使 S 缩小到极小的区域，$\sum q_i=0$ 的结论也成立。由此可知，实心导体达到静电平衡后，内部无净电荷，电荷体密度 $\rho=0$，电荷只分布在表面上。

对于空腔内无电荷的导体壳，在导体内外表面之间，任取一高斯面 S，如图 7.2 中虚线所示。根据静电平衡条件 $E_{内}=0$，所以通过 S 的电通量 $\oiint E\cdot \mathrm{d}S=0$，由于导体物质中 $\rho=0$，所以，$\sum q_i=0$，这实际上是导体壳内表面上电荷的代数和为 0。

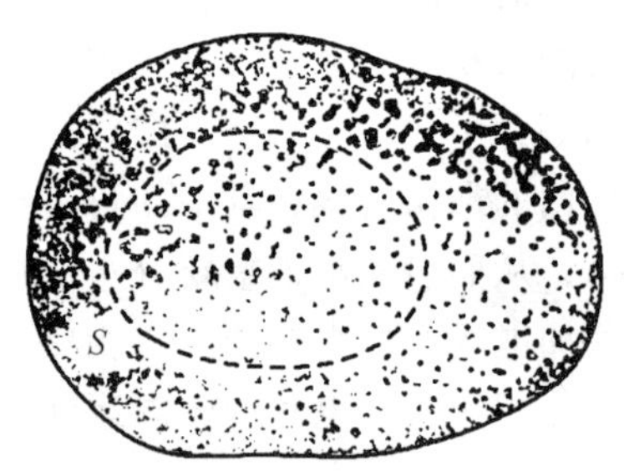

图 7.1　实心导体内部无净电荷

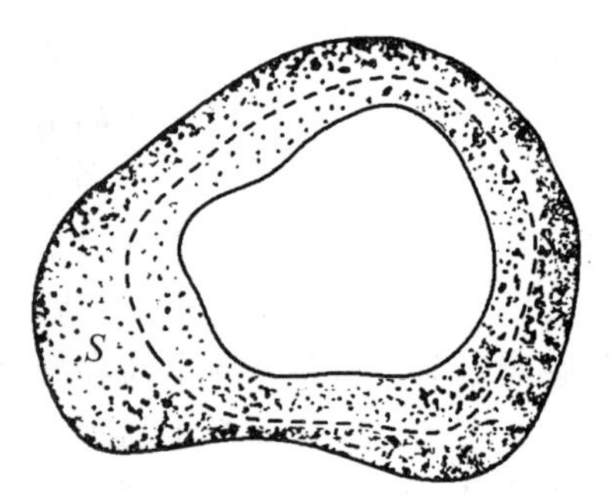

图 7.2　空腔内无电荷的导体壳

对于腔内有电荷的导体壳，如图 7.3 所示。设中性导体壳空腔内有电荷 $+q$。在导体壳内、外表面之间作一高斯面 S，根据静电平衡条件，S 面上场强处处为 0，所以通过 S 面的电通量为 0，按照高斯定理，S 内电荷的代数和为零。由此可知，如果空腔内有电荷 $+q$，则中性导体壳内表面上必有电荷 $-q$。如果导体壳是中性的，根据电荷守恒定律，外表面必有电荷 $+q$；如果导体壳不是中性的，而带有电荷 Q，则导体壳外表面上电荷为（$q+Q$）。由此可见，空腔内有电荷的导体壳，电荷仍然只分布在导体表面上，不过此时，导体腔内、外表面上都有电荷分布。

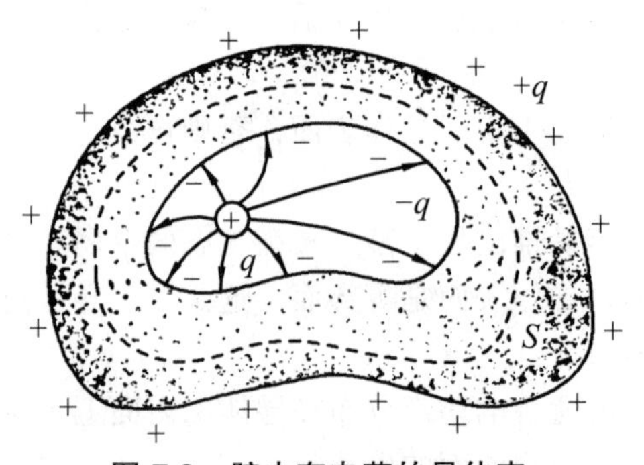

图 7.3　腔内有电荷的导体壳

7.1.2.2 电荷面密度与场强的关系

处于静电平衡的金属导体，电荷只分布在导体的表面上，在导体表面上电荷的分布与导体本身的形状以及附近带电体的状况等多种因素有关。

由高斯定理可以求出导体表面附近的场强与该表面处电荷面密度的关系。在导体表面紧邻处取一点 P，以 E 表示该处的电场强度，如图 7.4 所示，过 P 点作一个平行于导体表面的小面积元 ΔS，并以此为底，以过 P 点的导体表面法线为轴作一个封闭的扁筒，扁筒的另一底面 $\Delta S'$ 在导体的内部，由于导体内部的场强为零，而表面紧邻处的场强又与表面垂直，所以通过此封闭扁筒的电通量就是通过 ΔS 面的电通量，以 σ 表示导体表面上 P 点附近的电荷面密度，据高斯定理

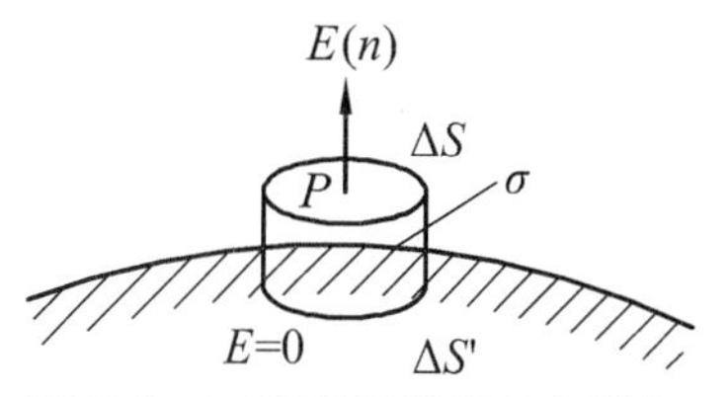

图 7.4 导体表面附近的场强与该表面处电荷面密度的关系

$$E\Delta S = \frac{\sigma\,\Delta S}{\varepsilon_0}$$

当 $\Delta S \to 0$ 时，可得

$$\boldsymbol{E} = \frac{\sigma}{\varepsilon_0}\boldsymbol{n} \tag{7.1}$$

式中 $\boldsymbol{n}$——导体表面外法线单位矢量。

式（7.1）表明带电导体表面附近的电场强度大小与该处电荷面密度成正比，方向与该表面处垂直。

7.1.2.3 孤立导体的电荷面密度与表面曲率的关系

孤立导体，是指与其他导体相距很远的导体。式（7.1）给出了导体表面上每一点的电荷面密度与附近场强的关系，但是，它没有给出导体表面上的电荷如何分布。定量地解决这个问题比较复杂，要求得解析解，即使在电动力学中也很困难，也只有个别具有对称性的问题，才能获得解析解。电荷分布问题之所以复杂，是因为它不仅与导体自身形状、带电量有关，而且与周围导体的配置、形状和带电状态有关。但是，对于表面形状简单的孤立导体来说，表面电荷的分布只决定于自身的形状和带电量，大体来说，曲率大的地方（即凸出尖锐的地方），σ 大；曲率小的地方（即表面平坦的地方），σ 小；曲率为负的地方（即凹进去的地方）σ 更小。但是，一般说来，曲率与电荷面密度不是线性关系。

7.1.3 尖端效应

由于导体尖端附近电荷密度大，场强大，空气中的带电离子在电场作用下剧烈运动，离子在运动中与空气分子发生碰撞，使空气分子电离，产生大量的新离子，该处空气成为导体。被导体尖端上异号的离子吸引，向尖端运动，与尖端上的电荷中和，这就是尖端效应，也叫尖端放电。导体尖端放电时，在它周围出现“电晕”，夜间看到高压线周围笼罩着一层绿色光

晕，就是“电晕”现象。“电晕”是带电离子与空气分子碰撞，使空气分子处于激发状态产生的光辐射。电晕放电要浪费电能，应尽量避免。高压线表面应做得光滑，高压电极常做成光滑球面，就是这个道理。

尖端效应有弊也有利，在现代科学技术中的许多方面，如静电设备、超高压技术、电火花器械、避雷装置、静电加速器的喷射，特别是在各种电真空器件的电子光学系统，以及场离子显微镜等的结构设计中，有着广泛的应用。

当带电云层接近地面时，地上物体感应出与带电云层异号的电荷，这些感应电荷在突出的物体上（如高烟囱、大树、高大建筑）分布较多，当其积累到一定程度时，就在云层与这些突出物体之间发出强大的火花放电，这就是雷击现象。如果在突出的建筑物上安上尖形导体，即避雷针，用粗铜线或常见的粗铁丝的一端与避雷针相连，另一端与深埋在地下的金属板相连，使避雷针与大地接触良好，当带电云层接近时，通过避雷针和接触的导体不断地进行放电，高大建筑物上的电荷就不会积累到发生火花放电的程度，这就起到了避雷的作用。

世界上发明避雷针最早的是我国。根据唐代王睿《炙毂子》上记载，早在汉代，高大建筑物上就有避雷设施。宋代庞元英写的《文昌奕录》一书中也有避雷装置的记载，该书说：“鸱尾，东海有鱼虬，喷浪则雨降，尾似鸱，因以为名。汉柏梁如灾，越巫上压胜之法，遂设鸱鱼之象于屋脊”。这段文字，记载广东方士年致汉武帝建议，为了防止雷击，在屋脊上设的“鸱尾”或“尾”，实际上就是避雷针。

唐朝时，日本僧人圆仁在唐文宗开成三年（公元 838 年）来华学佛，写有《入唐求法巡礼行记》，书中记载了唐朝武则天在五台山的五个顶建立镇龙铁塔，以便避雷的事实。该书说：“台面南有求雨院，顶上南有三铁塔，其一形以覆钟，周围四抱许。中间一塔四角，高一丈许。在南边。在南边者团圆，高八尺许。武婆天子镇五台所建也。”

明朝初年，工部侍郎肖询在他著的《故宫遗事》一书中，记载了当时北京万寿山（即今北海公园内的琼岛）绝顶“广寒殿旁有铁杆，高数丈，上置金葫芦三，引铁链以系之。此系金章宗所立，以镇其下龙潭”。金章宗是金国皇帝，公元 1190—1290 年在位，他建的镇龙铁杆，上端的金葫芦成尖端状，通过铁杆与大地连通，这实际上就是避雷针。

法国旅行家卡勃里欧列·戴马甘兰游历中国后，于 1688 年写了一本叫《中国新事》的书，书中说：“当时中国屋宇的屋脊两头，都有一个仰起的龙头，龙口吐出曲折的金属舌头，伸向天空，舌根连接着一根铁丝，直通地下，这种奇妙的装置，在发生雷电的时刻就大显神通，若雷电击中了屋宇，电流就会从龙舌沿线下行地底，起不了丝毫破坏作用。”现在看来，这种龙头口中的铁线就是避雷针。

这些记载表明，我国最迟从唐代（公元 618—907 年）开始，就有“镇龙铁塔”式的避雷装置。宫殿、寺庙、宝塔等高大建筑物的屋脊两端和屋顶四周的翘角，或做成昂首龙头、起舞凤尾，或做成麒麟头、鳌鱼尾，它们的舌头或尾尖用金属制成，与大地相连，防止雷击。由此可见，我国发明的避雷针比美国富兰克林至少早八九百年，而且在应用上，把建筑艺术和避雷措施巧妙地结合。

【例 7.1】 有两个相距很远的球形带电导体，大、小球半径分别为 R 和 r，用一根很长的导线连接起来，如图 7.5，求两球面上电荷面密度之比。

解：设用细导线连接后，大、小球电荷分别为 Q 和 q，按照题意，两球相距很远，可认为是孤立导体，两球面上的电荷面密度均匀分布。设大、小球的电荷面密度分别为σ_1 和σ_2。两球用长导线连接成一整体，电势相等，设为 U，于是

$$U=\frac{1}{4\pi\varepsilon_0}\cdot\frac{Q}{R}=\frac{1}{4\pi\varepsilon_0}\cdot\frac{q}{r}$$

由此得

$$\frac{Q}{q}=\frac{R}{r}$$

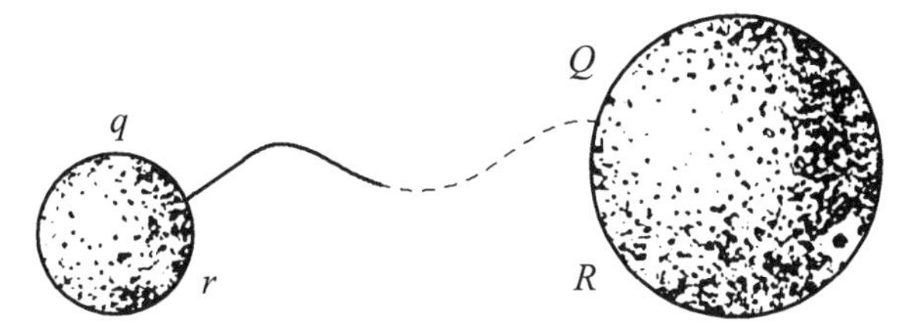

图 7.5　用导线连接的球形带电导体

可见，大球所带电荷 Q 比小球所带电荷 q 多，又因每个球面上的电荷面密度分别为

大球　$\sigma_1=\dfrac{Q}{4\pi R^2}$，小球　$\sigma_2=\dfrac{q}{4\pi r^2}$

所以

$$\frac{\sigma_1}{\sigma_2}=\frac{Q}{q}\cdot\frac{r^2}{R^2}=\frac{r}{R}$$

可见，电荷面密度与曲率半径成反比，即与曲率成正比，曲率越大，电荷面密度越大；曲率越小，电荷面密度越小。在这种特殊情况下得出的电荷面密度 σ 与表面曲率的定性关系，和前面的阐述是一致的。

7.2　电介质中的静电场

7.2.1　电介质的分类

电介质就是不导电的绝缘体。它的种类繁多，如石蜡、石英、玻璃、橡胶、油类等，以及一切通常状态下的气体。从物质形态来看，有气态、液态和固态。但从微观结构看，不管哪种电介质都是由原子、分子构成的，原子都是由带正电的原子核和带负电的电子组成。一个孤立的中性分子或原子，所带正、负电荷代数和为零。一个原子序数为 Z 的中性原子，它的中心是带正电的可视为点电荷的原子核，它所在的位置叫作正电荷中心。在原子核的周围弥漫着一团带负电荷的电子云，云的形状以及密度的分布，对不同的原子有不同的特点，但是，

各种原子的电子云，总是在原子核周围按一定规律排布，在某些区域电子云密度大，而另一些区域密度小，呈量子化的分布。从原子核向外，大约 99%的负电荷分布在半径为 10^{-10} m 的范围内，这就是各种原子半径的数量级。在这个分布中，负电荷云的全部电荷恰好等于 Z 个电子的电荷 $-Ze$。它们在原子核外远处产生的电场，对时间平均来说，和一个静止在某一点的带电 $-Ze$ 的点电荷产生的电场等效，这一点，我们自然称为负电荷中心。同理，对整个中性分子来说，也有正、负电荷中心。在以后的讨论中统称为电介质分子。

电介质可以分为两类。在没有外电场作用时，正、负电荷中心重合的电介质分子叫无极分子。另一类电介质，即使没有外电场作用，电介质分子的正、负电荷中心也不重合，这种电介质分子称为有极分子。其等量异号的电荷位于各自的中心，互相错开一定的距离，形成等效偶极子，具有的偶极矩叫作固有偶极矩。

7.2.2 电介质的极化

7.2.2.1 无极分子的位移极化

气态的 N_2、H_2、O_2、CH_4 和 CO_2 分子，以及气态和液态的 CCl_4 分子都是无极分子。在没有外电场作用时，它们的正、负电荷中心重合，电偶极矩为零，所以称为无极分子，整个分子是电中性的，宏观上不显示电性。如图 7.6（a）所示，在没有外电场作用时，原子核与电子云中心重合，偶极矩为零，无宏观电场。在有外电场 $\boldsymbol{E}_0$ 作用时，如图 7.6（b）所示，带正电的原子核沿 $\boldsymbol{E}_0$ 方向向左运动，带负电的电子云沿 $\boldsymbol{E}_0$ 的反方向向右运动，结果，电子云中心偏离原子核，当 $\boldsymbol{E}_0$ 作用的力和原子中正、负电荷之间作用的内力平衡时，电子云与原子核的相对位移停止，彼此间拉开一段微观的位移 l，这时电子云中心与正电荷中心不再重合，形成电偶极子，具有的电偶极矩 P 叫作原子偶极矩，它与外电场 $\boldsymbol{E}_0$ 同方向，从电子云中心指向原子核。这时原子的状态叫作极化。

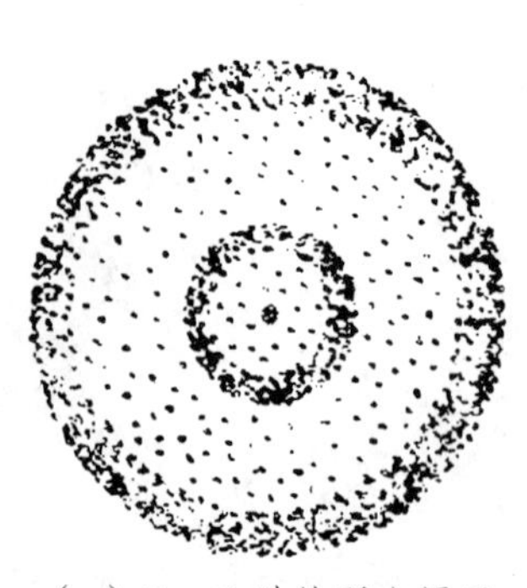

（a）$E_0=0$ 时的孤立原子

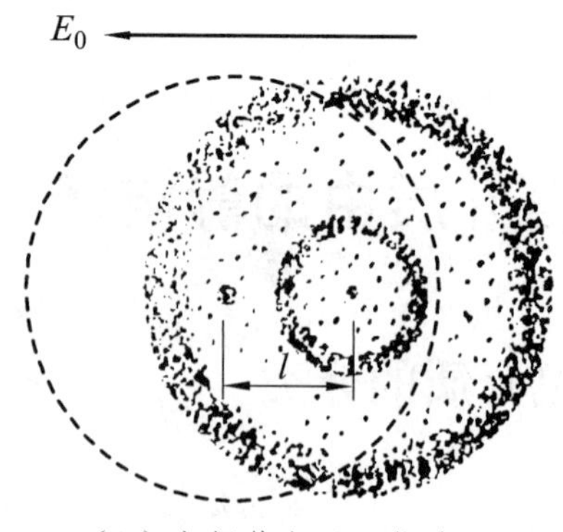

（b）电场使电子云位移

图 7.6 原子被电场极化

电介质分子的极化以原子极化为基础。由若干个原子组成的无极分子，极化后可看成若干个电偶极子的集合。它们的作用，对整个分子来说，可等效成一个电偶极子，也就是无极分子正、负电荷中心发生相对位移形成的等效偶极子，具有的偶极矩称为分子电矩，用 $\boldsymbol{p}_{分子}$

表示，它的方向与外电场相同，这种在外电场作用下产生的电矩，又叫感生电矩。这就是无极分子组成的电介质极化的微观机制。在外电场中，无极分子的原子虽然产生原子偶极矩，原子作为整体还是电中性的，所以它的质量中心仍然保持静止。原子的绝大部分质量都集中在原子核上，所以，当电子云在外电场作用下发生位移时，原子核几乎不动，感生电矩几乎完全是由电子相对于原子核的位移产生的，所以，这种极化称为电子性位移极化。

7.2.2.2 有极分子的取向极化

SO_2、H_2S、NH_3以及液态的水和有机酸等分子，都是有极分子。在没有外电场时，这些分子的正、负电荷中心就不重合，每个分子存在固有电偶极矩 $\boldsymbol{p}_{分子}$。但是，由于无规则的热运动，任一物理无限小的电介质中，电偶极子排列混乱，固有电偶极矩矢量和为零，即$\sum \boldsymbol{p}_{分子}=0$，因而，整块电介质不产生宏观电场，不显电性，如图 7.7（a）所示。但是，当有外电场作用时，每个分子的电偶极矩都受到力偶矩的作用，有转向外电场 $\boldsymbol{E}_0$ 的倾向。另一方面，由于分子无规则的热运动和其他内力的影响，阻碍分子偶极矩 $\boldsymbol{p}_{分子}$ 沿外电场 $\boldsymbol{E}_0$ 排列，因为 $\boldsymbol{p}_{分子}$ 向 $\boldsymbol{E}_0$ 的转向是微弱的，虽然 $\boldsymbol{p}_{分子}$ 不完全沿 $\boldsymbol{E}_0$ 方向排列，但所有 $\boldsymbol{p}_{分子}$ 在 $\boldsymbol{E}_0$ 方向都有一个分量，从而，整块电介质中电偶极矩的矢量和不为零，即$\sum \boldsymbol{p}_{分子} \neq 0$。这时，在电力线穿出、穿入的均匀电介质表面上出现正、负极化电荷，产生宏观电场，如图 7.7（b）所示。这种由于分子固有电偶极矩沿外电场取向而出现的极化现象，称为取向极化。随外电场的增加，电偶极矩转向越大，从而$\sum \boldsymbol{p}_{分子}$ 越大，电介质极化越强烈。

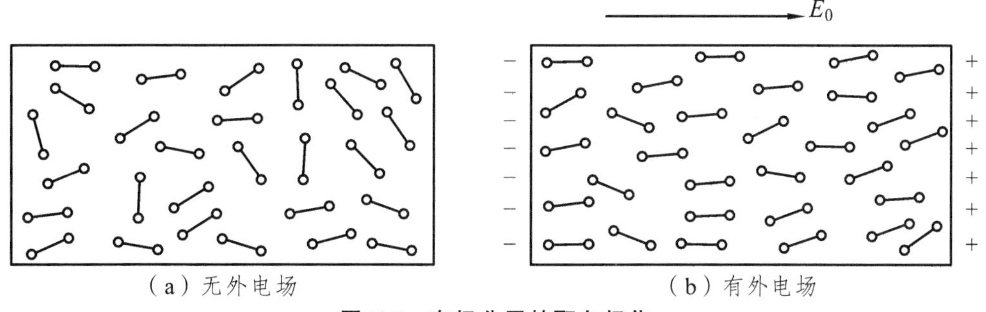

图 7.7 有极分子的取向极化

顺便指出，电子性位移极化是两类电介质都有的极化现象，而取向极化则是有极分子所独有的效应，在有极分子中取向极化的效应比电子性位移极化强得多，因而，其中的取向极化是主要的。其次，深入的理论研究和实验表明，电介质的极化与外加电场的频率有关，在无极分子中，处在外层的价电子被原子核束缚最弱，所以主要由它参加极化。由于电子质量很小，在紫外光到红外光频率范围内，电子性位移极化都可视为无惯性的，即电子的位移变化能跟上外电场的变化。但是，比电子惯性大的有极分子，在高频变化的外电场作用下，其电偶极矩的取向变化跟不上外电场的变化，这时，两类电介质都只有电子性位移变化。

从以上讨论看出，虽然两类电介质极化的微观机理不同，但是，宏观效果却是相同的，即在外电场作用下，均匀电介质表面上出现极化电荷（也叫束缚电荷，不同于自由电荷），激发宏观电场，显示电性。因此，今后从宏观上研究电介质的极化以及极化后的电介质对电场的影响时，不再区分位移极化和取向极化。

7.2.3 极化状态描述

7.2.3.1 极化强度矢量

为了定量地描述电介质的极化状态，我们引入极化强度矢量 $\boldsymbol{P}$，当电介质处在极化状态时，在电介质中任取一物理无限小的体积元 ΔV，其中电偶极矩矢量和 $\sum \boldsymbol{p}_{分子} \neq 0$，我们定义矢量

$$\boldsymbol{P} = \frac{\sum \boldsymbol{p}_{分子}}{\Delta V} \tag{7.2}$$

作为描述电介质极化状态的物理量，称为极化强度矢量，它表征电介质单位体积中电偶极矩的矢量和，它是反映电介质整体特征的宏观量。显然，$\boldsymbol{P}$ 越大，单位体积中的 $\sum \boldsymbol{p}_{分子}$ 越大，电介质极化越强；$\boldsymbol{P}$ 的方向从负电荷指向正电荷，它的方向是极化的方向。所以，极化强度反映了电极化的强弱和方向，是描述电介质极化状态的物理量，它的单位是库仑/米^2（C/m^2）。

一般说来，在电介质中 $\boldsymbol{P}$ 是位置的函数。各点的极化强度矢量大小、方向都相同的极化，称为均匀极化。

7.2.3.2 极化强度 $\boldsymbol{P}$ 与介质中场强的关系

电介质极化是在外电场 $\boldsymbol{E}_0$ 作用下引起的，因此，极化强度 $\boldsymbol{P}$ 和 $\boldsymbol{E}_0$ 有关。另一方面，电介质极化后产生极化电荷，它们也要在电介质内、外产生附加电场。所以，作用在一个特定分子上使它极化的电场，既有外电场 $\boldsymbol{E}_0$，还有除它自己以外所有极化分子产生的附加电场 $\boldsymbol{E}'$。在一般情况下，电介质中任一点的极化强度 $\boldsymbol{P}$ 是由该点的总场强 $\boldsymbol{E} = \boldsymbol{E}_0 + \boldsymbol{E}'$决定的。对于不同的电介质，$\boldsymbol{P}$ 与 $\boldsymbol{E}$ 的关系不同。但是，实验表明对于许多常见的均匀电介质，当场强不太大时，$\boldsymbol{P}$ 和 $\boldsymbol{E}$ 成正比，而且二者同方向，在 SI 制中，

$$\boldsymbol{P} = \chi_e \varepsilon_0 \boldsymbol{E} \tag{7.3}$$

这就是各向同性电介质的物态方程，式中比例系数 χ_e 叫作极化率，是一个无量纲的常数。各点 χ_e 相同的电介质叫作均匀电介质。

遵守式（7.3）的电介质，是线性的各向同性的电介质，这种电介质中，P 与 E 呈线性关系，所以称为线性电介质。对于各向同性介质中同一点，同一大小的场强 $\boldsymbol{E}$，沿不同方向作用，引起介质的极化强弱相同，即各方向产生的 $\boldsymbol{P}$ 大小一样，且各方向的 $\boldsymbol{P}$ 与该方向的 $\boldsymbol{E}$ 同向。

对于各向异性的电介质，如一些晶体，其物理性质与方向有关，介质中同一点 $\boldsymbol{P}$ 的方向和 $\boldsymbol{E}$ 的方向一般不相同，$\boldsymbol{P}$ 的大小不仅与 $\boldsymbol{E}$ 的大小有关，而且与 $\boldsymbol{E}$ 的方向有关。这是因为某一方向的场强不仅引起该方向的极化，还可能引起其他方向的极化。其极化率 χ_e 是空间坐标的函数，不同点的 χ_e 不像各向同性电介质是一个标量，而是一个有几个分量的极化率

张量。这类晶体电介质，P 与 E 一般不满足简单的正比关系，但 $\boldsymbol{P}$ 与 $\boldsymbol{E}$ 的分量之间仍然满足线性关系。

有一类特殊的电介质，在外电场取消之后，极化状态并不消失，$\boldsymbol{P}$ 不为零，这类电介质称为驻极体，如石蜡。

还有一类特殊的各向异性电介质，如酒石酸钾钠、磷酸二氢钾、钛酸钡，以及各种金属的锆酸、铌酸和钽酸等化合物，甚至 $\boldsymbol{P}$ 与 $\boldsymbol{E}$ 的分量之间都不存在线性关系，对一个确定的 $\boldsymbol{E}$ 值，可能有多少个 $\boldsymbol{P}$ 值，$\boldsymbol{P}$ 的大小与极化的历史有关，这类电介质称为铁电体。

本教材中，主要讨论各向同性的均匀电介质。

7.2.4 有介质时的高斯定理

7.2.4.1 极化强度与束缚电荷的关系

由于束缚电荷是电介质极化的结果，所以束缚电荷与电极化强度之间一定存在某种定量关系，下面以无极分子电介质为例来讨论。考虑电介质内某一小面元 $\mathrm{d}\boldsymbol{S}$，设其电场 $\boldsymbol{E}$ 的方向（也即 $\boldsymbol{P}$ 的方向）与 $\mathrm{d}\boldsymbol{S}$ 的法线方向成 θ 角，如图 7.8 所示，由于 $\boldsymbol{E}$ 的作用，分子的正负电荷中心将沿电场方向拉开距离 l。假定负电荷不动，而正电荷沿 $\boldsymbol{E}$ 的方向发生位移 l，在面元 $\mathrm{d}\boldsymbol{S}$ 后侧取一斜高为 l，底面积为 $\mathrm{d}S$ 的体元 $\mathrm{d}V$，由于电场 $\boldsymbol{E}$ 的作用，此体元内所有分子的正电荷中心将穿过 $\mathrm{d}S$ 面到前侧去，以 q 表示每个分子的正电荷量，则由于电极化而越过 $\mathrm{d}S$ 面元的总电荷为

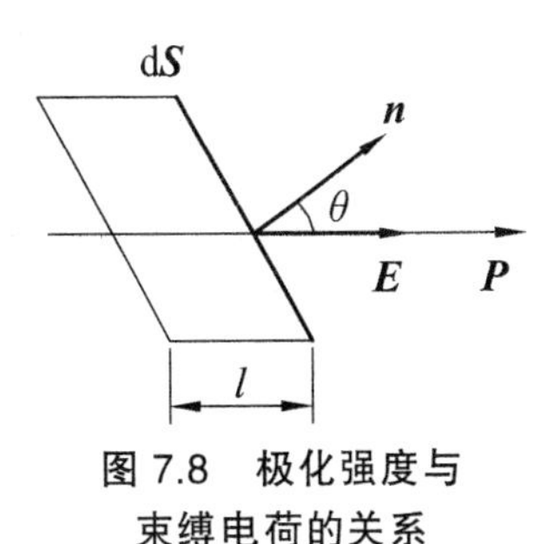

图 7.8　极化强度与束缚电荷的关系

$$\mathrm{d}q' = q\rho\mathrm{d}V = q\rho l\cos\theta\mathrm{d}S = \boldsymbol{P}\cdot\mathrm{d}\boldsymbol{S} \tag{7.4}$$

式中　ρ——单位体积的分子数。

那么，由于极化穿过有限面积 S 的电荷为

$$q' = \iint_S \boldsymbol{d}\boldsymbol{q}' = \iint_S \boldsymbol{P}\cdot\mathrm{d}\boldsymbol{S}$$

若 S 是封闭曲面，则穿过整个封闭曲面的电荷

$$q' = \oiint_S \boldsymbol{P}\cdot\mathrm{d}\boldsymbol{S}$$

因为电介质是电中性的，根据电荷守恒定律，则得由电介质极化而在封闭面内净余的束缚电荷为

$$q_{\text{int}} = -q' = -\oiint_S \boldsymbol{P}\cdot\mathrm{d}\boldsymbol{S} \tag{7.5}$$

若在式（7.4）中，$\mathrm{d}S$ 是电介质的表面，而 $\boldsymbol{n}$ 是其外法向单位矢量，则式（7.4）就给出了在介质表面由于电介质极化而出现的面束缚电荷 σ' 为

$$\sigma' = \frac{\mathrm{d}q'}{\mathrm{d}S} = P\cos\theta = \boldsymbol{P}\cdot\boldsymbol{n} = P_n \tag{7.6}$$

式（7.5）和式（7.6）就是由于介质极化而产生的束缚电荷与电极化强度的关系。从（7.5）可以看出，在均匀外电场中，均匀电介质内部的任何体元内都不会有净余束缚电荷，束缚电荷只能出现在均匀电介质的表面；但对非均匀电介质，电介质内部也有束缚电荷分布。

7.2.4.2 电介质中的高斯定理　电位移矢量 $\boldsymbol{D}$

有电荷就会激发电场，所以电介质中某点的总电场 $\boldsymbol{E}$ 应等于自由电荷和束缚电荷分别在该点激发的场强 $\boldsymbol{E}_0$ 和 $\boldsymbol{E}'$ 的矢量和，即

$$\boldsymbol{E} = \boldsymbol{E}_0 + \boldsymbol{E}' \tag{7.7}$$

考虑了由于电介质的极化而出现的束缚电荷，介质即可以看成真空。将真空中电场的高斯定理推广到电介质的电场中，则有

$$\oiint_S \boldsymbol{E}\cdot\mathrm{d}\boldsymbol{S} = \frac{1}{\varepsilon_0}(q_0 + q_{\text{int}})$$

式中　q_0——闭合曲面 S 内的自由电荷代数和；

q_{int}——闭合曲面 S 内的束缚电荷代数和。

将式（7.5）代入上式并运算得

$$\oiint_S (\varepsilon_0\boldsymbol{E} + \boldsymbol{P})\cdot\mathrm{d}\boldsymbol{S} = q_0$$

定义电位移矢量

$$\boldsymbol{D} = \varepsilon_0\boldsymbol{E} + \boldsymbol{P} \tag{7.8}$$

在国际单位制中，$\boldsymbol{D}$ 的单位同于 $\boldsymbol{P}$ 的单位，为 $\mathrm{C/m^2}$。引入电位移矢量后，高斯定理便为

$$\oiint_S \boldsymbol{D}\cdot\mathrm{d}\boldsymbol{S} = q_0 \tag{7.9}$$

这就是电介质中的高斯定理，它是静电场的基本定理之一。它表明，电位移矢量 $\boldsymbol{D}$ 的闭面通量等于闭面内的自由电荷代数和，与束缚电荷无关。

为了形象地表示电位移矢量在空间的分布，可以像引入电力线一样引入电位移线。从式（7.8）看出，电位移线起源于正的自由电荷，终止于负的自由电荷，也就是说，只有自由电荷才是 $\boldsymbol{D}$ 矢量场的“源”和“尾”。

在真空中没有原子、分子存在，$\boldsymbol{P}=0$，由式（7.8）知 $\boldsymbol{D}=\varepsilon_0\boldsymbol{E}$，于是式（7.9）变成

$$\oiint_S \boldsymbol{E}\cdot\mathrm{d}\boldsymbol{S} = \frac{1}{\varepsilon_0}\sum q_0$$

这就是真空中的高斯定理，其中的场强 $\boldsymbol{E}$ 完全是自由电荷激发的。由此可见，真空中的高斯定理是介质中高斯定理的特例。与 $\boldsymbol{E}$ 的高斯定理相同，当电荷具有某种对称性时，选择适当

的高斯面，可很容易求出电位移矢量 $\boldsymbol{D}$，进而便可求出电场强度 $\boldsymbol{E}$ 的分布。

电位移矢量 $\boldsymbol{D}$ 的定义式（7.8）给出了电位移矢量 $\boldsymbol{D}$ 与电场强度 $\boldsymbol{E}$ 及电极化强度 $\boldsymbol{P}$ 的关系，这一关系称为介质的性能方程。

7.2.4.3 D 和 E 的关系

电位移矢量 $\boldsymbol{D}$ 的定义式

$$\boldsymbol{D}=\varepsilon_0\boldsymbol{E}+\boldsymbol{P}$$

是普遍成立的，是 $\boldsymbol{D}$、$\boldsymbol{E}$、$\boldsymbol{P}$ 三矢量的一般关系，对各向同性和各同异性电介质都适用。

对于各向同性的电介质，由式（7.3），将 $\boldsymbol{P}=\chi_e\varepsilon_0\boldsymbol{E}$ 代入式（7.8）得

$$\boldsymbol{D}=(1+\chi_e)\varepsilon_0\boldsymbol{E}=\varepsilon_r\varepsilon_0\boldsymbol{E}=\varepsilon\boldsymbol{E} \tag{7.10}$$

此式有局限性，它只对各向同性的电介质在 $\boldsymbol{E}$ 不太大时适用。其中 $\varepsilon=\varepsilon_r\varepsilon_0$，叫作绝对介电常数，它的单位与 ε_0 相同。某电介质的绝对介电常数 ε 与 ε_0 之比，$\varepsilon_r=\dfrac{\varepsilon}{\varepsilon_0}$ 叫作该介质的相对介电常数，ε_r 是一个无量纲的纯数，它与极化率的关系是

$$\varepsilon_r=1+\chi_e$$

对于真空，$\boldsymbol{E}$ 为任何值时，$\boldsymbol{P}$ 都为零，所以 $\chi_e=0$，从而 $\varepsilon_r=1$，$\varepsilon=\varepsilon_0$，由此看出，SI 制中的 ε_0 就是真空的绝对介电常数。其他电介质的 $\varepsilon_r>1$，$\varepsilon>\varepsilon_0$，表 7.1 中给出了一些常用电介质的相对介电常数。

表 7.1　常用电介质的相对介电常数

物质	状态	介电常数 ε_r
空气	气态，0 °C，1×10^5 Pa	1.000 59
氢气（H_2）	气态，0 °C，1×10^5 Pa	1.000 27
水蒸气（H_2O）	气态，110 °C，1×10^5 Pa	1.012 6
水（H_2O）	液态，20 °C	61.5
变压器油	液态，20 °C	2.24
硫黄（S）	固态，20 °C	4.0
碳（C）	固态，20 °C	5.68
石英（SiO_2）	晶体，20 °C（⊥光轴）	4.34
	晶体，20 °C（//光轴）	4.27
白云母	固态，室温	6.0 ~ 8.0
石英玻璃	固态，室温	3.5 ~ 4.0
钛酸钡陶瓷	固态，室温	1 500
钛酸钡锶陶瓷	固态，室温	120 000

7.2.4.4 有介质时的静电场方程

真空中的静电场方程是环路定理和高斯定理，场源是自由电荷。有介质存在时，在电介质的表面上或内部出现极化电荷，它们也要激发电场。可见，有介质存在时，增加了新的场源——极化电荷。但是，新的场源只改变原有静电场的大小和方向，不改变静电场的性质。所以，电介质中的静电场与真空中的一样，仍然满足环路定理和高斯定理，即

$$\oint_L \boldsymbol{E}\cdot \mathrm{d}\boldsymbol{l}=0 \tag{7.11}$$

$$\oiint_S \boldsymbol{D}\cdot \mathrm{d}\boldsymbol{S}=\sum q_0 \tag{7.12}$$

和真空中的不同之处，在于有介质时的场量 $\boldsymbol{E}$、$\boldsymbol{D}$ 是自由电荷和极化电荷共同激发的。式（7.11）和式（7.12）就是有介质时的静电场方程，它们深刻、完整地反映了介质中静电场的性质，前者说明介质中的静电场仍然是保守场，场力做功与路径无关；后者反映了介质中的静电场也是有源场。

式（7.11）和式（7.12）在静电场中具有普遍性：它们对均匀电介质和非均匀电介质都成立；而且包含了真空中的场方程。事实上，只要令 $\varepsilon_{\mathrm{r}}=1$，这两式就变为真空中的环路定理和高斯定理。

$$\oint_L \boldsymbol{E}\cdot \mathrm{d}\boldsymbol{l}=0\text{，}\oiint_S \boldsymbol{D}\cdot \mathrm{d}\boldsymbol{S}=\frac{\sum q_0}{\varepsilon_0}$$

由此看来，介质对静电场的影响，可以通过相对介电常数 ε_{r} 表现出来。当然，在一般情况下，ε_{r} 不一定处处相等。

【例 7.2】 如图 7.9 所示，半径为 R 的球型导体，带电量为 Q，相对介电常数 ε_{r}、厚度为 R 的电介质球壳同心地包围着导体球，求电场、电势在空间的分布规律。

解： 由于带电系统的球对称性，$\boldsymbol{E}$、$\boldsymbol{D}$ 方向沿径向，其大小是球心 O 至场点的距离 r 及各区间介质的相对介电常数的函数。当 $r<R$ 和 $r>2R$ 时，直接运用真空中的高斯定理；当 $R<r<2R$ 时，应用电介质中的高斯定理式（7.9）

$$\oiint_S \boldsymbol{D}\cdot \mathrm{d}\boldsymbol{S}=Q$$

将 $\boldsymbol{D}=\varepsilon_{\mathrm{r}}\varepsilon_0\boldsymbol{E}$ 代入上式，可得

$$E(r)=\begin{cases}0 & (r<R)\\ \dfrac{Q}{4\pi\varepsilon_0\varepsilon_{\mathrm{r}}r^2} & (R<r<2R)\\ \dfrac{Q}{4\pi\varepsilon_0 r^2} & (r>2R)\end{cases}$$

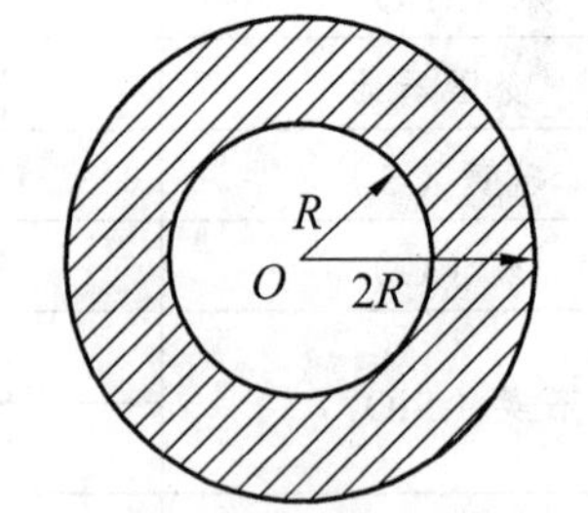

图 7.9 导体球及外围电介质球壳的电场、电势分布

由上述结果可知，由于电介质极化而出现的束缚电荷所激发的电场 $\boldsymbol{E}'$ 削弱了原来的电场 $\boldsymbol{E}_0$，因而介质中的总场强 $\boldsymbol{E}$ 比没有电介质时的场强 $\boldsymbol{E}_0$ 小。

以无穷远处为电势零点，由电势与场强的关系可得电势的分布

当 $r>2R$ 时 $$U=\int_r^{\infty}\frac{Q}{4\pi\varepsilon_0 r^2}\mathrm{d}r=\frac{Q}{4\pi\varepsilon_0 r}$$

当 $R<r<2R$ 时 $$U=\int_r^{2R}\frac{Q}{4\pi\varepsilon_0\varepsilon_r r^2}\mathrm{d}r+\int_{2R}^{\infty}\frac{Q}{4\pi\varepsilon_0 r^2}\mathrm{d}r=\frac{Q}{4\pi\varepsilon_0}\left(\frac{1}{\varepsilon_r r}-\frac{1}{2\varepsilon_r R}+\frac{1}{2R}\right)$$

当 $r<R$（即导体内）时，其电势等于导体球面的电势，在上式中令 $r=R$ 得到

$$U=\frac{Q}{8\pi\varepsilon_0 R}\left(\frac{1}{\varepsilon_r}+1\right)$$

7.3 电场能量

7.3.1 电 容

周围无其他导体、电介质或带电体的导体叫作孤立导体，理论和实践都证明，孤立导体处于静电平衡时，它所带的电量 q 与其电势 U 成正比，则孤立导体所带的电量 q 与其电势 U 的比值为一常数，把这个比值称为孤立导体的电容，用 C 表示，即

$$C=q/U \tag{7.13}$$

可见，孤立导体的电容 C 只取决于导体自身的几何因素，与导体所带的电量及电势无关，它反映了孤立导体储存电荷和电能的能力。

在国际单位制中，电容的单位为法拉（F），常用的还有微法（μF）和皮法（pF）。

例如，一半径为 R，带电量为 Q 的孤立导体球，其电势 $U=\dfrac{Q}{4\pi\varepsilon_0 R}$，则电容为

$$C=\frac{Q}{U}=4\pi\varepsilon_0 R$$

实际的导体往往不是孤立的，在其周围常存在着别的导体，且必然存在静电感应现象，这时导体的电势 U 不仅与其所带的电量 Q 有关，而且还与其他导体的位置、形状以及所带电量有关，也就是说，其他导体的存在将会影响导体的电容。在实际中，根据静电屏蔽原理常常设计一导体组，使其电容不受外界的影响，这种导体的组合就称为电容器。常用的电容器是由中间夹有电介质的两块金属板构成的。

设有两个导体板 A 和 B 组成一电容器（常称导体 A、B 为电容器的两个极板），若 A、B 分别带电 $+q$ 和 $-q$，其电势分别为 U_1 和 U_2，如图 7.10 所示。

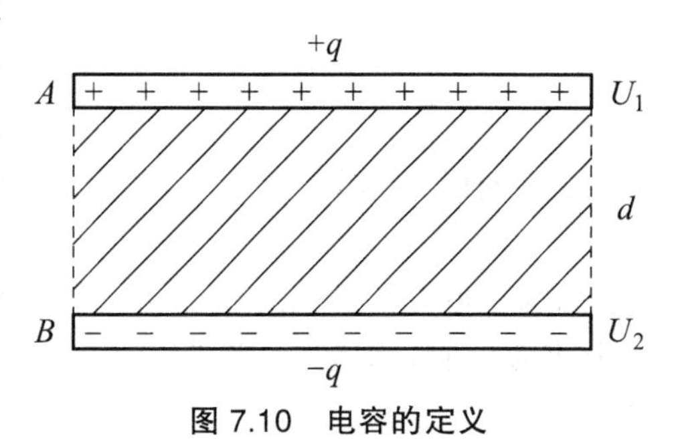

图 7.10 电容的定义

电容器的电容定义为：一个极板的电量 q 与两极板间的电势差之比，即

$$C=\frac{q}{U_1-U_2}=\frac{q}{U_{AB}} \tag{7.14}$$

这种电容器是由两块彼此靠得很近的平行金属板构成的，设金属板的面积为 S，内侧表面间的距离为 d，在极板间距 d 远小于板面线度的情况下，平板可看成无限大平面，因而可忽略边缘效应。设面电荷密度为σ，则两极板间的电势差为

$$U_{AB}=\int_A^B \boldsymbol{E}\cdot \mathrm{d}\boldsymbol{l}=Ed=\frac{\sigma}{\varepsilon}d=\frac{q}{\varepsilon S}d$$

据式（7.14）得平行板电容器的电容为

$$C=\frac{q}{U_{AB}}=\frac{\varepsilon S}{d}=\frac{\varepsilon_0\varepsilon_{\mathrm{r}}S}{d} \tag{7.15}$$

可见，平行板电容器的电容与极板面积 S 成正比，与两极板间的距离 d 成反比。

【例 7.3】 同心球形电容器及其电容：一同心球形电容器是由两个同心放置的导体球壳构成的，设内、外球壳的半径分别为 R_A 和 R_B，内球壳上带电量 $+Q$，外球壳上带电量 $-Q$，如图 7.11 所示。求该电容器的电容。

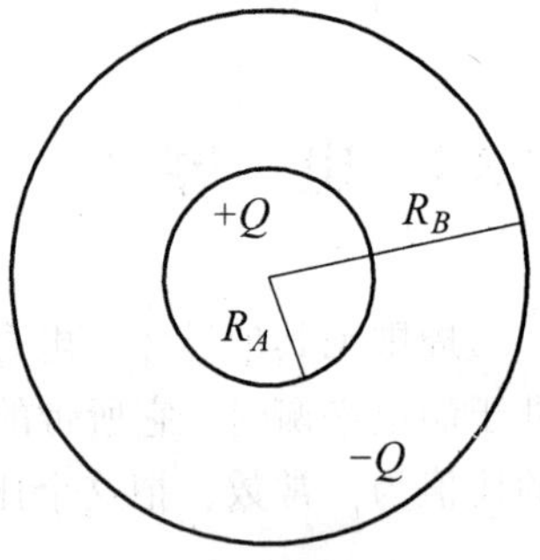

图 7.11　同心球形电容器

解： 根据高斯定理可求得两球壳之间的电场强度大小分布为

$$E=\frac{Q}{4\pi\varepsilon_0 r^2}$$

方向沿径向向外。

两球壳间的电势差为

$$U_{AB}=\int_A^B \boldsymbol{E}\cdot \mathrm{d}\boldsymbol{l}=\int_{R_A}^{R_B}\frac{Q}{4\pi\varepsilon_0 r^2}\mathrm{d}r=\frac{Q}{4\pi\varepsilon_0}\left(\frac{1}{r_A}-\frac{1}{r_B}\right)$$

由式（7.14）得同心球形电容器的电容为

$$C=\frac{Q}{U_{AB}}=\frac{4\pi\varepsilon_0 R_A R_B}{R_B-R_A} \tag{7.16}$$

当 $R_B\to\infty$ 时，$C=4\pi\varepsilon_0 R_A$，此即为孤立导体球的电容。由此可见，孤立导体实际上也是一种电容器，只不过另一导体在电势为零的无限远处。

计算电容的一般方法为：先假设两个极板分别带有 $+Q$ 和 $-Q$ 的电量，计算两极板间的电场强度分布，再根据电场强度求出两极板间的电势差，最后根据电容的定义计算电容器的电容。

7.3.2　电场能量

如果给电容器充电，电容器中就有了电场，电场中储藏的能量等于充电时电源所做的功，这个功是由电源消耗其他形式的能量来完成的。如果让电容器放电，则储藏在电场中的能量又可以释放出来。

如图 7.12 所示，充电过程可以理解为，不断地把微量电荷 dq 从一个极板移到另一个极板，最后使两极板分别带有电量 $+Q$ 和 $-Q$。当两极板的电量分别达到 $+q$ 和 $-q$ 时，两极板间的电势差为 U_{AB}，若继续将电量 dq 从正极板移到负极板，外力所做的元功为

$$dA = dqU_{AB} = \frac{q}{C}dq$$

式中　C——电容器的电容。

电容器所带电量从零增加到 Q 的过程中，外力所做的功为

$$A = \int_0^Q \frac{1}{C} q dq = \frac{Q^2}{2C}$$

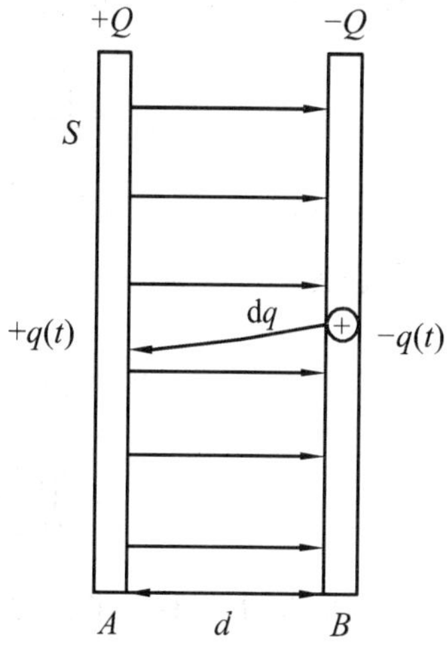

+Q　−Q　S　dq　+q(t)　−q(t)　A　d　B

图 7.12　电容器的充放电

外力所做的功 A 等于电容器这个带电体系电势能的增加，所增加的这部分能量储存在电容器极板之间的电场中，因极板原不带电，无电场能，所以极板间电场的能量在数值上等于外力所做的功 A，即

$$W_e = A = \frac{Q^2}{2C} = \frac{1}{2}QU_{AB} = \frac{1}{2}CU_{AB}^2 \quad (7.17)$$

式中　U_{AB}——电容器带电量 Q 时两极板间的电势差。

式（7.17）即为电容器极板间电场能量的三种表达式。

若电容器极板上所带自由电荷的面密度为 σ，极板间充有电容率为 ε 的电介质，极板面积为 S，两极板间的距离为 d，则

$$E = \sigma / \varepsilon \rightarrow Q = \sigma S = \varepsilon ES$$

$$U_{AB} = Ed$$

将其代入式（7.17）便可得

$$W_e = \frac{1}{2}\varepsilon ESEd = \frac{1}{2}\varepsilon E^2 V$$

式中　V——平行板电容器中电场所占的体积，$V = Sd$。

据此可以定义静电场能量密度为

$$w_e = \frac{W_e}{V} = \frac{1}{2}\varepsilon E^2 = \frac{1}{2}ED \quad (7.18)$$

式（7.18）虽然是从平行板电容器极板间的电场这一特殊情况下推出的，但可以证明这个公式是普遍适用的。它适用于匀强电场，也适用于非匀强电场；适用于静电场，也适用于变化的电场。对于非均匀电场，空间各点的电场强度是不同的，但在体积元 dV 内可视为恒量，所以在体元 dV 内的电场能量为

$$dW_e = w_e dV$$

对整个电场所在空间积分便可得总的电场能量为

$$W_e=\int dw_e=\iiint_V \frac{1}{2}\varepsilon E^2 dV=\iiint_V \frac{1}{2}DE dV \tag{7.19}$$

在各向异性介质中，一般情况下 $\boldsymbol{D}$ 和 $\boldsymbol{E}$ 的方向不同，这时电场能量密度和总的电场能量应分别为

$$w_e=\frac{1}{2}\boldsymbol{E}\cdot\boldsymbol{D} \tag{7.20}$$

$$W_e=\iiint_V \frac{1}{2}\boldsymbol{D}\cdot\boldsymbol{E}dV \tag{7.21}$$

【例 7.4】 有一半径为 a、带电量为 q 的孤立金属球。试求它所产生的电场中储藏的静电能。

解：该带电金属球产生的电场具有球对称性，电场强度的方向沿着径向，其大小为

$$E=\frac{1}{4\pi\varepsilon_0}\frac{q}{r^2}$$

如图 7.13 所示，先计算半径为 r、厚度为 dr 的球壳层中储藏的静电能为

$$dW_e=w_e dV=\frac{1}{2}\varepsilon_0 E^2\cdot 4\pi r^2 dr$$

$$=\frac{1}{2}\varepsilon_0\left(\frac{q}{4\pi\varepsilon_0 r^2}\right)^2\cdot 4\pi r^2 dr=\frac{q^2}{8\pi\varepsilon_0 r^2}dr$$

则整个电场中储藏的静电能为

$$W_e=\int_V dW_e=\int_a^\infty \frac{1}{8\pi\varepsilon_0}\int\frac{q^2}{r^2}dr=\frac{q^2}{8\pi\varepsilon_0 a}$$

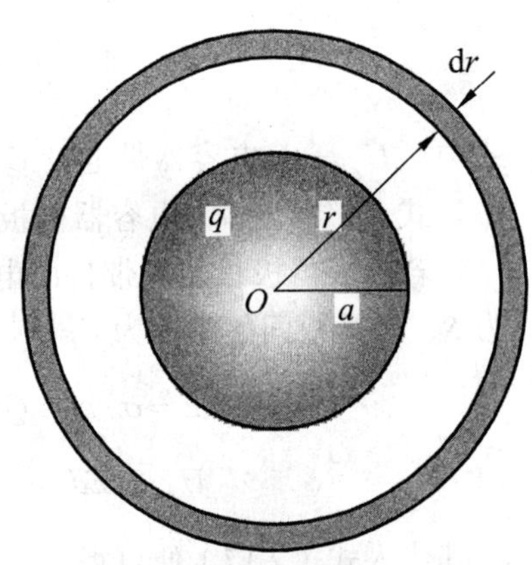

图 7.13 带电的孤立金属球储藏的电能

7.4 磁介质中的稳恒磁场

7.4.1 磁介质分类

几乎所有气体、液体和固体，不论内部结构如何，对磁场作用都会有影响，在考虑物质与磁场的相互影响时，把物质统称为磁介质。磁介质在外磁场中发生变化的物理过程叫作磁化，磁化的结果是产生附加磁场 $\boldsymbol{B}'$，从而影响空间的磁场分布。实验表明，对于真空中磁感应强度为 $\boldsymbol{B}_0$ 的空间，当其间充满某种磁介质时，磁感应强度 $\boldsymbol{B}$ 与 $\boldsymbol{B}_0$ 的关系为

$$\boldsymbol{B} = \mu_r \boldsymbol{B}_0 \tag{7.22}$$

式中　μ_r——该种磁介质的相对磁导率。

根据实验结果将磁介质分为以下三类：

（1）顺磁质（μ_r为略大于 1 的常数）。这说明顺磁质中产生与原磁场方向相同的弱附加磁场。自然界中的大多数物质是顺磁质，如空气、氧、铝、铬等。

（2）抗磁质（μ_r为略小于 1 的常数）。这说明抗磁质中产生与原磁场方向相反的弱附加磁场。铅、铜、水、氯等物质是抗磁质。

（3）铁磁质（$\mu_r \geqslant 1$，且不为常数）。说明铁磁质中产生与原磁场方向相同的很强的附加磁场。铁、钴、镍等物质是铁磁质。

由于大多数物质的相对磁导率μ_r与 1 相差甚微，为使用方便，我们引入磁介质的磁化率χ_m，即

$$\chi_m = \mu_r - 1 \tag{7.23}$$

7.4.2　磁介质的磁化

磁介质种类不同，磁化机理也不相同。铁磁质的微观结构与顺磁质、抗磁质有很大的区别，磁化特性也非常特殊。对铁磁质的磁化可以用磁畴理论来解释，这里不作详细介绍。

顺磁质、抗磁质磁化的区别在于其分子结构是否存在固有磁矩。固有磁矩是指分子环流（或分子电流）磁矩，它是分子中所有电子的轨道磁矩与自旋磁矩以及原子核的自旋磁矩的矢量和。按照这个模型，由固有磁矩不为零的分子组成的物质叫顺磁质，而由固有磁矩为零的分子组成的物质叫抗磁质。

不论是顺磁质还是抗磁质分子，在外磁场作用下都要产生与外磁场方向相反的附加磁矩。我们用图 7.14 来说明这个附加磁矩是如何产生的。设分子电流是由电量为 $-q$ 的电荷沿半径为 r 的圆轨道运动形成的。图中画出了电荷回旋方向相反的两种情况，分子电流磁矩 $\boldsymbol{p}_m$ 的方向与电荷 $-q$ 的角动量 $\boldsymbol{L}$ 方向相反。在外磁场 $\boldsymbol{B}_0$ 中，分子电流受磁力矩 $\boldsymbol{M} = \boldsymbol{p}_m \times \boldsymbol{B}_0$ 的作用。$\boldsymbol{M}$ 与 $\boldsymbol{p}_m$ 的方向垂直，从而与 $\boldsymbol{L}$ 的方向垂直，所以不能改变 $\boldsymbol{L}$ 的大小而只能改变 $\boldsymbol{L}$ 的方向。磁力矩 $\boldsymbol{M}$ 的作用是引起电荷轨道平面绕 $\boldsymbol{B}_0$ 方向旋进。这个角动量为 $\boldsymbol{L}'$ 的旋进运动也相当于一个圆形电流，在图示的两种情况中它都产生与外磁场 $\boldsymbol{B}_0$ 方向相反的磁矩 $\Delta \boldsymbol{p}_m$，这就是所讨论的分子电流在外磁场中形成的附加磁矩。在顺磁质情况下，分子固有磁矩不为零，形成附加磁矩的机制为图 7.14 中所示两种情况之一。

在抗磁质情况下，分子固有磁矩为零，可以等效于同时存在图 7.14 中的两个反向轨道，而两种情况下产生的附加磁矩 $\Delta \boldsymbol{p}_m$ 都与 $\boldsymbol{B}_0$ 反向，所以抗磁质分子在外磁场中也要产生与外磁场方向相反的附加磁矩。

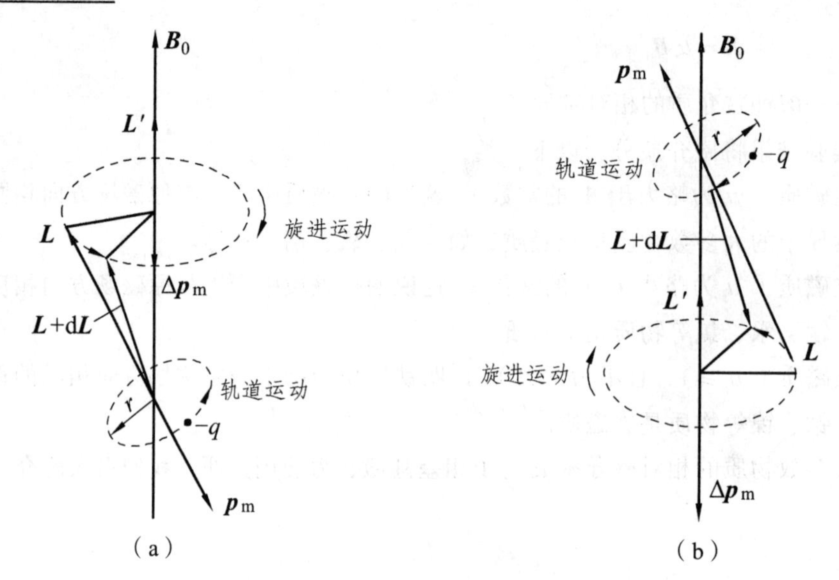

图 7.14　附加磁矩的产生

当无外磁场存在时，由于热运动，顺磁质分子的固有磁矩的排列是杂乱无章的，所有分子磁矩的矢量和为零，宏观上对外不显磁性。在外磁场 $\boldsymbol{B}_0$ 的作用下，一方面产生如上所述的抗磁效应，出现与 $\boldsymbol{B}_0$ 反向的附加磁矩 $\sum\Delta\boldsymbol{p}_{\rm m}$；另一方面，所有分子电流受外磁场磁力矩的作用，向 $\boldsymbol{B}_0$ 方向转向。外磁场越强，排列越整齐。这样，分子固有磁矩的矢量和 $\sum\boldsymbol{p}_{\rm m}$ 不再为零，且 $\sum\boldsymbol{p}_{\rm m}$ 与 $\boldsymbol{B}_0$ 方向相同。由于在实验室通常能获得的磁场中，一个分子所产生的附加磁矩要比一个分子的固有磁矩小 5 个数量级以上，即 $\left|\sum\boldsymbol{p}_{\rm m}\right|\gg\left|\sum\Delta\boldsymbol{p}_{\rm m}\right|$，所以分子固有磁矩转向产生的顺磁效应占优势，总的附加磁场 $\boldsymbol{B}'$ 与 $\boldsymbol{B}_0$ 同向，顺磁质中总磁感应强度 $\boldsymbol{B}=\boldsymbol{B}_0+\boldsymbol{B}'>\boldsymbol{B}_0$，顺磁质的相对磁导率 $\mu_{\rm r}>1$。

抗磁质分子的固有磁矩为零，在外磁场中没有由于固有磁矩转向引起的顺磁效应。外磁场引起的附加磁矩 $\sum\Delta\boldsymbol{p}_{\rm m}$ 是抗磁质磁化的唯一原因。所以，抗磁质中附加磁场 $\boldsymbol{B}'$ 总是与 $\boldsymbol{B}_0$ 方向相反，抗磁质中总磁感应强度 $\boldsymbol{B}=\boldsymbol{B}_0+\boldsymbol{B}'<\boldsymbol{B}_0$B，抗磁质的相对磁导率 $\mu_{\rm r}<1$。

类似于电介质中极化强度的定义，可以用介质单位体积中的磁矩来描述介质的磁化程度，称为磁化强度，用 $\boldsymbol{M}$ 表示，即

$$\boldsymbol{M}=\frac{\sum\boldsymbol{p}_{\rm m}+\sum\Delta\boldsymbol{p}_{\rm m}}{\Delta V}\tag{7.24}$$

对顺磁质，与 $\sum\boldsymbol{p}_{\rm m}$ 相比，$\sum\Delta\boldsymbol{p}_{\rm m}$ 可以忽略不计；对抗磁质，$\sum\boldsymbol{p}_{\rm m}=0$，所以

顺磁质：$\boldsymbol{M}\approx\dfrac{\sum\boldsymbol{p}_{\rm m}}{\Delta V}$，与 $\boldsymbol{B}_0$ 同向；

抗磁质：$\boldsymbol{M}=\dfrac{\sum\Delta\boldsymbol{p}_{\rm m}}{\Delta V}$，与 $\boldsymbol{B}_0$ 反向。

磁化强度 M 的单位在 SI 制中为安培/米（A/m）

如图 7.15 所示，介质磁化的宏观效果是出现沿介质横截面边沿的环形电流，我们称为磁

化电流，用I_s表示，由于它是分子内电荷运动一段段接合而成的，不同于导体中自由电荷定向运动形成的传导电流，所以也称为束缚电流。束缚电流在磁效应方面与传导电流相当，但是不存在热效应。

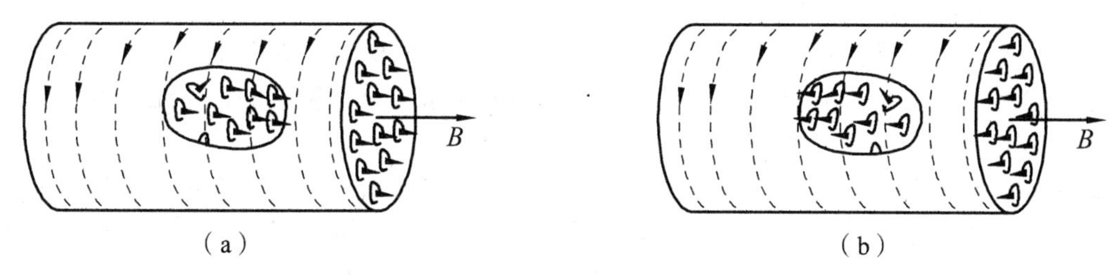

图 7.15 磁化强度与磁化电流的关系

可以证明，磁化强度 $\boldsymbol{M}$ 与磁化电流 I_s有如下关系

$$\oint_L \boldsymbol{M}\cdot \mathrm{d}\boldsymbol{l}=\sum_{(L内)} I_s \tag{7.25}$$

即磁化强度 $\boldsymbol{M}$ 沿闭合回路的线积分等于穿过回路的磁化电流的代数和。

7.4.3 有磁介质时的磁高斯定理

在有磁介质存在时，总磁场 $\boldsymbol{B}$ 为传导电流所产生的磁场 $\boldsymbol{B}_0$ 和磁介质磁化后产生的附加磁场 $\boldsymbol{B}'$的矢量和，即

$$\boldsymbol{B}=\boldsymbol{B}_0+\boldsymbol{B}'$$

理论研究表明，不论是磁场 $\boldsymbol{B}_0$ 还是附加磁场 $\boldsymbol{B}'$，其磁场线都是一些闭合曲线，因此，对于磁场中的任何闭合曲面 S，均有

$$\oint \boldsymbol{B}_0\cdot \mathrm{d}\boldsymbol{S}=0\text{，}\oint \boldsymbol{B}'\cdot \mathrm{d}\boldsymbol{S}=0$$

于是，对于磁介质存在的总磁场 $\boldsymbol{B}$ 来说，有

$$\oint \boldsymbol{B}\cdot \mathrm{d}\boldsymbol{S}=\oint (\boldsymbol{B}_0+\boldsymbol{B}')\cdot \mathrm{d}\boldsymbol{S}=0 \tag{7.26}$$

这就是有磁介质存在时的磁高斯定理。

7.4.4 有磁介质时的安培环路定理

以螺绕环为例，设载流螺绕环的绕组匝数为 N，通有传导电流 I_0，其中充满均匀各向同性的顺磁质，如果仍用前面所讲的安培环路定理

$$\oint_L \boldsymbol{B}\cdot \mathrm{d}\boldsymbol{l}=\mu_0\sum_L I_{0i}$$

根据螺绕环的对称性分析，可得

$$B\cdot 2\pi\bar{r}=\mu_0 NI_0$$

式中　$\bar{r}$——螺绕环的平均半径。

不难看出，无论螺绕环中是否有磁介质存在，从该方程得到的 B 都是一样的，即表明环内磁感应强度 B 与磁介质存在与否无关，这显然与实验事实是不符合的，因此，当有磁介质存在时，安培环路定理的形式需作修正。

载流螺绕环中的磁介质被磁化后，相当于在螺绕环上增加了一个电流 I_s，因此，在有磁介质存在时，磁场是由传导电流 I_0 和磁化电流 I_s 共同产生的，如图 7.16 所示，将安培环路定理应用到磁介质，并取以 $\bar{r}$ 为半径的同心圆周 L 为积分路径，有

$$\oint_L \boldsymbol{B}\cdot \mathrm{d}\boldsymbol{l}=\mu_0\sum_L I_i$$

式中　$\boldsymbol{B}$——螺绕环中传导电流和磁化电流共同产生的磁感应强度；

$\sum\limits_L I_i$——穿过积分路径 L 的传导电流和磁化电流的代数和。

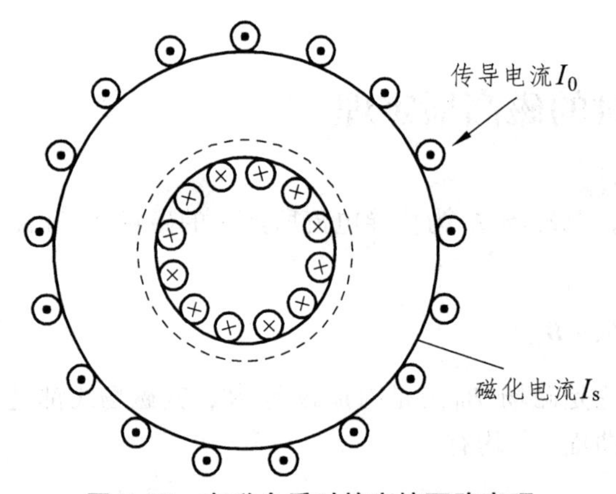

图 7.16　有磁介质时的安培环路定理

上式可写成

$$\oint_L \boldsymbol{B}\cdot \mathrm{d}\boldsymbol{l}=\mu_0\sum_L I_{0i}+\mu_0 I_s$$

理论分析表明，在螺绕环内的磁介质磁化后，磁介质本身所产生的附加磁场为

$$B'=\mu_0 i_s \tag{7.27}$$

式中　i_s——单位长度上的磁化电流。

故式（7.27）又可写为

$$\oint_L \boldsymbol{B}\cdot \mathrm{d}\boldsymbol{l}=\mu_0\sum_L I_{0i}+\mu_0\oint_L i_s\cdot \mathrm{d}l=\mu_0\sum_L I_{0i}+\oint_L \boldsymbol{B}'\cdot \mathrm{d}\boldsymbol{l}$$

所以，整理上式可得

$$\oint\left(\frac{\boldsymbol{B}-\boldsymbol{B}'}{\mu_0}\right)\mathrm{d}\boldsymbol{l}=\sum_L I_{0i}$$

令

$$\boldsymbol{H}=\frac{\boldsymbol{B}-\boldsymbol{B}'}{\mu_0} \tag{7.28}$$

式中　$\boldsymbol{H}$——磁场强度，是一个辅助矢量。

于是，式（7.28）最后可写为

$$\oint_L \boldsymbol{H}\cdot\mathrm{d}\boldsymbol{l}=\sum_L I_{0i} \tag{7.29}$$

这就是存在磁介质时的安培环路定理。该式表明，磁介质内磁场强度 $\boldsymbol{H}$ 沿所选闭合路径的环流等于闭合积分路径包围的所有传导电流的代数和。它是一个普适定理。该式还表明，若采用磁场强度矢量 $\boldsymbol{H}$ 来表征磁场特性，那么有关磁介质存在，磁场强度的环流只和传导电流有关，与磁化电流 I_s 无关。

在真空中，没有磁介质，得

$$\boldsymbol{B}_0=\mu_0\boldsymbol{H}$$

实验表明，在各向同性均匀磁介质中，$\boldsymbol{B}$ 和 $\boldsymbol{H}$ 成正比，即

$$\boldsymbol{B}=\mu\boldsymbol{H} \tag{7.30}$$

式中　μ——磁介质的磁导率。

只要根据安培环路定理 $\oint_L \boldsymbol{H}\cdot\mathrm{d}\boldsymbol{l}=\sum_L I_{0i}$ 算出 $\boldsymbol{H}$，又磁导率 μ 已知，即可求出在介质中的磁感应强度 $\boldsymbol{B}$。

【例 7.5】　无限长圆柱形铜线，外面包一层相对磁导率为 μ_r 的圆筒形磁介质，导线半径为 R_1，磁介质的外半径为 R_2，铜线内通有均匀分布的电流 I，如图 7.17 所示，铜的相对磁导率可取为 1，试求无限长圆柱形铜线和介质内外的磁场强度 $\boldsymbol{H}$ 与磁感应强度 $\boldsymbol{B}$。

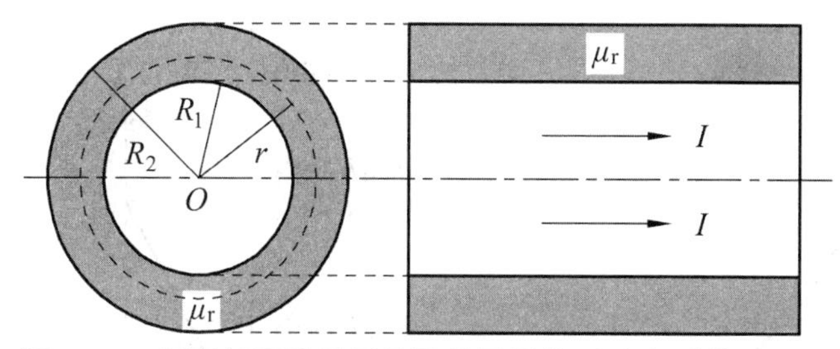

图 7.17　无限长圆柱形导线及外围圆筒形磁介质的 $\boldsymbol{H}$ 和 $\boldsymbol{B}$

解：当无限长圆柱形铜线中通有电流时，根据铜线的轴对称性，可以轴线上任一点为圆心，在垂直于轴线平面内以任意半径作圆周，在该圆周上，磁场强度 $\boldsymbol{H}$ 和磁感应强度 $\boldsymbol{B}$ 的大小分别为常量，方向都沿圆周切线方向，因此，可用安培环路定理求解。

选取铜线轴上一点为圆心，半径为 r 的圆周为积分路径 L，则

（1）当 $0 \leqslant r \leqslant R_1$ 时，根据安培环路定理

$$\oint_L \boldsymbol{H} \cdot \mathrm{d}\boldsymbol{l} = \sum I_i$$

可得

$$H_1 2\pi r = \frac{I}{\pi R_1^2}\pi r^2 \ , \quad H_1 = \frac{Ir}{2\pi R_1^2}$$

由于铜线的 μ_r 取为 1，得

$$B_1 = \mu_0 H_1 = \frac{\mu_0 I r}{2\pi R_1^2}$$

（2）当 $R_1 \leqslant r \leqslant R_2$ 时，根据安培环路定理有

$$H_2 2\pi r = I \ , \quad H_2 = \frac{I}{2\pi r}$$

由于磁介质的 $\mu = \mu_0 \mu_r$，可得

$$B_2 = \mu H_2 = \frac{\mu_0 \mu_r I}{2\pi r}$$

（3）当 $r > R_2$ 时，根据安培环路定理有

$$H_3 = \frac{I}{2\pi r}$$

在磁介质外，$\mu = \mu_0$，可得

$$B_3 = \mu_0 H_3 = \frac{\mu_0 I}{2\pi r}$$

H 与 B 的分布，如图 7.18（a）、（b）所示。

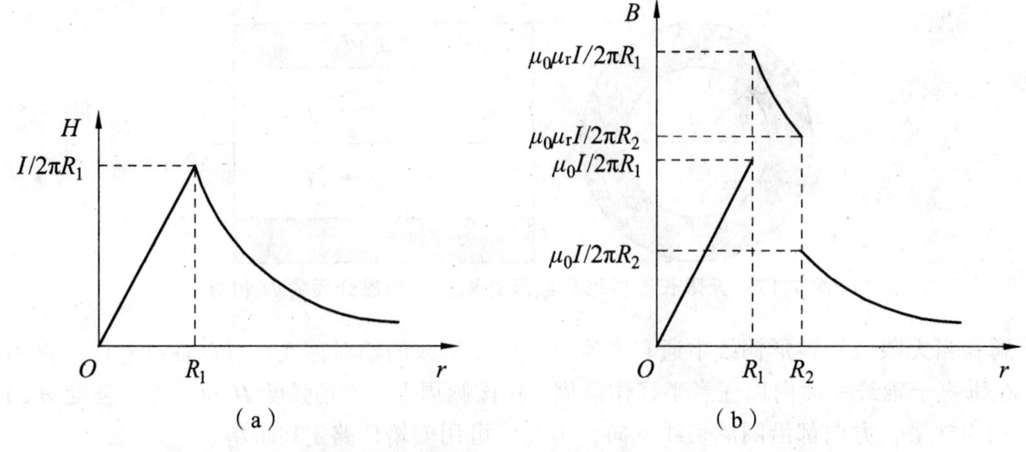

图 7.18 无限长圆柱形导线及外围圆筒形磁介质的 ***H*-*r*** 和 ***B*-*r*** 图

本章小结

1. 静电场中的导体

（1）导体静电平衡的条件。

（2）静电平衡时导体上的电荷分布。

电荷体密度 $\rho=0$，净电荷只分布在导体表面上。

具体可参看实心导体和空腔导体。

（3）静电平衡时，导体附近的电场与附近导体表面电荷面密度的关系

$$\boldsymbol{E}=\frac{\sigma}{\varepsilon_0}\boldsymbol{n}$$

（4）静电屏蔽。

2. 电介质中的静电场

（1）无极分子电介质与有极分子电介质。

（2）电介质在电场中的位移极化与取向极化。

（3）电极化强度

定义 $$\boldsymbol{P}=\frac{\sum \boldsymbol{p}_{\text{分子}}}{\Delta V}$$

对于各向同性的均匀介质，场强不太大时有

$$\boldsymbol{P}=\chi_e\varepsilon_0\boldsymbol{E}$$

其中，总场强

$$\boldsymbol{E}=\boldsymbol{E}_0+\boldsymbol{E}'$$

（4）电介质中的高斯定理

定义电位移矢量

$$\boldsymbol{D}=\varepsilon_0\boldsymbol{E}+\boldsymbol{P}$$

则电介质中的高斯定理：

$$\oiint_S \boldsymbol{D}\cdot \mathrm{d}\boldsymbol{S}=q_0$$

若对于各向同性的电介质，且电场不太大时

$$\boldsymbol{D}=(1+\chi_e)\varepsilon_0\boldsymbol{E}=\varepsilon_r\varepsilon_0\boldsymbol{E}=\varepsilon\boldsymbol{E}$$

（5）电容

$$C=q/U$$

平行板电容器的电容

$$C = \frac{\varepsilon_0 \varepsilon_r S}{d}$$

3. 电场能量

静电场能量密度为

$$w_e = \frac{W_e}{V} = \frac{1}{2}\varepsilon E^2 = \frac{1}{2}ED$$

总的电场能量为

$$W_e = \int \mathrm{d}w_e = \iiint_V \frac{1}{2}\varepsilon E^2 \mathrm{d}V = \iiint_V \frac{1}{2} DE \mathrm{d}V$$

4. 磁介质中的稳恒磁场

（1）磁介质分类。

（2）磁介质的磁化机理。

（3）有磁介质时的高斯定理

$$\oint \boldsymbol{B} \cdot \mathrm{d}\boldsymbol{S} = \oint (\boldsymbol{B}_0 + \boldsymbol{B}') \cdot \mathrm{d}\boldsymbol{S} = 0$$

（4）有磁介质时的安培环路定理

$$\oint_L \boldsymbol{H} \cdot \mathrm{d}\boldsymbol{l} = \sum_L I_{0i}$$

其中，磁场强度矢量

$$\boldsymbol{H} = \frac{\boldsymbol{B} - \boldsymbol{B}'}{\mu_0}$$

在真空中　　$\boldsymbol{B}_0 = \mu_0 \boldsymbol{H}$

在各向同性均匀磁介质中，$\boldsymbol{B}$ 和 $\boldsymbol{H}$ 成正比，即

$$\boldsymbol{B} = \mu \boldsymbol{H}$$

思 考 题

7.1　介质的极化强度与介质表面的极化面电荷是什么关系？

7.2　不同介质交界面处的极化电荷分布如何？

7.3　介质边界两侧的静电场中 $\boldsymbol{D}$ 及 $\boldsymbol{E}$ 的关系如何？

7.4　在导体和电介质的分界面上分别存在着自由电荷和极化电荷。若导体内表面的自由电荷面密度为σ，则电介质表面的极化电荷面密度为多少（已知电介质的相对介电常数为 ε_r）？

7.5 如图 7.19，面积为 S 的平行板电容器，两板间距为 d，求：

（1）插入厚度为 $\frac{d}{3}$、相对介电常数为 ε_r 的电介质，其电容量变为原来的多少倍？

（2）插入厚度为 $\frac{d}{3}$ 的导电板，其电容量又变为原来的多少倍？

7.6 如图 7.20 所示，半径为 R_0 的导体球带有电荷 Q，球外有一层均匀介质同心球壳，其内、外半径分别为 R_1 和 R_2，相对介电常数为 ε_r，求：介质内、外的电场强度大小和电位移矢量大小。

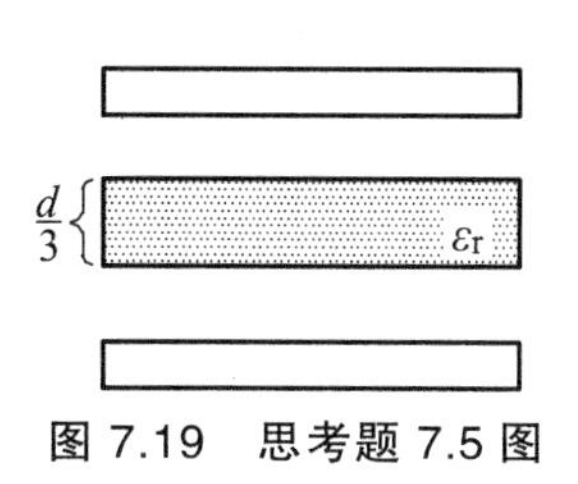

图 7.19 思考题 7.5 图

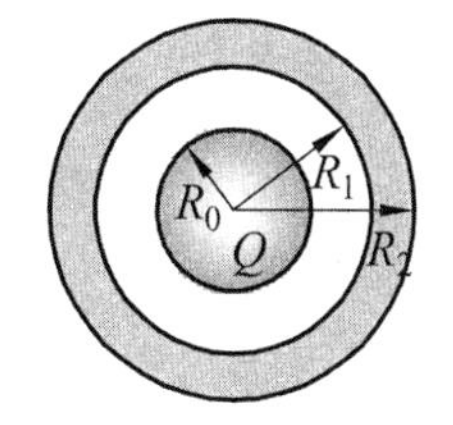

图 7.20 思考题 7.6 图

7.7 如图 7.21，一平行板电容器，中间有两层厚度分别为 d_1 和 d_2 的电介质，它们的相对介电常数分别为 ε_{r1} 和 ε_{r2}，极板面积为 S，求其电容量。

7.8 如图 7.22，利用电场能量密度 $w_e = \frac{1}{2}\varepsilon E^2$ 计算均匀带电球体的静电能，设球体半径为 R，带电量为 Q。

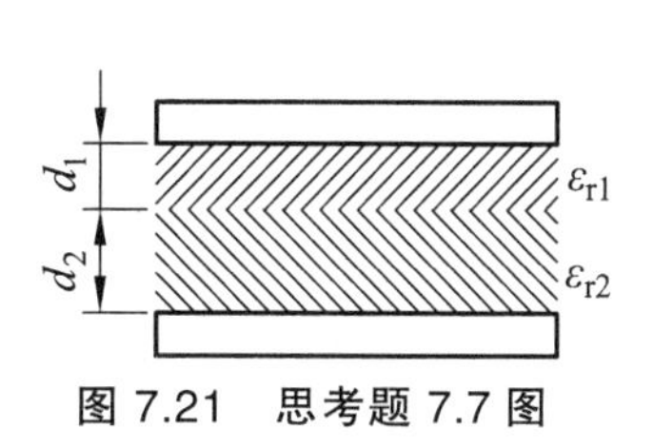

图 7.21 思考题 7.7 图

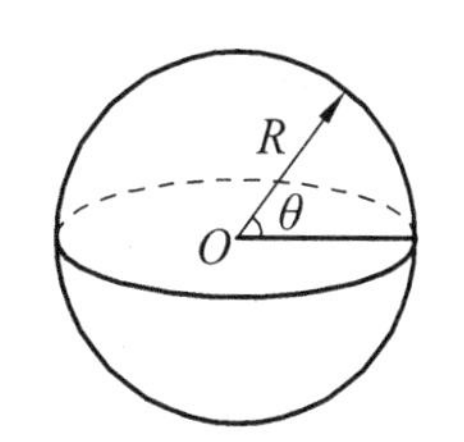

图 7.22 思考题 7.8 图

7.9 何为顺磁质、抗磁质和铁磁质，它们的区别是什么？

7.10 将电介质和磁介质加以比较。

习 题

一、选择题

7.1 A、B 是两块不带电的导体，放在一带正电导体的电场中，如图 7.23 所示。设无限远处为电势零点，A 的电势为 U_A，B 的电势为 U_B，则（ ）

A. $U_B > U_A \neq 0$　　B. $U_B < U_A = 0$

C. $U_B = U_A$　　D. $U_B < U_A$

7.2　半径分别为 R 和 r 的两个金属球，相距很远，用一根长导线将两球连接，并使它们带电。在忽略导线影响的情况下，两球表面的电荷面密度之比 σ_R/σ_r 为（　　）

A. R/r　　　　B. R^2/r^2

C. r^2/R^2　　　　D. r/R

7.3　一“无限大”均匀带电平面 A，其附近放一与它平行的、有一定厚度的“无限大”平面导体板 B，如图 7.24 所示。已知 A 上的电荷面密度为 σ，则在导体板 B 的两个表面 1 和 2 上的感应电荷面密度为（　　）

A. $\sigma_1=-\sigma$，$\sigma_2=+\sigma$　　　　B. $\sigma_1=-\sigma/2$，$\sigma_2=+\sigma/2$

C. $\sigma_1=-\sigma$，$\sigma_2=0$　　　　D. $\sigma_1=-\sigma/2$，$\sigma_2=-\sigma/2$

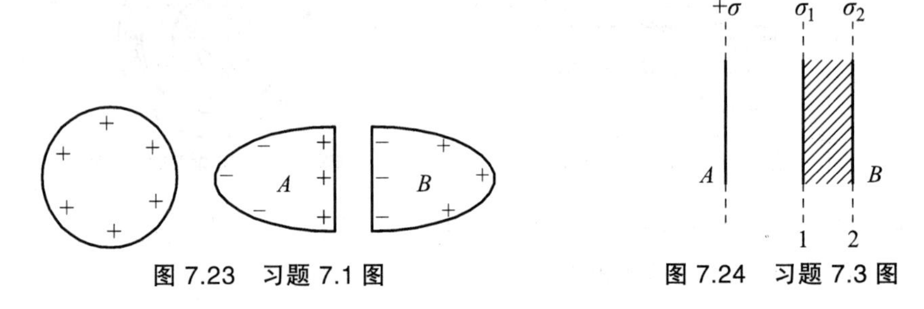

图 7.23　习题 7.1 图　　　　图 7.24　习题 7.3 图

二、填空题

7.4　一平行板电容器，极板面积为 S，两极板相距为 d。若 B 板接地，且保持 A 板的电势 $U_A=U_0$ 不变，如图 7.25 所示。把一块面积相同的、带电量为 Q 的导体薄板 C 平行地插入两板之间，则导体薄板 C 的电势 $U_C=$________。

7.5　任意带电体在导体体内（不是空腔导体的腔内）______（填“会”或“不会”）产生电场。处于静电平衡下的导体，空间所有电荷（含感应电荷）在导体体内产生电场的_______（填“矢量”或“标量”）叠加为零。

7.6　处于静电平衡下的导体________（填“是”或“不是”）等势体，导体表面________（填“是”或“不是”）等势面，导体表面附近的电场线与导体表面相互__________，导体体内的电势___________（填“大于”“等于”或“小于”）导体表面的电势。

7.7　如图 7.26，面积均为 S 的两金属平板 A、B 平行对称放置，间距远小于金属平板的长和宽，今给 A 板带电 Q，则

（1）B 板不接地时，B 板内侧的感应电荷的面密度为__________；

（2）B 板接地时，B 板内侧的感应电荷的面密度为__________。

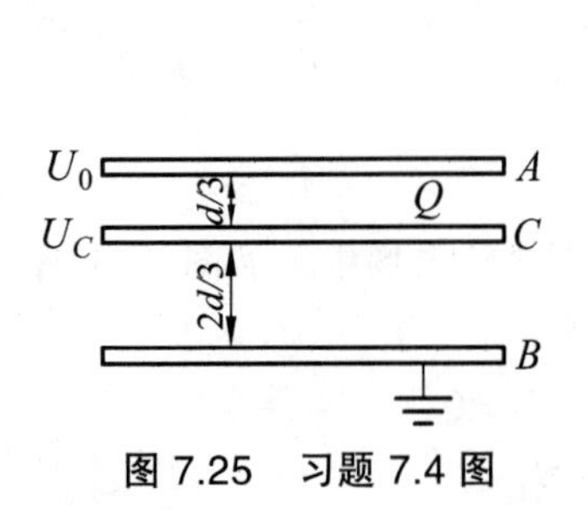

图 7.25　习题 7.4 图

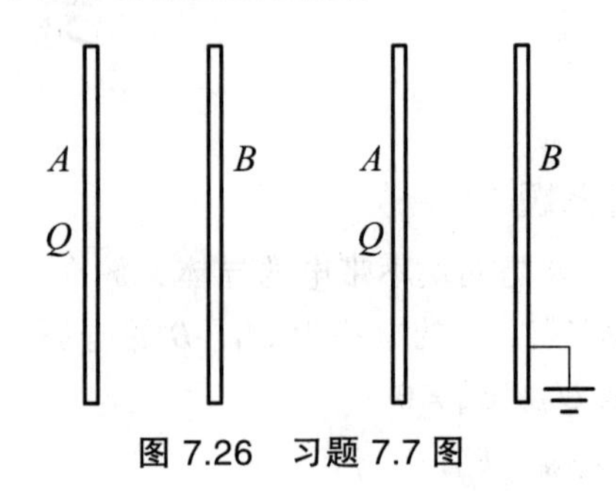

图 7.26　习题 7.7 图

7.8 一平行板电容器，充电后切断电源，然后使两极板间充满相对介电常数为 ε_r 的各向同性均匀电介质，此时两极板间的电场强度是原来的_____倍；电场能量是原来的_____倍。

三、计算题

7.9 如图 7.27，一导体球壳 A（内外半径分别为 R_2、R_3）同心地罩在一接地导体球 B（半径为 R_1）上，今给 A 球壳带电 $-Q$，求 B 球所带电荷 Q_B 及 A 球壳的电势 U_A。

7.10 如图 7.28 所示，面积均为 $S = 0.1\ \text{m}^2$ 的两金属平板 A、B 平行对称放置，间距为 $d = 1\ \text{mm}$，今给 A、B 两板分别带电 $Q_1 = 3.54 \times 10^{-9}\ \text{C}$，$Q_2 = 1.77 \times 10^{-9}\ \text{C}$，忽略边缘效应。求：

（1）两板共 4 个表面的电荷面密度 σ_1、σ_2、σ_3、σ_4；

（2）两板间的电势差 $U = U_A - U_B$。

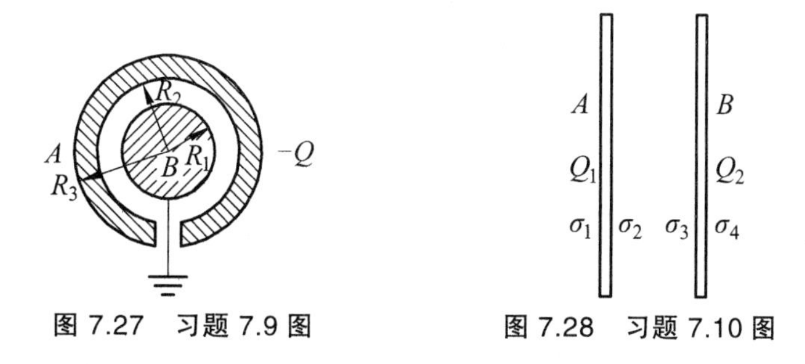

图 7.27 习题 7.9 图　　图 7.28 习题 7.10 图

7.11 两个相距很远可看作孤立的导体球，半径均为 10 cm，分别充电至 200 V 和 400 V，然后用一根细导线连接两球，使之达到等电势。计算变为等势体的过程中，静电力所做的功。

8 变化的电场和磁场

前面讨论的静电场和恒定磁场是不随时间变化的。本章将讨论随时间变化的磁场和电场。讨论的重点是电磁感应现象、电磁感应遵从的基本定律、感应电动势产生的机制和计算方法、自感和互感现象以及磁场能量。本章还简要地介绍了麦克斯韦电磁场理论。

8.1 电磁感应定律

8.1.1 发现电磁感应现象的历史

1820 年，奥斯特的实验是把电和磁联系起来的一项开创性工作，电磁学作为整体性科学的序幕被揭开了。奥斯特的发现极大地震动了当时的物理学界，一大批物理学家立即投入了电磁研究的热潮，并取得了重大成就。在奥斯特发现电流的磁效应的当年，法拉第研制成了电磁铁，再次证实了电流能产生磁。专心致志于科学事业，从小受到对称性思维方法熏陶的法拉第认为，电和磁是一组和谐的对称现象，既然电流能产生磁，那么磁能不能产生电流呢？人类生活的地球是个大磁体，如果磁能够产生电流，那么强大的电力就能源源不断地造福于人类。法拉第以清晰的思路和为人类造福的崇高理想，紧紧抓住了这个新奇、独特的思想，从 1822 年开始向“磁生电”这一新的未知领域进行了顽强的探索。

奥斯特的电流磁效应公布之后，著名物理学家安培、菲涅耳和科拉顿等一大批科学家都投身于“磁生电”的实验和研究。1820 年 10 月，菲涅耳向法国科学院报告说，他将磁铁放入螺线管内，使螺线管中产生的电流分解了水，并宣称他已成功地把磁转化为电了。但经别人重复他的实验否定了。安培受到菲涅耳报告的鼓舞，在 1821 年设计了一个非常巧妙的“同心线圈”实验。他把一个铜质圆形线圈悬挂在另一个固定在绝缘支架上的、稍大的多匝铜质线圈的内面。安培认为，只要固定线圈中通有持续的强大电流，悬挂的线圈就会产生电流。产生电流的悬挂线圈相当于一块磁铁，只要用一块磁铁靠近它，悬挂线圈就会转动。由于他只在稳态情况下进行实验，所以安培没有观察到这一现象。瑞士科学家科拉顿用一个线圈和电流计连成一个闭合电路，为了使磁铁不致影响电流计中的小指针，他把线圈和电流计分别放在两个房间里。他一次次地将磁棒插入或抽出线圈，然后，才迅速跑到隔壁房间去观察电流计指针的偏转。当然，这只能观察到零结果。很可惜，他已经走到成功的大门，错过发现电磁感应现象的良机！安培、科拉顿等人的失败，在于不了解磁生电的现象只能在变化过程中才会产生。1822年，阿喇果和洪堡两人在英国格林威治山测量地磁场强度时发现，金属可以阻尼磁针的振动，这就是著名的阿喇果-洪堡现象。1824 年阿喇果根据这一现象，进一步做了“阿喇果圆盘实验”，即将一个铜圆盘装在一根垂直轴上，让它自由旋转，再在铜盘上方自由悬挂一根磁针。阿喇果发现，当铜盘旋转时，磁针也会跟随着旋转，但稍有滞后。当时无法解释这一现象。

阿喇果-洪堡现象和安培、科拉顿等人在实验上的失败，导致了法拉第去深入思考阿喇果-洪堡现象的本质和安培等人失败的原因。

法拉第认为各种自然力具有统一性，在这种观念的支配下，他深信磁产生电流一定会成功，并决心用精确的实验来证实这一科学的信念。他以高超的实验技巧造出了极其灵敏的电流计。1825年，法拉第将一根导线和电流计连接起来构成一个闭合电路，并在闭合电路附近旋转一根和电池连接的导线，观察电流计指针的偏转，以判断和电流计连接的闭合电路中是否产生了电流。但是，实验结果是否定的。1828年，法拉第又重新做了安培的“同心线圈实验”，同样没有观察到“磁生电”的迹象。这期间，法拉第也简单地认为用强磁铁接近闭合导线，就会在导线中产生稳定电流；或者在一根导线中通以强电流，在附近的闭合导线中就会产生稳定电流，但都失败了。究其原因是抓住稳态条件，而忽视了暂态性。

具有坚强毅力的法拉第忍受着一个又一个的失败和挫折，毫不动摇“磁能生电”的信念，顽强地攀登在“磁生电”的崎岖道路上，不断改进实验，反复细心观察，不停地思索分析。他以百折不回的精神，经过整整10年含辛茹苦的努力，终于在1831年取得了突破性的成功。

1831 年 8 月 29 日，法拉第发现了人类历史上第一个电磁感应现象！法拉第在日记中以“磁产生电的实验”为题写道：“把一根导线连接在电池上，与另一根导线连接的电流计指针就会突然动起来。虽然导线继续接着电池，但这种效应却不继续存在，电流计指针回到平衡位置。在断开电池的瞬间，电流计指针强烈地向上次的反方向偏转。”法拉第意识到这就是他寻找了10年的“磁生电”现象。此时，他虽然没有完全领悟到这一现象的重要意义，但已开始意识到这是一种暂态效应。

法拉第在 8 月 29 日实验的基础上，进一步又做了许多实验。9 月 24 日，他将一个和电流计连接的带铁芯的螺线管，旋转在两根条形磁铁的 N、S 极之间进行实验。发现当螺线管跟磁极接触或脱离时，电流计指针就发生偏转。10 月 28 日，法拉第发现了另一类“磁生电”的现象。他用一个线圈与电流计连接，然后将一根永久磁铁迅速插入与拔出此线圈，发现电流计指针也会偏转。紧接着，法拉第作了一系列实验，终于揭开了“磁生电”的奥秘！最终认识到磁产生电不是稳态效应，而是一种暂态效应。他指出，只有静止导线中的电流变化时，才能在另一根静止导线中感应出电流来。而导线中的稳态电流，不可能在另一根静止导线中感应出电流来。

1931 年 11 月 24 日，法拉第向英国皇家科学院报告了关于电磁感应的第一篇重要论文，文中总结出以下 5 种情况都可以产生感应电流；① 正在变化着的电流；② 正在变化着的磁场；③ 运动着的稳恒电流；④ 运动着的磁铁；⑤ 在磁场中运动着的导体。他还指出，感应电流与运动、变化的电流或磁场有关，而与原电流或原磁场无关。他将上述现象正式定名为“电磁感应”。

电磁感应现象的发现，是电磁学领域内最重大的成就之一。在理论上，它揭示了电场与磁场的联系与转化，电磁感应定律是麦克斯韦电磁理论的基本组成部分之一；在实践上，为电工、电子技术奠定了理论基础，为人类获取巨大的廉价的电能开辟了道路。

8.1.2 法拉第电磁感应定律

在闭合导体回路中出现了电流，一定是由于回路中存在电动势。当穿过导体回路的磁通量发生变化时，回路中产生了感应电流，说明此时在回路中产生了电动势。由这一原因产生的电动势叫感应电动势，其方向与感应电流的方向相同。但应注意，如果导体回路不闭合，则回路中无感应电流，但仍有感应电动势。因此，从本质上说，电磁感应的直接效果是在回路中产生感应电动势。

法拉第通过对大量实验事实的分析，总结出如下结论：无论什么原因，通过回路的磁通量发生变化时，回路中均有感应电动势产生，其大小与通过该回路的磁通量随时间的变化率成正比。这一规律称为法拉第电磁感应定律。在国际单位制中，其数学表达式为

$$\varepsilon=-\frac{\mathrm{d}\Phi_{\mathrm{m}}}{\mathrm{d}t} \tag{8.1}$$

式中　Φ_{m}——通过导体回路的磁通量。

若回路是由 N 匝线圈串联成的回路，当磁通量变化时，每匝中都产生感应电动势，N 匝线圈中总的感应电动势为

$$\varepsilon=-\frac{\mathrm{d}}{\mathrm{d}t}(\Phi_{\mathrm{m}1}+\Phi_{\mathrm{m}2}+\cdots+\Phi_{\mathrm{m}N})=-\frac{\mathrm{d}\Psi_{\mathrm{m}}}{\mathrm{d}t} \tag{8.2}$$

式中　$\Psi_{\mathrm{m}}=\sum\Phi_{\mathrm{m}i}$，叫作磁链数或全磁通。

如果每匝的磁通量相同，均为 Φ_{m}，则 $\Psi_{\mathrm{m}}=N\Phi_{\mathrm{m}}$，于是

$$\varepsilon=-\frac{\mathrm{d}\Psi_{\mathrm{m}}}{\mathrm{d}t}=-N\frac{\mathrm{d}\Phi_{\mathrm{m}}}{\mathrm{d}t} \tag{8.3}$$

式中负号是楞次定律的反映；ε 与 Φ_{m} 在此都是代数量，其正负要由预先标定的正方向来决定，与标定正方向相同为正，与标定正方向相反为负。如图 8.1 所示，任取绕行方向作为导体回路中电动势的标定正方向（图中虚线箭头所示方向），取以导体回路为边界的曲面的法向单位矢量 $\boldsymbol{n}$ 的方向为磁通量的标定正方向，并且规定这两个标定正方向满足右手螺旋关系。在图 8.1 中，按照符号规则，$\Phi_{\mathrm{m}}>0$，当 B 随时间增加时，$\frac{\mathrm{d}\Phi_{\mathrm{m}}}{\mathrm{d}t}>0$，根据楞次定律，$B$ 增加，感应电流的磁通要阻碍原磁通的增加，因此，感应电流的磁通必为负，所以，感应电动势也必为负，即 $\varepsilon<0$。这就是说，当 $\frac{\mathrm{d}\Phi_{\mathrm{m}}}{\mathrm{d}t}>0$ 时，$\varepsilon<0$，二者反号。当 B 随

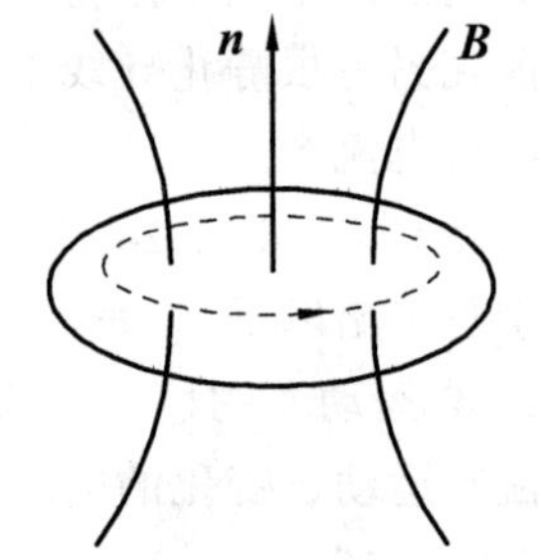

图 8.1　感应电动势的方向

时间减小时，$\frac{\mathrm{d}\Phi_{\mathrm{m}}}{\mathrm{d}t}<0$，同理，根据楞次定律，感应电流的磁通必为正，所以，感应电动势也必为正，即$\varepsilon>0$。这就是说，当$\frac{\mathrm{d}\Phi_{\mathrm{m}}}{\mathrm{d}t}<0$时，$\varepsilon>0$，二者也反号。

请读者自己讨论：当$\Phi_{\mathrm{m}}<0$时，在B随时间增加或减小两种情况下，仍然有$\frac{\mathrm{d}\Phi_{\mathrm{m}}}{\mathrm{d}t}$与$\varepsilon$反号的结论。总之，在任何情况下，楞次定律要求$\frac{\mathrm{d}\Phi_{\mathrm{m}}}{\mathrm{d}t}$与$\varepsilon$反号。式（8.3）中的负号是感应电动势方向的标志，是楞次定律的数学表示。

8.1.3　感应电流及感应电量

若闭合回路中电阻为R，则回路中感应电流为

$$I=\frac{\varepsilon}{R}=-\frac{1}{R}\frac{\mathrm{d}\Psi_{\mathrm{m}}}{\mathrm{d}t} \tag{8.4}$$

则

$$q=\int_{t_1}^{t_2}I\mathrm{d}t=-\int_{\Phi_{\mathrm{m1}}}^{\Phi_{\mathrm{m2}}}\frac{1}{R}\frac{\mathrm{d}\Psi_{\mathrm{m}}}{\mathrm{d}t}\mathrm{d}t=\frac{1}{R}(\Psi_{\mathrm{m1}}-\Psi_{\mathrm{m2}}) \tag{8.5}$$

式中　Ψ_{m1}，Ψ_{m2}——t_1、t_2时刻穿过回路的全磁通。

式（8.5）表明，感应电荷量的大小与全磁通的改变成正比，而与磁通量的变化率无关。因此，只要测得通过导线任一截面的感应电荷量，就可算出磁通量的变化量（回路电阻已知）。磁通计就是根据这个原理设计的。

8.1.4　电动势

我们考虑一个已充了电的平行板电容器，如图8.2中导体板A和B分别带有正负电荷，显然，A板的电势高于B板。将开关K闭合，则A板上的正电荷在静电力的作用下流向B板，电路中形成电流，电流计指针发生偏转。同时，A、B板间的电势差减小。当电势差为零时，电流为零。可见，电路中的电流是瞬时的，不能维持下去。如果能将正电荷从B板不断地送回A板，那么A、B板间就可以维持恒定的电势差，从而实现电荷的循环流动，能够完成这一过程的装置就是电源。

图8.3所示为接有电源的闭合电路，表示电源的虚线框内A和B分别为电源的正、负极。在电源以外的外电路中，由于静电力的作用，正电荷由正极流向负极。在电源内部，则把正电荷从负极拉回正极，从而维持正负极间的电势差。靠静电场力$\boldsymbol{F}_{\mathrm{e}}$显然是不行的，因为$\boldsymbol{F}_{\mathrm{e}}$的作用是阻碍正电荷从负极到正极去的。这就要求在电源内电路中存在一种能反抗静电力并把正电荷从负极拉向正极的力$\boldsymbol{F}_{\mathrm{k}}$，$\boldsymbol{F}_{\mathrm{k}}$称为“非静电力”。电源就是提供非静电力的装置。不同类型的电源，非静电力的性质是不同的，如普通电池中的非静电力是化学力，发电机中的非静电力是电磁力。

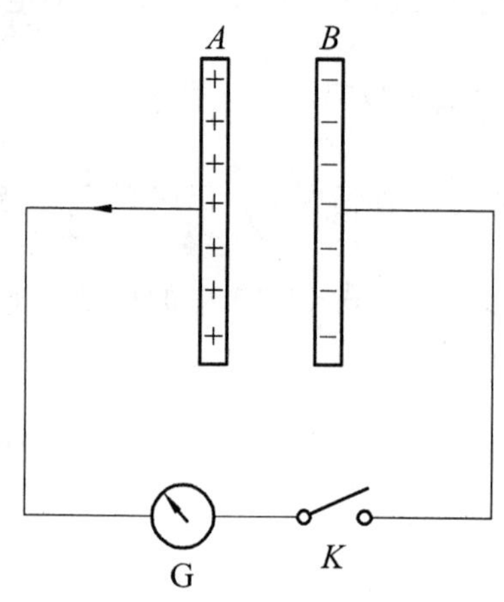

图 8.2　已充电的平行板电容器

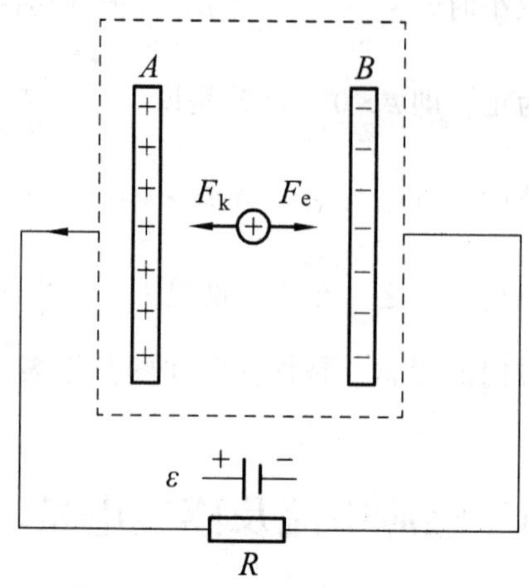

图 8.3　接有电源的闭合电路

电源的非静电力 $\boldsymbol{F}_k$ 在反抗静电力 $\boldsymbol{F}_e$ 把正电荷由负极搬到正极的过程中对电荷做了正功。从能量的观点来看，在此过程中，电源把其他形式的能量转化成电能。为了定量描述非静电力 $\boldsymbol{F}_k$ 做功本领的大小，即电源把其他形式能量转化为电能本领的大小，特引入物理量电动势来描述。电源电动势定义为：在电源内部，非静电力 $\boldsymbol{F}_k$ 把单位正电荷从负极搬到正极所做的功，用 ε 表示。如果用 A_k 表示在电源内非静电力 $\boldsymbol{F}_k$ 把正电荷 q 从负极搬到正极所做的功，则

$$\varepsilon=\frac{A_k}{q} \tag{8.6}$$

仿照静电学中电场强度的定义，将单位正电荷所受到的非静电力，定义为非静电力场强度，用 $\boldsymbol{E}_k$ 表示，则

$$\boldsymbol{E}_k=\frac{\boldsymbol{F}_k}{q} \tag{8.7}$$

正电荷 q 经电源内部由负极移到正极时，非静电力对它所做的功为

$$A_k=\int_{-(\text{电源内})}^{+}\boldsymbol{F}_k\cdot d\boldsymbol{l}=q\int_{-}^{+}\boldsymbol{E}_k\cdot d\boldsymbol{l}$$

将上式代入式（8.6），可得

$$\varepsilon=\int_{-(\text{电源内})}^{+}\boldsymbol{E}_k\cdot d\boldsymbol{l} \tag{8.8}$$

非静电力 $\boldsymbol{F}_k$ 只存在于电源内部，并且其方向是沿电源内部从负极指向正极的。如果一个闭合电路 L 上处处都有非静电力 $\boldsymbol{F}_k$ 存在，则整个闭合电路的总电动势为

$$\varepsilon=\oint_L \boldsymbol{E}_k\cdot d\boldsymbol{l} \tag{8.9}$$

电动势是标量，它在电路中可取正、负两个方向，规定从负极经电源内部到正极的方向为电动势的正方向。

8.2 动生电动势

按照磁通量发生变化的不同原因，感应电动势可分为两类：

（1）动生电动势，即由于导体在磁场中运动切割磁力线，在导体内产生的感应电动势。

（2）感生电动势，即导体或导体回路不动，由于磁场随时间变化，导体或导体回路内产生的感应电动势。

8.2.1 动生电动势与洛伦兹力

电荷在磁场中运动时，要受到洛伦兹磁力，现在，导体在磁场中运动，其中正、负电荷也随导体一起在磁场中运动，同样应受到洛伦兹力的作用。导体中的自由电荷在洛伦兹力的作用下，将发生定向移动，洛伦兹力提供了非静电力。它就是动生电动势出现的原因。

先讨论特殊情况，直线导体 l 在均匀磁场 $\boldsymbol{B}$ 中以匀速度 $\boldsymbol{v}$ 平动，并且，$\boldsymbol{l}$、$\boldsymbol{B}$、$\boldsymbol{v}$ 互相垂直，如图 8.4 所示。当导体 l 以速度 $\boldsymbol{v}$ 向右平移时，导体棒中的自由电子也随导体棒以速度 $\boldsymbol{v}$ 向右平移，因此每个自由电子受到洛伦兹力的作用

$$\boldsymbol{f}_{\mathrm{m}} = -e\boldsymbol{v} \times \boldsymbol{B} \tag{8.10}$$

$\boldsymbol{f}_{\mathrm{m}}$ 促使自由电子由 a 向 b 运动，闭合导体框中出现逆时针方向的感应电流。产生这个电流的电动势，就是动生电动势，它存在于运动着的导体 l 中，即导体 l 相当于一个电源。

根据非静电力场强的定义，可知

$$\boldsymbol{E}_{\mathrm{k}} = \frac{\boldsymbol{f}_{\mathrm{m}}}{-e} = \boldsymbol{v} \times \boldsymbol{B} \tag{8.11}$$

由电动势的定义，导体棒 l 上的动生电动势为

$$\varepsilon = \int_a^b \boldsymbol{E}_{\mathrm{k}} \cdot \mathrm{d}\boldsymbol{l} = \int_a^b (\boldsymbol{v} \times \boldsymbol{B}) \cdot \mathrm{d}\boldsymbol{l} \tag{8.12}$$

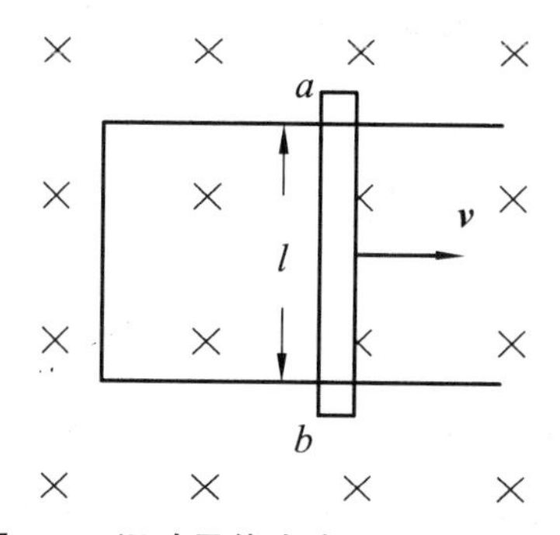

图 8.4 运动导体中产生的动生电动势

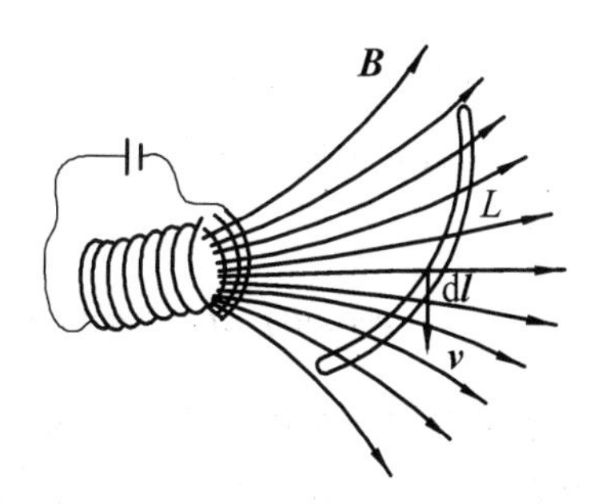

图 8.5 曲线状导体在非均匀磁场中运动产生动生电动势

再讨论一般情况，对于任意形状的一段导线 ab，在恒定的非均匀磁场中运动，如图 8.5 所示。导线中的自由电子在随导线一起运动时，同样会受到洛伦兹力的作用。此时导线 ab 上的动生电动势可由各线元产生的动生电动势之和求得。设导线 ab 中一段导线元 $\mathrm{d}\boldsymbol{l}$ 在磁场中以速度 $\boldsymbol{v}$ 运动，则导线元 $\mathrm{d}\boldsymbol{l}$ 的电动势为

$$\mathrm{d}\varepsilon = \boldsymbol{E}_{\mathrm{k}} \cdot \mathrm{d}\boldsymbol{l} = (\boldsymbol{v} \times \boldsymbol{B}) \cdot \mathrm{d}\boldsymbol{l}$$

导体 ab 上总的动生电动势为各导线元的动生电动势之和，即

$$\varepsilon = \int_a^b \boldsymbol{E}_{\mathrm{k}} \cdot \mathrm{d}\boldsymbol{l} = \int_a^b (\boldsymbol{v} \times \boldsymbol{B}) \cdot \mathrm{d}\boldsymbol{l} \tag{8.13}$$

由此可见，式（8.12）与式（8.13）相同，故式（8.13）即动生电动势的一般表达式。

我们知道，洛伦兹力的一个重要特点，是它恒与电荷运动的方向垂直，因此它对电荷不做功，也不提供能量。那么，为什么又说动生电动势是由洛伦兹力做功引起的呢？洛伦兹力到底做不做功？提不提供能量？

要回答上面的问题，必须明确两个概念：一是总力不做功，并不等于它的各个分力不做功，只要一些分力所做的正功与其他分力所做的负功永远相等；二是一个系统不提供能量，并不等于它不传递能量，只要它接收的能量与传递的能量永远相等。在动生电动势中，正是这种情况。

导体在磁场中运动时，导体中的电子不但具有导体的运动速度 $\boldsymbol{v}$，而且还有相对于导体的速度 $\boldsymbol{u}$（图 8.6），电子的合速度为 $(\boldsymbol{v}+\boldsymbol{u})$，电子所受的总的洛伦兹力

$$\boldsymbol{F} = -e(\boldsymbol{v}+\boldsymbol{u}) \times \boldsymbol{B}$$

可见，$\boldsymbol{F}$ 与合速度 $(\boldsymbol{v}+\boldsymbol{u})$ 垂直，总的洛伦兹力不对电子做功，但是，它的一个分力

$$\boldsymbol{f} = -e(\boldsymbol{v} \times \boldsymbol{B})$$

$\boldsymbol{f}$ 的方向与速度 $\boldsymbol{u}$ 的方向一致，$\boldsymbol{f}$ 对电子做正功，产生动生电动势，而另一个分力

$$\boldsymbol{f}' = -e(\boldsymbol{u} \times \boldsymbol{B})$$

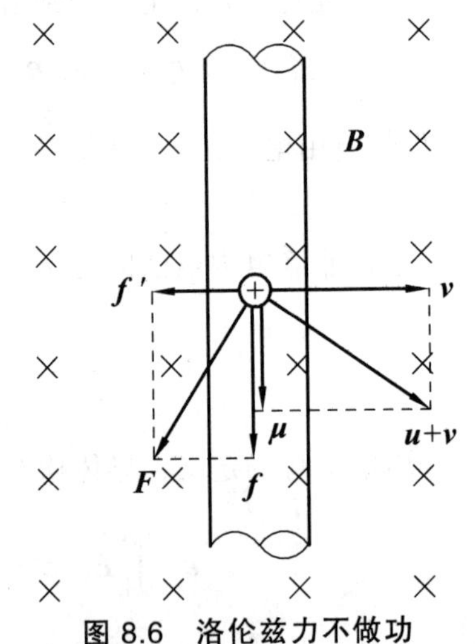

图 8.6　洛伦兹力不做功

$\boldsymbol{f}'$ 的方向与速度 $\boldsymbol{v}$ 的方向相反，对电子做负功，阻碍导体运动，为了保持导体的运动速度 $\boldsymbol{v}$，外力必须克服 $\boldsymbol{f}'$ 做功，向系统提供能量。可以证明，在相同的时间内，$\boldsymbol{f}$ 做的正功等于 $\boldsymbol{f}'$ 做的负功。即

$$-e(\boldsymbol{v} \times \boldsymbol{B}) \cdot \boldsymbol{u}t = e(\boldsymbol{u} \times \boldsymbol{B}) \cdot \boldsymbol{v}t$$

即是说，洛伦兹力的作用是通过一个分力做的负功迫使外界提供能量，这部分能量正好通过另一个分力做正功转化为感应电流的能量。电磁感应本身，就是将其他形式的能量转化为电能的过程。

8.2.2 动生电动势的计算

动生电动势的计算有两种方法：

1. 用非静电力移动单位正电荷做功计算

$$\varepsilon = \oint_L (\boldsymbol{v} \times \boldsymbol{B}) \cdot \mathrm{d}\boldsymbol{l}$$

根据电动势的定义，动生电动势的方向与 $(\boldsymbol{v} \times \boldsymbol{B})$ 方向一致。如果为了使计算结果既得到动生电动势的大小，又能表示出它的方向，可将计算公式改写为

$$\varepsilon_{ab} = \int_a^b (\boldsymbol{v} \times \boldsymbol{B}) \cdot \mathrm{d}\boldsymbol{l}$$

当 $\varepsilon_{ab} > 0$ 时，动生电动势方向由 $a \to b$；当 $\varepsilon_{ab} < 0$ 时，动生电动势的方向由 $b \to a$。

2. 用法拉第电磁感应定律计算

$$\varepsilon = -\frac{\mathrm{d}\Phi_{\mathrm{m}}}{\mathrm{d}t}$$

【例 8.1】 导线在均匀恒定磁场中平动：在与均匀恒定磁场 $\boldsymbol{B}$ 垂直的平面内有一导线 abc，其形状是半径为 R 的 3/4 圆周。导线沿 $\angle aOc$ 的角平分线方向，以速度 $\boldsymbol{v}$ 水平向右运动（图 8.7）。求导线上的动生电动势。

解：（1）用公式 $\varepsilon_{ab} = \int_a^b (\boldsymbol{v} \times \boldsymbol{B}) \cdot \mathrm{d}\boldsymbol{l}$ 求解。

在导线上任取线元 $\mathrm{d}\boldsymbol{l}$，导线上各处 $(\boldsymbol{v} \times \boldsymbol{B})$ 与 $\mathrm{d}\boldsymbol{l}$ 的夹角不同，所以，$\mathrm{d}\boldsymbol{l}$ 的位置用角量表示，即

$$\mathrm{d}l = R\mathrm{d}\theta$$

为了便于计算，建立适当的坐标系，设圆心 O 为坐标原点，Oa 方向为 x 轴的正方向，导线 abc 在 xy 平面内。$\mathrm{d}\boldsymbol{l}$ 段上的动生电动势为

$$\mathrm{d}\varepsilon = (\boldsymbol{v} \times \boldsymbol{B}) \cdot \mathrm{d}\boldsymbol{l} = vB\mathrm{d}l\cos\left(\theta + \frac{\pi}{4}\right) = vBR\cos\left(\theta + \frac{\pi}{4}\right)\mathrm{d}\theta$$

导线 abc 上的动生电动势为

$$\varepsilon_{abc} = \int \mathrm{d}\varepsilon = \int_0^{\frac{3}{2}\pi} vBR\cos\left(\theta + \frac{\pi}{4}\right)\mathrm{d}\theta = vBR\sin\left(\theta + \frac{\pi}{4}\right)\Big|_0^{\frac{3}{2}\pi} = -\sqrt{2}vBR$$

因 $\varepsilon_{abc} < 0$，故动生电动势的方向由 c 经 b 指向 a，即沿顺时针方向。

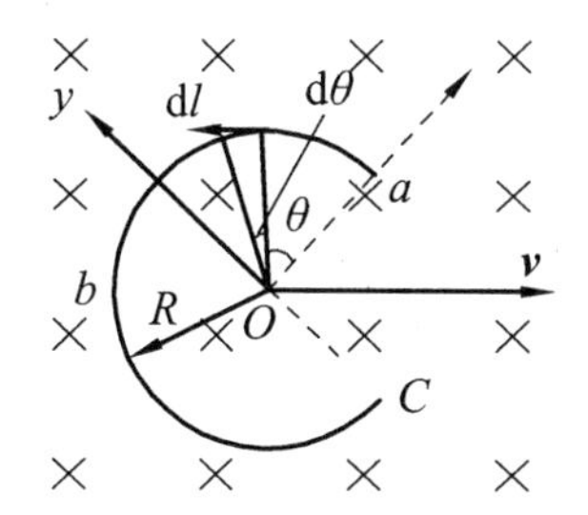

图 8.7 导线在恒定磁场中运动

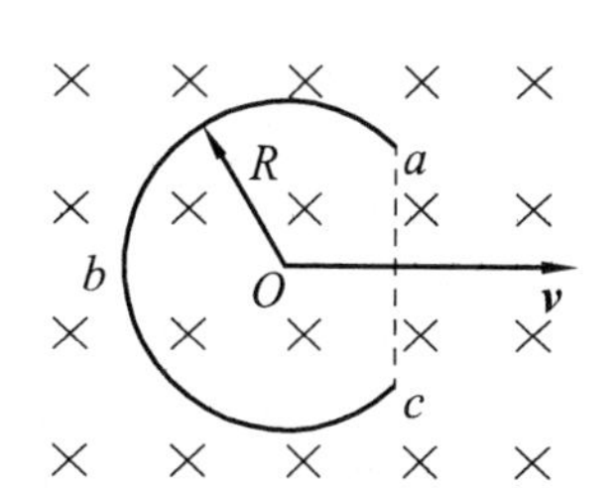

图 8.8 导线在恒定磁场中运动

（2）用$\varepsilon=-\dfrac{\mathrm{d}\Phi_\mathrm{m}}{\mathrm{d}t}$求解。

为了使磁通量Φ_m有意义，作辅助线ac与导线cba构成闭合电路（图 8.8），当回路整体以速度$\boldsymbol{v}$向右运动时，穿过回路的磁通量Φ_m不随时间变化，故

$$\varepsilon_{abca}=-\frac{\mathrm{d}\Phi_\mathrm{m}}{\mathrm{d}t}=0$$

它是导线abc上的动生电动势ε_{abc}和辅助线上的动生电动势ε_{ac}之和。即

$$\varepsilon_{abca}=\varepsilon_{abc}+\varepsilon_{ca}=\varepsilon_{abc}-\varepsilon_{ac}=0$$

故
$$\varepsilon_{abc}=\varepsilon_{ac}$$

表明辅助线在运动中引起的动生电动势ε_{ac}与原导线abc在运动中引起的动生电动势ε_{abc}等值反向。容易求得

$$\varepsilon_{ac}=-Bv\cdot ac=-\sqrt{2}BvR$$

所以

$$\varepsilon_{abc}=-\sqrt{2}BvR$$

【例 8.2】 线圈在非均匀磁场中平动：如图 8.9 所示，载流长直导线中的电流为I，矩形线圈平面与长直导线共面。线圈以速度$\boldsymbol{v}$平行于长直导线向上匀速运动。求线圈中的动生电动势。

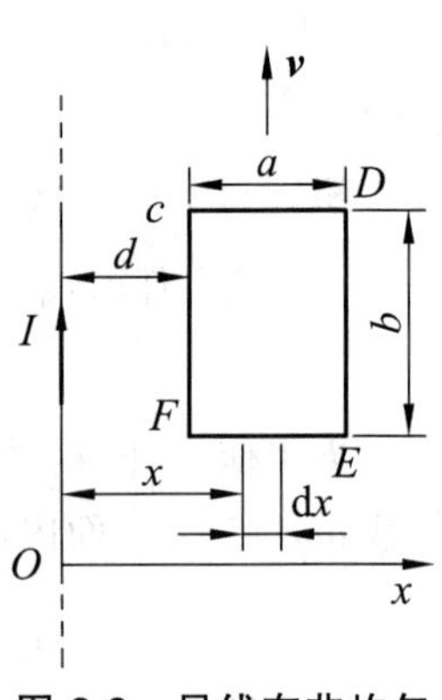

图 8.9 导线在非均匀磁场中运动

解：（1）用公式$\varepsilon_{ab}=\int_a^b(\boldsymbol{v}\times\boldsymbol{B})\cdot\mathrm{d}\boldsymbol{l}$求解。

建立坐标系如图 8.9。在CF段和DE段上任取线元$\mathrm{d}\boldsymbol{l}$处，$(\boldsymbol{v}\times\boldsymbol{B})$都垂直于$\mathrm{d}\boldsymbol{l}$，所以，任一线元上的电动势为

$$\mathrm{d}\varepsilon=(\boldsymbol{v}\times\boldsymbol{B})\cdot\mathrm{d}\boldsymbol{l}=0$$

故

$$\varepsilon_{CF}=\varepsilon_{DE}=0$$

在CD段和EF段上各处的B都不相同，因此，应首先求出线元$\mathrm{d}x$上的电动势。在距直导线x处的$\mathrm{d}x$线元上，磁感应强度的大小为

$$B=\frac{\mu_0 I}{2\pi x}$$

$\mathrm{d}x$上产生的动生电动势为

$$\mathrm{d}\varepsilon=(\boldsymbol{v}\times\boldsymbol{B})\cdot\mathrm{d}\boldsymbol{l}$$

故
$$\varepsilon_{DC}=\int_D^C(\boldsymbol{v}\times\boldsymbol{B})\cdot\mathrm{d}\boldsymbol{l}=\int_D^C vB\mathrm{d}l$$

x轴的正向与$\mathrm{d}\boldsymbol{l}$方向相反，所以，$\mathrm{d}l=-\mathrm{d}x$，因而

$$\varepsilon_{DC}=-\int_D^C vB\mathrm{d}x=-\int_{d+a}^{d}\frac{\mu_0 I}{2\pi x}v\mathrm{d}x=\frac{\mu_0 vI}{2\pi}\ln\left(1+\frac{a}{d}\right)$$

$\varepsilon_{DC}>0$，所以 DC 段上的动生电动势的方向是从 $D\to C$。同理，可得 EF 段上的动生电动势

$$\varepsilon_{EF}=\frac{\mu_0 vI}{2\pi}\ln\left(1+\frac{a}{d}\right)$$

ε_{EF} 的指向从 $E\to F$。

矩形线圈上的总电动势应该是各段导线上的动生电动势之和，以顺时针方向的电动势为正，则

$$\varepsilon_{总}=\varepsilon_{CD}+\varepsilon_{DE}+\varepsilon_{EF}+\varepsilon_{FC}=0$$

（2）用 $\varepsilon=-\dfrac{\mathrm{d}\Phi_\mathrm{m}}{\mathrm{d}t}$ 求解。

由于矩形线圈以匀速 $\boldsymbol{v}$ 平行于长直导线运动，线圈内各点到导线的距离保持不变，因此，各点的 $\boldsymbol{B}$ 保持不变，线圈在运动过程中，其面积不变，所以穿过线圈的磁通量 Φ_m 恒定，故

$$\varepsilon_{动}=-\frac{\mathrm{d}\Phi_\mathrm{m}}{\mathrm{d}t}=0$$

8.3　感生电动势

8.3.1　感生电动势与感生电场

在此以前，我们知道的可以推动电荷做功的非静电力有：电池中由于化学成分不同，而出现的化学力；磁场中运动电荷所受到的洛伦兹力；两种导体接触时由于温度或电子浓度不同，而出现的扩散力。但是，磁场变化所引起的感生电动势与化学成分、电荷运动及导体的温度和种类都无关系，它不可能是化学力、洛伦兹力或扩散力引起的，而只能是一种我们尚未认识的力。为了解释这种力的起源，麦克斯韦（James Clark Maxwell）分析了大量的电磁感应现象后注意到，变化磁场周围空间具有特殊的物理性质。他假定：变化的磁场要产生一种新的场，它对电荷有力的作用，也应当属于电场。但它不是直接由电荷产生的，而是由磁场变化引起的，称为感生电场。麦克斯韦进一步认为，不管有无导体回路存在，变化的磁场总要在周围空间产生感生电场。感生电场对电荷的作用力，叫作感生电场力。感生电场力是一种非静电起源的力，它就是感生电动势出现的原因。

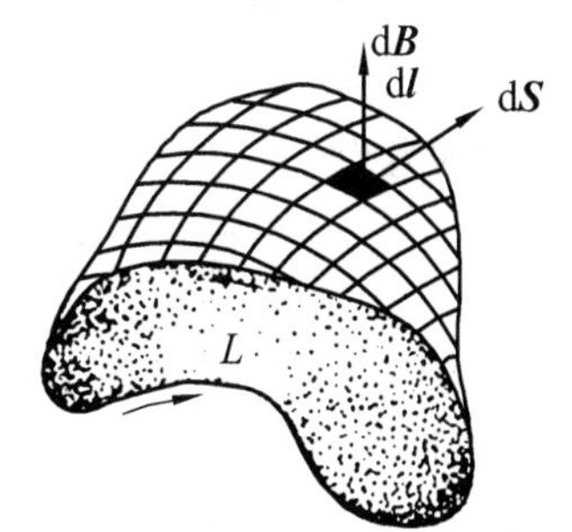

图 8.10　变化磁场中的导体回路

把感生电场和磁变化联系起来的，是法拉第电磁感应定律和电动势的定义。设变化磁场中有一周界为 L 的导体回路，以 L 为周界的任意曲面 S，如图 8.10 所示。若导体回路所在处由变化磁场产生的感生电场为 $\boldsymbol{E}_{感}$（作用在单位正电荷上的非静电力），回路 L 中产生的感生电动势为

$$\varepsilon = \oint_L \boldsymbol{E}_{感} \cdot d\boldsymbol{l}$$

根据法拉第电磁感应定律，ε 又等于穿过以回路 L 为界的任意曲面的磁通量的变化率，即

$$\varepsilon = -\frac{d\Phi_m}{dt}$$

所以

$$\varepsilon = \oint_L \boldsymbol{E}_{感} \cdot d\boldsymbol{l} = -\frac{d\Phi_m}{dt} \tag{8.14}$$

因为

$$\Phi_m = \iint_S \boldsymbol{B} \cdot d\boldsymbol{S}$$

所以式（8.14）又可以写为

$$\varepsilon = \oint_L \boldsymbol{E}_{感} \cdot d\boldsymbol{l} = -\frac{d}{dt}\iint_S \boldsymbol{B} \cdot d\boldsymbol{S}$$

对于一定的回路，可以把对时间的微商和对曲面的积分的运算顺序调换，于是

$$\varepsilon = \oint_L \boldsymbol{E}_{感} \cdot d\boldsymbol{l} = -\iint_S \frac{\partial \boldsymbol{B}}{\partial t} \cdot d\boldsymbol{S} \tag{8.15}$$

式（8.14）是电磁学的基本方程之一，它表明变化的磁场产生感生电场。

在一般情况下，空间中某点的总电场 $\boldsymbol{E}$ 是静电场 $\boldsymbol{E}_0$（由静止电荷产生的电场）和感生电场 $\boldsymbol{E}_{感}$（由变化的磁场产生的电场）的叠加，即

$$\boldsymbol{E} = \boldsymbol{E}_0 + \boldsymbol{E}_{感}$$

8.3.2 感生电场和库仑电场的比较

感生电场和静电场对电荷都有力的作用，各自的场强矢量在数值上都等于单位正电荷所受的电场力，场强方向就是正电荷受力的方向，如果电荷的电荷量为 q，那么它在感生电场中受到的力为

$$\boldsymbol{F}_{感} = q\boldsymbol{E}_{感}$$

感生电场和静电场都是一种客观存在的物质，具有场这种物质的各种基本性质，这是它们的共同点。

静电场的存在离不开场源电荷，是一种有源场。这种性质的数学表述是静电场的高斯定理

$$\oiint_S \boldsymbol{E}_0 \cdot \mathrm{d}\boldsymbol{S} = \frac{\sum q_{内}}{\varepsilon_0}$$

用于形象描述这一性质的电场线，起于正电荷而止于负电荷。

感生电场是由变化的磁场产生的，它的存在不依赖于场源电荷，它是无源场。这种性质的数学表述是经过实验证实的感生电场的高斯定理

$$\oiint_S \boldsymbol{E}_{感} \cdot \mathrm{d}\boldsymbol{S} = 0 \tag{8.16}$$

此式表明，描述感生电场的电场线是闭合的。

静电场的另一个重要性质是 $\boldsymbol{E}_0$ 沿任意闭合曲线的环流为零，它是无旋场，可以引入电势的概念。这种性质的数学表述是静电场的环路定理

$$\oint_L \boldsymbol{E}_0 \cdot \mathrm{d}\boldsymbol{l} = 0$$

感生电场沿任意闭合曲线的环流不为零，不能在感生电场中引入电势的概念。这种性质的数学表述是 $\boldsymbol{E}_{感}$ 的环路定理

$$\oint_L \boldsymbol{E}_{感} \cdot \mathrm{d}\boldsymbol{l} = -\iint_S \frac{\partial \boldsymbol{B}}{\partial t} \cdot \mathrm{d}\boldsymbol{S}$$

此外，$\boldsymbol{E}_0$ 可以使导体中的自由电荷发生移动，产生静电感应现象。静电平衡时导体内部的场强为零，导体是一个等势体。仅有静电场不能在导体中形成持续的电流。感生电场也可以使导体中的自由电荷发生移动，产生电磁感应现象，导体内将产生感生电动势和感应电流。

8.3.3 感生电动势的计算

感生电动势的计算也有两种方法：

1. 用 $\varepsilon = -\dfrac{\mathrm{d}\Phi_{\mathrm{m}}}{\mathrm{d}t}$ 计算

处于变化磁场中的不动的闭合导线，只要求出穿过以闭合导线为边界的任意曲面的 $\varepsilon = -\dfrac{\mathrm{d}\Phi_{\mathrm{m}}}{\mathrm{d}t}$，便可求得感生电动势。对于非闭合电路，要设法作辅助线构成闭合电路，以便使 Φ_{m} 有意义。对辅助线的要求是它上面的感生电动势为零或易于求出。

2. 用非静电力移动单位正电荷做功计算

$$\varepsilon = \oint_L \boldsymbol{E}_{感} \cdot \mathrm{d}\boldsymbol{l}$$

对于一段导体，为了由计算结果的正、负能直接确定 ε 的方向，可将上式改写为

$$\varepsilon_{ab} = \int_a^b \boldsymbol{E}_{感} \cdot \mathrm{d}\boldsymbol{l}$$

当 $\varepsilon_{ab}>0$ 时，感生电动势的方向从 $a\to b$；当 $\varepsilon_{ab}<0$ 时，感生电动势的方向由 $b\to a$。

这种方法要求事先知道导线上 $\boldsymbol{E}_{感}$ 的分布。但在许多情况下，从已知磁场变化率 $\frac{\mathrm{d}\boldsymbol{B}}{\mathrm{d}t}$ 求感生电场 $\boldsymbol{E}_{感}$ 的计算会遇到许多数学上的困难，只有在对称性很强的情况下，才能求出 $\boldsymbol{E}_{感}$。例如，当一无限长直密绕螺线管内通以电流时，其内部产生轴向的均匀磁场 $\boldsymbol{B}$，管外的磁场为零。如果螺线管中的电流按一定规律变化，则 B 也随着电流变化，从而在螺线管内、外空间都将产生 $\boldsymbol{E}_{感}$。这种情况下很容易由已知的 $\frac{\mathrm{d}\boldsymbol{B}}{\mathrm{d}t}$ 求出 $\boldsymbol{E}_{感}$。

【例 8.3】 图 8.11 表示半径为 R 的长直螺线管的横截面图。当管内 $\boldsymbol{B}$ 以 $\frac{\mathrm{d}\boldsymbol{B}}{\mathrm{d}t}$ 的变化率增加时，求空间各点的 $\boldsymbol{E}_{感}$。

解：在图 8.11 中作半径为 r（$r<R$）的圆形回路 L_1，由于 B 随时间变化，在回路上将产生 $\boldsymbol{E}_{感}$。由 $\boldsymbol{E}_{感}$ 的圆柱对称性和 $\boldsymbol{E}_{感}$ 电场线闭合的特点，可以判断出 L_1 上各点的 $\boldsymbol{E}_{感}$ 大小相等，方向与回路 L_1 相切。

设回路 L_1 沿顺时针方向绕行，其上各点的 $\boldsymbol{E}_{感}$ 电场线沿回路顺时针方向。在 $r<R$ 的区域，$\Phi_{\mathrm{m}}=\pi r^2 B$，因此，由式（8.15）可知

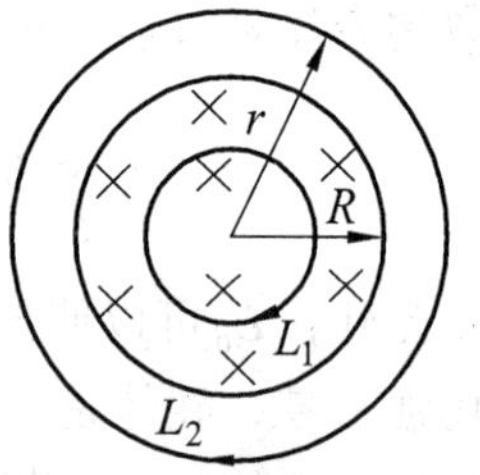

$$\boldsymbol{E}_{感}\cdot 2\pi r=-\pi r^2\frac{\mathrm{d}\boldsymbol{B}}{\mathrm{d}t}$$

图 8.11 螺线管内外的 $\boldsymbol{E}_{感}$

故管内

$$\boldsymbol{E}_{感内}=-\frac{r}{2}\frac{\mathrm{d}\boldsymbol{B}}{\mathrm{d}t} \tag{8.17}$$

对于 $r>R$ 的区域，$B=0$，对管外任意回路总有 $\Phi_{\mathrm{m}}=\pi R^2 B$，在螺线管外作半径为 r 的圆形回路 L_2（图 8.11），由式（8.15）可得

$$\boldsymbol{E}_{感}\cdot 2\pi r=-\pi R^2\frac{\mathrm{d}\boldsymbol{B}}{\mathrm{d}t}$$

故管外

$$E_{感外}=-\frac{R^2}{2r}\frac{\mathrm{d}B}{\mathrm{d}t} \tag{8.18}$$

式（8.17）和式（8.18）中的负号表示 $\boldsymbol{E}_{感}$ 与 $\frac{\mathrm{d}\boldsymbol{B}}{\mathrm{d}t}$ 满足左手螺旋关系，即 $\boldsymbol{E}_{感}$ 与 $\frac{\mathrm{d}\boldsymbol{B}}{\mathrm{d}t}$ 永远反号。而 $\boldsymbol{E}_{感}$ 和 $\boldsymbol{B}$ 的正负，按照规定，任意选一方向为回路 L 的绕行正方向，若 $\boldsymbol{E}_{感}$ 与 L 的绕向相同则为正，相反则为负。其次，规定 L 的绕向和它所围面积的法线方向 $\boldsymbol{n}$ 满足右手螺旋关系，$\boldsymbol{B}$ 与 $\boldsymbol{n}$ 同向为正，反向为负。作了这样的符号规定之后，$\boldsymbol{E}_{感}$ 的正负总是与 $\frac{\mathrm{d}\boldsymbol{B}}{\mathrm{d}t}$ 的正负相反。若算出 $\boldsymbol{E}_{感}>0$，表示 $\boldsymbol{E}_{感}$ 的方向与所取回路 L 的绕向相同；若算出 $\boldsymbol{E}_{感}<0$，表示 $\boldsymbol{E}_{感}$ 的方

向与所取回路中 L 的绕向相反。例如，本例中选 L_1 沿顺时针方向为其正方向，$\boldsymbol{B}$ 与 $\boldsymbol{n}$ 同向，若 B 随时间增加，则 $\dfrac{\mathrm{d}B}{\mathrm{d}t}>0$，从而据式（8.18），$E_{感}<0$，表示 $\boldsymbol{E}_{感}$ 与所选 L_1 的绕向相反，即 $\boldsymbol{E}_{感}$ 沿逆时针方向；若 B 随时间减小，则 $\dfrac{\mathrm{d}B}{\mathrm{d}t}<0$，从而 $E_{感}>0$，这时 $\boldsymbol{E}_{感}$ 与 L_1 绕向相同，沿顺时针方向。

计算结果表明，$E_{感}(r)$ 与 $\dfrac{\mathrm{d}\boldsymbol{B}}{\mathrm{d}t}$ 有关而与 $\boldsymbol{B}$ 无关，图 8.12 画出了螺线管内、外 $E_{感}(r)$ 随 r 变化的曲线。

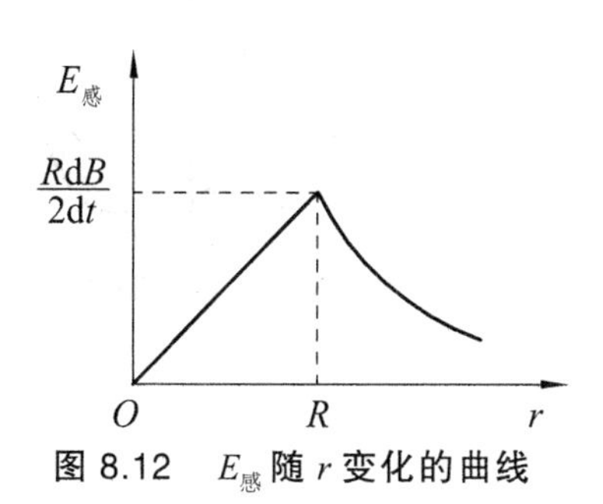

图 8.12　$E_{感}$ 随 r 变化的曲线

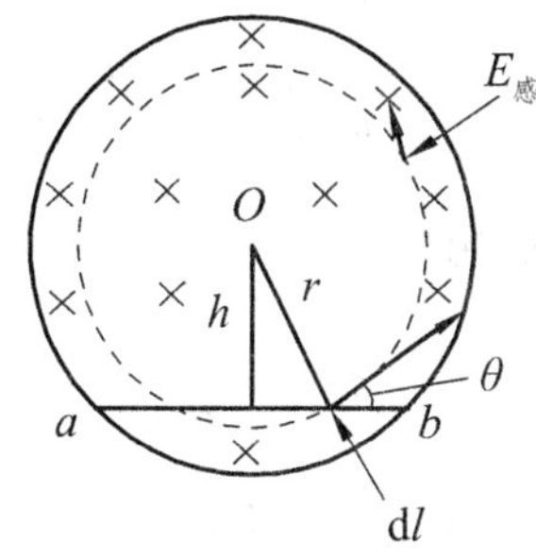

图 8.13　用感生电动势公式计算

【例 8.4】　在半径为 R 的圆柱形空腔中存在着均匀磁场 $\boldsymbol{B}$，其方向与柱的轴线平行。有一根长度等于圆柱底面半径的金属棒 ab 置于该磁场中，如图 8.13 所示，当 $\dfrac{\mathrm{d}B}{\mathrm{d}t}$ 为恒定值且为正时，求金属棒上的感生电动势。

解：（1）用公式 $\varepsilon=\int_a^b \boldsymbol{E}_{感}\cdot \mathrm{d}\boldsymbol{l}$ 求解。

由式（8.17）知圆柱形空腔内感生电场的大小为

$$E_{感}=\frac{r}{2}\frac{\mathrm{d}B}{\mathrm{d}t}$$

式中　r——场点到轴线的垂直距离；

$\boldsymbol{E}_{感}$ 的方向为逆时针，在金属棒上取元段 $\mathrm{d}\boldsymbol{l}$，且 $\mathrm{d}\boldsymbol{l}$ 与 $\boldsymbol{E}_{感}$ 之间的夹角为 θ，则 $\mathrm{d}\boldsymbol{l}$ 上的感生电动势为

$$\mathrm{d}\varepsilon=E_{感}\cdot \mathrm{d}\boldsymbol{l}=E_{感}\mathrm{d}l\cos\theta$$

因为

$$\cos\theta=h/r$$

所以

$$\mathrm{d}\varepsilon=E_{感}\mathrm{d}l\frac{h}{r}=\frac{r}{2}\frac{\mathrm{d}B}{\mathrm{d}t}\frac{h}{r}\mathrm{d}l=\frac{h}{2}\frac{\mathrm{d}B}{\mathrm{d}t}\mathrm{d}l$$

金属棒 ab 上产生的感生电动势为

$$\varepsilon_{ab}=\int \mathrm{d}\varepsilon=\int_0^R \frac{h}{2}\frac{\mathrm{d}B}{\mathrm{d}t}\mathrm{d}l=\frac{hR}{2}\frac{\mathrm{d}B}{\mathrm{d}t}=\frac{\sqrt{3}}{4}R^2\frac{\mathrm{d}B}{\mathrm{d}t}$$

$\varepsilon_{ab}>0$，感生电动势的方向由 $a\rightarrow b$。

（2）用$\varepsilon=-\dfrac{\mathrm{d}\Phi_\mathrm{m}}{\mathrm{d}t}$求解。

为了使磁通量Φ_m有意义，作辅助线aOb构成闭合电路。因为$\boldsymbol{E}_{感}$线是以O为圆心的同心圆，所以在aO段和Ob段上$\boldsymbol{E}_{感}$垂直于$\mathrm{d}\boldsymbol{l}$，辅助线上的感生电动势为零（图 8.14）。可见，回路$aOba$上的感生电动势即为ab段上的感生电动势。回路包围的面积为

$$S=\frac{1}{2}hR=\frac{\sqrt{3}}{4}R^2$$

穿过S的磁通量

$$\Phi_\mathrm{m}=BS=\frac{\sqrt{3}}{4}R^2B$$

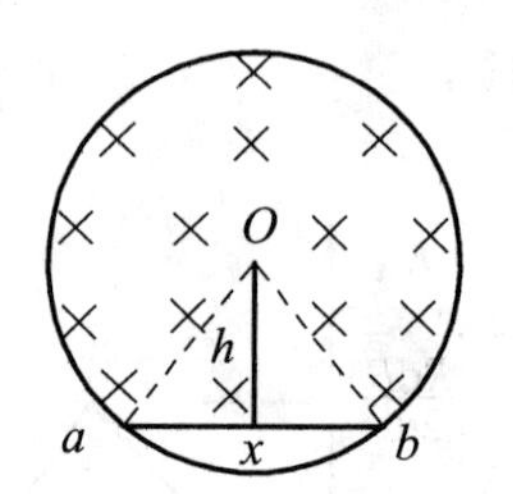

图 8.14　用法拉第电磁感应定律计算

由法拉第电磁感应定律有

$$\varepsilon=\left|-\frac{\mathrm{d}\Phi_\mathrm{m}}{\mathrm{d}t}\right|=\frac{\sqrt{3}}{4}R^2\frac{\mathrm{d}B}{\mathrm{d}t}$$

由楞次定律判断ε的方向是由$a\to b$。

8.4　自感和互感

8.4.1　自　感

线圈中只要磁通量发生变化，就会产生感应电动势。这个磁通量的变化，可以是由于外界原因引起的，也可以是线圈的形变或自身的电流变化造成的。这里要讨论的，仅限于自身电流变化引起周围磁场变化的情况。

由于线圈自身电流变化，从而在线圈中产生感生电动势的现象叫作自感现象。这种感生电动势叫作自感电动势。

8.4.1.1　典型的自感现象

下面通过演示实验，观察两个典型的自感现象。

1. 通路时的自感现象

在图 8.15 中，两个相同的灯泡S_1和S_2，分别与电阻器R和带铁芯的多匝线圈L（线圈的电阻值和电阻器R的阻值相等）串联，然后通过开关K并联在电源上。当接通开关K的瞬间，看到S_1比S_2先亮，经过一段时间后，S_1和S_2的亮度相同。这个现象说明，通过L的电流从零增大时，线圈中的磁通量发生变化，从而产生自感电动势，按照楞次定律，自感电动势要阻碍电流的增长，使灯泡S_2亮得慢些。

2. 断路时的自感现象

灯泡 S 和电阻很小的线圈 L 并联，然后，通过开关 K 接在电源上，如图 8.16 所示。先接通电源，待灯泡 S 发亮后，迅速断开电源，此时观察到灯泡并不立刻熄灭，而是逐渐熄灭。这个现象也是由于 L 中的自感电动势作用的结果。断开电源时，通过 L 的电流减小，穿过 L 的磁通量减小，按照楞次定律，线圈内将产生自感电动势，阻碍电流减小，并迫使电流在 S 和 L 组成的回路中通过灯泡 S。实验成功的关键是线圈的电阻值要远小于灯泡的电阻值。

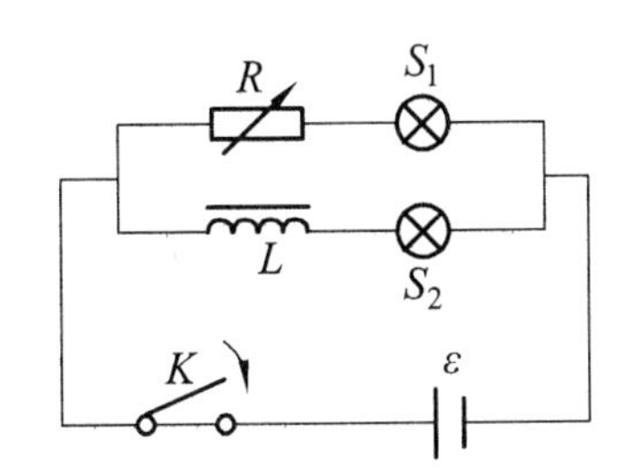

图 8.15 接通电源时的自感现象

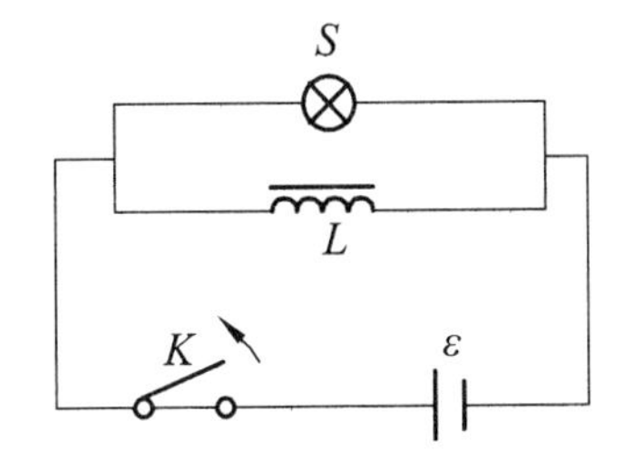

图 8.16 断开电源时的自感现象

8.4.1.2 自感系数

在上面的演示实验中，如果减少线圈的匝数或抽去铁芯，自感现象就不显著了，这表明不同线圈产生自感现象的能力是不同的。线圈的特性与自感现象之间有什么关系呢？

我们来讨论一个 N 匝密绕线圈中产生的自感电动势。对于这样的线圈，电流 I 在各匝线圈中产生的磁通量基本相同。当线圈中电流发生变化时，按照法拉第电磁感应定律，整个线圈产生的自感电动势为

$$\varepsilon_{自}=-N\frac{\mathrm{d}\Phi_{\mathrm{m}}}{\mathrm{d}t}=-\frac{\mathrm{d}\Psi_{\mathrm{m}}}{\mathrm{d}t} \tag{8.19}$$

式中 Ψ_{m}——电流 I 在自身线圈中引起的磁通匝链数，$\Psi_{\mathrm{m}}=N\Phi_{\mathrm{m}}$ 与磁感应强度 B 成正比。

按毕奥-萨伐尔定律，B 与 I 成正比，所以 Ψ 与 I 成正比，即

$$\Psi_{\mathrm{m}}=LI \tag{8.20}$$

式中 L——比例系数，叫作线圈的自感系数，简称自感或电感。

由此可见，L 在数值上等于单位电流在自身线圈中产生的磁通匝链数。实验证明，L 只依赖于线圈的几何形状、大小、匝数和磁介质的特性以及填充情况，与电流无关。因此，L 是由线圈的自身特点决定的，是描写线圈自身性质的物理量。今后将进一步看到，L 还有更丰富的意义。

把式（8.20）代入式（8.19），得

$$\varepsilon_{自}=-L\frac{\mathrm{d}I}{\mathrm{d}t} \tag{8.21}$$

式（8.21）表明，自感电动势与电流的变化率成正比。与前面相同，负号表示电动势的方向

为阻碍电流的变化。对于相同的电流变化率，L 越大的线圈，产生的自感电动势越大。由式（8.21）看出，L 在数值上又等于线圈中的电流变化一个单位时，在线圈中产生的自感电动势。这是自感 L 的另一种定义。

自感的单位可由两种定义规定。在国际单位制中，自感的单位是亨利，简称亨，用字母 H 表示，1 亨利 = 1 韦伯/安培。在实际使用中，常用毫亨利（mH）和微亨利（μH）为自感的单位，它们和亨利之间的关系是

$$1\ \mathrm{mH} = 10^{-3}\ \mathrm{H}$$

$$1\ \mu\mathrm{H} = 10^{-6}\ \mathrm{H}$$

8.4.1.3 自感的应用

自感现象在电工、无线电技术中的应用很广泛，利用线圈具有阻碍电流变化的特性，常做成扼流圈，用以稳定电路中的电流，自感造成的瞬时高电压，在日光灯电路中用来启动灯管发光；自感线圈与电容器、电阻器是无线电电子线路的三种基本元件，利用它们的巧妙组合，可以构成各种非常有用的滤波器和谐振电路。

自感现象也有不利的一面，例如，在供电系统中切断有强大电流的电路时，由于电路中电流的迅速变化，开关处会出现强烈的电弧，足以烧坏开关，造成火灾并危及人身安全。为此，在自感和电流较大的电路中，必须使用带有灭弧结构的特殊开关，以避免事故的发生。

自感的计算一般都比较复杂，通常用实验的方法测定，对于一些规则线圈，可以根据毕奥-萨伐尔定律和 $\Psi_m = LI$ 直接计算。

【例 8.5】 直螺线管的自感：设有一单层密绕的长直螺线管，长为 l，截面积为 S，绕组的总匝数为 N，设螺线管的长度远大于截面的线度。求它的自感系数。

解： 根据题意，可以把螺线管内的磁场看成是均匀的，当螺线管中通有电流 I 时，管内磁感应强度的大小为

$$B = \mu_0 nI = \mu_0 \frac{N}{l} I$$

通过每一匝线圈的磁通量为

$$\Phi = BS = \mu_0 \frac{N}{l} IS$$

通过螺线管的磁通匝链数为

$$\Psi = N\Phi = \mu_0 \frac{N^2}{l} IS$$

由自感的定义式（8.20），可得螺线管的自感系数

$$L = \frac{\Psi}{I} = \mu_0 \frac{N^2}{l} S = \mu_0 n^2 V \tag{8.22}$$

式中 V——螺线管的体积，$V = Sl$。

式（8.22）表明，空心直螺线管的自感系数 L 完全由螺线管自身的特点（单位长度上的匝数 n 及体积 V）决定而与电流无关。要改变 L 的大小，主要的方法是改变线圈的匝数。

8.4.2 互 感

线圈电流变化，不仅可以在自身线圈中引起感生电动势，也可以在邻近的线圈中产生感生电动势。这种由于一个线圈的电流变化，在另一个线圈中产生感生电动势的现象，叫作互感现象。互感现象中产生的电动势叫作互感电动势。法拉第最早观察到一个线圈的电流在接通和断开直流电源的瞬间，会使邻近线圈中串联的电流计指针发生摆动，这就是一种互感现象。

8.4.2.1 互感系数

一个线圈中的电流发生变化，在邻近的线圈中产生互感电动势，在电流变化率一定的条件下，邻近线圈中可能产生不同的互感电动势，有的互感现象显著，有的则不明显，这是什么原因引起的呢？为此需要搞清楚互感电动势与线圈特点有什么关系。

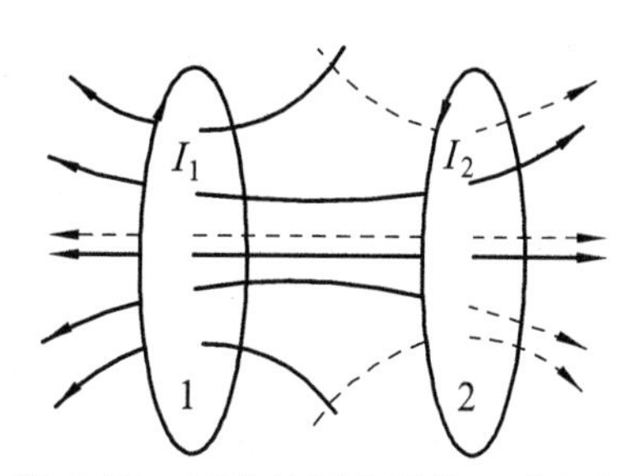

图 8.17 两个结圈之间的互感现象

考虑两个邻近线圈 1 和 2，如图 8.17 所示。若线圈 1 中通过电流 I_1，设由 I_1 产生并穿过线圈 2 的磁通匝链数为 Ψ_{21}。根据毕奥-萨伐尔定律可知，Ψ_{21} 与线圈 1 中的电流 I_1 成正比，即

$$\Psi_{21} = M_{21}I_1 \tag{8.23}$$

同理，若通过线圈 2 中的电流为 I_2，由 I_2 产生并穿过线圈 1 的磁通匝链数为 Ψ_{12}，则

$$\Psi_{12} = M_{12}I_2 \tag{8.24}$$

比例系数 M_{21} 和 M_{12} 叫作两个线圈的互感系数，简称互感。实验和理论都证明 $M_{21} = M_{12}$，因此我们用 M 表示，即

$$M_{21} = M_{12} = M \tag{8.25}$$

于是式（8.23）和（8.24）可以写为

$$M = \frac{\Psi_{21}}{I_1} = \frac{\Psi_{12}}{I_2}$$

可见，M 在数值上等于一个线圈的单位电流在另一个线圈中产生的磁通匝链数。实验证明，M 只依赖于线圈的几何形状、大小、匝数、相对位置和磁介质的特性以及填充情况，而与电流无关。因此，M 是由两线圈自身特点所决定的，是描写互感性质的物理量。今后会进一步看到，M 还有更丰富的物理意义。

如果线圈 1 中的电流随时间改变，通过线圈 2 的磁通匝链数也将随时间发生变化，根据法拉第电磁感应定律，线圈 2 中将产生互感电动势

$$\varepsilon_{21} = -M\frac{\mathrm{d}I_1}{\mathrm{d}t} \tag{8.26}$$

同理，线圈 2 中的电流随时间改变时，将在线圈 1 中产生互感电动势

$$\varepsilon_{12} = -M\frac{\mathrm{d}I_2}{\mathrm{d}t} \tag{8.27}$$

式（8.26）和式（8.27）表明，互感电动势与电流变化率成正比。在两个具有互感的线圈中，当电流变化率相同时，M 越大，互感电动势越大。由此二式可看出：互感 M 在数值上又等于当其中一个线圈的电流变化率为 1 个单位时，在另一个线圈中产生的互感电动势，这是互感 M 的第二种定义。

根据互感的定义知道，互感和自感有相同的单位。

8.4.2.2 互感的应用

互感现象在无线电和电工技术中有着广泛的应用。例如，各类升压与降压变压器都是利用互感原理设计制造的器件。但在有些场合，互感常常是有害的，例如，对于有线电话，由于邻近电路之间的互感会引起串音；无线电设备中也会由于导线之间或器件之间的互感而影响正常工作。在这种情况下，应尽量设法避免互感的干扰。

【例 8.6】 共轴螺线管的互感：有一双层密绕的空心长直螺线管，长为 l，截面积为 S，如图 8.18 所示，此共轴螺线管的内层螺线管的总匝数为 N_1，外层螺线管的总匝数为 N_2，求：（1）两个螺线管的互感；（2）两个螺线管的互感与自感的关系。

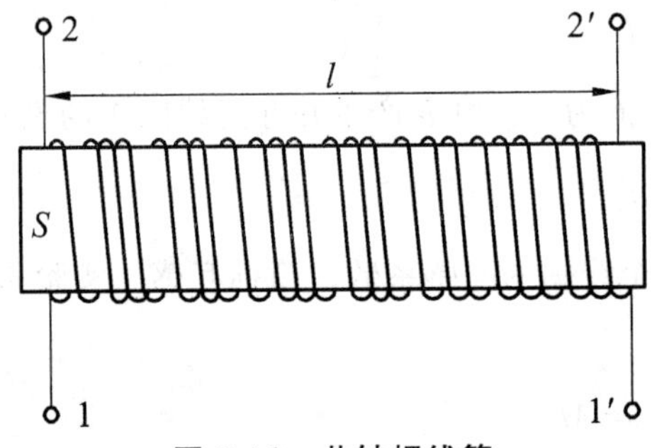

图 8.18 共轴螺线管

解：（1）设内层螺线管中通有电流 I_1，则螺线管中的磁感应强度的大小为

$$B = \mu_0 n_1 I_1 = \mu_0 \frac{N_1}{l} I_1$$

穿过外层螺线管的磁通匝链数为

$$\varPsi_{21} = N_2 BS = \mu_0 \frac{N_1 N_2}{l} S I_1$$

由互感定义，得

$$M = \frac{\varPsi_{21}}{I_1} = \mu_0 \frac{N_1 N_2}{l} S$$

同理，若是外层螺线管中通有电流 I_2，螺线管内的磁感应强度为

$$B = \mu_0 n_2 I_2 = \mu_0 \frac{N_2}{l} I_2$$

穿过内层螺线管的磁通匝链数为

$$\Psi_{12} = N_1 BS = \mu_0 \frac{N_2 N_1}{l} S I_2$$

由互感定义，得

$$M = \frac{\Psi_{12}}{I_2} = \mu_0 \frac{N_1 N_2}{l} S$$

可见，两个螺线管的互感是相等的。

（2）内层螺线管通有电流 I_1 时，穿过自身的磁通匝链数为

$$\Psi_1 = N_1 BS = \mu_0 \frac{N_1^2}{l} S I_1$$

由自感定义，得

$$L_1 = \frac{\Psi_1}{I_1} = \mu_0 \frac{N_1^2}{l} S$$

同理，外层螺线管的自感为

$$L_2 = \frac{\Psi_2}{I_2} = \mu_0 \frac{N_2^2}{l} S$$

故有

$$M^2 = \mu_0^2 \frac{N_1^2 N_2^2}{l^2} S^2 = L_1 L_2$$

即

$$M = \sqrt{L_1 L_2} \tag{8.28}$$

上述互感与自感的关系式只有在完全耦合（无漏磁）的情况下才适用。一般情况下，互感与自感的普遍关系是

$$M = k\sqrt{L_1 L_2} \tag{8.29}$$

式中 k——线圈间的耦合系数，k 值由两个线圈的耦合程度决定，$0 \leqslant k \leqslant 1$。

8.5 麦克斯韦方程组

8.5.1 麦克斯韦方程组的积分形式

到 19 世纪中叶，关于静止电荷和稳恒电流的电磁现象，可概括为几个基本定理，它们是：静电场的高斯定理

$$\oiint_S \boldsymbol{D}\cdot \mathrm{d}\boldsymbol{S}=q_0$$

静电场的环路定理

$$\oint_L \boldsymbol{E}\cdot \mathrm{d}\boldsymbol{l}=0$$

稳恒磁场的高斯定理

$$\oiint_S \boldsymbol{B}\cdot \mathrm{d}\boldsymbol{S}=0$$

稳恒磁场的安培环路定理

$$\oint_L \boldsymbol{H}\cdot \mathrm{d}\boldsymbol{l}=\iint_S \boldsymbol{j}\cdot \mathrm{d}\boldsymbol{S}$$

另外，还有变化磁场激发感生电场的规律

$$\oint_L \boldsymbol{E}_{感}\cdot \mathrm{d}\boldsymbol{l}=-\iint_S \frac{\partial \boldsymbol{B}}{\partial t}\cdot \mathrm{d}\boldsymbol{S}$$

这些在特殊条件下得出的规律，它们各自的适用范围不同，麦克斯韦为了得到一般情况下普适的宏观电磁场规律，根据当时的实验事实，提出两个具有远见卓识的创造性的假设：感生电场和位稳电流。此外，为了实现从特殊到一般的推广，他还假设电磁感应定律也适用于迅变电磁场，电场的高斯定理和磁场的高斯定理在非稳恒的情况下也成立。麦克斯韦正确提出上述科学假设，使特殊情况下的电磁场规律的推广得以成功。

在一般情况下，当空间既有静电场又有感生电场时，根据场强叠加原理，任一点的总电场 $\boldsymbol{E}=\boldsymbol{E}_0+\boldsymbol{E}_{感}$ ，它满足

$$\oint_L \boldsymbol{E}\cdot \mathrm{d}\boldsymbol{l}=-\iint_S \frac{\partial \boldsymbol{B}}{\partial t}\cdot \mathrm{d}\boldsymbol{S} \tag{8.30}$$

式（8.30）是法拉第电磁感应定律向迅变情况下的推广，在 $\frac{\partial \boldsymbol{B}}{\partial t}=0$ 时，式（8.30）变成静电场的环路定理。

对于静电场和稳恒磁场的高斯定理，麦克斯韦假设在变化电场中也成立。假设的正确性为后来的大量实验所证实。对于稳恒磁场的环路定理，前面已经讨论，麦克斯韦把它推广到变化电磁场，引入位移电流，修改成

$$\oint_L \boldsymbol{H}\cdot \mathrm{d}\boldsymbol{l}=\iint_S \left(\boldsymbol{j}_0+\frac{\partial \boldsymbol{D}}{\partial t}\right)\cdot \mathrm{d}\boldsymbol{S} \tag{8.31}$$

概括起来，得到宏观电磁场普遍遵从的 4 个方程：

$$\left.\begin{aligned}
&\oiint_S \boldsymbol{D}\cdot \mathrm{d}\boldsymbol{S} = q_0 \\
&\oint_L \boldsymbol{E}\cdot \mathrm{d}\boldsymbol{l} = -\iint_S \frac{\partial \boldsymbol{B}}{\partial t}\cdot \mathrm{d}\boldsymbol{S} \\
&\oiint_S \boldsymbol{B}\cdot \mathrm{d}\boldsymbol{S} = 0 \\
&\oint_L \boldsymbol{H}\cdot \mathrm{d}\boldsymbol{l} = \iint_S \left(\boldsymbol{j}_0 + \frac{\partial \boldsymbol{D}}{\partial t}\right)\cdot \mathrm{d}\boldsymbol{S}
\end{aligned}\right\} \tag{8.32}$$

这就是麦克斯韦方程组的积分形式。此方程组对真空和介质都成立，但电磁场和介质的相互作用随介质而异。要能从给定的电流和电荷分布唯一地确定出矢量场，还必须增加几个描写物质在电磁场作用下的特性的方程，即物质方程。一般物质方程颇为复杂，但是对于各向同性的介质，则物质方程有下列简单的形式：

$$\left.\begin{aligned}
&\boldsymbol{j}_0 = \sigma \boldsymbol{E} \\
&\boldsymbol{D} = \varepsilon_0 \varepsilon_r \boldsymbol{E} \\
&\boldsymbol{B} = \mu_0 \mu_r \boldsymbol{H}
\end{aligned}\right\} \tag{8.33}$$

这 7 个方程，构成一组完备的宏观电磁场方程组，它全面地反映了宏观电磁场的规律。可以说，宏观电磁理论发展的整个过程，从 1785 年库仑研究 2 个静止点电荷之间的相互作用力开始，到 1865 年麦克斯韦总结出优美的麦克斯韦方程组而结束。

8.5.2　麦克斯韦方程组的意义

麦克斯韦方程组是宏观电磁场规律的高度概括和完美总结，是一切宏观电磁现象都遵从的客观规律，是宏观电动力学的基本方程。根据这组方程，只要知道各场量的边界条件和具体问题中 $\boldsymbol{B}$、$\boldsymbol{H}$ 的初始条件，原则上可以解决宏观电磁场的问题。所以，麦克斯韦方程组应用非常广泛，它是现代无线电电子学、现代磁学、波动光学、宏观电动力学的理论基础。

麦克斯韦电磁理论最光辉的成就，是预言了电磁波的存在。麦克斯韦引入感生电场，揭示了变化磁场激发变化电场，反映了电场和磁场联系的一个方面；引入位移电流，揭示了变化的电场激发变化的磁场，又从另一个方面反映了电场和磁场的联系，展现了自然规律美妙的对称性。两者结合起来，深刻地揭示了电场和磁场的内在联系：变化的电场和磁场，相互依存，彼此激发，互相制约，组成统一的电磁场，以波的形式在空间传播。可见，麦克斯韦方程组不仅揭示了电磁场的运动规律，而且揭示了电磁场可以独立于电荷、电流之外单独存在，这就加深了我们对电磁场物质性的认识。

麦克斯韦电磁理论的另一个杰出成就，是把光现象和电磁现象统一起来了。他认为：光是一种电磁波。按照麦克斯韦理论计算，真空中电磁波的速度 $c = (\sqrt{\varepsilon_0 \mu_0})^{-1}$；光的折射率 n

和电磁学量的关系 $n=\sqrt{\varepsilon_r\mu_r}$，对许多物质都成立；而且，光和电磁波都有反射、折射、干涉、衍射、偏振等共性，这一切，说明了光是电磁波的一种。这就把光波和电磁波统一起来了，大大地深化了人类对于光的本性和物质世界普遍联系的认识。而且，麦克斯韦方程组为光的电磁理论提供了坚实的基础，推动了波动光学的迅速发展。这样，麦克斯韦把原来彼此独立的电学、磁学和光学结合起来，成为 19 世纪中叶物理学上实现的大统一。

从物理思想上讲，麦克斯韦方程组以及由此预言的电磁波和光是电磁波的一种，后来都为实验所证实。这就结束了物理学历史上以超距作用为基础的机械论观点长达 200 年的统治，确立了场的概念和近距作用观点，这是物理思想上的一次重大革命，具有深远意义。

本章小结

1. 法拉第电磁感应定律

$$\varepsilon=-\frac{\mathrm{d}\Phi_{\mathrm{m}}}{\mathrm{d}t}$$

若回路是由 N 匝线圈串联成的回路，且每匝的磁通量相同，则

$$\varepsilon=-\frac{\mathrm{d}\Psi_{\mathrm{m}}}{\mathrm{d}t}=-N\frac{\mathrm{d}\Phi_{\mathrm{m}}}{\mathrm{d}t}$$

式中，负号是楞次定律的反映。

2. 感应电流及感应电量

$$I=\frac{\varepsilon}{R}=-\frac{1}{R}\frac{\mathrm{d}\Psi_{\mathrm{m}}}{\mathrm{d}t}$$

$$q=\int_{t_1}^{t_2}I\mathrm{d}t=-\int_{\Phi_{\mathrm{m1}}}^{\Phi_{\mathrm{m2}}}\frac{1}{R}\frac{\mathrm{d}\Psi_{\mathrm{m}}}{\mathrm{d}t}\mathrm{d}t=\frac{1}{R}(\Psi_{\mathrm{m1}}-\Psi_{\mathrm{m2}})$$

3. 电动势

$$\varepsilon=\int_{-(\text{电源内})}^{+}\boldsymbol{E}_{\mathrm{k}}\cdot\mathrm{d}\boldsymbol{l}$$

或

$$\varepsilon=\oint_L\boldsymbol{E}_{\mathrm{k}}\cdot\mathrm{d}\boldsymbol{l}$$

电动势是标量，它在电路中可取正、负两个方向，规定从负极经电源内部到正极的方向为电动势的正方向。

4. 感应电动势

（1）动生电动势

$$\varepsilon=\int_a^b\boldsymbol{E}_{\mathrm{k}}\cdot\mathrm{d}\boldsymbol{l}=\int_a^b(\boldsymbol{v}\times\boldsymbol{B})\cdot\mathrm{d}\boldsymbol{l}$$

动生电动势的计算有两种方法：

① 用非静电力移动单位正电荷做功计算

$$\varepsilon = \oint_L (\boldsymbol{v} \times \boldsymbol{B}) \cdot \mathrm{d}\boldsymbol{l}$$

② 用法拉第电磁感应定律计算

$$\varepsilon = -\frac{\mathrm{d}\Phi_\mathrm{m}}{\mathrm{d}t}$$

（2）感生电动势

回路 L 中产生的感生电动势为

$$\varepsilon = \oint_L \boldsymbol{E}_{感} \cdot \mathrm{d}\boldsymbol{l} = -\iint_S \frac{\partial \boldsymbol{B}}{\partial t} \cdot \mathrm{d}\boldsymbol{S}$$

是电磁学的基本方程之一，它表明变化的磁场产生感生电场。

感生电动势的计算也有两种方法：

① 用 $\varepsilon = -\frac{\mathrm{d}\Phi_\mathrm{m}}{\mathrm{d}t}$ 计算

处于变化磁场中的不动的闭合导线，只要求出穿过以闭合导线为边界的任意曲面的 $\varepsilon = -\frac{\mathrm{d}\Phi_\mathrm{m}}{\mathrm{d}t}$，便可求得感生电动势。对于非闭合电路，要设法作辅助线构成闭合电路，以便使 Φ_m 有意义。对辅助线的要求是它上面的感生电动势为零或易于求出。

② 用非静电力移动单位正电荷做功计算

$$\varepsilon = \oint_L \boldsymbol{E}_{感} \cdot \mathrm{d}\boldsymbol{l}$$

对于一段导体，为了由计算结果的正、负直接确定 ε 的方向，可将上式改写为

$$\varepsilon_{ab} = \int_a^b \boldsymbol{E}_{感} \cdot \mathrm{d}\boldsymbol{l}$$

当 $\varepsilon_{ab} > 0$ 时，感生电动势的方向从 $a \to b$；当 $\varepsilon_{ab} < 0$ 时，感生电动势的方向由 $b \to a$。这种方法要求事先知道导线上 $\boldsymbol{E}_{感}$ 的分布。

5. 自感和互感

（1）自感

$$\Psi_\mathrm{m} = LI$$

式中　L——比例系数，叫作线圈的自感系数，简称自感或电感。自感电动势为

$$\varepsilon_{自} = -L\frac{\mathrm{d}I}{\mathrm{d}t}$$

（2）互感

互感系数　$M = \frac{\Psi_{21}}{I_1} = \frac{\Psi_{12}}{I_2}$

线圈 1 中通入的电流 I_1 改变时，线圈 2 中将产生互感电动势

$$\varepsilon_{21} = -M\frac{\mathrm{d}I_1}{\mathrm{d}t}$$

线圈 2 中的电流随时间改变时，也将在线圈 1 中产生互感电动势

$$\varepsilon_{12} = -M\frac{\mathrm{d}I_2}{\mathrm{d}t}$$

6. 麦克斯韦方程组

$$\left.\begin{aligned}&\oiint_S \boldsymbol{D}\cdot\mathrm{d}\boldsymbol{S} = q_0\\&\oint_L \boldsymbol{E}\cdot\mathrm{d}\boldsymbol{l} = -\iint_S \frac{\partial \boldsymbol{B}}{\partial t}\cdot\mathrm{d}\boldsymbol{S}\\&\oiint_S \boldsymbol{B}\cdot\mathrm{d}\boldsymbol{S} = 0\\&\oint_L \boldsymbol{H}\cdot\mathrm{d}\boldsymbol{l} = \iint_S\left(\boldsymbol{j}_0 + \frac{\partial \boldsymbol{D}}{\partial t}\right)\cdot\mathrm{d}\boldsymbol{S}\end{aligned}\right\}$$

$$\left.\begin{aligned}&\boldsymbol{j}_0 = \sigma\boldsymbol{E}\\&\boldsymbol{D} = \varepsilon_0\varepsilon_r\boldsymbol{E}\\&\boldsymbol{B} = \mu_0\mu_r\boldsymbol{H}\end{aligned}\right\}$$

这 7 个方程全面地反映了宏观电磁场的规律。

思 考 题

8.1　法拉第电磁感应定律有什么意义？

8.2　楞次定律的含义是什么？

8.3　感生电动势和动生电动势的区别是什么？

8.4　如图 8.19 所示，金属圆环半径为 R，位于磁感应强度为 $\boldsymbol{B}$ 的均匀磁场中，圆环平面与磁场方向垂直。当圆环以恒定速度 $\boldsymbol{v}$ 在环所在平面内运动时，求环中的感应电动势及环上位于与运动方向垂直的直径两端 a、b 间的电势差。

8.5　如图 8.20 所示，半径为 a 的长直螺线管中，有 $\frac{\mathrm{d}\boldsymbol{B}}{\mathrm{d}t} > 0$ 的磁场，一直导线弯成等腰梯形的闭合回路 $ABCDA$，总电阻为 R，上底长为 a，下底长为 $2a$，求：

（1）AD 段、BC 段和闭合回路中的感应电动势；

（2）B、C 两点间的电势差 U_{BC}。

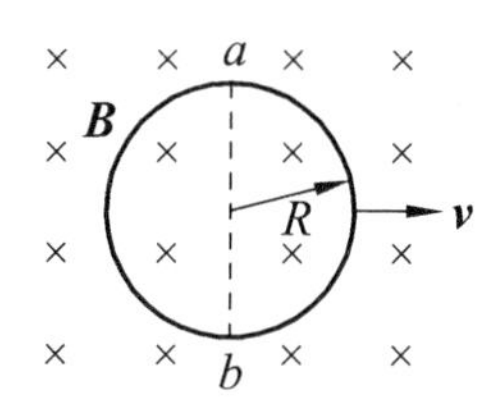

图 8.19 思考题 8.4 图

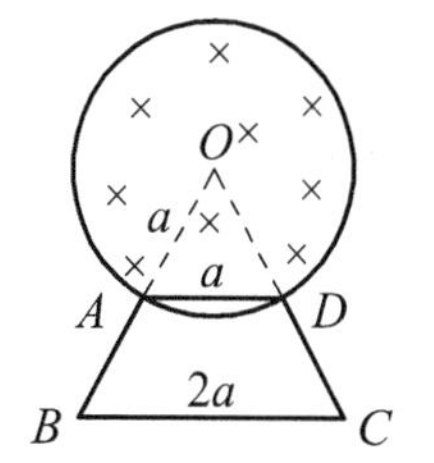

图 8.20 思考题 8.5 图

8.6 有一长直螺线管，每米 800 匝，在管内中心放置一绕有 30 圈的、半径为 1 cm 的圆形小回路，在 1/100 s 时间内，螺线管中产生 5 A 的电流，问小回路中的感应电动势为多少？

8.7 一截面为长方形的螺绕环，其尺寸如图 8.21 所示，共有 N 匝，求此螺绕环的自感。

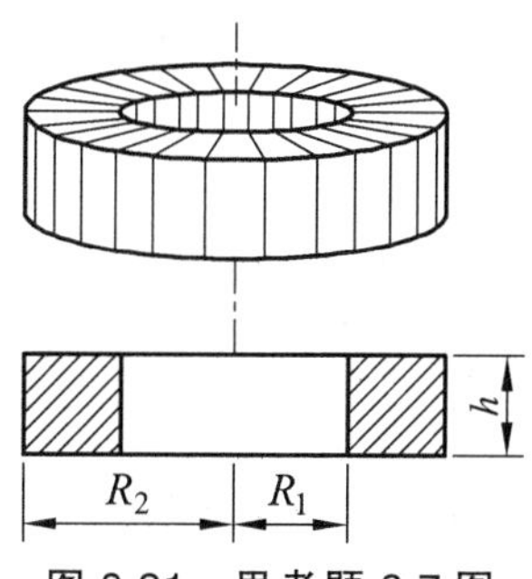

图 8.21 思考题 8.7 图

8.8 在长为 60 cm、直径为 5.0 cm 的空心纸筒上绕多少匝线圈才能得到自感为 6.0×10^{-3} H 的线圈？

8.9 一个螺线管的自感为 10 mH，通过线圈的电流为 4 A，求它所储存的磁能。

8.10 假定从地面到海拔 6×10^{6} m 的范围内，地磁场为 0.5×10^{-4} T，试粗略计算在这区域内地磁场的总磁能。

8.11 试写出与下列内容相应的麦克斯韦方程的积分形式：

（1）电力线起始于正电荷，终止于负电荷；

（2）磁力线无头无尾；

（3）变化的电场伴有磁场；

（4）变化的磁场伴有电场。

习 题

一、选择题

8.1 如图 8.22 所示，导体棒 AB 在均匀磁场 $\boldsymbol{B}$ 中绕通过 C 点垂直于棒长且沿磁场方向的轴 OO' 转动（角速度 $\boldsymbol{\omega}$ 与 $\boldsymbol{B}$ 同方向），BC 的长度为棒长的 $\dfrac{1}{3}$，则（　　）

A. A 点比 B 点电势高　　B. A 点与 B 点电势相等

C. A 点比 B 点电势低　　D. 有稳恒电流从 A 点流向 B 点

8.2　在圆柱形空间内有一磁感应强度为 $\boldsymbol{B}$ 的均匀磁场，如图 8.23 所示。$\boldsymbol{B}$ 的大小以速率 $\mathrm{d}B/\mathrm{d}t$ 变化。在磁场中有 A、B 两点，其间可放直导线 $\overline{AB}$ 和弯曲的导线 $\widehat{AB}$，则（　　）

A. 电动势只在导线 $\overline{AB}$ 中产生

B. 电动势只在导线 $\widehat{AB}$ 中产生

C. 电动势在导线 $\overline{AB}$ 和 $\widehat{AB}$ 中都产生，且两者大小相等

D. 导线 $\overline{AB}$ 中的电动势小于导线 $\widehat{AB}$ 中的电动势

8.3　面积为 S 和 $2S$ 的两圆线圈 1、2 如图 8.24 放置，通有相同的电流 I。线圈 1 的电流所产生的通过线圈 2 的磁通量用 Φ_{21} 表示，线圈 2 的电流所产生的通过线圈 1 的磁通量用 Φ_{12} 表示，Φ_{21} 和 Φ_{12} 的大小关系为（　　）

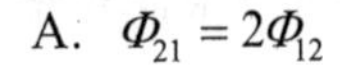

A. $\Phi_{21}=2\Phi_{12}$　　　　B. $\Phi_{21}>\Phi_{12}$

C. $\Phi_{21}=\Phi_{12}$　　　　D. $\Phi_{21}=\dfrac{1}{2}\Phi_{12}$

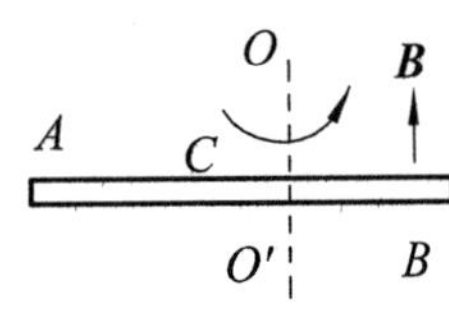

图 8.22　习题 8.1 图

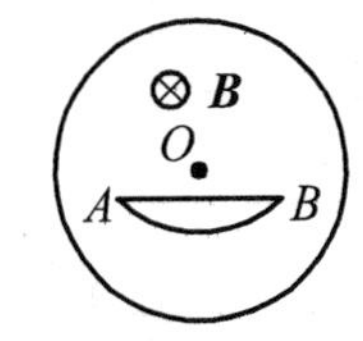

图 8.23　习题 8.2 图

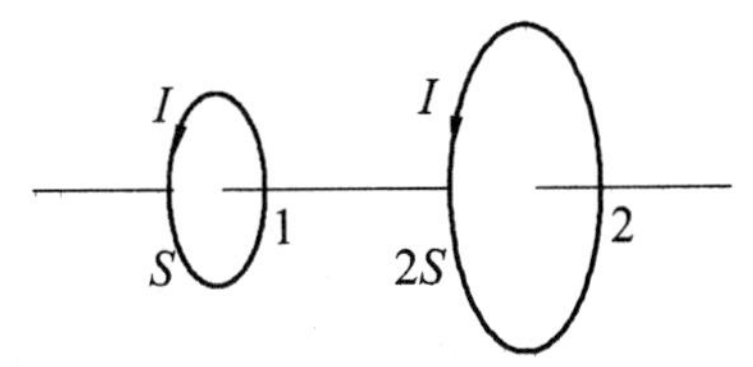

图 8.24　习题 8.3 图

二、填空题

8.4　磁换能器常用来检测微小的振动。如图 8.25，在振动杆的一端固接一个 N 匝的矩形线圈，线圈的一部分在匀强磁场 $\boldsymbol{B}$ 中，设杆的微小振动规律为 $x=A\cos\omega t$，线圈随杆振动时，线圈中的感应电动势为＿＿＿＿＿＿。

8.5　在一个中空的圆柱面上紧密地绕有两个完全相同的线圈 aa' 和 bb'（如图 8.26）。已知每个线圈的自感系数都等于 0.05 H。若 a、b 两端相接，a'、b' 接入电路，则整个线圈的自感 $L=$＿＿＿＿。若 a、b' 两端相连，a'、b 接入电路，则整个线圈的自感 $L=$＿＿＿＿。若 a、b 两端相连，a'、b' 相连，再以此两端接入电路，则整个线圈的自感 $L=$＿＿＿＿。

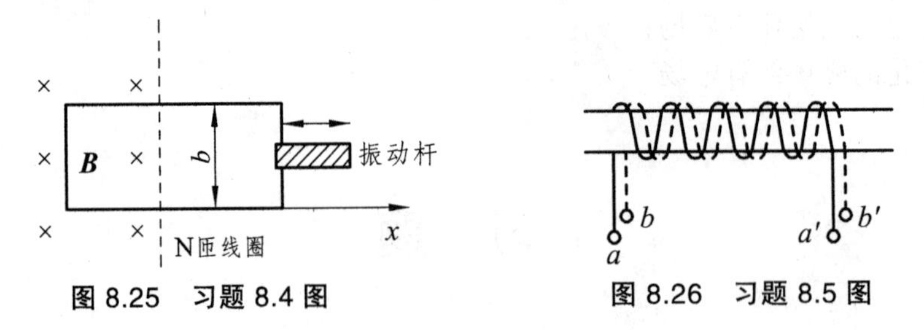

图 8.25　习题 8.4 图　　　图 8.26　习题 8.5 图

三、计算题

8.6　一半径 $r=10$ cm 的圆形回路放在 $B=0.8$ T 的均匀磁场中。回路平面与 $\boldsymbol{B}$ 垂直。当回路半径以恒定速率 $\dfrac{\mathrm{d}r}{\mathrm{d}t}=80$ cm/s 收缩时，求回路中感应电动势的大小。

8.7　如图 8.27 所示，在两平行载流的无限长直导线的平面内有一矩形线圈。两导线中

的电流方向相反、大小相等，且电流以 $\frac{\mathrm{d}I}{\mathrm{d}t}$ 的变化率增大，求：

（1）任一时刻线圈内所通过的磁通量；

（2）线圈中的感应电动势。

8.8　如图 8.28 所示，长直导线通以电流 $I=5$ A，在其右方放一长方形线圈，两者共面。线圈长 $b=0.06$ m、宽 $a=0.04$ m，线圈以速度 $v=0.03$ m/s 垂直于直线平移远离。求：$d=0.05$ m 时线圈中感应电动势的大小和方向。

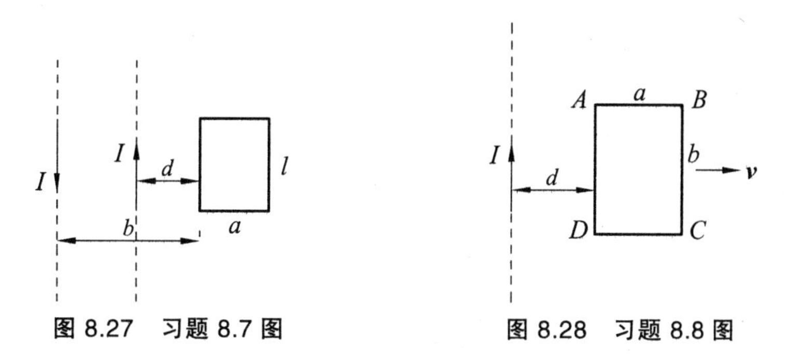

图 8.27　习题 8.7 图　　图 8.28　习题 8.8 图

8.9　磁感应强度为 $\boldsymbol{B}$ 的均匀磁场充满一半径为 R 的圆柱形空间，一金属杆放在图 8.29 中位置，杆长为 $2R$，其中一半位于磁场内、另一半在磁场外。当 $\frac{\mathrm{d}\boldsymbol{B}}{\mathrm{d}t}>0$ 时，求：杆两端的感应电动势的大小和方向。

8.10　一无限长的直导线和一正方形的线圈如图 8.30 所示放置（导线与线圈接触处绝缘）。求：线圈与导线间的互感系数。

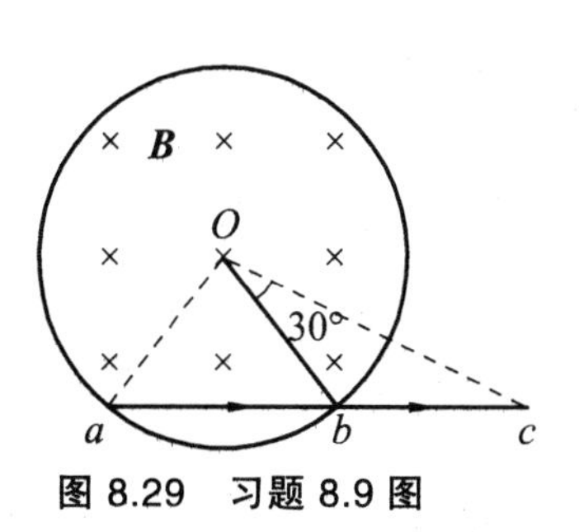

图 8.29　习题 8.9 图

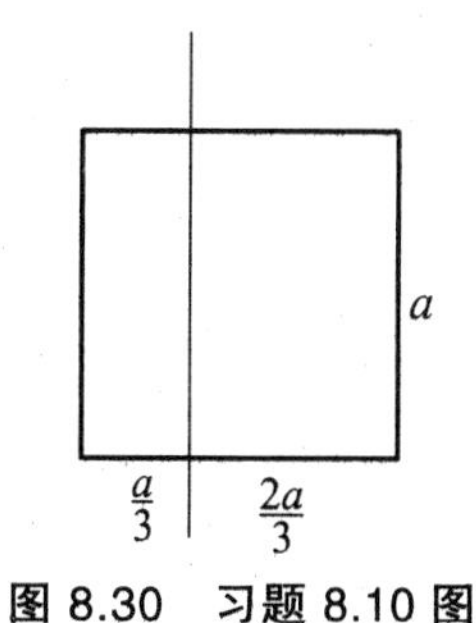

图 8.30　习题 8.10 图

的电流方向相反，大小相等，且电流以 $\frac{dI}{dt}$ 的变化率增大，求：

（1）任一时刻线圈内所通过的磁通量；

（2）线圈中的感应电动势。

8.8　如图 8.28 所示，长直导线通以电流 [illegible] A，在其右方放一长方形线圈，两者共面。线圈长 $b = 0.06$ m，宽 $a = 0.04$ m，线圈以速度 $v = 0.03$ m/s 垂直于直线平移远离。求：[illegible] m 时线圈中感应电动势的大小和方向。

图 8.27　习题 8.7 图　　　图 8.28　习题 8.8 图

8.9　[illegible] $\frac{dB}{dt}$ [illegible]

棒中动势的大小和方向。

8.10　[illegible]

图 8.29　习题 8.9 图　　　图 8.30　习题 8.10 图

大学物理教程

（下册）

主　编　郑家树　胡　军
副主编　陈波涛　杨金科
编　者　王续宇　吴运梅　马驰华　徐延亮
王秀芳　林月霞　高思敏

西南交通大学出版社
·成　都·

目 录

9 气体动理论

在日常生活中，热现象与人类的关系十分密切，比如炎炎夏日，人们使用空调、风扇等来降温，使用冰箱来储存食物……这些电器的使用都改变了局部空间的温度。在物理学中，凡是与温度有关的现象都称为热现象。而研究热现象的学科则称为热学，是物理学的一个重要分支。热学的研究对象称为热力学系统，简称系统，如冰箱内的空气、水杯里面的水等。

按照研究角度和研究方法的不同，热学可分成热力学和统计物理学两个方面。热力学是根据大量的观察和实验结果，通过严密的逻辑推理、总结，得到宏观的热力学规律，其着重分析、研究系统在物态变化过程中有关热功转换等关系和实现条件。而统计物理学是根据热力学系统由大量作永不停息的无规则运动（称为热运动）的微观粒子构成这一事实出发，认为系统的宏观表现是大量粒子运动的统计平均结果，以此建立微观粒子热运动的近似微观模型，用统计的方法来探讨粒子的微观量统计平均值与宏观量之间的关系，揭示系统宏观热现象及相关规律的微观本质。可见热力学与统计物理学是同一学科的两个不同的方面。由于热力学的定律是通过大量实验总结出来的，所以其结论具有普适性和可靠性，但是不够深刻；而统计物理学能够深刻揭示宏观热现象的微观本质，但是由于其微观模型的建立采用了近似的方法，所以其结论不够精确。在对热运动的研究上，二者起到了相辅相成的作用。我们可以用热力学结论来检验统计物理学的结论，以便修正所建立的微观模型，使其更加趋近于客观实在；统计物理学所揭示的微观机制，则可以使热力学理论获得更深刻的意义。

9.1 统计物理和热力学的基本概念

9.1.1 描述热力学系统的基本概念

热学研究的对象即热力学系统通常都是我们感官所能直接觉察的物体，在大学物理中我们所研究的系统通常是一个气体系统，如后面我们将要讨论的汽缸内的理想气体等。固体和液体系统的热力学问题不在这里研究。这些宏观系统都是由极大数目的分子、离子或原子（为简单起见，后面都称为分子）等微观粒子组成的，描述系统微观粒子数量的典型数值为阿伏伽德罗常数，为 1 摩尔（mol）物质中所含的分子数，用 N_A 表示，在计算中其数值可取为

$$N_A = 6.022 \times 10^{23}/\text{mol}$$

一个热力学系统所处的外部环境，通常称为外界。在热学研究中，我们常根据系统的性质将其分为**孤立系统、封闭系统和开放系统**三种类型。孤立系统指的是系统与外界既没有能量交换也没有物质交换，我们后面讨论的主要就是这种类型的系统。有时，当系统与外界交换的能量远远小于系统本身的能量时，也可以将其近似地看成孤立系统，如内燃机汽缸内的空气。封闭系统与外界没有物质交换，只存在能量交换。开放系统则与外界既有能量交换又有物质交换。

由于组成物体的分子太小，我们无法用肉眼直接看到它们的运动情况，但是一些日常经验和实验事实却能使我们间接认识到分子在作永不停息的无规则的运动，它是不同于机械运动的一种更加复杂的物质运动形式。在后面对理想气体的分析中我们知道，分子运动的剧烈程度由物体的温度所决定，所以分子运动被称为**热运动**。

要研究一个系统的性质及其变化规律，首先要对系统的状态加以描述。根据系统的特点，描述其状态有两种不同的方法：一种是从整体上对系统的状态加以描述，这叫作宏观描述。用这种方法来表征系统状态和属性的物理量称为宏观量，一般宏观量都可以用仪器直接测量，如气体系统的体积、质量和压强等。另一种方法是对构成系统的微观粒子的状态进行描述，这叫作微观描述。这种描述单个粒子状态的物理量称为微观量，一般不可以直接用仪器测量，如单个分子的质量、位置、速度等。宏观描述和微观描述是对同一系统的两种不同描述方法，因而它们之间存在内在联系。由于系统的各种宏观现象都是组成它的大量微观粒子运动的集体表现，所以宏观量总是一些对应微观量的统计平均值。

由于组成系统的微观粒子的热运动的作用，对于一个孤立系统，只要经过足够长的时间，总能够达到一个确定的状态，在这种状态下，系统的宏观性质将不随时间变化，表现出一种稳定性，一般称这种状态为平衡态。需要说明的是，平衡态指的是系统的宏观性质不随时间变化，但从微观的角度看，构成系统的大量微观粒子实际上仍在不停地运动和变化着，只是其运动的平均效果不随时间变化。所以通常也把这种平衡态叫作**热动平衡**。

在实际中理想的孤立系统是不存在的，而且其宏观性质也不是绝对保持不变，所以平衡态只是一个理想化的概念。它是实际问题在一定条件下的抽象和概括，当系统受外界的影响对我们研究的问题可以忽略不计时，我们就可以抓住主要矛盾，忽略次要因素，建立孤立系统和平衡态的理想模型。因此，引入这个概念是有实际意义的，可以使问题大大简化，并能较好地反映实际情况。

9.1.2 温度和理想气体物态方程

系统达到及处于平衡态是通过分子的热运动来实现的。因此假设有两个热力学系统 A 和 B 分别处于各自的平衡态，然后使系统 A 和 B 互相接触，使它们之间能发生热传递，这种接触称为热接触。则系统 A 和 B 的平衡态都将被打破，但经过充分长一段时间后，系统 A 和 B 将共同达到一个新的平衡态，由于这种共同的平衡态是在有传热的条件下实现的，因此称为**热平衡**。

如果有 A、B、C 三个热力学系统，当系统 A 和系统 B 都分别与系统 C 处于热平衡，那么系统 A 和系统 B 此时也必然处于热平衡。这个事实通常称为热平衡原理，或叫**热力学第零定律**。这个定律为温度概念的建立提供了可靠的实验依据。根据这个定律，我们知道两个系统是否处于热平衡状态完全由系统内部分子的热运动状态所决定，与两个系统是否接触无关。因此，处于同一热平衡状态的所有热力学系统都具有某种共同的宏观性质，我们把描述这个宏观性质的物理量定义为物体的温度。也就是说，一切互为热平衡的系统都具有相同的温度，这为我们用温度计测量物体或系统的温度提供了依据。温度计是人们设计制造的标准测温仪器，利用温度计与待测系统接触达到热平衡时温度计的读数来测量待测系统的温度。

温度的数值定量表示称为温标。温标的建立需要利用测温物质随温度单调变化的某种物理效应，再加上一些固定的标准点。例如，我们日常生活中经常使用的摄氏温标，就是用酒精或水银作为测温物质，根据其热胀冷缩的性质，以液柱的高度作为测量标准。然后取纯水在标准大气压下的冰点为 0 °C，沸点为 100 °C，并将它们之间分为 100 等份，每等份代表 1 °C。

当我们选择用不同的测温物质制作的温度计测量同一系统的温度时，由于测温物质随温度变化的测温属性不同，所以得出的温度可能也是不一样的，这就对我们物理学的研究和应用带来了麻烦。因此，在热学的理论和实验研究中，建立一个与测温物质和测温属性无关的温标就显得十分重要，符合这种条件的温标称为热力学温标。在实际应用中，我们常用理想气体温标代替热力学温标。从理论上可以证明，理想气体温标同热力学温标是完全一致的。

首先我们对理想气体温标做一简单介绍。以定容气体温度计为例，保持温度计中气体的体积不变，以气体压强随其冷热程度的改变来标记气体的温度，并规定纯水的三相点（固、液、气三相平衡共存）温度为 273.16。以 p_0 表示三相点状态下气体的压强，则当温度计中气体压强为 p 时，以线性关系规定此时温度为

$$T = \frac{p}{p_0} \times 273.16 \tag{9.1}$$

此即定容气体温度计的温标公式。若温度计中的气体是理想气体，则式（9.1）就是理想气体温标计量的温度公式，其单位是开尔文（K）。

从热力学的角度看，理想气体指的是严格遵守玻意耳定律、焦耳定律和阿伏伽德罗定律（简称阿氏定律）的气体。玻意耳定律的内容是：对一定质量处于平衡态的气体，在确定的温度下，其压强 p 和体积 V 的乘积是一个常量，即

$$pV = \text{Const} \tag{9.2}$$

它是由玻意耳在 1662 年提出的。由于马略特在 1679 年也独立地发现了这个定律，因此有时也称为玻意耳-马略特定律。阿伏伽德罗定律是在 1811 年提出的，其内容描述的是在相同的温度和压强下，相等体积的任意气体所含的物质的量相等。根据玻意耳定律、阿氏定律和理想气体温标的定义可以推导出理想气体的物态方程。

对于具有固定质量的理想气体，我们首先导出其不同平衡态下的状态参量 p、V 和 T 之间的关系。取两个任意的平衡态Ⅰ（p_1，V_1，T_1）和Ⅱ（p_2，V_2，T_2），假设气体由状态Ⅰ分两步到达状态Ⅱ。首先保持体积 V_1 不变，使气体温度变为 T_2。由理想气体温标定义，可知此

时气体压强 p_2' 为

$$p_2' = p_1 \frac{T_2}{T_1} \tag{9.3}$$

然后保持气体的温度不变，令压强变为 p_2，由玻意耳定律可知

$$p_2'V_1 = p_2V_2 \tag{9.4}$$

将以上两式联立，可得

$$\frac{p_1V_1}{T_1} = \frac{p_2V_2}{T_2} \tag{9.5}$$

需要说明的是，对于固定质量的理想气体，式（9.5）给出的两个状态的关系，与气体变化的具体过程无关。因此有

$$\frac{pV}{T} = \text{Const} \tag{9.6}$$

考虑到阿氏定律，对于具有相同物质的量的不同理想气体，pV/T 的数值都是相等的。因此我们引入摩尔气体常数

$$R = p_0V_{m0}/T_0 = 8.31\ \text{J/(mol}\cdot\text{K)}$$

式中 p_0，V_{m0}，T_0——1 mol 平衡态理想气体在标准状态下的压强、体积和温度。

若气体的质量为 m，摩尔质量为 M，则式（9.6）可以表示为

$$pV = \frac{m}{M}RT \quad \text{或} \quad pV = \nu RT \tag{9.7}$$

式中 ν——气体的摩尔数，$\nu = m/M$。

式（9.7）称为理想气体物态方程。设气体总的分子数为 N，则 $N = \nu N_A$，物态方程可写为

$$p = \frac{N}{V}\cdot\frac{R}{N_A}\cdot T \quad \text{或} \quad p = nkT \tag{9.8}$$

式中 n——气体的分子数密度，即单位体积内的分子数，$n = N/V$；

k——玻尔兹曼常量，$k = R/N_A$。在国际单位制中 $k = 1.38\times10^{-23}$ J/K。

式（9.8）是理想气体物态方程的微观形式，在大学物理中应用较多。

理想气体物态方程表明了在平衡态下理想气体的各个状态参量之间的关系，是描述气体系统平衡态性质的基本物理学方程。当系统从一个平衡态变化到另一个平衡态后，各状态参量发生变化，但它们之间仍然要满足物态方程。

理想气体物态方程（9.7）和（9.8）是根据玻意耳定律、阿氏定律和理想气体温标的定义导出的，因此公式中的 T 就应理解为理想气体温标所定义的气体温度，它与摄氏温度 t 的关系是

$$T = t + T_0 = t + 273.15\ ^\circ\text{C} \tag{9.9}$$

对于理想气体满足的另外一个定律——焦耳定律，是焦耳在 1845 年用自由膨胀实验研究气体的内能时发现的。焦耳给出的结论是气体内能只是温度的函数，与体积无关，此即焦耳定律。在证明理想气体温标与热力学温标一致时要用到这个定律，这里我们就不做进一步的证明，有兴趣的读者可参阅相关的参考书。

实验表明，在通常的压强和温度下，各种气体都近似地满足上面这些定律。压强越低，温度越高，近似程度越高。一切气体在状态参量的变化关系上对上述几个定律的遵守反映了气体的一定的内在规律性。为了概括并研究气体的这一共同规律性，在热学中引入了理想气体的概念。理想气体和力学中的质点、刚体以及前面提到的平衡态一样，是一个理想化的模型。它实际上是各种实际气体在压强趋近于零时的极限情况。在通常的压强和温度下，我们可以用这个模型来概括实际气体。

9.2　理想气体的压强和温度

9.2.1　气体动理论的物质微观结构模型

在从统计物理的角度研究问题时，是基于物质的微观结构模型进行讨论的，它主要包含以下三个方面的内容：第一，宏观物体是由大量分子组成的；第二，分子都在作永不停息的无规则热运动，其运动的剧烈程度与温度有关。关于这两个方面的内容在前面已经讨论过，现在着重分析一下第三方面的内容，即关于分子间相互作用力的问题。

分子之间的相互作用力称为分子力。根据大量实验结果可知，分子之间同时存在着引力和斥力，分子力就是引力与斥力的合力，其大小取决于分子间的距离。如图 9.1 所示就是分子间作用力 f 随距离 r 的变化关系，其中横坐标上的虚线表示斥力，横坐标下的虚线表示引力，实线表示合力。

由图 9.1 可知，当 $r = r_0$ 时，合力 $f = 0$，此时引力和斥力互相抵消，r_0（数量级为 10^{-10} m）称为平衡距离。当 $r > r_0$ 时，合力 $f < 0$，此时引力起主要作用，且随着 r 的增大迅速减小。一般地，当 $r > 10^{-9}$ m 时引力可以忽略不计，可将分子视为自由粒子。当 $r < r_0$ 时，合力 $f > 0$，表示斥力起主要作用，且随 r 的减小而急剧减小。所以两个分子碰撞时，相互靠近的速率因为斥力的存在会迅速减小为零然后再分开。当分子速率等于零时两分子质心的间距 d 最小，d 的大小与分子运动的初动能有关。我们把 d 的平均值定义为分子的有效直径，一般来说，d 比 r_0 略小，但数量级相同。

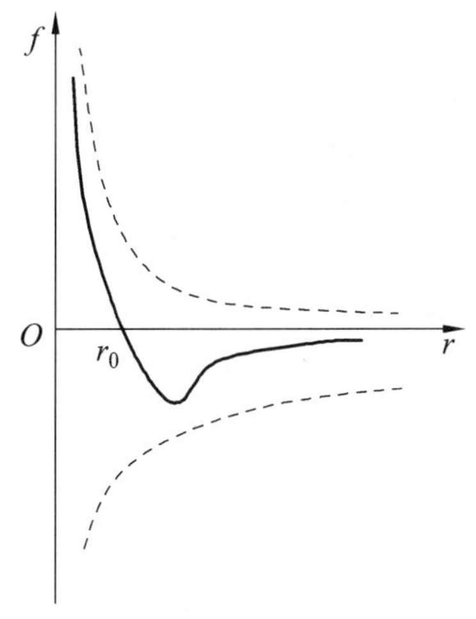

图 9.1　分子力示意图

9.2.2 理想气体的微观结构模型和统计假设

对于理想气体，除了满足上面所讨论的一般的物质微观结构模型之外，还有其特有的一些特征，主要包括以下几个方面：

（1）分子本身的线度很小，与分子之间的平均距离相比可以忽略不计，即对分子可以采用质点模型；

（2）除了碰撞的瞬间，分子之间以及分子与容器器壁之间都无相互作用；

（3）分子之间以及分子与器壁之间的碰撞都是弹性的，即分子碰撞不损失动能。

以上关于理想气体微观模型的三条假设，前两条是根据理想气体的特点提出的，对于理想气体不论处于什么状态都成立；第三条则是根据平衡态的特点所提出的。综上所述，经过抽象与简化，理想气体可以看成是大量彼此间无相互作用力的无规则运动的弹性质点的集合。

上述模型主要是针对分子的运动特征而建立起来的一个假设。以此模型为基础，在计算平衡态气体的一些宏观状态参量时，还必须知道理想气体在处于平衡态时分子的群体特征。这些特征也叫作平衡态的统计规律假设。在分析理想气体分子的统计假设之前，我们先通过一个实验介绍一下什么叫作统计规律。

如图 9.2 所示为伽尔顿板的实验装置，一块竖直的模板上面有规则地钉着许多铁钉，下面被一些竖直的木条隔成等宽的木槽，从板的顶部可以投入小球，整个板面覆盖透明材料，以使小球留在槽内。如果从上面入口投入一个小球，则在下落过程中，小球会不断与铁钉碰撞，改变运动方向，最后落入哪个木槽内是偶然的，我们完全无法预测。重复这个过程，小球的最后位置依然是一个随机事件。但当我们重复的次数足够多的时候，我们就会发现小球落入哪个槽中具有一定的规律性，中间的木槽中小球最多，两边依次减少。如果我们一次倒入大量的小球，也会得到同样的结果。由此可见，单个小球的下落是偶然的，大量小球的运动却遵守一定的规律。像这种大量偶然事件所遵从的规律，称为统计规律。如果用相同数目的小球多做几次实验，我们会发现每次落入伽尔顿板某个木槽中小球的数目不是绝对相等的，存在一定的偏差，这种现象称为涨落。统计规律一定会伴随着涨落现象。

图 9.2 伽尔顿板

对理想气体，单个分子的运动规律是随机的，无法预测，但是大量的分子总体却具有一定的规律性，这就是理想气体分子的统计规律。忽略重力场的影响，在平衡态下，理想气体分子应该是按位置均匀分布的，在容器中任一位置出现的概率相等，也就是说容器内的分子数密度 n 处处相等，用数学公式表示为

$$n=\frac{\mathrm{d}N}{\mathrm{d}V}=\frac{N}{V} \tag{9.10}$$

式中 N——容器内的总分子数；

V——容器的体积。

另外，容器内每个分子的速度各不相同，并且由于碰撞的作用不断发生改变。但是，根据平衡态的特性，分子向各个方向运动的概率应该是相同的，分子速度沿各个方向分量的平均值相等，用数学方法来描述就是

$$\overline{v_x} = \overline{v_y} = \overline{v_z} \quad 或 \quad \overline{v_x^2} = \overline{v_y^2} = \overline{v_z^2}$$

式中　$\overline{v_x^2}$、$\overline{v_y^2}$ 和 $\overline{v_z^2}$ ——速度沿 x、y 和 z 方向分量的平方的平均值，即

$$\overline{v_i^2} = \frac{\sum_{j=1}^{N} v_{ji}^2}{N} \quad (i = x, \ y, \ z) \tag{9.11}$$

由于 $\overline{v^2} = \overline{v_x^2} + \overline{v_y^2} + \overline{v_z^2}$，所以有

$$\overline{v_x^2} = \overline{v_y^2} = \overline{v_z^2} = \frac{1}{3}\overline{v^2} \tag{9.12}$$

9.2.3 理想气体压强的统计意义

根据压强的定义，理想气体的压强是容器内气体对单位面积器壁上的正压力的大小。从气体动理论的观点来看，容器内分子不停地作无规则运动，导致不断地与器壁发生碰撞。对单个分子来说，每一次与器壁的碰撞都是断续的，但是由于分子数量极大，每一刻都有大量分子与同一器壁碰撞，对器壁产生一个恒定的、持续的冲力，就像雨点不断地落在雨伞上一样，雨伞受到雨点持续的平均冲力。由于单个分子的运动遵从牛顿力学定律，我们可以从分子碰撞器壁产生的冲量着手来推导理想气体的压强公式。

在器壁上取一个面积元 $\mathrm{d}S$，取与 $\mathrm{d}S$ 垂直的方向为 x 正方向，如图 9.3 所示。在平衡态下，考虑一个分子，设其质量为 m，速度为 $\boldsymbol{v}_i$，三个分量分别为 v_{ix}、v_{iy} 和 v_{iz}，与 $\mathrm{d}S$ 发生碰撞。由于碰撞作用力沿 x 方向，而且是弹性的，碰撞前后不损失能量，所以碰后 v_{iy} 和 v_{iz} 不变，v_{ix} 变为 $-v_{ix}$，其动量的变化为

$$I_1' = (-mv_{ix}) - mv_{ix} = -2mv_{ix}$$

根据牛顿第三定律，器壁 $\mathrm{d}S$ 因这个分子碰撞受到的冲量为

$$I_1 = -I_1' = 2mv_{ix}$$

设速度在 $v_i \sim v_i + \mathrm{d}v_i$ 区间内的分子数有 N_i 个，则此速度区间内的分子在 $\mathrm{d}t$ 时间内能够与面元 $\mathrm{d}S$ 碰撞的为以 $\mathrm{d}S$ 为底，$v_{ix}\mathrm{d}t$ 为高的圆柱体内的那些，如图 9.4 所示。考虑各种不同速度的分子，只有满足 $v_{ix} > 0$ 的才能够与面元 $\mathrm{d}S$ 碰撞。根据理想气体分子的统计假设，$v_{ix} > 0$ 的分子占总数的一半，所以 $\mathrm{d}t$ 时间内与面元 $\mathrm{d}S$ 碰撞的分子总数为

$$\mathrm{d}N = \sum_i \mathrm{d}N_i = \frac{1}{2}\sum_i \frac{N_i}{V} v_{ix} \mathrm{d}t\mathrm{d}S$$

则 $\mathrm{d}t$ 时间内 $\mathrm{d}S$ 受到的总冲量为

$$\mathrm{d}I = I_1 \mathrm{d}N = 2mv_{ix} \cdot \frac{1}{2}\sum_i \frac{N_i}{V} v_{ix} \mathrm{d}t\mathrm{d}S = m\mathrm{d}t\mathrm{d}S(\sum_i N_i v_{ix}^2)/V$$

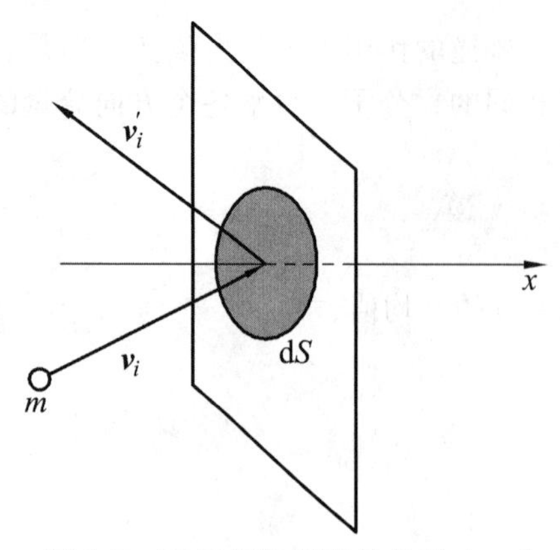

图 9.3　理想气体压强的推导（一）

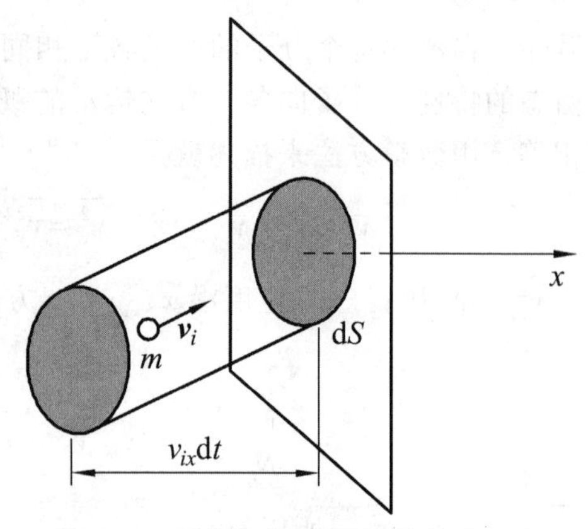

图 9.4　理想气体压强的推导（二）

由理想气体的统计假设可知，

$$\frac{\sum_i N_i v_{ix}^2}{N} = \overline{v_x^2} = \frac{1}{3}\overline{v^2}$$

且 $n = N/V$ 为气体分子的数密度，代入可得

$$\mathrm{d}I = \frac{1}{3}nm\overline{v^2}\mathrm{d}t\mathrm{d}S$$

由冲量定理和压强定义可知，器壁 dS 受到的压强为

$$p = \frac{\mathrm{d}F}{\mathrm{d}S} = \frac{\mathrm{d}I}{\mathrm{d}t\mathrm{d}S} = \frac{1}{3}nm\overline{v^2} \tag{9.13}$$

或表示为

$$p = \frac{2}{3}n\left(\frac{1}{2}m\overline{v^2}\right) = \frac{2}{3}n\overline{\varepsilon}_{\mathrm{t}} \tag{9.14}$$

式中　$\overline{\varepsilon}_{\mathrm{t}}$——理想气体分子的平均平动动能，$\overline{\varepsilon}_{\mathrm{t}} = \frac{1}{2}m\overline{v^2}$。

从推导过程可以看出，理想气体的压强定量上就等于所有分子单位时间施于单位面积器壁上的冲量。由于压强公式中的 n 和 $\overline{\varepsilon}_{\mathrm{t}}$ 都是气体分子的统计平均值，所以气体的压强是一个统计规律，而不是力学规律，讨论单个分子的压强是没有意义的。另外，需要明确的是，平衡状态下，压强公式与容器的大小和形状无关，而且容器的各个器壁上的压强都是相等的。

9.2.4　理想气体温度的统计意义

根据理想气体的压强公式和物态方程，可以推导出气体的温度与分子的平均平动动能的关系，把平衡态理想气体物态方程

$$p = nkT$$

和压强公式

$$p = \frac{2}{3} n \overline{\varepsilon}_{\mathrm{t}}$$

联立，从中消去压强 p，可以得到

$$\overline{\varepsilon}_{\mathrm{t}} = \frac{3}{2} kT \tag{9.15}$$

这就是平衡态下理想气体的温度公式。

式（9.15）说明气体分子的平均平动动能完全由温度决定。因此我们说温度是分子无规则热运动的剧烈程度的量度。需要指出的是，温度仍然是大量分子的集体性质，对少量分子不成立。对于少数或单个分子谈温度是没有意义的。

在相同的温度下，气体分子的平均平动动能相同，而与气体的种类无关。也就是说，如果有一团由不同种类的气体混合而成的气体处于热平衡状态，不同的气体分子的运动可能很不相同，但它们的平均平动动能却是相同的。

9.3 能量均分定理

9.3.1 能量按自由度的均分定理

前面我们得到了平衡态下理想气体的温度公式，

$$\overline{\varepsilon}_{\mathrm{t}} = \frac{3}{2} kT \tag{9.16}$$

它与分子的平均平动动能相关。对于一个分子的平动，按照经典牛顿力学定律，其动能可以表示为

$$\varepsilon_{i\mathrm{t}} = \frac{1}{2} m v_i^2 = \frac{1}{2} m v_{ix}^2 + \frac{1}{2} m v_{iy}^2 + \frac{1}{2} m v_{iz}^2 \tag{9.17}$$

但是式（9.17）对于单个分子来讲是没有意义的，因为频繁的碰撞导致分子的速度不断地发生变化。有意义的是分子平动动能的统计平均值，即

$$\begin{aligned}\overline{\varepsilon}_{i\mathrm{t}} &= \overline{\frac{1}{2} m v_i^2} = \overline{\frac{1}{2} m v_{ix}^2 + \frac{1}{2} m v_{iy}^2 + \frac{1}{2} m v_{iz}^2} \\ &= \overline{\frac{1}{2} m v_{ix}^2} + \overline{\frac{1}{2} m v_{iy}^2} + \overline{\frac{1}{2} m v_{iz}^2}\end{aligned}$$

与理想气体温度公式作比较，并考虑到平衡态理想气体的统计假设，则有

$$\overline{\frac{1}{2} m v_{ix}^2} = \overline{\frac{1}{2} m v_{iy}^2} = \overline{\frac{1}{2} m v_{iz}^2} = \frac{1}{2} kT \tag{9.18}$$

这说明分子的平均平动动能在 x、y 和 z 三个方向是平均分配的。

我们引入力学中自由度的概念，自由度指的是确定一个物体的位置所需要的独立坐标的个数。对于分子的平动，它的位置需要 3 个独立的坐标如 x，y，z 来确定，所以平动的物体有 3 个自由度。用自由度的概念，式（9.18）也可以理解为分子的平均平动动能是按照 3 个自由度平均分配的，没有哪个自由度更占优势。

但是除了单原子分子之外，一般分子的运动并不限于平动，还有转动和分子内原子间的振动。在大学物理的讨论中，我们一般把分子作为刚性的来分析，不考虑分子的振动。那么当理想气体达到平衡态时，它们的平均平动动能和平均转动动能的大小是如何分配的呢？

实验表明：在温度为 T 的平衡态下，物质（包括固体、液体和气体）分子的每一个自由度都具有相同的平均动能，其大小都等于 $\frac{1}{2}kT$。这个结果称为能量按自由度均分定理，简称能量均分定理，可以由经典统计物理学理论得到严格的证明。能量均分定理适用于由大量分子组成的系统，对于单个或少量的分子来说，其动能的分配并不一定是均匀的。

对于单原子分子，可以视为一个刚性质点，因此它的运动就只有平动，其自由度为 3。对于双原子分子，是 2 个原子由 1 个键连接起来的，不能视作一个质点。根据对分子光谱的研究，它除了作整体的平动和转动外，沿着两个原子连线的方向还有微小的振动。在描述其运动位置时，除了用三个独立坐标描述其质心的平动外，还要用两个独立坐标如 α 和 β 描述其原子连线方向的方位（如图 9.5 所示，实际上是 3 个坐标，但由于 $\cos^2\alpha+\cos^2\beta+\cos^2\gamma=1$，只有两个是独立的），以及一个独立坐标描述两个原子的相对位置（即原子的振动），共计 6 个独立坐标。但在常温下，原子的振动能量相比分子的平动和转动能量可以忽略，即可以把双原子分子看作刚性的，这样就只有 3 个平动自由度和 2 个转动自由度。

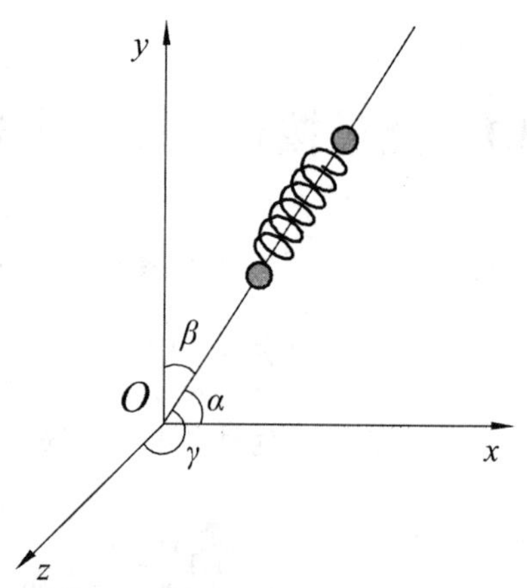

图 9.5　双原子分子的自由度推导

对于多原子分子，常温下仍然可以视为刚性的，其平动有 3 个自由度；描述其转动需要 2 个独立坐标确定任一过质心的转轴的方位，一个独立角坐标描述绕转轴的转动，所以其转动自由度为 3。

我们用 i 表示分子的总自由度，t 表示平动自由度，r 表示转动自由度。则不同类型分子的自由度如表 9.1 所示。

表 9.1　气体分子的自由度

分子的类型	t	r	$i=t+r$
单原子分子	3	0	3
双原子分子	3	2	5
多原子分子	3	3	6

根据能量按自由度的均分定理，平衡态时理想气体分子的平均总动能为

$$\overline{\varepsilon}_{k}=\frac{i}{2}kT \tag{9.19}$$

能量均分定理适用于达到平衡态的任意热力学系统。动能按自由度均分是依靠分子频繁的无规则碰撞来实现的。在碰撞过程中，分子间的动能可以相互传递，同一个分子的动能可以在不同的自由度间转移。但只要气体达到了平衡态，那么任意一个自由度上的平均动能就应该相等。

9.3.2 理想气体的内能

气体的内能指的是所有分子的各种形式的动能和势能的总和。对于实际的气体，除了分子的各种形式的动能和振动势能外，由于分子之间存在着相互作用的保守力，所以还包括分子间的势能。

对于平衡态的理想气体，按照其微观模型，分子间除了碰撞的瞬间外作用力可以忽略不计，所以不存在分子间的势能；另外常温下可以将其视为刚性分子，振动势能也等于零，那么平衡态理想气体的内能就等于所有分子的动能之和。对于 1 mol 分子自由度为 i 的理想气体，其内能为

$$E=\frac{i}{2}kT\cdot N_{A}=\frac{i}{2}RT \tag{9.20}$$

若系统的物质的量是 ν mol，则其内能为

$$E=\frac{i}{2}\nu RT \tag{9.21}$$

由上面的结果可以看出，对于给定的系统而言，其内能由温度唯一地确定，是温度的单值函数，与系统的体积和压强无关。由于温度是描述系统状态的参量，所以内能也是系统的一个状态函数，只与系统的状态有关。如果系统的状态发生了变化，只要始末状态是平衡态，不管其经历怎样的中间过程，内能的改变量都是确定的值，只与始末状态的温度变化有关，即

$$\Delta E=\frac{i}{2}\nu RT_{2}-\frac{i}{2}\nu RT_{1}=\frac{i}{2}\nu R\Delta T \tag{9.22}$$

【例 9.1】 已知容器内装有温度为 273 K、压强为 1.01×10^{3} Pa 的理想气体，其密度为 1.24×10^{-2} kg/m^{3}。求：（1）方均根速率 $\sqrt{\overline{v^{2}}}$；（2）气体的摩尔质量，并确定是什么气体；（3）气体分子的平均平动动能和平均转动动能；（4）容器单位体积内分子的总平均动能；（5）若该气体有 0.3 mol，其内能是多少？

解：（1）由理想气体温度的统计表达式

$$\overline{\varepsilon}_{t}=\frac{3}{2}kT=\frac{1}{2}m\overline{v^{2}}$$

可得方均根速率

$$\sqrt{\overline{v^2}}=\sqrt{\frac{3kT}{m}}=\sqrt{\frac{3RT}{M}}$$

考虑到理想气体物态方程

$$pV=\frac{m}{M}RT$$

则有

$$\sqrt{\overline{v^2}}=\sqrt{\frac{3p}{\rho}}=\sqrt{\frac{3\times1.01\times10^3}{1.24\times10^{-2}}}=494\ (\mathrm{m/s})$$

（2）由理想气体物态方程

$$M=\rho\cdot\frac{RT}{p}=1.24\times10^{-2}\times\frac{8.31\times273}{1.01\times10^3}=0.028\ (\mathrm{kg/mol})$$

可知该气体是氮气（N_2）。

（3）氮气分子是双原子分子，共有 3 个平动自由度和 2 个转动自由度。根据能量均分定理，其平均平动动能

$$\bar{\varepsilon}_{\mathrm{t}}=\frac{3}{2}kT=\frac{3}{2}\times1.38\times10^{-23}\times273=5.6\times10^{-21}\ (\mathrm{J})$$

平均转动动能

$$\bar{\varepsilon}_{\mathrm{r}}=\frac{2}{2}kT=1.38\times10^{-23}\times273=3.7\times10^{-21}\ (\mathrm{J})$$

（4）在室温附近，氮气分子的振动可以忽略，总自由度为 5，所以由理想气体物态方程的微分形式

$$p=nkT$$

可知单位体积内分子的总平均动能

$$n\bar{\varepsilon}_{\mathrm{i}}=n\cdot\frac{5}{2}kT=\frac{5}{2}p=\frac{5}{2}\times1.01\times10^3=2.5\times10^3\ (\mathrm{J})$$

（5）由于理想气体不考虑分子间势能，因此该系统的内能为

$$E=\frac{5}{2}\nu RT=\frac{5}{2}\times0.3\times8.31\times273=1.7\times10^3\ (\mathrm{J})$$

9.4 理想气体的麦克斯韦速率分布律

9.4.1 麦克斯韦速率分布律

根据物质的微观结构模型，组成气体的分子都在作永不停息的无规则热运动。不同的分子有不同的运动速率，并且由于频繁的碰撞不断地发生改变。对于单个分子来说，其速率的大小和变化规律完全是随机的，是一个偶然事件；但是在平衡态下，大量分子的速率分布却具有一定的统计规律。我们把特定条件下描述气体分子不同速率出现的概率（对速率）密度的函数称为速率分布函数，用 $f(v)$ 来表示。

最早从理论上推导气体分子速率分布的统计规律的，是 19 世纪的英国物理学家麦克斯韦等人。麦克斯韦得出的平衡态下理想气体分子速率分布函数为

$$f(v)=\frac{\mathrm{d}N}{N\mathrm{d}v}=4\pi\left(\frac{m}{2\pi kT}\right)^{3/2}\mathrm{e}^{-\frac{mv^2}{2kT}}v^2 \tag{9.23}$$

式中 T——系统的温度；

N——系统总的分子数；

$\mathrm{d}N$——速率在 $v\sim v+\mathrm{d}v$ 区间内的分子数；

$\mathrm{d}v$——速率区间的大小。

这个结论称为麦克斯韦速率分布律，简称麦氏速率分布律。则 $f(v)\mathrm{d}v$ 就反映了平衡态下理想气体分子速率落在 $v\sim v+\mathrm{d}v$ 内的概率，而 $f(v)$ 描述的是分布在速率 v 附近单位速率间隔内的分子数占总分子数的比例，或者说是分子的速率刚好处于 v 值附近单位速率区间内的概率，故 $f(v)$ 也称为分子速率分布的概率密度，这是速率分布函数的物理意义。对于任意一个分子来说，它的速率多大是偶然的，但却具有一定的概率分布。只要给出了速率分布函数（所有），分子的速率分布就完全确定了。

显然，速率分布函数是速率 v 的连续函数。把 $f(v)$ 随速率 v 的变化关系在坐标轴上表示出来，就得到麦克斯韦速率分布曲线，如图 9.6 所示。

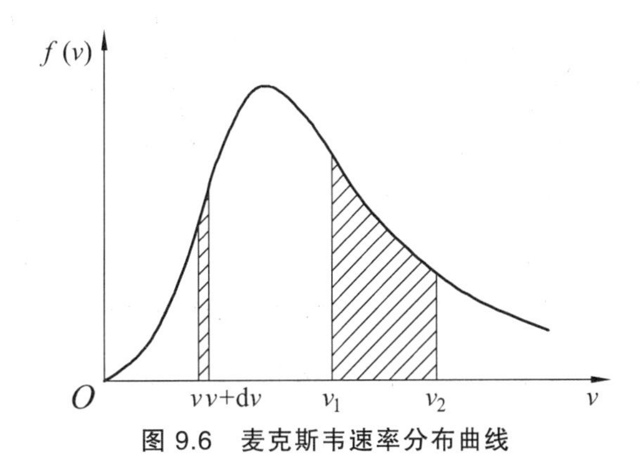

图 9.6 麦克斯韦速率分布曲线

由曲线可以看出，曲线下宽度为 $\mathrm{d}v$ 的窄条（即左边阴影部分）的面积 $f(v)\mathrm{d}v$ 就表示分子在速率区间 $v \sim v+\mathrm{d}v$ 内的分子数 $\mathrm{d}N$ 与总分子数 N 的比值。曲线下任一速率区间 $v_1 \sim v_2$（即右边阴影部分）的面积就表示速率处于 $v_1 \sim v_2$ 区间内的分子数与分子总数的比值，或者是分子速率处于该范围内的概率。

麦克斯韦速率分布函数满足归一化条件，即分子速率在 $0 \sim \infty$ 内的概率等于 1，数学表示为

$$\int_0^\infty f(v)\mathrm{d}v = 1 \tag{9.24}$$

在图 9.6 中就是曲线下的总面积等于 1。

另外，在曲线上我们可以看到速率分布函数 $f(v)$ 存在一个极大值。与 $f(v)$ 极大值对应的速率定义为最概然速率，通常用 v_p 表示。它的物理意义是，在 v_p 附近单位速率区间内的分子数占系统总分子数的比率最大；或者说，对于一个分子而言，它的速率刚好处于 v_p 附近单位速率区间内的概率最大。根据求极值的方法，令

$$\frac{\mathrm{d}}{\mathrm{d}v}f(v) = 0$$

把麦克斯韦速率分布函数代入上式，求解可得

$$v_\mathrm{p} = \sqrt{\frac{2kT}{m}} = \sqrt{\frac{2RT}{M}} \approx 1.41\sqrt{\frac{RT}{M}} \tag{9.25}$$

这说明 v_p 的大小由气体的温度 T 和分子质量 m（或摩尔质量 M）决定。同时，温度和分子质量也决定了分子速率分布曲线的形状。对同种气体（m 相同），温度越高，v_p 越大，说明温度的升高使分子热运动加剧，速率较大的分子增多，所以分子速率分布曲线向高速范围扩展，由于曲线下总面积不变，曲线将变得平坦。若两个系统的温度相同，则分子热运动的剧烈程度即分子的平均平动动能相同，分子质量越大，v_p 越小，速率较小的分子就越多，曲线将向低速范围扩展，变得尖窄。T 和 m 对曲线形状的影响如图 9.7 所示。

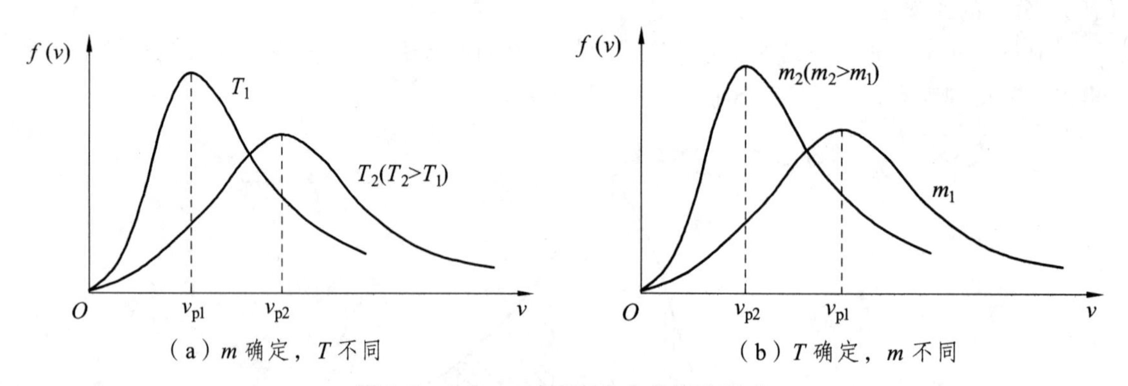

图 9.7　T 和 m 对速率分布曲线的影响

由麦克斯韦速率分布函数还可以计算出气体分子的方均根速率和平均速率。由统计平均值的定义，气体分子的平均速率

$$\bar{v}=\int_0^{\infty}vf(v)\mathrm{d}v=\int_0^{\infty}4\pi\left(\frac{m}{2\pi kT}\right)^{3/2}\mathrm{e}^{-\frac{mv^2}{2kT}}v^3\mathrm{d}v$$

$$=\sqrt{\frac{8kT}{\pi m}}=\sqrt{\frac{8RT}{\pi M}}\doteq 1.59\sqrt{\frac{RT}{M}} \tag{9.26}$$

气体分子的方均根速率

$$\sqrt{\overline{v^2}}=\sqrt{\int_0^{\infty}v^2f(v)\mathrm{d}v}=\sqrt{\int_0^{\infty}4\pi\left(\frac{m}{2\pi kT}\right)^{3/2}\mathrm{e}^{-\frac{mv^2}{2kT}}v^4\mathrm{d}v}$$

$$=\sqrt{\frac{3kT}{m}}=\sqrt{\frac{3RT}{M}}\doteq 1.73\sqrt{\frac{RT}{M}} \tag{9.27}$$

这个结果与前面推导理想气体压强和温度时得出的结果是一致的。

从上面三种统计速率 v_{p}、$\bar{v}$ 和 $\sqrt{\overline{v^2}}$ 的计算过程可以看出，实际上只要给定速率分布函数 $f(v)$ 就可以了，由此可见速率分布函数的重要性。在这三种速率中，方均根速率 $\sqrt{\overline{v^2}}$ 最大，平均速率 $\bar{v}$ 次之，最概然速率 v_{p} 最小。室温下，它们的数量级一般是 $10^2\sim10^3$ m/s。

气体分子的三种速率各有不同的应用。在分析速率分布时，一般要用最概然速率；在讨论分子平均平动动能时，一般要用到方均根速率；在讨论分子的平均自由程时，一般要用到平均速率。

【例 9.2】 标准状态下，在 1 cm^3 氮气中，求：（1）速率在 500 ~ 505 m/s 间的分子数；（2）速率在 $v_{\mathrm{p}}\sim1.01\,v_{\mathrm{p}}$ 区间内的分子数占总分子数的比例。

解：（1）根据麦克斯韦速率分布率

$$\Delta N=Nf(v)\Delta v=N\cdot4\pi\left(\frac{m}{2\pi kT}\right)^{3/2}\mathrm{e}^{-\frac{mv^2}{2kT}}v^2\Delta v$$

考虑到分子质量 $m=M/N_{\mathrm{A}}$，摩尔质量 $M=0.028$ kg/mol，总数 $N=V\cdot N_{\mathrm{A}}/V_0$，以及 $v=500$ m/s，$\Delta v=5$ m/s，并将各物理常数 $k=1.38\times10^{-23}$ J/K，$V_0=22.4$ L/mol，$N_{\mathrm{A}}=6.02\times10^{23}$/mol 代入，可得

$$\Delta N=1.15\times10^{18}\text{（个）}$$

（2）由题意，$v=v_{\mathrm{p}}=\sqrt{\dfrac{2kT}{m}}$，$\Delta v=\dfrac{v_{\mathrm{p}}}{100}$，所以

$$\frac{\Delta N}{N}=4\pi\left(\frac{m}{2\pi kT}\right)^{3/2}\mathrm{e}^{-\frac{mv^2}{2kT}}v^2\Delta v=\frac{4}{\sqrt{\pi}}\left(\frac{1}{v_{\mathrm{p}}^2}\right)^{3/2}\mathrm{e}^{-\frac{v_{\mathrm{p}}^2}{v_{\mathrm{p}}^2}}v_{\mathrm{p}}^2\frac{v_{\mathrm{p}}}{100}$$

$$=\frac{4}{\sqrt{\pi}}\mathrm{e}^{-1}\cdot\frac{1}{100}=0.83\%$$

【例 9.3】 设处于平衡态的某气体系统的分子总数为 N。（1）试证明速率在 0 到任一给定值 v 之间的分子数为

$$\Delta N_{0\sim v}=N\left[\mathrm{erf}(x)-\frac{2}{\sqrt{\pi}}x\mathrm{e}^{-x^2}\right]$$

式中　$\mathrm{erf}(x)=\frac{2}{\sqrt{\pi}}\int_0^x \mathrm{e}^{-x^2}\mathrm{d}x$（称为误差函数），$x=\left(\frac{m}{2kT}\right)^{\frac{1}{2}}v=\frac{v}{v_\mathrm{p}}$；

（2）求速率 v 大于 $2v_\mathrm{p}$ 的分子数。

解：（1）根据麦克斯韦速率分布率

$$\mathrm{d}N=Nf(v)\mathrm{d}v=N\cdot 4\pi\left(\frac{m}{2\pi kT}\right)^{3/2}\mathrm{e}^{-\frac{mv^2}{2kT}}v^2\mathrm{d}v$$

令 $x=\left(\frac{m}{2kT}\right)^{\frac{1}{2}}v$，则有 $\mathrm{d}x=\left(\frac{m}{2kT}\right)^{\frac{1}{2}}\mathrm{d}v$，代入上式得

$$\mathrm{d}N=\frac{4}{\sqrt{\pi}}Nx^2\mathrm{e}^{-x^2}\mathrm{d}x$$

对上式求定积分即可证明

$$\begin{aligned}\Delta N_{0\sim v}&=\int_0^v \mathrm{d}N=\frac{4}{\sqrt{\pi}}N\int_0^x x\mathrm{e}^{-x^2}\mathrm{d}x=\frac{2}{\sqrt{\pi}}N\left(\int_0^x \mathrm{e}^{-x^2}\mathrm{d}x-x\mathrm{e}^{-x^2}\right)\\&=N\left[\mathrm{erf}(x)-\frac{2}{\sqrt{\pi}}x\mathrm{e}^{-x^2}\right]\end{aligned}$$

（2）速率大于 v 的分子数共有

$$\Delta N_{v\sim\infty}=N-\Delta N_{0\sim v}=N\left[1-\mathrm{erf}(x)+\frac{2}{\sqrt{\pi}}x\mathrm{e}^{-x^2}\right]$$

据题意有

$$x=\frac{v}{v_\mathrm{p}}=\frac{2v_\mathrm{p}}{v_\mathrm{p}}=2$$

且由误差函数表可查得，$\mathrm{erf}(2)=0.995\,3$，代入得

$$\Delta N_{2v_\mathrm{p}\sim\infty}=N\left(1-0.995\,3+\frac{2}{\sqrt{\pi}}\times 2\times\mathrm{e}^{-4}\right)=0.045N$$

9.4.2　麦氏速率分布的实验验证

由于技术条件的限制，测定气体分子速率的实验一直到 20 世纪 20 年代才得以实现。最早是由斯特恩于 1920 年完成的，以后一直有人从事这方面的研究工作。随着技术的不断进步和实验条件的改善，测量结果越来越精确。比如，1934 年，我国物理学家葛正权对斯特恩的实验进行了改进，1955 年，米勒和库什设计了更为精确的实验，他们的实验结果都与麦克斯

韦速率分布律所确定的气体分子的速率分布情况很好地吻合。

我国物理学家葛正权的实验装置如图 9.8 所示。图中 O 为蒸汽源，其中的原子或分子通过狭缝 S_1 射出，经过平行的狭缝 S_2 后射在可绕中心轴高速旋转的空心圆筒 C 上，C 上有一条与 S_1 平行的狭缝 S_3，G 是一块紧贴 C 内壁放置的弯曲玻璃，用以接收分子。整个装置放在真空容器中，以免待测分子与空气分子碰撞。令 C 以角速度 ω 顺时针转动，则每转动一周，就有一束分子通过 S_3 被 G 接收，这束分子可作为 O 中分子的取样。由于分子从 S_3 沿直线到玻璃板 G 需要一定的时间，且 C 在高速旋转，所以分子不是沉积在 P 处，而是沉积在 P' 处。设 P 到 P' 的弧长为 l，C 的直径为 d，分子速率为 v，从 S_3 到 G 处的时间为 t，则有

$$d = vt \text{ , } \quad l = \frac{d}{2}\omega t$$

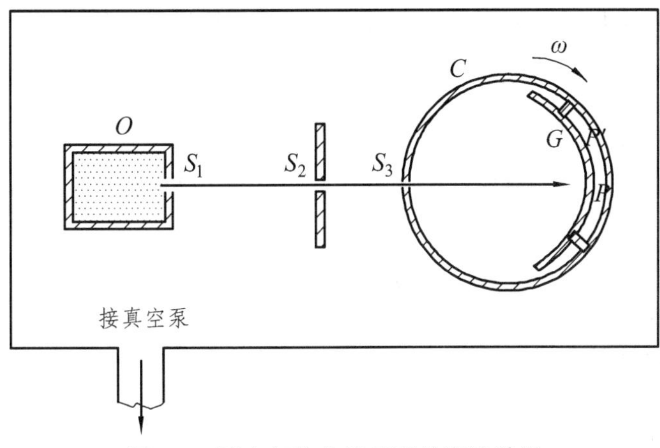

图 9.8　测定气体分子速率的实验装置

将上面两式中消去 t，可得

$$v = d^2\omega / 2l$$

不同的 l 值就对应着不同的分子速率 v，测出 l 就可以得到 v。

实验表明，如果根据实验条件对实验数据进行必要的拟合，那么实验结果与麦克斯韦速率分布律是符合得相当好的。

9.5　气体分子的平均自由程

对于孤立系统，从非平衡态回到平衡态的过程称为弛豫过程，这个过程需要的时间称为弛豫时间。根据气体动理论的假设，室温下分子的平均速率为 $10^2 \sim 10^3$ m/s。这样看来，气体系统的弛豫过程瞬间就可以完成，但实际情况并不是如此，例如，我们打开香水瓶，香味要经过一段时间后才能传到几米远的地方。究其原因，是由于分子的热运动，分子之间频繁地发生碰撞，因此分子的运动实际上是折线前进，使得香味的扩散过程相对缓慢。

由此可见，分子间的碰撞对气体的各种性质有着非常重要的作用。通过碰撞，气体分子不断地交换能量，改变速度，使得系统能够达到能量按自由度均分、速率有着稳定分布的平衡态。因此，对碰撞问题的研究有着重要的意义。描述分子碰撞的频繁程度的物理量主要有平均碰撞频率和平均自由程。

平均碰撞频率指的是一个分子在每秒钟内与其他分子碰撞的次数的统计平均，用字母 $\overline{z}$ 表示。而分子在连续两次碰撞之间通过的自由路程的统计平均值则称为平均自由程，常用字母 $\overline{\lambda}$ 表示。如果气体的平均速率为 $\overline{v}$，则单位时间内分子运动的平均路程就等于 $\overline{v}$，平均碰撞次数为 $\overline{z}$，则根据定义

$$\overline{\lambda}=\frac{\overline{v}}{\overline{z}} \tag{9.28}$$

显然，平均自由程和平均碰撞频率都是大量气体分子的统计平均值，对单个或少量分子没有意义。

由气体动理论，分子间的碰撞实际上是分子间相互作用力的结果。在分子力作用下两个分子质心之间所能达到的最小距离的平均值，称为分子的有效直径，用 d 来表示。根据理想气体的微观模型假设，可以把气体分子看作具有一定体积的刚性小球，分子间的相互作用是刚球的弹性碰撞。

考虑系统内的一个分子 A，为分析问题的方便，先假设其他的分子都静止不动，A 相对其他分子的速率为 $\overline{u}$。由于不断地与其他分子碰撞，A 的运动轨迹为一条折线。在 A 的运动过程中，能够与其碰撞的分子的质心到 A 的质心的距离都小于 d，这些分子都处在以运动轨迹为轴线、以分子有效直径 d 为半径的一个曲折圆柱体内，如图 9.9 所示。圆柱体的截面面积 $S=\pi d^2$，叫作分子的碰撞截面。

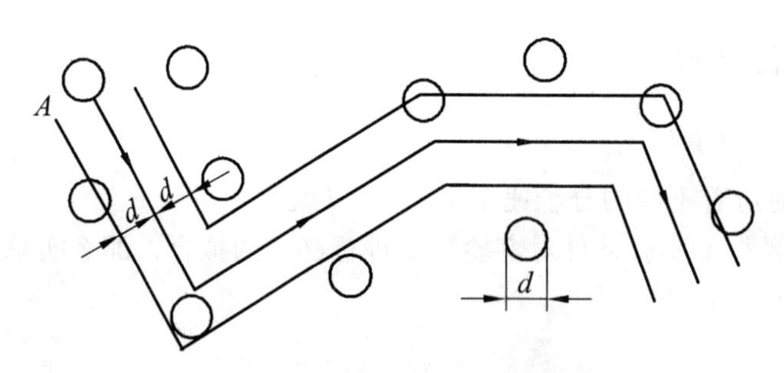

图 9.9 分子的曲折运动轨迹

设系统的分子数密度为 n，则单位时间内能够与 A 碰撞的分子数即平均碰撞频率为

$$\overline{z}=n\cdot S\overline{u}=\pi d^2 n\overline{u} \tag{9.29}$$

由麦克斯韦速率分布律可以证明，气体分子的平均相对速率 $\overline{u}$ 与平均速率 $\overline{v}$ 满足

$$\overline{u}=\sqrt{2}\overline{v}$$

代入可得平均碰撞频率

$$\overline{z}=\sqrt{2}\pi d^2 n\overline{v} \tag{9.30}$$

平均自由程

$$\bar{\lambda}=\frac{\bar{v}}{\bar{z}}=\frac{1}{\sqrt{2}\pi d^2 n} \tag{9.31}$$

将理想气体状态方程 $p=nkT$ 代入式（9.31），可得

$$\bar{\lambda}=\frac{kT}{\sqrt{2}\pi d^2 p} \tag{9.32}$$

由气体分子平均自由程的表达式可以看出，平均自由程与分子数密度和分子有效直径有关，而与平均速率无关。一般分子有效直径的数量级为10^{-10} m，代入式（9.32）可以估算出通常状态下分子的平均自由程的数量级为10^{-7} m，即 $\bar{\lambda}\gg d$，因此将实际气体视作理想气体是足够精确的。

本章小结

1. 基本概念

热力学系统、平衡态、热力学第零定律和温度等。

2. 理想气体的物态方程

$$pV=\frac{m}{M}RT\,,\quad p=nkT$$

3. 理想气体压强和温度的统计意义

$$p=\frac{2}{3}n\bar{\varepsilon}_{\mathrm{t}}\,,\quad \bar{\varepsilon}_{\mathrm{t}}=\frac{3}{2}kT$$

4. 能量均分定理

在温度为 T 的平衡态下，物质（包括固体、液体和气体）分子的每一个自由度都具有相同的平均动能，其大小都等于 $\frac{1}{2}kT$。

理想气体的内能：$E=\frac{i}{2}\nu RT$

5. 麦克斯韦速率分布函数

$$f(v)=\frac{\mathrm{d}N}{N\mathrm{d}v}=4\pi\left(\frac{m}{2\pi kT}\right)^{3/2}\mathrm{e}^{-\frac{mv^2}{2kT}}v^2$$

气体分子的三种统计速率分布：

平均速率　$\bar{v}=\sqrt{\frac{8RT}{\pi M}}\doteq 1.59\sqrt{\frac{RT}{M}}$

方均根速率 $\sqrt{\overline{v^2}}=\sqrt{\frac{3RT}{M}}\doteq 1.73\sqrt{\frac{RT}{M}}$

最概然速率 $v_{\mathrm{p}}=\sqrt{\frac{2RT}{M}}\doteq 1.41\sqrt{\frac{RT}{M}}$

6. 气体分子的平均自由程

$$\bar{\lambda}=\frac{kT}{\sqrt{2}\pi d^2 p}$$

思 考 题

9.1 系统的宏观态和微观态分别指什么？它们之间有什么联系？

9.2 气体处于平衡态时有什么特征？热力学中的平衡和力学中的平衡有什么不同？

9.3 在中学时讨论过布朗运动，那么布朗运动是不是分子的运动？为什么说布朗运动是分子热运动的反映？

9.4 怎样理解气体分子间的碰撞是非常频繁的？碰撞的实质是什么？

9.5 在牛顿力学中质点运动的平均速率与分子运动论中分子的平均速率有什么不同之处？

9.6 气体处于平衡态时，$\bar{v}_x=\bar{v}_y=\bar{v}_z=0$ 正确吗？如果正确的话是不是分子平均速率 $\bar{v}$ 也等于零？还有分子平均速度 $\bar{\boldsymbol{v}}$ 呢？若等于 0，是否表示分子静止不动？

9.7 对于理想气体，分子运动的统计假设 $\overline{v_x^2}=\overline{v_y^2}=\overline{v_z^2}=\frac{1}{3}\overline{v^2}$，如果考虑到重力的话，上式还成立吗？

9.8 理想气体的微观模型和统计假设有哪些实验依据？

9.9 在推导理想气体压强公式时，我们没有考虑分子间的碰撞。试问如果考虑到这种碰撞，是否会影响得到的结果？

9.10 为什么压强和温度对大量分子的整体才有意义？

9.11 对一定量的气体来说，若保持温度不变，气体的压强随体积减小而增大；若保持体积不变，气体的压强随温度升高而增大。从宏观来看，这两种变化同样使压强增大，从微观来看，它们有何不同？

9.12 如果气体随同容器相对地面一起运动，则气体分子相对于地面的平均平动动能也增大了，试问气体的温度是否也升高了？如果容器在运动中突然停止，则气体在达到新的平衡态后，温度有无变化？

9.13 什么是自由度？自由度与分子结构有什么关系？它们是否随温度变化？

9.14 能量均分定理对非理想气体适用吗？定理中的能量指的是什么能量？

9.15 如果把理想气体随同容器一起从静止开始加速运动，其内能是否会变化？

9.16 有人认为最概然速率就是速率分布中的最大速率，对不对？恰好等于最概然速率的分子数与总分子数的百分比是多少？若两种不同的理想气体分别处于平衡态，且具有相同的最概然速率，则它们的速率分布曲线是否也一定相同？

9.17　已知分子与分子碰撞时速率会发生改变，那么速率分布函数是否与时间有关？

9.18　说明下列各式的物理意义。其中 $f(v)$ 是麦克斯韦速率分布函数，N 是分子总数，n 是分子数密度。（1）$f(v)\mathrm{d}v$；（2）$Nf(v)\mathrm{d}v$；（3）$nf(v)\mathrm{d}v$；（4）$\int_{v_1}^{v_2} f(v)\mathrm{d}v$；（5）$\int_0^{\infty} Nf(v)\mathrm{d}v$；（6）$\int_0^{\infty} vf(v)\mathrm{d}v$；（7）$\int_0^{\infty} v^2 f(v)\mathrm{d}v$。

9.19　“一定量的气体，密封在容器内，当温度升高时，气体分子的平均碰撞频率增大，因而平均自由程减小。”这种说法对吗？

9.20　分子平均自由程与分子本身的性质和气体的状态有关吗？

9.21　在一个球形容器中，如果计算出分子的平均自由程大于容器的直径，则对于容器中的分子来说，可以把容器当成是真空的吗？

习　题

计算题

9.1　求氮气在标准状态下的分子数密度、质量密度和分子质量。

9.2　轮胎的计示压强（轮胎内压强与大气压之差）是 1.65×10^5 Pa，轮胎的内体积为 V_0。问在标准大气压下打气时要充入多少体积的同温度空气？

9.3　质量为 1 kg 的氮气，当压强为 1.0×10^5 Pa，体积为 770 cm^3 时，其分子的平均平动动能是多少？

9.4　按照下述思路可以更简便地推导理想气体的压强公式：设立方体容器内的理想气体处于平衡态，认为所有气体以平均速率 $\bar{v}$ 运动。而且占总数 1/6 的分子垂直地冲击某一容器壁，计算器壁所受压强，并忽视 $\bar{v}$ 与 $\sqrt{\overline{v^2}}$ 的差别。试自己动笔推导一下。还有什么别的推证方法？

9.5　体积为 2 L 的氢气，内能为 675 J。

（1）求气体的压强；

（2）若气体的总分子数为 5.4×10^{22} 个，求分子的平均平动动能和气体的温度。

9.6　容积为 1 m^3 的容器内储存有 1 mol 氮气，以 $v=10$ m/s 的速度匀速运动，若容器突然停止，其中氮气 80%的机械能转化为分子热运动的动能，问气体的温度及压强各升高多少？

9.7　水蒸气可以分解成同温度的 H_2 和 O_2，若不考虑气体分子的振动自由度，试计算 1 mol 水蒸气在此过程中内能的增量。

9.8　某些恒星可以达到 10^8 K 数量级的高温。在这个温度下，物质已不是以原子的形式存在，而只有质子存在。已知质子的质量是 1.67×10^{-27} kg，将其视作理想气体，在这种情况下，试求：

（1）质子的平均动能是多少？

（2）质子的方均根速率是多大？

9.9　有 N 个粒子，其速率分布曲线如图 9.10 所示。试求：

（1）常数 a；

（2）速率在 $0.5v_0 \sim 1.5v_0$ 的分子数；

（3）粒子的平均速率。

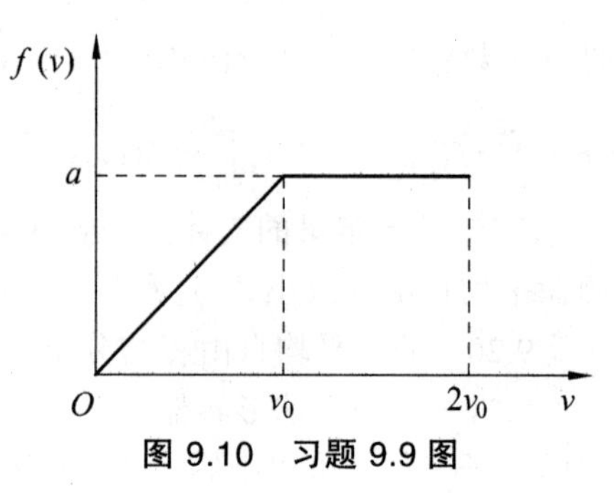

图 9.10　习题 9.9 图

9.10　设氢气的温度是 300 K，求速率在 3 000 ~ 3 010 m/s 的分子数 ΔN_1 与速率在 1 500 ~ 1 510 m/s 的分子数 ΔN_2 之比 $\Delta N_1/\Delta N_2$。

9.11　根据麦克斯韦速率分布律求速率倒数的平均值 $\overline{\left(\frac{1}{v}\right)}$，并与平均值的倒数 $\frac{1}{\bar{v}}$ 进行比较。

9.12　日冕的温度大约为 2×10^6 K，求其中电子的方均根速率。星际空间的背景温度为 2.7 K，其中气体主要是氢原子，求那里氢原子的方均根速率。1994 年，曾用激光冷却的方法使一群 Na 原子几乎停止运动，相应的温度是 2.4×10^{-11} K，求这些 Na 原子的方均根速率。

9.13　在容积为 30 L 的容器中，储存有 20 g 的气体，其压强为 50.7×10^3 Pa。试求该气体分子的最概然速率、平均速率和方均根速率。

9.14　氮气分子的有效直径为 3.8×10^{-10} m，求它在标准状态下的平均自由程及平均碰撞频率。

9.15　真空管的线度为 10^{-2} m，真空度为 1.333×10^{-3} Pa，设空气分子的有效直径为 3×10^{-10} m，求在 300 K 温度时真空管内空气的分子数密度、平均碰撞频率和平均自由程。

9.16　在气体放电管中，电子不断与气体分子相碰，因电子的速率远远大于气体分子的速率，所以气体分子可以认为是不动的。设电子的“有效直径”与气体分子的有效直径 d 相比可以忽略不计，气体分子数密度为 n。求：

（1）电子与气体分子碰撞截面有多大？

（2）电子与气体分子碰撞的平均自由程多大？

10 热力学基础

热力学是热运动的宏观理论。通过对大量热现象的观测、实验和总结，人们得出了热现象的三个基本定律。由于这几条定律是无数经验的总结，因此它们适用于一切宏观物质系统，具有高度的可靠性和普遍性。热力学就是以热力学基本定律为基础，讨论热力学系统在状态变化过程中有关功、热和能量转化的规律。

本章主要介绍热力学的一些基本理论和基本方法，即热力学基本定律在准静态变化过程中的一些应用，包括理想气体的等值过程、绝热过程以及循环过程等，另外再对自发过程的特点进行简单的介绍。

10.1 热力学第一定律

10.1.1 改变内能的两种方式 做功和热传递

根据气体动理论，内能是系统中所有分子无规则运动的各种形式能量总和的统计平均值，即内能包括系统内分子热运动的动能、分子间相互作用势能和分子内部运动的能量。

注意：内能不包括系统整体机械运动的动能和势能。本章所讨论的气体系统的内能仅涉及分子运动的动能和分子间势能，而对于理想气体来说，由于分子间相互作用力可以忽略，其内能仅包含分子运动的动能。

内能由系统的状态唯一地确定，是状态的单值函数。当系统与外界发生作用时，系统的状态将发生变化，这个变化的过程称为热力学过程。在热力学过程中，系统的内能也将随状态发生变化，但内能的变化量只与系统的始末状态有关，而与中间过程无关。下面我们通过两个例子来讨论一下改变内能的两种方式——做功和热传递。

设有某平衡态气体系统处于带有活塞 A 的圆筒中，如图 10.1 所示。现移动活塞 A 将气体压缩，则系统的状态将发生变化，不再处于平衡态，右边的分子数密度将增大。而且由于 A 的运动，其附近的所有分子除了本身的热运动之外，都获得了一个与 A 移动方向相同的运动初速度，或

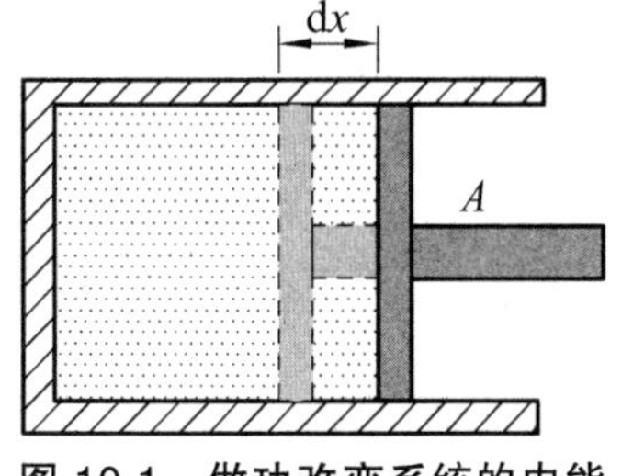

图 10.1 做功改变系统的内能

者说是这些分子的平动动能增大了。通过分子间的碰撞，这些分子增加的动能最后会传递给其他的分子，使系统再次达到宏观性质均匀分布的平衡态。分子增加的动能就是系统增加的内能。像这种情况下系统内能的增加就是通过做功来实现的。

通过做功改变系统的内能，一般是首先使系统的一部分分子获得一个共同的运动规律，然后通过热传递将其运动动能分配给其他的分子。做功改变系统的内能一般都会伴随着系统的宏观量体积的变化。

外界对系统做功的大小用 A 表示。当气体被压缩时，外界对气体做正功，规定 $A>0$；当气体膨胀时，气体对外做功，即外界对气体做负功，规定 $A<0$。

除了做功之外，通过热接触也可以改变系统的内能。当系统与另一物体（外界）接触时，如果两者温度不相等，中间又没有绝热壁隔开的话，彼此将发生能量交换。这种能量交换是通过接触面上分子的碰撞和热辐射来实现的。热接触过程中传递能量的大小称为热量，用 Q 表示。一般规定 $Q>0$ 表示系统从外界吸收能量，$Q<0$ 表示系统向外界释放能量。

10.1.2 热力学第一定律

一般来说，系统在经历一个过程时内能的改变，是外界对系统做功和传热共同作用的结果。如果设外界对系统做的功为 A，传递的热量为 Q，则系统从初态到末态内能的改变为

$$\Delta E = A + Q$$

即系统内能的增量等于外界对系统所做的功和传递给系统的热量之和。这个结论称为热力学第一定律，其微分形式为

$$\mathrm{d}E = \mathrm{d}A + \mathrm{d}Q$$

它表示的是一个初末状态相近的微过程中系统内能的微小变化与外界对系统做功和传热的关系。

热力学第一定律就是涉及热现象的能量守恒定律。能量守恒定律是概括了无数的经验事实后在 19 世纪建立起来的，是一切自然过程都遵守的普遍规律，它的内容是：自然界一切物质都有能量，能量有各种不同的形式，可以从一种形式转化为另一种形式，也可以从一个物体传递到另一个物体，在转化和传递过程中其总量不变。

在历史上，人们曾经幻想制造一种机器，这种机器不需要外界提供能量就能够不断地对外做功，称为第一类永动机。根据能量守恒定律，我们知道做功只是能量转化的一种方式，能量不可能无中生有，所以这种机器是不可能实现的。热力学第一定律也可以表述为：第一类永动机是不可能制造成功的。

10.1.3 功和热量的计算

热力学第一定律描述了系统内能的改变量与做功和传热之间的关系。其中内能是一个状

态量，由系统的状态唯一地确定。由气体动理论，对理想气体系统，内能只与温度有关，即可以表示为

$$E = E(T) = \frac{i}{2}\nu RT$$

当系统的温度由 T_1 改变为 T_2 时，系统内能的增量为

$$\Delta E = \frac{i}{2}\nu R\Delta T$$

下面我们分别讨论热力学第一定律数学表达式中的另外两项——功和热量的计算。

10.1.3.1　准静态过程和体积功

对于一个初态为平衡态的热力学过程，当系统开始变化时，其平衡必然会被打破，需要一定的时间才能再恢复平衡。系统由非平衡态回到平衡态的过程称为弛豫过程，需要的时间称为弛豫时间。在实际发生的过程中，往往还没有来得及达到新的平衡，系统就发生了进一步的变化，即系统经历了一系列的非平衡态。为了应用平衡态理论研究热力学过程的变化规律，我们引入一个理想化的过程，一般称之为准静态过程（或称为平衡过程）。

所谓准静态过程指的是在热力学过程中系统的任何一个中间状态都可以看作是平衡态。显然，准静态过程是热力学过程进行得无限缓慢的一种近似。当系统状态变化的时间远大于弛豫时间时，系统就有足够的时间回复平衡，相应地就可以将该过程看成准静态过程。

如图 10.2 所示，以带有活塞的汽缸内的气体为例，当活塞移动的速度足够缓慢时，该过程就可以看作是准静态过程。如果不考虑活塞 A 与器壁的摩擦力，则为了维持气体的平衡态，A 两侧的压力（压强）必须相等。在系统的状态发生变化时，外界的压力也必须随之变化以使系统与外界达到平衡，保持过程的准静态性质。因此，在没有摩擦力的情况下，外界对活塞的作用力可以用系统的状态参量来表述，这就为我们计算准静态过程外界对系统所做的功提供了方便。在大学物理中我们讨论的都是这种不考虑摩擦力的准静态过程，以后凡是提到准静态过程都指的是没有摩擦力的情况。

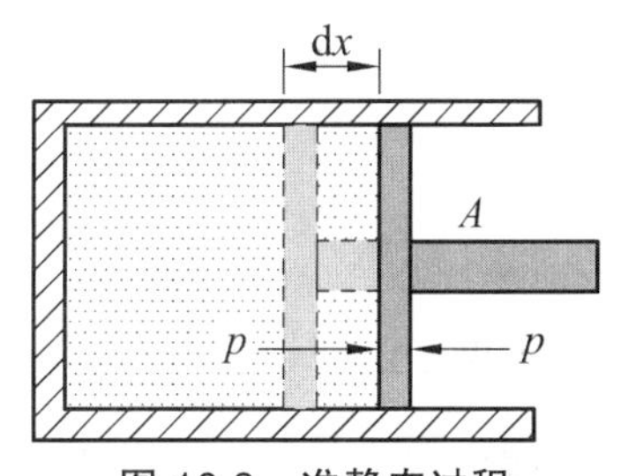

图 10.2　准静态过程

若在准静态过程中活塞移动了 dx 的距离，则根据功的定义，外界对气体所做的功等于

$$\mathrm{d}A = F\mathrm{d}x = pS\mathrm{d}x$$

式中　S——活塞的面积；

p——系统（外界）的压强；

F——活塞受到外界的正压力。

但由于气体体积的变化为 $\mathrm{d}V = -S\mathrm{d}x$，所以外界对系统做的功可以表示为

$$\mathrm{d}A = -p\mathrm{d}V \tag{10.1}$$

这就是准静态过程中外界对系统做功的微分表达式。虽然这个式子是由活塞中的气体这个特例推导出来的，但对于无摩擦准静态过程普遍适用。由于做功都伴随着体积的变化，所以由式（10.1）所决定的外界对系统做的功经常被称为“体积功”。

如果系统在某一个准静态过程中体积由 V_1 变为 V_2，则外界对系统的做功为

$$A=\int \mathrm{d}A=\int_{V_1}^{V_2}(-p)\mathrm{d}V$$

当系统被压缩时，外界对系统做正功，$A>0$；反之，当系统膨胀时，外界对系统做负功，$A<0$。

准静态过程的体积功一般可以在 p-V 坐标图上表示出来。我们用 p-V 图上的任一个点 (p, V) 代表系统的一个平衡状态，则 p-V 图上的任意一条实线就代表系统的一个准静态过程，例如，系统经历一个膨胀过程，状态由 (p_1,V_1) 变为 (p_2,V_2) 就可用 p-V 图中的实线表示，如图 10.3（a）所示，曲线下的面积就是外界对系统做功的负值。若处于 (p_1,V_1) 状态的平衡态系统经历不同的两个过程到达相同的末态 (p_2,V_2)，如图 10.3（b）中的实线 1 和 2 所示，显然曲线下的面积不同，这说明功是一个过程量，始末状态相同的不同过程中外界对系统做的功也不同。

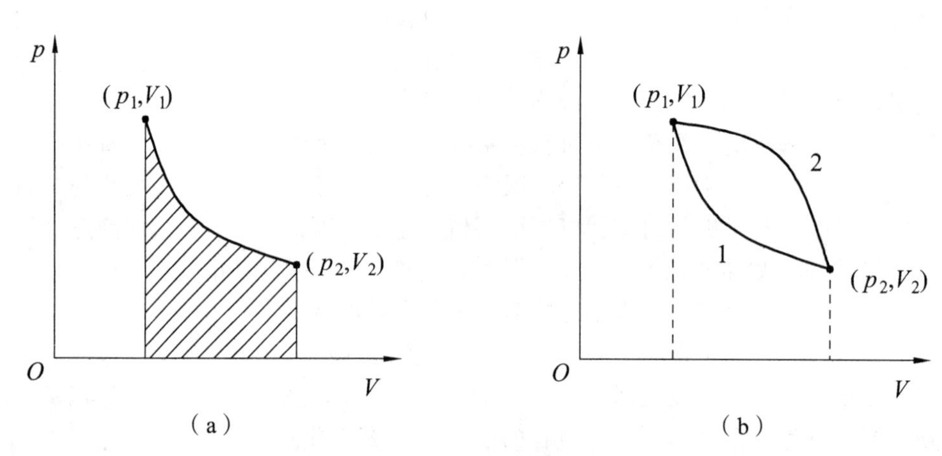

图 10.3　准静态过程中体积功的 p-V 图

【例 10.1】 5 L 水装在一汽缸内，并配有一恒温活塞。求压力自 1.01×10^5 Pa 增至 2.02×10^7 Pa 时所做的功（已知过程等温进行，水的体积压缩系数 $\kappa=-\dfrac{1}{V}\left(\dfrac{\partial V}{\partial p}\right)_T=4\times10^{-10}\ \mathrm{m^2/N}$）。

解：任何热力学系统从初态 i 改变到末态 f 时，外界对系统所做的功为

$$A=\int(-p)\mathrm{d}V$$

但本题既没有给出 V_i 及 V_f，也没有给出 p 与 V 的函数关系，因此似乎难以积分。这里不仅要用到题中给出的 κ 这个条件，更要熟悉 3 个状态参量 (p,V,T) 之间的关系。由于热力学系统的 3 个参量只有 2 个是独立的，因此总可以把一个看作是另外两个的函数，这里取 $V=V(T,p)$。这样

$$\mathrm{d}V=\left(\frac{\partial V}{\partial T}\right)_p\mathrm{d}T+\left(\frac{\partial V}{\partial p}\right)_T\mathrm{d}p$$

因为过程等温进行，即 $\mathrm{d}T=0$，所以

$$\mathrm{d}V=\left(\frac{\partial V}{\partial p}\right)_T \mathrm{d}p=-V\kappa\mathrm{d}p$$

同时注意到液体的 κ 极小，所以在压力变化过程中可以把 V 看作不变，则

$$\begin{aligned}A&=\int pV\kappa\mathrm{d}p\doteq V\kappa\int_{p_i}^{p_f} p\mathrm{d}p=\frac{V\kappa}{2}(p_i^2-p_f^2)\\&=\frac{5\times10^{-3}\times4\times10^{-10}}{2}\times[(200\times1.01\times10^5)^2-(1.01\times10^5)^2]\\&=406\text{（J）}\end{aligned}$$

10.1.3.2 热容和热量

系统在与外界传递热量的过程一般都伴随着系统温度的变化。我们定义系统在某个过程中温度每增加 1 K 所吸收的热量为热容，用字母 C 来表示，即

$$C=\lim_{\Delta T\to0}\left(\frac{\Delta Q}{\Delta T}\right)=\frac{\mathrm{d}Q}{\mathrm{d}T}$$

在实际中经常使用的是摩尔热容，即系统物质的量为 1 mol 时的热容，常用 C_{m} 表示。由于内能是一个状态量，功是过程量，根据热力学第一定律，热容也必须是一个过程量，即系统经历不同过程时其热容也不同。在大学物理中主要讨论的是准静态传热过程中的摩尔热容，主要包括等压过程和等体过程。

系统在压强不变过程中的摩尔热容称为摩尔等压热容，在体积不变过程中的摩尔热容称为摩尔等体热容，分别用 $C_{p,\mathrm{m}}$ 和 $C_{V,\mathrm{m}}$ 表示。它们的数学表示为

$$C_{p,\mathrm{m}}=\left(\frac{\mathrm{d}Q}{\mathrm{d}T}\right)_p,\quad C_{V,\mathrm{m}}=\left(\frac{\mathrm{d}Q}{\mathrm{d}T}\right)_V$$

下面我们来讨论理想气体在经历准静态传热过程中的摩尔等压热容和摩尔等体热容。将热力学第一定律的微分形式应用于 1 mol 理想气体的准静态传热过程，即

$$\mathrm{d}E=\mathrm{d}A+\mathrm{d}Q$$

在该过程中系统的温度变化为 $\mathrm{d}T$。由气体动理论，若气体分子总自由度为 i，则

$$\mathrm{d}E=\frac{i}{2}R\mathrm{d}T$$

并考虑到 $\mathrm{d}A=-p\mathrm{d}V$，可得出

$$\mathrm{d}Q=\frac{i}{2}R\mathrm{d}T+p\mathrm{d}V$$

若在这一过程中系统的压强保持不变，则

$$C_{p,\mathrm{m}}=\left(\frac{\mathrm{d}Q}{\mathrm{d}T}\right)_p=\frac{i}{2}R+p\left(\frac{\partial V}{\partial T}\right)_p$$

根据 1 mol 理想气体的物态方程 $pV=RT$，有

$$\left(\frac{\partial V}{\partial T}\right)_p=\frac{R}{p}$$

所以

$$C_{p,\mathrm{m}}=\frac{i}{2}R+p\cdot\frac{R}{p}=\frac{i}{2}R+R$$

若在这一过程中系统的体积保持不变，则外界做功 $\mathrm{d}A=-p\mathrm{d}V=0$，所以

$$C_{V,m}=\left(\frac{\mathrm{d}Q}{\mathrm{d}T}\right)_V=\frac{\mathrm{d}E}{\mathrm{d}T}=\frac{i}{2}R$$

若已知 $C_{V,\mathrm{m}}$，则

$$\mathrm{d}E=C_{V,\mathrm{m}}\mathrm{d}T$$

对于理想气体，$C_{V,\mathrm{m}}$ 是常数，则在有限的温度变化中

$$\Delta E=\nu C_{V,\mathrm{m}}(T_2-T_1)=\nu C_{V,\mathrm{m}}\Delta T \tag{10.2}$$

式中　ν——系统物质的量。

这个式子对始末状态确定的理想气体系统的任一准静态过程都是成立的，并不局限于等体过程。

把摩尔等压热容和摩尔等体热容做一个比较，可以看出

$$C_{p,\mathrm{m}}=C_{V,\mathrm{m}}+R \tag{10.3}$$

式（10.3）称为迈耶公式。引入 γ 表示摩尔等压热容与摩尔等体热容的比值，即

$$\gamma=\frac{C_{p,\mathrm{m}}}{C_{V,\mathrm{m}}}=\frac{C_{V,\mathrm{m}}+R}{C_{V,\mathrm{m}}}$$

称为比热容比。对理想气体，$C_{V,\mathrm{m}}$ 是定值，代入上式，则有

$$\gamma=\frac{\frac{i}{2}R+R}{\frac{i}{2}R}=\frac{i+2}{i} \tag{10.4}$$

对单原子分子，$i=3$，$\gamma=5/3\doteq1.667$；双原子分子，$i=5$，$\gamma=7/5\doteq1.40$；多原子分子，$i=6$，$\gamma=8/6\doteq1.333$。

虽然前面我们推导出了理想气体的摩尔等压热容和摩尔等体热容的定量表达式，但由于理想气体毕竟是一种理想模型，因此，对于实际气体，其热容量通常是由实验来测定的。表 10.1 列出了由实验测得的部分气体的比热容比。

表 10.1 一些气体的比热容比

气体	温度/K	γ
氦（He）	291	1.660
	93	1.673
氖（Ne）	292	1.642
氩（Ar）	288	1.650
	93	1.690
氢（H_2）	289	1.407
	197	1.453
	92	1.597
氧（O_2）	293	1.398
	197	1.411
	92	1.404
一氧化碳（CO）	291	1.396
	93	1.417

10.2 热力学第一定律的应用

本节主要讨论热力学第一定律在理想气体的几种典型准静态过程中的应用，主要包括等压过程、等体过程、等温过程和绝热过程等。

10.2.1 等压过程

理想气体的准静态等压过程可以用p-V图上与V轴平行的一条直线表示，如图 10.4 所示。设系统物质的量为ν mol，则此过程中系统内能的增量为

$$\Delta E = \nu C_{V,\mathrm{m}}(T_2 - T_1) = \frac{i}{2}\nu R\Delta T$$

外界对气体做的功为

$$A = \int_{V_1}^{V_2}(-p\mathrm{d}V) = p(V_1 - V_2)$$

由理想气体物态方程 $pV = \nu RT$，代入上式得

$$A = p(V_1 - V_2) = \nu R(T_1 - T_2) = -\nu R\Delta T$$

气体从外界吸收的热量

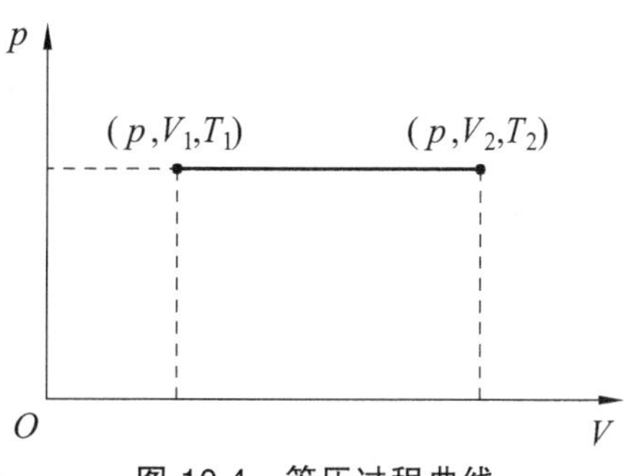

图 10.4 等压过程曲线

$$Q=\nu C_{p,\mathrm{m}}(T_2-T_1)=\left(\frac{i}{2}+1\right)\nu R\Delta T$$

由上面的计算可以看出，理想气体在等压膨胀过程中从外界吸收的热量，一部分用来增加系统的内能，剩下的部分用来对外界做功。

10.2.2　等体过程

理想气体的等体过程曲线如图 10.5 所示，是与 p 轴平行的一条直线。由于在此过程中，系统的体积不变，所以外界对系统做功

$$A=\int_{V_1}^{V_2}(-p\mathrm{d}V)=0$$

由热力学第一定律

$$\Delta E=Q=\nu C_{V,\mathrm{m}}(T_2-T_1)=\frac{i}{2}\nu R\Delta T$$

即理想气体在等体过程中吸收的热量全部用来增加系统的内能，系统对外界做的功等于零。

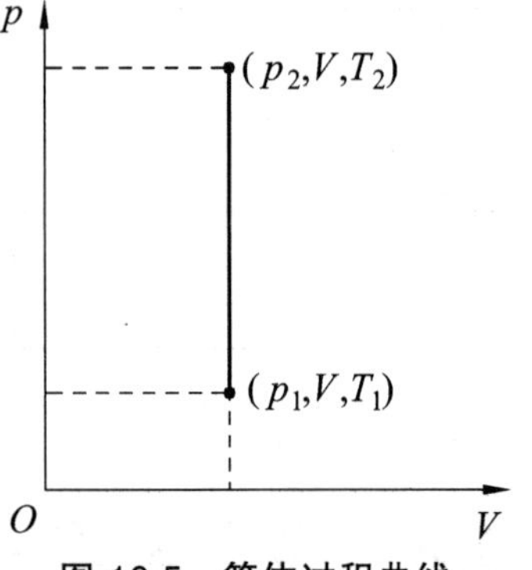

图 10.5　等体过程曲线

10.2.3　等温过程

如图 10.6 所示为理想气体的等温膨胀过程曲线。在等温过程中，由于系统的温度不变，而内能又是温度的单值函数，所以系统的内能不变，$\Delta E=0$。则该过程中外界对气体做的功为

$$A=\int_{V_1}^{V_2}(-p\mathrm{d}V)=\int_{V_1}^{V_2}\left(-\frac{\nu RT}{V}\mathrm{d}V\right)=\nu RT\ln\frac{V_1}{V_2}$$

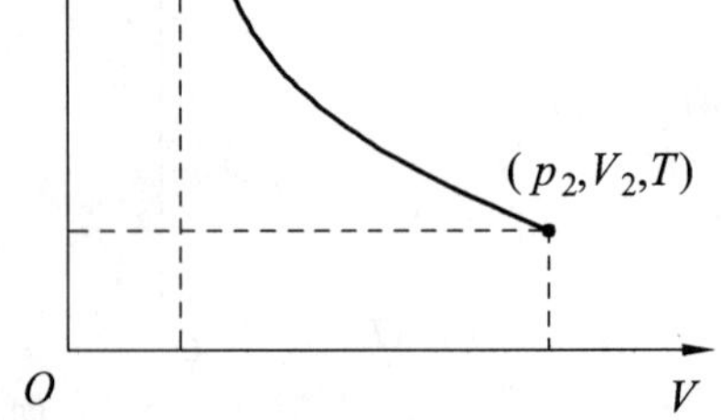

图 10.6　等温过程曲线

由热力学第一定律，系统从外界吸收的热量为

$$Q=-A=\nu RT\ln\frac{V_2}{V_1}$$

即理想气体在等温膨胀过程中吸收的热量全部用来对外界做功，而不改变系统的内能。

10.2.4 绝热过程

绝热过程指的是系统状态的变化完全是机械作用或电磁作用的结果，而没有其他的影响。简单地说就是，在绝热过程中，系统与外界没有热量的交换。如果包围气体的器壁是绝热材料制成的，或者过程进行得比较快，系统与外界来不及发生热量交换，都可以看作是绝热过程来处理。

理想气体在绝热过程中与外界没有热量交换，由热力学第一定律的微分形式，可得

$$\mathrm{d}E=\mathrm{d}A$$

即

$$\frac{i}{2}\nu R\mathrm{d}T=-p\mathrm{d}V$$

对理想气体物态方程两边同时求全微分得

$$p\mathrm{d}V+V\mathrm{d}p=\nu R\mathrm{d}T$$

在上面两个式子中消去 $\mathrm{d}T$ ，可得

$$\frac{\mathrm{d}p}{p}+\gamma\frac{\mathrm{d}V}{V}=0$$

对上式积分可得

$$pV^{\gamma}=\mathrm{Const} \tag{10.5}$$

式中　γ——比热容比。

式（10.5）就是理想气体绝热过程的过程方程。根据理想气体物态方程，可得绝热过程方程的另外两种形式

$$TV^{\gamma-1}=\mathrm{Const}，\quad \frac{p^{\gamma-1}}{T^{\gamma}}=\mathrm{Const}$$

绝热过程也可以用 p-V 图上的曲线表示。图 10.7 为绝热过程曲线与等温过程曲线的比较。由图可知，绝热线要比等温线陡一些。这是因为绝热线的斜率要比等温线的斜率大一些，即

$$\left|\left(\frac{\mathrm{d}p}{\mathrm{d}V}\right)_Q\right|=\gamma\frac{p}{V}>\left|\left(\frac{\mathrm{d}p}{\mathrm{d}V}\right)_T\right|=\frac{p}{V}$$

它的物理意义在于，对于等温过程和绝热过程，若体积增大ΔV，系统的压强都要减小。在等温过程中，压强的减小$(\Delta p)_T$只是因为体积的膨胀引起的，而在绝热过程中，压强的减小$(\Delta p)_Q$除了与体积膨胀有关外，同时也受到温度降低的影响，因此压强减小的速度更快一些，如图 10.7 所示。

一般来说，许多实际的热力学过程不是前面我们讨论的任何一种过程。但如果是理想气体经历的准静态过程，则热力学第一定律和理想气体物态方程仍然适用，过程方程可以表示为

$$pV^n = \text{Const}$$

其中，$1<n<\infty$，这样的过程称为多方过程。$n=0$代表等压过程，$n=1$为等温过程，$n=\gamma$为绝热过程，$n=\infty$为等体过程。

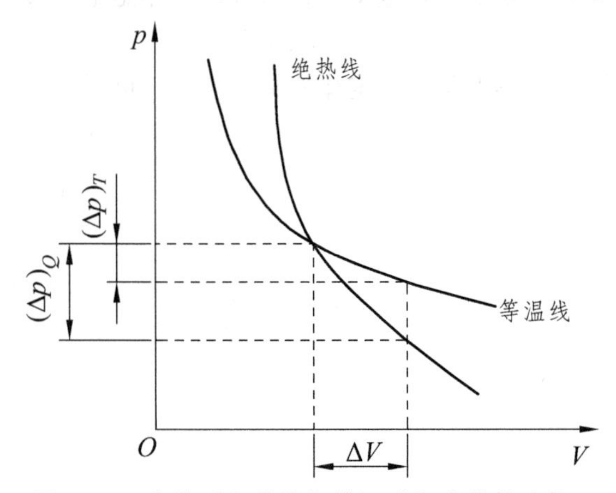

图 10.7　绝热过程曲线与等温过程曲线的比较

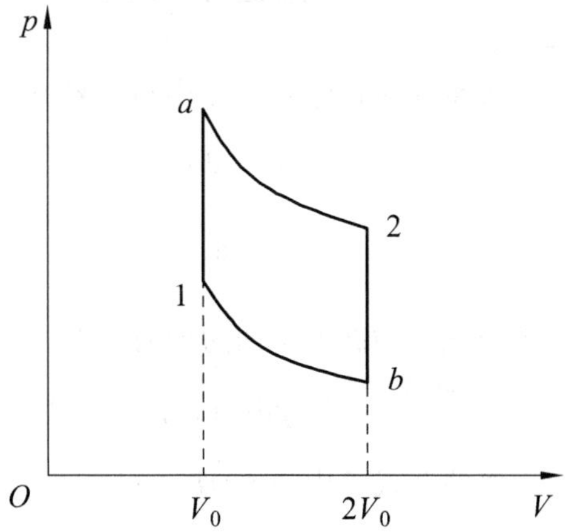

图 10.8　氧气经历不同过程的 ***p*-*V*** 图

【例 10.2】　今有 0.016 kg 氧气，在标准状态下使其分别经历下面两个过程而到达同一状态：（1）先在体积不变下加热，使其温度升高到 80 °C，然后做等温膨胀，体积变为原来的 2 倍；（2）先使其做等温膨胀至原来体积的 2 倍，然后保持体积不变加热至 80 °C（已知$C_{V,\mathrm{m}}=20.8\ \mathrm{J/K}$）。试分别计算上述两个过程中所吸收的热量，外界做的功和内能的变化。

解：（1）如图 10.8 所示，先计算沿路径 1→a→2 进行的过程。

当保持体积不变而对系统加热时，系统吸收的热量全部转化为内能的增加，即

$$\begin{aligned}Q_{1\to a} &= \Delta E = \frac{m}{M}C_{V,\mathrm{m}}\Delta T \\ &= \frac{0.016}{0.032}\times 20.8\times 80 = 832\ (\mathrm{J})\end{aligned}$$

由体积V等温膨胀至$2V$时，吸收热量全部用来对外做功，于是

$$\begin{aligned}Q_{a\to 2} &= -A = \frac{m}{M}RT_2\ln\frac{V_2}{V_1} \\ &= \frac{0.016}{0.032}\times 8.31\times 353\times\ln\frac{2V_0}{V_0} = 1\,016.4\ (\mathrm{J})\end{aligned}$$

系统总吸收热量

$$Q = Q_{1\to a} + Q_{a\to 2} = 1\,848.4\ (\mathrm{J})$$

（2）沿路径 1→b→2 进行的过程。

当系统先等温膨胀时，吸收热量全部用来对外做功，则

$$\begin{aligned}Q_{1\to b} &= -A = \frac{m}{M}RT_1\ln\frac{V_2}{V_1}\\ &= \frac{0.016}{0.032}\times 8.31\times 273\times \ln\frac{2V_0}{V_0} = 786.1\ (\mathrm{J})\end{aligned}$$

再等体加热，吸热全部转化为系统内能的增加，即

$$\begin{aligned}Q_{b\to 2} &= \Delta E = \frac{m}{M}C_{V,\mathrm{m}}\Delta T\\ &= \frac{0.016}{0.032}\times 20.8\times 80 = 832\ (\mathrm{J})\end{aligned}$$

所以系统总吸热为

$$Q = Q_{1\to b} + Q_{b\to 2} = 1\,618.1\ (\mathrm{J})$$

比较计算结果容易看出，虽然初态和末态相同，但由于所经历的过程不同，吸热和做功也就不同，即热量和功不是状态的单值函数，与中间过程有关。但在两种情况下，内能变化相同，说明内能是状态量。

【例 10.3】 用绝热材料制成一圆柱形容器，中间放一无摩擦的绝热活塞，活塞两侧各有相同质量的理想气体（$C_{V,\mathrm{m}} = 16.6\ \mathrm{J/K}$，$\gamma = 1.5$）。开始时状态均为 $p_1 = 1.01\times 10^5\ \mathrm{Pa}$，$V_1 = 36\ \mathrm{L}$，$T_1 = 0\ ^\circ\mathrm{C}$。今设法使左侧气体加热，则左侧气体膨胀，并通过活塞使右侧气体压缩。最后右方气体压强增为 $p_2 = \frac{27}{8}p_1$。问：（1）左侧气体对右侧气体做多少功？（2）右侧气体的最终温度是多少？（3）左侧气体的最终温度是多少？（4）左侧气体吸收了多少热量？

解：（1）由题意知，右侧气体经历的过程是绝热的，所以左侧气体对右侧气体做功为

$$\begin{aligned}A &= \int_1^2(-p\mathrm{d}V) = -\int_{V_1}^{V_2}\frac{p_1V_1^\gamma}{V^\gamma}\mathrm{d}V = \frac{p_1V_1^\gamma}{\gamma-1}(V_2^{1-\gamma} - V_1^{1-\gamma})\\ &= \frac{p_1V_1 - p_2V_2}{1-\gamma} = \frac{p_1V_1}{1-\gamma}\left[1-\left(\frac{p_2}{p_1}\right)^{\frac{\gamma-1}{\gamma}}\right]\\ &= \frac{1.01\times 10^5\times 36\times 10^{-3}}{1-1.5}\times\left[1-\left(\frac{27}{8}\right)^{\frac{0.5}{1.5}}\right]\\ &= 3.65\times 10^3\ (\mathrm{J})\end{aligned}$$

（2）右侧气体的最终温度，可以由绝热过程方程

$$\frac{p^{\gamma-1}}{T^{\gamma}}=\text{Const}$$

求得，则

$$T_{2右}=T_1\left(\frac{p_2}{p_1}\right)^{\frac{\gamma-1}{\gamma}}=273\times\left(\frac{27}{8}\right)^{\frac{0.5}{1.5}}=409.5\text{（K）}$$

（3）左侧气体的最终温度只能借助于状态方程

$$pV/T=\text{Const}$$

来求。因为此时左侧气体受热膨胀不能确定是何种过程。为此需先求出末态的压强和体积。当过程停止时，左右侧气体压强必须相等，由此可知，左侧气体的最终压强

$$p_{2左}=\frac{27}{8}p_1$$

借助于右侧绝热过程的过程方程

$$pV^{\gamma}=\text{Const}$$

先求出过程停止时右侧气体的体积，即

$$V_{2右}=\left(\frac{p_1}{p_2}\right)^{\frac{1}{\gamma}}V_1=\left(\frac{8}{27}\right)^{\frac{1}{1,5}}\times 36=16\text{（L）}$$

由此可得左侧气体所占的体积为

$$V_{2左}=36+(36-16)=56\text{（L）}$$

代入理想气体状态方程，可得

$$T_{2左}=\frac{p_{2左}V_{2左}}{p_1V_1}T_1=\frac{27}{8}\times\frac{56}{36}\times 273=1\,433.2\text{（K）}$$

（4）根据热力学第一定律，可知左侧气体吸收的热量为

$$\begin{aligned}Q&=\Delta E-A_{左}=\frac{p_1V_1}{RT_1}C_{V,\mathrm{m}}\Delta T-A_{左}\\&=\frac{1.01\times10^5\times0.036}{8.31\times273}\times16.6\times(1\,433.2-273)+3.65\times10^3\\&=3.4\times10^4\text{（J）}\end{aligned}$$

10.3 理想气体的卡诺循环

10.3.1 循环过程

系统由最初的状态经历一系列的热力学过程后回到初始状态的过程称为循环过程。循环过程主要应用在热机中，热机的作用是通过工作物质进行的过程，把所吸收的热量转换为机械功。由于工作要不断地进行，因此过程必须周而复始地进行下去。热机中的工作物质就是经历一个个循环过程，不断对外做功。

不同的热机其循环过程也不一样，但都有一些共同的特点。一般来说，热机的工作物质为空气，可以看作是理想气体。热机汽缸每压缩一次需要 10^{-2} s，而系统的弛豫时间是 10^{-4} s，因此工作物质所进行的循环过程可以看作是准静态的，可以用 *p-V* 图上的一条闭合曲线来表示，如图 10.9 中 *abcda* 所示。

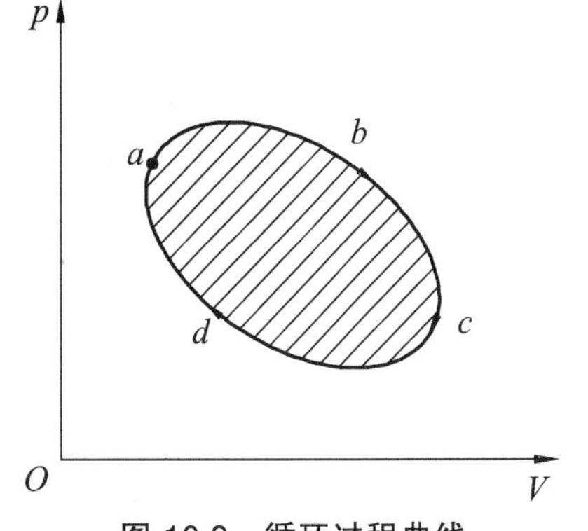

图 10.9 循环过程曲线

由于系统的始末状态相同，所以系统内能的增量

$$\Delta E = 0$$

由热力学第一定律

$$A + Q = 0$$

其中外界对系统做的功

$$A = A_{abc} + A_{cda} < 0$$

就等于图中阴影部分面积的负值，表示系统对外界做正功，其大小用 W 表示，即 $W = -A$。

令 Q_1 和 Q_2 分别表示 *abc* 和 *cda* 过程中系统与外界的热量交换，则有

$$W = Q_1 + Q_2 = Q_1 - |Q_2|$$

其中，$Q_1 > 0$ 表示系统从外界（对应热机的高温热源）吸收热量，$Q_2 < 0$ 表示系统向外界（对应热机的低温热源）放出热量。

由上面的分析可以看出，热机的工作物质从高温热源吸收的热量只有一部分拿来对外做功，另外一部分释放给低温热源浪费掉了。因此我们把循环过程中系统对外所做的净功 W 与系统从高温热源吸收的热量 Q_1 的比值定义为热机的效率，用字母 η 表示。

$$\eta = \frac{W}{Q_1} = \frac{Q_1 - |Q_2|}{Q_1} = 1 - \frac{|Q_2|}{Q_1}$$

若让图 10.8 中的循环沿逆时针的方向即 *adcba* 进行，则为制冷机的工作原理，其作用是把热量从低温物体送到高温物体，达到制冷的目的。通过类似的分析，可以知道

$$A + Q_2 = |Q_1|$$

即系统在达到制冷目的的同时，把外界对它做的功也转化为热量送到高温物体去了。如果系统从低温物体吸收同样的热量 Q_2，需要外界做的功 A 越小，制冷机的性能就越好。因此，我们定义制冷系数为

$$\kappa = \frac{Q_2}{A} = \frac{Q_2}{|Q_1| - Q_2}$$

10.3.2 卡诺循环

从 19 世纪起，蒸汽机在工业、交通运输中起着越来越重要的作用。但是蒸汽机的效率很低，一般只有 5%左右。在生产需求的推动下，许多科学家和工程师开始从理论上研究热机的效率问题。1824 年，法国工程师萨地·卡诺在他的《关于火的动力的研究》这篇论文中提出了一个简单的理想循环，称为卡诺循环，该循环由两个等温过程和两个绝热过程组成。卡诺循环的提出为热力学第二定律的建立奠定了基础。

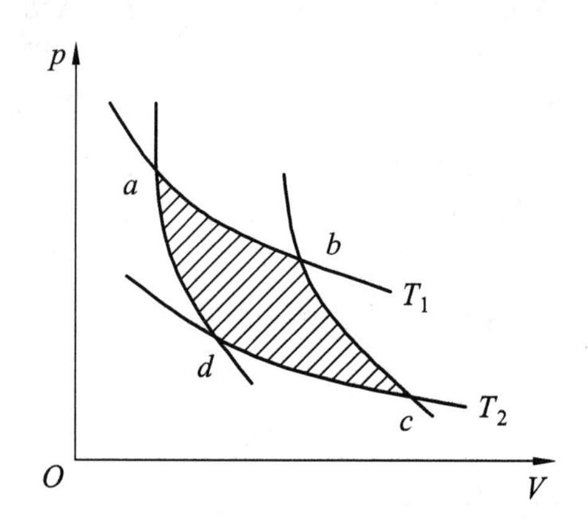

图 10.10 卡诺循环过程曲线

如图 10.10 为以理想气体为工作物质的卡诺循环过程曲线，其中包含四个准静态过程：

1. 等温膨胀过程

系统由状态 $a(p_1,V_1,T_1)$ 经等温膨胀到状态 $b(p_2,V_2,T_1)$，内能不变，从高温热源吸收的热量全部用来对外做功。若系统物质的量为 ν mol，则

$$Q_1 = -A = \int_{V_1}^{V_2} p\mathrm{d}V = \int_{V_1}^{V_2} \frac{\nu RT_1}{V}\mathrm{d}V = \nu RT_1 \ln\frac{V_2}{V_1}$$

2. 绝热膨胀过程

系统由状态 $b(p_2,V_2,T_1)$ 经绝热膨胀到状态 $c(p_3,V_3,T_2)$，与外界没有能量交换。系统温度降低，对外做功。

3. 等温压缩过程

系统由状态 $c(p_3,V_3,T_2)$ 经等温压缩到状态 $d(p_4,V_4,T_2)$，内能不变。外界对系统做正功，同时系统向低温热源释放热量，其大小为

$$|Q_2| = A = \int_{V_3}^{V_4} (-p\mathrm{d}V) = \nu RT_2 \ln\frac{V_3}{V_4}$$

4. 绝热压缩过程

系统由状态 $d(p_4,V_4,T_2)$ 经绝热压缩到状态 $a(p_1,V_1,T_1)$，与外界没有能量交换。系统温度升高，外界对系统做正功。

整个循环过程完成以后，系统回到初始状态，内能不变。系统对外做的净功就等于系统

在循环过程中所吸收的净热量，其热功转换的效率为

$$\eta = 1 - \frac{|Q_2|}{Q_1} = 1 - \frac{T_2 \ln \frac{V_3}{V_4}}{T_1 \ln \frac{V_2}{V_1}}$$

由于 bc 和 da 是准静态绝热过程，其过程方程用 T 和 p 表示为

$$T_1 V_2^{\gamma-1} = T_2 V_3^{\gamma-1}$$

$$T_1 V_1^{\gamma-1} = T_2 V_4^{\gamma-1}$$

由这两个方程消去 T_1 和 T_2，可得

$$\frac{V_2}{V_1} = \frac{V_3}{V_4}$$

因此卡诺循环的效率为

$$\eta = 1 - \frac{T_2}{T_1}$$

这说明以理想气体为工作物质的卡诺循环的效率只与两个热源的温度差有关，而与工作物质的性质和热机的结构无关。由于 T_2 无法达到绝对零度，因此所有热机的效率总是小于 1。

对于逆卡诺循环，可以得出其制冷系数为

$$\kappa = \frac{T_2}{T_1 - T_2}$$

制冷系数也完全由两个热源的温度所决定。

10.4 热力学第二定律

热力学第一定律指出了在所有的热力学过程中必须遵守能量守恒定律，对热力学过程的方向并没有给出限制。但是，现实经验表明，遵守能量守恒定律的过程并不一定都能够发生。比如，把一滴红墨水滴入一杯水中，由于分子的膨胀和扩散，经过一段时间后，墨水和水会达到混合均匀、颜色一致的状态；但是一杯墨水和水的均匀混合物并不会自动地把墨水和水分开成两种液体。这说明，实际的热力学过程总是带有一定的方向性。热力学第二定律就是描述热力学过程的方向性的，它是独立于热力学第一定律之外的另一个实验定律。

10.4.1 热力学第二定律

我们先来讨论几个典型的实际热力学过程进行的方向性的例子。

1. 功热转换

如图 10.11 为英国物理学家焦耳测量热功当量的实验装置简图。当重物 A 下落时，带动绝热容器中的转轮 B 转动，使转轮与水摩擦引起水温升高。在这个过程中机械能转化为了水的内能，引起了水温的升高。反过来，水温降低，产生水流带动 B 转动，使重物 A 升高的过程是不会自动发生的。

2. 热传递

如果我们令两个温度不同的物体热接触，经过一段时间后，两个物体会达到温度相同的热平衡状态。在这个过程中热量自动地从高温物体传递给了低温物体，最后两个物体的温度均匀分布。反过来，由两个互相接触且温度不同的物体组成的孤立系统，低温物体将热量传递给高温物体，使自己温度更低，高温物体温度更高的过程是不会自动发生的。

3. 自由膨胀

如图 10.12 为一个绝热容器，内部用一个隔板 A 隔开，左边装有气体，右边为真空。若把 A 抽出，则气体会自由膨胀，最终充满整个容器，达到一个新的平衡态。反过来，绝热容器中的气体不会自动地收缩到容器的左边，只占一半的体积。

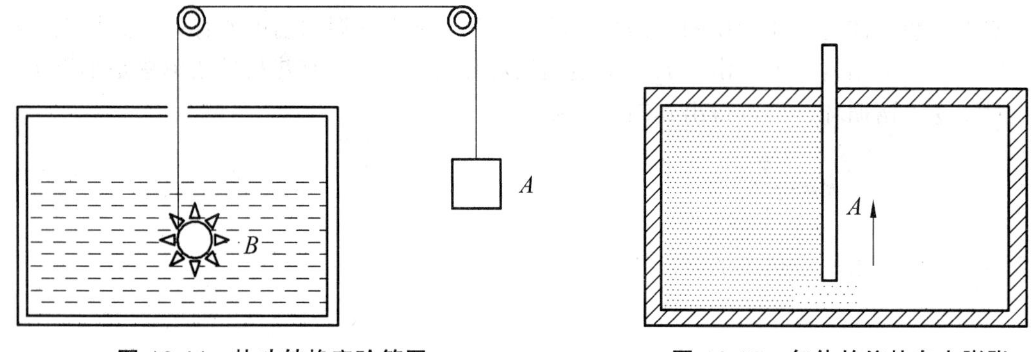

图 10.11 热功转换实验简图　　图 10.12 气体的绝热自由膨胀

上面这几个例子都说明了实际热力学过程进行的方向性，即只能沿着特定的方向进行，机械能可以自动地转化为热量，高温物体可以自动地传热给低温物体，气体可以自动地自由膨胀等，它们的反过程就不会自动地进行。注意这句话里面的“自动”，上述过程的反过程不是不会发生，只是不会自动地进行。例如，制冷机就是将低温热源的热量传递给高温热源，用一个活塞就可以压缩气体，但是这些过程不是自动完成的，需要外界对系统做功，因此完成这些过程要付出的代价是引起了外界条件的变化。

像上面讨论的这种过程发生后，无论用任何方法都不能把它留下的后果完全消除，使外界和系统同时恢复原状，这样的过程我们称之为不可逆过程。反之，如果一个过程发生后，它所产生的影响可以完全消除而令一切恢复原状，这种过程称为可逆过程。

在所有的热力学过程中，只有无摩擦的准静态过程才是可逆过程，其逆过程直接令过程反向进行即可，当系统恢复初始状态时，外界也同时复原。对于准静态过程，由于系统经历的每一个状态都是平衡态，需要外界条件不断发生变化，比如准静态等温膨胀，需要外部施加给活塞的压力不断变化以保持活塞内外的平衡，所以准静态过程都必然是受迫过程。实际上，绝对的无摩擦和准静态都是不存在的，因此可逆过程只是一种理想的极限过程，自然界发生的过程都是不可逆过程。

前面我们讨论的理想气体的卡诺循环是由两个准静态绝热过程和两个准静态等温过程构成的，在不考虑摩擦的情形下，可以认为是可逆循环，卡诺热机是一种可逆热机。早在热力学第一定律建立之前，卡诺提出这种理想循环时，就研究了热机的效率问题，并提出了关于热机效率的一个定理——卡诺定理，其内容如下：所有工作于两个一定温度之间的热机，以可逆热机的效率最高。

在热力学第一定律被发现之后，克劳修斯（1850 年）和开尔文（1851 年）重新研究了卡诺定理，并指出要证明它需要建立一个新的原理，从而分别独立地发现了热力学第二定律。他们分别提出的热力学第二定律的表述如下：

开尔文表述：不可能从单一热源吸热使之完全变为有用的功而不引起其他变化。

克劳修斯表述：不可能把热量从低温热源传到高温热源而不引起其他变化。

注意：在热力学第二定律的这两种表述中，都有一个“不引起其他变化”的前提条件。实际上，从单一热源吸热使之全部变为有用的功或者热量从低温物体传到高温物体都是可以实现的，只是都会引起外界的变化。比如，理想气体的等温膨胀就是从单一热源吸热而全部变为有用的功，但是这个过程中其体积膨胀引起了外界的变化。

热力学第二定律的两种表述是从两个不同的角度来看热力学过程进行的方向性的。开尔文表述是从热机的角度，克劳修斯表述是从制冷机的角度，这两种表述是等效的。我们可以用反证法来证明，如果其中一种表述不成立，则另外一种表述也不成立。

假设开尔文表述不成立，即可以从单一热源吸热而全部变为有用的功而不引起其他的变化。我们让这台从单一热源（温度为 T_1）吸热 Q_1 全部转化为有用功 W 的机器与一台具有相同高温热源 T_1 的制冷机相连，为制冷机提供机械功，使制冷机从低温热源 T_2 吸热 Q_2，并把外界做功 W 转化为热量和 Q_2 一起释放到高温热源 T_1。由于 $W = Q_1$，则全部过程的最终效果就是从低温热源吸收了 Q_2 的热量并把它释放到高温热源而没有引起其他的变化，即克劳修斯表述也不成立，如图 10.13（a）所示。

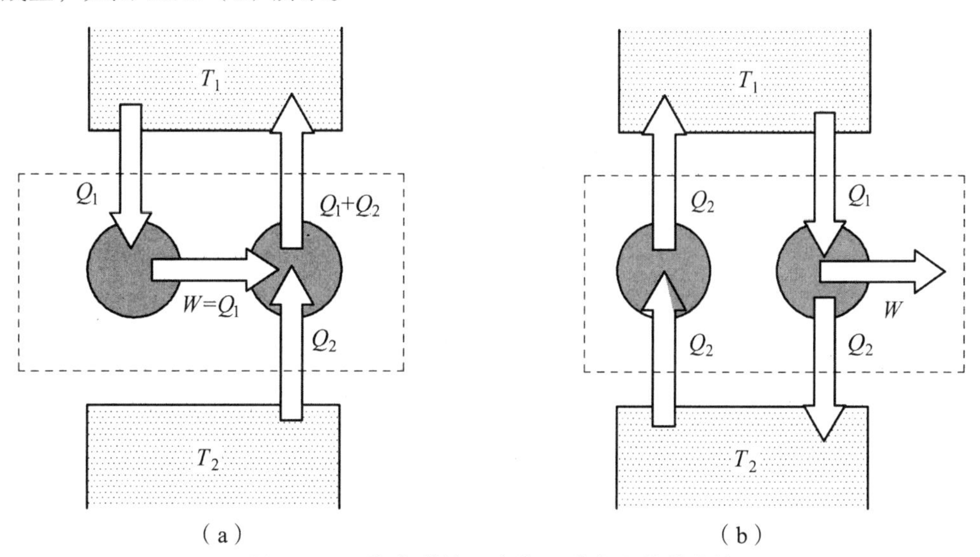

图 10.13　热力学第二定律两种表述的等效性

假设克劳修斯表述不成立，即热量可以从低温热源传到高温热源而不引起其他的变化。我们让其与一台具有相同温度的高温和低温热源的热机相连，工作物质从高温热源 T_1 吸热 Q_1，一部分对外做功 W，另一部分 $Q_2 = Q_1 - W$ 传递到低温热源 T_2，并让热量 Q_2 自动地从低温热源 T_2 传递到高温热源 T_1。则全部过程的最终效果就是从单一热源 T_1 吸热 $(Q_1 - Q_2)$ 全部转化为有用的功 W 而没有引起其他的变化，即开尔文表述也不成立，如图 10.13（b）所示。

从上面的讨论可以看出，自然界的不可逆过程都是相互关联的。通过一些方法，我们可以由任何一个过程的不可逆性推导另外过程的不可逆性。因此，自然界的不可逆过程都可以作为热力学第二定律的表述。但不管表述方法如何，热力学第二定律的实质是规定自然界宏观过程进行的方向。

10.4.2　卡诺定理

在讨论了热力学过程的方向性之后，我们来利用热力学第二定律证明卡诺定理，即工作于两个一定温度之间的热机，可逆热机的效率最高。

设有两个可逆热机 A 和 B，工作在相同的高、低温热源之间。均从高温热源吸热 Q_1，对外做功分别为 W 和 W'，向低温热源放热分别为 Q_2 和 Q_2'，则它们的效率分别为

$$\eta_A = \frac{W}{Q_1}, \quad \eta_B = \frac{W'}{Q_1}$$

设 $\eta_A > \eta_B$，则有 $W > W'$，由于

$$Q_2 = Q_1 - W$$

$$Q_2' = Q_1 - W'$$

所以有 $Q_2 < Q_2'$。根据可逆机的性质，我们可以用 A 机做功的一部分（这部分等于 W'）来推动 B 机做反向制冷循环，从低温吸热 Q_2'，向高温放热 Q_1，如图 10.14 所示。这样 A 机与 B 机联合起来的总体效果就是系统从单一热源（低温热源）吸热 $(Q_2' - Q_2)$ 全部转化为对外做功 $(W - W')$，这与热力学第二定律的开尔文表述相违背，因此假设不成立，必有 $\eta_A \leqslant \eta_B$。

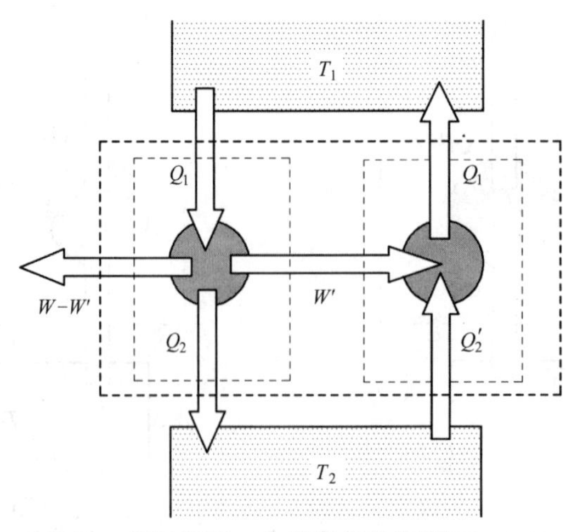

图 10.14　卡诺定理的证明

由于 A 机也是可逆热机，因此用同样的方法可以证明 $\eta_A \geqslant \eta_B$，所以必有 $\eta_A = \eta_B$，即所有工作于两个一定温度之间的可逆热机，其效率是相等的。若 A 机不是可逆热机，我们只能证明 $\eta_A \leqslant \eta_B$，其中的等号对应可逆热机，即可逆热机的效率要大于不可逆热机的效率。

10.4.3 克劳修斯等式和不等式　熵

根据卡诺定理，工作于两个一定温度之间的任何一个热机的效率都不大于可逆热机的效率。由循环过程效率

$$\eta = 1 - \frac{|Q_2|}{Q_1} = 1 + \frac{Q_2}{Q_1}$$

和可逆循环的效率

$$\eta_{\rm r} = 1 - \frac{T_2}{T_1}$$

可得

$$\eta = 1 + \frac{Q_2}{Q_1} \leqslant \eta_{\rm r} = 1 - \frac{T_2}{T_1}$$

整理后可得到任一个循环过程所满足的关系

$$\frac{Q_1}{T_1} + \frac{Q_2}{T_2} \leqslant 0 \tag{10.6}$$

式中　Q_1，Q_2——系统从温度为 T_1 和 T_2 的热源吸收的热量。

式（10.6）称为克劳修斯等式和不等式，式中的等号对应于可逆循环过程，不等号对应于不可逆循环过程。

克劳修斯等式和不等式可以推广到有多个热源的循环过程。假设系统在经历某一个循环过程时共与 n 个热源接触，从温度为 T_i 的第 i 个热源吸收的热量为 Q_i，则该循环过程必须满足

$$\sum_{i=1}^{n} \frac{Q_i}{T_i} \leqslant 0$$

对于一个更普遍的循环过程，我们应该把上式中的求和号改为积分号，对应于 $n \to \infty$ 的情形，即

$$\oint \frac{\mathrm{d}Q}{T} \leqslant 0$$

式中，积分号上的圆圈表示沿某个循环过程求积分，$\mathrm{d}Q$ 表示系统从温度为 T 的热源吸收的热量。同样，等号对应于可逆循环过程，不等号对应于不可逆循环过程。

下面我们考虑可逆循环过程的情形。设热力学系统从初态 a 经某可逆过程到达末态 b 后又经另外的任一可逆过程回到初态 a，构成一可逆循环，如图 10.15 所示。根据克劳修斯等式，该过程满足

$$\oint \frac{dQ}{T} = \int_{a1b} \frac{dQ}{T} + \int_{b2a} \frac{dQ}{T} = 0$$

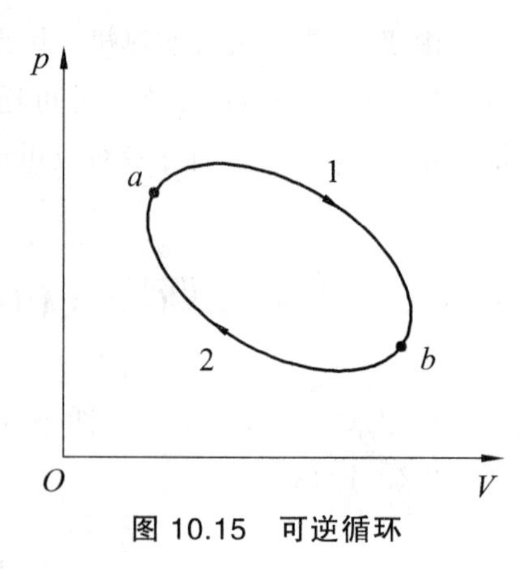

图 10.15　可逆循环

由上式可得

$$\int_{a1b} \frac{dQ}{T} = -\int_{b2a} \frac{dQ}{T} = \int_{a2b} \frac{dQ}{T}$$

由上式可知，从初态 a 到末态 b 对 $\frac{dQ}{T}$ 沿不同的可逆过程积分，其积分值相等。由于可逆过程 1 和 2 是任意选取的，所以给定初态和末态之后，$\int \frac{dQ}{T}$ 的值与可逆过程的路径无关。克劳修斯根据这个性质定义了一个状态函数熵，用字母 S 表示。系统初末状态熵函数的增量是

$$\Delta S = S_b - S_a = \int_a^b \frac{dQ}{T} \tag{10.7}$$

其中，a 和 b 是系统的两个平衡态，积分沿任一个可逆过程进行。

熵的单位是焦耳每开尔文（J/K），这个公式称为克劳修斯公式。

注意： 式（10.7）只是给出两个状态的熵函数的差值，在热力学的讨论中，也只有熵差才有物理意义，对于每一个特定的平衡态，其熵函数可以加上一个任意常数。另外，若系统从某平衡态经历一个不可逆过程到达另一个平衡态，则系统熵函数的增量仍然要沿初态到末态的某个可逆过程的积分来计算。

10.4.4　热力学第二定律的数学表述

前面根据可逆过程中积分 $\int \frac{dQ}{T}$ 的性质引入状态函数熵，接着我们来讨论不可逆过程中熵函数的增量。

设某系统经一不可逆过程 1 由初态 a 到末态 b，其中初态和末态是平衡态。由于 p-V 图上的每一个点都代表系统的一个平衡态，而不可逆过程的中间状态却不一定是平衡态，因此不可逆过程在 p-V 图上我们用虚线来表示，如图 10.16。令系统再经历另一个设想的可逆过程由末态 b 回到初态 a，构成一个不可逆循环。根据克劳修斯不等式，则有

$$\oint \frac{dQ}{T} = \int_{a1b} \frac{dQ}{T} + \int_{b2a} \frac{dQ}{T} < 0$$

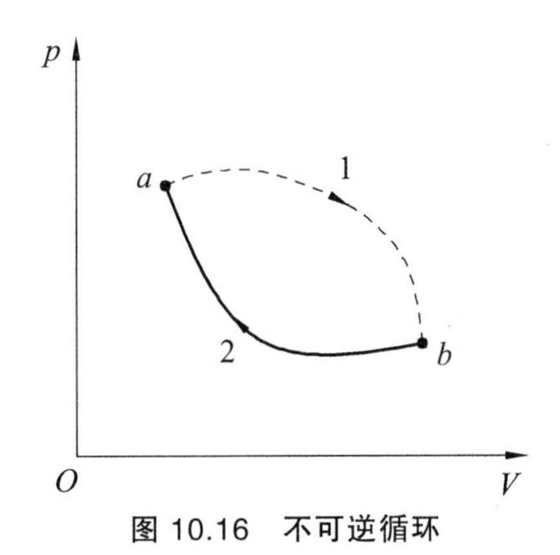

图 10.16 不可逆循环

考虑到熵差的定义，由于 $b\to2\to a$ 过程是可逆过程，因此有

$$\int_{a1b}\frac{\mathrm{d}Q}{T}<-\int_{b2a}\frac{\mathrm{d}Q}{T}=\int_{a2b}\frac{\mathrm{d}Q}{T}=S_b-S_a$$

即

$$\Delta S=S_b-S_a>\int_{a1b}\frac{\mathrm{d}Q}{T}$$

综合考虑可逆过程和不可逆过程

$$\Delta S=S_b-S_a\geqslant\int_{a\to b}\frac{\mathrm{d}Q}{T} \tag{10.8}$$

式（10.8）规定了热力学过程进行的方向，是热力学第二定律的数学描述。将其应用于绝热过程，由于绝热过程中 $\mathrm{d}Q=0$，所以

$$\Delta S=S_b-S_a\geqslant0 \tag{10.9}$$

式（10.9）表明，在绝热过程中，系统的熵不会减少。若系统经历可逆绝热过程，其熵不变；若系统经历不可逆绝热过程，其熵增加，这个结论称为熵增加原理。

从统计物理的观点来看，熵是组成系统的大量微观粒子无规则热运动的无序性（混乱程度）的量度。系统某个状态的熵函数越大，其微观的无序性也越大。熵增加原理表明，系统经历的任何不可逆绝热过程总是沿着内部无序性增大的方向进行的。

对于孤立系统，系统与外界没有能量和物质交换，所以孤立系统发生的过程都是绝热过程。而系统的自发过程都是不可逆的，因此，孤立系统的实际热力学过程（自发过程）都是沿着熵增加的方向进行的。

本章小结

1. 热力学第一定律

$$\Delta E=A+Q\,,\quad \mathrm{d}E=\mathrm{d}A+\mathrm{d}Q$$

2. 准静态过程的体积功

$$A=\int \mathrm{d}A=\int_{V_1}^{V_2}(-p)\mathrm{d}V$$

3. 热　容

$$C=\lim_{\Delta T\to 0}\left(\frac{\Delta Q}{\Delta T}\right)=\frac{\mathrm{d}Q}{\mathrm{d}T}$$

迈耶公式

$$C_{p,\mathrm{m}}=C_{V,\mathrm{m}}+R$$

比热容比

$$\gamma=\frac{C_{p,\mathrm{m}}}{C_{V,\mathrm{m}}}=\frac{C_{V,\mathrm{m}}+R}{C_{V,\mathrm{m}}}$$

4. 热力学第一定律在理想气体的典型过程中的应用

等压过程

$$A=p(V_1-V_2)=\nu R(T_1-T_2)=-\nu R\Delta T$$

$$Q=\nu C_{p,\mathrm{m}}(T_2-T_1)=\left(\frac{i}{2}+1\right)\nu R\Delta T$$

$$\Delta E=\nu C_{V,\mathrm{m}}(T_2-T_1)=\frac{i}{2}\nu R\Delta T$$

等体过程

$$A=\int_{V_1}^{V_2}(-p\mathrm{d}V)=0$$

$$\Delta E=Q=\nu C_{V,\mathrm{m}}(T_2-T_1)=\frac{i}{2}\nu R\Delta T$$

等温过程

$$A=-Q=\int_{V_1}^{V_2}(-p\mathrm{d}V)=\int_{V_1}^{V_2}\left(-\frac{\nu RT}{V}\mathrm{d}V\right)=\nu RT\ln\frac{V_1}{V_2}$$

$$\Delta E=0$$

绝热过程

$$pV^{\gamma}=\mathrm{Const}$$

5. 理想气体卡诺循环效率

$$\eta=1-\frac{T_2}{T_1}$$

6. 热力学第二定律

开尔文表述：不可能从单一热源吸热使之完全变为有用的功而不引起其他变化。

克劳修斯表述：不可能把热量从低温热源传到高温热源而不引起其他变化。

热力学第二定律的数学表述：

$$\Delta S = S_b - S_a \geqslant \int_{a \to b} \frac{\mathrm{d}Q}{T}$$

将上式用于孤立系统可得熵增加原理：

$$\Delta S \geqslant 0$$

思考题

10.1　内能是一个状态量，而功和热量则是过程量。对此应如何理解？

10.2　热量与系统的温度高低有关吗？如果说高温物体所含的热量多，低温物体所含的热量少，这种说法对吗？

10.3　做功和热传递对系统能量的改变有什么区别？物体能量的改变能否区分出是由外界做功或传递热量而来的？

10.4　对准静态过程应如何理解？为什么只有无摩擦的准静态过程的体积功才能用 $\mathrm{d}A = -p\mathrm{d}V$ 来计算？

10.5　应该如何理解热容与过程有关？为什么理想气体经历的任何过程的内能变化都可以用等体热容来计算？

10.6　一定量的理想气体从体积为 V_0 的初态经准静态过程膨胀为原来的 2 倍，如果分别按照等压、等温、绝热等不同的过程进行，则在哪一个过程中吸收的热量最多，哪个过程吸收的热量最少？内能的改变情况呢？

10.7　对于循环过程，工作物质做的净功等于过程曲线所包围的面积，所以曲线面积越大，效率就相应的越大，这种说法对吗？

10.8　两条绝热线与一条等温线可否构成一个循环过程？

10.9　为什么提高热机的效率实际上总是设法提高高温热源的温度，而不是降低低温热源的温度？

10.10　根据热力学第二定律判断下列说法的正误：

（1）功可以完全转化为热，但热不可以全部转化为功；

（2）热量可以从高温物体传向低温物体，但不可以从低温物体传向高温物体。

10.11　不可逆过程就是不能往反方向进行的过程。这种说法对吗？

10.12　可逆过程是否一定是准静态过程？反过来说，准静态过程是否一定是可逆过程呢？

10.13　试任选一种实际过程来表述热力学第二定律。

10.14　如何理解熵的物理意义？

习 题

一、选择题

10.1 1 mol 理想气体从 p-V 图上初态 a 分别经历如图 10.17 所示 1 和 2 过程到达末态 b。已知 $T_a < T_b$，则这两过程中气体吸收的热量 Q_1 和 Q_2 的关系正确的是（　　）

A. $Q_1 > Q_2 > 0$　　B. $Q_2 > Q_1 > 0$　　C. $Q_2 < Q_1 < 0$

D. $Q_1 < Q_2 < 0$　　E. $Q_1 = Q_2 > 0$

二、计算题

10.2 如图 10.18 所示，当系统沿 acb 路径从 a 变化到 b 时吸收热量 80 J，且对外做功 30 J。求：

（1）当系统沿 adb 路径从 a 变化到 b 时对外做功 10 J，则系统吸收了多少热量？

（2）若系统沿 ba 路径返回 a 时外界对系统做功 20 J，则系统吸收了多少热量？

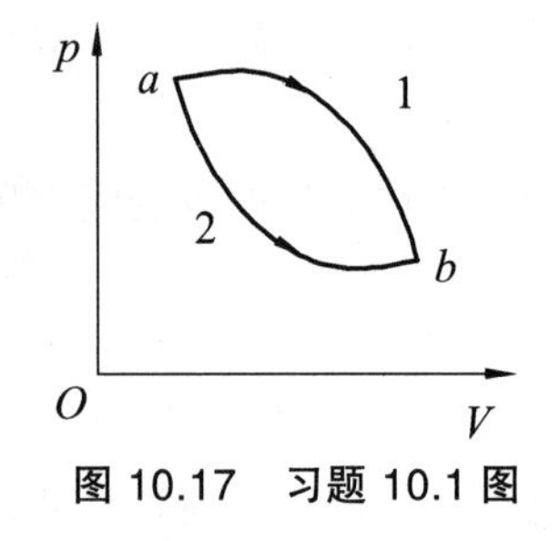

图 10.17　习题 10.1 图

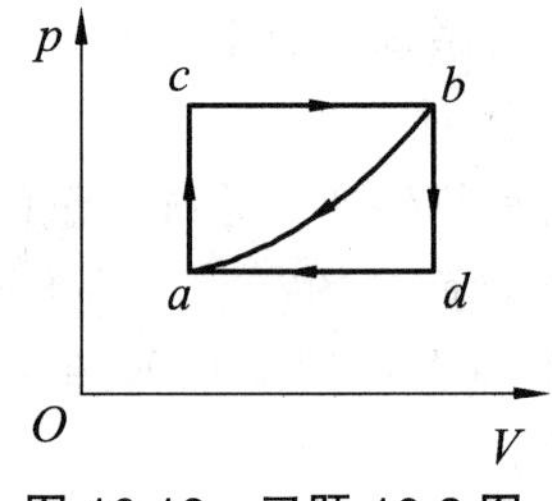

图 10.18　习题 10.2 图

10.3 一定质量的双原子气体沿如图 10.19 所示的 $abcd$ 路径发生变化。已知 ab 为等压过程，bc 为等温过程，cd 为等体过程，求气体在 $abcd$ 过程中所做的功、吸收的热量及内能的变化。

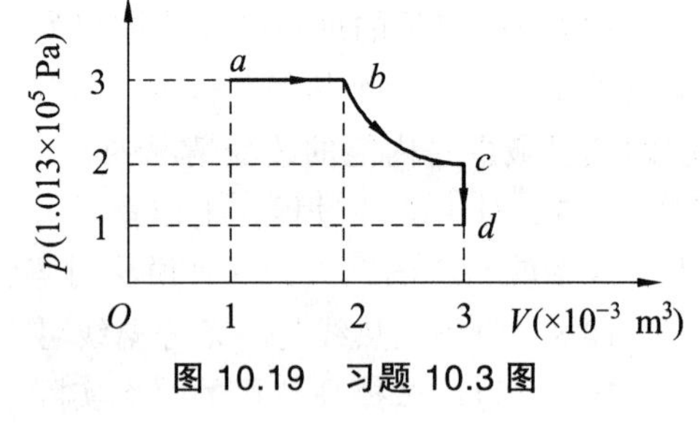

图 10.19　习题 10.3 图

10.4 1 mol 氢气，在压强 1.013×10^5 Pa、温度 20 °C 时，其体积为 V_0，今令其经过以下两种过程到达同一状态：

（1）先保持体积不变，加热使其温度升高到 80 °C，然后作等温膨胀，体积变为原来体积的 2 倍；

（2）先使其等温膨胀至原体积的 2 倍，然后保持体积不变，加热到 80 °C。试分别计算上述两种过程中气体吸收的热量、气体对外界所做的功和气体内能的增量。

10.5 一压强为 1.0×10^5 Pa，体积为 1.0×10^{-3} m^3 的氧气自 0 °C 加热到 100 °C。问：

（1）当压强不变时，需要多少热量？当体积不变时，需要多少热量？已知氧气的定压摩尔热容 $C_p = 29.44$ J/(mol · K)，定体摩尔热容 $C_V = 21.12$ J/(mol · K)。

（2）在等压或等体过程中各做了多少功？

10.6 用热学第一定律证明一条等温线与一条绝热线只能相交于一点。（提示：可用反证法）

10.7 质量为 5.8×10^{-3} kg、压强为 1.013×10^{5} Pa、温度为 300 K 的空气，经历一等体过程加热到 900 K 后绝热膨胀，压强降至 1.013×10^{5} Pa，最后经由等压过程回到初态（空气可看作双原子分子，$\mu=2.9\times10^{-2}$ kg/mol）。

（1）在 p-V 图（图 10.20）上画出循环示意图；

（2）求该循环的效率。

10.8 一卡诺循环的热机，高温热源温度是 400 K，每一循环从此热源吸收 100 J 热量并向一低温热源放出 80 J 热量。求：

（1）低温热源温度；

（2）这个循环的效率。

10.9 喷气发动机的循环可近似用如图 10.21 所示的循环来表示。其中 ab、cd 分别代表绝热过程，bc、da 分别代表等压过程。证明当工作物质为理想气体时，循环的效率为 $\eta=1-T_d/T_c=1-T_a/T_b$。

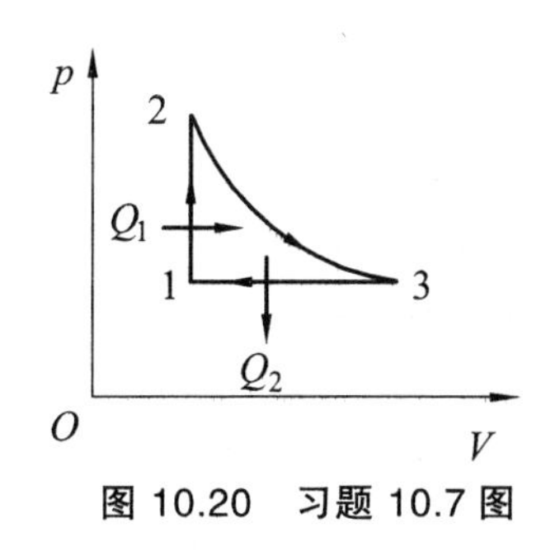

图 10.20 习题 10.7 图

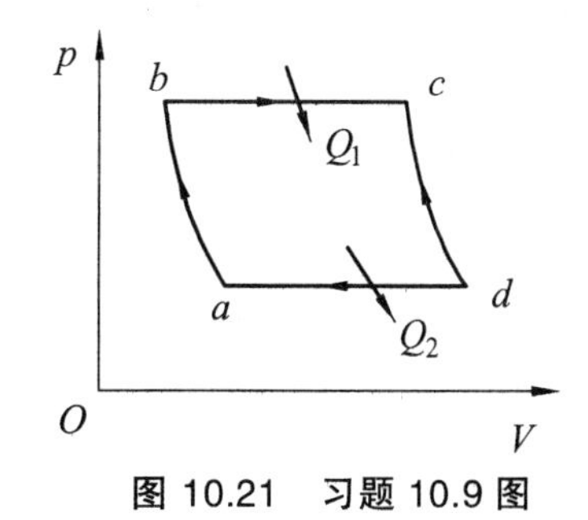

图 10.21 习题 10.9 图

10.10 对于室温下的双原子分子理想气体，在等压膨胀情况下，系统对外所做的功与从外界吸收热量之比 A/Q 为多少？

10.11 如果卡诺热机的循环曲线所包围的面积从图 10.22 中的 $abcda$ 增大为 $ab'c'da$，试分析循环 $abcda$ 与 $ab'c'da$ 所做的净功和热机效率变化情况。

10.12 有 γ mol 理想气体，作如图 10.23 所示的循环 $acba$，其中 acb 为半圆弧，$b\rightarrow a$ 为等压过程，$p_c=2p_a$。在此循环过程中气体净吸收热量 Q 与 $\gamma C_p(T_b-T_a)$ 的大小关系？

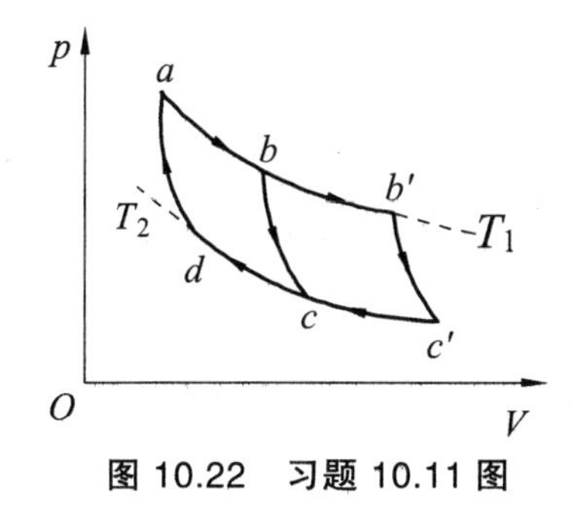

图 10.22 习题 10.11 图

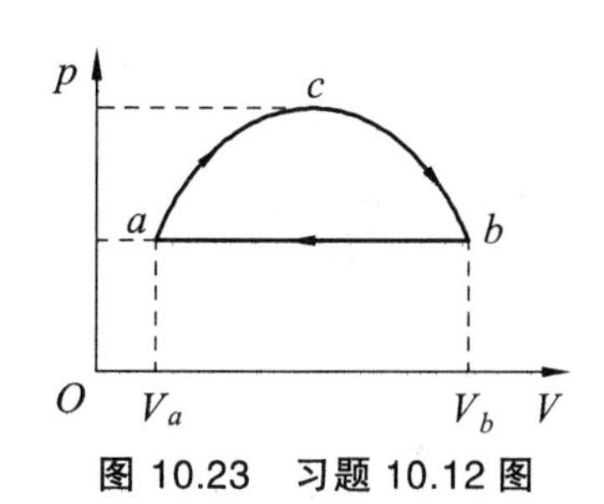

图 10.23 习题 10.12 图

10.13 在一绝热的容器中，温度为 T_1、物质的量为 μ 的液体和温度为 T_2、物质的质量为 μ 的同类液体等压混合达到平衡态。求系统从初态到终态的熵变，并判断熵是否增加了（液体的定压摩尔热容为 C_p）。

11 机械振动与机械波

振动广泛存在于机械运动、电磁运动、热运动、原子运动等运动形式之中。广义地说，任何一个物理量在某一数值附近作周期性的变化，都称为振动。变化的物理量称为振动量，它可以是力学量、电学量或其他物理量，如交流电压、电流的变化，无线电波电磁场的变化等。

机械振动是最直观的振动，它是物体在一定位置附近来回往复的运动，如活塞的运动、钟摆的摆动等都是机械振动。机械振动可以有多种分类，例如，按振动规律可以分为简谐、非简谐、随机振动；按产生振动的原因可以分为自由、受迫、自激、参变振动等。

一切振动现象都具有相似的规律，因此，我们可以从机械振动的分析中了解振动现象的一般规律。而简谐振动是最简单、最基本的振动，可以证明任何复杂的振动都可由两个或多个简谐振动合成而得到，我们就从简谐振动开始讨论。

振动的传播就是波。机械振动在弹性介质中的传播形成机械波，水波和声波都属于机械波。但并不是所有的波都依靠介质传播，光波、无线电波可以在真空中传播，它们属于另一类波，称为电磁波。微观粒子也具有波动性，这种波称为物质波或德布罗意波。各类波虽然其本源不同，但都具有波动的共同特性，并遵从相似的规律。

11.1 简谐振动

在一切振动中，最简单和最基本的振动称为简谐运动，其运动量按正弦函数或余弦函数的规律随时间变化。任何复杂的运动都可以看成是若干简谐运动的合成。

弹簧振子的无阻尼振动就是简谐振动，下面我们以弹簧振子为例来进一步说明什么是简谐振动。

11.1.1 弹簧振子

11.1.1.1 弹簧振子的概念

轻质弹簧（质量不计）一端固定，另一端系一质量为 m 的物体（在这里可视为质点），置于光滑的水平面上且其运动被限制在沿弹簧伸缩的方向。物体所受的阻力忽略不计。弹簧没有形变时物体所受的合力为零，此时物体所在的位置（设为 O 点）称为平衡位置。如果让物体离开平衡位置然后释放，物体就绕平衡位置作来回往复的周期性运动。这样的运动系统叫做弹簧振子，它是一个理想化的模型（图 11.1）。

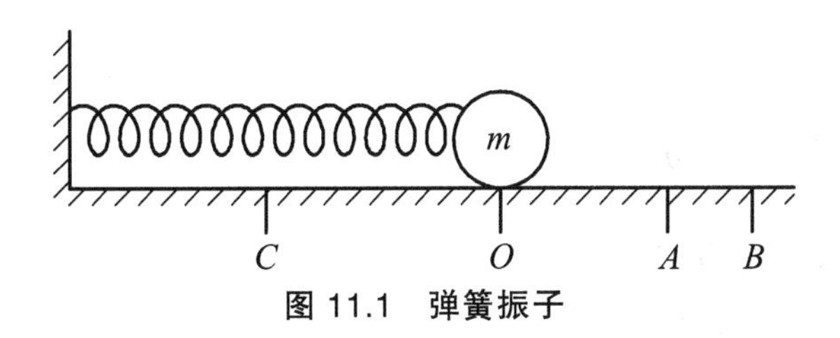

图 11.1 弹簧振子

11.1.1.2 弹簧振子的动力学特征

1. 线性回复力

下面分析弹簧振子的受力情况。取平衡位置 O 点为坐标原点，水平向右为 x 轴的正方向（图 11.2）。由胡克定律可知，物体 m（可视为质点）在坐标为 x（即相对于 O 点的位移）的位置时所受弹簧的作用力为

$$F=-kx \tag{11.1}$$

式中 k——比例系数，称为弹簧的劲度系数，它反映弹簧的固有性质；

负号——表示力的方向与位移的方向相反，它是始终指向平衡位置的。

物体离平衡位置越远，所受力越大；在平衡位置时，力为零，物体由于惯性继续运动。这种始终指向平衡位置的力称为回复力。弹簧振子系统中质点所受力与位移呈线性关系，所以又叫线性回复力。

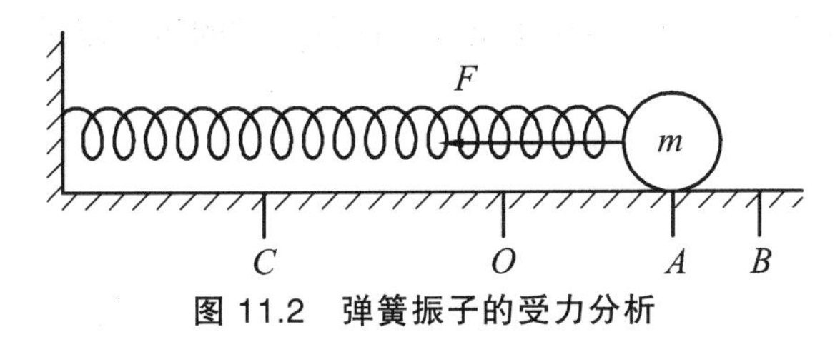

图 11.2 弹簧振子的受力分析

2. 动力学方程

根据牛顿第二定律

$$f=ma$$

可得物体的加速度为

$$a=\frac{f}{m}=-\frac{k}{m}x$$

对于给定的弹簧振子，m 和 k 均为正值常量，令

$$\omega^2=\frac{k}{m}$$

则上式可以改写为 $a=-\omega^2 x$

即
$$\frac{\mathrm{d}^2 x}{\mathrm{d}t^2}=-\omega^2 x$$

或
$$\frac{\mathrm{d}^2 x}{\mathrm{d}t^2}+\omega^2 x=0 \tag{11.2}$$

这就是简谐振动的运动微分方程。

11.1.1.3 弹簧振子的运动学特征

弹簧振子的运动微分方程的解具有正弦、余弦函数或指数形式，这些形式在物理上具有相同的意义。我们采用余弦函数形式，即

$$x=A\cos(\omega t+\varphi) \tag{11.3}$$

式中 A，φ——积分常数。
这就是弹簧振子的运动学方程。

11.1.2 简谐振动

11.1.2.1 简谐振动的判断标准

动力学特征或运动学特征和弹簧振子具有相同的形式的运动就是简谐振动，也就是说满足以下条件者为简谐振动：

1. 受 力

合外力为

$$f=-kx$$

与物体相对于平衡位置的位移成正比，方向与位移的方向相反，并且总是指向平衡位置。此合外力称为线形回复力或准弹性力。

2. 运动微分方程

简谐振动的运动微分方程形式为

$$\frac{\mathrm{d}^2 x}{\mathrm{d}t^2}+\omega^2 x=0$$

式中 ω——决定于系统本身的常数。

3. 运动方程

简谐振动的运动方程形式为

$$x = A\cos(\omega t + \varphi)$$

是时间的周期性函数，描述了物体偏离平衡位置的位移。我们也把这个方程称为简谐振动的振动方程，在我们的课程中，它是整个简谐振动最核心的方程。

以上 3 个条件是等价的，从其中 1 个可以推出另外 2 个，因此一个物理量只要满足以上 3 个条件之一，则其运动形式就为简谐振动。

11.1.2.2 简谐振动物体的速度和加速度

将简谐振动的运动学方程分别对时间求一阶和二阶导数，可得简谐振动的速度和加速度为

$$\left.\begin{aligned} v &= \frac{\mathrm{d}x}{\mathrm{d}t} = -\omega A\sin(\omega t + \varphi) \\ a &= \frac{\mathrm{d}^2 x}{\mathrm{d}t^2} = -\omega^2 A\cos(\omega t + \varphi) \end{aligned}\right\} \tag{11.4}$$

物体在作简谐振动时，其位移、速度、加速度都是周期性变化的。

【例 11.1】 一个轻质弹簧竖直悬挂，下端挂一质量为 m 的物体。今将物体向下拉一段距离后再放开，证明物体将作简谐运动。

证明： 取物体平衡位置为坐标原点，竖直向下为 x 轴的正方向，如图 11.3 所示。物体在平衡位置时所受的合力为零，即

$$mg - kl = 0 \qquad ①$$

式中 mg——物体所受的重力；

l——物体平衡时弹簧的伸长量。

在任一位置 x 处，物体所受的合力为

$$F = mg - k(x + l) \qquad ②$$

比较式①②可得

$$F = -kx \qquad ③$$

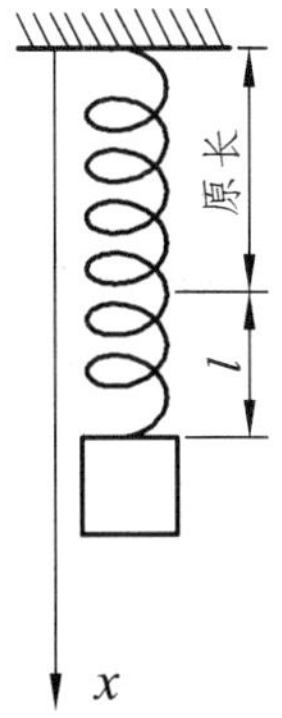

图 11.3 物体作简谐振动的证明

可见，物体所受的合外力与位移成正比，而方向相反，所以该物体将作简谐运动。

11.2 简谐振动的特征量

现在我们讨论简谐振动运动学方程 $x = A\cos(\omega t + \varphi)$中 A、ω、$\omega t + \varphi$ 和 φ 的物理意义。它们是描述简谐振动的特征量：振幅、频率和周期、相位和初相。若知道了某简谐振动的这 3 个特征量，该简谐振动就完全被确定了。

11.2.1 振幅 A

振幅反映振动幅度的大小，在简谐运动的表达式中，因为余弦或正弦函数的绝对值不能大于 1，所以物体的振动范围为 $+A$ 与 $-A$ 之间。振幅的大小与振动系统的能量有关，由系统的初始条件确定；A 恒为正值，在国际单位制（SI）中单位为米（m）。

11.2.2 周期 T 与频率 ν

周期或频率反映振动的快慢。

1. 周　期

物体作一次完整振动所需的时间，用 T 表示，单位为秒（s）。

$$x = A\cos(\omega t + \varphi) = A\cos[\omega(t + T) + \varphi]$$

考虑到余弦函数的周期性，有 $\omega T = 2\pi$，即

$$T = \frac{2\pi}{\omega} \tag{11.5}$$

2. 频　率

单位时间内物体所作的完全振动的次数，用 ν 表示，单位为赫兹（Hz）。

$$\nu = \frac{1}{T} = \frac{\omega}{2\pi} \tag{11.6}$$

3. 圆频率（角频率）

物体在 2π 时间内所作的完全振动的次数，用 ω 表示，单位为弧度/秒（rad/s）。

$$\omega = 2\pi\nu = \frac{2\pi}{T} \tag{11.7}$$

说明：

（1）简谐振动的基本特性是它的周期性；

（2）周期、频率或圆频率均由振动系统本身的性质所决定，故称为固有周期、固有频率或固有圆频率。

（3）对于弹簧振子：

$$\omega = \sqrt{\frac{k}{m}}，\quad \nu = \frac{1}{2\pi}\sqrt{\frac{k}{m}}，\quad T = 2\pi\sqrt{\frac{m}{k}} \tag{11.8}$$

（4）简谐振动的表达式可以表示为

$$x = A\cos(\omega t + \varphi) = A\cos\left(\frac{2\pi}{T}t + \varphi\right) = A\cos(2\pi\nu t + \varphi) \tag{11.9}$$

11.2.3 相位($\omega t+\varphi$)

相位反映振动的状态。

1. 相 位

对于作简谐振动的物体来说，位置和速度分别为 $x=A\cos(\omega t+\varphi)$ 和 $v=-\omega A\sin(\omega t+\varphi)$，通常把物体的位置和速度的组合称为物体的运动状态。当振幅 A 和圆频率 ω 给定时，物体在 t 时刻的位置和速度完全由 $(\omega t+\varphi)$ 来确定。即 $(\omega t+\varphi)$ 是确定简谐运动状态的物理量，称为相位，这里“相”就是“状态”的意思。

在一次完整的振动周期中，谐振子有不同的运动状态，分别与 $0\sim 2\pi$ 内的一个相位值对应（示例见表 1.1）。

表 11.1 振子运动状态与相位值的对应

t	x	v	$\omega t+\varphi$
0	A	0	0
$T/4$	0	$-\omega A$	$\pi/2$
$T/2$	$-A$	0	π
T	A	0	2π

2. 初相位

φ 为 $t=0$ 时的相位，称为初相位，简称初相，它是决定初始时刻物体运动状态的物理量。对于一个简谐振动来说，开始计时的时刻不同，初始状态就不同，与之对应的初相位就不同，即初相位与时间零点的选择有关。

3. 相位差

两个振动在同一时刻的相位之差或同一振动在不同时刻的相位之差就是相位差，因此在提到相位差时，一定要指明是什么情况下的相位差。

例如，对于同频率的两个简谐振动：

$$x_1=A_1\cos(\omega t+\varphi_1)$$
$$x_2=A_2\cos(\omega t+\varphi_2)$$

同时刻的相位差为

$$\Delta\varphi=(\omega t+\varphi_2)-(\omega t+\varphi_1)=\varphi_2-\varphi_1 \tag{11.10}$$

可见两个同频率的简谐振动在任意时刻的相位差是恒定的，始终等于它们的初始相位差。

说明：

（1）质点 2 的振动相位减去质点 1 的振动相位大于零，即 $\Delta\varphi>0$ 时，称质点 2 的振动超前质点 1 的振动；质点 2 的振动相位减去质点 1 的振动相位小于零，即 $\Delta\varphi<0$ 时，称质点 2 的振动落后于质点 1 的振动。

（2）对于同频率的两个振动而言：

当 $\Delta\varphi=\pm 2k\pi$（$k=0, 1, 2, \cdots$）时，称为同相（步调相同），两振动质点将同时到达各自的极大值、同时越过原点并同时到达极小值，它们的步调始终相同。

当 $\Delta\varphi=\pm(2k+1)\pi$（$k=0, 1, 2, \cdots$）时，称为反相（步调相反），两振动质点中的一个到达极大值时，另一个将同时到达极小值，并且将同时越过原点并同时到达各自的另一个极值，它们的步调正好相反，例如，前面我们讨论了简谐振动的加速度，它的振动和位置的振动就是反相的。

从上面的分析我们可以看到，只要知道一个简谐振动的振幅、周期（或频率、角频率）、初相位，就可以知道这个简谐振动的全部运动特征，因此求这 3 个特征量是我们得到简谐振动方程的关键。

11.2.4 由初始条件确定振幅和相位

振动方程 $x=A\cos(\omega t+\varphi)$ 中圆频率是由系统本身的性质确定的，积分常数 A 和 φ 是求解简谐运动的微分方程而引入的，其值由初始条件（即在 $t=0$ 时物体的位移与速度）来确定。将 $t=0$ 代入位移和速度的公式，即得物体在初始时刻的位移 x_0 和初速度 v_0：

$$x_0=A\cos\varphi, \quad v_0=-A\omega\sin\varphi \tag{11.11}$$

由此可解得

$$A=\sqrt{x_0^2+\left(\frac{v_0}{\omega}\right)^2}, \quad \tan\varphi=-\frac{v_0}{\omega x_0} \tag{11.12}$$

通常限制 φ 的取值在 $-\pi$ 和 π（或 0 和 2π）之间，上式中 φ 的最终取值通常要由 $\begin{cases}x_0=A\cos\varphi\\ v_0=-A\omega\sin\varphi\end{cases}$ 两式共同确定。

【例 11.2】 一弹簧振子系统，弹簧的劲度系数为 $k=0.72$ N/m，物体的质量为 $m=20$ g。今将物体从平衡位置沿桌面向右拉长到 0.04 m 处释放。求振动方程。

解： 要确定弹簧振子系统的振动方程，只要确定 A、ω 和 φ 即可。

由题可知，$k=0.72$ N/m，$m=20$ g $=0.02$ kg，$x_0=0.04$ m，$v_0=0$，代入公式可得

$$\omega=\sqrt{\frac{k}{m}}=\sqrt{\frac{0.72}{0.02}}=6 \ (\text{rad/s})$$

$$A=\sqrt{x_0^2+\frac{v_0^2}{\omega^2}}=\sqrt{0.04^2+\frac{0^2}{6^2}}=0.04 \ (\text{m})$$

又因为 x_0 为正，初速度 $v_0=0$，可得 $\varphi=0$，因此简谐运动的方程为

$$x=0.04\cos(6t) \ (\text{m})$$

11.3 振动曲线与振动方程

已知振动方程 $x = A\cos(\omega t + \varphi)$，如果以 x 和 t 为轴建立坐标系，得到的 x-t 关系曲线就是振动曲线。例如，已知振动方程为 $x = A\cos\left(\dfrac{\pi}{2}t - \dfrac{\pi}{2}\right)$（SI），则它所对应的振动曲线如图 11.4 所示。

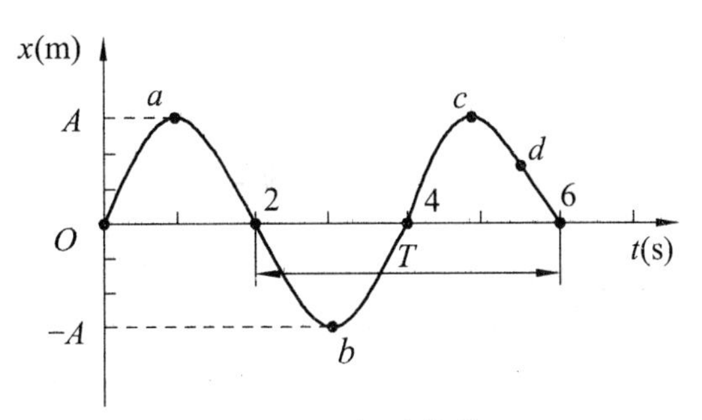

图 11.4 振动曲线

其中 O 点是计时起点，a 点和 c 点对应振动物体（如振子）达到正的最大位移处，此时速度为零，加速度为负的最大值；d 点对应由正的最大位移处向平衡位置运动的状态，此时速度为负值，加速度也为负值。还可以由角频率与周期的关系得出周期为 4 s 等条件。

同样，如果能够由振动曲线判断出振动的特征量，那么我们就可由已知的振动曲线得到曲线所描述的振动的振动方程。因此，振动方程和振动曲线是对振动的不同形式的描述。

我们来看看同相和反相在振动曲线中是什么样子（图 11.5）。

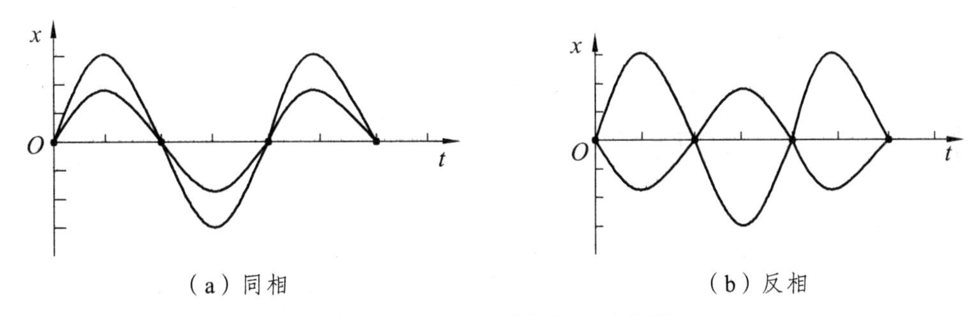

（a）同相　　（b）反相

图 11.5 同相和反相的振动曲线

【例 11.3】 已知某质点作简谐运动，振动曲线如图 11.6 所示，试根据图中数据写出振动表达式。

解： 设振动表达式为

$$x = A\cos(\omega t + \varphi)$$

由图 11.6 可见：$A = 2\ \text{m}$，当 $t = 0$ 时，有

$$x_0 = 2\cos\varphi = \sqrt{2} \quad ①$$

$$v_0 = -2\omega\sin\varphi > 0 \quad ②$$

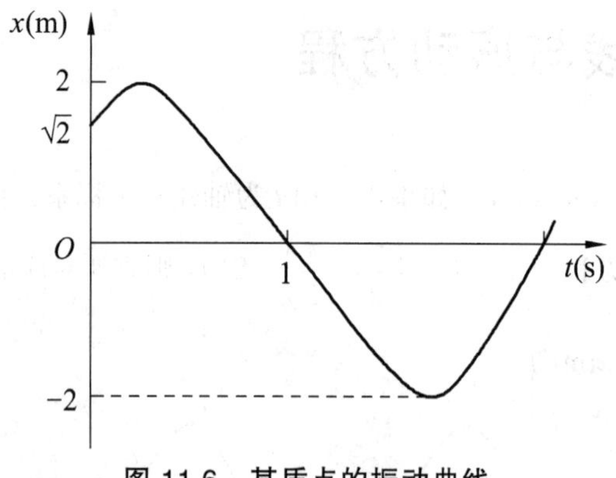

图 11.6　某质点的振动曲线

由式①可得 $\varphi=\pm\dfrac{\pi}{4}$，由式②可知 $\sin\varphi<0$，所以只能取 $\varphi=-\dfrac{\pi}{4}$。

当 $t=1$ s 时　$x_1=2\cos\left(\omega-\dfrac{\pi}{4}\right)=0$　③

$$v_1=-2\omega\sin\left(\omega-\frac{\pi}{4}\right)<0 \quad ④$$

由式③可得 $\omega-\dfrac{\pi}{4}=\pm\dfrac{\pi}{2}$，由式④可知 $\sin\left(\omega-\dfrac{\pi}{4}\right)>0$，取 $\omega-\dfrac{\pi}{4}=\dfrac{\pi}{2}$，因而可得 $\omega=\dfrac{3\pi}{4}$，所以振动方程为

$$x=2\cos\left(\frac{3}{4}\pi t-\frac{\pi}{4}\right)\ (\mathrm{m})$$

11.4　简谐振动的旋转矢量描述

前面介绍了简谐振动的代数表达式及曲线表示。下面再介绍一种简捷形象的方法——旋转矢量描述。

11.4.1　旋转矢量图与简谐振动

如图 11.7 所示，一个长度为 A 的矢量 $\boldsymbol{A}$ 在 xOy 平面内绕 O 点沿逆时针方向旋转，其角速度为常量 ω，在 $t=0$ 时，矢量与 x 轴的夹角为 φ，这样的矢量称为旋转矢量，在一些文献中，旋转矢量也被称为振幅矢量。很容易推出在任意时刻 t，矢量 $\boldsymbol{A}$ 与 x 轴的夹角为 $\omega t+\varphi$，$\boldsymbol{A}$ 的末端在轴上的投影为

$$x=A\cos(\omega t+\varphi)$$

很明显，此式即为简谐振动的振动方程，A 即为振动的振幅，ω 为角频率，φ 为振动的初相位。旋转矢量本身并不作简谐振动，而是旋转矢量的矢端在 x 轴上的投影点在作简谐振动，旋转矢量旋转一周，投影点做一次完整的往复运动。投影点作简谐振动的振幅、圆频率、初相与 $\boldsymbol{A}$ 矢量大小、旋转角速度、初始 A 与 x 轴夹角一一对应。投影点的速度和加速度也与简谐振动的速度和加速度相对应。

我们再来看看在旋转矢量图中同相和反相的样子：在图 11.8 中，$\boldsymbol{A}_1$ 和 $\boldsymbol{A}_2$、$\boldsymbol{A}_3$ 是反相的，$\boldsymbol{A}_2$ 和 $\boldsymbol{A}_3$ 是同相的。

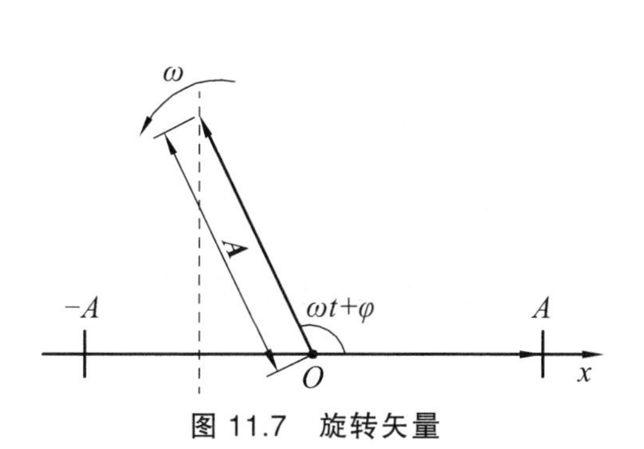

图 11.7　旋转矢量

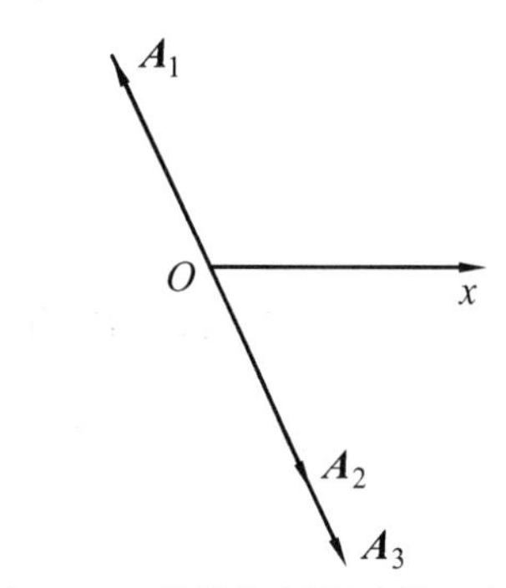

图 11.8　旋转矢量图中的同相和反相

11.4.2　旋转矢量的应用

旋转矢量图可以用来求初相位，求振动的合成等，这里我们主要介绍用旋转矢量求初相位，振动的合成在后面的内容中介绍。

求初相位要根据两点：初始时刻物体振动的位置、初始时刻物体振动的速度（主要是速度正负），这两点在旋转矢量图中分别对应着旋转矢量末端在坐标轴上的投影点坐标和投影点运动的方向。因此旋转矢量投影点位置一定时，固定长度的旋转矢量的方向最多有两个，而矢量始终以逆时针方向转动，则进一步可根据矢量旋转时投影点的运动方向判断出两个备选矢量中符合要求的那个，这个矢量与坐标轴正方向的夹角就是初相位，下面举例说明。

【例 11.4】　一个质点沿 x 轴作简谐运动，振幅 $A=0.06$ m，周期 $T=2$ s，初始时刻质点位于 $x_0=0.03$ m 处且向 x 轴正方向运动。求：（1）初相位；（2）在 $x=-0.03$ m 处且向 x 轴负方向运动时物体的速度和加速度以及质点从这一位置回到平衡位置所需要的最短时间。

解：（1）取平衡位置为坐标原点，质点的运动方程可写为

$$x=A\cos(\omega t+\varphi)$$

依题意，有 $A=0.06$ m，$T=2$ s，则

$$\omega=\frac{2\pi}{T}=\frac{2\pi}{2}=\pi\ \text{(rad/s)}$$

在 $t=0$ 时　　$x_0=A\cos\varphi=0.06\cos\varphi=0.03\ \text{(m)}$

可得初相位可能取值为

$$\varphi=\pm\frac{\pi}{3}$$

又初始时刻质点向 x 轴正方向运动，因而速度大于零，即

$$v_0=-A\omega\sin\varphi>0$$

因而解得 $\varphi=-\dfrac{\pi}{3}$

故振动方程为

$$x=0.06\cos\left(\pi t-\frac{\pi}{3}\right)\quad(\text{SI})$$

如果用旋转矢量法，则判断出 $\varphi=\pm\dfrac{\pi}{3}$ 时可画出可能的旋转矢量（图 11.9），又初始时刻速度大于零，而旋转矢量只能逆时针方向转动，故第四象限的矢量旋转时其投影点速度为正，可以得到

$$\varphi=-\frac{\pi}{3}$$

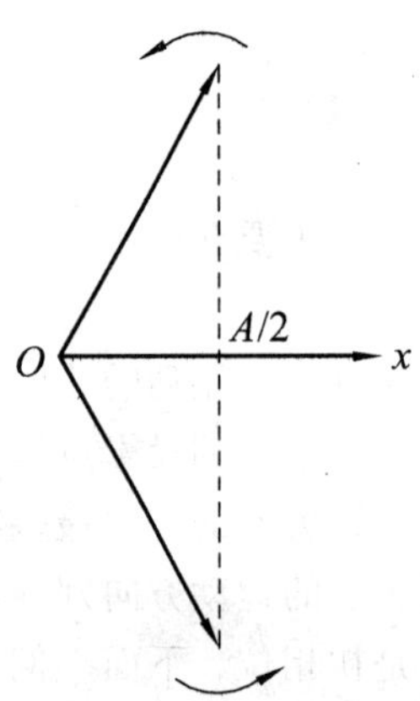

图 11.9　用旋转矢量判断φ

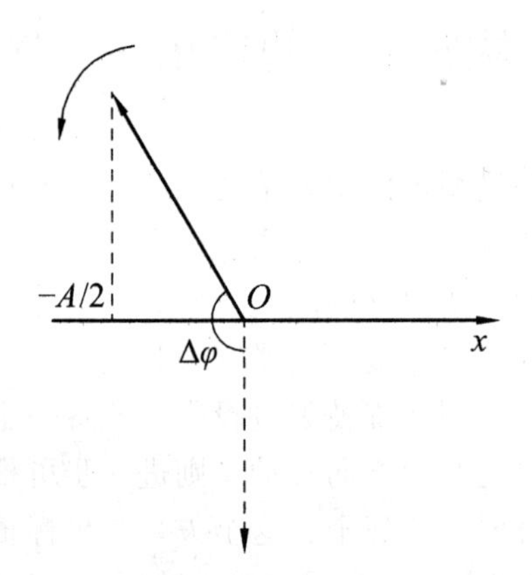

图 11.10　用旋转矢量求解简谐运动时间

（2）$t=t_1$ 时　$x_1=0.06\cos\left(\pi t_1-\dfrac{\pi}{3}\right)=-0.03$（m）

且 $\left(\pi t_1-\dfrac{\pi}{3}\right)$ 为第二象限角，故

$$\pi t_1-\frac{\pi}{3}=\frac{2\pi}{3}$$

得 $t_1=1$ s，因而速度和加速度为

$$v=\left.\frac{\mathrm{d}x}{\mathrm{d}t}\right|_{t=1\,\mathrm{s}}=-0.06\pi\sin\left(\pi t_1-\frac{\pi}{3}\right)=-0.16\ (\mathrm{m/s})$$

$$a = \left.\frac{d^2x}{dt^2}\right|_{t=1\text{ s}} = -0.06\pi^2\cos\left(\pi t_1 - \frac{\pi}{3}\right) = 0.30\ \ (\text{m/s}^2)$$

从 $x = -0.03$ m 处向 x 轴负方向运动到平衡位置，意味着旋转矢量从图 11.10 中实线位置（末端投影为 −0.03 m 且投影点速度为负）转到虚线位置（末端投影首次为 0），因而所需要的最短时间满足

$$\omega\Delta t = \frac{3}{2}\pi - \frac{2}{3}\pi = \frac{5}{6}\pi$$

故

$$\Delta t = \frac{\frac{5}{6}\pi}{\pi} = \frac{5}{6} = 0.83\ \ (\text{s})$$

可见，用旋转矢量方法求解是比较简单的。

读者可以试试画出这个振动对应的振动曲线，并比较振动曲线、振动方程、旋转矢量图三者的关系。

11.5　简谐振动的能量

从机械运动的观点看，在振动过程中，若振动系统不受外力和非保守内力的作用，则其动能和势能的总和是恒定的。现在我们以弹簧振子为例，研究简谐振动中的能量问题。

利用简谐振动方程及其速度方程，可得任意时刻 t 一个弹簧振子的弹性势能和动能：

系统势能

$$E_p = \frac{1}{2}kx^2 = \frac{1}{2}kA^2\cos^2(\omega t + \varphi) \tag{11.13}$$

系统动能

$$E_k = \frac{1}{2}mv^2 = \frac{1}{2}mA^2\omega^2\sin^2(\omega t + \varphi) \tag{11.14}$$

因而，系统的总能量为

$$E = E_k + E_p = \frac{1}{2}mA^2\omega^2\sin^2(\omega t + \varphi) + \frac{1}{2}kA^2\cos^2(\omega t + \varphi)$$

考虑到 $\omega^2 = \frac{k}{m}$，则

$$E = \frac{1}{2}mA^2\omega^2 = \frac{1}{2}kA^2 \tag{11.15}$$

可见弹簧振子的机械能不随时间改变，即其能量守恒。这是由于无阻尼自由振动的弹簧振子是一个孤立系统，在振动过程中没有外力对它做功。弹簧振子的总能量和振幅的平方成正比，这意味着振幅不仅描述简谐振动的运动范围，而且还反映振动系统能量的大小。动能与势能都随时间作周期性变化，变化频率是位移与速度变化频率的 2 倍，而总能量保持不

变；且总能量与位移无关。我们可以画出能量随时间的变化曲线，并把它与振动曲线进行对比（图 11.11）。

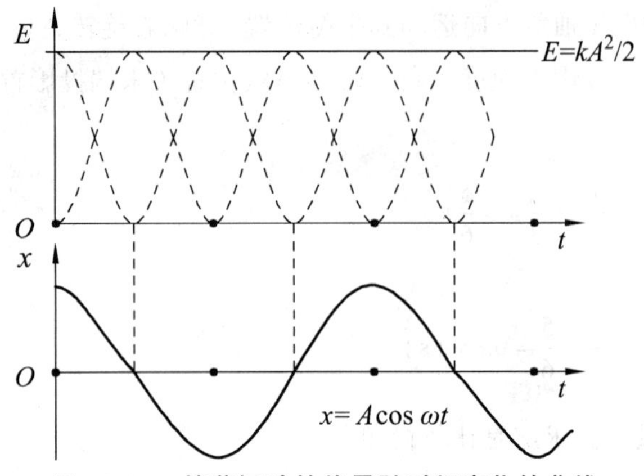

图 11.11 简谐振动的能量随时间变化的曲线

【例 11.5】 用机械能守恒定律求弹簧振子的运动方程。

解：弹簧振子在振动过程中，机械能守恒，即

$$\frac{1}{2}mv^2+\frac{1}{2}kx^2=\frac{1}{2}kA^2=C$$

两边对时间求导，得

$$\frac{1}{2}m\cdot 2v\frac{\mathrm{d}v}{\mathrm{d}t}+\frac{1}{2}k\cdot 2x\frac{\mathrm{d}x}{\mathrm{d}t}=0$$

即

$$m\cdot v\frac{\mathrm{d}^2x}{\mathrm{d}t^2}+k\cdot xv=0$$

$$\frac{\mathrm{d}^2x}{\mathrm{d}t^2}+\frac{k}{m}x=0$$

令 $\omega^2=\frac{k}{m}$，则

$$\frac{\mathrm{d}^2x}{\mathrm{d}t^2}+\omega^2x=0$$

11.6 简谐振动的合成

简谐振动是最简单也是最基本的振动形式，任何一个复杂的振动都可以由多个不同频率的简谐振动叠加而成。那么几个简谐振动是怎样合成一个复杂的振动的呢？一般的振动合成问题是比较复杂的，这里我们只讨论简谐振动合成的几种简单情况。

11.6.1 同方向、同频率简谐运动的合成

所谓同方向，是指物体振动的运动方向相同，如都为 x 方向，那么这两个振动的表达式可以写为

$$x_1 = A_1 \cos(\omega t + \varphi_1) \tag{11.16}$$

$$x_2 = A_2 \cos(\omega t + \varphi_2) \tag{11.17}$$

假设一个物体同时参与了这两个振动，现在来求合振动

$$x = x_1 + x_2 \tag{11.18}$$

求合振动我们可以用解析法和旋转矢量法，用解析法要使用复杂的三角运算公式，而旋转矢量法却比较直观简洁，下面我们使用旋转矢量法来求合振动。

如图 11.12 所示，$\boldsymbol{A}_1$，$\boldsymbol{A}_2$分别表示简谐振动 x_1 和 x_2的旋转矢量，如前所述，它们在 x 轴上投影的坐标即表示简谐振动 x_1 和 x_2，我们要求它们的和 $x_1 + x_2$。作 $\boldsymbol{A}_1$、$\boldsymbol{A}_2$的合矢量 $\boldsymbol{A}$，矢量 $\boldsymbol{A}$ 的端点在 x 轴上投影的坐标是 $x = x_1 + x_2$，这正好是我们要求的合振动的位移。

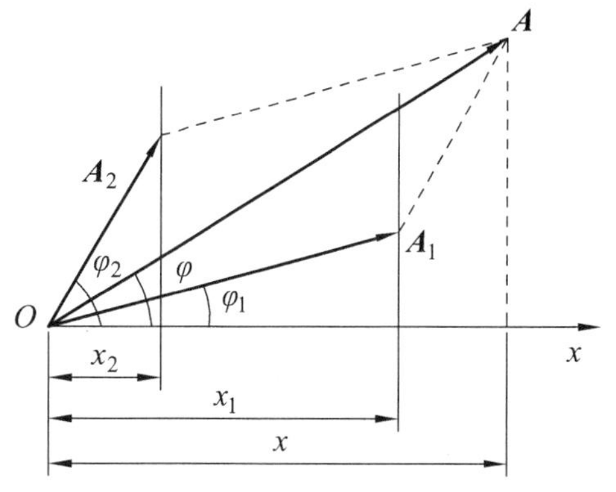

图 11.12　用旋转矢量法求合振动

为了求矢量 $\boldsymbol{A}$ 的端点在 x 轴上投影的坐标，我们首先分析 A 的变化规律。由于两个振动的角频率相同，即 $\boldsymbol{A}_1$，$\boldsymbol{A}_2$以相同的角速度ω匀速旋转，所以在旋转过程中图中平行四边形的形状保持不变，因而合矢量 $\boldsymbol{A}$ 的长度 A 保持不变，并以同一角速度ω匀速旋转。因此合矢量 $\boldsymbol{A}$ 也是一个旋转矢量。矢量 $\boldsymbol{A}$ 的端点在 x 轴上的投影坐标可表示为

$$x = A\cos(\omega t + \varphi) \tag{11.19}$$

可见，这也是简谐振动的形式，即合振动也是简谐振动，我们只要求出合振动的特征量就可以知道合振动的所有信息了。

合振动的振幅可以由余弦定理从图中的几何关系求得

$$A = \sqrt{A_1^2 + A_2^2 + 2A_1A_2\cos(\varphi_2 - \varphi_1)} \tag{11.20}$$

合振动的角频率可以由其几何意义——矢量旋转的角速度得到

$$\omega = \omega$$

合振动的初相位也可以由几何关系求得

$$\varphi = \arctan\frac{A_1\sin\varphi_1 + A_2\sin\varphi_2}{A_1\cos\varphi_1 + A_2\cos\varphi_2} \tag{11.21}$$

讨论：

（1）合振动的振幅不仅与 A_1、A_2 有关，而且还与相位差 $(\varphi_2-\varphi_1)$ 有关。

若 $\varphi_2-\varphi_1=2k\pi$，$k=0,\ \pm1,\ \pm2,\ \cdots$，则

$$\cos(\varphi_2-\varphi_1)=1,\ A=A_1+A_2$$

即两个分振动同相时，合振幅等于分振幅之和，称为振动互相加强。

若 $\varphi_2-\varphi_1=(2k+1)\pi$，$k=0,\ \pm1,\ \pm2,\ \cdots$，则

$$\cos(\varphi_2-\varphi_1)=-1,\ A=|A_1-A_2|$$

即两个分振动反相时，合振幅等于分振幅之差的绝对值，称为振动互相减弱。

一般情况下，合振动的振幅在 $|A_1-A_2|$ 与 A_1+A_2 之间。

（2）上述结论可以推广到多个同方向、同频率简谐运动的合成，即

$$x_i=A_i\cos(\omega t+\varphi_i)\quad (i=1,\ 2,\ \cdots,\ n)$$

合振动：$x=\sum_{i=1}^{n}x_i$ 也是简谐运动

$$x=A\cos(\omega t+\varphi)$$

A 和 φ 可以用一般矢量求和的方法得到。图 11.13 演示了如何由矢量叠加的多边形法则得到 5 个简谐振动的合振动矢量。

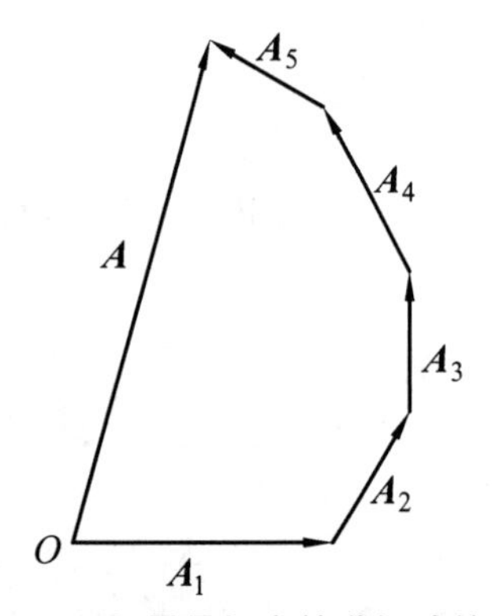

图 11.13　用矢量叠加求简谐振动的合振动

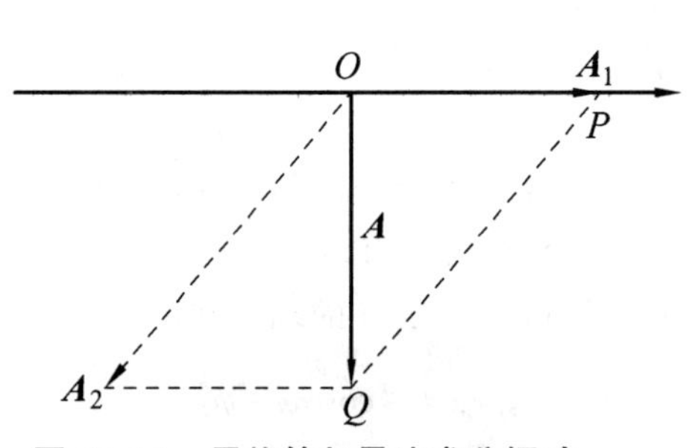

图 11.14　用旋转矢量法求分振动

【例 11.6】　有一个质点参与两个简谐振动，其中第一个分振动为 $x_1=0.3\cos\omega t$　m，合振动为 $x=0.4\sin\omega t$　m，求第二个分振动。

解： 把合振动改写为

$$x=0.4\cos\left(\omega t-\frac{\pi}{2}\right)\ \text{m}$$

$t=0$ 时振动合成的旋转矢量如图 11.14 所示。由于图中的直角三角形可直接得到第二个分振动的振幅，即它的旋转矢量 $\boldsymbol{A}_2$ 的长度 $A_2=0.5$。也可直接得到第二个分振动的初相位，即旋转矢量 $\boldsymbol{A}_2$ 与 x 轴的夹角 $\varphi_2=-90°-37°=-127°$，故第二个分振动为

$$x_2=0.5\cos(\omega t-127°)\ \ \text{m}$$

11.6.2 同方向、不同频率简谐运动的合成

现在来看某质点同时参与两个不同频率且在同一条直线上的简谐运动的情况，设这两个分振动分别为

$$x_1 = A_1 \cos(\omega_1 t + \varphi_1) \tag{11.22}$$

$$x_2 = A_2 \cos(\omega_2 t + \varphi_2) \tag{11.23}$$

这时，合振动 $x = x_1 + x_2$ 又是什么样子呢?

由于相位差 $\Delta\varphi = (\omega_2 - \omega_1)t + (\varphi_2 - \varphi_1)$ 随时间变化，故合振动的振幅也随时间而变化，不是简谐运动。这里只讨论 $A_1 = A_2 = A_0$，$\varphi_1 = \varphi_2 = 0$，$\nu_1 + \nu_2 \gg |\nu_2 - \nu_1|$ 的情形，即两个频率相差很小，此时

$$x_1 = A_1 \cos\omega_1 t = A_0 \cos 2\pi\nu_1 t$$

$$x_2 = A_2 \cos\omega_2 t = A_0 \cos 2\pi\nu_2 t$$

$$\begin{aligned} x = x_1 + x_2 &= A_0 \cos 2\pi\nu_1 t + A_0 \cos 2\pi\nu_2 t \\ &= \left(2A_0 \cos 2\pi \frac{\nu_2 - \nu_1}{2} t\right) \cos 2\pi \frac{\nu_2 + \nu_1}{2} t \end{aligned} \tag{11.24}$$

由于 $2A_0 \cos 2\pi \frac{\nu_2 - \nu_1}{2} t$ 随时间变化比 $\cos 2\pi \frac{\nu_2 + \nu_1}{2} t$ 要缓慢得多，因此可以近似地将合振动看成是振幅按 $\left|2A_0 \cos 2\pi \frac{\nu_2 - \nu_1}{2} t\right|$ 缓慢变化、角频率为 $\frac{\nu_2 + \nu_1}{2}$ 的“准周期运动”。这种两个频率都较大但两者频差很小的同方向简谐运动合成时，所产生的合振幅时而加强时而减弱的现象称为拍（图 11.15）。

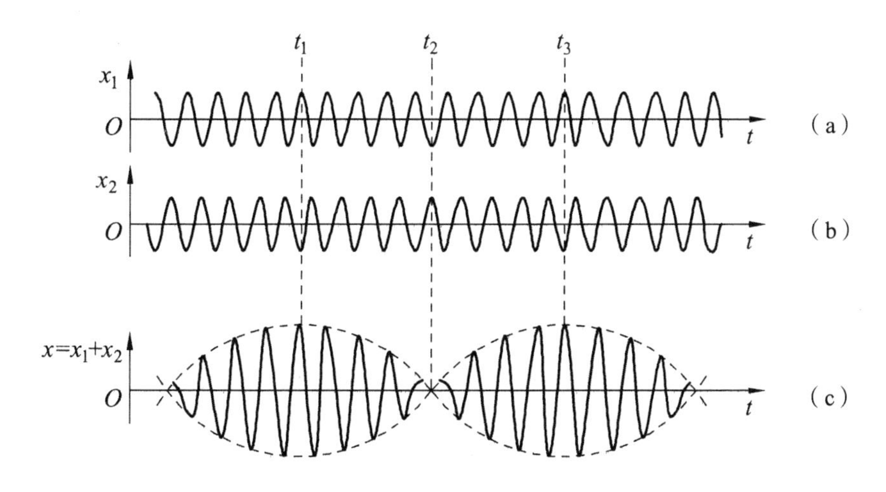

图 11.15 同方向、不同频率简谐振动的合成

即合振动的频率为

$$\frac{\nu_2+\nu_1}{2}$$

合振幅变化的周期：

$$T=1/|\nu_2-\nu_1|$$

拍频：

$$\nu=|\nu_2-\nu_1| \tag{11.25}$$

这个问题用旋转矢量法更容易理解：假设$\nu_2>\nu_1$，这样$\boldsymbol{A}_1$不如$\boldsymbol{A}_2$转得快，在某一瞬间，旋转矢量$\boldsymbol{A}_1$、$\boldsymbol{A}_2$和它们的合矢量$\boldsymbol{A}$如图 11.16 所示，而在以后的某一瞬间，旋转矢量$\boldsymbol{A}_1$和$\boldsymbol{A}_2$分别到达$\boldsymbol{A}_1'$和$\boldsymbol{A}_2'$的位置，它们的合矢量变为$\boldsymbol{A}'$。在这两个任意时刻，由于两个分振动所对应的旋转矢量转动的速度不同，因此两个时刻$\boldsymbol{A}_1$和$\boldsymbol{A}_2$的夹角也不同，合矢量$\boldsymbol{A}$和$\boldsymbol{A}'$的长度也不同，合矢量所对应的合振动的振幅自然也不一样。由此可见合振动是振幅随时间变化的振动。

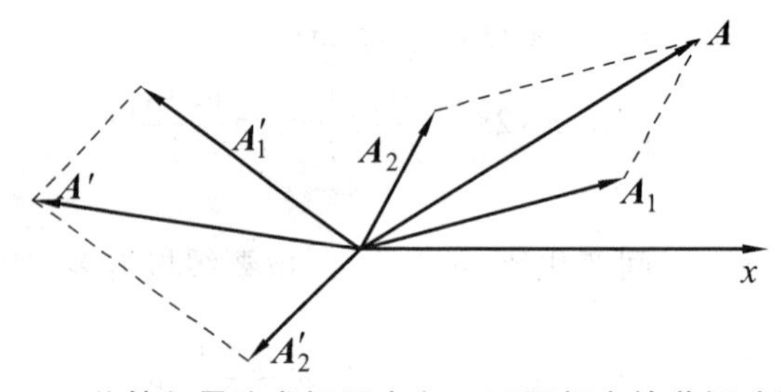

图 11.16　旋转矢量法求解同方向、不同频率简谐振动的合成

旋转矢量$\boldsymbol{A}_1$每绕点O转ν_1圈，$\boldsymbol{A}_2$就比$\boldsymbol{A}_1$多转$\nu_2-\nu_1$圈。$\boldsymbol{A}_2$比$\boldsymbol{A}_1$每多转一圈，就会出现一次两者方向相同的机会和一次两者方向相反的机会。所以在单位时间（1 s）内应出现$\nu_2-\nu_1$次同方向的机会和$\nu_2-\nu_1$次反方向的机会。$\boldsymbol{A}_1$与$\boldsymbol{A}_2$同方向时，合振动的振幅为（A_1+A_2）；$\boldsymbol{A}_1$与$\boldsymbol{A}_2$反方向时，合振动的振幅为$|A_1-A_2|$。这样便形成了由于两个分振动的频率的微小差异而产生的合振动振幅时而加强时而减弱的“拍”现象。合振动在 1 s 内加强或减弱的次数就是前面提到的拍频。

11.6.3　方向垂直的两个简谐振动合成

方向垂直的两个简谐振动合成又可以分为两种：频率相同和频率不同，这些情况稍微复杂一些，下面我们仅给出这种振动合成的结果。

频率相同时，质点合振动的运动轨迹为椭圆，椭圆的形状由两个分振动的相位差决定，如图 11.17 列出了几种常见的情况：

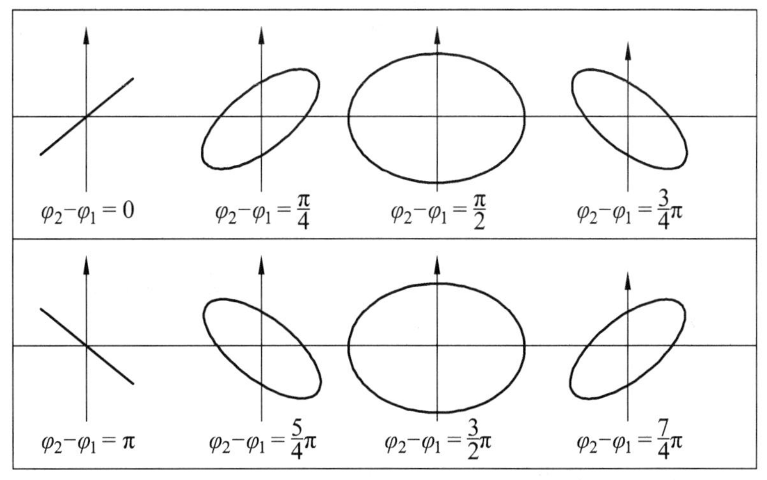

图 11.17 频率相同、方向垂直的两个简谐振动的合成

频率不同时，则在上述矩形范围内由直线逐渐变为椭圆，又由椭圆逐渐变为直线，并不断重复进行下去。如果两个分振动的频率相差较大，但有简单的整数比关系，则合振动为有一定规则的、稳定的闭合曲线，这种曲线称为利萨如图形。图 11.18 表示了两个分振动的频率之比为不同情况下的利萨如图形。利用利萨如图形的特点，可以由一个频率已知的振动求得另一个振动的频率。这是无线电技术中常用来测定振荡频率的方法。

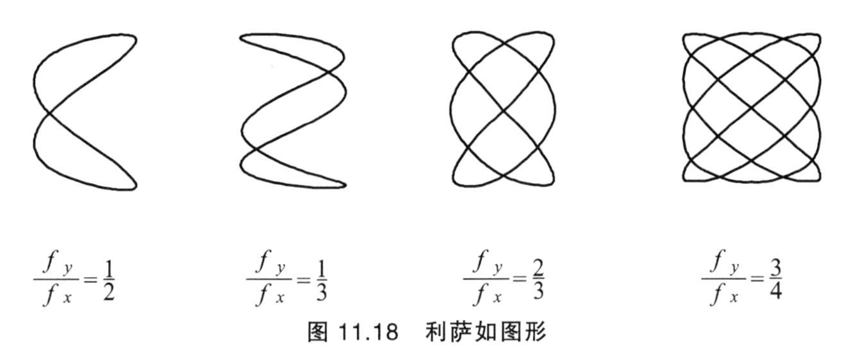

图 11.18 利萨如图形

11.7 阻尼振动、受迫振动、共振

简谐运动的振幅不随时间变化，这就是说，振动一经发生，就能够永远不停地以相同的振幅振动下去。这是一种理想的情况，称为无阻尼自由振动。

实际上，任何振动系统都会受到阻力的作用，系统的能量将因不断克服阻力做功而损耗，振幅将逐渐减小。这种振幅随时间减小的振动称为阻尼振动。为了获得所需的稳定振动，必须克服阻力的影响而对系统施以周期性外力的作用，这种振动称为受迫振动。

在稳定状态下，受迫振动的振幅与强迫力的角频率有关。当强迫力的角频率 P 与固有角频率 ω_0 相差较大时，受迫振动的振幅较小；而当 P 与 ω_0 相差较小时，受迫振动的振幅较大；

当 P 为某一定值时，受迫振动的振幅达到最大值，我们把受迫振动的振幅达到最大值的现象称为共振。

11.7.1 阻尼振动

在系统的振动过程中，振子除了受到弹性力的作用外，还受到黏滞阻力的作用。当物体速度不太大时，黏滞阻力大小与速度的大小成正比，方向相反。

$$f=-Cv=-C\frac{\mathrm{d}x}{\mathrm{d}t} \tag{11.26}$$

式中　C——阻尼系数，由物体的形状、大小和周围介质的性质决定。

在有阻力作用时，根据牛顿第二定律，有

$$m\frac{\mathrm{d}^2x}{\mathrm{d}t^2}=-C\frac{\mathrm{d}x}{\mathrm{d}t}-kx \tag{11.27}$$

令 $\omega_0^2=\frac{k}{m}$，$\beta=\frac{C}{2m}$，则式（11.27）可写成

$$\frac{\mathrm{d}^2x}{\mathrm{d}t^2}+2\beta\frac{\mathrm{d}x}{\mathrm{d}t}+\omega_0^2x=0 \tag{11.28}$$

式中　ω_0——系统的固有角频率；

β——表征系统阻尼的大小，称为阻尼因子，β 越大，阻力越大（图 11.19）。

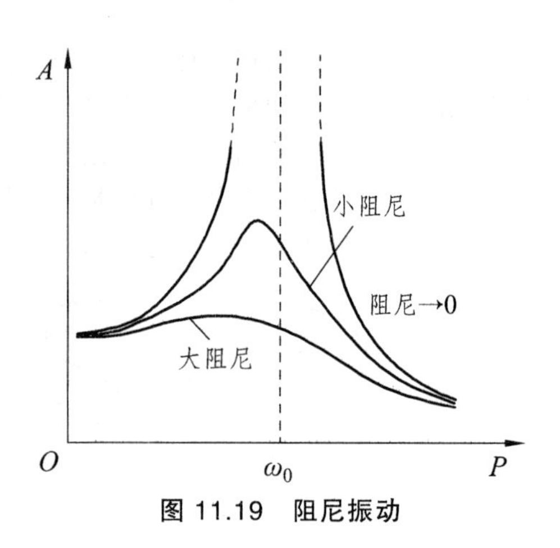

图 11.19　阻尼振动

11.7.2 受迫振动

设振子质量为 m，除受到弹性力 $-kx$、阻尼力 $-Cv$ 的作用外，还受到强迫力 $H\cos(Pt)$的作用。其中 H 是强迫力的最大值，称为力幅，P 为强迫力的角频率。根据牛顿第二定律可知

$$m\frac{\mathrm{d}^2x}{\mathrm{d}t^2}=-C\frac{\mathrm{d}x}{\mathrm{d}t}-kx+H\cos(Pt) \tag{11.29}$$

令 $\omega_0^2=\frac{k}{m}$，$\beta=\frac{C}{2m}$，$h=\frac{H}{m}$，则式（11.29）可写成

$$\frac{\mathrm{d}^2x}{\mathrm{d}t^2}+2\beta\frac{\mathrm{d}x}{\mathrm{d}t}+\omega_0^2x=h\cos(Pt) \tag{11.30}$$

这就是受迫振动的运动微分方程。其解为

$$x=A_0\mathrm{e}^{-\beta t}\cos(\omega t+\varphi')+A\cos(Pt+\varphi) \tag{11.31}$$

11.7.3 共　振

1. 共振角频率

系统发生共振时强迫力的角频率称为共振角频率，用 ω_r 表示。用求极值的方法

$$\frac{\partial A}{\partial \omega}=\frac{\partial}{\partial \omega}\left(\frac{h}{\sqrt{(\omega_0^2-P^2)+4\beta^2P^2}}\right)=0 \tag{11.32}$$

计算可得

$$\omega_r=\sqrt{\omega_0^2-2\beta^2} \tag{11.33}$$

2. 共振振幅

$$A_r=\frac{h}{2\beta\sqrt{\omega_0^2-\beta^2}} \tag{11.34}$$

3. 共振时受迫振动位移与强迫力之间的相位差

$$\varphi_r=\arctan\left(-\frac{\sqrt{\omega_0^2-2\beta^2}}{\beta}\right) \tag{11.35}$$

11.8 机械波的产生与传播

要产生机械波，首先要有一个振动的物体，即波的激发源，称为波源；还必须有弹性的介质，在没有弹性或完全刚性的介质内是不能形成机械波的。在弹性介质中，各质点间是以弹性力互相联系的。还没有开始振动的质点要依靠这种弹性力的作用从邻近的质点获得能量而陆续介入振动，使振动的状态传播出去，形成波动。由此可见，波源的振动和弹性介质是机械波产生的两个必要条件，机械波也被称为弹性波。图 11.20 示范了如何在一根弹性绳上产生机械波，手握住的一端质元即为波源，弹性绳就是弹性介质。

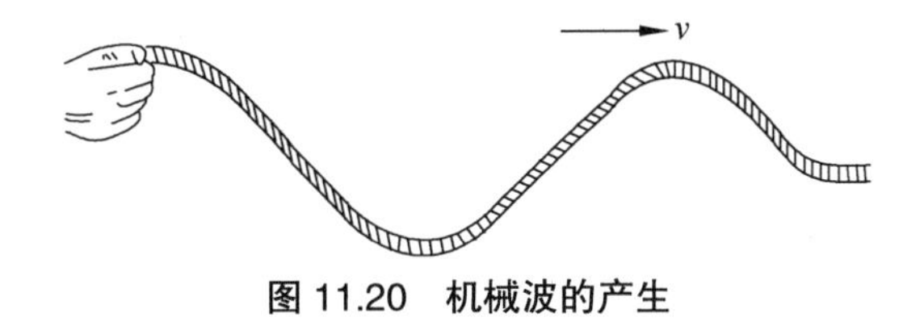

图 11.20　机械波的产生

从图 11.20 所示的例子中可以看出，质元的振动始终垂直于波的传播方向，波的传播并没有把质元沿波的传播方向运送出去，实际上是振动状态沿着绳子的传播，这一点应该弄清楚。

11.8.1　横波与纵波

按照波速和质点振动速度的方向之间的关系，我们可以把波分为横波和纵波两个类型（图 11.21）。在波动中，如果质点振动的方向和波的传播方向相互垂直，这种波称为横波。如前面绳波就是横波，横波的图像是峰谷相间的图形。如果在波动中，质点的振动方向和波的传播方向相互平行，这种波称为纵波。将一根弹簧水平放置，扰动弹簧的左端使其沿水平方向左右振动，就可以看到这种振动状态沿着弹簧向右传播。纵波的图像是疏密相间的图形。在空气中传播的声波就是纵波。

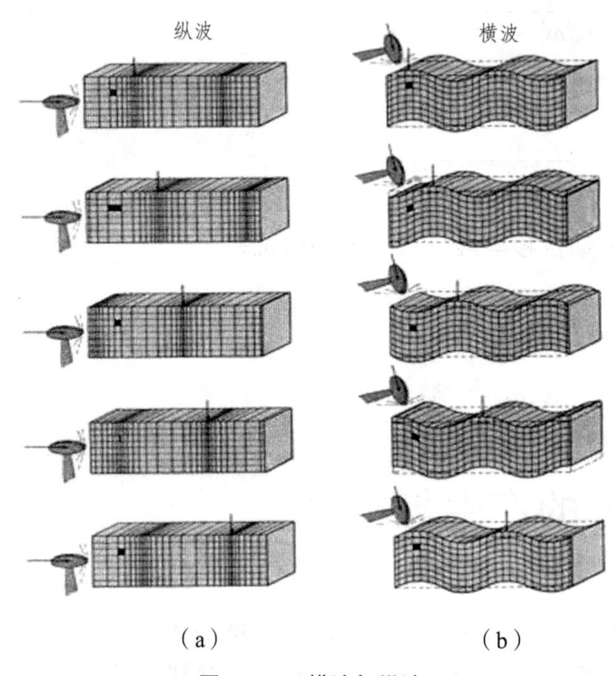

图 11.21　横波与纵波

11.8.2　波的传播特点

下面我们再来仔细地分析波的传播过程。在图 11.22 中，我们将前面的绳中的机械波用曲线描述出来，并对其上的数个质元进行分析。为了方便，假设 $t=0$ 时质元 1 刚好要开始从其平衡位置向上运动，并且质元 1 就是波源，则波源的振动方程可以表示为

$$y_0 = A\cos\left(\omega t - \frac{\pi}{2}\right) \tag{11.36}$$

$t=0$ 时，质元 1 的相位为 $-\frac{\pi}{2}$；$t=T/4$ 时（这里 T 是质元振动的周期），质元 1 达到其正的最大位移处，相位为 $\omega t-\frac{\pi}{2}=\frac{\omega T}{4}-\frac{\pi}{2}=0$，而质元 4 开始振动，相位为 $-\frac{\pi}{2}$；同样的道理，

$t=3T/4$ 时质元 1、4、7、10 的相位分别为 $\pi, \dfrac{\pi}{2}, 0, -\dfrac{\pi}{2}$。可见沿着波的传播方向，质元的振动相位依次减小，即振动依次落后，而质元依次作与其前方质元相同的振动。再来看 $t=5T/4$ 时，质元 2 和质元 14 作相同的振动，不同的是它们的相位相差 2π，质元 3 和质元 15、质元 4 和质元 16 等也都满足同样的关系，我们把满足这样的关系的两个质元之间的距离叫作波长，在后面的内容中我们还要进一步说明。

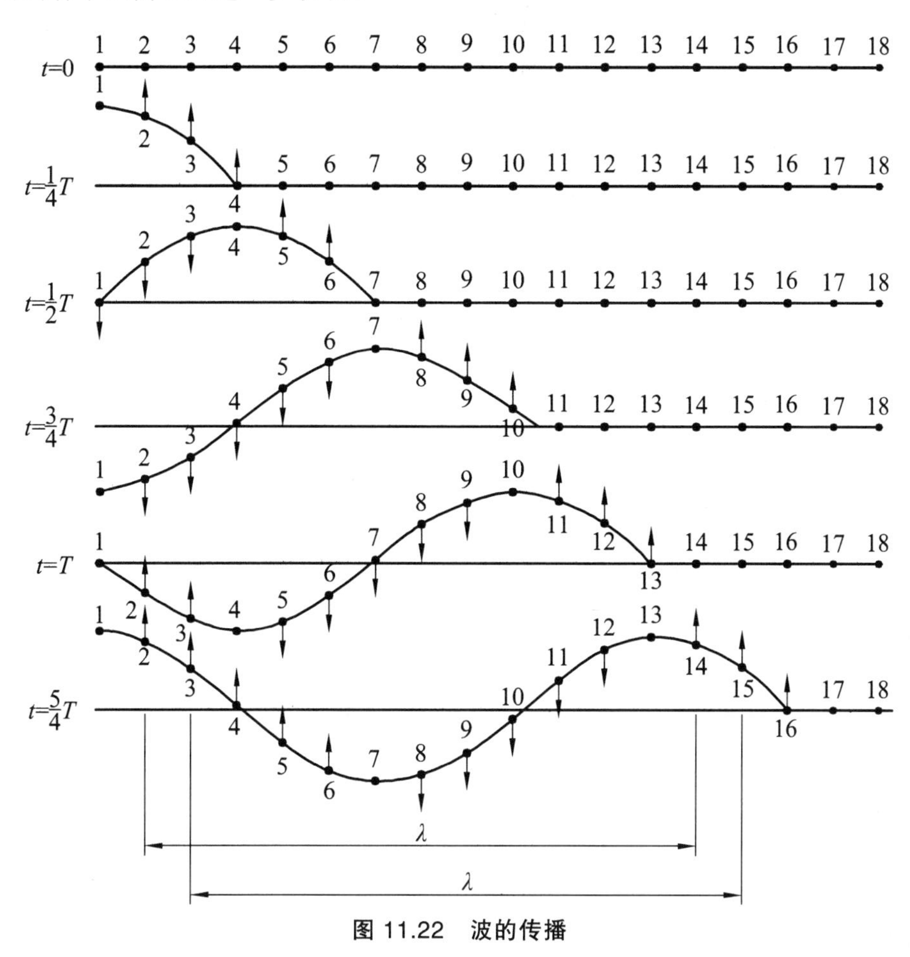

图 11.22　波的传播

11.9　描写波的物理量

11.9.1　波长 λ

在上面的例子中我们已经知道了什么是波长——同一波线上两个相邻的、相位差为 2π 的振动质点之间的距离，它反映了波动的空间周期性。

11.9.2 周期 T 和频率 ν

周期是指波传播一个波长所需要的时间，用 T 表示，它反映了波动的时间周期性。从图 11.22 可以看到，当波源（质元 1）开始振动后，它的振动会立即向前传播出去，这个传播持续不断。而它后面的质元的振动都是从与质元 1 最初状态相同的振动开始。当 $t=T$（T 为振动周期）时，质元 1 的振动状态又与 $t=0$ 时一样了，而这时质元 1 在 $t=0$ 时的振动状态传播到哪里了呢？在质元 13 处，也就是现在的质元 13 开始作与质元 1 最初状态相同的振动，而这个振动与现在（$t=T$）质元 1 的振动相同，只是相位相差 2π，质元 1 与质元 13 之间的距离就是波长。质元 1 的振动传播到质元 13 处用了多少时间呢？应该是一个波的周期，这个周期等于多少呢？答案是 T（振动周期），可见波的周期和质元振动的周期在数值上是相等的。

周期的倒数就是频率，其国际标准单位是赫兹（Hz）。

$$\nu=\frac{1}{T} \tag{11.37}$$

11.9.3 波速 u

波速是质元振动状态传播的速度。由于振动状态用相位来描述，因此波速就是振动相位传播的速度，也叫相速。很明显它满足如下关系：

$$u=\lambda/T=\lambda\nu$$

波速决定于波所处介质的弹性，即介质特性决定了波速。例如，声波在空气中的波速为 331 m/s，在氢气中的波速为 1 263 m/s。

波的传播速度是振动状态传播的速度，也是相位传播的速度。因此波速也称为相速。要区别波的传播速度和介质质点的振动速度。后者是质点的振动位移对时间的导数，它反映质点振动的快慢，它和波的传播快慢完全是两回事。固体介质中一般存在纵波与横波两种类型，但在液体和气体中只存在纵波。

波速取决于介质的弹性模量和介质的密度，而与振源无关，不同的介质中波速分别如下：

（1）绳或弦上的横波速度

$$u=\sqrt{T/\mu}$$

式中 T——张力；

μ——线密度。

（2）固体中的波速

$$u=\sqrt{G/\rho}\ （横波）$$

$$u=\sqrt{Y/\rho}\ （纵波）$$

式中　G——切变模量；

Y——杨氏模量；

ρ——密度。

（3）液体或气体中的纵波波速

$$u=\sqrt{B/\rho}$$

式中　B——介质的容变模量（或体变模量）：

$$B=-\frac{\Delta p}{\Delta V/V}$$

式中　p——压强；

V——体积。

（4）理想气体中的纵波波速

$$u=\sqrt{\gamma RT/\mu}=\sqrt{\gamma p/\rho}$$

式中　R——摩尔气体常量；

T——热力学温度；

μ——摩尔质量；

p——压强。

由于波速与介质有关，而频率与介质无关，故当相同频率的波在不同介质中传播时，其波长也因介质的不同而不同。

【例 11.7】　在室温下，已知空气中的声速为 $u_1=340$ m/s，水中的声速为 $u_2=1\ 450$ m/s，求频率为 20 Hz 的声波在空气和水中的波长。

解：由 $\lambda=\dfrac{u}{\nu}$，得

空气中　$$\lambda_1=\frac{u_1}{\nu}=\frac{340}{200}=1.7\ (\text{m})$$

水中　$$\lambda_2=\frac{u_2}{\nu}=\frac{1\ 450}{200}=7.25\ (\text{m})$$

11.9.4　波线、波面、波前

1. 波　线

从波源出发的有方向的射线叫作波线，波线的方向指向波的传播方向。

2. 波　面

所有振动相位相同的点连成的面，称为波振面（波面）。显然波在传播过程中波振面有无穷多个，一般作图时使相邻两个波面之间的距离等于一个波长。在各向同性的均匀介质中，波线与波面相垂直。

3. 平面波、球面波

一个点波源在各向同性的均匀介质中激发的波，其波振面是一系列同心球面。波振面为球面的波，称为球面波；波振面为平面的波，称为平面波。当球面波传播到足够远处，若观察的范围不大，波振面近似为平面，可以认为是平面波。波线和波面是相互垂直的。

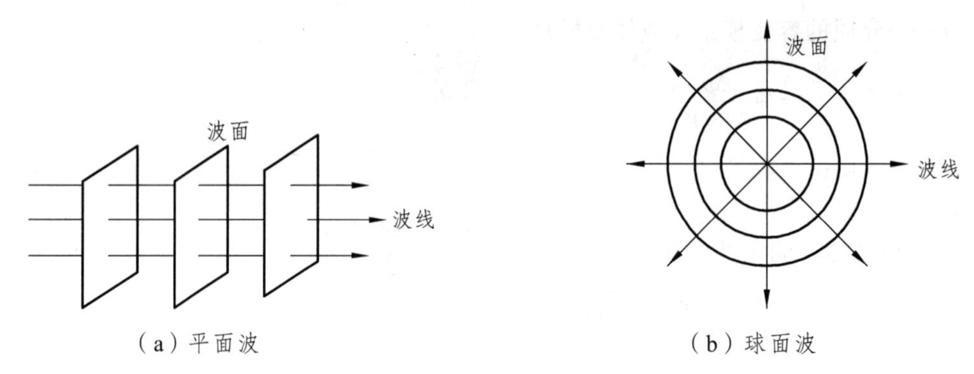

图 11.23　平面波和球面波的波线与波面

4. 波　前

在某一时刻，由波源最初振动状态传到的各点所连成的曲面，叫作波前。或者说，最前面的波面叫波前。显然，波前是波面的特例，是传到最前面的那个波面。所以，在任一时刻，只有一个波前，波前的位置在不断变化。

11.10　平面简谐波

当波源作简谐振动时，引起介质各点也作简谐振动而形成的波，称为简谐波。任何一种复杂的波都可以表示为若干不同频率、不同振幅的简谐波的合成。简谐波（余弦波或正弦波）是最基本的波，特别是平面简谐波，它的规律更为简单。我们先讨论平面简谐波在理想无吸收的均匀无限大介质中传播的情况。

11.10.1　平面简谐波的波函数

波面是平面的简谐波就是平面简谐波。根据波面的定义我们可知，在任一时刻处在同一波面上的各点有相同的相位，因而有相同的位移。因此，只要知道了任意一条波线上波的传播规律，就可以知道整个平面波的传播规律。

11.10.2 平面简谐波的波函数的推导

在波动中，每一个质点都在进行振动，对一个波的完整的描述，应该是给出波动中任一质点的振动方程，这种方程称为波动方程（或波函数）。也就是说，要写出波动方程，就要写出波线上任意一点的振动方程。而在第 2 节我们已经知道，写振动方程的关键是写出振动的 3 个特征量——振幅、角频率、相位，这里我们仍然按照同样的思路来写出平面简谐波的波动方程。

因为波动是振动状态的传播，所以我们要求其振动方程的那个点（任意一点）的振动也是从它前方的点传过来的。如果我们知道了波线上一点的振动方程，要写出这条波线上其他任意一点的振动方程也就不难了。因为这里我们讨论的是平面简谐波，同一条波线上不同点的振幅、角频率都是一样的，不同的只是振动相位。下面我们主要把精力集中在同一波线上不同点的相位差别上。

如图 11.24 所示，设有一列平面简谐波沿 x 轴的正方向传播，其上质元振动方向用 y 表示，波速为 u。取任意一条波线为 x 轴，设 O 为 x 轴的原点。假定 O 点处（即 $x=0$ 处）质点的振动方程为

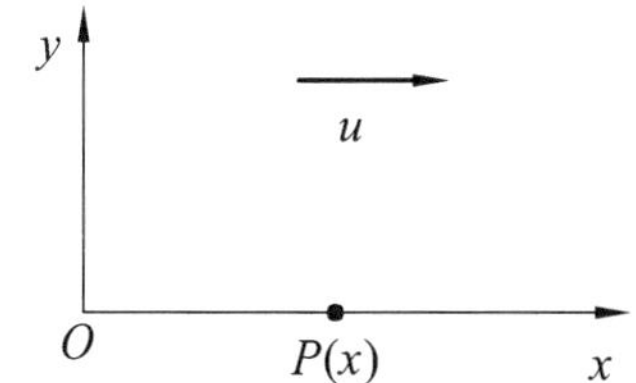

图 11.24　平面简谐波的波函数推导

$$y = A\cos(\omega t+\varphi)$$

P 点是波线上坐标为 x 的任一点，由于 P 点是任意选择的，所以它的振动方程就是我们要求解的波动方程，现在来求 P 点的振动方程。我们通过两种途径：

1. 从时间上考虑

O 点的振动状态传播到 P 点所需的时间为

$$\Delta t=\frac{x}{u} \tag{11.38}$$

式中　x——O 点到 P 点的距离，刚好等于 P 点的坐标。

知道了这个时间差，也就可以断定 P 点的振动要比 O 点的振动落后 Δt。换句话说，t 时刻 P 点的振动状态（相位）是 O 点在 $t-\Delta t$ 时刻的振动状态（相位），只不过经过了 Δt 的时间才传过来。我们可以写出 t 时刻 P 点振动的特征量：

$$A_P = A,\ \omega_P=\omega$$

P 点的相位为

$$\omega(t-\Delta t)+\varphi$$

因此 P 点的振动方程为

$$y = A\cos\left[\omega\left(t-\frac{x}{u}\right)+\varphi\right] \tag{11.39}$$

这就是波动方程。

2. 从空间上考虑

在波线上相隔一个波长距离的两点相位相差为 2π，现在 O、P 两点相距为 x，则这两点相位差为

$$\Delta\varphi = \frac{2\pi}{\lambda}x \tag{11.40}$$

P 点比 O 点振动落后，所以 P 点振动的特征量：

$$A_P = A,\quad \omega_P = \omega$$

P 点的相位为

$$\omega t + \varphi - \frac{2\pi}{\lambda}x$$

因此 P 点的振动方程为

$$y = A\cos\left(\omega t - \frac{2\pi}{\lambda}x + \varphi\right) \tag{11.41}$$

此即波动方程。

用这两种方法得到的波动方程一个是用波速表示的，一个是用波长表示的。它们是同一个波动方程的不同描述。

波动方程描述了波线上任一点 x 处质元的振动。根据描述波的特征量之间的关系，波动方程还可以写成如下形式：

$$y(x,t) = A\cos\left[2\pi\left(\frac{t}{T} - \frac{x}{\lambda}\right) + \varphi\right] = A\cos\left[2\pi\left(\nu t - \frac{x}{\lambda}\right) + \varphi\right] \tag{11.42}$$

在上面的讨论中，P 点的坐标 x 为正值，如果 x 为负值，P 点的相位应该比 O 点超前。把 x 带入波函数中，由于 x 是负值，可以得到相同的波动方程，可见方程的形式不会因考察点的位置而改变。

另外，我们假设波是沿着 x 轴正向传播的。若波逆着 x 轴正向传播（反行波），则图 11.24 中的 P 点的相位应比 O 点超前，我们规定波速 u 始终取正值（速率），因而波函数表达式中 x 前面的负号应改为正号。

11.11 波形曲线

在波动方程中含有 x 和 t 两个自变量，如果 x 给定（即考察该处的质点），那么位移 y 就只是 t 的周期函数，这时这个方程表示 x 处质点在各不同时刻的位移，也就是该质点的振动方程，方程的曲线就是该质点的振动曲线。图 11.25（a）中描出的即一列简谐波在 $x = 0$ 处质点的振动曲线。如果波动方程中的 t 给定，那么位移 y 将只是 x 的周期函数，这时方程给出

的是 t 时刻波线上各个不同质点的位移。波动中某一时刻不同质点的位移曲线称为该时刻波的波形曲线。图 11.25（b）中描出的即是 $t=0$ 时一列沿 x 方向传播的简谐波的波形曲线。波形曲线和波动方程是等价的，它们是对波动现象的不同形式的描述。

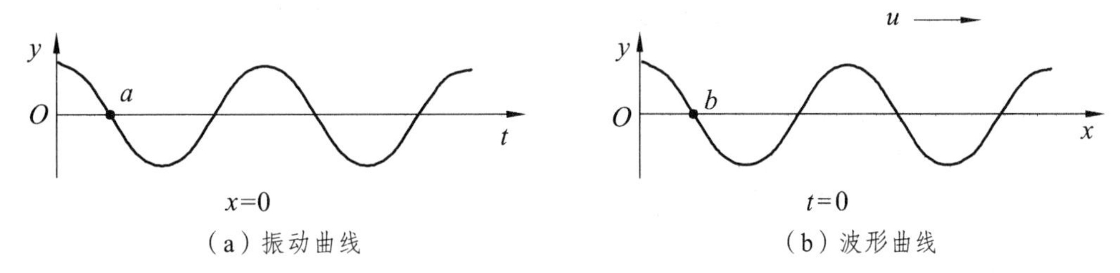

图 11.25　振动曲线和波形曲线

振动曲线表示的是“振动位移-时间”关系，波形曲线表示的是“振动位移-质点在波线上平衡位置的坐标”关系；振动曲线表示一个质点在不同时刻的振动位移，波形曲线一般表示某个时刻波线上所有质点的振动位移，并且波形曲线图中还要标出波的传播方向。

无论是横波还是纵波，它们的波形曲线在形式上没有区别，不过横波的位移指的是横向位移，表现的是峰谷相间的图形；纵波的位移指的是纵向位移，表现的是疏密相间的图形。在一般情况下，波动方程中的 x 和 t 都是变量。这时波动方程具有最完整的含义，表示波动中任一质点的振动规律：波动中任一质点的相位随时间变化，每过一个周期 T 相位增加 2π；任一时刻各质点的相位随空间变化，距离波源每远一个波长 λ，相位落后 2π。

从波形曲线上，我们可以判断出一些重要的物理量，如振幅、波长、波速等。如何判断波线上一点的振动速度方向是一个很重要的技能。以图 11.25 为例，图（a）中有一个 a 点，图（b）中同样的位置有一个 b 点。a 点的振动方向容易判断，是沿着 y 轴的负方向，b 点的振动方向却是沿着 y 轴的正方向。b 点可以这样判断出来：波沿 x 轴正方向传播，在图中所注的时刻，b 点即将重复它前面的质点（在图中即是 b 点左方相邻的质点）的振动，而它前方的质点振动位移为正，意味着 b 点即将由位移为 0 变为位移为正，故 b 点振动速度沿 y 轴正方向。需要说明的是，在波峰或波谷的位置，质点振动速度为零。

11.12　波动方程的求法

对于平面简谐波，因为波线上所有点振动的振幅、角频率都相同，不同的只是振动相位，所以找出其波动方程可以按照以下的步骤进行：

（1）找出波线上一个参考点的振动方程；

（2）找出波线上任意一点与参考点的振动落后或超前关系；

（3）根据参考点的振动相位以及任一点与参考点的相位关系求出任一点的相位；

（4）将上述步骤中求得的特征量代入振动方程。

【例 11.8】　一平面简谐波的波动表达式为

$$y = 0.01\cos\pi\left(10t - \frac{x}{10}\right) \quad \text{（SI）}$$

求：（1）该波的波速、波长、周期和振幅；

（2）$x = 10$ m 处质点的振动方程及该质点在 $t = 2$ s 时的振动速度；

（3）$x = 20$ m、60 m 两处质点振动的相位差。

解：（1）将波动表达式写成标准形式

$$y = 0.01\cos 2\pi\left(5t - \frac{x}{20}\right) \quad \text{（SI）}$$

因而可得

振幅 $A = 0.01$ m

波长 $\lambda = 20$ m

周期 $T = 1/5 = 0.2$（s）

波速 $u = \lambda/T = 20/0.2 = 100$（m/s）

（2）将 $x = 10$ m 代入波动表达式，则有

$$y = 0.01\cos(10\pi t - \pi) \quad \text{（SI）}$$

该式对时间求导，得

$$v = -0.1\pi\sin(10\pi t - \pi) \quad \text{（SI）}$$

将 $t = 2$ s 代入得振动速度

$$v = 0$$

（3）$x = 20$ m、60 m 两处质点振动的相位差为

$$\Delta\varphi = \varphi_2 - \varphi_1 = -\frac{2\pi}{\lambda}(x_2 - x_1) = -\frac{2\pi}{20}(60 - 20) = -4\pi$$

即这两点的振动状态相同。

【例 11.9】 一简谐波逆着 x 轴传播，波速 $u = 8.0$ m/s。设 $t = 0$ 时的波形曲线如图 11.26 所示。求：（1）原点处质点的振动方程；（2）简谐波的波动方程；（3）$t = \frac{3T}{4}$ 时的波形曲线。

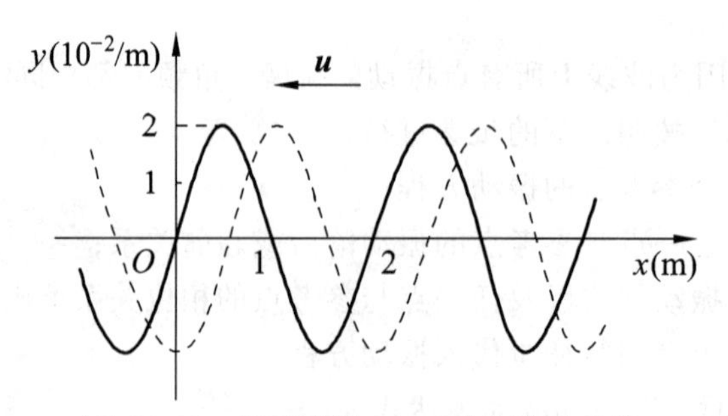

图 11.26 某简谐波 $t = 0$ 时的波形曲线

解：（1）由波形曲线图可看出，波的振幅 $A = 0.02\ \text{m}$，波长 $\lambda = 2.0\ \text{m}$，故波的频率为 $\nu = \dfrac{u}{\lambda} = \dfrac{8.0}{2.0} = 4.0\ \text{Hz}$，角频率为 $\omega = 2\pi\nu = 8\pi\ \text{rad/s}$。从图中还可以看出，$t = 0$ 时原点处质点的位移为零，速度为正值，可知原点振动的初相为 $-\pi/2$，故原点的振动方程为

$$y_0 = 0.02\cos\left(8\pi t - \frac{\pi}{2}\right)\ (\text{m})$$

（2）设 x 轴上任意一点的坐标为 x，从该点到原点的距离为 x，按相位落后与距离的关系，x 处质点振动的时间比原点处质点超前 $\dfrac{x}{u} = \dfrac{x}{8.0}\ \text{s}$，故 x 轴上任意一点的振动方程，即波动方程为

$$y = 0.02\cos\left[8\pi\left(t + \frac{x}{8}\right) - \frac{\pi}{2}\right]\ (\text{m})$$

（3）经过 $3T/4$ 后的波形曲线应比图中的波形曲线向左平移 $3\lambda/4$，也相当于向右平移 $\lambda/4$，如图 11.26 中虚线所示。

【例 11.10】 有平面简谐波沿 x 轴正方向传播，波长为 λ，周期为 T。如果 x 轴上坐标为 x_0 处的质点在 t_0 时的位置为平衡位置且正在向负方向运动，试求简谐波的波动方程。

解：按题意可知，x_0 处质点在 t_0 时的振动相位为 $\pi/2$。由于 x_0 处质点振动的相位每过一个 T 要增加 2π，所以 x_0 处质点在任意 t 时的振动相位为 $\dfrac{\pi}{2} + 2\pi\dfrac{t - t_0}{T}$，故 x_0 处质点的振动方程为

$$y_0 = A\cos\left(2\pi\frac{t - t_0}{T} + \frac{\pi}{2}\right)$$

从 x_0 到坐标为 x 的任意一点的距离为 $x - x_0$，按相位落后与距离的关系，x 处质点的振动相位比 x_0 质点落后 $2\pi\dfrac{x - x_0}{\lambda}$，故 x 点的振动方程，即波动方程为

$$y = A\cos\left(2\pi\frac{t - t_0}{T} - 2\pi\frac{x - x_0}{\lambda} + \frac{\pi}{2}\right)$$

11.13 波的能量

当波传到介质中某处时，该处原来静止的质元开始振动，具有振动动能；同时该处介质还要发生形变，具有弹性势能。波的能量就是介质中质元振动动能和弹性势能之和。

11.13.1 质元的能量

现在我们以平面简谐纵波在直棒中的传播为例来进行说明。

建立如图 11.27 所示的坐标系，一细棒沿 x 轴放置，其质量密度为ρ，截面面积为 S，杨氏弹性模量为 Y。当平面纵波以波速 u 沿 x 轴正方向传播时，棒上每一小段将不断受到压缩和拉伸。假设棒中传播的机械波的表达式为

$$y = A\cos\omega\left(t-\frac{x}{u}\right) \tag{11.43}$$

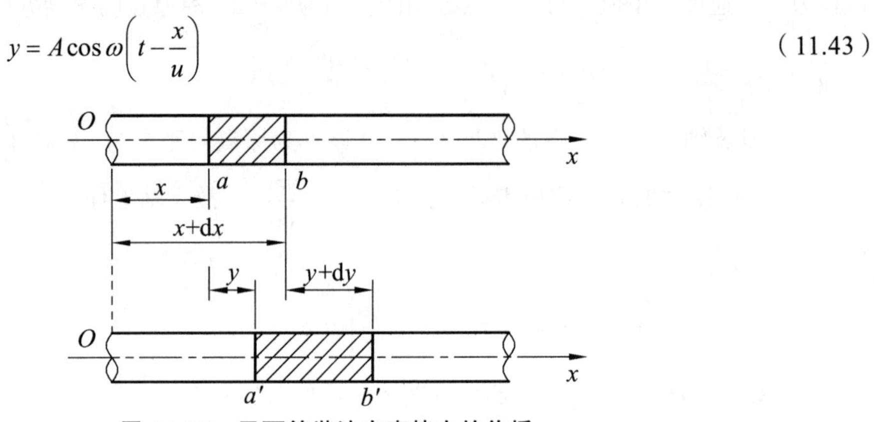

图 11.27　平面简谐波在直棒中的传播

1. 动　能

在棒中任取一个体积元 ab，棒中无波动时两端面 a 和 b 的坐标分别为 x 和 $x+\mathrm{d}x$，则体积元 ab 的自然长度为 $\mathrm{d}x$，质量为 $\mathrm{d}m=\rho\mathrm{d}V=\rho S\mathrm{d}x$。当有波传到该体积元时，其振动速度为

$$v=\frac{\mathrm{d}y}{\mathrm{d}t}=-A\omega\sin\omega\left(t-\frac{x}{u}\right) \tag{11.44}$$

因而这段体积元的振动动能为

$$\mathrm{d}E_{\mathrm{k}}=\frac{1}{2}(\mathrm{d}m)v^2=\frac{1}{2}(\rho\mathrm{d}V)A^2\omega^2\sin^2\omega\left(t-\frac{x}{u}\right) \tag{11.45}$$

2. 势　能

设在时刻 t 该体积元正在被拉伸，两端面 a 和 b 的坐标的变化量分别为 y 和 $y+\mathrm{d}y$，则体积元 ab 的实际伸长量为 $\mathrm{d}y$。由于形变而产生的弹性回复力为

$$F=YS\frac{\mathrm{d}y}{\mathrm{d}x} \tag{11.46}$$

和胡克定律比较可得等效的弹性系数为

$$k=\frac{YS}{\mathrm{d}x} \tag{11.47}$$

因而该体积元的弹性势能为

$$\mathrm{d}E_{\mathrm{p}}=\frac{1}{2}k(\mathrm{d}y)^2=\frac{1}{2}\frac{YS}{\mathrm{d}x}(\mathrm{d}y)^2=\frac{1}{2}Y\mathrm{d}V\left(\frac{\mathrm{d}y}{\mathrm{d}x}\right)^2 \tag{11.48}$$

而

$$\frac{\mathrm{d}y}{\mathrm{d}x}=\frac{A\omega}{u}\sin\omega\left(t-\frac{x}{u}\right)$$

又固体中的波速为

$$u=\sqrt{\frac{Y}{\rho}}$$

因而

$$\mathrm{d}E_{\mathrm{p}}=\frac{1}{2}(\rho\mathrm{d}V)A^2\omega^2\sin^2\omega\left(t-\frac{x}{u}\right) \tag{11.49}$$

所以体积元的总能量为

$$\mathrm{d}E=\mathrm{d}E_{\mathrm{k}}+\mathrm{d}E_{\mathrm{p}}=(\rho\mathrm{d}V)A^2\omega^2\sin^2\omega\left(t-\frac{x}{u}\right) \tag{11.50}$$

我们看到，体积元中的动能和势能是同步变化的，即在质元达到最大位移处两者同时减小到零，质元达到平衡位置时又同时达到最大。在波动过程中，在波峰位置，质点的振动速度为零，动能为零；同时形变为零，弹性势能为零；而在平衡位置，质点的振动速度最大，动能最大；同时形变最大，弹性势能最大。因而介质中任一体积元的动能和势能在每一个时刻都是相等的，即同相地随时间变化。体积元中的总能量随时间作周期性的变化，不是守恒的。这是因为介质中的每个体积元都不是孤立的，并且本身可以产生形变，通过它与相邻介质间的弹性力作用，不断地获得和放出能量，所以质元能量的变化产生了机械能的传播。

11.13.2 介质中能量的分布特点

我们可以用能量密度这个概念来描述能量在介质中的分布特点。波的能量密度是指在波的传播过程中单位体积介质中的能量，用 w 表示。前面我们计算了一个质元中的总机械能，用它除以质元的体积就是能量密度，即 t 时刻 x 处介质的能量密度为

$$w=\frac{\mathrm{d}E}{\mathrm{d}V}=\rho A^2\omega^2\sin^2\omega\left(t-\frac{x}{u}\right) \tag{11.51}$$

显然，波的能量密度是随时间作周期性变化的，通常取其在一个周期内的平均值，这个平均值称为平均能量密度。因为正弦函数的平方在一个周期内的平均值是 1/2，所以波的平均能量密度可以表示为

$$\overline{w}=\frac{1}{T}\int_0^T\rho A^2\omega^2\sin^2\omega\left(t-\frac{x}{u}\right)\mathrm{d}t=\frac{1}{2}\rho A^2\omega^2 \tag{11.52}$$

11.13.3 介质中能量的传播

除了前面已经讨论的能量传播的定性规律外，我们还可以用下面几个物理量描述介质中能量的传播规律。

1. 能　流

单位时间内通过介质中某一面积的能量称为通过该面积的能流，或能通量，用 P 表示。

在介质内取垂直于波的传播方向的面积 S，则在 $\mathrm{d}t$ 时间内通过 S 的能量应等于体积 $Su\mathrm{d}t$ 内的能量：

$$\mathrm{d}w = w\mathrm{d}v = w\mathrm{S}u\mathrm{d}t$$

根据定义，能流为

$$P = \mathrm{d}w/\mathrm{d}t = wuS$$

即

$$P = wuS = uS\rho A^2\omega^2 \sin^2 \omega\left(t-\frac{x}{u}\right) \tag{11.53}$$

2. 平均能流

通过介质中某一面积 S 的能流在一个周期内的平均值，称为通过 S 面的平均能流，表示为

$$\overline{P} = \overline{w}uS = \frac{1}{2}uS\rho A^2\omega^2 \tag{11.54}$$

3. 能流密度、平均能流密度

通过与波的传播方向垂直的单位面积的能流，称为能流密度，换句话说，能流密度为单位时间内通过单位垂面的波能。可以证明，能流密度等于能量密度乘以能量的传播速度。这种关系是具有普遍意义的，如在电流的知识点中我们学过的电流密度等于电荷密度乘以电荷运动速度。

能流密度在一个周期内的平均值，称为平均能流密度，又称为波的强度—— $I = \overline{P}/S$，它描述了能流的空间分布和方向。

$$\boldsymbol{I} = \overline{\omega}\boldsymbol{u} = \frac{1}{2}\rho A^2\omega^2\boldsymbol{u} \tag{11.55}$$

其中，ρ 是实际应用中经常遇到的一个表征介质特性的常量，称为介质的特性阻抗。能流密度与介质的密度、振幅的平方、频率的平方以及波速成正比。

11.14　惠更斯原理　波的衍射、反射和折射

波在各向同性的均匀介质中传播时，波速、波振面形状、波的传播方向等均保持不变。但是，如果波在传播过程中遇到障碍物或传到不同介质的界面，则波速、波振面形状以及波的传播方向等都要发生变化，产生反射、折射、衍射、散射等现象。在这种情况下，要通过

求解波动方程来预言波的行为就比较复杂了。惠更斯原理提供了一种定性的几何作图方法，在很广泛的范围内解决了波的传播方向等问题。

11.14.1 惠更斯原理

当波在弹性介质中传播时，介质中任一点 P 的振动，将直接引起其邻近质点的振动。就 P 点引起邻近质点的振动而言，P 点和波源并没有本质上的区别，即 P 点也可以看作新的波源。例如，水面波传播时，遇到障碍物，当障碍物上小孔的大小与波长相差不多时，就会看到穿过小孔后的波振面是圆弧形的，与原来的波振面无关，就像以小孔为波源产生的波动一样（图 11.28）。

惠更斯（Christian Huygens）总结了上述现象，于 1690 年提出，介质中波动传到的各点，都可以看作是发射子波的波源；在其后的任一时刻，这些波的包迹决定新的波振面，这就是惠更斯原理。惠更斯原理对任何波动过程都是适用的，不论是机械波还是电磁波，不论这些波动经过的介质是均匀的还是非均匀的，惠更斯原理的核心概念是子波，只要知道了某一时刻的波振面，便可根据这一原理用几何方法来决定次一时刻的波振面。图 11.29 示范了如何利用惠更斯原理得到球面波和平面波的波振面。

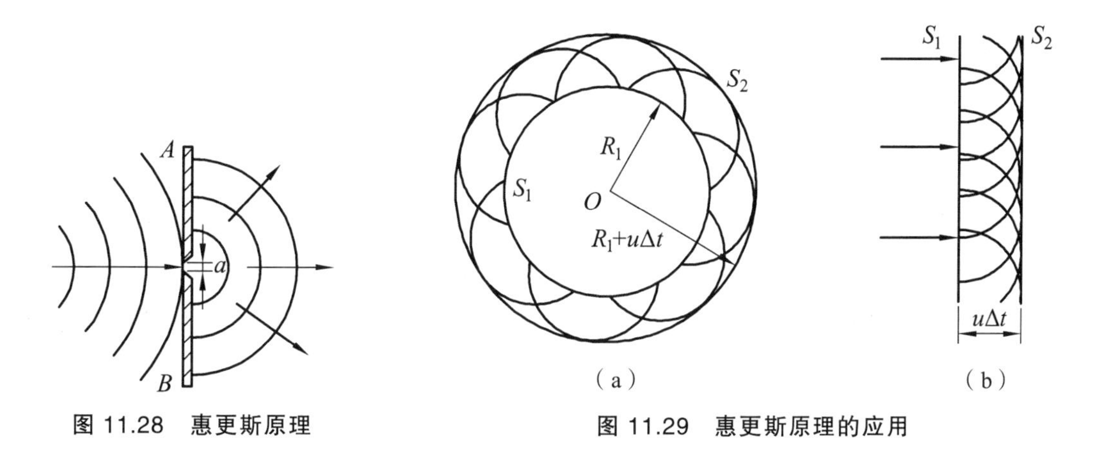

图 11.28 惠更斯原理

图 11.29 惠更斯原理的应用

惠更斯原理还可以定性说明波的衍射现象，定量说明波的反射和折射规律。

11.14.2 波的衍射

当波在传播过程中遇到障碍物时，其传播方向绕过障碍物发生偏折的现象，称为波的衍射。如图 11.30 所示，平面波通过一狭缝后能传播到偏离直线前进方向的阴影区域内，这一现象可用惠更斯原理作出解释。当波振面到达狭缝时，缝处各点成为子波源，它们发射的子波的包迹在边缘处不再是平面，从而使传播方向偏离原方向而向外延伸，进入缝两侧的阴影区域。

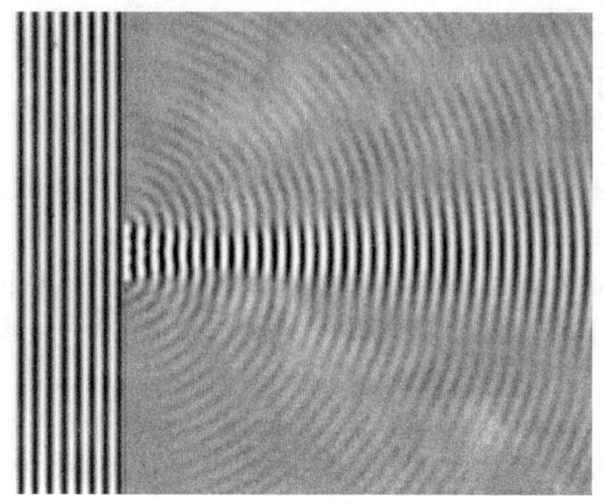

图 11.30　波的衍射

11.14.3　波的反射和折射

实验发现，当波从一种介质进入另一种介质时，部分波将被两介质交界面反射，这部分波称为反射波；而另一部分波则透过交界面进入另一介质并改变了传播方向，这部分波称为折射波。机械波满足反射和折射定律。

1. 反射定律

（1）反射线和折射线都在由入射线与界面法线所组成的同一平面内，此面称为入射面。
（2）反射角（反射线与界面法线的夹角）等于入射角（入射线与界面法线的夹角）。

2. 折射定律

入射角的正弦与折射角（折射线与界面法线的夹角）的正弦之比等于两种介质中的波速之比。

现在，利用惠更斯原理来证明折射定律。

如图 11.31 所示，OC 为介质Ⅰ（波速为 u_1）与介质Ⅱ（波速为 u_2）的交界面。波以入射角 i 从介质Ⅰ传播到界面，OA 为此时的波前。部分波进入介质Ⅱ而速度改变为 u_2，另一部分波继续在介质Ⅰ中以速度 u_1 传播。设波从 A 点传播至界面 C 点所经历的时间为 τ，则 $CA = u_1\tau$；同一时间，O 点的波在介质Ⅱ中传播至 B 点，$OB = u_2\tau$。在界面 OC 上各点作出相应的次级子波，并画出其包迹 BC，即折射波的波前，则垂直它的波射线为折射线，折射角为 i'。

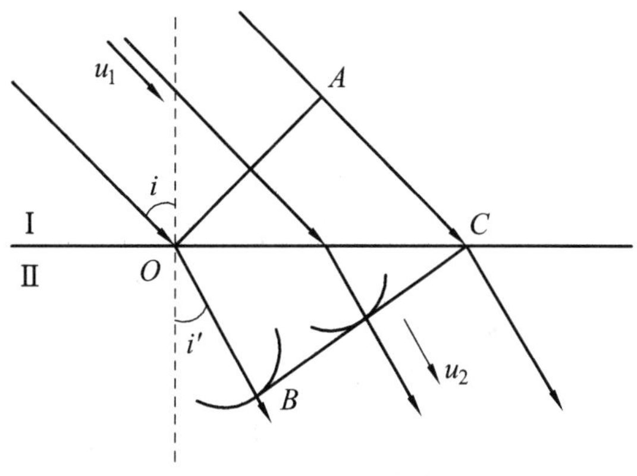

图 11.31 折射定律的证明

由几何关系得

$$\sin i = \frac{AC}{OC}$$

$$\sin i' = \frac{OB}{OC}$$

再由上两式以及公式 $u = \frac{c}{n}$，可得折射定律的数学表达式为

$$\frac{\sin i}{\sin i'} = \frac{u_1}{u_2} = \frac{n_2}{n_1}$$

式中　n_1——介质Ⅰ的折射率；

n_2——介质Ⅱ的折射率。

11.15 波的干涉

前面我们讨论的都是假定介质中只有一列波的情况，如果在介质中的同一个地方同时有几列波在传播，那么在这些地方的质元的运动情况又是怎样的呢？同时我们也已经了解描述波动现象的波动方程实际上是任意一个质元的振动方程，那么如果我们能写出几列波相遇的任意位置的质元的振动方程或者振动特征量，也就知道了几列波的相互作用规律了。下面我们先来了解一些波传播的其他特性，再利用这些特性求解上面的问题。

11.15.1 波的叠加原理

大量实验表明：两列或两列以上的波可以互不影响地同时通过某一区域；在相遇区域内

共同在某质点处引起的振动，是各列波单独在该质点处所引起的振动的合成。这一规律称为波的叠加原理（图11.32）。此原理包含了波的独立传播性与可叠加性两方面的性质，是波的干涉与衍射现象的基本依据。

在我们的日常生活中经常可以看到波动遵从叠加原理的例子。当水面上出现几个水面波时，我们可以看到它们总是互不干扰地互相贯穿，然后继续按照各自原先的方式传播；我们能分辨包含在交响乐中不同乐器的声音；我们可以在同一个位置使用不同的手机号码进行通信；等等。

正是由于波动遵从叠加原理，我们可以根据傅立叶分析把一列复杂的周期波表示为若干个简谐波的合成。但是波的叠加原理并不是普遍成立的。只有当波的强度不太大时，描述波动过程的微分方程是线性的，它才是正确的；如果描述波动过程的微分方程不是线性的，波的叠加原理就不成立，如强度很大的冲击波，就不遵守上述叠加原理。

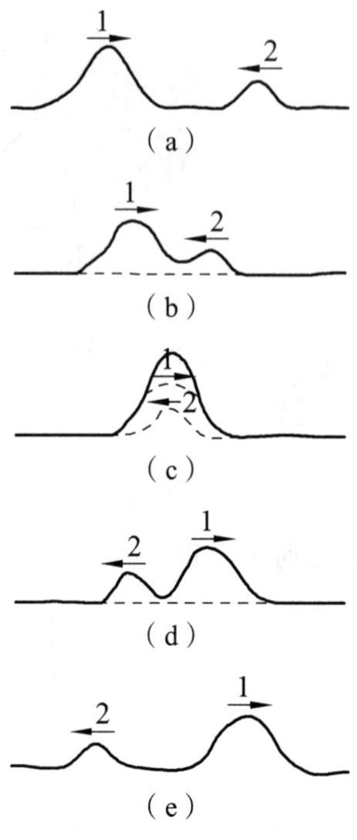

图 11.32　波的叠加原理

11.15.2　波的干涉

一般来说，任意的几列简谐波在空间相遇时，叠加的情形是很复杂的，它们可以合成多种形式的波动。下面我们只讨论波的叠加中一种最简单而又最重要的情形，即两列频率相同、振动方向相同、相位差恒定的简谐波的叠加。这种波的叠加会使空间某些点处的振动始终加强，而另一些点处的振动始终减弱，呈现规律性分布。这种现象称为干涉现象。

1. 相干条件

能产生干涉现象的波称为相干波，相应的波源称为相干波源。同频率、同振动方向、恒定的相位差称为相干条件。

2. 干涉规律

为了讨论两列相干波的叠加，我们设有两相干波源 S_1 和 S_2 的振动方程如下：

$$\left.\begin{aligned} y_{10} &= A_1\cos(\omega t+\varphi_1) \\ y_{20} &= A_2\cos(\omega t+\varphi_2) \end{aligned}\right\} \qquad (11.56)$$

从波源 S_1 和 S_2 发出的波在同一介质中传播，假设介质是均匀的、各向同性的。如图 11.33 所示，设在两列波相遇的区域内任一点 P。现在我们来求 P 点的振动特征量，P 点的振动频

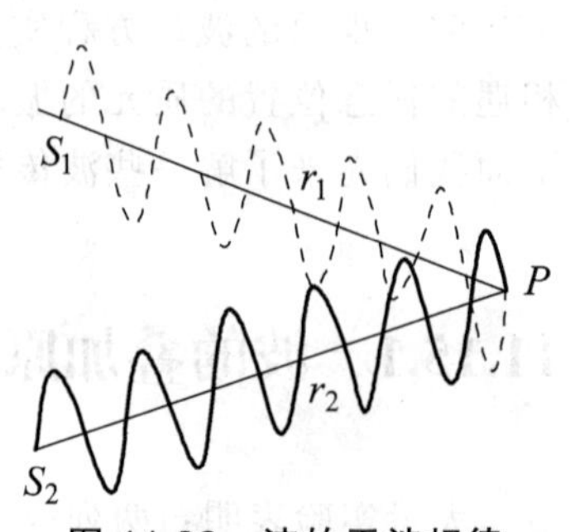

图 11.33　波的干涉规律

率与两个波源相同，我们重点关注 P 点的振幅和振动相位。设 P 点与两波源的距离分别是 r_1 和 r_2，则 S_1、S_2 单独存在时，在 P 点引起的分振动分别为

$$\left.\begin{aligned} y_1 &= A_1\cos\left(\omega t+\varphi_1-2\pi\frac{r_1}{\lambda}\right) \\ y_2 &= A_2\cos\left(\omega t+\varphi_2-2\pi\frac{r_2}{\lambda}\right) \end{aligned}\right\} \tag{11.57}$$

现在我们要求的就是这两个分振动在 P 点的合振动，根据第 6 节同方向、同频率振动的合成知识，P 点的合振动方程为

$$y=y_1+y_2=A\cos(\omega t+\varphi) \tag{11.58}$$

P 点合振幅由下式确定

$$A^2=A_1^2+A_2^2+2A_1A_2\cos\left(\varphi_2-\varphi_1-2\pi\frac{r_2-r_1}{\lambda}\right) \tag{11.59}$$

P 点合振动的初相位 φ 由下式决定

$$\tan\varphi=\frac{A_1\sin(\varphi_1-2\pi r_1/\lambda)+A_2\sin(\varphi_2-2\pi r_2/\lambda)}{A_1\cos(\varphi_1-2\pi r_1/\lambda)+A_2\cos(\varphi_2-2\pi r_2/\lambda)} \tag{11.60}$$

而波的强度与振幅的平方成正比，因而 P 点的波强为

$$I=I_1+I_2+2\sqrt{I_1I_2}\cos(\Delta\varphi) \tag{11.61}$$

式中

$$\Delta\varphi=\varphi_2-\varphi_1-2\pi\frac{r_2-r_1}{\lambda} \tag{11.62}$$

为两列波在 P 点所引起的分振动的相位差，其中 $\varphi_2-\varphi_1$ 为两个波源的初相差，最后一项是由于波的传播路程（称为波程）不同而引起的相位差，这一项仅与波程有关。对于叠加区域内任一确定的点来说，相位差为一个常量，因而波的强度是恒定的。不同的点将有不同的相位差，这将对应不同的强度值，但各自都是恒定的，即在空间形成稳定的强度分布，这就是干涉现象。

可见，在两列波叠加区域内的各点，合振幅或强度主要取决于相位差，对于几种常见的情况，分别说明如下：

（1）$\Delta\varphi=\varphi_2-\varphi_1-2\pi\frac{r_2-r_1}{\lambda}=\pm 2k\pi$（$k=0, 1, 2, \cdots$）

则合振幅最大，其值为 $A=A_1+A_2$，振动加强，称为干涉相长；

（2）$\Delta\varphi=\varphi_2-\varphi_1-2\pi\frac{r_2-r_1}{\lambda}=\pm(2k+1)\pi$（$k=0, 1, 2, \cdots$）

则合振幅最小，其值为 $A=|A_1-A_2|$，振动减弱，称为干涉相消；

（3）相位差为其他值时，合振幅介于 $|A_1-A_2|$ 与 A_1+A_2 之间。

如果两相干波源的振动初相位相同，即 $\varphi_2=\varphi_1$，以 δ 表示两相干波源到 P 点的波程差，则上述条件可以简化为

（1）$\delta = r_2 - r_1 = \pm k\lambda$（$k = 0, 1, 2, \cdots$），干涉相长；

（2）$\delta = r_2 - r_1 = \pm(2k+1)\dfrac{\lambda}{2}$（$k = 0, 1, 2, \cdots$），干涉相消。

即当两相干波源同相时，在两波叠加区域内，波程差为零或等于波长的整数倍（半波长的偶数倍）的各点，强度最大；波程差等于半波长的奇数倍的各点，强度最小。

干涉现象是波动最重要的特征之一，它对于光学、声学、电磁学、近代物理学的发展等都非常重要。这里讨论的机械波的干涉的基础知识，我们在光学部分还要用到。图 11.34 给出了两列水波的干涉图样。

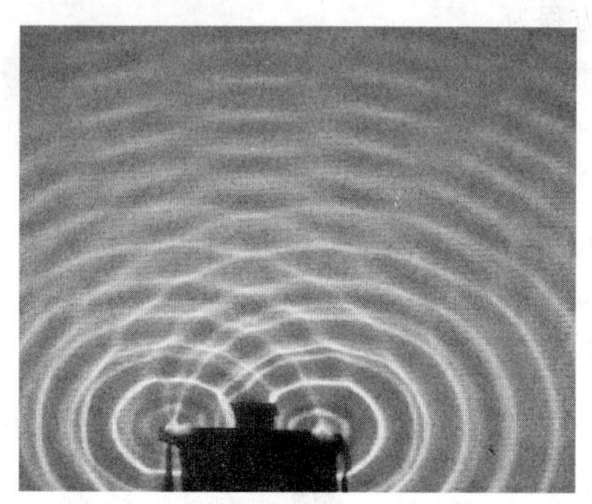

图 11.34　两列水波的干涉图样

【例 11.11】　如图 11.35 所示，相干波源 S_1 和 S_2 相距 $\lambda/4$（λ为波长），S_1 的相位比 S_2 的相位超前$\pi/2$，每一列波的振幅均为 A，并且在传播过程中保持不变，P、Q 为 S_1 和 S_2 连线外侧的任意点，求 P、Q 两点的合成波的振幅。

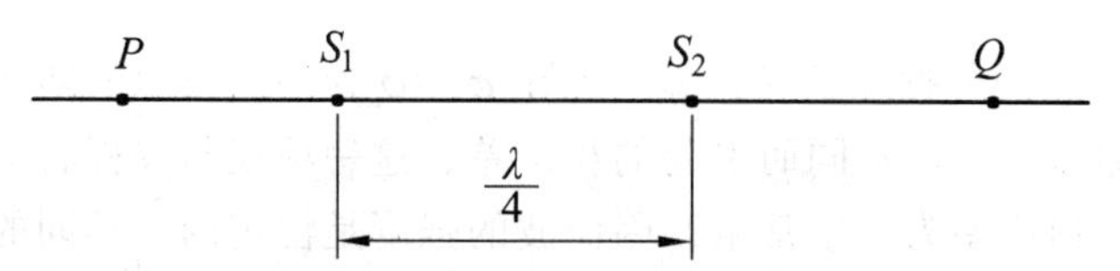

图 11.35　两相干波源连线外侧的合成波

解： 波源 S_1 和 S_2 的振动传到空间任一点引起的两个振动的相位差为

$$\Delta\varphi = \varphi_2 - \varphi_1 - 2\pi\frac{\Delta r}{\lambda}$$

由题意，$\varphi_2 - \varphi_1 = -\dfrac{\pi}{2}$，对于 P 点，$\Delta r = S_2P - S_1P = \dfrac{\lambda}{4}$，故

$$\Delta\varphi = -\frac{\pi}{2} - 2\pi\frac{\lambda/4}{\lambda} = -\pi$$

即波源 S_1 和 S_2 的振动传到 P 点时，相位相反，所以 P 点的合振幅为

$$A_P = |A_1 - A_2| = A - A = 0$$

可见，在 S_1 和 S_2 连线的左侧延长线上各点，均因干涉而静止。

同样，对于 Q 点，$\Delta r = S_2Q - S_1Q = -\dfrac{\lambda}{4}$，故

$$\Delta\varphi = -\frac{\pi}{2} - 2\pi\frac{-\lambda/4}{\lambda} = 0$$

即波源 S_1 和 S_2 的振动传到 Q 点时，相位相同，所以 Q 点的合振幅为

$$A_Q = A_1 + A_2 = A + A = 2A$$

可见，在 S_1 和 S_2 连线的右侧延长线上各点，均因干涉而加强。

11.5.3 驻　波

驻波是一种特殊的干涉现象，在日常生活和工程技术中经常发生。

驻波可用图 11.36 所示的装置来演示。左边放一个电动音叉 A，音叉末端系一水平的细绳 AB，绳的另一端 B 处有一尖劈，可左右移动以调节 AB 间的距离。细绳绕过滑轮 P 后，末端悬挂重物 m，使绳上产生张力。音叉振动时，细绳随之振动，调节尖劈的位置使振动稳定，结果形成图 11.36 所示的振动状态。这种振动状态就是驻波，当驻波出现时，弦线上有些点始终静止不动，这些点称为波节；有些点的振幅始终最大，这些点称为波腹。

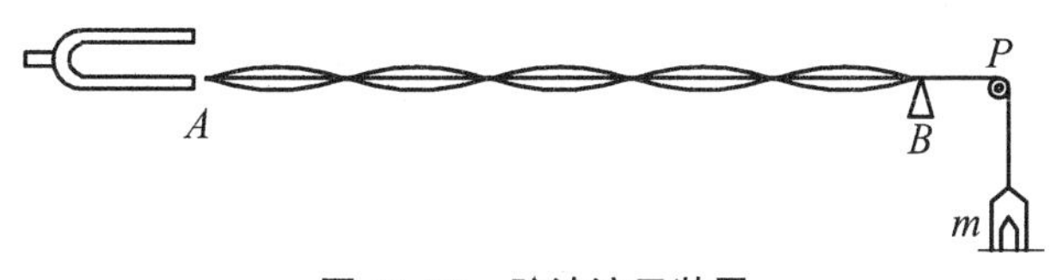

图 11.36　驻波演示装置

我们可以分析驻波的生成条件。电音叉振动时，绳上产生行波（横波）向右传播，到达 B 点时发生反射，反射波向左传播并与入射波叠加。由于入射波和反射波满足同频率、同振动方向以及相位差恒定的相干条件，于是在绳上发生干涉现象。反射波的振幅和入射波振幅相同，因而干涉的合振幅的最大值为入射波振幅的两倍（波腹），最小值为零（波节）。所以驻波是两列同振幅、反方向传播的相干波叠加的结果。

设有两列同振幅、反方向传播的相干波在 x 轴上传播。为了方便，在它们的波形曲线正好重合的时候，把位移极大的某一点取为坐标原点，并开始计时。于是，两列波的原点初相均为零，它们的波动方程分别为

$$\left.\begin{aligned} y_1 &= A\cos 2\pi\left(\frac{t}{T} - \frac{x}{\lambda}\right) \\ y_2 &= A\cos 2\pi\left(\frac{t}{T} + \frac{x}{\lambda}\right) \end{aligned}\right\} \qquad (11.63)$$

这是表示两列波在坐标为 x 的位置产生的两个分振动，则 x 处的合振动为

$$
\begin{aligned}
y = y_1 + y_2 &= A\left[\cos 2\pi\left(\frac{t}{T}-\frac{x}{\lambda}\right)+\cos 2\pi\left(\frac{t}{T}+\frac{x}{\lambda}\right)\right] \\
&= \left(2A\cos\frac{2\pi}{\lambda}x\right)\cos\frac{2\pi}{T}t
\end{aligned} \tag{11.64}
$$

式（11.64）称为驻波方程，从此式可以看出，合成以后各点都在作同频率的简谐运动，每一点的振幅为 $\left|2A\cos\frac{2\pi}{\lambda}x\right|$，这表示驻波的振幅与位置有关。振幅最大值发生在 $\left|\cos\frac{2\pi}{\lambda}x\right|=1$ 的点，把这样的位置称为波腹，因此波腹的位置可由 $\frac{2\pi}{\lambda}x = k\pi \ (k=0,\ \pm 1,\ \pm 2,\ \cdots)$ 得出：

$$
x = k\frac{\lambda}{2} \quad (k = 0, \pm 1, \pm 2, \cdots) \tag{11.65}
$$

波腹就是驻波中的干涉极大点，该点的振幅为 $2A$。相邻的两个波腹间的距离为

$$
\Delta x = x_{k+1} - x_k = \frac{\lambda}{2} \tag{11.66}
$$

它们是等间距的。

同样，振幅的最小值发生在 $\left|\cos\frac{2\pi}{\lambda}x\right|=0$ 的点，把这样的位置称为波节，同样的方法可得出波节的位置：

$$
x = (2k+1)\frac{\lambda}{4}
$$

波节就是驻波的干涉极小点，即干涉静止点。相邻的两个波节之间的距离也是 $\lambda/2$，可见在驻波中相邻的两个波腹或波节之间的距离均为

$$
\Delta x = \frac{\lambda}{2} \tag{11.67}
$$

两个波节之间，尽管各点的振幅不同，但它们振动的相位相同。在波节两侧，各点振动的相位相反。在驻波中没有振动状态定向传播的现象，它是一种特殊的干涉现象。当介质中各质点的位移达到最大值时，其速度为零，即动能为零，如图 11.36 所示。这时介质的形变最大，驻波上质元的全部能量都是势能。此时驻波的能量以势能的形式集中在波节附近。当驻波上所有质点同时到达平衡位置时，介质的形变为零，所以势能为零，驻波的全部能量都是动能。这时在波腹处质点的速度最大，动能最大；而在波节处质点的速度为零，动能为零。此时驻波的能量以动能的形式集中在波腹附近。

由此可见，介质在振动过程中，驻波的动能和势能不断地转换。在转换过程中，能量不断地由波腹附近转移到波节附近，再由波节附近转移到波腹附近。也就是说在驻波中能流是来回震荡的，没有能量的定向传播。

11.15.4　半波损失

在驻波的分析中我们知道，之所以能在细绳中产生驻波，一个重要条件就是从音叉发出的波在 B 点发生了反射。那么反射波在 B 点引起的振动是什么样子的呢？这跟 B 点有关——B 点实际上是两种介质（绳和尖劈）的分界点。在上面的音叉例子中，B 点是固定的，这是一个先决条件，因此反射波在 B 点引起的分振动必须满足：这个分振动和入射波在 B 点的分振动的叠加为 0。B 点是一个特殊的点，对于入射波它是最后一点，称为入射点；对于反射波它是最开始的一点，称为反射点。入射波和反射波在 B 点的叠加，实际上就是入射点振动和反射点振动的叠加。在图 11.36 中，B 点是固定不动的，在该处形成的是驻波的一个波节。要形成波节，反射点的振动必须与入射点的振动相位相反。这意味着，图中的反射波在反射的时候，突然发生了相位突变，变化了一个π，最终的结果是形成了波节。如果我们用波程来计算两点之间的相位差，要产生一个π 的相位变化，相当于在波程中扣除半个波长，所以这个π 的相位突变一般等效地称之为“半波损失”。发生半波损失时入射波和反射波叠加的波形曲线见图 11.37（a），其中虚线表示入射波，点虚线表示反射波，实线表示合成的驻波。

注意： 入射点和反射点的相位是始终相反的。

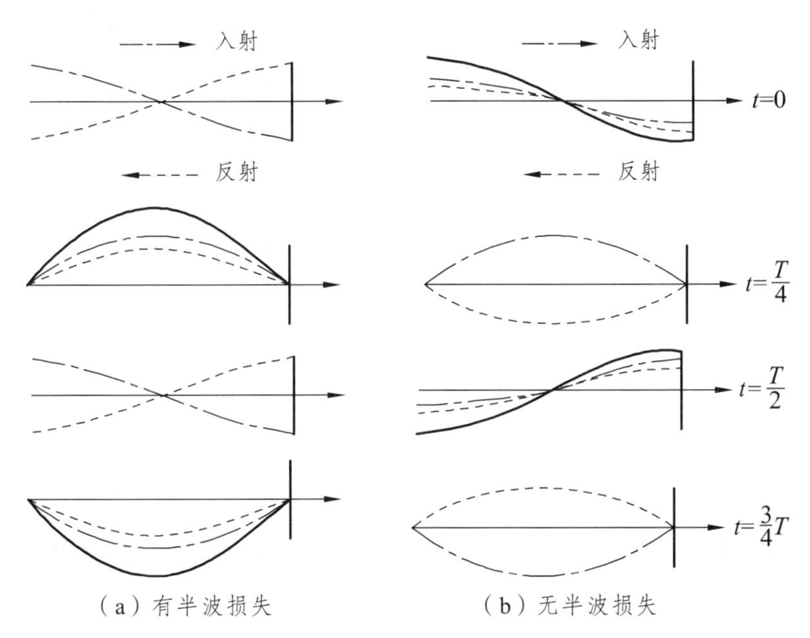

图 11.37　有/无半波损失时入射波和反射波的叠加

并不是所有的反射点都会形成波节。实验表明，当波在介质中传播并在界面反射时，在两种介质的分界面处究竟出现波节还是波腹，取决于两种介质的性质以及入射角的大小。在前面关于波的能量密度的学习中，我们介绍过介质的特性阻抗ρu，它是介质的密度ρ 与波速 u 的乘积。两种介质相比较，特性阻抗较大的介质称为波密介质，特性阻抗较小的介质称为波疏介质。在实验中发现，在波垂直入射界面的情况下，如果波是从波疏介质入射到波密介质界面而反射，反射点将出现波节；如果波是从波密介质入射到波疏介质界面，反射点将出现波腹。也就是说，仅仅在前一种情况下，即由波疏介质入射到波密介质界面并反射时，才发生半波损失，即发生相位π的突变；在后一种情况，入射点和反射点的相位是相同的。没有半波损失时入射波和反射波叠加的波形曲线见图 11.37（b）。

半波损失也即相位突变问题不仅在机械波反射时存在，在电磁波包括光波反射时也存在。在光学中还要反复讨论半波损失的问题。

11.16　多普勒效应

当波源和观察者都相对于介质静止时，观察者所观测到的波的频率与波源的振动频率是一致的。当波源和观察者之一或两者以不同速度同时相对于介质运动时，观察者所观测到的波的频率将与波源的不同，这种现象称为多普勒效应。例如，当火车由远处开来时，我们所听到的汽笛声高而尖；当火车远去时汽笛声又变得低沉了。多普勒效应发生在波源和观察者的连线方向上，下面我们来具体讨论。

观察者所观测到的波的频率取决于观察者在单位时间内所观测到的完整波的数目。

1．波源相对于介质静止，观察者以速率 v_0 向着波源运动

这时观察者在单位时间内所观测到的完整波的数目要比它静止时多。在单位时间内他除了观察到由于波以速率 u 传播而通过他的 u/λ 个波以外，还观测到由于他自身以速率 v_0 运动而通过他的 v_0/λ 个波。所以观察者在单位时间内所观测到的完整波的数目为

$$\nu' = \frac{u}{\lambda} + \frac{v_0}{\lambda} = \frac{u + v_0}{u/\nu} = \frac{u + v_0}{u}\nu \tag{11.68}$$

同样，当观察者以速率 v_0 离开静止的波源运动时，在单位时间内所观测到的完整波的数目要比它静止时少 v_0/λ 个。因此他所观测到的完整波的数目为

$$\nu' = \frac{u - v_0}{u}\nu \tag{11.69}$$

把两个式子写在一起，则当波源相对于介质静止、观察者在介质中以速率 v_0 运动时，观察者所接收到的波的频率为

$$\nu' = \frac{u \pm v_0}{u}\nu \tag{11.70}$$

式中，正号对应于观察者靠近波源，负号对应于观察者远离波源。

2．观察者相对于介质静止，波源以速率 v_s 向着观察者运动（图 11.38）

这时在波源的运动方向上，向着观察者的方向波长缩短了 v_s/ν；在背离观察者一侧，波长比波源静止时伸长了 v_s/ν。所以观察者观测到的波长不再是 $\lambda = u/\nu$，而是

$$\lambda' = \frac{u - v_s}{\nu} \tag{11.71}$$

观察者所观测到的波的频率为

$$\nu' = \frac{u}{\lambda'} = \frac{u}{(u - v_s)/\nu} = \frac{u}{(u - v_s)}\nu \tag{11.72}$$

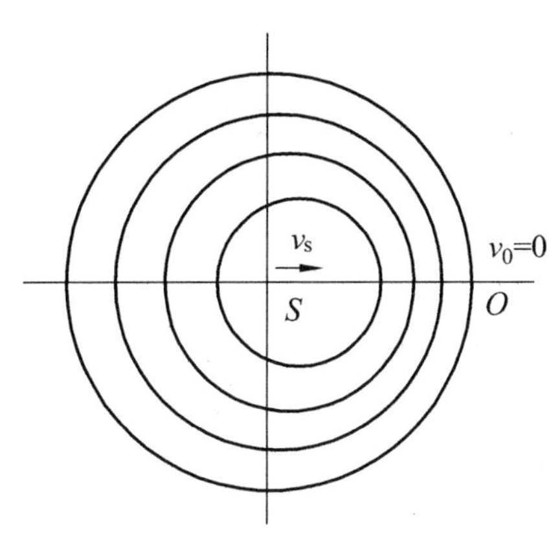

图 11.38　波源移动，观察者不动

显然，当波源以速率 v_s 离开观察者运动时，观察者所观测到的波的频率应为

$$\nu' = \frac{u}{(u + v_s)}\nu \tag{11.73}$$

则观察者相对于介质静止而波源在介质中以速率 v_s 运动时，观察者所观测到的波的频率可以表示为

$$\nu' = \frac{u}{(u \pm v_s)}\nu \tag{11.74}$$

式中，负号对应于波源向着观察者运动，正号对应于波源离开观察者运动。

如果观察者以速率 v_0、波源以速率 v_s 同时相对于介质运动，观察者所观察到的频率可以表示为

$$\nu' = \frac{u \pm v_0}{u \pm v_s}\nu \tag{11.75}$$

式中的符号是这样选择的：分子取正号、分母取负号对应于波源和观察者沿其连线相向运动；分子取负号、分母取正号对应于波源和观察者沿其连线相背运动。

多普勒效应是波动过程的共同特征，不仅机械波有多普勒效应，电磁波（包括光波）也有多普勒效应。但是电磁波的传播不依赖弹性介质，同时电磁波以光速传播，在涉及相对运动时必须考虑相对论时空变换关系。所以波源和观察者之间的相对运动速度只决定了接收到的电磁波频率。

本章小结

1. 简谐振动的描述

（1）谐振方程　$x = A\cos(\omega t+\varphi)$

振动的相位　$(\omega t+\varphi)$

简谐振动的三个特征量：角频率ω取决于振动系统的性质；振幅A和初相φ取决于振动的初始条件。

（2）振动曲线。

（3）旋转矢量描述。

振动与旋转矢量的对应关系：振动的振幅对应旋转矢量的长度，振动的相位对应旋转矢量与x轴正方向的夹角，振动的初相对应旋转矢量与x轴正方向初始时刻的夹角，振动相位的变化对应旋转矢量的角位移，振动的角频率对应旋转矢量的角速度，振动的周期和频率对应矢量旋转的周期和频率。

2. 简谐振动的微分方程

$$\frac{d^2x}{dt^2}+\omega^2 x=0$$

3. 简谐振动的动力学特征

正比回复力　$F=-kx$

$$\omega=\sqrt{\frac{k}{m}}\text{，}\quad T=2\pi\sqrt{\frac{m}{k}}$$

初始条件决定振幅和初相

$$A=\sqrt{x_0^2+\frac{v_0^2}{\omega^2}}\text{，}\quad \varphi=\arctan\left(-\frac{v_0}{\omega x_0}\right)$$

4. 简谐振动的能量

$$E=E_k+E_p=\frac{1}{2}kA^2$$

5. 两个简谐振动的合成

同方向同频率振动的合成：合振动为简谐振动，振动的频率不变。

振动的振幅　$A=\sqrt{A_1^2+A_2^2+2A_1A_2\cos(\varphi_2-\varphi_1)}$

振动的初相　$\varphi=\arctan\dfrac{A_1\sin\varphi_1+A_2\sin\varphi_2}{A_1\cos\varphi_1+A_2\cos\varphi_2}$

6. 平面简谐波的波函数（波动方程）的一般形式

$$y(x, t) = A\cos\left[\omega\left(t \mp \frac{x}{u}\right) + \varphi\right]$$

$$y(x, t) = A\cos\left(\omega t \mp 2\pi\frac{x}{\lambda} + \varphi\right)$$

式中，负号对应于正行波，正号对应于反行波。

7. 简谐波的波速、波长和频率之间的关系

$$u = \frac{\lambda}{T} = \nu\lambda$$

8. 波的平均能量密度

$$\bar{w} = \frac{1}{2}\rho A^2\omega^2$$

波强（平均能流密度）

$$\boldsymbol{I} = \bar{\omega}\boldsymbol{u} = \frac{1}{2}\rho A^2\omega^2\boldsymbol{u}$$

9. 波的干涉

相干条件：同方向，同频率，相位差恒定。

相干波的合振幅

$$A = \sqrt{A_1^2 + A_2^2 + 2A_1A_2\cos\Delta\varphi}$$

式中　A_1，A_2——两列相干波在干涉点的振幅；

$\Delta\varphi$——两列相干波在干涉点的相位差，$\Delta\varphi = \varphi_2 - \varphi_1 - 2\pi\frac{r_2 - r_1}{\lambda}$。

10. 波干涉的极值条件

若 $\Delta\varphi = \varphi_2 - \varphi_1 - 2\pi\frac{r_2 - r_1}{\lambda} = \pm 2k\pi$（$k = 0, 1, 2, \cdots$），$A = A_1 + A_2$，为干涉相长；

若 $\Delta\varphi = \varphi_2 - \varphi_1 - 2\pi\frac{r_2 - r_1}{\lambda} = \pm(2k+1)\pi$（$k = 0, 1, 2, \cdots$），$A = |A_1 - A_2|$，为干涉相消。

式中　φ_1，φ_2——两个波源的初相位；

r_1，r_2——两个波源到干涉点的波程。

若两个相干源同相，即 $\varphi_2 = \varphi_1$，上述条件简化为

$\delta = r_2 - r_1 = \pm k\lambda$（$k = 0, 1, 2, \cdots$）为干涉相长；

$\delta = r_2 - r_1 = \pm(2k+1)\frac{\lambda}{2}$（$k = 0, 1, 2, \cdots$）为干涉相消。

式中　δ——从两个波源到干涉点的波程差，$\delta = r_2 - r_1$。

11. 驻 波

驻波的产生：两列同振幅反向传播的相干波叠加的结果。

驻波的特点：有波腹，即干涉相长位置；有波节，即干涉相消位置，相邻波腹（波节）间距为 $\frac{\lambda}{2}$。相邻的波腹与波节间距为 $\frac{\lambda}{4}$。同段同相，邻段反相。

12. 半波损失

波从波疏介质入射到波密介质，在分界面处反射时，反射点有半波损失，即有相位 π 的突变，出现波节；波从波密介质入射到波疏介质，反射点没有半波损失，出现波腹。

思 考 题

11.1 昆虫学家发现，在蜻蜓的前后翅的前缘、离翅端不远处，有一块深色的角质组织加厚区，叫翅痣，如果将翅痣去掉，蜻蜓在飞行时会折断双翅。这是为什么?

11.2 汽车消音器是由两个长度不同的管道构成，这两个管道先分开再交汇，由于两个管道的长度差等于汽车所发出的声波波长的一半，两列声波在叠加时发生干涉，能使声音减小，从而起到消音的效果。这是为什么?

11.3 机械式钟表是利用什么原理准确计时的?

11.4 早先大桥会因为大风的共振甚至士兵齐步行走时的共振而坍塌，现在大桥是如何防范共振的?

11.5 在一般情况下，地震时地面总是先上下跳动，后水平晃动，两者之间有一个时间间隔，可根据间隔的长短判断震中的远近。这是为什么?

11.6 固定琴弦的两端距离越近，震荡频率就越高，音调也越高。这是为什么?

11.7 脉冲多普勒雷达广泛用于机载预警、导航、导弹制导、卫星跟踪、战场侦察、靶场测量、武器火控和气象探测等方面。它是利用什么原理工作的?

11.8 天文学家埃德温·哈勃（Edwin Hubble）注意到，远星系的颜色比近星系的要稍红些。这种红化是系统性的，星系离我们越远，它就显得越红。在仔细测定许多星系光谱中特征谱线的位置后，哈勃认为，光波变长是由于宇宙正在膨胀。哈勃利用什么原理得出这个结论的?

习 题

一、选择题

11.1 一质点作简谐振动，振动方程为 $x=\cos(\omega t+\varphi)$，当时间 $t=T/2$（T 为周期）时，质点的速度为（　　）

A. $-A\omega\sin\varphi$　　B. $A\omega\sin\varphi$

C. $-A\omega\cos\varphi$　　D. $A\omega\cos\varphi$

11.2 两个质点各自作简谐振动，它们的振幅相同、周期相同，第一个质点的振动方程为 $x_1 = A\cos(\omega t + \alpha)$。当第一个质点从相对平衡位置的正位移处回到平衡位置时，第二个质点正在最大位移处，则第二个质点的振动方程为（　　）

A. $x_2 = A\cos(\omega t + \alpha + \pi/2)$　　B. $x_2 = A\cos(\omega t + \alpha - \pi/2)$

C. $x_2 = A\cos(\omega t + \alpha - 3\pi/2)$　　D. $x_2 = A\cos(\omega t + \alpha + \pi)$

11.3 弹簧振子在光滑水平面上作简谐振动时，弹性力在半个周期内所做的功为（　　）

A. $2kA$　　B. $2kA/2$　　C. $2kA/4$　　D. 0

11.4 频率为 100 Hz、传播速度为 300 m/s 的平面简谐波，波线上两点振动的相位差为 $\pi/3$，则此两点相距（　　）

A. 2 m　　B. 2.19 m　　C. 0.5 m　　D. 28.6 m

11.5 一平面简谐波沿 x 轴负方向传播，已知 $x = x_0$ 处质点的振动方程为 $y = A\cos(\omega t + \varphi_0)$。若波速为 u，则此波的波动方程为（　　）

A. $y = A\cos\{\omega[t - (x_0 - x)/u] + \varphi_0\}$

B. $y = A\cos\{\omega[t - (x - x_0)/u] + \varphi_0\}$

C. $y = A\cos\{\omega t - [(x_0 - x)/u] + \varphi_0\}$

D. $y = A\cos\{\omega t + [(x_0 - x)/u] + \varphi_0\}$

11.6 一平面简谐波在弹性介质中传播，在某一瞬时，介质中某质元正处于平衡位置，此时它的能量是（　　）

A. 动能为零、势能最大　　B. 动能为零、势能为零

C. 动能最大、势能最大　　D. 动能最大、势能为零

11.7 沿相反方向传播的两列相干波，其波动方程为

$$y_1 = A\cos 2\pi(\nu t - x/\lambda),\quad y_2 = A\cos 2\pi(\nu t + x/\lambda)$$

叠加后形成的驻波中，波节的位置坐标为（其中 $k = 0, 1, 2, 3, \cdots$）（　　）

A. $x = \pm k\lambda$　　B. $x = \pm k\lambda/2$

C. $x = \pm(2k+1)\lambda/2$　　D. $x = \pm(2k+1)\lambda/4$

11.8 在弦上有一简谐波，其表达式是

$$y_1 = 2.0 \times 10 - 2\cos[2\pi(t/0.02 - x/20) + \pi/3] \quad (\text{SI})$$

为了在此弦线上形成驻波，并且在 $x = 0$ 处为一波节，此弦线上还应有一简谐波，其表达式为（　　）

A. $y_2 = 2.0 \times 10 - 2\cos[2\pi(t/0.02 + x/20) + \pi/3]$　（SI）

B. $y_2 = 2.0 \times 10 - 2\cos[2\pi(t/0.02 + x/20) + 2\pi/3]$　（SI）

C. $y_2 = 2.0 \times 10 - 2\cos[2\pi(t/0.02 + x/20) + 4\pi/3]$　（SI）

D. $y_2 = 2.0 \times 10 - 2\cos[2\pi(t/0.02 + x/20) - \pi/3]$　（SI）

二、填空题

11.9　一质点沿 x 轴作简谐振动，振动范围的中心点为 x 轴的原点。已知周期为 T，振幅为 A，则

（1）若 $t=0$ 时质点过 $x=0$ 处且朝 x 轴正方向运动，则振动方程为 $x=$____________。

（2）若 $t=0$ 时质点处于 $x=A/2$ 处且朝 x 轴负方向运动，则振动方程为 $x=$____________。

11.10　一质点同时参与了两个同方向的简谐振动，它们的振动方程分别为

$$x_1=0.05\cos(\omega t+\pi/4)\quad(\text{SI})$$

$$x_2=0.05\cos(\omega t+19\pi/12)\quad(\text{SI})$$

其合成运动的运动方程为 $x=$____________________。

11.11　已知一平面简谐波沿 x 轴正向传播，振动周期 $T=0.5$ s，波长 $\lambda=10$ m，振幅 $A=0.1$ m。当 $t=0$ 时波源振动的位移恰好为正的最大值。若波源处为原点，则沿波传播方向距离波源为 $\lambda/2$ 处的振动方程为 $y=$____________________；当 $t=T/2$ 时，$x=\lambda/4$ 处质点的振动速度为____________________。

11.12　一列平面简谐波沿 x 轴正方向无衰减地传播，波的振幅为 2×10^{-3} m，周期为 0.01 s，波速为 400 m/s，当 $t=0$ 时 x 轴原点处的质元正通过平衡位置向 y 轴正方向运动，则该简谐波的表达式为____________________。

11.13　设平面简谐波沿 x 轴传播时在 $x=0$ 处发生反射，反射波的表达式为 $y_2=A\cos[2\pi(\nu t-x/\lambda)+\pi/2]$。已知反射点为一自由端，则由入射波和反射波形成驻波波节的位置坐标为____________。

三、计算题

11.14　一物体沿 x 轴作简谐振动，振幅 $A=0.12$ m，周期 $T=2$ s。当 $t=0$ 时，物体的位移 $x=0.06$ m，且向 x 轴正向运动。求：

（1）此简谐振动的表达式；

（2）$t=T/4$ 时物体的位置、速度和加速度；

（3）物体从 $x=-0.06$ m 向 x 轴负方向运动，第一次回到平衡位置所需的时间。

11.15　已知一简谐振子的振动曲线如图 11.39 所示，试求：

（1）a，b，c，d，e 各点的相位，及到达这些状态的时刻 t（已知周期为 T）；

（2）振动表达式；

（3）画出旋转矢量图。

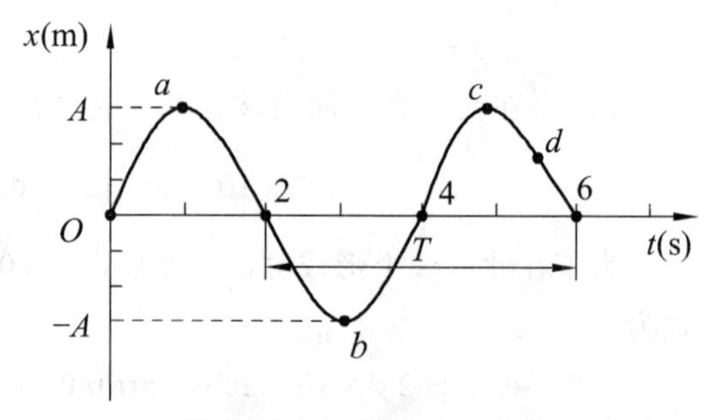

图 11.39　习题 11.15 图

11.16　有一弹簧，当其下端挂一质量为 M 的物体时，伸长量为 9.8×10^{-2} m。若使物体上下振动，且规定向下为正方向。

（1）$t=0$ 时，物体在平衡位置上方 8.0×10^{-2} m 处，由静止开始向下运动，求运动方程；

（2）$t=0$ 时，物体在平衡位置并以 0.60 m/s 速度向上运动，求运动方程。

11.17　质量为 10×10^{-3} kg 的小球与轻弹簧组成的系统，按 $x=0.1\cos\left(8\pi t+\dfrac{2\pi}{3}\right)$ 的规律作振动，式中 t 的单位为秒（s），x 的单位为米（m）。求：

（1）振动的圆频率、周期、振幅、初位相；

（2）振动的速度、加速度的最大值；

（3）最大回复力、振动能量、平均动能和平均势能；

（4）画出这振动的旋转矢量图，并在图上指明 t 为 1，2，10 s 等各时刻的矢量位置。

11.18　两个质点平行于同一直线并排作同频率、同振幅的简谐振动。在振动过程中，每当它们经过振幅一半的地方时相遇，而运动方向相反。求它们的位相差，并作旋转矢量图表示。

11.19　一氢原子在分子中的振动可视为简谐振动。已知氢原子质量 $m=1.68\times10^{-27}$ kg，振动频率 $\nu=1.0\times10^{14}$ Hz，振幅 $A=1.0\times10^{-11}$ m。试计算：

（1）此氢原子的最大速度；

（2）与此振动相联系的能量。

11.20　如图 11.40 所示，在一平板下装有弹簧，平板上放一质量为 1.0 kg 的重物，若使平板在竖直方向上作上下简谐振动，周期为 0.50 s，振幅为 2.0×10^{-2} m，求：

（1）平板到最低点时，重物对平板的作用力；

（2）若频率不变，则平板以多大的振幅振动时，重物跳离平板？

（3）若振幅不变，则平板以多大的频率振动时，重物跳离平板？

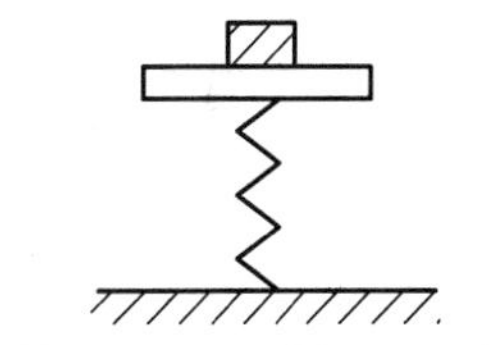

图 11.40　习题 11.20 图

11.21　两轻弹簧与小球串联在一直线上，将两弹簧拉长后系在固定点 A 和 B 之间，整个系统放在光滑水平面上，如图 11.41 所示。设两弹簧的原长分别为 l_1 和 l_2，劲度系数分别为 k_1 和 k_2，A 和 B 间距为 L，小球的质量为 m。

（1）试确定小球的平衡位置；

（2）使小球沿弹簧长度方向作一微小位移后放手，小球将作振动，这一振动是否为简谐振动？振动周期为多少？

11.22　如图 11.42 所示，质量为 10 g 的子弹以速度 $v=103$ m/s 水平射入木块，并陷入木块中，使弹簧压缩而作简谐振动。设弹簧的劲度系数 $k=8\times10^3$ N/m，木块的质量为 $M=4.99$ kg，不计桌面摩擦，试求：

（1）振动的振幅；

（2）振动方程。

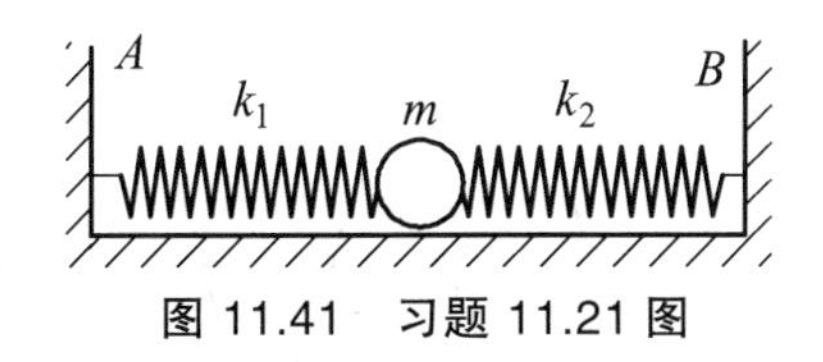

图 11.41　习题 11.21 图

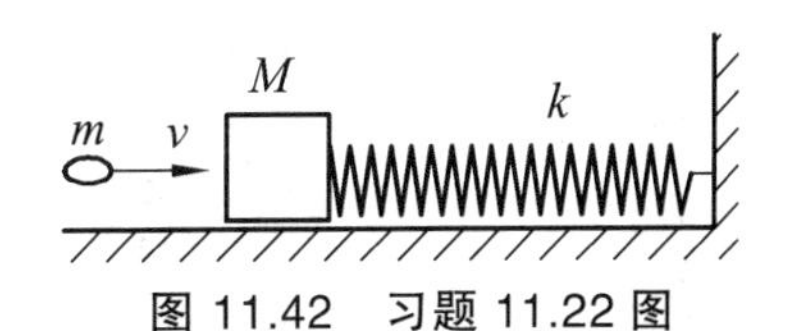

图 11.42　习题 11.22 图

11.23　如图 11.43 所示，在劲度系数为 k 的弹簧下，挂一质量为 M 的托盘。质量为 m 的物体由距盘底高 h 处自由下落与盘发生完全非弹性碰撞，而使其作简谐振动，设两物体碰后瞬时为 $t=0$ 时刻，求振动方程。

11.24　装置如图 11.44 所示，轻弹簧一端固定，另一端与物体 A 间用细绳相连，细绳跨于桌边定滑轮 B 上，A 悬于细绳下端。已知弹簧的劲度系数为 $k=50$ N/m，滑轮的转动惯量 $J=0.02\ \text{kg}\cdot\text{m}^2$，半径 $R=0.2$ m，物体质量为 $m=1.5$ kg，取 $g=10\ \text{m/s}^2$。

（1）试求这一系统静止时弹簧的伸长量和绳的张力。

（2）将物体 A 用手托起 0.15 m，再突然放手，任物体 A 下落而整个系统进入振动状态。设绳子长度一定，绳子与滑轮间不打滑，滑轮轴承无摩擦，试证明物体 A 是作简谐振动。

（3）确定物体 A 的振动周期。

（4）取物体 A 的平衡位置为原点，Ox 轴竖直向下，设物体 A 相对于平衡位置的位移为 x，写出振动方程。

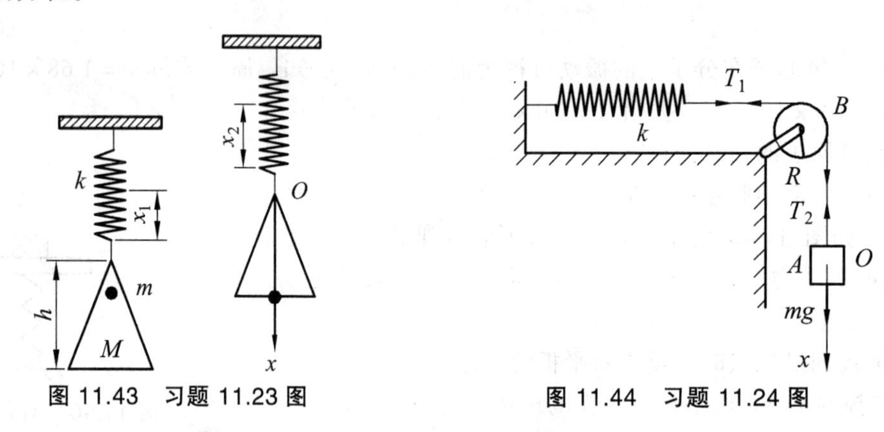

图 11.43　习题 11.23 图　　图 11.44　习题 11.24 图

11.25　一匀质细圆环质量为 m，半径为 R，绕通过环上一点而与环平面垂直的水平光滑轴在铅垂面内作小幅度摆动，求摆动的周期。

11.26　重量为 P 的物体用两根弹簧竖直悬挂，如图 11.45 所示，各弹簧的劲度系数标明在图上。试求在图示两种情况下，系统沿竖直方向振动的固有频率。

11.27　质量为 0.25 kg 的物体，在弹性力作用下作简谐振动，弹簧的劲度系数 $k=25$ N/m，如果开始振动时具有势能 0.6 J 和动能 0.2 J，求：（1）振幅；（2）位移多大时，动能恰等于势能？（3）经过平衡位置时的速度。

11.28　两个频率和振幅都相同的简谐振动的 x-t 曲线如图 11.46 所示，求：

（1）两个简谐振动的相位差；

（2）两个简谐振动的合振动的振动方程。

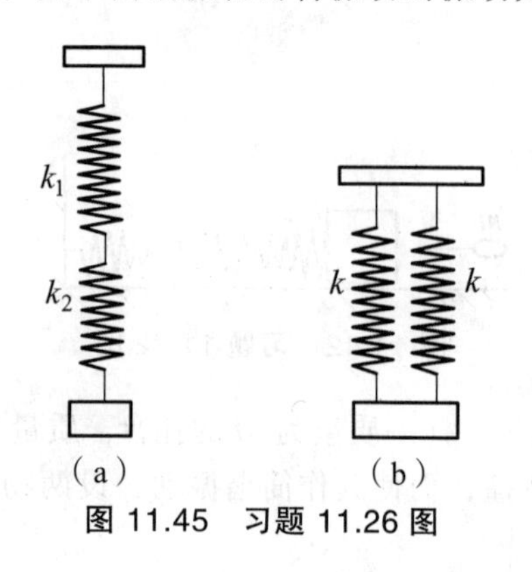

图 11.45　习题 11.26 图

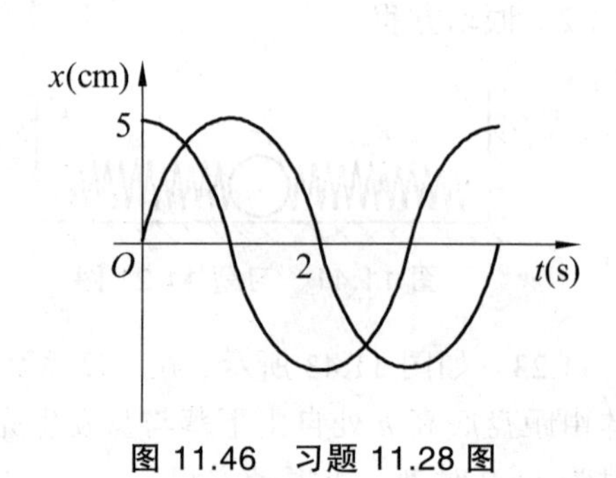

图 11.46　习题 11.28 图

11.29 已知两个同方向简谐振动如下：

$$x_1 = 0.05\cos\left(10t + \frac{3}{5}\pi\right), \quad x_2 = 0.06\cos\left(10t + \frac{1}{5}\pi\right)$$

（1）求它们的合振动的振幅和初相位；

（2）另有一同方向简谐振动 $x_3 = 0.07\cos(10t + \varphi)$，求 φ 为何值时，$x_1 + x_3$ 的振幅最大？φ 为何值时，$x_2 + x_3$ 的振幅最小？

（3）用旋转矢量图法表示（1）和（2）两种情况下的结果（x 的单位为 m，t 的单位为 s）。

11.30 质量为 0.4 kg 的质点同时参与互相垂直的两个振动：$x = 0.08\cos\left(\frac{\pi}{3}t + \frac{\pi}{6}\right)$，$y = 0.06\cos\left(\frac{\pi}{3}t - \frac{\pi}{3}\right)$。式中 x 和 y 的单位为米（m），t 的单位为秒（s）。

（1）求运动的轨道方程；

（2）画出合振动的轨迹；

（3）求质点在任一位置所受的力。

11.31 将频率为 384 Hz 的标准音叉振动和一待测频率的音叉振动合成，测得拍频为 3.0 Hz，在待测音叉的一端加上一小块物体，则拍频将减小，求待测音叉的固有频率。

11.32 示波器的电子束受到两个互相垂直的电场作用。电子在两个方向上的位移分别为 $x = A\cos\omega t$ 和 $y = A\cos(\omega t + \varphi)$。求在 $\varphi = 0$，$\varphi = 30°$ 及 $\varphi = 90°$ 这三种情况下，电子在荧光屏上的轨迹方程。

11.33 三个同方向、同频率的简谐振动为

$$x_1 = 0.08\cos\left(314t + \frac{\pi}{6}\right), \quad x_2 = 0.08\cos\left(314t + \frac{\pi}{2}\right), \quad x_3 = 0.08\cos\left(314t + \frac{5\pi}{6}\right)$$

求：

（1）合振动的圆频率、振幅、初相及振动表达式；

（2）合振动由初始位置运动到 $x = \frac{\sqrt{2}}{2}A$ 所需最短时间（A 为合振动振幅）。

11.34 已知一波的波动方程为 $y = 5\times10^{-2}\sin(10\pi t - 0.6x)$（m）。

（1）求波长、频率、波速及传播方向；

（2）说明 $x = 0$ 时波动方程的意义，并作图表示。

11.35 一平面简谐波在介质中以速度 $u = 0.2$ m/s 沿 x 轴正向传播，已知波线上 A 点（$x_A = 0.05$ m）的振动方程为 $y_A = 0.03\cos\left(4\pi t - \frac{\pi}{2}\right)$（m）。试求：

（1）简谐波的波动方程；

（2）$x = -0.05$ m 处质点 P 的振动方程。

11.36 已知平面波波源的振动表达式为 $y_0 = 6.0\times10^{-2}\sin\frac{\pi}{2}t$（m）。求距波源 5 m 处质点的振动方程和该质点与波源的相位差（设波速为 2 m/s）。

11.37　有一沿 x 轴正向传播的平面波，其波速为 $u = 1$ m/s，波长 $\lambda = 0.04$ m，振幅 $A = 0.03$ m。若以坐标原点恰在平衡位置而向负方向运动时作为开始时刻，试求：

（1）此平面波的波动方程；

（2）与波源相距 $x = 0.01$ m 处质点的振动方程，该点初相是多少？

11.38　一列简谐波沿 x 轴正向传播，在 $t_1 = 0$ s，$t_2 = 0.25$ s 时刻的波形如图 11.47 所示。试求：

（1）P 点的振动表达式；

（2）波动方程；

（3）画出 O 点的振动曲线。

11.39　如图 11.48 所示为一列沿 x 轴负向传播的平面谐波在 $t = T/4$ 时的波形图，振幅 A、波长 λ 以及周期 T 均已知。

（1）写出该波的波动方程；

（2）画出 $x = \lambda/2$ 处质点的振动曲线；

（3）图中波线上 a、b 两点的相位差 $\varphi_a - \varphi_b$ 为多少？

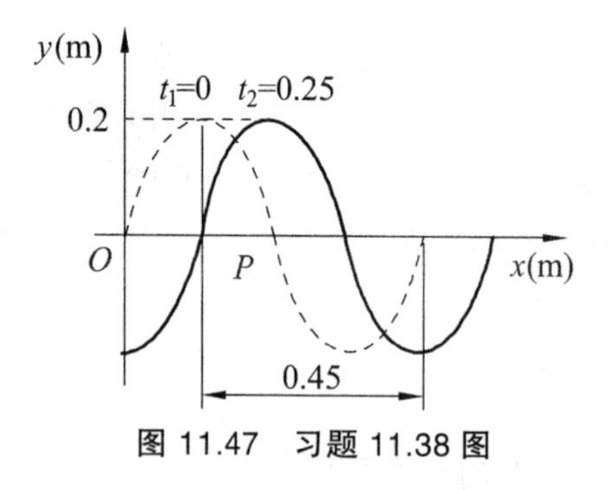

图 11.47　习题 11.38 图

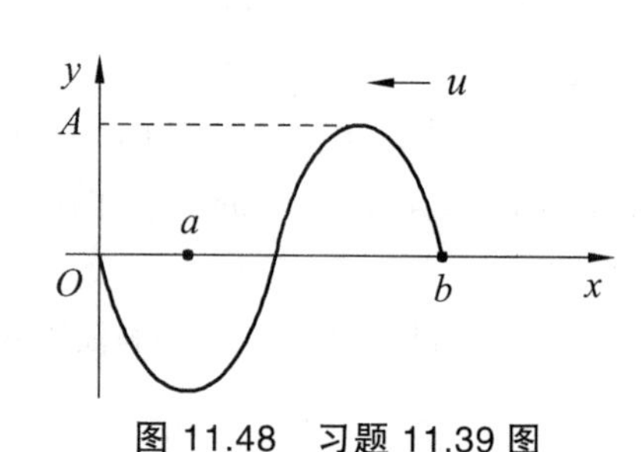

图 11.48　习题 11.39 图

11.40　已知波的波动方程为 $y = A\cos\pi(4t - 2x)$（SI）。

（1）写出 $t = 4.2$ s 时各波峰位置的坐标表示式，并计算此时离原点最近的波峰的位置，该波峰何时通过原点？

（2）画出 $t = 4.2$ s 时的波形曲线。

11.41　一简谐波沿 x 轴正向传播，波长 $\lambda = 4$ m，周期 $T = 4$ s，已知 $x = 0$ 处的质点的振动曲线如图 11.49 所示。

（1）写出 $x = 0$ 处质点的振动方程；

（2）写出波的表达式；

（3）画出 $t = 1$ s 时刻的波形曲线。

11.42　在波的传播路程上有 A 和 B 两点，都作简谐振动，B 点的相位比 A 点落后 $\pi/6$，已知 A、B 之间的距离为 2.0 cm，振动周期为 2.0 s。求波速 u 和波长 λ。

11.43　一平面波在介质中以速度 $u = 20$ m/s 沿 x 轴负方向传播。已知在传播路径上的某点 A 的振动方程为 $y = 3\cos 4\pi t$（图 11.50）。

（1）如以 A 点为坐标原点，写出波动方程；

（2）如以距 A 点 5 m 处的 B 点为坐标原点，写出波动方程；

（3）写出传播方向上 B，C，D 点的振动方程。

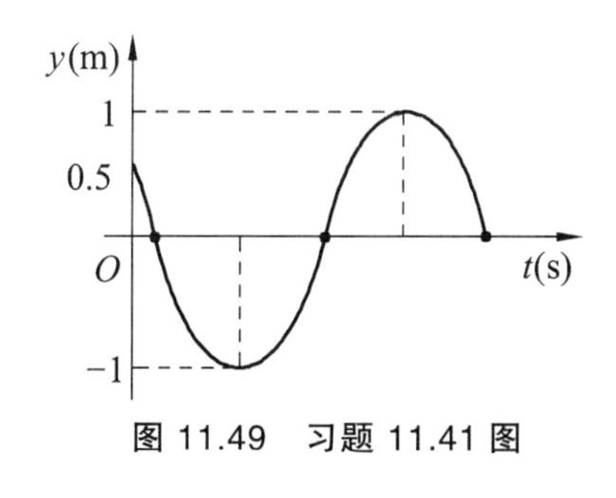

图 11.49 习题 11.41 图

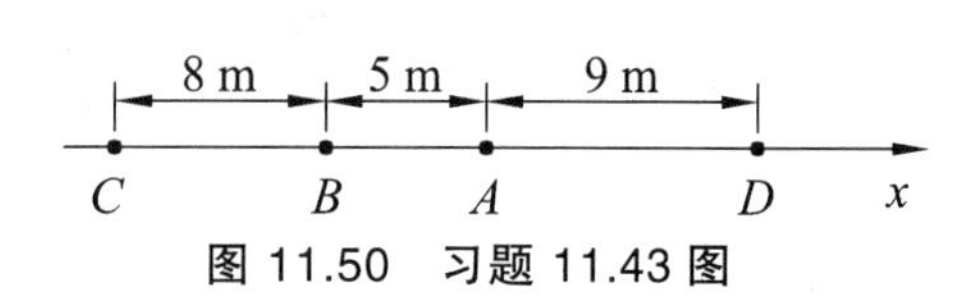

图 11.50 习题 11.43 图

11.44 一弹性波在介质中传播的速度 $u=1\times10^3$ m/s，振幅 $A=1.0\times10^{-4}$ m，频率$\nu=10^3$ Hz。若该介质的密度为 800 kg/m^3，求：

（1）该波的平均能流密度；

（2）1 min 内垂直通过面积 $S=4\times10^{-4}$ m^2 的总能量。

11.45 一平面简谐声波在空气中传播，波速 $u=340$ m/s，频率为 500 Hz。到达人耳时，振幅 $A=1\times10^{-4}$ cm，试求人耳接收到声波的平均能流密度和声强，此时声强相当于多少分贝（已知空气密度$\rho=1.29$ kg/m^3）？

11.46 设空气中声速为 330 m/s。一列火车以 30 m/s 的速度行驶，机车上汽笛的频率为 600 Hz。一静止的观察者在机车的正前方和机车驶过其身后所听到的频率分别是多少？如果观察者以速度 10 m/s 与这列火车相向运动，在上述两个位置，他听到的声音频率分别是多少？

11.47 一声源的频率为 1 080 Hz，相对地面以 30 m/s 速率向右运动。在其右方有一反射面相对地面以 65 m/s 的速率向左运动。设空气中声速为 331 m/s。求：

（1）声源在空气中发出的声音的波长；

（2）反射回的声音的频率和波长。

11.48 S_1与 S_2为两相干波源，相距 1/4 个波长，S_1比 S_2的相位超前$\pi/2$。问 S_1、S_2连线上在 S_1外侧各点的合成波的振幅是多大？在 S_2外侧各点的振幅是多大？

11.49 两相干波源 S_1与 S_2相距 5 m，其振幅相等，频率都是 100 Hz，相位差为π；波在介质中的传播速度为 400 m/s，试以 S_1、S_2连线为坐标 x 轴，以 S_1、S_2连线中点为原点，求 S_1、S_2间因干涉而静止的各点的坐标。

11.50 设入射波的表达式为

$$y_1=A\cos 2\pi\left(\frac{t}{T}+\frac{x}{\lambda}\right)$$

在 $x=0$ 处发生反射，反射点为一自由端。求：

（1）反射波的表达式；

（2）合成驻波的表达式。

11.51 两波在一很长的弦线上传播，设其表达式为 $y_1=6.0\cos\dfrac{\pi}{2}(0.02x-8.0t)$，$y_2=6.0\cos\dfrac{\pi}{2}(0.02x+8.0t)$，用厘米（cm）、克（g）、秒（s）制单位，求：

（1）各波的频率、波长、波速；

（2）节点的位置；

（3）在哪些位置上，振幅最大？

12 波动光学

上一章我们学习了机械波，对波动的特性已有一定的了解。而光是频率极高的电磁波，是一种横波，具有与机械波类似的特性，例如，光也会发生干涉和衍射现象。但光与机械波有本质的不同，光的传播不需要弹性介质。

光学是物理学中发展较早的一个分支。17世纪已有两种关于光的本性的学说：一是牛顿所提出的微粒说，认为光是一股微粒流；二是惠更斯所提出的波动说，认为光是机械振动在特殊介质“以太”中的传播。起初，微粒说占统治地位。19世纪以来，随着实验技术的提高，光的干涉、衍射、偏振等实验结果证明光具有波动性，并且是横波，使光的波动学说获得普遍承认。19世纪后半叶，麦克斯韦提出了电磁波理论，又为赫兹的实验所证实，人们才认识到光不是机械波，而是一种电磁波，形成了以电磁理论为基础的波动光学。在19世纪末20世纪初，当人们深入到光与物质的相互作用问题时，又进一步发现了光电效应等新现象，无法用波动光学理论来解释，只有从光的量子性出发才能说明，即认为光是有一定质量、能量和动量的光子流。而今，我们认识到光具有波动和粒子两方面相互并存的性质，称为光的波粒二象性。由于光具有波粒二象性，所以对光的全面描述需运用量子力学的理论。根据光的量子性从微观上研究光与物质相互作用的学科叫作量子光学。20世纪60年代激光的发现，使光学的发展又获得了新的活力。激光技术与相关学科相结合，导致了光全息技术、光信息处理技术、光纤技术等飞速发展，非线性光学、傅里叶光学等现代光学分支逐渐形成，并对化学、生物学、电子学、医学、材料科学和国防科学等产生巨大的影响。激光出现以后也带来了许多光学新技术的开拓，如光纤通信、光计算机、集成光学、光电子学以及激光技术、激光武器等。现今，光学及其应用已深入许多基础学科及国民经济各个部门，特别是光与电的结合已成为当今高科技的重要特征。因此，光学和光学技术的进展和成就已经在科技进步和生产发展中发挥着越来越重要的作用。

本章我们学习的波动光学，不仅是今后进一步学习光学的重要入门知识，也是今后了解和掌握现代科技所必需的基础。

12.1 光是电磁波

12.1.1 光是电磁波

1. 光波的概念

光波是电磁波，仅占电磁波谱很小的一部分，它与无线电波、X射线等其他电磁波的区别只是频率不同。能够引起人眼视觉的狭窄波段称为可见光。1666 年，牛顿研究光的色散，用棱镜将太阳光分解为由红到紫的可见光谱。1800 年，英国科学家霍胥尔发现在可见光谱的红端以外，还有能够产生热效应的部分，称为红外线。1801 年，德国物理学家里特发现，在可见光的紫端以外，还有能够产生化学效应的部分，称为紫外线。

红外光：波长$\lambda > 0.76$ μm；

可见光：波长λ为 0.39 ~ 0.76 μm；

紫外光：波长$\lambda < 0.39$ μm。

广义而言，光包含红外线与紫外线。

2. 光的颜色

光的颜色由光的频率决定，而频率一般仅由光源决定，与介质无关。

单色光——只含单一波长的光；

复色光——不同波长光的组合，如白光。

12.1.2 光矢量和光强

12.1.2.1 光矢量

光是一种电磁波。由麦克斯韦的电磁理论可知，光是电磁场中电场强度矢量与磁场强度矢量周期性变化在空间的传播。实验证明，引起视觉和感光作用的是其中的电场强度矢量 $\boldsymbol{E}$，所以我们把电场强度矢量 $\boldsymbol{E}$ 称为光矢量。

因为任何形式的波都可以用频率不同的简谐波叠加来表示，这里只介绍平面简谐电磁波的一些特性。平面简谐电磁波的电场强度 $\boldsymbol{E}$ 和磁场强度 $\boldsymbol{H}$ 可分别表示为

$$\begin{cases} \boldsymbol{E}(r,t) = E_0 \cos\omega\left(t - \dfrac{\boldsymbol{r}}{u}\right) \\ \boldsymbol{H}(r,t) = H_0 \cos\omega\left(t - \dfrac{\boldsymbol{r}}{u}\right) \end{cases} \tag{12.1}$$

式中　E_0，H_0——场矢量 $\boldsymbol{E}$ 和 $\boldsymbol{H}$ 的振幅；

ω——电磁波的角频率，其值由波源频率决定；

$\boldsymbol{r}$——坐标原点到电磁场中场点的矢径；

u——电磁波在均匀介质中传播的速率。

平面简谐电磁波有如下的基本特性：

（1）电磁波电场强度 $\boldsymbol{E}$ 和磁场强度 $\boldsymbol{H}$ 具有相同的相位，都以相同的速度传播。

（2）电场强度 $\boldsymbol{E}$ 和磁场强度 $\boldsymbol{H}$ 互相垂直，且两者都与波的传播方向垂直，$\boldsymbol{E}$、$\boldsymbol{H}$、$\boldsymbol{u}$三者满足右手螺旋关系，见图 12.1，这表明电磁波是横波；$\boldsymbol{E}$ 和 $\boldsymbol{H}$ 各自与波的传播方向构成的平面称为 $\boldsymbol{E}$ 的振动面和 $\boldsymbol{H}$ 的振动面。$\boldsymbol{E}$ 和 $\boldsymbol{H}$ 分别在各自的振动面内振动。

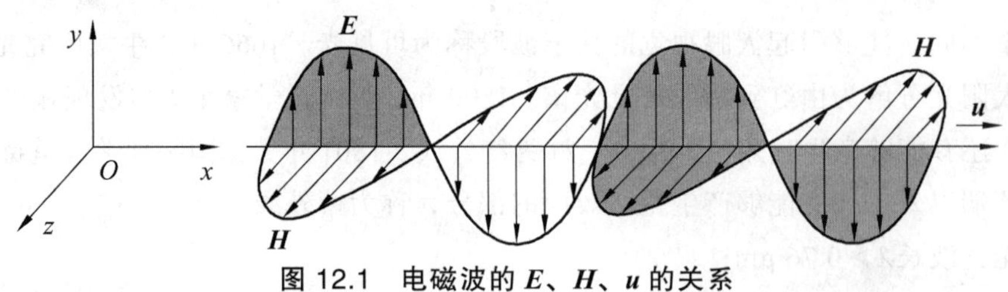

图 12.1 电磁波的 $\boldsymbol{E}$、$\boldsymbol{H}$、$\boldsymbol{u}$ 的关系

（3）光的速度与折射率：

理论和实验可证明，真空中的光速为 $c=1/\sqrt{\varepsilon_0\mu_0}=3.0\times10^8$ m/s。当光在介质中传输时，光速为 $u=1/\sqrt{\varepsilon\mu}=1/\sqrt{\varepsilon_0\varepsilon_r\mu_0\mu_r}=c/\sqrt{\varepsilon_r\mu_r}$，其中 $n=1/\sqrt{\varepsilon_r\mu_r}$ 为介质的折射率，由介质本身的性质决定，几种常见介质的 n 值见表 12.1。

表 12.1 几种常见介质的折射率

介质	n
真空	$n=1$
空气	$n\approx1$
水	$n=1.33$
玻璃	$n=1.50\sim2.0$

折射率相对大的介质，称为光密介质；折射率相对小的介质，称为光疏介质。如水相对于空气是光密介质，相对于玻璃则是光疏介质。

12.1.2.2 光 强

光强即光的平均能流密度，表示单位时间内通过与光传播方向垂直的单位面积的光的能量在一个周期内的平均值（单位面积上的平均光功率）。根据波的平均能流密度与其振幅平方成正比的关系，光强可以表示为

$$I\propto E_0^2 \tag{12.2}$$

式中 E_0——光矢量 $\boldsymbol{E}$ 的振幅。

12.2 相干光的获得和叠加

12.2.1 普通光源发光机理

发光的物体称为光源。太阳、日光灯、白炽灯、霓虹灯都是常见的光源。

任何物体的发光过程都伴随着物体内部的能量变化。从微观上看，物体发光的基本单元

即原子或分子等，可以处于各种不同的能量状态，当原子或分子从高能态跃迁到低能态时，会释放出能量，如果这种能量是以光的形式释放出来，物体就发光。当然，要维持物体持续发光，必须由外界不断地向物体提供能量，使原子或分子重新被激发到高能态，这种过程称为激励。激励所需要的能量可以是电能、热能、化学能或核能，甚至也可以通过光照进行激励。

普通光源的发光机理是处于激发态的原子或分子的自发辐射。当光源中大量的原子或分子受外来激励而处于较高能量的激发状态时极不稳定，在$10^{-9}\sim10^{-8}$ s内自发跃迁到较低能量状态并将等于两能级之差的能量以电磁波的形式辐射出来。发出的光波长度较短，用发光时间乘以光速可知，光波的长度大约在分米量级，我们把这一段光波称为一个光波波列。由于原子发光的无规则性，在自发辐射中，每一次发光都是随机发生的，所以每个原子每一次发光只能发出频率一定、振动方向一定而长度有限的一个波列。大量原子发光产生的各光波波列，它们的传播方向、振动方向、相位和发出的时间都是随机的。即使同一原子先后发出的两列光波，其频率、振动方向和初相也不相同。因此，两个独立的普通光源发出的光不是相干光，不能产生干涉现象。例如，在现实生活中两个完全相同的光源所发出的光线照射在同一个区域时，并没有干涉条纹出现，就是这个原因。

12.2.2 获得相干光的方法

在机械波一章中，我们已经知道当两束满足相干条件的机械波相遇时将产生干涉现象。光波是电磁波，与机械波的物理本质不同，但光波的叠加也遵从波的叠加原理。当光波满足相干条件时，即频率相同、振动方向平行、相位差恒定的两束光波在空间相遇，在光波重叠区，会形成强弱相间、稳定分布的干涉条纹，这称为光的干涉现象。光波的这种叠加称为相干叠加。能产生相干叠加的两束光称为相干光。怎样才能从普通光源获得相干光呢？有以下两种方法：

（1）分波阵面法：从一个光波波阵面上取出两个子波波源作为相干光源，它们发出的光在空间相干，如图 12.2（a）所示。将要分析和讨论的杨氏双缝干涉使用的就是分波阵面法。

（2）分振幅（能量）法：利用同一光源发出的光在两种透明介质交界面的反射和折射，将光的振幅分为两部分，再引导它们在空间相遇，相互叠加而产生干涉，如图 12.2（b）所示。后面将要学习的薄膜干涉、劈尖干涉和牛顿环干涉使用的是分振幅法。

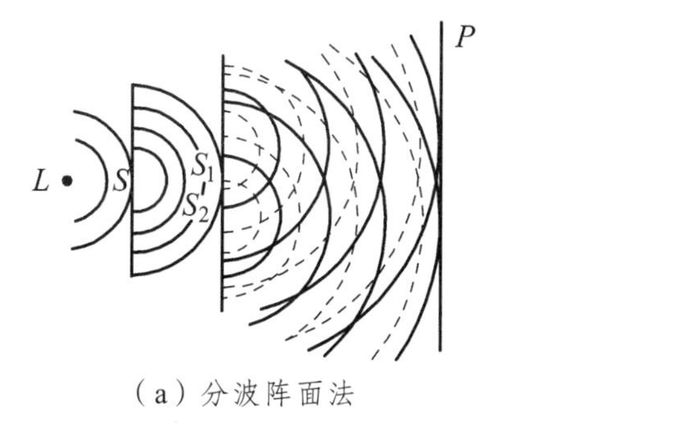

（a）分波阵面法

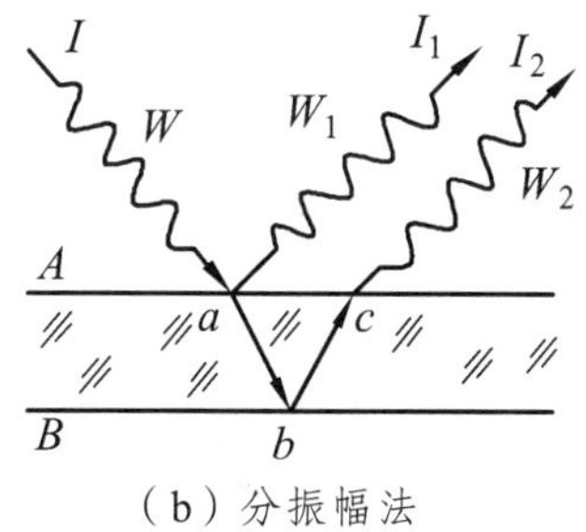

（b）分振幅法

图 12.2 获得相干光的方法

12.2.3　相干光的叠加

机械波干涉中对于波干涉规律的讨论具有普遍的意义，对光的干涉也成立。如图 12.3 所示，两列相干光在干涉点 P 叠加后的光的振幅依然可表示为

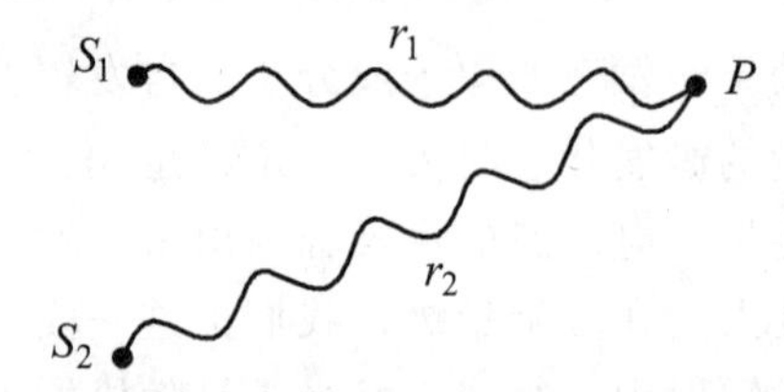

图 12.3　相干光的叠加

$$E_0=\sqrt{E_{10}^2+E_{20}^2+2E_{10}E_{20}\cos\Delta\varphi} \tag{12.3}$$

式中　E_{10}，E_{20} 和 E_0——两束相干光在 P 点产生的振幅和叠加后光的振幅；

$\Delta\varphi$——两束相干光在 P 点的相位差。

在光学中，我们对光的强弱往往不是用振幅，而是用光强来描述。把式（12.3）平方有

$$E_0^2=E_{10}^2+E_{20}^2+2E_{10}E_{20}\cos\Delta\varphi \tag{12.4}$$

光强正比于光振幅的平方，即 $I\propto E_0^2$，于是我们得到两束相干光叠加后的光强和原来两束光强度的关系

$$I=I_1+I_2+2\sqrt{I_1I_2}\cos\Delta\varphi \tag{12.5}$$

显然叠加后的光强不等于原来两束光强度之和，我们把 $2\sqrt{I_1I_2}\cos\Delta\varphi$ 这一项称为干涉项。通过以上分析，可以得到光干涉强度增强和减弱的极值条件。

如果两光源的初相相同，若相位差 $\Delta\varphi=2k\pi$（$k=0,\ \pm1,\ \pm2,\ \cdots$），则由波程差 $\delta=r_2-r_1$ 和相位差 $\Delta\varphi$ 的关系式 $\Delta\varphi=2\pi\dfrac{\delta}{\lambda}$ 可知，波程差为 $\delta=k\lambda$ 时，合成光强达到极大，$I_{\max}=I_1+I_2+2\sqrt{I_1I_2}$，此时称为两束相干光是干涉相长的。

若 $\Delta\varphi=(2k+1)\pi$（$k=0,\ \pm1,\ \pm2,\ \cdots$），即 $\delta=(2k+1)\dfrac{\lambda}{2}$，则合成光强为极小值，$I_{\min}=I_1+I_2-2\sqrt{I_1I_2}$，此时称为两束相干光是干涉相消的。即波程差

$$\delta=r_2-r_1=\begin{cases}k\lambda & \text{干涉相长}\\ (2k+1)\dfrac{\lambda}{2} & \text{干涉相消}\end{cases}\quad(k=0,\ \pm1,\ \pm2,\ \cdots) \tag{12.6}$$

在光学实验中两束相干光的强度常常是相同的，即 $I_1=I_2$，此时干涉光强为

$$I=2I_1(1+\cos\Delta\varphi)=4I_1\cos^2\frac{\Delta\varphi}{2} \tag{12.7}$$

当波程差 $\delta=k\lambda$ 时，干涉相长，光强为 $I_{\max}=4I_1$；当波程差 $\delta=(2k+1)\dfrac{\lambda}{2}$ 时，干涉相消，光强为 $I_{\min}=0$。

12.3 杨氏双缝干涉

12.3.1 杨氏双缝干涉实验

英国医生托马斯·杨在 1801 年首先用实验方法观察到光的干涉现象。他让光通过一狭缝，再通过离缝一段距离的两条狭缝，在两狭缝后面的屏幕上得到干涉图样。这一实验为光的波动性提供了决定性的实验证据。

如图 12.4（a）所示，在传统的杨氏双缝实验中，用单色平行光照射一窄缝 S，窄缝相当于一个线光源。S 后放有与 S 平行且对称的两平行的狭缝 S_1 和 S_2，两缝之间的距离很小（0.1 mm 数量级）。两窄缝处于 S 发出的光波的同一波阵面上，构成一对初相相同的等强度的相干光源。它们发出的相干光在双缝后面的空间叠加，观察屏上形成明暗相间的对称的干涉条纹。这些条纹都与狭缝平行，条纹间的距离相等[图 12.4（b）]。下面具体来分析双缝干涉条纹的分布规律。

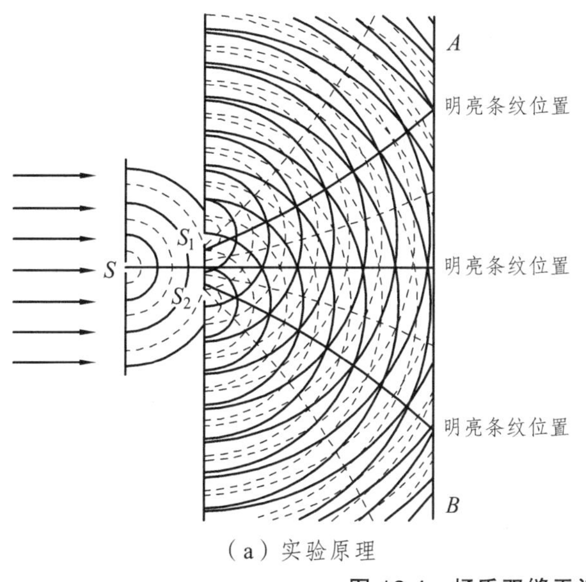

（a）实验原理

（b）干涉图样

图 12.4　杨氏双缝干涉实验

在空气中进行双缝干涉试验，空气折射率 $n \approx 1$，装置如图 12.5 所示，设双缝 S_1 和 S_2 之间的距离为 d，双缝到屏的距离为 D，在屏上以屏中心为原点，垂直于条纹方向为 x 轴，用以表示干涉点的位置。设屏上坐标为 x 处的干涉点 P 到两缝的距离分别为 r_1 和 r_2，从 S_1 和 S_2 发出的两列相干光到达 P 点的波程差应为 $\delta = r_2 - r_1$，通常情况下，距离 $D \approx 1$ m，$d \approx 10^{-4}$ m，条纹分布范围 x 的大小为毫米数量级，即 $D \gg d$，$D \gg x$，故干涉点 P 的角位置 θ 很小，此时 $\sin\theta \approx \tan\theta$。过 S_1 作线段 S_2P 的垂线 S_1C，形成以 d 为斜边的直角三角形，由于 θ 很小，$S_1P \approx CP$，所以垂足 C 到 S_2 的距离即为波程差 δ，由图 12.5 可知，

$$\delta = r_2 - r_1 \approx d\sin\theta \approx d\tan\theta = \frac{xd}{D}$$

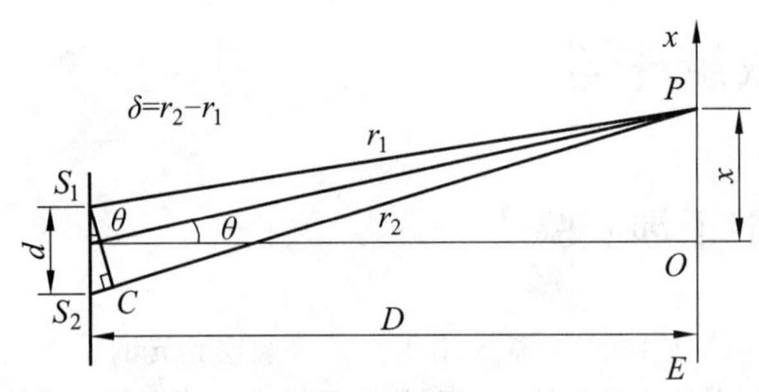

图 12.5　杨氏双缝干涉条纹的分布

12.3.2　双缝干涉条纹位置

1. 干涉明纹中心位置

设单色光波长为 λ。根据公式（12.6）可知，当波程差 $\delta = r_2 - r_1 = \dfrac{xd}{D} = \pm k\lambda$，即位置为

$$x_k = \pm k\frac{D\lambda}{d} \quad (k = 0,\ 1,\ 2,\ \cdots) \tag{12.8}$$

处是干涉相长的，即出现明条纹中心。式（12.8）中整数 k 称为干涉条纹的级次。

2. 干涉暗纹位置

当波程差 $\delta = \dfrac{xd}{D} = \pm(2k-1)\dfrac{\lambda}{2}$，即位置为

$$x_k = \pm(2k-1)\frac{D\lambda}{2d} \quad (k = 1,\ 2,\ 3,\ \cdots) \tag{12.9}$$

处是干涉相消的，即出现暗条纹。

以上两式就是双缝干涉明暗纹公式。

12.3.3　双缝干涉条纹分布特征

由双缝干涉条纹的公式可得到干涉条纹的分布特征。屏上的光强分布曲线如图 12.6 所示。

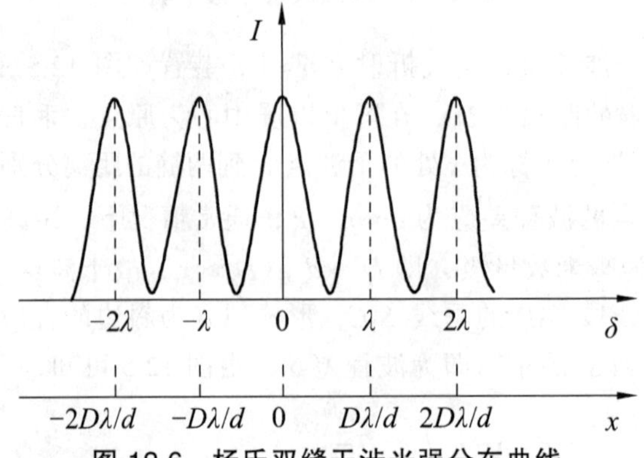

图 12.6　杨氏双缝干涉光强分布曲线

1. 条纹分布

在屏中心即 $x=0$ 处，出现明纹，称为零级明纹或中央明纹。各级明纹和暗纹分布在中央明纹的两侧，依次为一级暗纹、一级明纹、二级暗纹、二级明纹等。

2. 条纹间距

由干涉条纹位置公式（12.8）和（12.9）可得，任意两条相邻明纹中心（或暗纹）之间的距离，即条纹间距为

$$\Delta x=\frac{D\lambda}{d} \tag{12.10}$$

由式（12.10）可知，条纹的间距 Δx 与干涉条纹级次 k 无关，即表明条纹等距分布。

3. 白光光谱

若用白光照射，除中央明纹为白色外，其余明纹为内紫外红的彩色光谱。由干涉明纹位置公式可知，同级次的明条纹，波长较小的紫光的位置更靠近屏中心，故同级次的明纹将按波长的大小在屏上展开成光谱。较高级次的干涉条纹会出现色彩重叠。

【例 12.1】 以单色光照射到相距为 0.1 mm 的双缝上，双缝与屏幕的垂直距离为 1 m，从第一级明纹到同侧的第四级明纹间的距离为 1.8 cm，求单色光的波长。

解：根据双缝干涉明纹的条件

$$x_k=\pm k\frac{D\lambda}{d} \quad (k=0,1,2,\cdots)$$

把 $k=1$ 和 $k=4$ 代入上式，得

$$\Delta x_{14}=x_4-x_1=3\frac{D\lambda}{d}$$

所以

$$\lambda=\frac{d\Delta x_{14}}{3D}=\frac{1\times10^{-4}\times1.8\times10^{-2}}{3\times1}=6\times10^{-7}\ (\mathrm{m})$$

12.4 光程与光程差

由于光在不同介质中的波速和波长不相同，在讨论和研究光的干涉时，必须考虑在不同介质中光的传播问题，因此，在不同介质中光的干涉情况比前面在真空中的情况要复杂一些。为了将来计算的方便，我们需要找出一种简便可行的方法，对不同介质中光的传播进行统一计算。

12.4.1 光程和光程差

经过前面的学习，我们知道相位差是影响干涉情况的关键，为了便于计算相干光在不同介质中传播相遇时的相位差，引入光程的概念。

先分析频率为ν的单色光的波长在介质中变化的情况。设光在真空中的波长为λ，在介质中的波长为λ'。介质的折射率定义为真空中光速与介质中光速之比，故有$n=\frac{c}{u}=\frac{\nu\lambda}{\nu\lambda'}=\frac{\lambda}{\lambda'}$。所以$\lambda$与$\lambda'$有如下关系

$$\lambda'=\frac{\lambda}{n} \tag{12.11}$$

由于介质的折射率$n>1$，因此光在介质中的波长比真空中的波长要短一些。

下面分析一束光在介质中传播时光振动的相位差。设有一束光在空间传播，光在AB之间的几何路程为r，见图12.7（a）。若AB之间是真空，则B点的光振动比A点在相位上要落后

$$\Delta\varphi=2\pi\frac{r}{\lambda}$$

若AB之间是折射率为n的介质，见图12.7（b），则AB之间光振动的相位差

$$\Delta\varphi'=2\pi\frac{r}{\lambda'}=2\pi\frac{nr}{\lambda}$$

图12.7　光在介质中传播

显然光在介质中传播r的几何路程，和光在真空中传播nr的几何路程改变的相位相等。上式说明，在相同相位差的基础上，光在折射率为n的介质中传播的几何路程r可折合为光在真空中传播了几何路程nr。

综上所述，我们引入光程的概念。光程是一个折合量，在相位改变相同的条件下，把光在介质中传播的几何路程折合为光在真空中传播的相应路程即为光程。在数值上，光程等于介质折射率n乘以光在介质中传播的几何路程r，即

$$\text{光程}=nr$$

在物理意义上，光程的概念有等价折算的含义。例如，光通过1 cm厚、折射率为1.5的一块玻璃片，光程增加为1.5 cm，这意味着光经过它所产生的相位差相当于经过1.5 cm的真空，在引起光振动的相位差方面，它们完全等价。

下面考虑两束相干光在干涉点的相位差。设杨氏双缝干涉实验中，两束相干光在P点相遇，如图12.8所示。光束S_1P与光束S_2P分别在折射率为n_1和n_2的介质中传播，相应的路程为r_1和r_2，于是它们在P点引起的两个光振动的相位差为

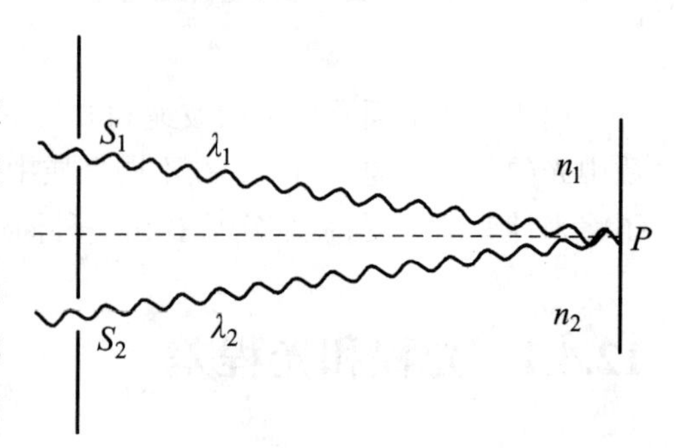

图12.8　相干光在干涉点的相位差

$$\Delta\varphi=\frac{2\pi r_2}{\lambda_2'}-\frac{2\pi r_1}{\lambda_1'}=\frac{2\pi n_2 r_2}{\lambda}-\frac{2\pi n_1 r_1}{\lambda}=\frac{2\pi}{\lambda}(n_2 r_2-n_1 r_1) \tag{12.12}$$

由干涉条件：

$$\Delta\varphi=\begin{cases}2k\pi & 干涉相长\\(2k+1)\dfrac{\pi}{2} & 干涉相消\end{cases}\quad(k=0,\ \pm1,\ \pm2,\ \cdots) \tag{12.13}$$

并且定义两束相干光在干涉点 P 的光程差为

$$\delta=n_2 r_2-n_1 r_1 \tag{12.14}$$

可得重要公式：

$$\delta=\begin{cases}k\lambda & 干涉相长\\(2k+1)\dfrac{\lambda}{2} & 干涉相消\end{cases}\quad(k=0,\ \pm1,\ \pm2,\ \cdots) \tag{12.15}$$

其中，P 点光振动的相位差与光程差的关系为

$$\Delta\varphi=2\pi\frac{\delta}{\lambda} \tag{12.16}$$

双缝干涉实验中，用波程差来讨论干涉情况，可知引入光程差的概念后，不再需要计算烦琐的相位差，可以直接用光程差来研究问题。有了光程和光程差的概念，以后计算相干光干涉情况就方便多了。

12.4.2 薄透镜的等光程性

在光的干涉实验中，常常用薄透镜将平行光会聚成一点，为了讨论会聚点的干涉情况，需要计算相干光在该点的光程差。由于透镜各处的厚度不相同，折射率也往往不知道，按光程的定义来计算有困难。下面我们讨论薄透镜的等光程性，提供一个简便计算的方法。

由几何光学可知，平行光通过透镜会聚在焦平面上形成亮点（焦点），如图 12.9 所示。这个光学现象说明：与平行光束正交的任意波面 AB 上所有的点到透镜焦点的光程相同。正是由于光程相同，所以光传播到像点的相位变化也一样，因而在像点的各个光振动同相，才能干涉增强形成亮点（焦点）。通过光程的定义来理解。从路程来看，同一波面到焦点的光线中，过透镜中心的光线所走路程要短一些，过透镜边缘的光线所走路程要长一些；但光在玻璃中的光程是以玻璃的折射率乘以几何路程计算的，过透镜中心的光线在玻璃中经过的路程长，过透镜边缘的光线在玻璃中经过的路程短，各条光线在空气中的光程和玻璃中的光程之和相等。

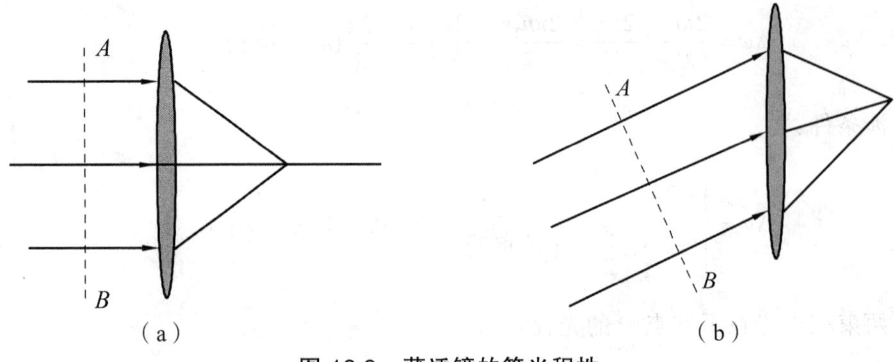

图 12.9　薄透镜的等光程性

上述结论称为薄透镜的等光程性，即平行光从同一波面出发经透镜会聚时，各光线的光程相等。如果要计算两条平行光线在会聚点的光程差，只需要在透镜前面垂直于光线作一个波面，只要知道这两条光线在波面上的光程差，由于在会聚过程中各光线的光程相等，这个光程差将保持到会聚点。

12.4.3　光的半波损失

在研究驻波时我们知道，当波从波疏介质入射到波密介质界面上反射时，反射波将有π的相位突变，或者说波程在反射过程中附加了半个波长，这种现象称为半波损失。光的反射也同样有半波损失现象发生。两种介质相比较，我们把折射率大的介质称为光密介质，折射率小的称为光疏介质。光从光疏介质入射到光密介质分界面上反射时，反射光也会产生半波损失。半波损失不是光在介质内传播过程中产生的，而是反射的瞬间在界面上发生的，在光程和光程差的计算中必须考虑半波损失。

12.4.4　光的半波损失——洛埃镜实验

洛埃镜是类似于杨氏双缝干涉的实验，不同的是洛埃镜实验中只有一条狭缝 S_1，如图 12.10 所示。从狭缝发出的光一部分直接照射到屏上，另一部分经一块平面镜反射后照射到屏上，屏上两束光相遇部分产生明暗相间的干涉条纹。反射光就好像从 S_1 的虚像 S_2 发出的一样，S_1 和 S_2 形成一对反相的相干光源。当把屏移到 MN 位置，使其与平面镜的边缘相接触，发现接触处屏上出现暗条纹。但是，根据 S_1 和 S_2 到该处的光程差计算，该处应该是明条纹。这表明从平面镜反射来的光波有相位差为π的突变。

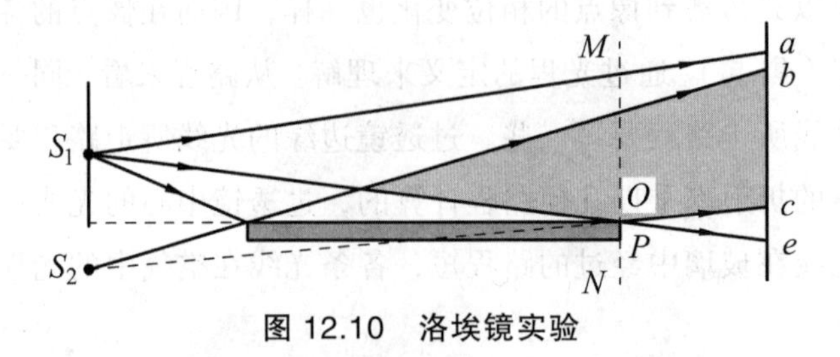

图 12.10　洛埃镜实验

洛埃镜实验结果的分析方法与杨氏双缝干涉相似，但洛埃镜的实验结果表明，光波由光疏介质射向光密介质，在分界面上反射的光有半波损失这一事实。

【例 12.2】 空气中有一装置如图 12.11 所示，真空波长为 λ 的单色光从 S_1、S_2 到 P 点的几何路程都为 d，S_2P 光路中有一块厚度为 x、折射率为 n 的玻璃，试问：

（1）S_1 到 P 点的光程为多少？

（2）S_2 到 P 点的光程为多少？

（3）两光路 S_2P 和 S_1P 的光程差和相应的相位差为多少？

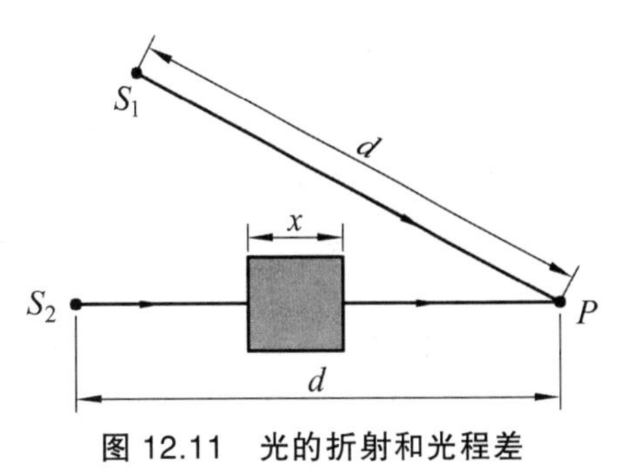

图 12.11 光的折射和光程差

解：（1）由于空气的折射率 $n \approx 1$，所以 S_1 到 P 点的光程即为其几何路程 d。

（2）S_2 到 P 点的光程为光在空气中所走光程与玻璃中所走光程之和，即

$$(d-x)+nx = d+(n-1)x$$

（3）两光路 S_2P 和 S_1P 的光程差

$$\delta = [d+(n-1)x]-d = (n-1)x$$

相应的相位差为

$$\Delta\varphi = 2\pi\frac{\delta}{\lambda} = \frac{2\pi}{\lambda}(n-1)x$$

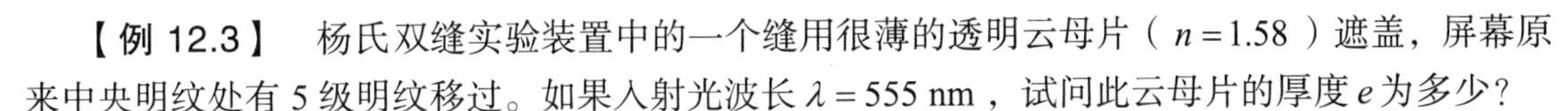

【例 12.3】 杨氏双缝实验装置中的一个缝用很薄的透明云母片（$n=1.58$）遮盖，屏幕原来中央明纹处有 5 级明纹移过。如果入射光波长 $\lambda = 555\ \text{nm}$，试问此云母片的厚度 e 为多少？

解： 设遮盖云母片时，两缝到屏心的光程相等，在一个缝上遮盖云母片后，通过该缝的这一束光的光程改变了 $ne-e=e(n-1)$，而另一束光的光程没有发生改变，故这两束光的光程差改变为 $\delta = e(n-1)$。

由题意知，屏幕中心移过 5 级明纹，即光强从明到暗再到明共变化了 5 周。由干涉明纹条件，每变一周意味着光程差变化一个 λ，故屏中心的光程差共改变了 5λ。

因此

$$\delta = e(n-1) = 5\lambda$$

得到

$$e = \frac{5\lambda}{n-1} = \frac{5\times 555\times 10^{-9}}{1.58-1} = 4.78\times 10^{-6}\ (\text{m})$$

12.5 薄膜干涉

雨过天晴后，我们经常看到在地面积水中有油污时，水面上的油膜呈现出五颜六色的花纹。除此之外，肥皂液吹出的圆形气泡表面也会显示彩色流转的现象。这是太阳光在油膜或

肥皂液膜的上、下表面反射后相互叠加所产生的干涉现象，称为薄膜干涉。薄膜干涉又分为等倾干涉和等厚干涉两种，下面对这两种干涉进行分析。

12.5.1 等倾干涉

12.5.1.1 光程差分析

如图 12.12 所示，先以光倾斜照射到厚度均匀薄膜上的情况为例，研究光的干涉现象。设薄膜的折射率为 n_2、厚度为 e，膜的上方和下方的介质折射率分别为 n_1 和 n_3（$n_2>n_1$，$n_2>n_3$）。一束真空中波长为 λ 的单色光，以入射角 i 照到薄膜上，进行反射和折射，在入射点 A 分为两束，一束是反射光 a，另一束折射进入膜内，折射角为 γ，在 C 点反射后到达 B 点，再折射回膜的上方形成光 b，a、b 两束光是由同一入射光分成的两部分，是两束相干光，彼此平行，经透镜会聚后在膜的反射方向产生干涉（称为反射光干涉）。而透射光 a'、b' 相遇时也会发生干涉，通常称为透射光干涉。

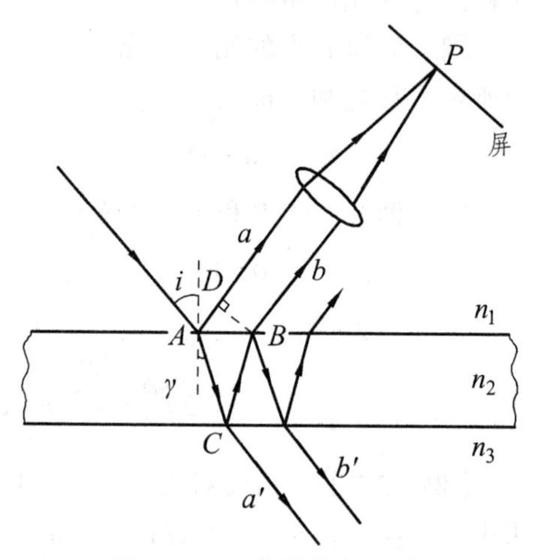

图 12.12 薄膜等倾干涉

下面我们来讨论薄膜干涉光程差 δ 的计算。首先以反射光干涉为例来讨论这个问题。如图 12.12 所示，过 B 点作光线 a 的垂线 BD，根据透镜的等光程性可知，光线 BP 和 DP 的光程相等，所以 a、b 两束光在入射点 A 分开，到焦平面上 P 点相遇时的光程差为

$$\delta=n_2(AC+CB)-n_1AD+\frac{\lambda}{2} \tag{12.17}$$

式中的 $\frac{\lambda}{2}$ 项是由于光从光疏介质射到光密介质界面反射时的光波损失引起的。$\frac{\lambda}{2}$ 这样确定：a 光是在上表面即由介质 n_1 入射到薄膜 n_2 表面发生的反射，因为 $n_2>n_1$，是由光疏介质到光密介质的反射，有半波损失；b 光是在下表面即由薄膜入射到介质 n_3 表面的反射，因为 $n_2>n_3$，是由光密介质到光疏介质的反射，没有半波损失；故总共只有一个半波损失，光程差改变半个波长，为了表示方式的统一，光程差记为增加 $\frac{\lambda}{2}$（而不是减去半个波长）。如果 $n_1>n_2>n_3$，此时对反射光干涉光程差的附加为零（读者可自行验证）。光程差公式中有无 $\frac{\lambda}{2}$ 项应该根据具体问题具体分析决定。

将几何关系 $AC=CB=\frac{e}{\cos\gamma}$，$AD=AB\sin i=2e\tan\gamma\sin i$ 代入式（12.17），得到

$$\begin{aligned}\delta&=2n_2AC-n_1AD+\frac{\lambda}{2}\\&=2n_2\frac{e}{\cos\gamma}-2n_1e\tan\gamma\sin i+\frac{\lambda}{2}\end{aligned} \tag{12.18}$$

由折射定律，$n_1 \sin i = n_2 \sin\gamma$，有

$$\delta = 2e\sqrt{n_2^2 - n_1^2 \sin^2 i} + \frac{\lambda}{2} \tag{12.19}$$

可以看出，上面光程差的公式（12.19）包括两项，前一项是在介质中产生的光程差，后一项是在介质分界面反射时，半波损失所产生的附加光程差。

由干涉条件：

$$\delta = 2e\sqrt{n_2^2 - n_1^2 \sin^2 i} + \frac{\lambda}{2} = \begin{cases} k\lambda & (k=1,\ 2,\ \cdots)\ (\text{明纹}) \\ (2k+1)\dfrac{\lambda}{2} & (k=0,\ 1,\ 2,\ \cdots)\ (\text{暗纹}) \end{cases} \tag{12.20}$$

可知明暗条纹的分布。由于倾角 i 相同的地方干涉情况相同，故称为等倾干涉。

而对透射光 a'、b'，用类似的方法可得到光程差为 $\delta = 2e\sqrt{n_2^2 - n_1^2 \sin^2 i}$，由于比反射光 a、b 的光程差少加半个波长，意味着干涉的情况正好反相。即若反射光干涉是加强的明条纹，则透射光干涉将是相消的暗纹。即在薄膜干涉中，反射光干涉与透射光干涉是互补的。从能量的角度看，它符合能量守恒定律。

当平行光垂直于薄膜入射时（$i \approx \gamma \approx 0$），设薄膜的折射率为 n，此时薄膜干涉的光程差计算公式（12.20）简化为

$$\delta = 2ne + \frac{\lambda}{2} = \begin{cases} k\lambda & (k=1,\ 2,\ \cdots)\ (\text{明纹}) \\ (2k+1)\dfrac{\lambda}{2} & (k=0,\ 1,\ 2,\ \cdots)\ (\text{暗纹}) \end{cases} \tag{12.21}$$

12.5.1.2 增透膜与增反膜

如果在玻璃或其他透明材料的表面上镀一层厚度均匀的透明薄膜，并且镀膜的厚度恰到好处，当用平行光垂直入射时，可以使薄膜上下表面的反射光干涉相消，此时薄膜称为增透膜；反之，如果使反射光干涉相长，此时薄膜称为增反膜。由于透射光和反射光的光程差相差一个 $\frac{\lambda}{2}$，这意味着对相同的薄膜，透射光和反射光的干涉反相，即若反射光干涉加强，则透射光干涉相消，反之亦然。在工程光学中，增透膜和增反膜都得到了广泛的应用。

【例 12.4】 借助于玻璃表面上涂 MgF_2 透明膜可减少玻璃表面的反射。已知 MgF_2 的折射率为 1.38，玻璃折射率为 1.55。若波长为 550 nm 的光从空气中垂直入射到 MgF_2 膜上，为了实现反射最小，求薄膜的最小厚度。

解：如图 12.13 所示。由题意可知，光在膜的上下表面反射时均有半波损失，反射光线的光程差为

$$\delta = 2ne$$

反射最小时：

$$2n_1 e = (2k+1)\frac{\lambda}{2} \quad (k=0,\ 1,\ 2,\ \cdots)$$

$$e=\frac{(2k+1)\lambda}{4n}\text{（}k=0\text{时有最小值）}$$

$$e_{\min}=\frac{\lambda}{4n}=\frac{550}{4\times1.38}\approx100\text{（nm）}$$

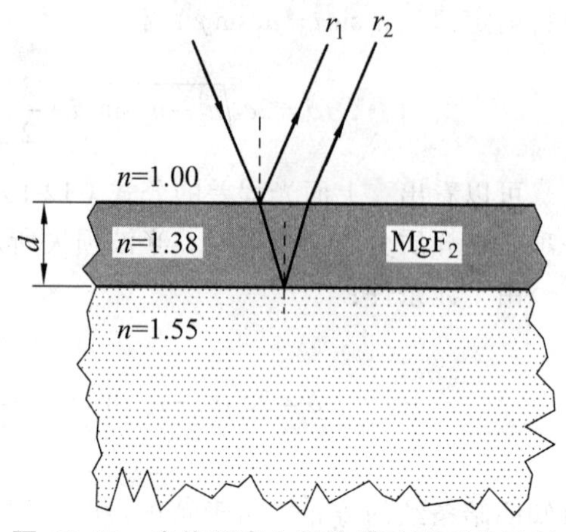

图 12.13　光线垂直入射涂膜玻璃时的反射

利用薄膜干涉，可以提高光学器件的透射率。例如，照相机镜头或其他光学元件，常用组合透镜，对于一个具有 4 个玻璃-空气界面的透镜组来说，由于反射损失的光能，约为入射光的20%，随着界面数目的增多，因反射而损失的光能更多。为了减少这种反射损失，常在透镜表面上镀一层或多层增透膜。另外，还有多层反射膜，即增加反射，减少透射，例如：He-Ne 激光器谐振腔的反射镜就是采用镀多层膜（15 ~ 17 层）的办法，使它对 632.8 nm 的激光的反射率达到 99%以上（一般最多镀 15 ~ 17 层，因为考虑到吸收问题）。

【例 12.5】　一油轮漏出的油（折射率 $n_2=1.20$）污染了某海域，在海水（$n_3=1.33$）表面形成一层厚度 $d=460$ nm 的薄薄的油污。

（1）如果太阳正位于海域上空，一直升机的驾驶员从机上向下观察，他看到的油层呈什么颜色？

（2）如果一潜水员潜入该区域水下向上观察，又将看到油层呈什么颜色？

解：这是一个薄膜干涉的问题，太阳垂直照射的海面上，驾驶员和潜水员所看到的分别是反射光干涉和透射光干涉的结果。光呈现的颜色应该是那些能实现干涉相长、得到加强的光的颜色。

（1）由于油层的折射率 $n_2=1.20$，小于海水的折射率 $n_3=1.33$，但大于空气的折射率 $n_1\approx1.00$，在油层上、下表面反射的光均有半波损失，两反射光之间的光程差为 $\delta=2n_2d$，当 $\delta=2n_2d=k\lambda$ 时，反射光干涉相长。得干涉加强的光波波长为

$k=1$　　　$\lambda_1=2n_2d=1\,104$ nm

$k=2$　　　$\lambda_2=n_2d=552$ nm

$k=3$　　　$\lambda_3=\frac{2}{3}n_2d=368$ nm

其中，波长为 $\lambda_2=552$ nm 的绿光在可见光范围内，而 λ_1 和 λ_3 则分别在红外线和紫外线的波长范围内，肉眼不可见，所以，驾驶员将看到油膜呈绿色。

（2）此题中透射光的光程差与反射光相比要改变一个 $\frac{\lambda}{2}$，为

$$\delta=2n_2d+\frac{\lambda}{2}=k\lambda$$

得

$k=1$　　　$\lambda_1=2\,208$ nm

$k=2$　　　$\lambda_2=736$ nm

$k=3$　　　　　$\lambda_3 = 441.6\ \text{nm}$

$k=4$　　　　　$\lambda_4 = 315.4\ \text{nm}$

其中，波长为 $\lambda_2 = 736\ \text{nm}$ 的红光和 $\lambda_3 = 441.6\ \text{nm}$ 的紫光在可见光范围内，而 λ_1 是红外线，λ_4 是紫外线，所以，潜水员看到的油膜呈紫红色。

12.5.2 等厚干涉

12.5.2.1 劈尖干涉

如图 12.14 所示，两片光学平板玻璃，一端接触，另一端垫一薄纸片或细丝，两片平板玻璃夹角很小，在二者间形成一端薄一端厚的空气薄层，这个空气薄层称为劈尖，两玻璃板接触处为劈尖棱边。若放置在某透明液体之中，就形成一个液体劈尖。光束垂直照射这种劈形薄膜时，形成的干涉叫劈尖干涉。

图 12.15 为劈尖干涉的实验装置。S 为单色光源，从 S 发出的平行光束，经过半透半反镜 M 反射后，垂直入射到空气劈尖 W，由劈尖上、下表面反射的光束进行相干叠加，形成干涉条纹，最后通过显微镜 T 进行观察和测量。

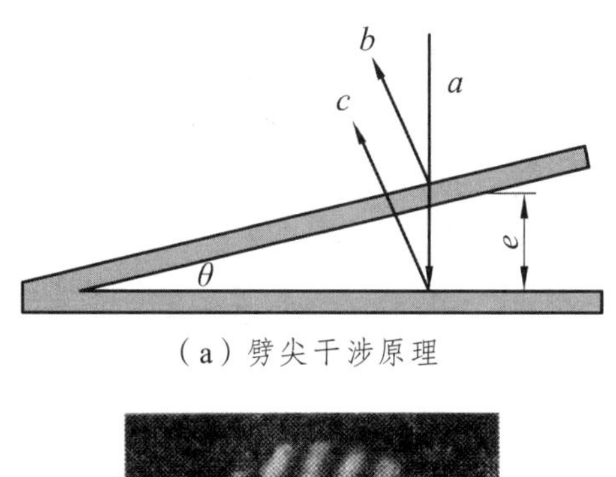

（a）劈尖干涉原理

（b）干涉图样

图 12.14　劈尖干涉

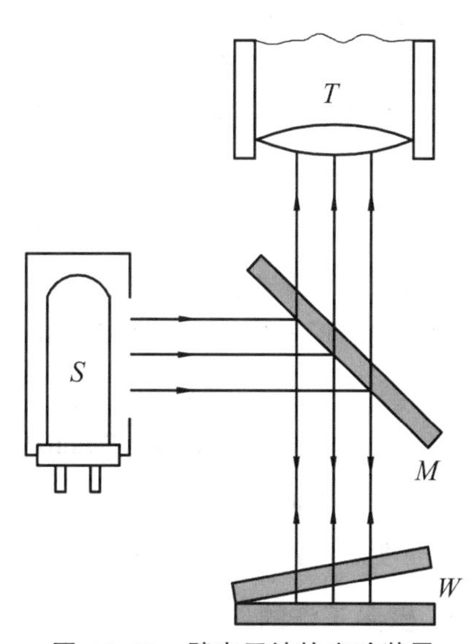

图 12.15　劈尖干涉的实验装置

1. 光程差分析

假设劈尖放在空气中，用平行单色光 a 垂直照射，劈尖上、下表面的反射光 b 和 c 将相互干涉，形成干涉条纹。由于劈尖的夹角θ很小，上、下两个面上的反射光 b 和 c 都可视为与劈尖垂直，如图 12.14（a）所示。设某一点处薄膜的厚度为e，介质的折射率为n，则此处两束反射光 b 和 c 的光程差为

$$\delta = 2ne + \frac{\lambda}{2} \tag{12.22}$$

2. 劈尖干涉明暗条纹对应的厚度

由于各处薄膜的厚度e不同，光程差也不同，因而产生明暗相间的干涉条纹。

$$\delta = 2ne + \frac{\lambda}{2} = \begin{cases} k\lambda & (k = 1,\ 2,\ \cdots) \quad (\text{明纹}) \\ (2k+1)\dfrac{\lambda}{2} & (k = 0,\ 1,\ 2,\ \cdots) \quad (\text{暗纹}) \end{cases} \tag{12.23}$$

这里k是干涉条纹的级次，在$e = 0$处即棱边，出现$k = 0$的零级暗纹。

3. 劈尖干涉条纹到棱边的距离

由干涉明暗条纹公式（12.23）和图 12.14（a）的几何关系，可推算出第k级暗纹到棱边的距离

$$l_k = \frac{e_k}{\theta} \tag{12.24}$$

式中　θ——劈尖的夹角（一般非常小）。

4. 劈尖等厚干涉的光强分布特点

（1）厚度相同的地方对应着同一级干涉条纹，所以劈尖干涉是一种等厚干涉。所有的等厚干涉都具有这个特点。厚度相等的位置处于平行于棱边的方向上，所以，劈尖干涉条纹是一系列平行棱边的直条纹。

（2）相邻明（或暗）条纹之间的厚度差相等，为

$$\Delta e_k = e_{k+1} - e_k = \frac{\lambda}{2n} \tag{12.25}$$

此式对所有的等厚干涉都成立。

（3）玻璃板上相邻明（或暗）条纹之间的距离（简称条纹间距）相等，为

$$\Delta l = \frac{\Delta e_k}{\sin\theta} = \frac{\lambda}{2n\sin\theta} \approx \frac{\lambda}{2n\theta} \tag{12.26}$$

（4）对于上面讨论的空气劈尖，棱边是零级暗纹。对于其他实验条件下的劈尖，棱边是暗纹还是明纹，涉及半波损失，要具体分析。

5. 劈尖干涉的应用

光波长是一个小到肉眼看不到的长度，如果有一把尺子是用光波长的一半为最小刻度，那么它的精度要远高于米尺和卡尺等日常测量工具。而劈尖干涉就可以作为这样的一把“尺子”，用于精密测量。例如：

（1）可用劈尖干涉来测定细丝直径、薄片厚度等。如图 12.16（a）所示，将细丝夹在两

块平板玻璃之间，构成一个空气劈尖，从细丝到棱边长为 L，用波长为 λ 的单色光垂直照射，通过显微镜测出条纹间距 b，则细丝到棱边之间出现的条纹数为 $N=\dfrac{L}{b}$，由于相邻明（或暗）条纹之间的空气厚度差为半个波长，即可得到细丝的直径 $d=N\dfrac{\lambda}{2}$。通过细丝的直径还可以算出劈尖的夹角，故劈尖也可以作为测量微小角度的工具。

（2）可用劈尖干涉测量微小长度的变化，如零件的热膨胀、材料受力时的形变等。如图 12.16（b）所示为干涉膨胀仪，两平面玻璃板之间放一热膨胀系数极小的熔石英环柱，被测样品上端削成斜面，放置于该环柱内，样品的上表面与上面玻璃板的下表面形成一空气劈尖，若以波长为 λ 的单色光垂直入射于此空气劈尖，就会产生等厚干涉条纹。设在温度为 t_0 °C 时，测得样品的高度为 l_0，温度升高到 t °C 时，待测样品的高度为 $l_0+\Delta l$，在此过程中，数得通过视场中心刻线的干涉条纹数目为 N。由于每一级次条纹所对应的空气膜的厚度保持不变，故干涉条纹相对于玻璃板将整体向右平移。相对于视场中心刻线，每移过一个条纹，表明被测样品膨胀了一个 $\dfrac{\lambda}{2}$，即有 $\Delta l=N\dfrac{\lambda}{2}$，从而算出膨胀率（略）。

（3）可用劈尖干涉来检验工件是否合格，例如，检测平板玻璃的平整度是否达到要求，如图 12.16（c）所示。由于空气厚度相同的地方对应着同一级干涉条纹，所以等厚干涉条纹也可看作劈尖上表面到下表面的等高线。看到了等厚干涉条纹，就等于看到了劈尖的“地形图”。检测平板玻璃的平整度时，将待测的玻璃板放在一块标准玻璃板上面构成一个空气劈尖，用光垂直照射，若等厚干涉条纹是一组平行的、等间距的直线，则待测的玻璃板是平整的；若干涉条纹出现弯曲，则玻璃板还有凸凹缺陷。由于相邻明（或暗）条纹之间的空气厚度差为半个波长，根据比例关系，图 12.16（c）中凸起部分高度为 $\Delta e=\dfrac{b'}{b}\cdot\dfrac{\lambda}{2}$。

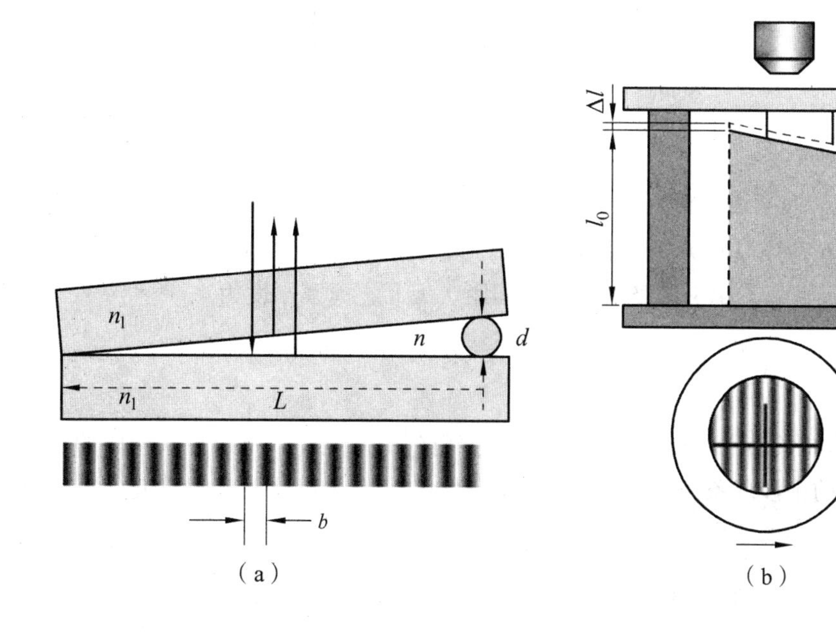

（a）　　　　（b）

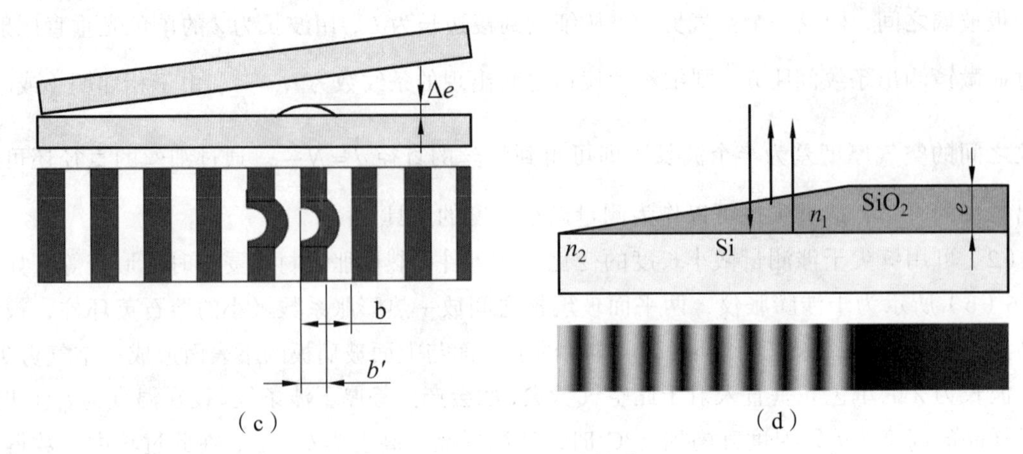

图 12.16　劈尖干涉的应用

（4）可用劈尖干涉来检验镀膜厚度。如图 12.16（d）所示，为了测量硅表面所镀的二氧化硅薄膜的厚度，可用切刀把二氧化硅薄膜削切为楔形，此时便形成一个二氧化硅劈尖，用光垂直照射可以看到劈尖干涉条纹。由干涉条纹数目最终可计算出薄膜厚度。详细计算见例 12.6。

【例 12.6】　一个二氧化硅劈尖，如图 12.17 所示。已知光的波长为 λ，空气、二氧化硅和硅的折射率分别为 n_1、n、n_2，满足 $n_1 < n < n_2$ 的关系。问：（1）劈尖棱边处的干涉条纹是明纹还是暗纹？（2）如果劈尖部分共观察到 6 条明纹，且开口端是暗纹，问二氧化硅薄膜的厚度是多少？

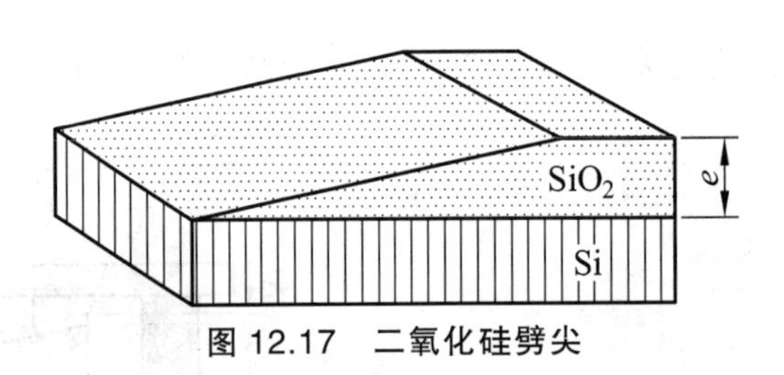

图 12.17　二氧化硅劈尖

解：（1）由于 $n_1 < n < n_2$，光在劈尖上、下两个表面发生反射时都要产生半波损失，没有额外光程差，因而在薄膜厚度为零的劈尖棱边，应该出现等厚干涉的零级明纹。

（2）依题意，劈尖部分共包含 5.5 个条纹间距。因而，薄膜厚度为

$$e = 5.5\frac{\lambda}{2n} = 2.75\frac{\lambda}{n}$$

【例 12.7】　用波长为 500 nm 的单色光垂直照射到由两块光学平板玻璃构成的空气劈尖上。在观察反射光的干涉现象中，距劈尖棱边 $L = 1.56$ cm 的 A 处是从棱边算起的第 4 条暗条纹中心。求此空气劈尖的劈尖角 θ。

解：棱边处是第 1 条暗条纹中心，在膜厚度为 $e_2 = \frac{1}{2}\lambda$ 处是第 2 条暗纹，依此可知第 4

条暗纹处，即 A 处膜厚度 $e_4=\frac{3}{2}\lambda$，所以

$$\theta=e_4/L=3\lambda/(2L)=4.8\times10^{-5}\text{（rad）}$$

12.5.2.2 牛顿环干涉

1. 光程差分析

将一曲率半径 R 很大的平凸透镜 A 放在一块平板玻璃 B 上，如图 12.18（a）所示，在平板玻璃和凸透镜之间形成一盆状空气薄膜。当单色平行光垂直照射平凸透镜 A 时，透镜下表面反射光与平板玻璃上表面反射光发生干涉，以接触点 O 为中心的任意圆周上，空气薄膜厚度相同，可以观察到在透镜表面上的一组以接触点 O 为中心的同心圆环干涉条纹，如图 12.18（b）所示，称为牛顿环干涉。它是一种等厚干涉，其明、暗纹的厚度仍遵从等厚干涉的一般规律。实验中常在透镜和平板玻璃之间注油，形成油膜型牛顿环装置，同时可以保护透镜。

假设牛顿环装置放在空气中，用单色平行光垂直照射到装置上，干涉形成环形条纹。设考察位置处空气薄膜的厚度为 d，空气的折射率为 $n\ (n\approx1)$，如图 12.19 所示。则与劈尖相似，两束反射光的光程差与干涉条纹之间有如下关系：

$$\delta=2nd+\frac{\lambda}{2}=\begin{cases}k\lambda & (k=1,\ 2,\ \cdots)\quad(\text{明纹})\\(2k+1)\dfrac{\lambda}{2} & (k=0,\ 1,\ 2,\ \cdots)\quad(\text{暗纹})\end{cases}\tag{12.27}$$

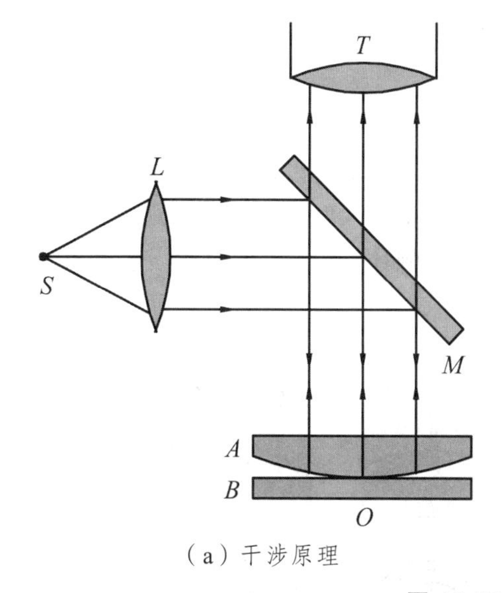

（a）干涉原理

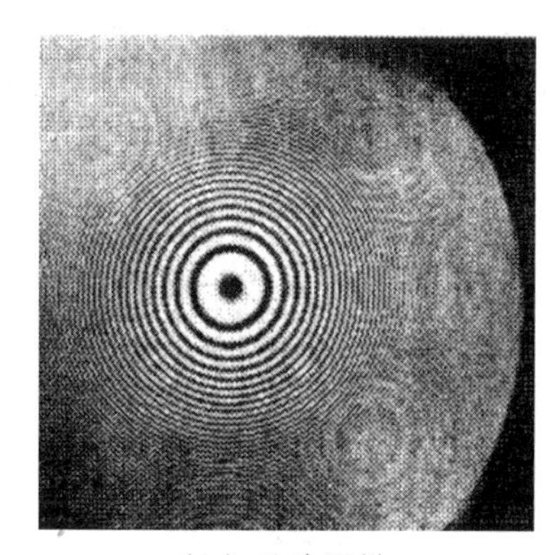

（b）干涉图样

图 12.18　牛顿环干涉

透镜和玻璃板的接触点，即薄膜厚度 $d=0$ 处，由于有半波损失，两相干光的光程差为 $\lambda/2$，所以为暗点。但由于平凸透镜重压在平板玻璃上，接触点变为一个圆面，所以实际上在实验中看到的是一个暗斑。

2. 干涉条纹的半径

下面我们来计算牛顿环干涉条纹的半径。如图 12.19 所示，由图中的直角三角形得到

$$r^2 = R^2 - (R-d)^2 = 2Rd - d^2 \qquad (12.28)$$

式中　r——牛顿环干涉条纹的半径。

透镜的半径 R 一般为米的量级，而膜厚 d 一般为微米量级，故式（12.28）最后一项 d^2 可忽略，近似有

$$d = \frac{r^2}{2R} \qquad (12.29)$$

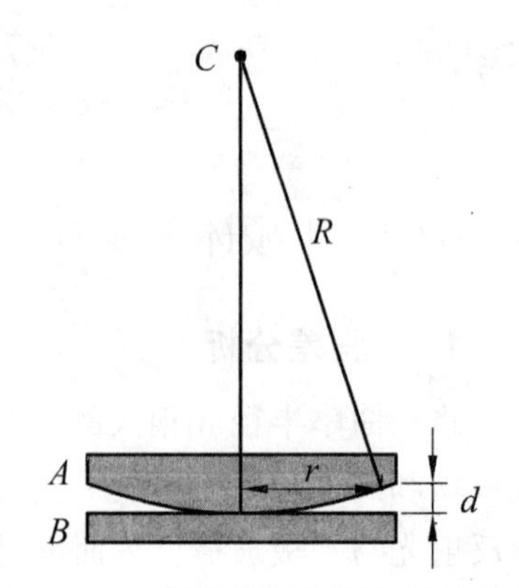

图 12.19　牛顿环干涉相关量的计算

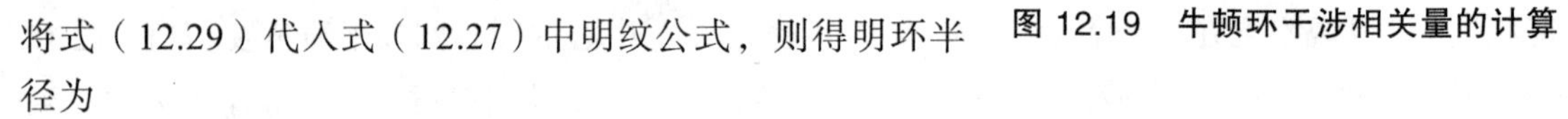

将式（12.29）代入式（12.27）中明纹公式，则得明环半径为

$$r_k = \sqrt{\frac{(2k-1)R\lambda}{2n}} \quad (k = 1,\ 2,\ 3,\ \cdots) \qquad (12.30)$$

将式（12.29）代入式（12.27）中暗纹公式，则得暗环半径为

$$r_k = \sqrt{\frac{kR\lambda}{n}} \quad (k = 0,\ 1,\ 2,\ 3,\ \cdots) \qquad (12.31)$$

尽管牛顿环干涉与劈尖干涉都是等厚干涉，但牛顿环干涉条纹与劈尖干涉条纹不同，为圆环形，这是由薄膜厚度的圆对称性决定的。其次是牛顿环的条纹不是等间距的，而是内疏外密。从干涉条纹的暗环半径公式（12.31）可以看出，由于 $r \propto \sqrt{k}$，即离中心越远，牛顿环干涉的条纹越密。

3. 牛顿环干涉的应用

（1）牛顿环经常用来测量透镜的曲率半径及光的波长，也可以用来检验某批透镜是否合格。如图 12.20 所示，将待检透镜放在样板上，单色光垂直入射，如果没有观测到牛顿环，说明待检透镜与样板完全贴合，是合格的；如果出现牛顿环，说明待检透镜与样板有空隙，不合格。

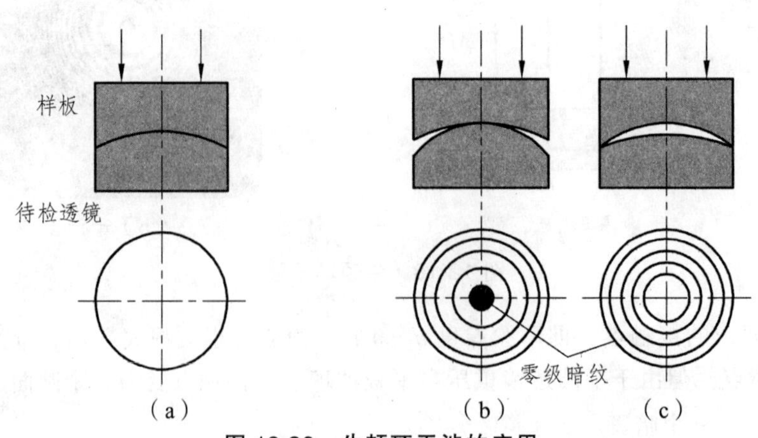

图 12.20　牛顿环干涉的应用

（2）还可以用牛顿环来测量微小长度的变化，假设牛顿环装置放在空气中，保持平板玻璃不动，使凸透镜向上平移，则可观察到牛顿环向中心收缩；若使凸透镜向下平移，牛顿环将自中心处向外扩展。注意到每移过一个条纹对应于厚度 $\lambda/2$ 的变化，只要数出从中心处冒出或消失的条纹数 N，就可计算出透镜移动的距离，$l = N\lambda/2$。

【例 12.8】 在牛顿环的实验中，用紫光照射，测得某 k 级暗环的半径 $r_k = 4.0\times10^{-3}$ m，第 $k+5$ 级暗环半径 $r_{k+5} = 6.0\times10^{-3}$ m，已知平凸透镜的曲率半径 $R = 10$ m，空气的折射率为 1，求紫光的波长和暗环的级数 k。

解：根据牛顿环暗环公式 $r_k = \sqrt{\dfrac{kR\lambda}{n}}$，可得

$$r_{k+5}^2 - r_k^2 = 5R\lambda$$

$$\lambda = \frac{r_{k+5}^2 - r_k^2}{5R} = 4.0\times10^{-7}\ \text{（m）}$$

$$k = \frac{r_k^2}{R\lambda} = 4$$

如果使用已知波长的光，牛顿环实验也可用来测定透镜的曲率半径。

【例 12.9】 如图 12.21 所示，牛顿环装置中，透镜的曲率半径 $R = 40$ cm，用单色光垂直照射，在反射光中观察某一级暗环的半径 $r = 2.5$ mm。现把平板玻璃向下平移 $d_0 = 5.0\ \mu\text{m}$，上述被观察暗环的半径变为多少？

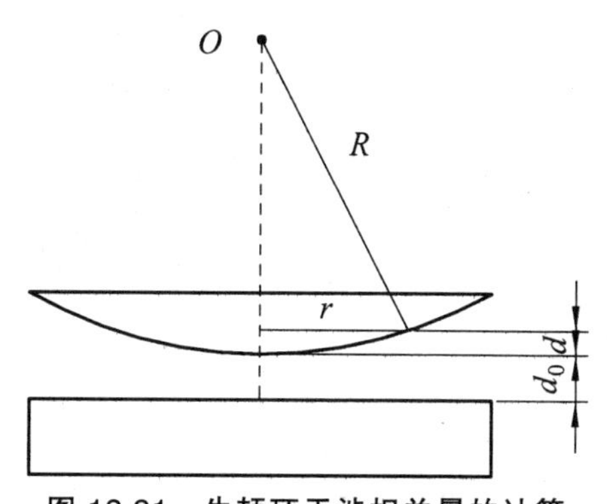

图 12.21 牛顿环干涉相关量的计算

分析：在平板向下平移后，牛顿环中空气膜的厚度整体增厚。由等厚干涉原理可知，所有条纹向中心收缩，原来被观察的 k 级暗环的半径将变小。本题应首先推导平板玻璃向下平移 d_0 后，牛顿环的暗环半径公式，再结合平板玻璃未平移前的暗环半径公式，即可解得本题结果。

解：平板玻璃未平移前，被观察的 k 级暗环的半径 r 为

$$r = \sqrt{kR\lambda}$$

平板玻璃向下平移 d_0 后，如图 12.21 所示，反射光的光程差为

$$\delta = 2(d + d_0) + \frac{\lambda}{2}$$

由干涉相消条件 $\delta = (2k+1)\frac{\lambda}{2}$ 和 $d \approx \frac{r^2}{2R}$，可得 k 级暗环的半径 r' 为

$$r' = \sqrt{R(k\lambda - 2d_0)}$$

即 k 级暗环半径变为

$$r' = \sqrt{r^2 - 2Rd_0} = 1.50 \times 10^{-3} \text{（m）}$$

12.6 惠更斯-菲涅耳原理

在通常情况下，光表现出直线传播的性质。当光通过较宽的单缝时，在屏上将呈现单缝清晰的影子，这是光直线传播特性的表现。但是，当用一束光照射诸如细缝、小孔、细纱巾等尺寸接近光波波长的微小障碍物时，在远处的屏上就会观察到光线绕过障碍物到达偏离直线传播的区域，并在屏上呈现出明暗相间的光强分布，这称为光的衍射现象。如图 12.22（a）为剃须刀片的衍射图样，图（b）为矩形小孔的衍射图样。

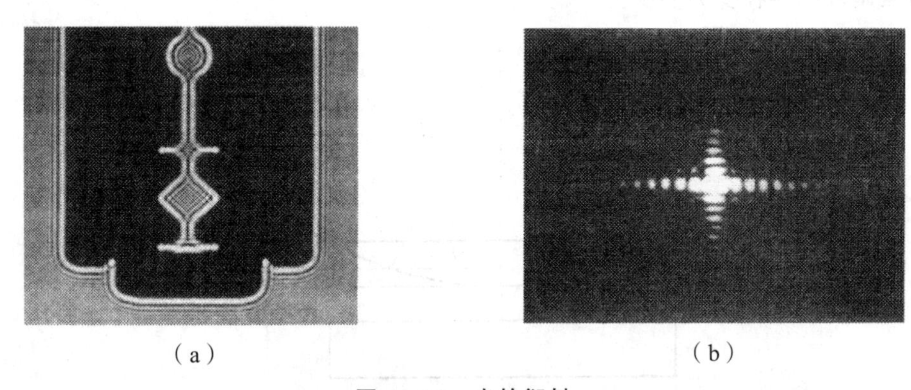

（a）　　（b）

图 12.22　光的衍射

12.6.1 衍射的分类

光的衍射现象按光源和观测屏到障碍物（小孔、细缝）的距离情况，可分为两类：第一类是衍射屏 S 到光源 O、观察屏 E 的距离皆有限，或二者之一的距离为有限，称为菲涅耳衍射，菲涅耳衍射很容易用实验观察到，图 12.23 所示为观察这类衍射的实验装置示意图。另一类衍射称为夫琅禾费衍射，在这类衍射中衍射屏 S 到光源 O、观察屏 E 的距离均为无穷远。夫琅禾费衍射可由透镜系统实现，图 12.24 为观察夫琅禾费衍射实验装置示意图。光源 O 位

于透镜 L_1 焦点，该透镜使入射到衍射屏 S 上的光为平行光，透镜 L_2 再将通过衍射屏的光聚焦在观察屏 E 上。

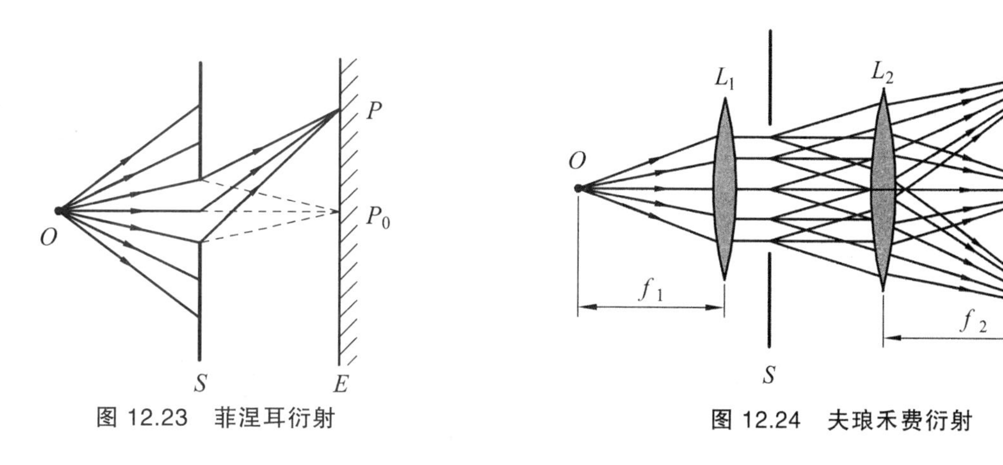

图 12.23 菲涅耳衍射　　图 12.24 夫琅禾费衍射

由于光学仪器中光束总要通过透镜，经常会遇到平行光的衍射问题，所以在实际应用中，夫琅禾费衍射比菲涅耳衍射更为重要，后面主要对夫琅禾费衍射进行讨论。

12.6.2 惠更斯-菲涅耳原理

在波动中我们介绍了惠更斯原理，它能够解释机械波的折射、反射以及衍射规律。惠更斯原理对光的衍射可以作出定性的解释，但不能定量说明光衍射的光强分布。菲涅耳在研究了光的干涉现象后，考虑到衍射中光的子波来自同一波面，属于相干光，因而假定：从同一波阵面上各点发出的子波，也可以相互叠加产生干涉现象，因而补充和发展了惠更斯理论，称为惠更斯-菲涅耳原理，为光的衍射奠定了理论基础。

惠更斯-菲涅耳原理的表述为：波阵面上每一个面元都可以看成是新的子波波源，它们发出的子波传播到空间某点时，该点的振动是所有这些子波在此处的相干叠加。

如图 12.25 所示，根据惠更斯-菲涅耳原理，如果已知波动在某时刻的波阵面为 S，则波阵面上每一面元 $\mathrm{d}S$ 都将发出子波，这些子波在前方某点 P 所引起的光振动的相干叠加，形成该点衍射光的振动。菲涅耳对子波的振幅和相位作了定量描述，一个面元 $\mathrm{d}S$ 在 P 点引起的光振动的振幅与面元的大小成正比，与面元到 P 点的距离 r 成反比，同时还与面元法向 $\boldsymbol{n}$ 和 $\boldsymbol{r}$ 的夹角 φ 有关。若取 $t=0$ 时刻 S 面上各子波的初相为零，则面元 $\mathrm{d}S$ 在 P 点产生的光振动可表示为

$$\mathrm{d}E = Ck(\varphi)\frac{\mathrm{d}S}{r}\cos\left(\omega t-\frac{2\pi}{\lambda}r\right) \tag{12.32}$$

式中　C——比例系数；

$k(\varphi)$——随 φ 增大而减小的倾斜因子：当 $\varphi=0$ 时，$k(\varphi)=1$；即沿原来光波传播方向的子波，倾斜因子取最大值，当 $\varphi \geqslant \frac{\pi}{2}$ 时，$k(\varphi)=0$，表示子波不能向后传播。

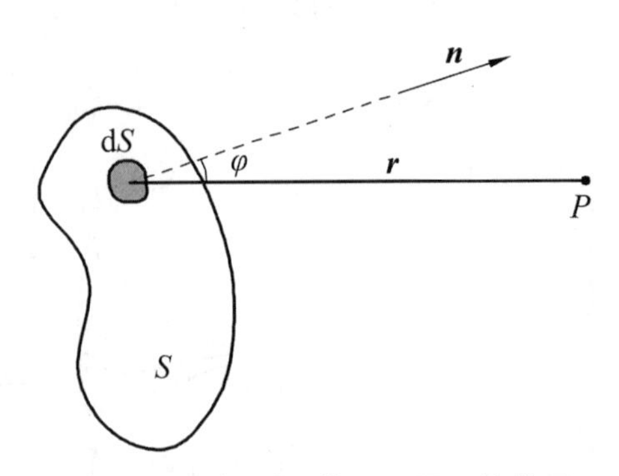

图 12.25　惠更斯-菲涅耳原理的推导

后来，基尔霍夫用严格的理论推导出倾斜因子 $k(\varphi)=\frac{1}{2}(1+\cos\varphi)$，即当 $\varphi=\frac{\pi}{2}$ 时，$k(\varphi)=\frac{1}{2}$，而不是零，只有当 $\varphi=\pi$ 时，$k(\varphi)$ 才减到 0，修正了菲涅耳的假设。

这样，整个波阵面 S 在 P 点引起的光振动，就是 S 面上所有面元 $\mathrm{d}S$ 发出的子波在 P 点引起的光振动的叠加，即积分

$$E(P)=\int\frac{C(1+\cos\varphi)}{2r}\cos\left(\omega t-\frac{2\pi}{\lambda}r\right)\mathrm{d}S \tag{12.33}$$

式（12.33）为一曲面积分，称为菲涅耳衍射积分公式，由该公式可定量计算衍射波的强度分布。一般情况下计算比较繁难，在后面的讨论中，我们采用由惠更斯-菲涅耳原理衍生的半波带法和振幅矢量叠加法。

惠更斯-菲涅耳原理的核心思想是子波之间要发生干涉叠加，衍射是由于无限多个子波干涉的结果。

12.7　单缝夫琅禾费衍射

12.7.1　装置与光路

单缝夫琅禾费衍射装置如图 12.26 所示。线光源 S 放在凸透镜 L_1 的焦点位置，发出的光经凸透镜 L_1 变成平行光垂直照射到宽度为 a 的单缝 K 上，单缝的衍射光由凸透镜 L_2 会聚在屏上，屏上将出现与缝平行的衍射条纹。根据惠更斯-菲涅耳原理，入射光的波阵面到达单缝，单缝中的波阵面上各点成为新的子波源，发射初相相同的子波。这些子波沿不同的方向传播并由透镜会聚于屏上。如图 12.26，沿 φ 方向传播的子波将会聚在屏上 P 点。φ 角叫作衍射角，它也是 P 点相对于透镜中心的角位置。沿 φ 角传播的各个子波到 P 点的光程并不相同，它们之间有光程差，这些光程差将最终决定 P 点叠加后的光强。

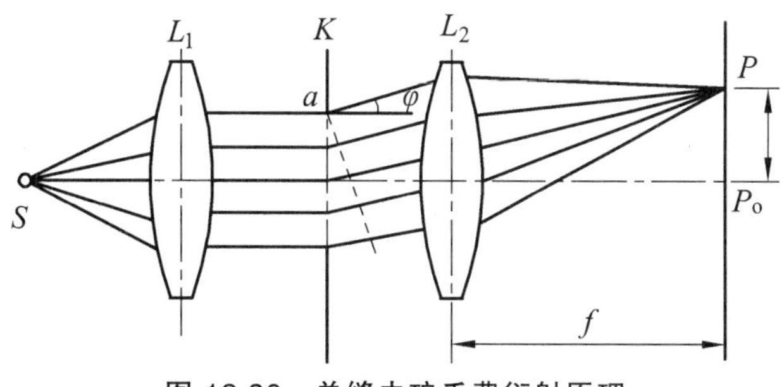

图 12.26　单缝夫琅禾费衍射原理

12.7.2　菲涅耳半波带法

菲涅耳采用了一个非常直观而简洁的方法来决定屏上光强分布的规律，称为菲涅耳半波带法。从图 12.27（a）中可以看出，由于薄透镜具有等光程性，单缝的两端 A 点和 B 点发出的子波到 P 点的光程差最大，为图中线段 BC 的长度，等于

$$\delta = BC = a\sin\varphi \tag{12.34}$$

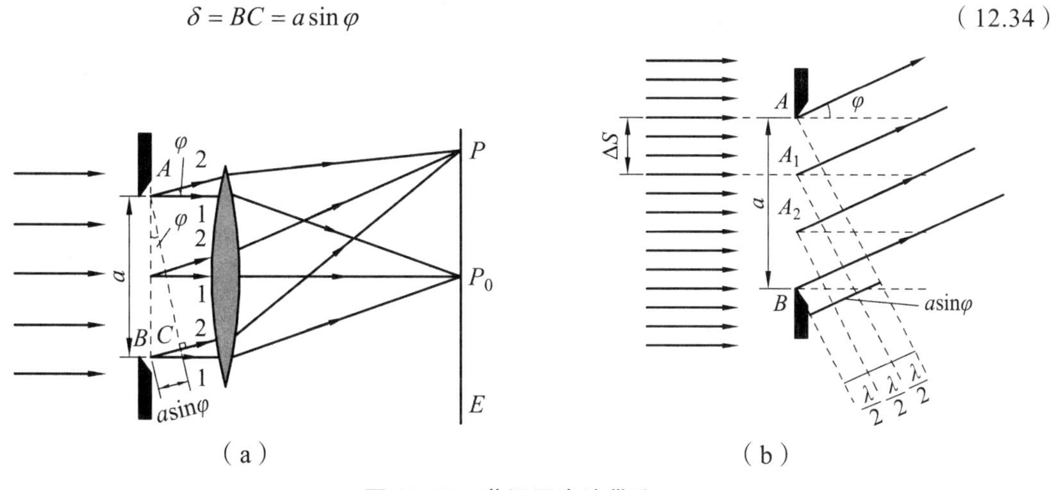

图 12.27　菲涅耳半波带法

菲涅耳把此光程差按光的半波长进行等分，假设刚好是半波长的 N 倍[图 12.27（b）中画出了分成 3 份的情况]，即有 $a\sin\varphi = N\dfrac{\lambda}{2}$，再从缝的 B 端开始，沿着 BC 方向，每过 $\lambda/2$ 作一个垂面，这些垂面把单缝的波阵面划分成了 N 份，每一份称为一个半波带，这种方法称为菲涅耳半波带法。

显然，在给定缝宽 a 和波长 λ 的情况下，衍射角 φ 决定了半波带数目的多少和半波带面积的大小。N 可以是整数，也可以是非整数。当 N 恰好为偶数时，因相邻两半波带中对应光线的光程差为 $\lambda/2$，相位差为π，因而两相邻半波带的光线在 P 点的光振动将干涉相消，P 点的光强为零，即 P 点处为暗纹。当 N 恰好为奇数时，因相邻两半波带发出的光两两干涉相消后，剩下一个半波带发出的光未被抵消，因此，P 点处为亮纹中心。如图 12.27（b）中有 3 个半波带：AA_1、A_1A_2 和 A_2B 波带。两个相邻波带的对应点，如 AA_1 的 A_1 点处和 A_1A_2 的 A_2 点处发出的子波，在屏上会聚点 P 的光程差正好是 $\lambda/2$，将发生干涉相消；同理 AA_1 波带的中点处和 A_1A_2 波带的中点处发出的子波，在屏上会聚点 P 的光程差也正好是 $\lambda/2$，将发生干涉相消（其他对应点同理可证）。相邻半波带 AA_1、A_1A_2 发出的光干涉相消后，剩下一个半波带 A_2B 发出的光未被抵消，因此，P 点处为亮纹中心。

12.7.3 明纹、暗纹条件

按上述结论，我们可以确定 P 点的光强是极大还是极小。对于 P 点，如果单缝波阵面被分成偶数个半波带，则合振幅为零，P 点处为暗纹；如果被分成奇数个半波带，则相邻半波带发出的光两两干涉相消后，剩下一个半波带发出的光未被抵消，此时 P 点处为明纹中心。由以上分析得到单缝夫琅禾费衍射的明暗纹条件：

$$a\sin\varphi=\begin{cases}\pm(2k+1)\dfrac{\lambda}{2} & \text{（明纹中心）}\\ \pm 2k\dfrac{\lambda}{2}=\pm k\lambda & \text{（暗纹）}\end{cases}\quad (k=1,\ 2,\ 3\cdots) \tag{12.35}$$

式中，$k=1, 2, 3, \cdots$ 称为衍射条纹的级次，分别称为第一级、第二级、第三级……正号表示条纹位于屏的上半平面，负号表示条纹位于屏的下半平面。

在屏中心 O 点，$\varphi=0$，会聚在此点的所有子波光程相等，振动同相，叠加时干涉加强，使 O 点成为衍射条纹中最亮的中央明纹中心。

12.7.4 条纹位置及明纹宽度

12.7.4.1 明纹和暗纹位置

屏上 k 级明纹中心或暗纹所对应的角位置（衍射角）可以从式（12.35）得出。单缝衍射时，屏上能看清楚的条纹的衍射角都很小，可以用小角度情况下的近似条件 $\varphi\approx\sin\varphi\approx\tan\varphi$ 进行计算，可得

$$\varphi_k=\begin{cases}\pm(2k+1)\dfrac{\lambda}{2a} & \text{（明纹中心）}\\ \pm k\dfrac{\lambda}{a} & \text{（暗纹）}\end{cases}\quad (k=1,\ 2,\ 3,\ \cdots) \tag{12.36}$$

如果凸透镜的焦距为 f，根据角位置公式（12.36），可以得到衍射条纹在观察屏幕上的位置（即 P 点相对于屏中心的位置）

$$x_k=f\cdot\tan\varphi_k\approx f\cdot\varphi_k=\begin{cases}\pm(2k+1)\dfrac{f\lambda}{2a} & \text{（明纹中心）}\\ \pm k\dfrac{f\lambda}{a} & \text{（暗纹）}\end{cases}\quad (k=1,\ 2,\ 3,\ \cdots) \tag{12.37}$$

单缝衍射的光强分布曲线如图 12.28 所示。中央明纹最亮，各级明纹的亮度随着级数的升高而快速减弱。这是因为衍射角 φ 越大，分成的半波带数目越多，每个半波带提供光能的面积就越小。由于偶数个半波带中的光线总是相消的，只有留下的一个半波带中的光线叠加形成明纹，所以明纹级次越高，光强越弱。实际上只能看清中央明纹附近的几级明条纹，在应用问题中，只有低级次条纹才有实际意义。

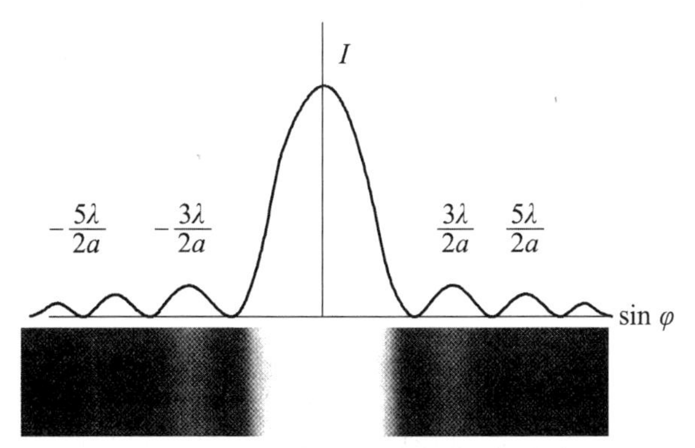

图 12.28　单缝衍射的光强分布曲线

注意：根据公式（12.37），单缝衍射屏上条纹的位置与单缝的位置无关，可以把单缝向上平移或向下平移，屏上衍射条纹的位置都不发生变化，中央明纹中心始终正对透镜的光轴。此外，根据惠更斯-菲涅耳原理，用振幅矢量叠加法来进行精确地推算后会发现，上面公式中暗纹的位置是准确的，但明纹中心位置与实际位置有微小偏离。感兴趣的读者可以查阅相关的参考书。

12.7.4.2　明纹宽度

通常把相邻暗纹间的距离定义为明纹宽度。则由式（12.37）中衍射暗纹位置可知，各次级明条纹的线宽度为

$$\Delta x = x_{k+1} - x_k = f\frac{\lambda}{a} \tag{12.38}$$

在两个第一级暗纹之间的范围为中央明纹（或零级明纹）区域。显然，中央明纹的角位置满足

$$-\lambda \leqslant a\sin\varphi \leqslant \lambda \tag{12.39}$$

线位置满足

$$-\frac{f\lambda}{a} \leqslant x \leqslant \frac{f\lambda}{a} \tag{12.40}$$

中央明纹线宽度为

$$x_1 - x_{-1} = 2f\frac{\lambda}{a} \tag{12.41}$$

所以中央明纹的宽度为次级明纹宽度的两倍。

12.7.5　缝宽与波长对衍射的影响

由衍射条纹位置及明纹宽度公式可知，单缝衍射各级条纹的位置和宽度都与单缝的缝宽成反比，与入射光波长成正比。这表明缝越窄，条纹位置离中心越远，条纹排列越疏，观察和测量越清楚、准确，这称为衍射好；相反，缝越宽，衍射越差。当缝宽大到一定的程度，较高级次的条纹因亮度很小，明暗模糊不清，形成很暗的背景，其他级次较低的条纹完全并入衍射角很小的中央明纹附近，形成单一的明纹，这就是几何光学中所说的单缝的像。这时衍射现象消失，成为直线传播的几何光学，这表明几何光学是波动光学的极限情况。

12.7.6　白光光谱

当用白光入射时，由于各级衍射明纹按波长逐级分开，除中央明纹中心仍为白色外，其他各级明纹按由紫到红的顺序向两侧对称排列成彩色条纹，称为单缝衍射光谱。较高的衍射级次还可以出现前一级光谱与后一级光谱的重叠现象。

【例 12.10】　在单缝夫琅禾费实验中，垂直入射的单色平行光波长为 $\lambda = 605.8\ \text{nm}$，缝宽 $a = 0.30\ \text{mm}$，透镜焦距 $f = 1.0\ \text{m}$。求：（1）中央明纹宽度；（2）第二级明纹中心至中央明纹中心的距离；（3）相应于第三级明纹，菲涅耳半波带法可将单缝分成多少个半波带？

解：（1）中央明纹宽度

$$\Delta x = 2f\frac{\lambda}{a} = 2\times 1.0\times\frac{605.8\times 10^{-9}}{0.3\times 10^{-3}} \approx 4.0\ (\text{mm})$$

（2）由单缝衍射明纹公式 $a\sin\varphi = (2k+1)\frac{\lambda}{2}$，可知相应于第二级明纹，$k=2$，得第二级明纹中心至中央明纹中心的距离为

$$x_2 = f\tan\varphi_2 \approx f\sin\varphi_2 = f\frac{5\lambda}{2a} \approx 5.0\ (\text{mm})$$

（3）由单缝衍射明纹公式 $a\sin\varphi = (2k+1)\frac{\lambda}{2}$，可知相应于第三级明纹，$k=3$，单缝对应分成 $2k+1=7$ 个半波带。

12.8　圆孔夫琅禾费衍射

一般光学仪器都是由透镜和圆形孔径（光阑）组成的，光通过光学系统的光阑或者透镜的圆形边框时，也会产生衍射。这种光通过圆孔产生的衍射现象，称为圆孔衍射。设计光学仪器时，必须考虑圆孔衍射对仪器成像的影响，因此对圆孔衍射进行研究，具有很重要的实际意义。

12.8.1 圆孔夫琅禾费衍射

如图 12.29（a）所示，在单缝夫琅禾费衍射实验装置中，若用小圆孔代替狭缝，当单色平行光垂直照射到圆孔时，位于透镜焦平面所在的屏幕上，将出现这样的衍射图样：中央是一个圆斑，外围是一组明暗相间的同心圆环，中央圆斑最亮，称为爱里斑，它集中了大部分能量，外围同心圆环的强度随级次升高而迅速减弱，如图 12.29（b）所示。

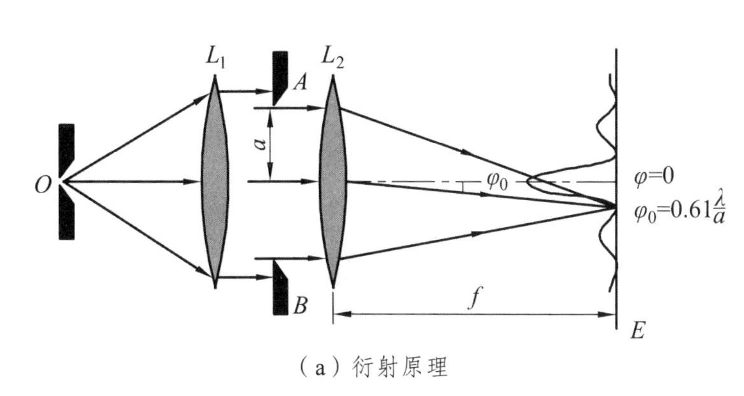

（a）衍射原理

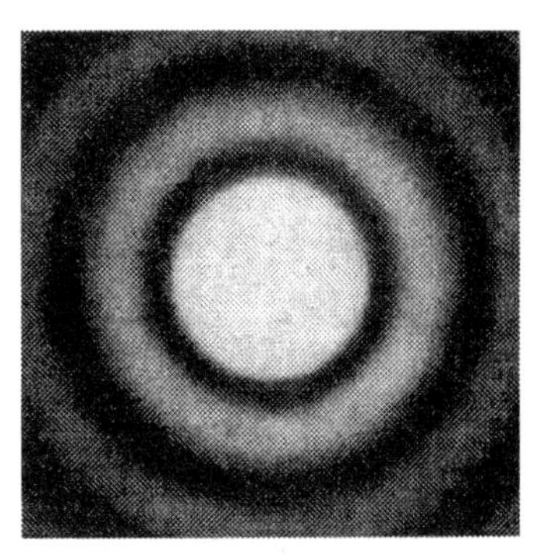

（b）衍射图样

图 12.29　圆孔夫琅禾费衍射

圆孔衍射与单缝衍射类似，同样可以用半波带法计算出各级衍射条纹的分布。但由于几何形状不同，衍射条纹分布的讨论有所差异。理论可以证明圆孔衍射第一级暗环的衍射角 φ_0 满足

$$\sin\varphi_0 = 1.22\frac{\lambda}{D} \tag{12.42}$$

式中　D——圆孔的直径。

衍射角 φ_0 即为爱里斑的半角宽度，在透镜焦距 f 较大时，此角很小，故

$$\varphi_0 \approx \sin\varphi_0 = 1.22\frac{\lambda}{D} \tag{12.43}$$

由此可知，中央爱里斑的半径 R 为

$$R = f\cdot\tan\varphi_0 = 1.22f\frac{\lambda}{D} \tag{12.44}$$

该式与单缝衍射的中央明纹半宽度相比，除了由于几何形状不同而引出的因子 1.22 外，其他性质在定性方面是一致的，即衍射孔 D 越小，波长 λ 越长，爱里斑越大，衍射现象越显著。

12.8.2 光学仪器的分辨率

根据几何光学的成像原理，用望远镜、显微镜等光学仪器观察细小物体时，物点和像点一一对应，选择适当的透镜焦距和物距，总可以得到足够大的放大倍数，清晰地看到所需观

测的物体。然而，物点的像并不是一个几何点，光通过光学系统的光阑或者透镜的圆形边框时，由于衍射作用，物点的像变为有一定大小的爱里斑，周围还有一些模糊的明暗相间的同心圆环。如果两个像点距离太近，它们的爱里斑会相互重叠，以致不能分辨出观测的是一个物点还是两个物点。例如，天文望远镜观察两颗遥远的恒星时，如果两颗恒星距离很近，有时相纸上只记录到一个亮点，会误认为是一颗恒星。那么满足何种条件，我们刚好能判断出这是两颗恒星呢？瑞利提出，如果一个物点的爱里斑中心正好与另一个物点的爱里斑的边缘重合，这两个物点恰好能辨别，称为瑞利判据。如图 12.30 所示，两物点恰好能分辨时，两个爱里斑中心的距离正好是爱里斑的半径。因此，两个相邻物点的最小分辨角应等于爱里斑的半角宽度

$$\delta\varphi = \varphi_0 = 1.22\frac{\lambda}{D} \tag{12.45}$$

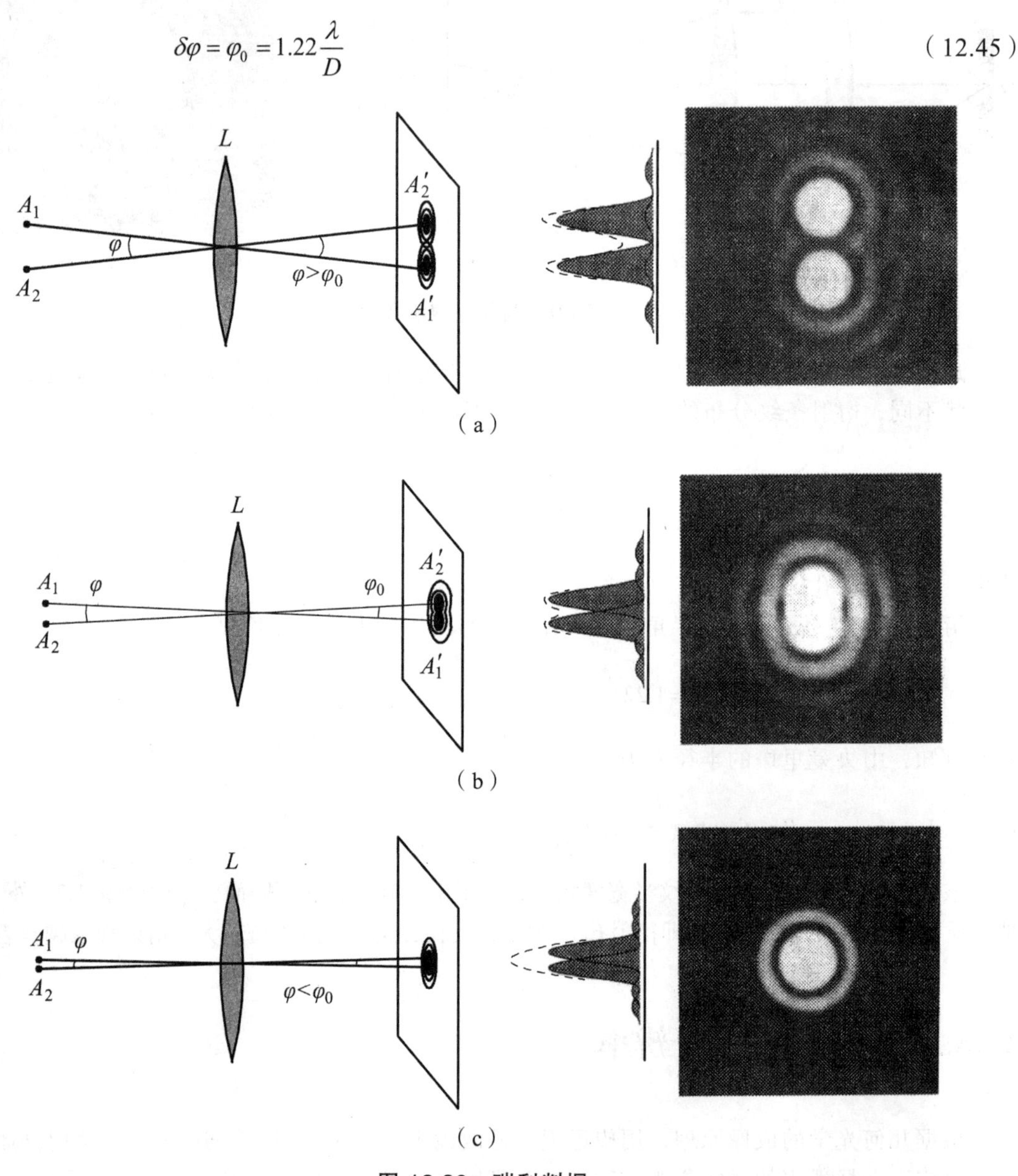

图 12.30　瑞利判据

最小分辨角越小，通过光学仪器看到的物体细节越清晰，仪器的分辨率也就越高。所以定义光学仪器的分辨率为

$$R=\frac{1}{\delta\varphi}=\frac{D}{1.22\lambda} \tag{12.46}$$

式（12.46）表明，分辨率的大小与仪器的孔径 D 成正比，与入射光波长成反比。显然为了看清物体细节，光学仪器的分辨率越大越好。瑞利判据为设计光学仪器提出了理论指导，如电子显微镜用波长短的射线来提高分辨率，目前用几十万伏高压产生的电子波，波长约为 10^{-3} nm，做成的电子显微镜可以对分子、原子的结构进行观察。对于天文望远镜则可用大口径的物镜来提高分辨率，目前最大的天文望远镜口径为 10 m 左右，另外还有 3 个更大的天文望远镜将在 2018 年完成：一个是物镜镜面直径达 30 m 的望远镜，选址于夏威夷火山山顶；一个是麦哲伦巨型望远镜，设计镜面直径为 24.5 m，将建在智利；还有一个是欧洲超大望远镜，目前还没有选定建造地址，据称该望远镜的镜面直径将史无前例地达到 42 m。这些天文望远镜建成后，科学家可通过它们看到距地球大约 130 亿光年远的地方。这意味着人们可以看到宇宙间第一批形成的星体和星系。

【例 12.11】 看物体时，人眼瞳孔直径可以根据光线明暗来调节，变化范围为 2 ~ 8 mm。假设正常光照下，人眼瞳孔直径约为 3 mm，对于人眼最敏感的波长为 550 nm 的黄绿光，人眼的最小分辨角多大？在上述条件下，若有两根细丝线的间距为 2 mm，问人站在多远处恰能分辨？

解：人眼的最小分辨角

$$\delta\varphi=1.22\frac{\lambda}{D}=1.22\times\frac{550\times10^{-9}}{3\times10^{-3}}=2.24\times10^{-4}\ \text{(rad)}$$

设两根细丝线的间距为 d，与人之间的距离为 x，丝线对人眼的张角为 $\theta=\dfrac{d}{x}$，恰能分辨时有

$$\theta=\frac{d}{x}=\delta\varphi$$

于是，恰能分辨时的距离为

$$x=\frac{d}{\delta\varphi}=\frac{2.0\times10^{-3}}{2.24\times10^{-4}}=8.93\ \text{(m)}$$

12.9 光栅衍射

如果利用单缝衍射测量光的波长，我们会发现单缝很窄时，衍射现象明显，但是条纹亮度很暗，不易观测；增大缝宽时，衍射条纹亮度有所提高，但是衍射现象又不明显了。那么如何解决这一矛盾呢？可以利用光栅来解决这一问题。当我们在衍射屏上多开几条单缝，就会发现，随着单缝数目的增多，屏上衍射条纹越来越细锐、明亮。如图 12.31 所示，缝数分别为 $N=1$、2、3、5、6、20 所对应的衍射图样。

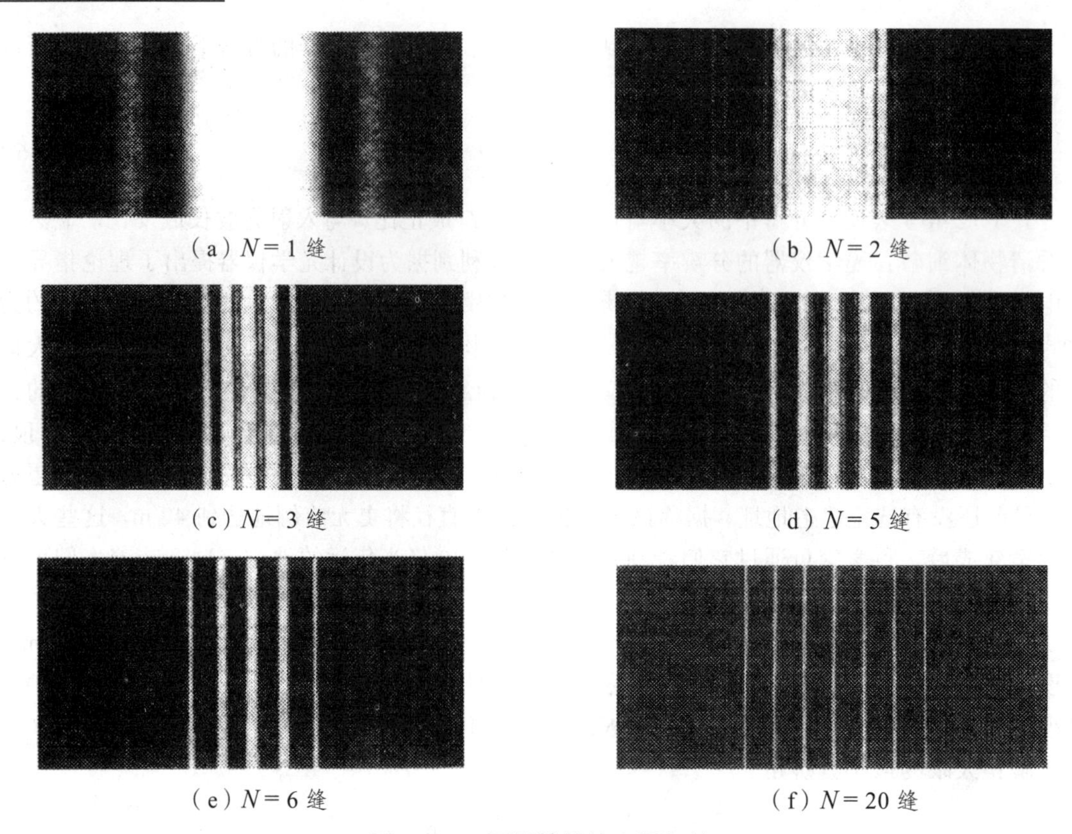

图 12.31　不同缝数的光栅衍射

光栅分两大类，一类是透射光栅，一类是反射光栅。我们以透射光栅为例来说明光栅的衍射作用。在一块玻璃上刻上大量等宽、等间距的平行刻痕，刻痕相当于毛玻璃，不透光；两刻痕之间玻璃光滑，可透光，相当于狭缝，这种由大量等宽、等间距的平行狭缝组成的光学元件称为光栅。实际使用的光栅，每厘米内有上万条刻痕。光栅中透光部分（缝）的宽度常用 a 表示，不透光部分的宽度用 b 表示。则两相邻缝中心间距叫光栅常数，用 d 表示，$d=a+b$。通常光栅常数 d 可达微米量级。

利用光栅就能在屏上获得间距较大、极细、极亮的衍射条纹，可以非常便利地进行高精度的光谱测量。

12.9.1　光栅方程

如图 12.32 所示为光栅衍射的示意图。一束平行光垂直入射到光栅上，通过每一狭缝向各个方向衍射，衍射光经过透镜 L 会聚在焦平面上，位于透镜焦平面的屏幕上将出现细锐的衍射条纹，考察同透镜光轴成 φ 角的一组衍射平行光，它们通过透镜后会聚到观察屏上的同一点 P。衍射角为 φ 的衍射平行光，有的是发自同一狭缝不同部分的子波，有的发自不同狭缝。所以讨论 P 点的合成强度时，既要考虑每一狭缝的衍射，又要考虑各狭缝之间的干涉。光栅衍射的结果应该是单缝衍射和多缝干涉的综合效果。

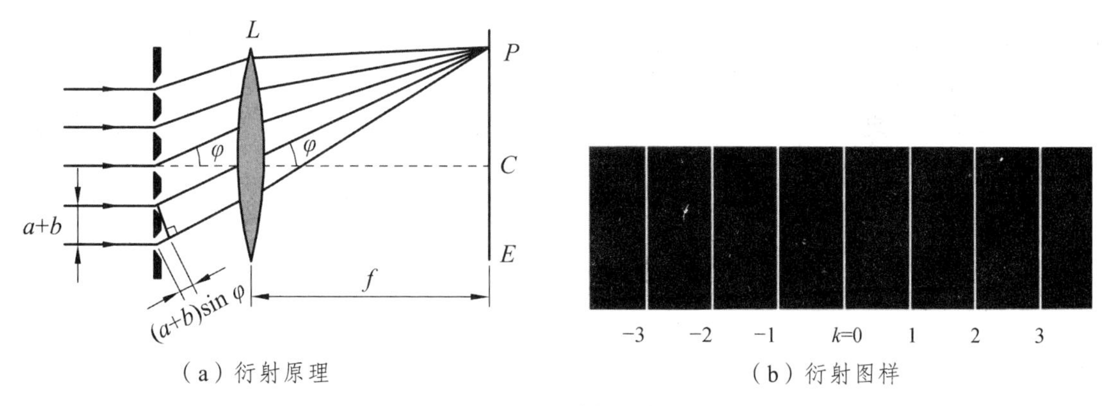

（a）衍射原理

（b）衍射图样

图 12.32　光栅衍射

如果我们只考虑两个相邻缝发出的衍射光之间的干涉效果。从图 12.32（a）可知，相邻两缝的衍射光在 P 点的光程差为 $\delta = d\sin\varphi$，显然，若光程差

$$d\sin\varphi = \pm k\lambda \quad (k = 0, 1, 2, \cdots) \tag{12.47}$$

则相邻两缝发出的衍射光在 P 点干涉相长。由于所有的缝都彼此平行等间距排列，因此以 φ 角衍射的平行光到达 P 点后均干涉相长，屏上 P 点出现强度很大的明纹，称为光栅衍射主极大。式（12.47）为计算光栅主极大（明纹）的公式，称为光栅方程。

从光栅方程可知，k 级主极大的角位置（衍射角）满足

$$\sin\varphi_k = \pm k\frac{\lambda}{d} \tag{12.48}$$

光栅常数 d 通常很小，例如，稍微好一些的光栅，光栅常数可达到微米的数量级，由于波长也是微米量级，所以主极大的衍射角有时可达到 30°、60°甚至更大的角度，这说明光栅可实现大角度衍射。由于衍射角较大，光栅衍射条纹的间距大，易于实现精密测量，这是光栅衍射的一个特点。同样，由于衍射角较大，光栅衍射条纹的级次往往有限。

12.9.2　光栅衍射中单缝衍射的调制作用

以上讨论了光栅各个缝之间的干涉，设想光栅上第一条狭缝打开，其余缝被遮住，屏上将呈现单缝衍射图样。依次打开第二条缝，第三条缝……打开这些缝的同时，遮住其余缝，由于衍射屏上条纹的位置与单缝的位置无关，所以屏上每条缝单缝衍射的图样和强度将会完全相同；其中央明纹中心始终对应透镜的光轴与屏幕的交点。当狭缝全部打开时，如果所有 N 条狭缝的衍射光是不相干的，屏上将出现 N 个完全相同的单缝衍射图样的不相干叠加，其强度分布仍和单缝衍射一样，只不过每一处强度增加为 N 倍。但实际上每条狭缝的单缝衍射光将再次发生相互干涉，所以多缝干涉的效果必然受到单缝衍射效果的影响，最终在屏上形成的光强分布是在单缝衍射调制下的多缝干涉分布，如图 12.33 所示，图中表现的是一个光栅的光强分布曲线，其中图（a）为不考虑多缝间干涉的情况，只考虑光栅上单缝衍射时，光

强的分布曲线；图（b）为不考虑单缝衍射的情况，只考虑光栅上多缝间干涉时，光强的分布曲线；实际上光栅衍射的总光强分布是由多缝干涉和单缝衍射共同决定的，如图（c）所示。我们看到，多缝干涉条纹的光强分布（实线）受到单缝衍射分布（虚线，称为包络线）的调制。

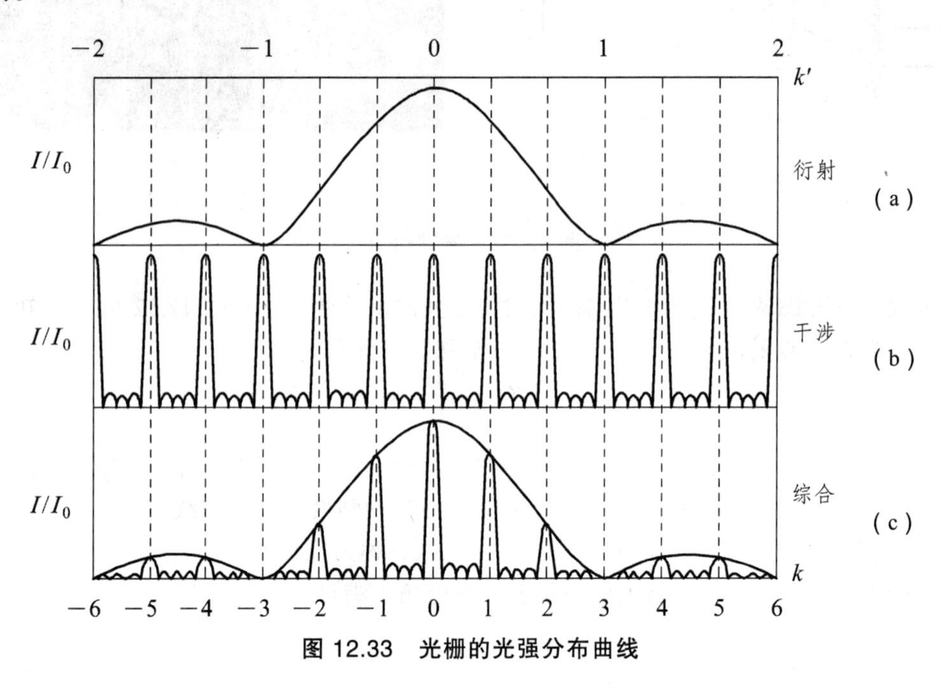

图 12.33 光栅的光强分布曲线

12.9.3 缺级现象

从图 12.33 可以看到，在单缝衍射调制下，光栅的各级主极大的强度随单缝衍射图样而变化，呈现出高低不同的分布，特别是当多缝干涉的主极大位置恰好落在单缝衍射的暗纹上时，这些主极大将在屏上消失，这种现象称为缺级现象。如图 12.33 中 $\pm3,\pm6,\cdots$ 级次的主极大出现缺级。缺级时多缝干涉主极大的位置恰好与单缝衍射的暗纹重合，说明某级主极大与单缝衍射的某级暗纹有相同的衍射角 φ。

由单缝衍射的暗纹条件

$$a\sin\varphi = k'\lambda \quad (k'=\pm1,\pm2,\cdots) \tag{12.49}$$

和多缝干涉的主极大条件

$$d\sin\varphi = k\lambda \quad (k=0,\pm1,\pm2,\cdots) \tag{12.50}$$

两式相除得缺级条件

$$k=\frac{d}{a}k' \quad (k'=\pm1,\pm2,\cdots) \tag{12.51}$$

即$\dfrac{d}{a}$为整数时，光栅多缝干涉的k级主极大的位置恰为单缝衍射k'级暗纹的位置，k级主极大将不再出现，发生缺级。例如，$\dfrac{d}{a}=3$时，$\pm3,\pm6,\pm9,\cdots$级次的主极大不再出现，发生缺级。若$\dfrac{d}{a}$为分数，如$\dfrac{d}{a}=\dfrac{5}{2}$时，在$k'$取$\pm2,\pm4,\pm6,\cdots$时对应$\pm5,\pm10,\pm15,\cdots$级次的主极大出现缺级（$k'$取$\pm1,\pm3,\pm5,\cdots$时，单缝衍射的相应级次暗纹落在了主极大之间，不造成缺级）。

12.9.4 最大衍射级次

除了缺级造成屏幕上看不到相应主极大外，光栅的衍射角也限定了最高可见主极大的范围，当衍射角$|\varphi|\geqslant\dfrac{\pi}{2}$时，相应主极大不能投射到屏幕上，所以有衍射角$|\varphi|<\dfrac{\pi}{2}$，并根据光栅方程可知，光栅衍射主极大的最高级次$k_{\max}<\dfrac{d}{\lambda}$。例如，某光栅每毫米有 1 000 条缝，即$d=1\,\mu\text{m}$，假如有波长$\lambda=600\text{ nm}$的单色光垂直入射，则屏上只能出现$0,\pm1$级明纹。

注意： 由于衍射角较大，计算时不能如同单缝和双缝那样，总认为有$\varphi\approx\sin\varphi\approx\tan\varphi$，条纹之间也不一定是等间距分布，要具体问题具体分析。

12.9.5 光栅衍射的明暗条纹

设光栅总缝数为N，且光栅每条狭缝在屏上P点的光矢量分别为$\boldsymbol{E}_1,\boldsymbol{E}_2,\cdots,\boldsymbol{E}_N$，则$P$点的总光矢量为各缝光矢量之和，即$\boldsymbol{E}=\boldsymbol{E}_1+\boldsymbol{E}_2+\cdots+\boldsymbol{E}_N$，而相邻两条缝的衍射光到$P$点的光程差为$d\sin\varphi$，在$P$点引起的相位差为$\alpha=\dfrac{2\pi}{\lambda}d\sin\varphi$，用旋转矢量法可以求出$P$点的合成光矢量$\boldsymbol{E}$，如图 12.34（a）所示。

若相位差$\alpha=\dfrac{2\pi}{\lambda}d\sin\varphi=0,\pm2\pi,\pm4\pi,\cdots,\pm2k\pi$，即

$$d\sin\varphi=\pm k\lambda\quad(k=0,1,2,\cdots)\tag{12.52}$$

则所有N条狭缝发出的衍射光在屏幕上引起的振动方向一致，呈一条直线，合成振幅达到最大值$E=NE_1$，如图 12.34（c）所示。由于光强和振幅的平方成正比，即$I\propto E^2$，P点处的光强为$I=N^2I_1$，是单一狭缝在此处光强的N^2倍，一般光栅有上万条狭缝，因此会形成光强很大的明纹，即为主极大明纹。同时注意到式（12.52）即为光栅方程。

若$N\alpha=N\dfrac{2\pi}{\lambda}d\sin\varphi=\pm2\pi,\ \pm4\pi,\ \cdots,\ \pm2m\pi$，即

$$Nd\sin\varphi=\pm m\lambda\tag{12.53}$$

式中，$m=1,\ 2,\ \cdots,\ (N-1),\ (N+1),\ \cdots,\ (2N-1),\ (2N+1),\ \cdots$

则振幅矢量 $\boldsymbol{E}_1,\boldsymbol{E}_2,\cdots,\boldsymbol{E}_N$ 首尾相接，形成闭合多边形。此时合振幅为零，光强为零，所有缝的衍射光干涉完全相消，形成暗条纹。如图 12.34（b）所示，为 $N=6, \alpha=\dfrac{\pi}{3}$ 时的情况。

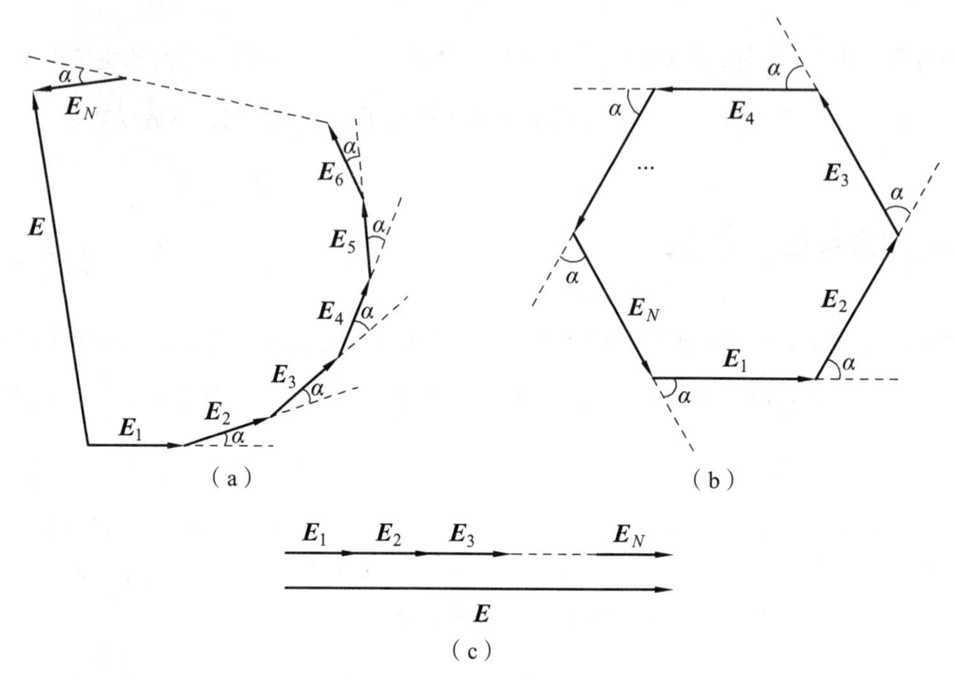

图 12.34　用合成矢量法求光栅衍射的相关量

式（12.53）中 $m \neq k, 2k, \cdots$，因为 $m=Nk$ 时，满足主极大条件，为主极大明条纹。由此可见，在光栅的相邻两个主极大明纹之间有 $N-1$ 个暗条纹。可以证明，相邻暗条纹之间光强不为零，称为次级大明条纹，在光栅的相邻主极大明条纹之间有 $N-2$ 个次级大明条纹。通常光栅的缝数 N 很大，两个主极大明纹之间，次级大明纹很多，这造成主极大明纹宽度非常窄。此外光栅衍射的光强主要集中在主极大明纹上，次级大明纹的光强非常弱，实际上很难观测到它们；在光栅实验中，我们通常看到一个黑色的暗背景区域，衬托着细锐明亮的主极大条纹。

12.9.6　光栅光谱

单色光入射在光栅上，衍射后将形成一系列明亮的线状主极大，称为线状光谱。若入射光为复色光，不同波长的光同一级主极大的位置不同，衍射光强在屏上按波长展开，称为光栅光谱。设波长范围为 $\lambda_1 \sim \lambda_2$，并设 $\lambda_1 < \lambda_2$，按光栅衍射主极大公式，λ_1 光的 k 级主极大在 $\sin\varphi_{1k} = \pm k\dfrac{\lambda_1}{d}$ 位置，λ_2 光的 k 级主极大在 $\sin\varphi_{2k} = \pm k\dfrac{\lambda_2}{d}$ 位置，其他波长的 k 级主极大在此二者之间，它们共同构成 k 级光谱。故 k 级光谱的角范围为 $\varphi_{1k} \sim \varphi_{2k}$。对于同一级主极大，波长越长，衍射角越大。如果波长范围较大，相邻的两级光谱就会发生重叠。例如，白光在观察屏上展开为彩色光谱，其中第二级光谱和第三级光谱部分发生重叠。

按波长区域不同，光栅光谱可分为红外光谱、可见光谱和紫外光谱；按产生的本质不同，可分为原子光谱、分子光谱；按产生的方式不同，可分为发射光谱、吸收光谱和散射光谱；按光谱表观形态不同，可分为线状光谱、带状光谱和连续光谱。

12.9.7 光谱应用

光谱的应用非常广泛，由于每种原子都有自己的特征谱线，犹如人们的“指纹”一样各不相同，它们按一定规律形成若干光谱线系，因此，可以根据光谱来鉴别物质和确定它的化学成分。把某种物质所生成的明线光谱和已知元素的特征谱线进行比较，就可以知道这些物质是由哪些元素组成的，用光谱不仅能定性分析物质的化学成分，而且能确定元素含量的多少，这种方法叫作光谱分析。其优点是非常灵敏而且迅速。某种元素在物质中的含量达 10^{-10} g，就可以从光谱中发现它的特征谱线，因而能够把它检测出来。光谱分析在科学技术中有广泛的应用。例如，在检查半导体材料硅和锗是不是达到了高纯度的要求时，就要用到光谱分析。在历史上，光谱分析还帮助人们发现了许多新元素。例如，铷和铯就是从光谱中看到了以前所不知道的特征谱线而被发现的。光谱分析对于研究天体的化学成分也很有用。19 世纪初，在研究太阳光谱时，发现它的连续光谱中有许多暗线。最初不知道这些暗线是怎样形成的，后来人们了解了吸收光谱的成因，才知道这是太阳内部发出的强光经过温度比较低的太阳大气层时产生的吸收光谱。仔细分析这些暗线，把它跟各种原子的特征谱线对照，人们就知道了太阳大气层中含有氢、氦、氮、碳、氧、铁、镁、硅、钙、钠等几十种元素。

【例 12.12】 用波长 $\lambda = 600$ nm 的单色光垂直入射到一衍射光栅上，测得第二级主极大的衍射角为 30°，且第三级是缺级，求

（1）光栅常数（$a+b$）等于多少；

（2）透光缝可能的最小宽度 a 等于多少；

（3）确定了上述（$a+b$）和 a 之后，在屏上呈现出的全部主极大的级次。

解：（1）由 $d\sin\theta_2 = 2\lambda$，得

$$d = a+b = 2\lambda/\sin\theta_2 = 2\times600\times10^{-9}/0.5 = 2.4\ (\mu\text{m})$$

（2）由缺级条件 $k = \dfrac{a+b}{a}k'$ 得

$$a = \frac{k'}{3}d$$

当 $k'=1$ 时有 a 的最小值

$$a_{\min} = \frac{1}{3}d = 0.8\ (\mu\text{m})$$

（3）由 $k < \dfrac{d}{\lambda} = \dfrac{2.4\times10^{-6}}{600\times10^{-9}} = 4$，可知屏上可能观察到最高级次为 $k_{\max}=3$，由缺级条件 $k = \dfrac{a+b}{a}k' = 3k'$ 知 ±3 级缺级，所以观察屏上能看到的全部级次为 0, ±1, ±2 级共 5 条谱线。

【例 12.13】 有一个 4 条缝的光栅，如图 12.35（a）所示。缝宽为 a，光栅常量 $d=2a$，衍射角用 θ 表示，其中 1 缝总是开的，而 2、3、4 缝可以开也可以关闭，波长为 λ 的单色平行光垂直入射光栅。试画出下列条件下，光栅衍射的光强分布曲线：（1）关闭 3、4 缝；（2）关闭 2、4 缝；（3）4 条缝全开。

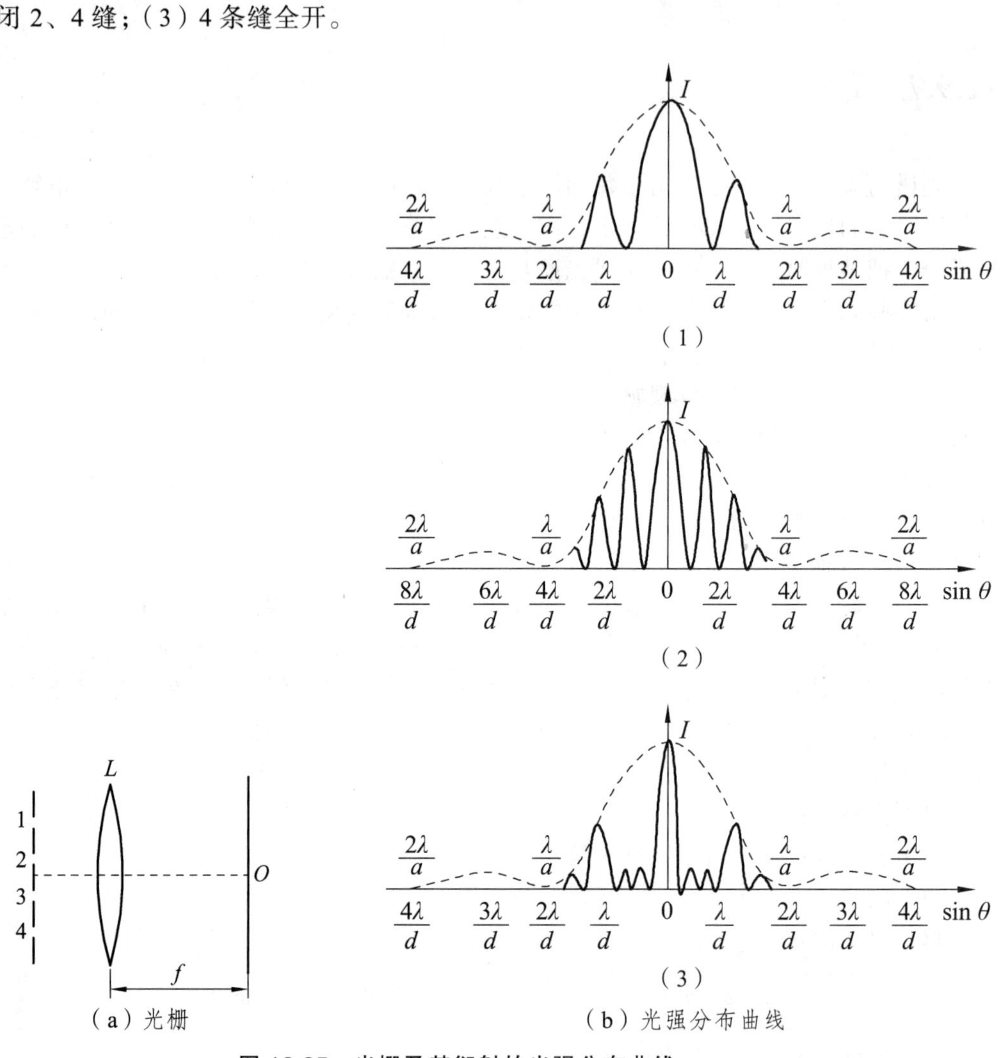

（a）光栅　　（b）光强分布曲线

图 12.35　光栅及其衍射的光强分布曲线

解：（1）关闭 3、4 缝时，四缝光栅变为双缝，双缝可以看作最简单的光栅。由于 $d/a=2$，第二级主极大缺级，所以在中央极大包线内有 0, ±1 级共 3 条谱线。

（2）关闭 2、4 缝时，仍为双缝，但光栅常量 d 变为 $d'=4a$，即 $d'/a=4$，因而在中央极大包线内共有 7 条谱线。

（3）4 条缝全开时，$d/a=2$，中央极大包线内共有 3 条谱线，与（1）不同的是主极大明纹的宽度和相邻两主极大之间的光强分布不同。

上述三种情况下光栅衍射的相对光强分布曲线分别如图 12.35（b）所示，注意三种情况下都有缺级现象。

12.10 光的偏振

光的干涉和衍射现象说明光具有波动性，但不能由此判断光是横波还是纵波，因为不论横波还是纵波都能产生干涉与衍射。只有观察到偏振现象才能确定光是横波。在一个垂直于光传播方向的平面内考察，各方向的光振动不一定是相同的，可能在某一个方向上振动强，在另一个方向上振动弱（甚至为零），这称为光的偏振现象。偏振是横波区别于纵波的一个主要特征，只有横波才有偏振现象。

12.10.1 自然光与偏振光的定义

如果在垂直于光传播方向的平面内，一束光的光矢量 $\boldsymbol{E}$ 只沿一个固定的方向振动，我们把这样的光称为线偏振光（或完全偏振光），光矢量的振动方向与光传播方向所构成的平面称为振动面。如图 12.36 所示，分别为光矢量垂直于纸面和光矢量平行于纸面振动的线偏振光的表示方法。其中用短线“|”表示平行于纸面的光振动，用圆点“·”表示垂直于纸面的光振动。

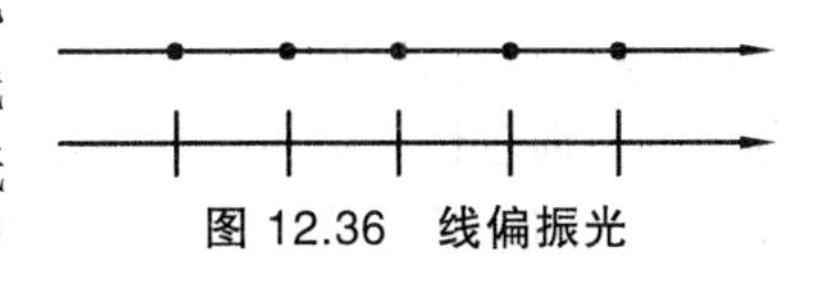

图 12.36 线偏振光

普通光源所发出的每列光波都有一定的振动方向，是偏振光。光是由大量分子或原子发出的，每个发光原子的发光持续时间只有 10^{-8} s，它发出的是有一定长度的光波列，各个光波列无论振动方向还是相位都是互不相关、随机分布的。所以在一个与光传播方向垂直的平面内考察，光矢量沿各方向的平均值相等，没有哪一个方向的光振动较其他方向占优势，这种光叫作自然光，自然光是非偏振的。如图 12.37（a）所示，自然光的光矢量可以在任意给定的两个互相垂直的方向上进行分解，其结果是将自然光分成两束光强相等、振动方向互相垂直的，没有确定相位差的偏振光。如图 12.37（b）所示，自然光两个互相垂直的光振动强度相同，可以用带有等量点和短线的射线表示。

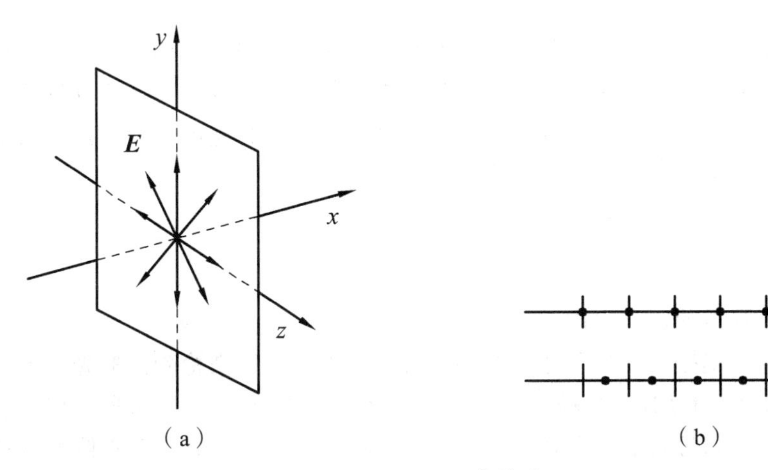

图 12.37 自然光

部分偏振光是介于偏振光与自然光之间的一种光，在垂直于光传播方向的平面内观测，光矢量的振动方向沿各个方向分布，但沿某一方向的振动最强，垂直此方向的振动最弱。如图 12.38 所示，为部分偏振光的表示方法：图 12.38（a）中短线较多，表示平行于纸面的光振动较强；图 12.38（b）中点较多，表示垂直于纸面的光振动较强。与自然光一样，部分偏振光各个方向振动的光矢量之间也无固定的相位关系。

图 12.38　部分偏振光

12.10.2　偏振片及其偏振化方向

某些晶体物质具有光的各向异性，如硫酸碘奎宁、电气石等，这些晶体具有选择吸收性能，对入射光在某个方向的光振动分量有强烈的吸收，而对与该方向垂直的分量却吸收很少（经常忽略），因而只有沿无吸收方向的光振动分量能够通过晶体。具有这种光学特性的晶体称为“二向色性”物质。若将这种晶体物质做成透明薄片，称为偏振片。偏振片允许通过光振动的方向，称为偏振化方向，在偏振片上用“↕”表示。沿着这个方向，光振动能完全通过偏振片，而方向与其垂直的光振动将被完全吸收。此外还有人造偏振片，其制造方法是：将具有网状结构的聚乙烯醇高分子化合物薄膜作为片基，把它浸入碘液中，浸染具有强烈二向色性的碘，经过硼酸水溶液还原稳定后，再把它定向拉伸 4～5 倍，使大分子定向排列，即经拉伸后，使高分子材料由网状结构变成线状结构。这种偏振片偏振高，可达 99.5%，适用于整个可见光范围，其应用范围广；缺点是强度差，不能受潮，易退偏振等。

12.10.3　起偏和检偏

由自然光获得偏振光的方法称为起偏。偏振片可以用来起偏，当作起偏器从自然光中获取偏振光。用自然光垂直入射偏振片，由于自然光在任意两个垂直方向上的分量均为全部光强的一半，所以不管偏振片的偏振化方向如何，都会有一半的光能够通过它，设入射自然光的光强为 I_0，则得到的完全偏振光的光强为

$$I=\frac{1}{2}I_0 \tag{11.54}$$

其振动方向即是偏振片的偏振化方向。

检查一束光是否是偏振光的过程称为检偏。偏振片也可以用来检验偏振光，作为检偏器使用。如图 12.39 所示，利用两块偏振片进行起偏和检偏，图中 A 为起偏器，用自然光垂直入射，如上所述，出射光为完全偏振光，光强是自然光的一半。图中 B 为检偏器，由 A 出来的完全偏振光射到 B 时，若 B 的偏振化方向与偏振光的振动方向一致，光将完全通过，得到

最大的透射光强，如图 12.39（a）所示；而当 B 绕光的入射方向旋转 90°，使偏振化方向与完全偏振光的振动方向垂直时，光将完全不能通过，透射光强度为零，称为消光，如图 12.39（b）所示。

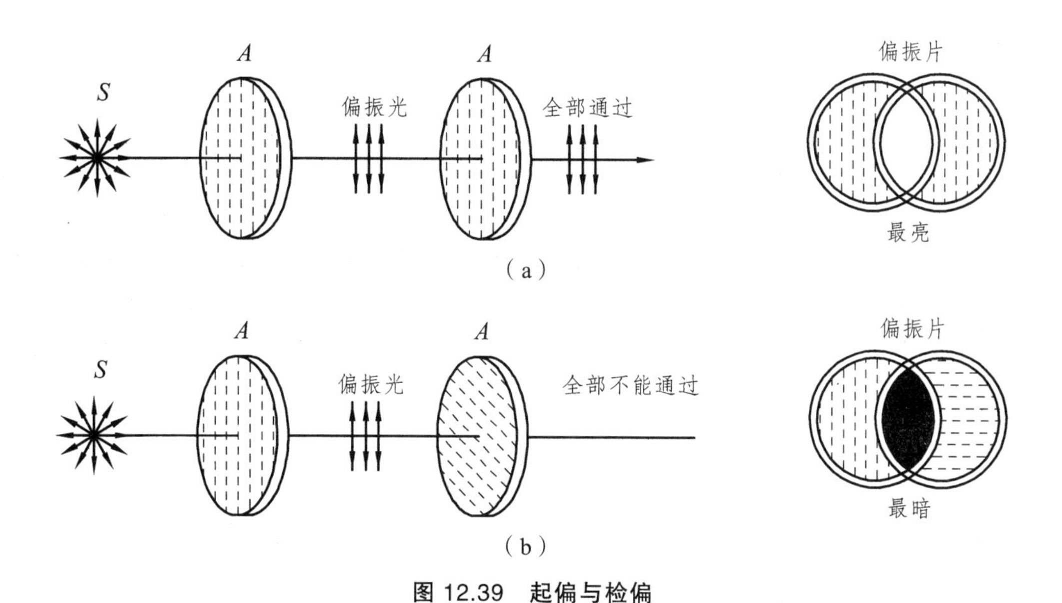

图 12.39 起偏与检偏

检偏器能检测入射光的性质，假设有一束待测光线垂直于检偏器入射，以入射光线为轴，检偏器 B 连续旋转一周，如果透射光经历两次光强最大和两次全暗的变化，可以判断出入射光（对 B 而言）为完全偏振光，并且可以根据检偏器透射光强最强时的偏振化方向，确定入射光的振动方向；如果检偏器连续旋转一周时，通过检偏器 B 的透射光亮度没有变化，由此能判断入射光（对 B 而言）为自然光；如果检偏器连续旋转一周时，透射光也会经历两次光强最大和两次较暗的变化，但与完全偏振光不同，旋转时透射光的最弱光强不为零，没有消光现象，由此能判断入射光（对 B 而言）为部分偏振光。这样就区别了入射光（对 B 而言）是否是线偏振光、自然光或部分偏振光。

12.10.4 偏振片在立体电影中的应用

我们可以看到立体的景物，是由于人的两只眼睛同时观察物体时，在视网膜上形成的像并不完全相同，左眼看到物体的左侧面较多，右眼看到物体的右侧面较多，这两个像经过大脑综合以后，从而产生立体视觉。立体电影就是用两个镜头如人眼那样从两个不同方向同时拍摄下景物的像，制成电影胶片。在放映时，通过两个装有偏振片的放映机，把用两个摄影机拍下的两组胶片同步放映，使这略有差别的两幅图像重叠在银幕上。左右两架放映机前的偏振片偏振化方向互相垂直，因而产生的两束偏振光的偏振方向也互相垂直。这两束偏振光投射到银幕上再反射到观众处，偏振光方向不改变。观看立体电影时观众会佩戴偏振片制成的眼镜，其左右两个镜片的偏振化方向相互垂直，可以分别接收左右放映机不同的偏振光图像。因此每只眼睛只看到对应的偏振光图像，这样经过大脑综合以后，就会像直接观看实物景像那样产生立体感觉。

12.10.5 马吕斯定律

由偏振片检偏可知，线偏振光垂直入射转动的检偏器 B 时，透射光强会呈现强弱变化，如图 12.39 所示，法国科学家马吕斯在 1809 年发现了这一现象，并给出了这种变化的规律。在不考虑反射的情况下，光强为 I_0 的线偏振光垂直入射检偏器时，只有平行于偏振化方向的光振动分量能够通过，所以透射光仍为线偏振光且光矢量振动方向与偏振化方向一致。

若用 E_0 表示入射线偏振光的振幅，E 表示透过检偏器的线偏振光的振幅，如图 12.40 所示，当入射光的振动方向与检偏器的偏振化方向 OP 成 α 角时，平行于偏振化方向的光振动分量为

$$E = E_0 \cos\alpha \tag{12.55}$$

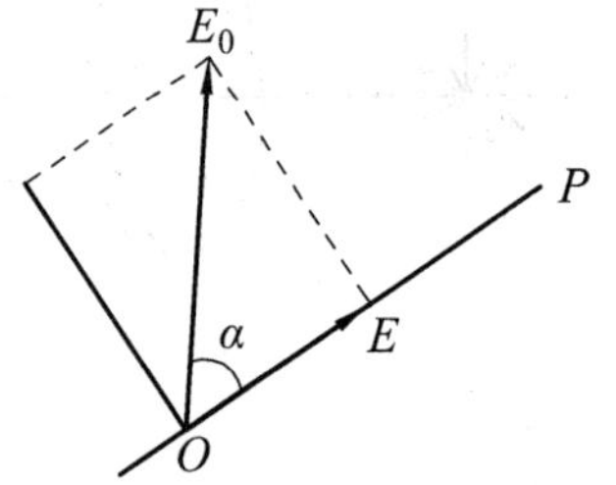

因光强与振幅的平方成正比，透射光强度 I 和入射光强度 I_0 之比为

$$\frac{I}{I_0} = \frac{E^2}{E_0^2} = \cos^2\alpha \tag{12.56}$$

图 12.40　马吕斯定律的推导

即

$$I = I_0 \cos^2\alpha \tag{12.57}$$

这就是马吕斯定律。当 $\alpha = 0$ 或 π 时，$I = I_0$，透射光强度最大；当 $\alpha = \dfrac{\pi}{2}$ 或 $\dfrac{3\pi}{2}$ 时，$I = 0$，出现消光现象。当 α 介于上述各值之间时，光强在最大值与零之间。

注意： I_0 是指入射线偏振光的强度，而不是入射的自然光或其他偏振状态光的强度。

【例 12.14】 如图 12.41 所示，在两块正交偏振片（偏振化方向相互垂直）P_1、P_3 之间插入另一块偏振片 P_2，光强为 I_0 的自然光垂直于偏振片 P_1 入射，求转动 P_2 时，透过 P_3 的光强 I 与转角的关系。

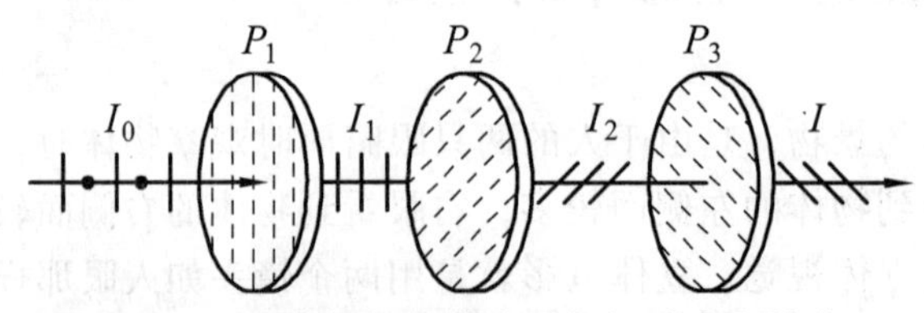

图 12.41　完全偏振光的光强与振动方向的关系

解： 设入射自然光的光强为 I_0，当它透过 P_1 后，将成为光强 $I_1 = \dfrac{I_0}{2}$ 的完全偏振光，振动方向平行 P_1 的偏振化方向。若用 α 表示 P_1、P_2 偏振化方向之间的夹角，由马吕斯定律，透过 P_2 的完全偏振光的光强是

$$I_2 = I_1 \cos^2 \alpha = \frac{I_0}{2} \cos^2 \alpha$$

由于 P_1、P_3 偏振化方向之间的夹角为 $\frac{\pi}{2} - \alpha$，即入射 P_3 的完全偏振光的振动方向与 P_3 的偏振化方向的夹角为 $\frac{\pi}{2} - \alpha$，再一次应用马吕斯定律，得到透过 P_3 的完全偏振光的光强为

$$I_3 = I_2 \cos^2 \left(\frac{\pi}{2} - \alpha \right) = \frac{I_0}{2} \sin^2 \alpha \cos^2 \alpha = \frac{I_0}{8} \sin^2 2\alpha$$

P_2 转动一周过程中透射光强 I_3 随 α 角变化，当 $\alpha = \frac{\pi}{4}, \frac{3\pi}{4}, \frac{5\pi}{4}, \frac{7\pi}{4}$ 时，$I_3 = \frac{I_0}{8}$，为最大的透射光强。

12.11　布儒斯特定律

12.11.1　光在反射和折射中的偏振

实验表明，自然光入射到两种各向同性介质的分界面上时，产生的反射光和折射光都是部分偏振光，反射光中垂直于入射面的光振动较强，平行于入射面的光振动较弱；而折射光恰好相反，垂直于入射面的光振动较弱，平行于入射面的光振动较强，如图 12.42 所示。

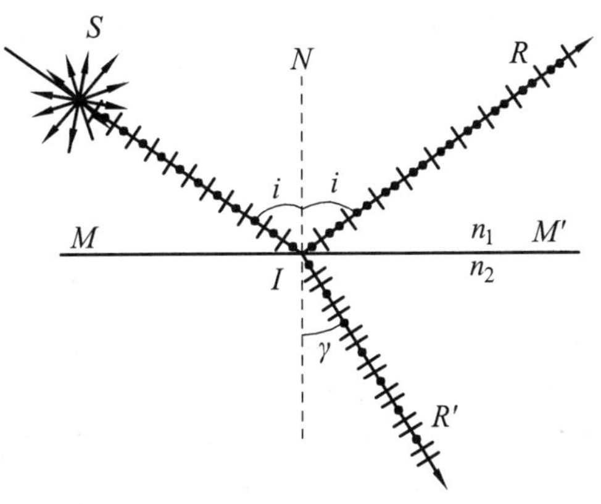

图 12.42　光在反射和折射中的偏振

12.11.2　布儒斯特定律

实验还指出，反射光和折射光的强度以及偏振化的程度都与入射角的大小有关。特别是，当入射角 i 等于某一特定值时，反射光将会是完全偏振光，振动方向垂直于入射面，见图 12.43。

这个特定的入射角称为起偏振角，用 i_0 表示。当光以起偏振角 i_0 入射到两种介质的界面上时，实验表明，折射光线和反射光线恰好相互垂直，设折射角为 γ_0，如图 12.43 所示。于是有

$$i_0+\gamma_0=\frac{\pi}{2} \tag{12.58}$$

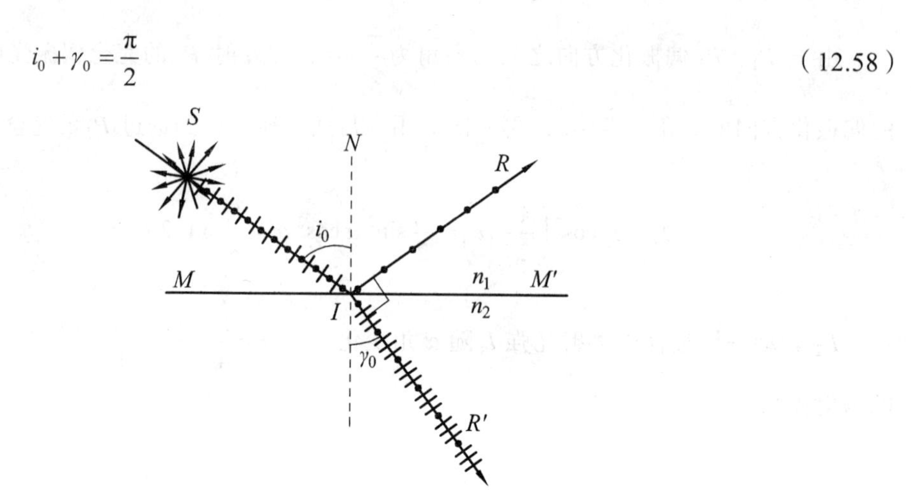

图 12.43 布儒斯特定律的推导

根据折射定律

$$\frac{\sin i_0}{\sin \gamma_0}=\frac{n_2}{n_1} \tag{12.59}$$

式中 n_1，n_2——入射光和折射光所在介质的折射率。

由 $\sin\gamma_0=\cos i_0$，得到

$$\tan i_0=\frac{n_2}{n_1} \tag{12.60}$$

上述结果由英国物理学家布儒斯特于 1812 年通过实验得出的反射起偏规律，这就是布儒斯特定律，表示起偏振角与介质折射率的关系，故 i_0 又称为布儒斯特角。

12.11.3 应 用

当自然光以布儒斯特角 i_0 入射时，反射光只有垂直于入射面的光振动，为完全偏振光；而平行于入射面的光振动全部折射，所以折射光是部分偏振光，而且偏振化程度不高。对于多数透明介质，折射光的强度要比反射光的强度大很多。例如，当自然光由 $n_1=1$ 的空气射向 $n_2=1.5$ 的玻璃时，入射光中平行于入射面的光振动全部被折射，垂直于入射面的光振动也有 85%被折射，反射的只占 15%。

为了获得强度较大的完全偏振光，可以利用玻璃片堆。如图 12.44 所示，把许多相互平行的玻璃片叠加在一起，自然光以布儒斯特角入射时，容易证明（见例 12.15），光在各层玻璃面上的反射和折射都满足布儒斯特定律，这样就可以在多次的反射和折射中使反射光的强度增强，折射光的偏振化程度提高。当玻璃片足够多时，就可以在反射和透射方向分别得到光振动方向互相垂直的两束接近于完全线偏振光。

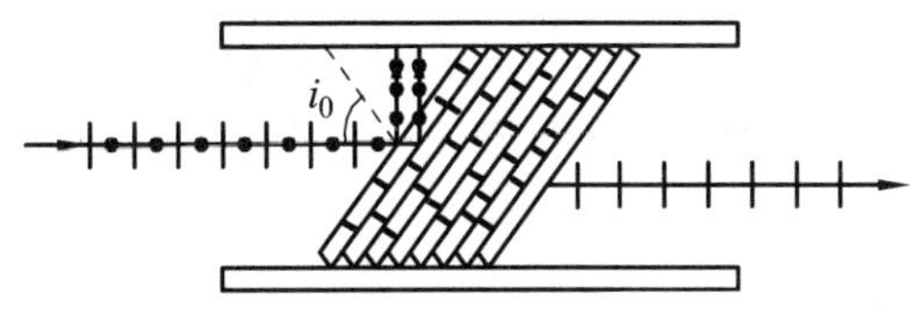

图 12.44 自然光在玻璃片堆中的反射和折射

布儒斯特定律在近代激光器制作中得到了应用。例如，在氦氖激光器中，把激光管的封口制作成倾斜的特定角度，见图 12.45，使激光以布儒斯特角入射，可以使光振动平行入射面的分量完全通过，而垂直分量反射出谐振腔，从而得到完全偏振的激光。

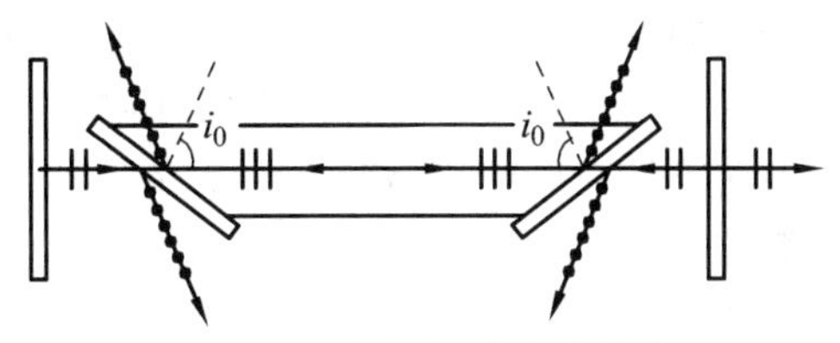

图 12.45 布儒斯特定律的应用

【例 12.15】 自然光入射到平板玻璃上时，其上下两个表面都有反射。如图 12.46 所示，试证明当上表面入射角为布儒斯特角 i_0 时，下表面的入射角 γ 也是布儒斯特角。

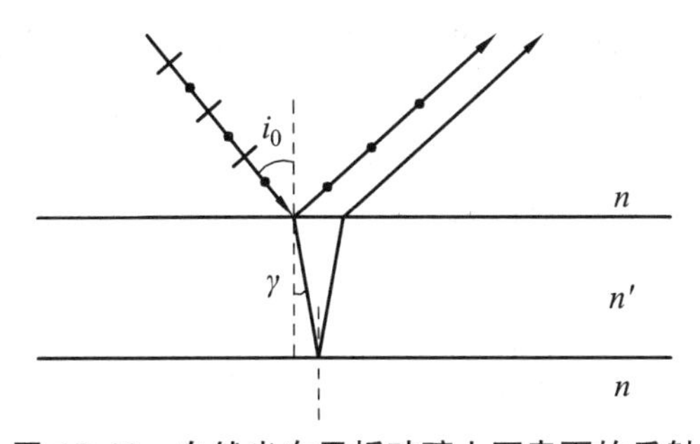

图 12.46 自然光在平板玻璃上下表面的反射

证明： 由折射定律 $n\sin i_0 = n'\sin\gamma$ 可得

$$\frac{\sin\gamma}{\sin i_0} = \frac{n}{n'}$$

由于当入射角为布儒斯特角时有 $i_0 + \gamma = 90°$，所以

$$\tan\gamma = \frac{\sin\gamma}{\cos\gamma} = \frac{\sin\gamma}{\sin i_0} = \frac{n}{n'}$$

可以看出下表面也满足布儒斯特定律，入射角 γ 也是布儒斯特角。

12.12 晶体双折射现象

1669 年，丹麦的巴塞林纳斯发现了双折射现象：当他用方解石观察物体时，注意到有双像显示。经过反复试验，确定是这种晶体对光有两种折射。惠更斯得知这一情况后，重复并证实了这一实验，并且观察到其他晶体（如石英）也有类似效应。

12.12.1 介质的分类

在研究双折射现象时，介质一般可分为两类，即各向同性介质和各向异性介质。其中各向异性介质，如方解石、石英等晶体，由于原子规则排列，因此在各个方向上原子间距不一样，所以各个方向上的性质就不一样。各向同性介质，如空气、水、玻璃等，通常原子排列没有规律性，整体而言，各个方向的原子平均距离一样，各个方向上的性质也一样。

光在各向同性介质中传播时，由于介质各个方向上的性质一样，所以光速与光的传播方向及偏振状态无关，但光在各向异性介质中传播时，由于介质各个方向上的性质不一样，所以光速与光的传播方向及偏振状态有关。此外某些各向同性介质在电场、磁场、外力等的作用下也可以成为各向异性介质。

12.12.2 晶体双折射

一束自然光入射到各向异性介质方解石上时，会出现晶体的双折射现象，在界面折入晶体内部的折射光，常分为传播方向不同的两束折射光线，如图 12.47（a）所示。这两束折射光是振动方向不同的线偏振光。其中一束折射光遵守折射定律，始终在入射面内，称为寻常光，简称 o 光；另一束折射光不遵守折射定律，且一般不在入射面内，称为非常光，简称 e 光。如图 12.47（b）所示，同样以方解石为例，在入射角 $i=0$ 时，寻常光沿原方向传播，而非常光一般不沿原方向传播。当以入射光为轴转动晶体时，o 光不动，而 e 光绕轴旋转。此外在方解石晶体内存在一个非常特殊的方向，光线沿这个方向传播时，不产生双折射现象，这个特殊方向称为晶体的光轴。

注意：光轴仅标志双折射晶体的一个特定方向，任何平行于这个方向的直线都是晶体的光轴。

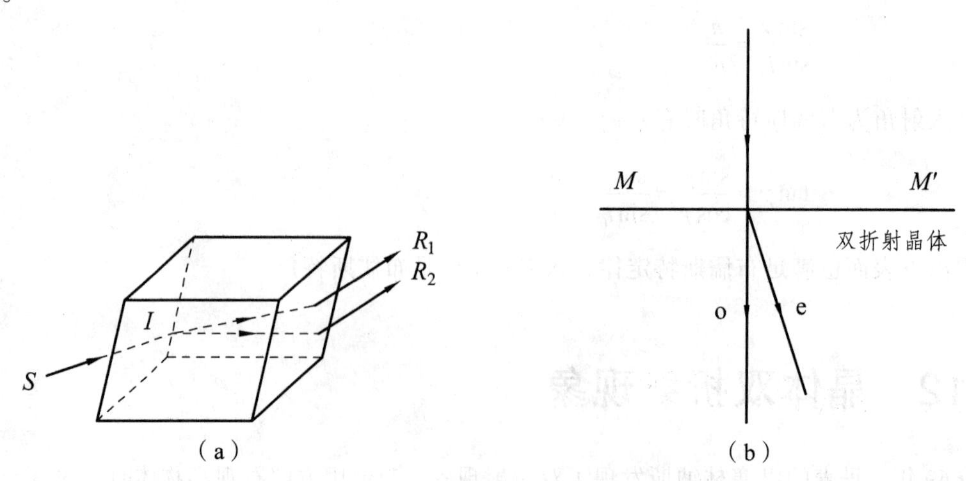

图 12.47 晶体的双折射

各向异性介质中除了方解石、石英、红宝石等这类只有一个光轴方向的单轴晶体外，还有云母、硫黄等有两个光轴方向的双轴晶体。此外，个别晶体有多个光轴或者没有光轴。在这里我们只讨论单轴晶体的情况。

12.12.3 主截面和主平面

当光线入射在晶体的某一晶面上时，该晶面的法线与晶体的光轴组成的平面叫作晶体的主截面，在主截面上 o 光和 e 光的振动方向相互垂直，如图 12.48（a）所示。

晶体中某条光线与晶体光轴构成的平面，叫作该光线对应的主平面，如图 12.48（b）所示。通过 o 光和光轴所作的平面就是 o 光的主平面，通过 e 光和光轴所作的平面就是 e 光的主平面。实践证明，o 光的振动方向垂直于自己的主平面，e 光的振动方向平行于自己的主平面。一般来说，对一给定的入射光，o 光和 e 光的主平面并不重合。只有当光轴、o 光和 e 光都位于同一入射面内时，两个主平面才重合，此入射面即为主截面。

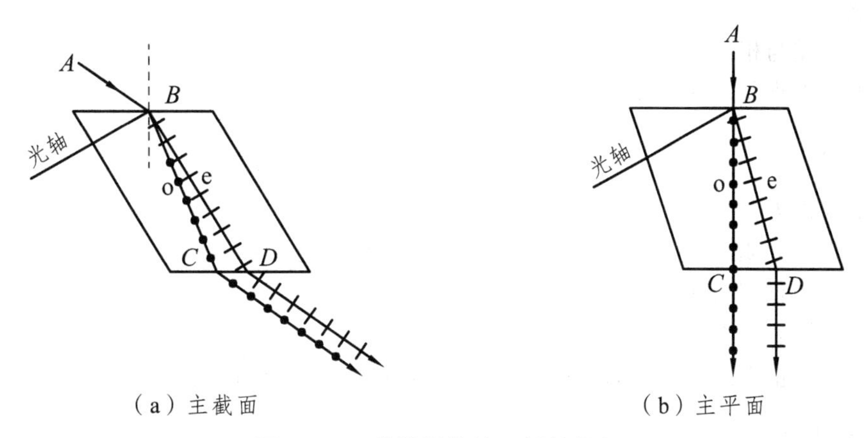

（a）主截面　　（b）主平面

图 12.48　单轴晶体的双折射现象

12.12.4 尼科耳棱镜

利用光的双折射现象可以从自然光中获得高质量的线偏振光，简单介绍其中有代表性的尼科耳棱镜。如图 12.49 所示。它是由一块方解石沿对角线切成两半，再用加拿大树胶重新黏合而成的长方柱形棱镜。自然光由一端射入棱镜后，分成 o 光与 e 光。由于所选用的树胶的折射率（1.55）介于方解石对 o 光的折射率（1.658）和对 e 光的折射率（1.486）之间，当入射光方向与尼科耳棱镜长边方向之间的夹角<14°，o 光由方解石射到树胶层时，入射角已超过临界角，o 光将发生全反射而不能穿过树胶层，全反射的 o 光被涂黑的侧面所吸收；至于 e 光则不发生全反射，由棱镜另一端射出，出射的偏振光的振动面在棱镜的主平面内，如图中右边画短线的直线所示。这样，用尼科耳棱镜便可获得完全偏振光。显然，尼科耳棱镜不仅可用于起偏，而且也能用于检偏。

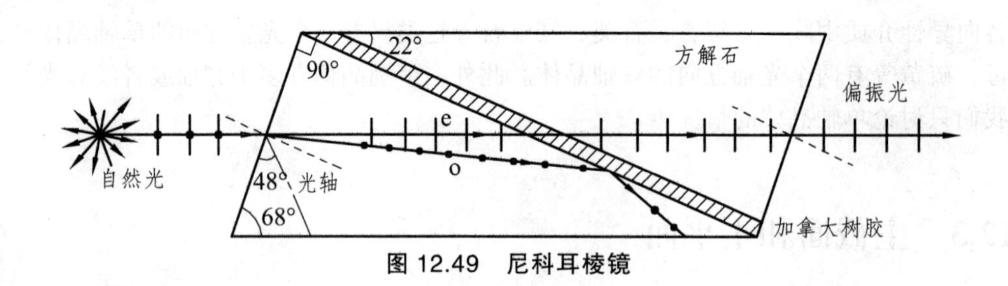

图 12.49　尼科耳棱镜

本章小结

1. 光程与光程差

（1）光程

光在介质中传播的几何路程 r 可折合为光在真空中传播的几何路程 nr，其中 n 为介质折射率，即 光程 $= nr$。

（2）光程差与相位差

两相干光光程差　$\delta = n_2r_2 - n_1r_1$

光程差与相位差的关系　$\Delta\varphi = 2\pi\dfrac{\delta}{\lambda}$

（3）半波损失

当光从光疏介质入射到光密介质的界面上发生反射时，在界面处反射光发生相位为π的突变，相当于光程增加或减少 $\lambda/2$。

（4）薄透镜的等光程性

与平行光束正交的任意波面上所有的点到透镜焦点的光程相同。

2. 光的干涉

（1）杨氏双缝干涉

$$光程差\ \delta = \begin{cases} k\lambda & 加强(明纹) \\ (2k+1)\dfrac{\lambda}{2} & 减弱(暗纹) \end{cases} \quad (k = 0, \pm 1, \pm 2, \pm 3, \cdots)$$

杨氏双缝干涉的条纹间距

$$\Delta x = \frac{D}{d}\lambda$$

（2）薄膜干涉

① 等厚干涉

薄膜厚度不均匀时，两相干光的光程差随薄膜厚度而改变。膜厚相同处，光程差相同，对应于同一条纹，故条纹的形状及分布与膜等厚线的形状及分布相同。典型等厚干涉装置：劈尖、牛顿环。

劈尖：相邻明（或暗）条纹之间的厚度差为 $\Delta e_k = \dfrac{\lambda}{2n}$，相邻明（或暗）条纹之间的距离（简称条纹间距）为 $\Delta l = \dfrac{\Delta e}{\sin\theta} \approx \dfrac{\lambda}{2n\theta}$。

牛顿环：以接触点为中心的一系列同心圆环，圆环内疏外密。

② 增反膜与增透膜

如果在玻璃或其他透明材料的表面上镀一层厚度均匀的透明薄膜，并且镀膜的厚度恰到好处，当用平行光垂直入射时，可以使薄膜上下表面的反射光干涉相消，此时薄膜称为增透膜；反之，如果使反射光干涉相长，此时薄膜称为增反膜。

3. 光的衍射

（1）惠更斯-菲涅耳原理

波阵面上每一个面元都可以看成是新的子波波源，它们发出的子波传播到空间某点时，该点的振动是所有这些子波在该点的相干叠加。

（2）单缝夫琅禾费衍射

① 单缝衍射条纹分布规律：

$$a\sin\varphi = \begin{cases} \pm(2k+1)\dfrac{\lambda}{2} & \text{明纹中心} \\ \pm k\lambda & \text{暗纹} \end{cases} \quad (k = 1, 2, 3, \cdots)$$

$$\varphi = 0 \qquad \text{中央零级明纹中心}$$

② 条纹宽度

中央明纹 $\Delta x_0 = 2f\tan\varphi_{1暗} \approx 2f\sin\varphi_{1暗} = 2f\dfrac{\lambda}{a}$

其他明纹 $\Delta x_k = f(\tan\varphi_{(k+1)暗} - \tan\varphi_{k暗}) \approx f\dfrac{\lambda}{a} = \dfrac{1}{2}\Delta x_0$

（3）光栅衍射

机理：光栅衍射实际上是每个缝的单缝衍射光再相互干涉的结果，所以多缝干涉的效果必然受到单缝衍射效果的调制。

光栅方程 $d\sin\varphi = \pm k\lambda$（$k = 0, 1, 2, \cdots$）

缺级条件 $k = \dfrac{d}{a}k'$（$k' = \pm 1, \pm 2, \cdots$）

光栅衍射主极大的最高级次 $k_{\max} < \dfrac{d}{\lambda}$

4. 光的偏振

（1）自然光、线偏振光与部分偏振光

① 特点

a. 自然光：在垂直于光传播方向的平面内，光矢量在各方向上均匀分布，且各方向上振幅的平均值相等。

b. 线偏振光：光振动仅沿某一确定的方向（即在某一确定的平面内）。

c. 部分偏振光：具有各个方向的光振动，但各方向上的振幅不等。

② 鉴别

使受检光垂直入射到一偏振片上，缓缓旋转偏振片，观察出射光强度变化。

a. 自然光：出射光强不变。

b. 线偏振光：出射光强随转动而变，且有消光现象。

c. 部分偏振光：出射光强随转动而变，无消光现象。

（2）马吕斯定律

设入射到检偏器上的线偏振光的光强为 I_0，则经检偏器出射的光强为

$$I = I_0 \cos^2 \alpha$$

式中　α——入射线偏振光振动方向与检偏器偏振化方向之间的夹角。

（3）布儒斯特定律

自然光在两种各向同性介质的界面处发生反射和折射时，当入射角 i_0 满足

$$\tan i_0 = \frac{n_2}{n_1}$$

时，反射光为振动方向垂直于入射面的完全（线）偏振光，此时折射线垂直于入射线。其中 n_1 为入射光所在介质的折射率，n_2 为折射光所在介质的折射率，上式称为布儒斯特定律，i_0 称为布儒斯特角。

思 考 题

12.1　为什么要引入光程的概念？

12.2　将待测的玻璃板放在一块标准玻璃板上面构成一个空气劈尖，用光垂直照射，若干涉条纹出现弯曲，则如何判断玻璃板有凸起还是凹缺？其尺度如何计算？

12.3　单缝夫琅禾费衍射实验中，在单缝后面也就是接收屏前面，加了一个透镜，如果去掉这个透镜会是什么样子，可不可以把这个透镜去掉？

12.4　有人说，物像放大的倍数越大越清晰。对否？为什么？

12.5　光栅衍射与单缝衍射的关系是什么？为什么光栅衍射的明纹比较细、比较亮？光栅衍射为什么出现缺级现象？缺级现象说明什么？

12.6　两组刻线夹角为90°的复合光栅称为二维正交光栅，光通过这样的光栅衍射后，屏上能看到什么衍射图样？

12.7　自然光能否穿过两个偏振化方向相互垂直的偏振片？若在这两个偏振片之间插入一个偏振片，使其偏振化方向与原来的偏振片的偏振化方向的夹角均为 45°，自然光能否穿过这三个偏振片？

12.8　一观察者站在水池边观看从水面反射来的太阳光，若以太阳光为自然光，则观察者所看到的反射光是自然光、线偏振光还是部分偏振光？它与太阳的位置有什么关系？为什么？

习 题

计算题

12.1 在双缝干涉实验中，两缝间距为 0.30 mm，用单色光垂直照射双缝，在离缝 1.20 m 的屏上测得中央明纹一侧第 5 条暗纹与另一侧第 5 条暗纹间的距离为 22.78 mm。问所用光的波长为多少，是什么颜色的光？

12.2 在双缝干涉实验中，波长$\lambda = 550$ nm 的单色平行光垂直入射到缝间距 $a = 2\times10^{-4}$ m 的双缝上，屏到双缝的距离 $D = 2$ m。求：

（1）中央明纹两侧的两条第 10 级明纹中心的间距；

（2）用一厚度为$e = 6.6\times10^{-6}$ m、折射率为 $n = 1.58$ 的玻璃片覆盖一缝后，零级明纹将移到原来的第几级明纹处？

12.3 在折射率$n_3 = 1.52$的照相机镜头表面涂有一层折射率$n_2 = 1.38$的 MgF_2 增透膜，若此膜仅适用于波长 $\lambda = 550$ nm 的光，则此膜的最小厚度为多少？

12.4 一片玻璃（$n = 1.5$）表面附有一层油膜（$n = 1.32$），今用一波长连续可调的单色光束垂直照射油面。当波长为 485 nm 时，反射光干涉相消，当波长增为 679 nm 时，反射光再次干涉相消。求油膜的厚度。

12.5 两块折射率为 1.60 的标准平面玻璃板间形成一个劈尖，用波长$\lambda = 600$ nm 的单色光垂直入射，产生等厚干涉条纹，假如我们要求在劈尖内充满 $n = 1.40$ 的液体时相邻明纹间距比劈尖内是空气时的间距缩小$\Delta l = 0.5$ mm，那么劈尖角θ应是多少？

12.6 在利用牛顿环测未知单色光波长的实验中，当用已知波长为 589.3 nm 的钠黄光垂直照射时，测得第一和第四暗环的距离为$\Delta r = 4.00\times10^{-3}$ m；当用波长未知的单色光垂直照射时，测得第一和第四暗环的距离为$\Delta r' = 3.85\times10^{-3}$ m，求该单色光的波长。

12.7 用波长为 589.3 nm 的钠黄光观察牛顿环，测得某一明环的半径为 1.0×10^{-3} m，而其外第 4 个明环的半径为 3.0×10^{-3} m，求平凸透镜凸面的曲率半径。

12.8 单缝的宽度 $a = 0.40$ mm，以波长 $\lambda = 589$ nm 的单色光垂直照射，设透镜的焦距 $f = 1.0$ m。求：

（1）第一级暗纹距中心的距离；

（2）第二级明纹距中心的距离。

12.9 一单色平行光垂直照射于一单缝，若其第 3 条明纹位置正好和波长为 600 nm 的单色光垂直入射时的第 2 级明纹的位置一样，求前一种单色光的波长。

12.10 已知单缝宽度 $a = 1.0\times10^{-4}$ m，透镜焦距 $f = 0.50$ m，用 $\lambda_1 = 400$ nm 和 $\lambda_2 = 760$ nm 的单色平行光分别垂直照射，求这两种光的第一级明纹离屏中心的距离，以及这两条明纹之间的距离。若用每厘米刻有 1 000 条刻线的光栅代替这个单缝，则这两种单色光的第一级明纹分别距屏中心多远？这两条明纹之间的距离又是多少？

12.11 为了测定一光栅的光栅常数，用 $\lambda = 632.8$ nm 的单色平行光垂直照射光栅，已知第一级明条纹出现在 38° 的方向，试问此光栅的光栅常数为多少？第二级明条纹出现在什么角度？若使用此光栅对某单色光进行同样的衍射实验，测得第一级明条纹出现在 27° 的方向上，问此单色光的波长为多少？对此单色光，最多可看到第几级明条纹？

12.12　一衍射光栅，每厘米有 200 条透光缝，每条透光缝宽 $a = 2.0 \times 10^{-3}$ cm，在光栅后放一焦距 $f = 1$ m 的凸透镜，现以 $\lambda = 600$ nm 的单色平行光垂直照射光栅，求：

（1）透光缝的单缝衍射中央明纹宽度为多少？

（2）在该宽度内，有几个光栅衍射主极大？

12.13　使自然光通过两个偏振化方向相交 60° 的偏振片，透射光强为 I_1，今在这两个偏振片之间插入另一偏振片，它的方向与前两个偏振片均成 30°，则透射光强为多少？

12.14　一束光是自然光和线偏振光的混合，当它通过一偏振片时，发现透射光的强度取决于偏振片的取向，其强度可以变化 5 倍，求入射光中两种光的强度各占总入射光强度的比例。

12.15　测得一池静水的表面反射出来的太阳光是线偏振光，水的折射率为 1.33，求此时太阳处在地平线的多大仰角处？

13 狭义相对论

自从 17 世纪牛顿的经典理论形成以后，直到 19 世纪末，它都一直在物理学界处于统治地位。20 世纪初，物理学开始深入扩展到微观高速领域后，人们发现在这些领域牛顿力学不再适用。物理学的发展要求对牛顿力学以及某些长期以来人们认为是不言自明的基本概念作出根本性的改革，这些改革导致了相对论和量子理论的产生和发展，也对人类现代文明的进步起到了无可替代的作用。

13.1 狭义相对论产生的历史背景

13.1.1 力学相对性原理和经典时空观

我们在运动学部分已经学习了相对运动和力学相对性原理，即彼此做匀速直线运动的不同惯性参考系对于力学规律而言是等价的。

时间和空间是物质的属性。比如，一只“理想”蚂蚁在线上爬行，对应的是一维空间，在球面上爬行，对应二维空间，如果是一只蚂蚁，时间的概念对于蚂蚁而言是没有物理意义的，离开物质及其运动，从物理上讲，就没有时间和空间概念。时间和空间既然是物质属性，必然与物质（运动）状态有联系，就是说物质（运动）状态的改变应该导致空间和时间（或时空相关量大小）的改变。对于低速现象，这种改变很小，不易被观察和测量；但对于高速现象，这种改变很可能变得明显而不能忽略。

牛顿理论认为，时间和空间都是绝对的，可以脱离物质运动而存在，并且时间和空间也没有任何联系。这就是经典的时空观，也称为绝对时空观。这种观点表现在对时间间隔和空间间隔的测量上，认为对所有的参考系中的观察者，对于任意两个事件的时间间隔和空间距离的测量结果都应该相同。显然这种观点符合人们的日常经验。

依据绝对时空观，伽利略得到反映经典力学规律的伽利略变换，即将一个惯性参考系中的时空变换为另一个惯性参考系中的时空。并在此基础上，得出不同惯性参考系中物体的加速度是相同的。在经典力学中，物体的质量 m 又被认为是不变的，据此，牛顿运动定律在这两个惯性系中的形式也就成为相同的了，这表明牛顿第二定律具有伽利略变换下的不变性。可以证明，经典力学的其他规律在伽利略变换下也是不变的。所以说，伽利略变换是力学相对性原理的数学表述，它是经典时空观念的集中体现。

13.1.2 伽利略变换

设有两个惯性参考系 S 和 S'，设惯性系 S'（$O'x'y'z'$）以速度 u 相对于惯性系 S（$Oxyz$）沿 x（x'）轴正向作匀速直线运动，x' 轴与 x 轴重合，y'、z' 轴分别与 y、z 轴平行，S 系原点 O 与 S'系原点 O' 重合时，$t = t' = 0$。

如图 13.1 所示，已知空间一点 P，在某时刻 t，在 S 系中，其位置坐标为(x, y, z)。相应的，在 S'系中，时刻为 t'，位置坐标为(x', y', z')，根据经典时空观，得到

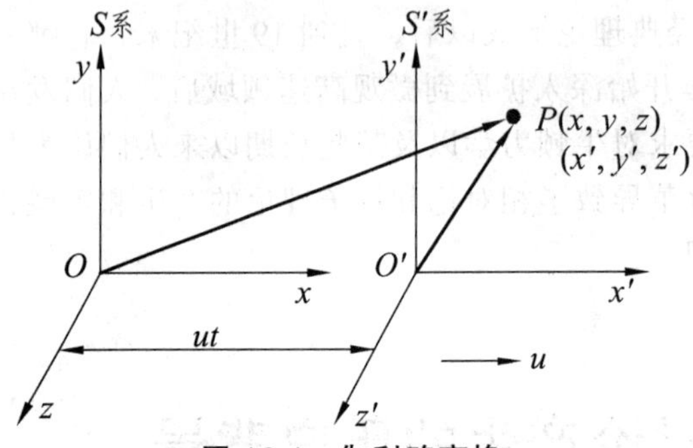

图 13.1　伽利略变换

$$\left.\begin{aligned} x' &= x - ut \\ y' &= y \\ z' &= z \\ t' &= t \end{aligned}\right\} \tag{13.1}$$

或

$$\left.\begin{aligned} x &= x' - ut' \\ y &= y' \\ z &= z' \\ t &= t' \end{aligned}\right\} \tag{13.2}$$

用式（13.1）或（13.2）可以将一个惯性系中的时空坐标变换为另一个惯性系中的时空坐标，这种变换称为伽利略变换。

若质点 P 在运动，即(x, y, z)和(x', y', z')均随时间变化。将式（13.1）进行求导，且 $\mathrm{d}t = \mathrm{d}t'$，得到

$$\left.\begin{aligned} v'_x &= v_x - u \\ v'_y &= v_y \\ v'_z &= v_z \end{aligned}\right\} \tag{13.3}$$

写成矢量式有

$$\boldsymbol{v}' = \boldsymbol{v} - \boldsymbol{u} \tag{13.4}$$

同样，我们对式（13.4）进行求导，可以得到加速度的变换式，写成矢量式有

$$\boldsymbol{a}' = \boldsymbol{a} \tag{13.5}$$

式（13.5）表明，同一质点在不同惯性系中的加速度是相同的。

另外，在经典物理中，物体的质量被认为是一恒量，即在所有惯性参考系中测量值相等，与物体的运动状态无关，即

$$m' = m \tag{13.6}$$

由式（13.5）和（13.6），可以得到

$$\boldsymbol{F} = m\boldsymbol{a} = m'\boldsymbol{a}' = \boldsymbol{F}' \tag{13.7}$$

表明，牛顿第二定律具有伽利略变换的不变性。

这里，伽利略坐标变换、速度变换和加速度变换是以牛顿的经典时空观为前提的。也就是说，$t = t'$，$\mathrm{d}t = \mathrm{d}t'$，即在不同的惯性系中去测量同一事件发生的时刻或两个事件的时间间隔，测得的结果是相同的，时钟不受运动状态的影响，时间的测量与参考系的选择无关。同时，由于假定了时间间隔的不变性，那么在不同的惯性参考系中测量得到的同一物体的长度也是不发生变化的。设一把直尺平行于 x 轴放置，在某时刻 $t = t'$ 测量，它的两个端点的坐标在 S 系中为 x_1 和 x_2，在 S'系中为 x_1' 和 x_2'，则由伽利略坐标变换得

$$\left.\begin{array}{l} x_1 = x_1' + ut' \\ x_2 = x_2' + ut' \end{array}\right\} \tag{13.8}$$

所以有

$$x_2 - x_1 = x_2' - x_1' \tag{13.9}$$

即

$$\Delta x = \Delta x' \tag{13.10}$$

综上所述，在不同的惯性参考系中，对于同一事件，我们测量质量的大小、时间的长短、长度的长短都是相同的。这种观念是与人们的日常生活经验和宏观、低速条件下的实验结果相符的。但是如果到了高速、微观情况又怎么样呢？

13.1.3 狭义相对论产生的历史背景和条件

19 世纪后期，麦克斯韦电磁理论建立。麦克斯韦方程组是这一理论的概括和总结，它预言了电磁波的存在，揭示了光的电磁本质。光是电磁波，由麦克斯韦方程组可知，光在真空中传播的速率为一个恒量，这说明光在真空中传播的速率与光源的运动状态及光传播的方向无关。麦克斯韦还证明，电磁波的传播速度只取决于传播介质的性质。

然而按照伽利略变换关系，不同惯性参考系中的观察者测定同一光束的传播速度时，所得结果应各不相同。由此必将得到一个结论：只有在一个特殊的惯性系中，麦克斯韦方程组才严格成立，而在不同的惯性系中，宏观电磁现象所遵循的规律是不同的。这一推理的证实只有通过电磁学、光学实验找到。于是人们在想，如果存在这样一个特殊的惯性系，那么如果能够测出地球上各方向光速的差异，就可以确定地球相对于上述特殊惯性系的运动了。

人们开始设计和实施大量相关的实验。迈克尔逊-莫雷实验就是最早设计用来测量地球上

各方向光速差异的著名实验。然而在各种不同条件下多次反复进行测量都表明：在所有惯性系中，真空中光沿各个方向上传播的速率都相同，即都等于 c。

于是，电磁理论和实验结果都与伽利略变换乃至整个经典力学不相容，这使当时的物理学界大为震动。为了解决这些矛盾，一些物理学家如洛伦兹等，曾提出各种各样的假设，但都未能成功。

1905 年，26 岁的爱因斯坦另辟蹊径。他不固守绝对时空观和经典力学的观念，而是在对实验结果和前人工作进行仔细分析、研究的基础上，从全新的角度来考虑所有问题。首先，他认为自然界是对称的，包括电磁现象在内的一切物理现象和力学现象一样，都应满足相对性原理，即在所有的惯性系中物理定律及其数学表达式都是相同的，因而用任何方法都不能确定特殊的参考系；此外，他还指出，许多实验都已表明，在所有的惯性系中测量，真空中的光速都是相同的。于是爱因斯坦提出了两个基本假设，并在此基础上建立了新的理论——狭义相对论。

13.2 狭义相对论的基本原理

13.2.1 相对论的基本假设

爱因斯坦提出的两条相对论基本假设的内容是：

1. 相对性原理

基本物理定律在所有惯性系中都保持相同形式的数学表达式，即一切惯性系都是等价的。

相对性原理说明不存在绝对参照系，也不存在绝对运动。前面我们提到人们想通过发现不同方向的光速不一样来证实存在一种绝对静止的参考系，地球是相对于这种参考系运动的惯性参考系，这种思路就是和相对性原理相违背的。因为这就要求承认那个特殊的参考系和其他的惯性系不平等，而相对性原理则认为所有惯性系对于基本物理定律都是平等的。

2. 光速不变原理

在一切惯性系中，光在真空中沿各个方向传播的速率都等于同一个恒量 c，且与光源的运动状态无关。

光速不变原理将迫使对同时性、时间、距离、速度等基本物理概念的重新思考，即需要建立新的时空观，相对论的一个主要内容就是关于时空的理论。

下面我们先介绍基于上述基本假设的时空变换——洛伦兹变换，再由洛伦兹变换得出不同于绝对时空观并且和人们日常生活感受相去甚远的时空观——相对论时空观。

13.2.2 洛伦兹变换

现有两个惯性参考系 S 和 S'，设惯性系 S'（$O'x'y'z'$）以速度 u 相对于惯性系 S（$Oxyz$）沿 x（x'）轴正向作匀速直线运动，x'轴与 x 轴重合，y'和 z'轴分别与 y 和 z 轴平行，S 系原点

O 与 S'系原点 O'重合时，分别放在两个惯性系坐标原点处相对于两惯性系静止的时钟都指示零点。设 P 为某一事件，在 S 系观察者看来它是在 t 时刻发生在(x, y, z)处的，而在 S'系观察者看来它却在 t'时刻发生在(x', y', z')处。下面我们就来推导这同一事件在这两惯性系之间的时空坐标变换关系，也就是 t-t'，x-x'，y-y'，z-z'的关系。

如图 13.2 所示，在 y（y'）方向和 z（z'）方向上，S 系和 S'系没有相对运动，则有：$y' = y$，$z' = z$。下面推导（x、t）和（x'、t'）之间的变换。由于时间和空间的均匀性，变换应是线性的，在考虑 $t = t' = 0$ 时两个坐标系的原点重合，则 x 和（$x' + ut'$）只能相差一个常数因子，即

$$x = \gamma(x' + ut') \tag{13.11}$$

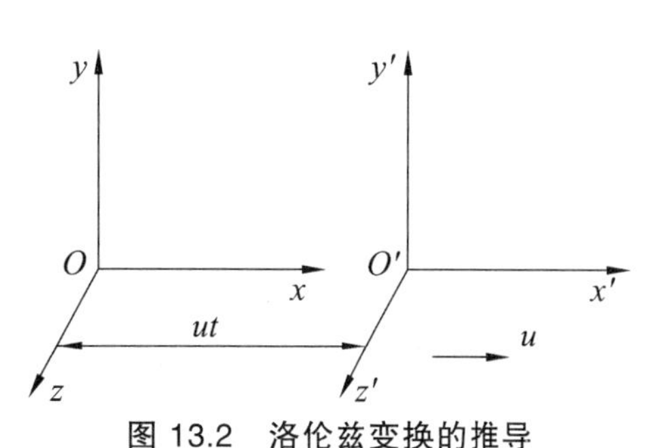

图 13.2　洛伦兹变换的推导

由相对性原理知，所有惯性系都是等价的，对 S'系来说，S 系是以速度 u 沿 x'的负方向运动，因此，x'和（$x - ut$）也只能相差一个常数因子，且应该是相同的常数，即有

$$x' = \gamma(x - ut) \tag{13.12}$$

为确定常数γ，考虑在两惯性系原点重合时（$t = t' = 0$），在共同的原点处有一点光源发出一光脉冲，在 S 系和 S'系都观察到光脉冲以速率 c 向各个方向传播。所以有

$$x = ct\,,\quad x' = ct' \tag{13.13}$$

将式（13.13）代入式（13.11）和式（13.12）并消去 t 和 t'后得

$$\gamma = \frac{1}{\sqrt{1 - u^2 / c^2}} \tag{13.14}$$

将式中（13.14）中的γ代入式（13.12），得

$$x' = \frac{x - ut}{\sqrt{1 - u^2 / c^2}} \tag{13.15}$$

另由式（13.11）和（13.12）求出 t'并代入γ的值，得

$$t' = \gamma t + \left(\frac{1 - \gamma^2}{\gamma u}\right) = \frac{1 - ux / c^2}{\sqrt{1 - u^2 / c^2}} \tag{13.16}$$

于是得到如下的坐标变换关系

$$\begin{cases} x' = \gamma(x - ut) \\ y' = y \\ z' = z \\ t' = \gamma\left(t - \dfrac{u}{c^2} x\right) \end{cases} \quad \text{或} \quad \begin{cases} x = \gamma(x' - ut) \\ y = y' \\ z = z' \\ t = \gamma\left(t' - \dfrac{u}{c^2} x\right) \end{cases} \tag{13.17}$$

式中　　$$\gamma = \frac{1}{\sqrt{1 - u^2 / c^2}}$$

式（13.17）称为洛伦兹变换，我们常把左式称为洛伦兹变换，右式称为逆变换。当$u \ll c$时，$\gamma \to 1$，洛伦兹变换过渡为伽俐略变换，因此，伽俐略变换是洛伦兹变换在低速下的极限形式。

13.2.3 洛伦兹速度变换

洛伦兹速度变换关系讨论的是同一运动质点在 S 系和 S'系中速度的变换关系。设在 S 系中的观察者测得该物体速度的 3 个分量为

$$u_x = \frac{\mathrm{d}x}{\mathrm{d}t},\quad u_y = \frac{\mathrm{d}y}{\mathrm{d}t},\quad u_z = \frac{\mathrm{d}z}{\mathrm{d}t} \tag{13.18}$$

在 S'系的观察者测得该物体速度的 3 个分量为

$$u'_x = \frac{\mathrm{d}x'}{\mathrm{d}t'},\quad u'_y = \frac{\mathrm{d}y'}{\mathrm{d}t'},\quad u'_z = \frac{\mathrm{d}z'}{\mathrm{d}t'} \tag{13.19}$$

我们对洛伦兹变换式中各式求微分，得到

$$\left.\begin{aligned} \mathrm{d}x' &= \frac{\mathrm{d}x - v\mathrm{d}t}{\sqrt{1-v^2/c^2}} \\ \mathrm{d}y' &= \mathrm{d}y \\ \mathrm{d}z' &= \mathrm{d}z \\ \mathrm{d}t' &= \frac{\mathrm{d}t - v\mathrm{d}x/c^2}{\sqrt{1-v^2/c^2}} \end{aligned}\right\} \tag{13.20}$$

由式（13.20）中的第一、第二和第三各式分别除以第四式，便可得到从 S 惯性系到 S' 惯性系的速度变换公式为

$$\left.\begin{aligned} u'_x &= \frac{u_x - v}{1 - vu_x/c^2} \\ u'_y &= \frac{u_y\sqrt{1-v^2/c^2}}{1 - vu_x/c^2} \\ u'_x &= \frac{u_z\sqrt{1-v^2/c^2}}{1 - vu_x/c^2} \end{aligned}\right\} \tag{13.21}$$

这便是洛伦兹速度变换关系。据相对性原理，将式（13.21）中带撇的量与不带撇的量互换，再将 u 换成 $-u$，就得到速度变换的逆变换

$$\left.\begin{aligned} u_x &= \frac{u'_x + v}{1 + vu'_x/c^2} \\ u_y &= \frac{u'_y\sqrt{1-v^2/c^2}}{1 + vu'_x/c^2} \\ u_x &= \frac{u'_z\sqrt{1-v^2/c^2}}{1 + vu'_x/c^2} \end{aligned}\right\} \tag{13.22}$$

13.3 狭义相对论的时空观

13.3.1 因果律和相互作用的最大传播速度

在许多情形，事件一和事件二具有因果关系（比如发报和收报），具有因果关系的两个事件总是通过物质运动进行联系的（无线电波）。显然，变换到另外的惯性系后，仍然需要满足因果关系（收报先于发报是荒唐的）。经典时空观（伽利略变换）能够满足因果律的要求，可以由洛伦兹变换证明相对论时空观仍能满足因果律的要求。

相对论时空观中，因果律的保证依赖于物质传播最大速度为光速。

13.3.2 同时的相对性

按照洛伦兹变换，时间是与参考系有关的。下面就来讨论两个事件的时间间隔在不同惯性系间的关系，假设这两个惯性系仍然是上节所取的 S 系和 S' 系。按照 S 系中校准的时钟标准，如果分别在 S 系的两个不同地点同时发出一光脉冲信号 A 和 B，则它们在 S 系中的时空坐标为 $A(x_1,y_1,z_1,t_1)$ 和 $B(x_2,y_2,z_2,t_2)$，因为在 S 系中是同时发生的，所以 $t_1=t_2$。可以这样确保这两个光脉冲是同时发出的：在这两个地点连线的中点处安放一光脉冲接收装置，若该装置同时接收到两光脉冲信号，就表示这两个信号是同时发出的。那么在 S' 系中观察（即用 S' 系的时空衡量）这两个光脉冲信号是同时发出的吗？我们可以通过洛伦兹变换算出在 S' 系观察，这两个光脉冲信号发出的时间分别是

$$t_1'=\frac{t_1-vx_1/c^2}{\sqrt{1-v^2/c^2}},\quad t_2'=\frac{t_2-vx_2/c^2}{\sqrt{1-v^2/c^2}} \tag{13.23}$$

$$\xrightarrow{t_2=t_1} t_2'-t_1'=-\frac{v(x_2-x_1)/c^2}{\sqrt{1-v^2/c^2}}\neq 0 \tag{13.24}$$

式（13.23）和式（13.24）表明，在 S 系中两个不同地点同时发生的事件，在 S' 系看来不是同时发生的，这就是同时的相对性。因为运动是相对的，所以这种效应是互逆的，即在 S' 系中两个不同地点同时发生的事件，在 S 系看来也不是同时发生的。当 $x_1=x_2$ 时，即两个事件发生在同一地点，则同时发生的事件在不同的惯性系看来才是同时的。从这里也可以得到，在狭义相对论中，时间和空间是相互联系的。

13.3.3 时间延缓效应

若在一惯性系中，某两个事件发生在同一地点，则在该惯性系中测得它们的时间间隔称

为固有时，用τ表示。现在讨论在其他惯性系中所测得的这两个事件的时间间隔Δt与固有时τ的关系。

某两个事件在S系中的时空坐标分别为(x_1,t_1)和(x_2,t_2)，在S'系中为(x_1',t_1')和(x_2',t_2')。假设在S'系中观测，这两个事件发生在同一地点，即$x_1'=x_2'$，则$\tau=t_2'-t_1'$即为固有时，据洛伦兹变换得

$$\Delta t=t_2-t_1=\frac{t_2'-t_1'+v(x_2-x_1)/c^2}{\sqrt{1-v^2/c^2}}=\frac{\tau}{\sqrt{1-v^2/c^2}}$$

即
$$\Delta t=\frac{\tau}{\sqrt{1-v^2/c^2}} \tag{13.25}$$

这结果表明，如果在S'系中同一地点相继发生的两个事件的时间间隔是τ，那么在S系中测得同样这两个事件的时间间隔Δt总是比τ长，或者说运动时钟变慢了，这就是狭义相对论的时间延缓效应。由于运动是相对的，所以时间延缓效应是可逆的，即如果在S系中同一地点相继发生的两个事件的时间间隔为Δt，那么在S'系中测得的$\Delta t'$总比Δt长。

时间延缓效应可以从下面这个例子说明，请注意，在这个说明中我们没有用到洛伦兹变换：

设有两个x和x'轴重合的参考系S和S'，S'相对于S在x方向作匀速直线运动。S'中的x'轴上A'处放置一个光源，在其正上方距离为d处垂直于y'轴放置一个平面镜，设A'经过S系的原点O时S'中的光源向y方向发出一个光信号，经平面镜反射后回到A'，如图13.3所示。现在在两个参考系中测量A'发出光信号和A'接收到光信号这两个事件的时间间隔Δt和$\Delta t'$。

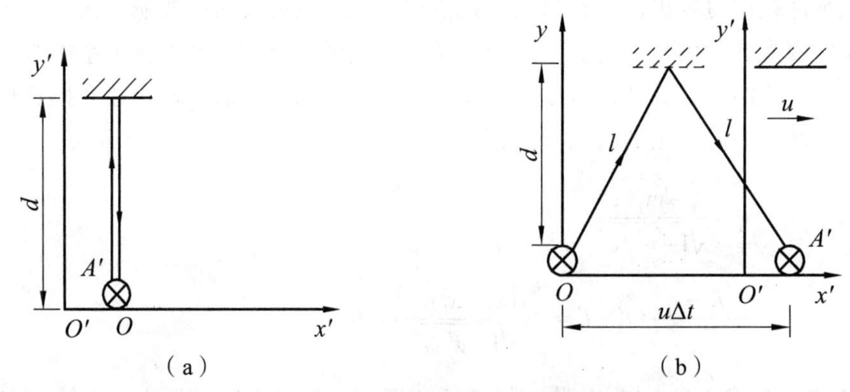

图 13.3　时间延缓效应示例

在垂直于相对运动方向上的距离d不变，在S'系中光走过的路程为$2d$，在S系中看来，当A'接收到返回的光信号时A'已经沿着x轴方向运动了$u\Delta t$的距离，因此在S系中观察，光所走过的路程变成了$2l$。由图13.3（b）中的几何关系可以得出：

$$l=\sqrt{d^2+\left(\frac{u\Delta t}{2}\right)^2} \tag{13.26}$$

在S'中测到的时间间隔为

$$\Delta t'=\frac{2d}{c} \tag{13.27}$$

式中　c——真空中的光速；

在 S 系中测到的时间间隔为

$$\Delta t=\frac{2l}{c}=\frac{2}{c}\sqrt{d^2+\left(\frac{u\Delta t}{2}\right)^2} \tag{13.28}$$

可由此式解出：

$$\Delta t=\frac{2d}{c}\frac{1}{\sqrt{1-u^2/c^2}} \tag{13.29}$$

再由光速不变原理，上面的那些式子中的光速都是一样的，我们可以得到 S 系和 S' 系中观测到的时间间隔的关系：

$$\Delta t=\frac{\Delta t'}{\sqrt{1-u^2/c^2}} \tag{13.30}$$

这说明我们只用到了光速不变原理，由这个例子得到的结果还可以进一步推导出洛伦兹变换。

我们把 $\Delta t'$ 叫作固有时，即在某一参考系中测到的在此参考系中同一地点先后发生的两个事件之间的时间间隔为固有时。固有时最短，对上面的例子，我们可以理解为：

在 S' 系中放置一个相对于 S' 静止（因此也相对于 A' 发出和接收到光信号两事件静止）的钟 C' 来测量两个事件的时间间隔 $\Delta t'$；在 S 中 x 轴上放置很多相互校准的钟 C_N 来测量 S 中看到两事件的时间间隔，当 A' 发出信号时 A' 位于 S 的原点处，此时记录 S 中原点处的钟 C_1 的值，当 A' 接收到信号时 A' 位于 S 的 $u\Delta t$ 处，此时再记录下 S 中 $u\Delta t$ 处的钟 C_2 的值，两个时间值之差即为 S 中测到的 A' 发出和接收信号两个事件的时间间隔 Δt。$\Delta t'$ 为固有时，因此根据固有时最短我们可以说：从 S 系来看，（相对于 S）运动的钟（C'）变慢了，这就是时间延缓效应。

注意： 在 S 中，C_N 虽经过校准但是仍然是 S 中不同地点的钟，从 S' 来看，C_N 中的任何一个都在相对于 S' 运动，因此从 S' 来看，C_N 变慢了。也就是说时间延缓效应是相对的，理解时间延缓效应的相对性关键是要清楚虽然在 S 中 C_N 经过校准，但在 S' 中看来 C_N 却不是同步的。如上面的例子中，A' 经过 S 的原点时，从 S' 中观察发现 S 中原点处的钟 C_1 和 $u\Delta t$ 处的钟 C_2 的值就是不一样的。

【例 13.1】　一飞船以 $u=9\times10^3$ m/s 的速率相对于地面匀速飞行。飞船上的钟走了 5 s 的时间，用地面上的钟测量是经过了多长时间？

解： 设地面上的钟测量经过了 Δt，$\Delta t'=5$ s 是固有时，所以

$$\Delta t=\frac{\Delta t'}{\sqrt{1-u^2/c^2}}=\frac{5}{\sqrt{1-[(9\times10^3/(3\times10^8)]^2}}=5.000\,000\,002\text{（s）}$$

可见，对于目前的飞船可以达到的速率来说，时间延缓效应是很不明显的。

13.3.4　长度收缩效应

现在来讨论在洛伦兹变换下的空间变换特征，这里涉及长度的测量。首先我们要弄清楚

长度测量的概念，长度测量是和同时性概念密切联系的。在某一参考系中测量一个物体（不论这个物体是否相对于这个参考系静止）的长度，就是要测量它的两端点在此参考系的同一时刻的位置之间的距离。

很明显在不同参考系中同时是相对的，因此长度的测量也就是相对的。

在 S' 系沿 x' 轴放置一长杆，其两边的坐标分别为 x_1' 和 x_2'，它的静止长度为 $\Delta L_0 = \Delta L' = x_2' - x_1'$，静止长度也称为固有长度。当在 S 系中测量这同一杆的长度时，则必须同时测出杆两端的坐标 x_1 和 x_2，才能得到杆长的正确值 $\Delta L = x_2 - x_1$。根据洛伦兹变换，应有

$$x_1' = \frac{x_1 - vt_1}{\sqrt{1 - v^2/c^2}} \text{ 和 } x_2' = \frac{x_2 - vt_2}{\sqrt{1 - v^2/c^2}} \tag{13.31}$$

考虑到 S 系要同时测量，有 $t_1 = t_2$，则

$$\Delta L_0 = \frac{(x_2 - x_1) - v(t_2 - t_1)}{\sqrt{1 - v^2/c^2}} = \frac{\Delta L}{\sqrt{1 - v^2/c^2}} \tag{13.32}$$

即

$$\Delta L = \Delta L_0 \sqrt{1 - v^2/c^2} \tag{13.33}$$

这结果表明，在 S 系观察到运动着的杆的长度比它的静止长度缩短了，这就是狭义相对论的长度收缩效应。在相对于杆静止的参考系中测得的杆的长度叫作固有长度，固有长度最长。长度收缩效应只适用于沿着运动方向的测量，长度收缩效应也是相对的。

【例 13.2】 固有长度为 5 m 的飞船以 $u = 9 \times 10^3$ m/s 的速率相对于地面匀速飞行，从地面上测量，它的长度是多少？

解： $l' = 5$ m 为固有长度，从地面测量其长度为

$$l = l'\sqrt{1 - u^2/c^2} = 5\sqrt{1 - [(9\times10^3)/(3\times10^8)]^2} = 4.999\,999\,998\text{（m）}$$

可见，这个长度与故有长度的差别也是非常小的。

【例 13.3】 $\pi^{\pm}$ 介子是不稳定的粒子，其固有寿命为 2.603×10^{-8} s。如果 $\pi^{\pm}$ 介子产生后立即以 0.920 0c 的速度作匀速直线运动，问它能否在衰变前通过 17 m 路程？

解： 设实验室参考系为 S 系，随同 $\pi^{\pm}$ 介子一起运动的惯性系为 S' 系，据题意有

$$v = 0.920\,0c,\ \tau = 2.603\times10^{-8}\text{ s}$$

解法一： 利用时间延缓效应得从实验室坐标系观测 $\pi^{\pm}$ 介子的寿命为

$$\Delta t = \frac{\tau}{\sqrt{1 - v^2/c^2}} = \frac{2.603\times10^{-8}}{\sqrt{1 - (0.920\,0)^2}} = 6.642\times10^{-8}\text{（s）}$$

在衰变前可以通过的路程为

$$L = v\Delta t = 0.920\,0c \times 6.642\times10^{-8} = 18.32\text{（m）} > 17\text{ m}$$

所以 $\pi^{\pm}$ 介子在衰变前可以通过 17 m 的路程。

解法二： 利用长度收缩效应。在 $\pi^{\pm}$ 介子参考系（S'系）观测，介子在固有寿命期间在实验室运动的距离为

$$l' = v\tau = 0.920\,0c \times 2.603 \times 10^{-8} = 7.179\ (\text{m})$$

但由长度收缩效应得空间路程要收缩为

$$l = l_0\sqrt{1 - v^2 / c^2} = 6.663\ (\text{m})$$

$\pi^{\pm}$ 介子在实验室运动的距离 l'（= 7.179 m）大于 6.663 m，所以介子在衰变前可以通过 17 m 的路程，与解法一的结论一致。

从上述讨论可见，相对论时间延缓总是与长度收缩密切联系在一起的。它们都是由时空的基本属性所决定的，相对论的时间和空间与物体的运动有关，这与牛顿的绝对时空观是完全不相容的。但在低速情况（$v \ll c$）下，相对论的时空转变为牛顿的绝对时空。

13.4 狭义相对论动力学基础

13.4.1 相对论质量和动量

在经典力学中，根据动能定理，做功会使质点的动能增加，质点的运动速率将增大，速率增大到多大，原则上没有上限。而实验证明这是错误的。例如，在真空管的两个电极之间施加电压，用以对其中的电子加速。实验发现，当电子速率越高时加速就越困难，并且无论施加多大的电压，电子的速度都不能达到光速。这一事实意味着物体的质量不是绝对不变量，可能是速率的函数，随速率的增加而增大。下面我们来探求质量与速率的具体函数关系。

如图 13.4 所示，S'系相对于 S 系以速度 v 沿 x 轴正向运动，在 S 系有一静止在 x_0 处的粒子，由于内力的作用而分裂为质量相等的两部分（A 和 B），并且，分裂后 M_A 以速度 v 沿 x 轴正向运动，而 M_B 以速度 $-v$ 沿 x 轴负向运动。在 S'系看来，M_A 是静止不动的，而 M_B 相对于 S'系的运动速度可由洛伦兹速度变换公式求得

$$v_B' = \frac{-v - v}{1 - (-v)v / c^2} = \frac{-2v}{1 + v^2 / c^2} \tag{13.34}$$

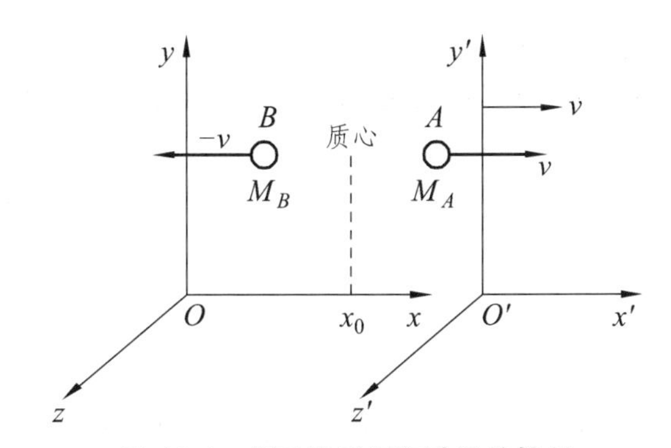

图 13.4　相对论质量和动量的推导

从 S 系看，粒子分裂后其质心仍在 x_0 处不动，但从 S'系看，质心是以速率 $-v$ 沿 x 轴负向运动。根据质心定义则有

$$-v=\frac{M_A v_A'+M_B v_B'}{M_A+M_B}\xrightarrow{v_A'=0}\frac{M_B}{M_A+M_B}v_B'\Rightarrow\frac{M_B}{M_A}=\frac{-v}{v_B'+v} \tag{13.35}$$

由式（13.34）和式（13.35）得

$$\frac{M_B}{M_A}=\frac{1}{\sqrt{1-(v_B'/c)^2}}\Rightarrow M_B=\frac{M_A}{\sqrt{1-(v_B'/c)^2}} \tag{13.36}$$

由式（13.36）可以看到，在 S 系观测，粒子分裂后的两部分以相同的速率运动，质量相等；但从 S'系观测，由于它们运动速率不同，质量也不相等。M_A 静止，可看作静质量，用 m_0 表示；M_B 以速率 v_B' 运动，可视为运动质量，称为相对论性质量，用 m 表示。去掉 v_B' 的上下标，于是就得到运动物体的质量与它的静质量的一般关系

$$m=\frac{m_0}{\sqrt{1-v^2/c^2}} \tag{13.37}$$

式（13.37）便是相对论质速关系，这个关系改变了人们在经典力学中认为质量是不变量的观念。从式（13.37）还可以看出，当物体的运动速率无限接近光速时，其相对论质量将无限增大，其惯性也将无限增大。所以，施以任何有限大的力都不可能将静质量不为零的物体加速到光速。可见，用任何动力学手段都无法获得超光速运动。这就从另一个角度说明了在相对论中光速是物体运动的极限速度。

1966 年，在美国斯坦福投入运行的电子直线加速器，全长 3×10^3 m，加速电势差为 7×10^6 V/m，可将电子加速到 0.999 999 999 7c，接近光速但不能超过光速。这有力地证明了相对论质速关系的正确性。有一种粒子，如光子，总是以速度 c 运动。由相对论质量的公式可知在相对论质量有限的情况下，只可能其静止质量 $m_0=0$，就是说以光速运动的粒子其静止质量为零。

有了上面的相对论质量，可以证明，若定义动量

$$\boldsymbol{p}=m\boldsymbol{v}=\frac{m_0\boldsymbol{v}}{\sqrt{1-v^2/c^2}} \tag{13.38}$$

便可使动量守恒定律在洛伦兹变换下保持数学形式不变。式（13.38）表示的就是相对论动量，它并不正比于物体运动的速度 v，但在低速情况下，相对论质量和相对论动量将过渡到经典力学中的形式。

由于质量与物体运动速度有关，不再是一个常量，因此，我们在经典力学课程中学到的牛顿第二定律的加速度表示方式

$$\boldsymbol{F}=\frac{\mathrm{d}\boldsymbol{p}}{\mathrm{d}t}=m\boldsymbol{a}$$

在相对论力学中不再成立，不过在我们通常遇到的宏观低速的情况下，仍然可以使用加速度表示的牛顿第二定律。

13.4.2 相对论动能

在经典力学中，质点动能的增量等于合外力所做的功，我们将这一规律应用于相对论力学中，并取初速为零，相应的初动能为零，则在合外力 $\boldsymbol{F}$ 的作用下，质点速率由零增大到 v 时，其动能为

$$E_{\mathrm{k}}=\int \boldsymbol{F}\cdot\mathrm{d}\boldsymbol{r}=\int \mathrm{d}(m\boldsymbol{v})\cdot\boldsymbol{v}=\int (v^2\mathrm{d}m+mv\mathrm{d}v) \quad (13.39)$$

又由质速关系式可得

$$m^2v^2=m^2c^2-m_0^2c^2\xrightarrow{\text{两边微分}}v^2\mathrm{d}m+mv\mathrm{d}v=c^2\mathrm{d}m$$

联立上两式得

$$E_{\mathrm{k}}=\int_{m_0}^{m}c^2\mathrm{d}m=mc^2-m_0c^2 \quad (13.40)$$

这就是相对论中质点动能的表达式。初看起来，它与经典的动能表达式全然不同，但当 $v\ll c$ 时有

$$\left[1-\left(\frac{v}{c}\right)^2\right]^{-1/2}\approx 1+\frac{1}{2}\left(\frac{v}{c}\right)^2\Rightarrow E_{\mathrm{k}}=\frac{1}{2}m_0v^2 \quad (13.41)$$

这正是经典力学中动能的表达式。

13.4.3 相对论能量

相对论动能表达式可改写为

$$mc^2=E_{\mathrm{k}}+m_0c^2 \quad (13.42)$$

爱因斯坦认为式（13.42）中的 m_0c^2 是物体静止时的能量，称为物体的静能，而 mc^2 是物体的总能量，它等于静能与动能之和。物体的总能量若用 E 表示，可写为

$$E=mc^2=m_0c^2/\sqrt{1-v^2/c^2} \quad (13.43)$$

这就是著名的相对论质能关系。它揭示出质量和能量这两个物质基本属性之间的内在联系，即一定质量 m 相应的联系着一定的能量 $E=mc^2$，即使处于静止状态的物体也具有能量 $E_0=m_0c^2$。

质能关系式在原子核反应等过程中得到证实。在某些原子核反应，如重核裂变和轻核聚变过程中，会发生静止质量减小的现象，称为质量亏损 Δm_0：

$$\Delta E=\Delta m_0c^2$$

由质能关系式可知，这时静止能量也相应地减少。但在任何过程中，总质量和总能量又是守恒的，因此这意味着，有一部分静止能量转化为反应后粒子所具有的动能。而后者又可以通过适当方式转变为其他形式能量释放出来，这就是某些核裂变和核聚变反应能够释放

出巨大能量的原因。原子弹、核电站等的能量来源于裂变反应，氢弹和恒星能量来源于聚变反应。

质能关系式为人类利用核能奠定了理论基础，它是狭义相对论对人类的最重要的贡献之一。

【例 13.4】 在一种热核反应

$$ {}_1^2\mathrm{H} + {}_1^3\mathrm{H} \longrightarrow {}_2^4\mathrm{He} + {}_0^1\mathrm{n} $$

中，各种粒子的静质量如下：

氘核（${}_1^2\mathrm{H}$） $m_\mathrm{D} = 3.343\,7 \times 10^{-27}$ kg

氚核（${}_1^3\mathrm{H}$） $m_\mathrm{T} = 5.004\,9 \times 10^{-27}$ kg

氦核（${}_2^4\mathrm{He}$） $m_\mathrm{He} = 6.642\,5 \times 10^{-27}$ kg

中子（n） $m_\mathrm{n} = 1.67 \times 10^{-27}$ kg

求这一热核反应释放的能量。

解：这一反应的质量亏损为

$$ \begin{aligned} \Delta m_0 &= (m_\mathrm{D} + m_\mathrm{T}) - (m_\mathrm{He} + m_\mathrm{n}) \\ &= [(3.343\,7 + 5.004\,9) - (6.642\,5 + 1.675\,0)] \times 10^{-27} \\ &= 0.0311 \times 10^{-27} \ (\mathrm{kg}) \end{aligned} $$

相应释放的能量为

$$ \Delta E = \Delta m_0 c^2 = 0.0311 \times 10^{-27} \times 9 \times 10^{16} = 2.799 \times 10^{-12} \ (\mathrm{J}) $$

1 kg 这种核燃料所释放的能量为

$$ \frac{\Delta E}{m_\mathrm{D} + m_\mathrm{T}} = \frac{2.799 \times 10^{-12}}{8.348\,6 \times 10^{-27}} = 3.35 \times 10^{14} \ (\mathrm{J/kg}) $$

这一数值是 1 kg 优质煤燃烧所释放的热量的 1 000 多万倍！

13.4.4 能量和动量的关系

由相对论能量和动量公式

$$ E = mc^2, \quad \boldsymbol{p} = m\boldsymbol{v} \tag{13.44} $$

可得

$$ \boldsymbol{v} = \frac{c^2}{E}\boldsymbol{p} \tag{13.45} $$

再将其代入

$$ E = mc^2 = m_0 c^2 / \sqrt{1 - v^2 / c^2} \tag{13.46} $$

得到

$$E^2 = p^2c^2 + m_0^2c^4 \tag{13.47}$$

这就是相对论动量和能量的关系式。

本章小结

1. 狭义相对论的基本原理

（1）相对性原理。

（2）光速不变原理。

2. 洛伦兹变换

$$\begin{cases} x' = \gamma(x - ut) \\ y' = y \\ z' = z \\ t' = \gamma\left(t - \dfrac{u}{c^2}x\right) \end{cases}$$

式中
$$\gamma = \frac{1}{\sqrt{1 - u^2/c^2}}$$

3. 洛伦兹速度变换

$$\begin{cases} u'_x = \dfrac{u_x - v}{1 - vu_x/c^2} \\ u'_y = \dfrac{u_y\sqrt{1 - v^2/c^2}}{1 - vu_x/c^2} \\ u'_x = \dfrac{u_z\sqrt{1 - v^2/c^2}}{1 - vu_x/c^2} \end{cases}$$

4. 时间延缓效应

$$\Delta t = \frac{\tau}{\sqrt{1 - v^2/c^2}}$$

式中　τ——固有时。

5. 长度收缩效应

$$\Delta L = \Delta L_0\sqrt{1 - v^2/c^2}$$

式中　ΔL_0——在相对于杆静止的参考系中测得的杆的长度，叫作固有长度，固有长度最长。

6. 运动物体的质量与它的静质量的一般关系

$$m = \frac{m_0}{\sqrt{1 - v^2 / c^2}}$$

式中　m_0——静质量。

7. 相对论动量

$$\boldsymbol{p} = m\boldsymbol{v} = \frac{m_0 \boldsymbol{v}}{\sqrt{1 - v^2 / c^2}}$$

8. 相对论动能

$$E_k = mc^2 - m_0 c^2$$

9. 相对论能量和动量

$$E^2 = p^2 c^2 + m_0^2 c^4$$

思 考 题

13.1　经典力学相对性原理是什么？怎么表述？

13.2　狭义相对论的两个基本假设是什么？各自怎么表述的？

13.3　为什么必须要修改伽利略变换？

13.4　洛伦兹变换是依据什么？怎样导出来的？

13.5　经典力学时空观与相对论时空观有什么区别与联系？

13.6　“质量亏损”是什么？

习　题

计算题

13.1　半人马星座 α 星是离太阳系最近的恒星，它距地球 4.3×10^{16} m。设有一宇宙飞船，以 $v = 0.999c$ 的速度飞往该恒星，飞船往返一次需多少时间？如以飞船上的时钟计算，往返一次的时间又为多少？

13.2　在惯性系 S 中观察到有两个事件发生在某一地点，其时间间隔为 4.0 s。从另一惯性系 S' 观察到这两个事件发生的时间间隔为 6.0 s。问从 S' 系测量到这两个事件的空间间隔是多少？（设 S'系以恒定速率相对 S 系沿 xx'轴运动）

13.3　甲乙两人所乘飞行器沿 x 轴作相对运动。甲测得两个事件的时空坐标为 $x_1 = 6\times10^4$ m，$y_1 = z_1 = 0$，$t_1 = 2\times10^{-4}$ s；$x_2 = 12\times10^4$ m，$y_2 = z_2 = 0$，$t_2 = 1\times10^{-4}$ s，若乙测得这两个事件同时发生于 t'时刻，求

（1）乙相对于甲的运动速度是多少？

（2）乙所测得的两个事件的空间间隔是多少？

13.4 一个质点，在惯性系 K' 中作匀速圆周运动，轨道方程为

$$x'^2 + y'^2 = a^2 ,\quad z' = 0$$

另有一个惯性系 K 系，其中 K' 系相对 K 系以速度 v 沿 x 轴正向运动。试证明：在惯性系 K 中的观察者测得该质点作椭圆运动，椭圆的中心以速度 v 移动。

13.5 在惯性系 K 系中观察到两个事件同时发生在 x 轴上，其空间距离是 1 m，在另一惯性系 K' 中观察到这两个事件之间的空间距离是 2 m，求在 K' 系中这两个事件的时间间隔。

13.6 一根直杆在惯性系 S 系中观察，其静止长度为 l，与 x 轴的夹角为 θ，S' 系相对 S 系沿着 x 轴的正方向以速度 u 运动，试求它在 S' 系中的长度和它与 x' 轴的夹角。

13.7 静止时边长为 a 的正立方体，当它以速率 u 沿与它的一个边平行的方向相对于惯性系 S' 系运动时，在 S' 系中测得它的体积是多大？

13.8 设想一飞船以 $0.80c$ 的速度在地球上空飞行，如果这时从飞船上沿速度方向发射一物体，物体相对飞船的速度为 $0.90c$。问从地面上看，物体速度多大？

13.9 在地面上测到有两个飞船 a、b 分别以 $+0.9c$ 和 $-0.9c$ 的速度沿相反的方向飞行，求飞船 a 相对于飞船 b 的速度有多大？

13.10 在惯性系 S 系中观察到在同一地点发生两个事件，第二事件发生在第一事件之后 2 s。在另一惯性系 S' 系中观察到第二事件在第一事件后 3 s 发生。求在 S' 系中这两个事件的空间距离。

13.11 地面上有一直线跑道长 100 m，运动员跑完所用时间为 10 s。现在以 $0.8c$ 的速度沿跑道飞行的飞船中观测，试求：

（1）跑道的长度；

（2）运动员跑完该跑道所用的时间；

（3）运动员的速度。

13.12 天津和北京相距 120 km。在北京于某日上午 9 时有一工厂因过载而断电。同日在天津于 9 时 0 分 0.000 3 秒有一自行车与卡车相撞。试求在以 $u = 0.8c$ 的速度沿北京到天津方向飞行的飞船中，观察到的这两个事件之间的时间间隔。哪一事件发生在前？

13.13 如图 13.5，地球上的观察者发现一只以速率 $v_1 = 0.60c$ 向东航行的宇宙飞船将在 5 s 后同一个以 $v_2 = 0.80c$ 速率向西飞行的彗星相撞。求飞船中的人们看到彗星以多大的速率向他们接近？按照他们的钟，还有多少时间允许他们离开原来的航线避免碰撞？

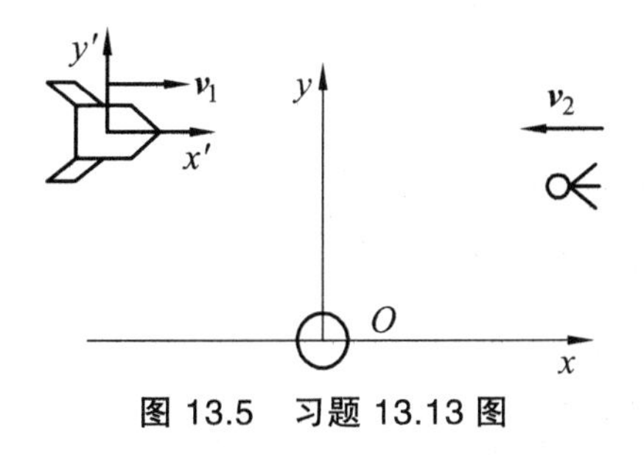

图 13.5 习题 13.13 图

13.14　一光源在某一惯性系 S' 系的原点 O' 发出一光线，其传播方向在 $x'y'$ 平面内并与 x' 轴夹角为 θ'，试求在另一惯性系 S 系中测得的此光线的传播方向（其中 S' 系相对 S 系以速度 u 沿 x 轴正方向运动），并证明在 S 系中此光线的速率仍是 c。

13.15　π^+ 介子是一不稳定粒子，平均寿命是 2.6×10^{-8} s（在它自己的参考系中测量）。

（1）如果此粒子相对于实验室以 $0.8c$ 的速度运动，那么实验室坐标系中测量的 π^+ 介子寿命是多长？

（2）π^+ 介子在衰变前运动了多长距离？

13.16　地球上一观察者，看见一飞船 A 以速度 2.5×10^8 m/s 从他身边飞过，另一飞船 B 以速度 2.0×10^8 m/s 跟随 A 飞行。求：

（1）A 上的乘客看到 B 的相对速度；

（2）B 上的乘客看到 A 的相对速度。

13.17　两艘宇宙飞船相对某遥远的恒星以 $0.8c$ 的速度向相反方向运动，试用变换法则证明，两飞船的相对速度是 $\dfrac{1.6}{1.64}c$，并与伽利略变换所得的结果进行比较。

13.18　一原子核以 $0.5c$ 的速度离开一观察者。原子核在它运动方向上向前发射一电子，该电子相对于核有 $0.8c$ 的速度；此原子核又向后发射了一光子指向观察者。对静止观察者来讲，求：

（1）电子具有多大的速度；

（2）光子具有多大的速度。

13.19　观察者甲测得在同一地点发生的两事件的时间间隔为 4 s，观察者乙测得其时间间隔为 5 s。试问观察者乙测得这两事件发生的地点相距多少？相对于甲的运动速度是多少？设另有观察者丙声称他测得的时间间隔为 3 s，你认为可能吗？

13.20　飞船相对地球的速率为 $u=0.95c$，若以飞船为惯性参照系测得飞船长 15 m，问地球上测得飞船长为多少？

13.21　一体积为 V_0、质量为 m_0 的立方体沿其一棱的方向相对于观察者 A 以速度 v 运动。求：观察者 A 测得其密度是多少？

13.22　宇宙射线与大气相互作用时能产生 π 介子衰变，此衰变在大气上层放出叫作 μ 子的基本粒子。这些 μ 子的速度接近光速（$v=0.998c$）。由实验室内测得的静止 μ 子的平均寿命等于 2.2×10^{-6} s，试问在 8 000 m 高空由 π 介子衰变放出的 μ 子能否飞到地面？

13.23　一只装有无线电发射和接收装置的飞船，正以 $u=0.8c$ 的速度飞离地球。当宇航员发射一无线电信号后，信号经地球反射，60 s 后宇航员才收到返回信号，如图 13.6。求：

（1）在地球反射信号的时刻，从飞船上测得的地球离飞船多远？

（2）当飞船接收到反射信号时，地球上测得的飞船离地球多远？

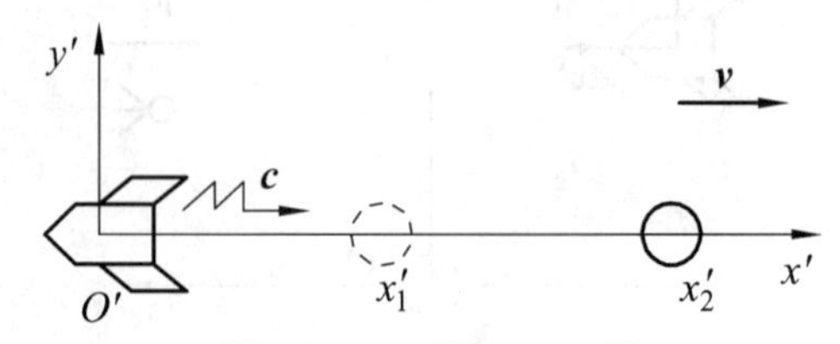

图 13.6　习题 13.23 图

13.24　一观察者测得运动着的米尺长为 0.5 m，问此尺以多大的速度接近观察者？

13.25　一张宣传画 5 m 见方，平行地贴于铁路旁边的墙上，一高速列车以 2×10^8 m/s 的速度接近此宣传画，这张画由司机测量将成为什么样子？

13.26　远方的一颗星以 $0.8c$ 的速度离开地球，地球上的观测者接收到它辐射出来的闪光按 5 昼夜的周期变化，求固定在此星上的惯性参考系测得的闪光周期。

13.27　假设宇宙飞船从地球射出，沿直线到达月球，距离是 3.84×10^8 m，它的速率在地球上测得为 $0.30c$，根据地球上的时钟，这次旅行花多长时间？根据宇宙飞船所进行的测量，地球和月球的距离是多少？怎样根据这个算得的距离，求出宇宙飞船上的时钟所读出的旅行时间？

13.28　某人测得一根静止棒长度为 l、质量为 m，于是求得棒的线密度为 $\rho=\dfrac{m}{l}$。假定棒以速度 v 沿棒长方向运动，此人再测运动棒的线密度应为多少？若棒在垂直于长度方向上运动，它的线密度又为多少？

13.29　已知质子速度 $v=0.8c$，静质量为 $m_0=1.67\times10^{-27}$ kg，求：质子的总能量、动能和动量。

13.30　太阳发出的能量是由质子参与一系列反应产生的，其总结果相当于下述热核反应：

$$ {}_1^1\mathrm{H}+{}_1^1\mathrm{H}+{}_1^1\mathrm{H}+{}_1^1\mathrm{H}\longrightarrow{}_2^4\mathrm{He}+2\,{}_1^0\mathrm{e} $$

已知一个质子（${}_1^1\mathrm{H}$）的静质量是 $m_\mathrm{p}=1.672\,6\times10^{-27}$ kg，一个氦核的静质量是 $m_\mathrm{He}=6.642\,5\times10^{-27}$ kg。试问：

（1）这一反应释放多少能量？

（2）消耗 1 kg 质子可以释放多少能量？

（3）目前太阳辐射的总功率为 $P=3.9\times10^{26}$ W，它一秒钟消耗多少千克的质子？

（4）目前太阳约含有 $m=1.5\times10^{30}$ kg 质子，假定它继续按上述（3）求得的速率消耗质子，这些质子可供消耗多长时间？

14 量子物理基础

14.1 热辐射 普朗克能量子假设

1900 年 4 月 27 日，在阿尔伯马尔街皇家研究所举行了一场报告会，有一位德高望重的老者开尔文先生，发表了这样一段讲话：

动力学理论断言，热和光都是运动的方式。但现在这一理论的优美性和明晰性却被两朵乌云遮蔽，显得黯然失色了……

这个“乌云”的比喻后来变得如此出名，几乎在很多物理书籍中被反复地引用。我们所说的第一朵乌云，就是迈克尔逊-莫雷实验，最后导致了相对论的出现。至于第二朵乌云，指的是黑体辐射实验和理论的不一致，最后导致了量子物理革命的爆发。

14.1.1 热辐射现象

为了解决在冶金高温测量技术及天文学等方面的需要，早在 19 世纪初人们就开始了对热辐射的研究。其实，很早的时候，人们就已经注意到对于不同的物体，热和辐射频率似乎有一定对应关联。比如说，我们冬天取暖用的炭，当温度不同的时候，炭呈现的颜色各不相同，随着温度的升高，炭由暗红色逐渐变为赤红、黄、白、蓝、白色等。不光是高温物体，低温物体也在向外辐射能量、辐射光，但由于它所辐射的光不在可见光范围内，所以我们不能用肉眼去分辨。另外，我们知道光是电磁波，换句话说，任何物体在任何温度下都在不断地向周围空间发射电磁波。物体向外辐射电磁波的能量、频率分布由其温度所决定，所以，物体的这种由温度所决定的电磁辐射称为热辐射。温度越高，电磁波中高频部分所占的比例越大；温度越低，电磁波中低频部分所占的比例越大。在天文学里，有“红巨星”和“蓝巨星”，前者呈暗红色，温度较低，通常属于老年恒星；而后者的温度极高，是年轻恒星的典范。

图 14.1 所示为猎户座，是地球上夜间最容易辨认的星座之一。这张照片里有红巨星参宿四和蓝巨星参宿七。红巨星参宿四（Betelgeuse）是最亮的恒星，就位于影像的最左方，颜色带点黄橘色，其他众多的蓝色恒星中，蓝巨星参宿七（Rigel）位于右上方，和参宿四遥遥相望。参宿四的表面温度为 3 600 ~ 2 600 K，呈红色。参宿七的表面温度为 40 000 ~ 25 000 K，呈蓝白色。

图 14.1 猎户座

物体在辐射电磁波的能量的同时，也吸收入射到其表面的电磁波。当物体辐射的电磁波等于其所吸收的电磁波能量时，物体的温度不再随着时间发生变化而处于动态热平衡状态，这时的热辐射称为平衡热辐射。

实验表明，物体发出或吸收辐射的能力还与材料的成分、表面性质等有关。凡是辐射能力强的物体，其吸收的能力也大。那么在第二朵乌云中我们提到的黑体是怎么回事呢？

若一个物体能吸收到达它表面的全部电磁辐射，这样的物体就称为黑体。很显然，黑体的热辐射现象只与温度有关，而与材料、大小、形状以及表面状况等无关。一般来说，自然界中并不存在这种理想的黑体。在实际的研究过程中，通常用下面的模型来代替黑体：用不透明的绝热材料制成一个空心的球体，并开一个小孔，内壁涂上吸收辐射的涂料，则从小孔进入的辐射经过腔内的多次反射、吸收，很难再从小孔出来。即便出来也只有极小一部分能量从小孔射出，因此小孔可以认为相当于黑体表面，如图 14.2 所示。

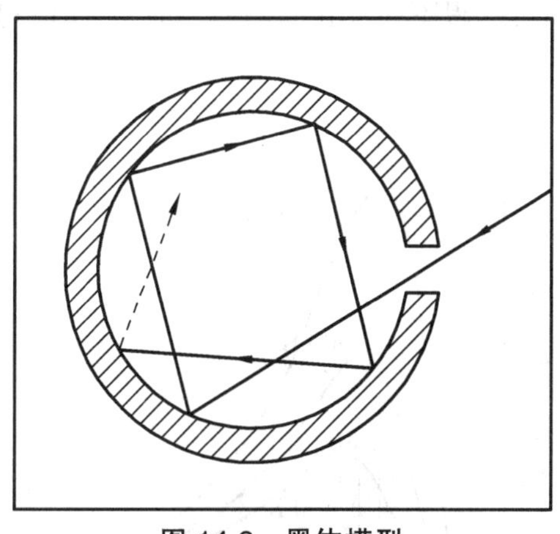

图 14.2 黑体模型

黑体的模型在日常生活中也经常见到，比如，在金属冶炼炉上开一个观测炉温的小孔，这里的小孔也很近似一个绝对黑体的表面。加热空腔，使它保持在温度 T，则从小孔发出的辐射就可看成是一个温度为 T、表面积与小孔相等的绝对黑体发生的平衡热辐射。

14.1.2 黑体辐射的实验规律

为了描述物体热辐射能按波长的分布规律，引入单色辐射出射度（简称单色辐出度），这一物理量的定义为：如果从物体单位表面上发射的、波长在$\lambda \sim \lambda + \mathrm{d}\lambda$范围内的电磁波的辐射功率为$\mathrm{d}E_\lambda$，则$\mathrm{d}E_\lambda$与$\mathrm{d}\lambda$之比称为单色辐出度。

$$M_\lambda(T) = \frac{\mathrm{d}E_\lambda}{\mathrm{d}\lambda} \tag{14.1}$$

单色辐出度的单位是$\mathrm{W/m^3}$。

从物体单位表面积上发射的各种波长辐射的总功率，称为总辐出度$M(T)$，是描写物体在温度T时向外辐射能量本领的物理量。在特定温度下，有：

$$M(T) = \int_0^\infty M_\lambda(T)\mathrm{d}\lambda \tag{14.2}$$

美国人兰利发明了热辐射计，配合罗兰的凹光栅，测得了黑体的单色辐出度实验曲线，其装置如图 14.3 所示。

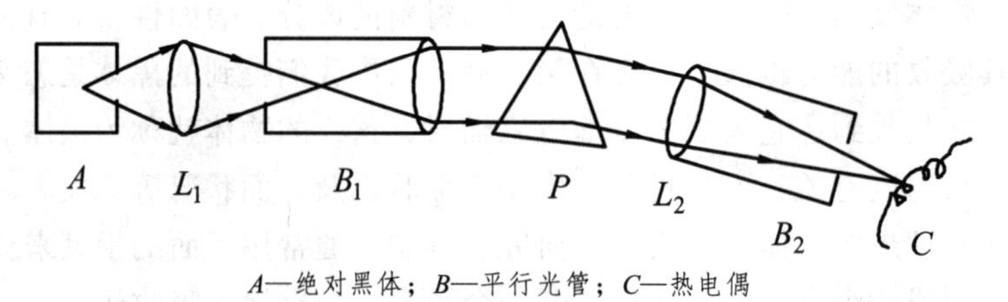

A—绝对黑体；B—平行光管；C—热电偶

图 14.3 热辐射计示意图

不同波长的射线经棱镜P后偏转角度不同，则调节B_2的方向，即可得到不同波长的射线在热电偶C上的功率，因而可测得不同波长的功率，即$M_\lambda(T)$，其实验结果如图 14.4 所示。

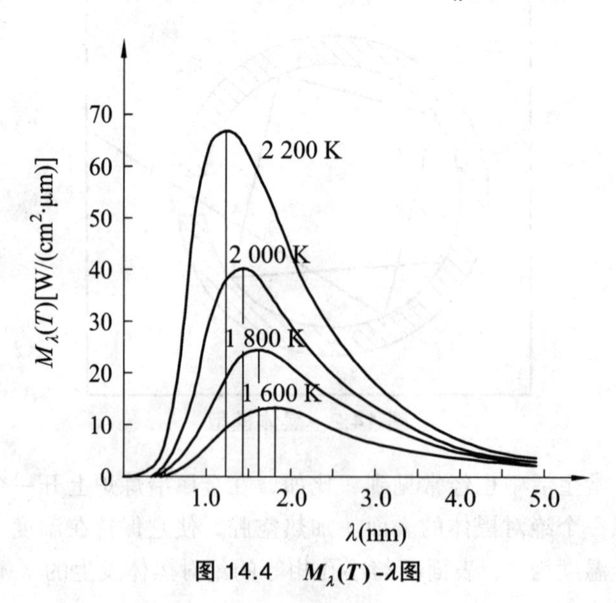

图 14.4 $M_\lambda(T)$-λ图

由实验结果，总结出了两条有关黑体辐射的定律，其中一条是斯特藩-玻尔兹曼定律，另一条是维恩位移定律。

1. 斯特藩-玻尔兹曼定律

黑体的辐出度与其绝对温度 T 的 4 次方成正比，即

$$M(T)=\int_0^{\infty} M_{\lambda}(T)\mathrm{d}\lambda = \sigma T^4 \tag{14.3}$$

式中　σ——斯特藩-玻尔兹曼常量，$\sigma=5.67\times10^{-8}\ \mathrm{W/(m^2\cdot K^4)}$。

2. 维恩位移定律

从图 14.4 可以看出，在一定温度下，$M_{\lambda}(T)$-λ 曲线有一极大值，与其对应的波长λ_{m}，称为峰值波长。则黑体辐射的峰值波长λ_{m}与其绝对温度 T 成反比，即

$$T\lambda_{\mathrm{m}}=b \tag{14.4}$$

式中　b——维恩常数，$b=2.897\times10^{-3}\ \mathrm{m\cdot K}$。

以上两个定律虽然是从实验结果中总结出来的，但却有很高的应用价值，比如，光测高温法就是依据以上两个定律，测量黑体及其他物体的温度，其原理如图 14.5 所示。

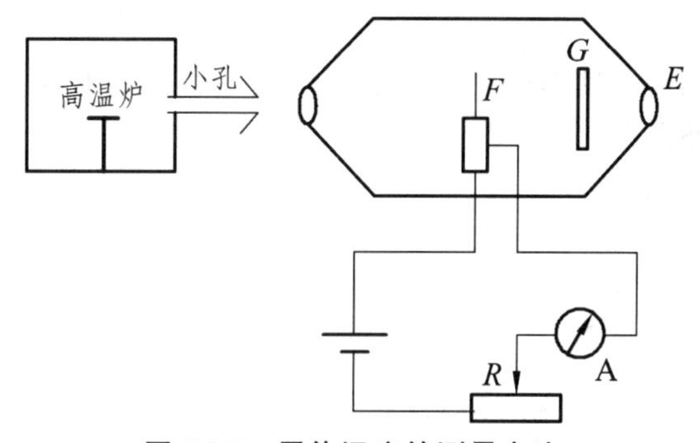

图 14.5　黑体温度的测量方法

（1）消失线高温计：当调节 R 使灯丝 F 和小孔同温度时，灯丝 F 在背景上“消失”，此时与电流对应的温度即炉温，故称为“消失线高温计”。

（2）根据维恩位移定律，观察电流计最大值时热电偶位置，再测定这一位置的波长，由

$$T=\frac{2.898\times10^{-3}}{\lambda_{\mathrm{m}}}$$

即可得到黑体的温度，这是因为电流最大值代表单色辐射强度最大。

上面说过，在金属冶炼中，通过炉上开的小孔，利用图 14.5 所示装置来测得炉温，这是因为炉上的小孔近似为黑体模型，所以测出的温度可以认为是实际的炉温。

天文学家还根据此原理测得恒星的温度。例如，利用测得的太阳光谱，找出其峰值波长在绿色区域，$\lambda_{\mathrm{m}}=0.47\ \mu\mathrm{m}$，由维恩位移定律可得太阳表面的温度为$T_{\mathrm{s}}=\dfrac{2.898\times10^{-3}}{0.47\times10^{-6}}=6\,165.967$（K），约为 5 892.8 °C。由于太阳不是黑体，所以上面计算出来的温度不是太阳的实际温度，通常把该温度称为太阳的色温度。

以上介绍的黑体辐射规律是由实验给出的。接着物理学家要做的就是要从理论上找出符合实验曲线的函数关系式 $M_\lambda(T)=f(\lambda,T)$，也就是找出 $f(\lambda,T)$ 的具体函数形式。19 世纪末，很多物理学家都企图在经典物理学的基础上解决这一问题，但是所有这些尝试都遭到了失败。其代表性的成果有：

（1）维恩公式：

$$f(\lambda,T)=\frac{c_1}{\lambda^5}\mathrm{e}^{-\frac{c_2}{\lambda T}} \tag{14.5}$$

式中　c_1，c_2——常数。

这个公式只在短波方面与实验曲线吻合，在长波方面存在差异。

（2）瑞利-金斯公式

$$f(\lambda,T)=\frac{8\pi\nu^2 kT}{c^3} \tag{14.6}$$

式中　ν——频率；

k——玻尔兹曼常数；

c——光速。

这个公式在长波方面与实验曲线吻合，但在短波方面 $f(\lambda,T)$ 趋向于发散。物理学史上曾把这一困难称为“紫外灾难”，如图 14.6 所示。

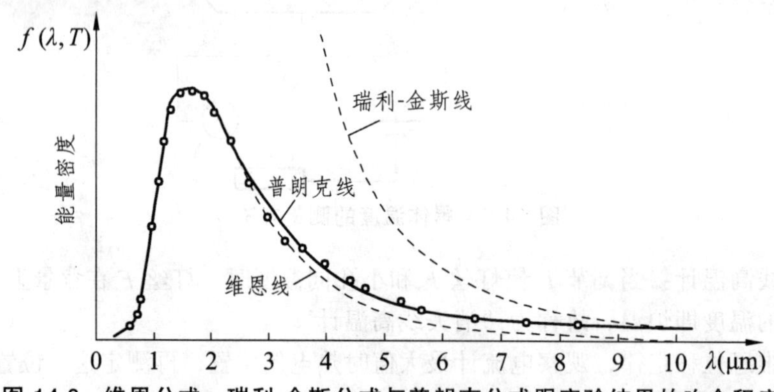

图 14.6　维恩公式、瑞利-金斯公式与普朗克公式跟实验结果的吻合程度

14.1.3　普朗克能量子假设及其物理意义

为了彻底解决上述困难，普朗克先生登上了历史的舞台。当时，他的手上已经有了维恩公式，可惜这个公式只有在短波的范围内才能正确地预言实验结果。在苦苦研究该问题已经 6 年的时候，他的好朋友鲁本斯又告诉了他瑞利公式。现在摆在他面前的全部事实，就是我们有两个公式，分别在各自的有限范围内起作用。但是，如果从根本上去追究那两个公式的假定和推导，却无法发现任何问题。终于普朗克把注意力集中到我们的目标上，就是找一个普遍适用的公式。于是，他利用数学上的内插法，无意中凑出了一个公式，看上去似乎正符合要求，在长波的时候，其单色辐射度与绝对温度成正比，而在短波的时候，它则退化为维恩公式的原始形式。这就是著名的普朗克黑体辐射公式：

$$M_{\lambda}(T)=\frac{2\pi hc^{2}}{\lambda^{5}}\frac{1}{\mathrm{e}^{hc/\lambda kT}-1} \tag{14.7}$$

式中 c——光速；

k——玻尔兹曼常量；

h——普朗克常量，$h=6.626\times10^{-34}\ \mathrm{J\cdot s}$。

由普朗克公式画出的曲线与实验曲线吻合得极好，如图 14.6 所示。但是这只是拼凑出来的一个公式，因此，必须在理论上给出该公式的一个支撑。经过一段时间的艰苦工作，1900 年 12 月 14 日，普朗克在德国物理学会上发表了他的大胆假设。他宣读了那篇名留青史的《黑体光谱中的能量分布》论文，其原话如下：

“为了找出 N 个振子具有总能量 U_N 的可能性，我们必须假设 U_N 是不可连续分割的，它只能是一些相同部件的有限总和……”

这是什么意思呢？这是一个与经典物理完全不相容的概念。经典物理在处理黑体问题时认为，构成物体的带电粒子在各自平衡位置附近振动就成为带电的谐振子，这些谐振子既可以发射也可以吸收辐射能，其发射和吸收的能量是连续分布的。而普朗克假设认为，谐振子的能量只能取一系列分立值。一个频率为 ν 的谐振子只能处于一系列分立的状态，在这些状态中，谐振子的能量是某一最小能量 $\varepsilon=h\nu$ 的整数倍，即 $h\nu$，$2h\nu$，$3h\nu$，…，$nh\nu$，n 为正整数，称为量子数。

普朗克的能量量子化假设突破了经典物理学的传统观念，第一次提出能量具有量子化，打开了人类认识微观世界的大门，标志着量子物理的开端。

普朗克在他的量子假设的基础上，从理论上导出了普朗克黑体辐射公式。他的新思想具有巨大的生命力和影响力，爱因斯坦、玻尔等人在普朗克能量子理论基础上继续前进，使量子世界迅速发展起来。终于，普朗克获得了 1918 年诺贝尔物理学奖。

【例 14.1】 设有一音叉尖端的质量为 0.050 kg，将其频率调为 $\nu=480\ \mathrm{Hz}$，振幅 $A=1.0\ \mathrm{mm}$。求：

（1）尖端振动的量子数；（2）当量子数由 n 增加到 $n+1$ 时，振幅的变化是多少？

解：（1）尖端振动的能量为

$$E=\frac{1}{2}m\omega^{2}A^{2}=\frac{1}{2}m(2\pi\nu)^{2}A^{2}=0.227\ (\mathrm{J})$$

由 $E=nh\nu$ 得量子数为

$$n=\frac{E}{h\nu}=7.13\times10^{29}\ (个)$$

可见，音叉振动的量子数是非常之大的。

（2）因为$E=\frac{1}{2}m(2\pi\nu)^2A^2$，$E=nh\nu$，所以有

$$A^2=\frac{nh}{2\pi^2m\nu}$$

对上式取微分有

$$2A\mathrm{d}A=\frac{nh}{2\pi^2m\gamma}\mathrm{d}n$$

上式两边除以A^2，$\mathrm{d}A\to\Delta A$，$\mathrm{d}n\to\Delta n$，得

$$\Delta A=\frac{\Delta n}{n}\frac{A}{2}$$

代入数据得

$$\Delta A=7.01\times10^{-34}\ (\mathrm{m})$$

这么微小的变化是难以觉察到的，这表明：在宏观范围内，能量量子化效应是极不明显的，宏观物体的能量可以认为是连续的。

14.2 爱因斯坦光子假说

14.2.1 光电效应的实验规律

1887年，赫兹通过研究两个电极之间的放电现象，证实了电磁波的存在。在实验里，赫兹同时发现，一旦有光照射到两个电极的缺口上，电火花便更容易出现，赫兹在其论文里对该现象进行了描述，但没有深究其原因。后来，汤姆逊、勒纳等人对此现象进行了深入的研究，原来是这样的：当光照射到金属上的时候，会从它的表面打出电子来。人们便把金属及其化合物在光照射下发射电子的现象称为光电效应。不久，关于光电效应的一系列实验在各个实验室被做出来。

图14.7是研究光电效应的实验装置：在一个抽空的玻璃泡内装有金属电极K（阴极）和A（阳极），当用适当频率的光从石英窗口射入，照在阴极K上时，便有光电子自其表面逸出，经电场加速后为阳极A所收集，形成光电流i，改变电位差U_{AK}，测量光电流i，可得光电效应的伏安特性曲线，如图14.8所示。

实验研究表明，光电效应有如下规律：

1. 饱和光电流与入射光强成正比

当用一定频率和强度的光照射阴极K时，改变加在A和K两极间的电压U_{AK}时，光电流i会随着U_{AK}的增大而增大，并最终趋近于饱和值i_s，称为饱和光电流。这表明，此时在单位

时间内从阴极 K 发射的所有光电子已全部到达阳极 A。从上面的伏安特性曲线我们还可以看出，改变入射光的光强，饱和光电流也在发生改变，并且，饱和光电流 i_s 值的大小与入射光强成正比。

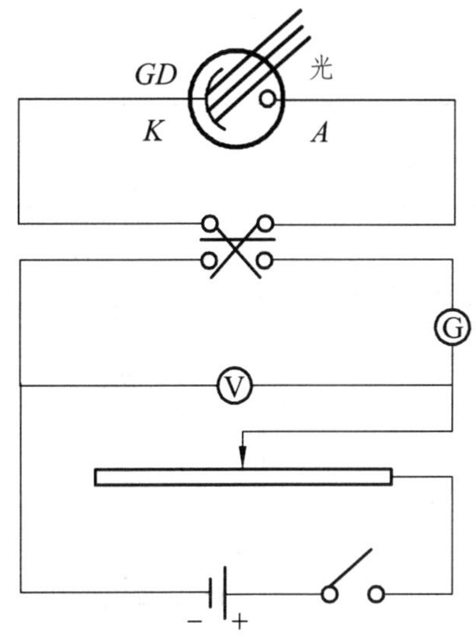

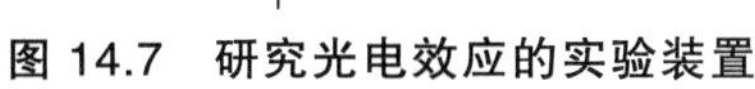

图 14.7 研究光电效应的实验装置

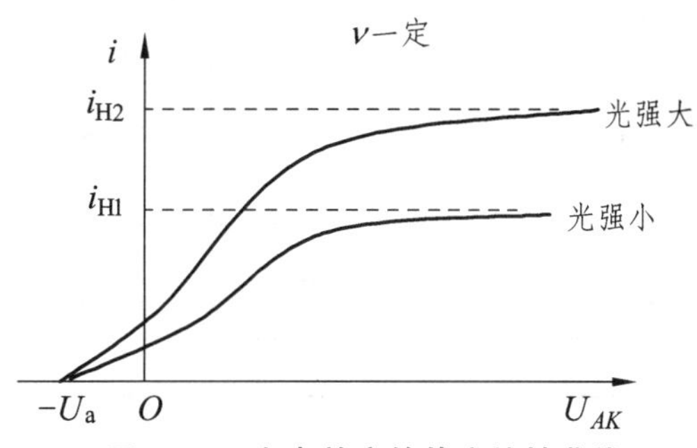

图 14.8 光电效应的伏安特性曲线

2. 遏止电压

从上面所示的伏安特性曲线我们还可以看出，在保持光照射不变的情况下，当 $U_{AK}=0$ 时，光电流并不为零；这是因为光电子逸出时，就具有了一定的初动能。只有当两极间加反向电压 $U_{AK}=-U_a$ 时，光电流 i 才为零。此时反向电压的绝对值称为遏止电压，用 U_a 表示。不难看出，只有反向电压足够大以至于其值等于 U_a 时，也就是那些具有最大初动能的光电子必须将其初动能全部用于克服外电场做功，这时光电流才为零。设 $\frac{1}{2}mv_m^2$ 为光电子的最大初动能，则有 $eU_a=\frac{1}{2}mv_m^2$。由图 14.8 我们可以看到，光电子的最大初动能与入射光强无关。

图 14.9 所给出的是另一实验曲线，是在饱和电流保持不变的条件下改变入射光的频率而得到的。由图 14.9 我们可以看出，遏止电压与入射光频率 ν 呈线性关系。

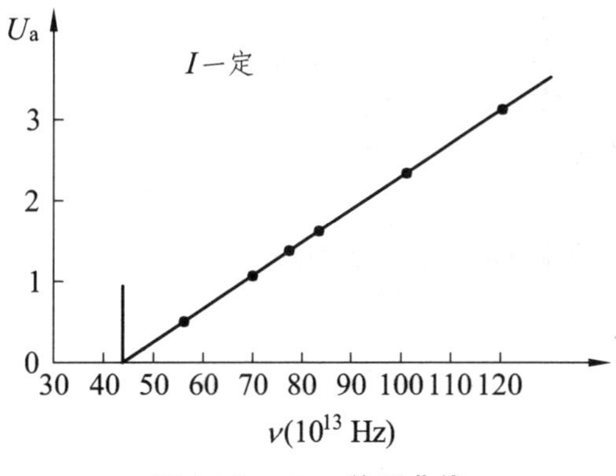

图 14.9 U_a-ν 关系曲线

3. 截止频率

实验还表明，对每一种金属都存在一个极限频率，当照射光频率ν小于该值ν_0时，不管光强有多大，照射时间有多长，都没有光电流，即不会产生光电效应，这个最小频率ν_0称为该种金属的光电效应的截止频率或红限频率。表 14.1 给出了几种金属的逸出功和红限频率。

表 14.1　金属的逸出功和红限频率

金属	逸出功 A（eV）	截止频率 ν_0（10^{14} Hz）	截止波长 λ_0（nm）	波　段
铯 Cs	1.94	4.69	639	红
铷 Rb	2.13	5.15	582	黄
钾 K	2.25	5.44	551	绿
钠 Na	2.29	5.53	541	绿
钙 Ca	3.20	7.73	387	近紫外
铍 Be	3.90	9.40	319	近紫外
汞 Hg	4.53	10.95	273	远紫外
金 Au	4.80	11.60	258	远紫外

4. 光电效应是瞬时发生的

实验发现，只要入射光频率$\nu > \nu_0$，无论光多么弱，从光照射到阳极至光电子逸出这段时间不超过 10^{-9} s。光电效应的响应时间如此之短，常称它是瞬时发生的。

按照经典电磁理论，我们都已经知道光是一种电磁波，光波的强度就代表了它的能量。电子是被某种能量束缚在金属内部的，增加光强度，就增加了光波的能量，电子就可以具有足够的能量而逸出金属，光电流应与光的频率无关，更不应该存在红限频率；另外，逸出光电子的初动能应随光强的增大而增大，而与照射光的频率无关；如果光强很小，则物质中的电子必须经过较长时间的积累，达到足够的能量才能逸出，因而光电子的发射不可能是瞬时的。

14.2.2　爱因斯坦光子假说和光电效应方程

1905 年，爱因斯坦在深刻理解普朗克能量量子化理论之后，发表了一篇题目叫作《关于光的产生和转化的一个启发性观点》的论文。在论文中他指出："在我看来，关于黑体辐射、光致发光、紫外光产生阴极射线，以及其他一些有关光的产生和转化现象的观测结果，如果用光的能量在空间中不是连续分布的这种假设来解释，似乎就更好理解。"即爱因斯坦的光子假说，总结如下：

（1）光是由在真空中以速率c传播的光子组成的粒子流。

（2）每个光子的能量为

$$\varepsilon = h\nu$$

式中　h——普朗克常量；

　　ν——光的频率。

（3）光强即光子的能流密度：

$$I = Nh\nu$$

式中　N——单位时间内通过垂直于光传播方向上单位面积的光子数。

根据爱因斯坦光子假说，当入射光照射到金属表面时，金属中的一个电子就吸收一个光子，获得的能量为 $h\nu$，如果 $h\nu$ 大于该种金属的逸出功 A，电子便能从金属中逃逸出来，并且由能量守恒定律知：

$$h\nu = A + \frac{1}{2}mv_{\mathrm{m}}^2 \tag{14.8}$$

式中　A——逸出功，即一个电子脱离金属表面时为克服表面阻力所需做的功；

$\frac{1}{2}mv_{\mathrm{m}}^2$——光电子的最大初动能，也就是电子从金属表面逸出时所具有的动能。

内部电子逸出克服阻力做功大，故初动能小。

根据爱因斯坦的光子理论可以很好地解释光电效应的实验规律：

（1）入射光强正比于单位时间内通过垂直于光传播方向上单位面积的光子数，光子数越多，从金属中选出的电子越多，因此饱和光电流越大。所以入射光频率一定时，饱和光电流与入射光强度成正比。

（2）由光电效应方程得，光电子最大初动能 $\frac{1}{2}mv_{\mathrm{m}}^2$ 与入射光频率 ν 呈线性关系。我们还可以由动能定理得出光电子最大初动能与截止电压的关系，即

$$\frac{1}{2}mv_{\mathrm{m}}^2 = e|U_{\mathrm{a}}|$$

代入光电效应方程可得

$$|U_{\mathrm{a}}| = \frac{h}{e}\nu - \frac{A}{e}$$

即截止电压与频率呈线性关系，就是图 14.9 中实验曲线的方程。

（3）如果入射光子的能量小于逸出功，电子不可能逸出金属表面，所以存在光电效应的红限频率 ν_0，由光电效应方程可以得红限频率与逸出功的关系为

$$A = h\nu_0 \tag{14.9}$$

（4）金属中的电子可以一次性全部吸收入射光子的能量，不需要能量积累过程，所以光电效应是瞬时发生的。

爱因斯坦于 1905 年提出光子假设和光电效应方程，直到 1916 年美国物理实验学家才从实验上证实了光电效应方程是完全正确的。由于发现光电效应定律，爱因斯坦获得 1921 年诺贝尔物理学奖。

14.2.3　光电效应的应用

光电效应不仅有重要的理论意义，而且在科学技术的许多领域都有广泛的应用。利用光

电效应可以制造光电转换元器件，如光控继电器、光电管、光电倍增管、电视摄像管，广泛应用于光功率测量、光信号记录、电影、电视和自动控制等许多方面。

14.3 康普顿效应

14.3.1 康普顿散射实验规律

早在 1904 年，英国物理学家伊夫在研究γ射线的吸收和散射性质时，发现散射后的射线往往比入射射线的波长要长一些。后来，英国的佛罗兰斯、麦克基尔大学的格雷又相继重做了γ射线实验，进一步精确地测量并证实了上述结论。直到 1919 年康普顿也接触到γ射线散射问题。他以精确的手段测定了γ射线的波长，确定了散射后波长变长的事实。后来，他又从γ射线散射转移到 X 射线散射进行研究。在 1923 年，康普顿研究了 X 射线经金属、石墨等物质的散射实验，实验装置如图 14.10 所示。

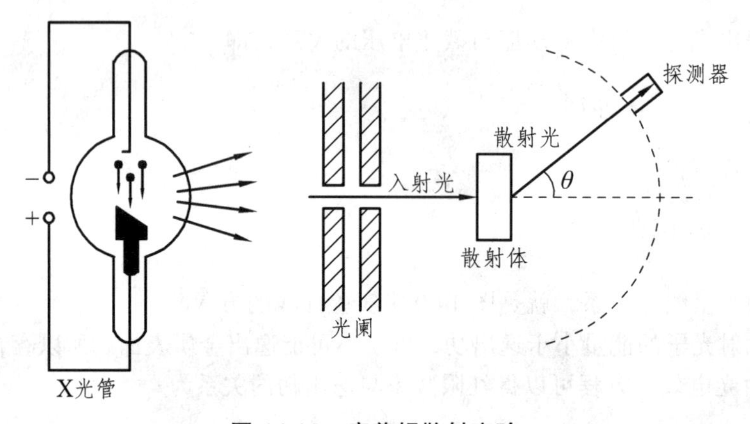

图 14.10 康普顿散射实验

X 射线源发出一束单色 X 射线，投射到散射体上，选择具有确定散射角的一束散射线，用摄谱仪测出其波长及相对强度；然后改变散射角，再进行同样的测量。通过该装置测量，现了如下实验规律：

（1）X 光被物质散射时，散射线中有两种波长，一种是与原入射波长相同的射线，即 λ_0 的成分，另外一种是大于入射波波长的射线，即λ（$\lambda > \lambda_0$）的成分。这种散射过程中波长发生改变的散射现象称为康普顿散射或康普顿效应。

（2）波长的改变量 $\Delta\lambda = \lambda - \lambda_0$ 与入射 X 光的波长 λ_0 及散射物质均无关，只与散射角有关。随散射角 θ 的增大，波长的改变量 $\Delta\lambda$ 增大，且散射线中原波长 λ_0 的射线强度减弱，波长为 λ 的射线强度增大。实验结果如图 14.11 所示。

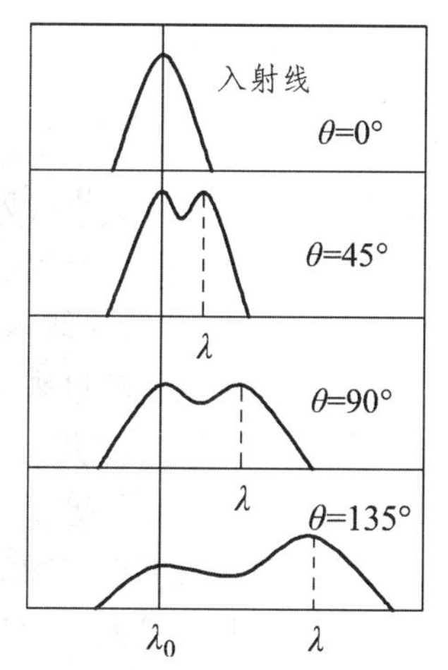

图 14.11 康普顿散射$\Delta\lambda$与θ的关系

（3）实验还表明，对于不同的散射物质，相对原子质量越小的物质，散射线中波长变长的散射线的强度越大，即康普顿散射越强；反之，相对原子量越大的物质，康普顿散射越弱。如图 14.12 所示。

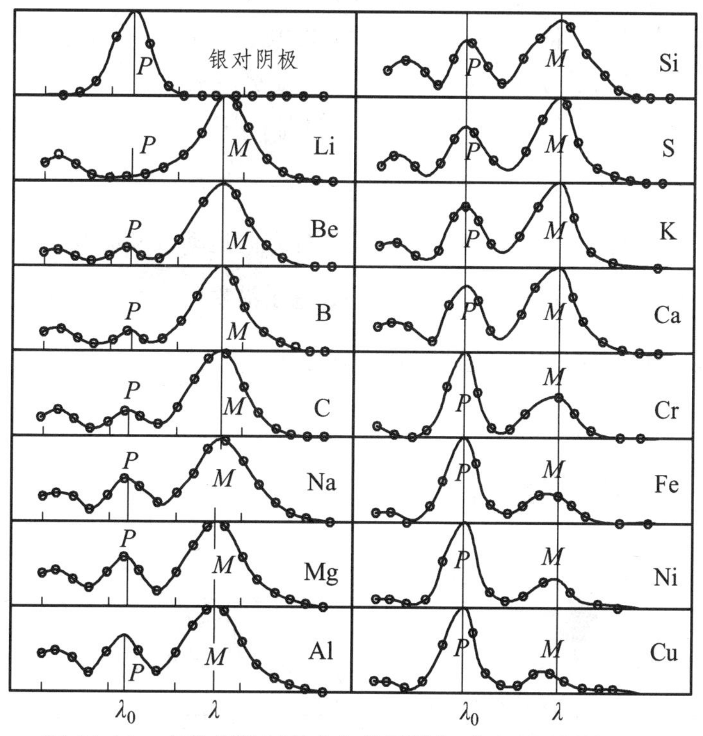

图 14.12 康普顿散射强度与物质的相对原子质量的关系

按照经典电磁理论，当一定频率的电磁波照射物质时，物质中的带电粒子将作与入射波同频率的受迫振动，振动向周围空间各个方向传播，即向各个方向发射与入射波频率相同的电磁波，这就是散射线。显然，按照该理论只可以解释散射过程中波长不变的成分，而无法解释波长变长的成分，即无法解释康普顿散射。

14.3.2 用光子理论解释康普顿散射

在 1923 年 5 月的《物理评论》上，A. H. 康普顿以《X 射线受轻元素散射的量子理论》为题，发表了他所发现的效应，并用光量子假说作出解释。他写道：

"从量子论的观点看，可以假设：任一特殊的 X 射线量子不是被辐射器中所有电子散射，而是把它的全部能量耗于某个特殊的电子，这电子转过来又将射线向某一特殊的方向散射，这个方向与入射束成某个角度。辐射量子路径的弯折引起动量发生变化。结果，散射电子以一等于 X 射线动量变化的动量反冲。散射射线的能量等于入射射线的能量减去散射电子反冲的动能。由于散射射线应是一完整的量子，其频率也将和能量同比例地减小。因此，根据量子理论，我们可以期待散射射线的波长比入射射线大"，而"散射辐射的强度在原始 X 射线的前进方向要比反方向大，正如实验测得的那样。"

上面这段话就是康普顿用光子理论来解释康普顿效应的。光是以实物粒子的形式出现在康普顿效应中的，他认为该效应是单个光子与散射体中弱束缚电子相互作用的结果。我们可以计算得到 X 射线流中每个光子的能量为 $10^4 \sim 10^5$ eV，而散射体中那些受原子核束缚较弱的外层电子的结合能与热运动动能与 X 射线中的光子能量相比要小很多，可以忽略不计。所以在此种情况下，我们可以将散射体原子中的外层电子当作静止的自由电子。因此康普顿散射过程可以解释为入射光子与静止的自由电子发生了弹性碰撞。

如图 14.13 所示，设碰撞前入射光子的频率为 ν_0，则能量为 $h\nu_0$，同时由爱因斯坦提出的质能关系 $E=mc^2$，光子动量为 $\boldsymbol{p}=m_{光}c\boldsymbol{n}_0=\frac{h\nu_0}{c^2}\cdot c\boldsymbol{n}_0=\frac{h\nu_0}{c}\boldsymbol{n}_0$；静止自由电子的能量为 m_0c^2，动量为零。碰撞后，散射光子和反冲电子可能向各方向运动。考虑散射角为 θ 的光子，设其频率为 ν，则能量为 $h\nu$，动量为 $\frac{h\nu}{c}\boldsymbol{n}$，相应的，电子沿着与入射线成 φ 角的方向运动，设其速度为 $\boldsymbol{v}$，由动量守恒和能量守恒定律可列出方程：

$$h\nu_0+m_0c^2=h\nu+mc^2 \tag{14.10}$$

$$\frac{h\nu_0}{c}\boldsymbol{n}_0=\frac{h\nu}{c}\boldsymbol{n}+m\boldsymbol{v} \tag{14.11}$$

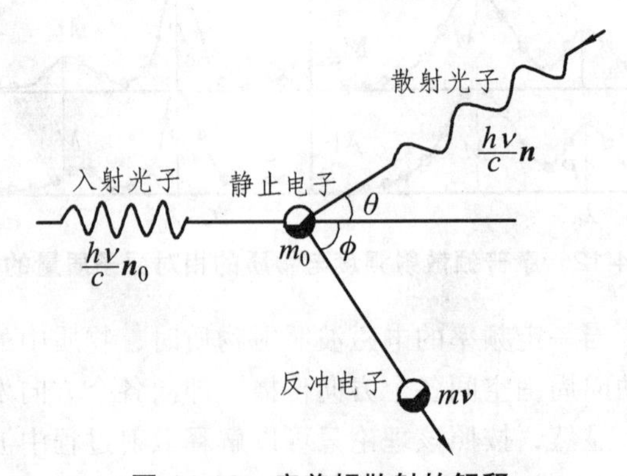

图 14.13 康普顿散射的解释

这里已经假定了被散射的是整个光量子。利用余弦定理，式（14.11）可改写为

$$(mv)^2=\left(\frac{h\nu_0}{c}\right)^2+\left(\frac{h\nu}{c}\right)^2-2\left(\frac{h\nu_0}{c}\right)\left(\frac{h\nu}{c}\right)\cos\theta$$

或

$$m^2v^2c^2=h^2\nu_0^2+h^2\nu^2-2h^2\nu_0\nu\cos\theta \tag{14.12}$$

将式（14.10）改为

$$mc^2=h(\nu_0-\nu)+m_0c^2 \tag{14.13}$$

对该等式两边取平方后减去式（14.12），可得

$$m^2c^4\left(1-\frac{u^2}{c^2}\right)=m_0^2c^4-2h^2\nu_0\nu(1-\cos\theta)+2m_0c^2h(\nu_0-\nu) \tag{14.14}$$

利用相对论性质量公式 $m=\dfrac{m_0}{\sqrt{1-\left(\dfrac{v}{c}\right)^2}}$，式（14.14）可化为

$$m_0c^2(\nu_0-\nu)=h\nu_0\nu(1-\cos\theta) \tag{14.15}$$

利用 $\nu_0=c/\lambda_0$，$\nu=c/\lambda$，式（14.15）成为

$$\Delta\lambda=\lambda-\lambda_0=\frac{h}{m_0c}(1-\cos\theta)=\lambda_C(1-\cos\theta)=2\lambda_C\sin^2\frac{\theta}{2} \tag{14.16}$$

式中　λ_C——电子的康普顿波长，其值等于在 $\theta=90°$ 方向上测得的波长改变量，$\lambda_C=h/m_0c=$ 0.002 426 310 58 nm。

光子理论说明了由于入射光子与电子碰撞时，将一部分能量传给了电子，因而散射光子的能量比入射光子的能量低，从而频率减小，波长增长。根据光的量子理论和动量、能量守恒定律导出的值与康普顿散射实验符合得很好。

另外，在散射线中还有一种波长不变的成分，这可以用入射 X 射线光子与原子内层电子的碰撞来解释。当光子与原子中的内层电子碰撞时，内层电子被原子核紧紧束缚，所以这种碰撞实际上是光子与整个原子的碰撞。由于原子的质量远大于光子的质量，因此，弹性碰撞时光子的能量几乎没有损失，所以散射光子的频率不发生改变，从而散射光中仍有原波长 λ_0 的成分。在原子序数越大的物质中，内层电子的数量所占比例就越大，从而散射线中波长不变的比例就相对越大；而在原子序数较小的物质中，几乎所有电子都处于弱束缚状态，因此波长不变的散射线要相对较弱。

用光子理论解释康普顿散射实验规律的圆满成功不仅有力地证明了爱因斯坦光子理论的正确性，还证明了微观粒子相互作用过程也遵循动量守恒和能量守恒这两条基本定律。

【例 14.2】 设波长 $\lambda_0=1.00\times10^{-10}$ m 的 X 射线与自由电子弹性碰撞，散射角 $\theta=90°$，问：

（1）散射波长的改变量 $\Delta\lambda$ 为多少？

（2）反冲电子得到多少动能？

（3）在碰撞中，光子能量损失了多少？

解:（1）根据公式有

$$\Delta\lambda = \frac{h}{m_0 c}(1-\cos\theta)$$

即
$$\Delta\lambda = \frac{6.63\times10^{-34}}{9.11\times10^{-31}\times3.0\times10^{8}}(1-\cos90^\circ) = 2.43\times10^{-12}\ (\text{m})$$

（2）根据能量守恒有

$$mc^2 - m_0c^2 = h\nu_0 - h\nu$$

即

$$\begin{aligned} E_k &= h\nu_0 - h\nu = \frac{hc}{\lambda_0} - \frac{hc}{\lambda} \\ &= hc\left(\frac{1}{\lambda_0} + \frac{1}{\lambda_0+\Delta\lambda}\right) \\ &= \frac{hc\Delta\lambda}{\lambda_0(\lambda_0+\Delta\lambda)} \\ &= 295\,(\text{eV}) \end{aligned}$$

（3）因为能量守恒，光子损失的能量等于反冲电子获得的动能。

爱因斯坦光电效应和康普顿散射的发现以及光子理论对其成功的解释，在量子力学发展史上具有重大意义，它们确认了光不仅具有波动性，而且还具有粒子性。

14.3.3 光子的波粒二象性

在前面的课程里，我们了解到，光在传播过程中产生的干涉、衍射和偏振现象，明显地体现出光的波动性；而在光电效应和康普顿散射实验中，只能用光是粒子来解释。所以说光具有波粒二象性。如何来理解这一概念呢？

（1）光子的波动性和粒子性是光子本性在不同条件下表现出来的两个侧面。波动性突出表现在其传播过程中，粒子性突出表现在其与物质的相互作用中。一般来说，频率越高，波长越短，能量越大的光子的粒子性越显著；而波长越长，能量越低的光子的波动性越显著。那么，如何来描述它的波粒二象性呢？

（2）光子具有能量、动量和质量的粒子性特征，与描述光子具有波动性的波长和频率可以用下式联系起来。其中光子的质量是由相对论的质能关系式求出的：

$$m = \frac{E}{c^2} = \frac{h\nu}{c^2} = \frac{h}{c\lambda} \tag{14.17}$$

$$E = h\nu = \frac{hc}{\lambda} \tag{14.18}$$

$$p = mc = \frac{h\nu}{c} = \frac{h}{\lambda} \tag{14.19}$$

【例 14.3】 波长$\lambda = 450$ nm 的单色光入射到逸出功$A = 3.7 \times 10^{-19}$ J 的洁净钠表面，求：（1）入射光子的能量；（2）逸出电子的最大动能；（3）钠的红限频率；（4）入射光的动量。

解：（1）入射光子的能量

$$E = h\nu = h\frac{c}{\lambda} = 6.63\times10^{-34}\times\frac{3\times10^{8}}{450\times10^{-9}} = 4.4\times10^{-19}\ (\text{J}) = 2.8\ \text{eV}$$

（2）逸出电子的最大动能，按光电效应方程，有

$$\frac{1}{2}mv_{\text{m}}^{2} = h\nu - A = 2.8 - (3.7\times6.24\times10^{-1}) = 0.5\ (\text{eV})$$

（3）钠的红限频率，按式（14.9），有

$$\nu_0 = \frac{A}{h} = \frac{3.7\times10^{-19}}{6.63\times10^{-34}} = 5.6\times10^{14}\ (\text{Hz})$$

（4）入射光子的动量，按式（14.19），有

$$p = \frac{h}{\lambda} = \frac{6.63\times10^{-34}}{450\times10^{-9}} = 1.5\times10^{-27}\ (\text{kg}\cdot\text{m/s})$$

14.4 玻尔的氢原子理论

探索原子的内部结构一直是科学家们关注的问题。在 1897 年汤姆逊发现电子后，人们已经知道电子是一切原子的组成部分，并且物质是电中性的，因此人们预见原子中还有带正电的部分。于是，在 1903 年汤姆逊提出了一种原子的结构模型。接着，在 1911 年，卢瑟福根据α 粒子散射实验的结果提出了原子的核式结构模型。但是这个模型与经典电磁理论存在矛盾。为了解决这些矛盾，玻尔提出了他的氢原子理论。

14.4.1 汤姆逊原子模型

如图 14.14 所示，汤姆逊设想原子是一球体，带正电的部分均匀分布在整个原子中，而带负电的电子则一粒粒地嵌在这球体内的不同位置上。这种模型正如蛋糕上嵌了葡萄干，常称作汤姆逊模型，该模型可以成功地解释原子辐射电磁波的现象。但是 1909 年的 α 粒子散射实验否定了汤姆逊模型的正确性，于是，卢瑟福又提出了原子核式结构模型。

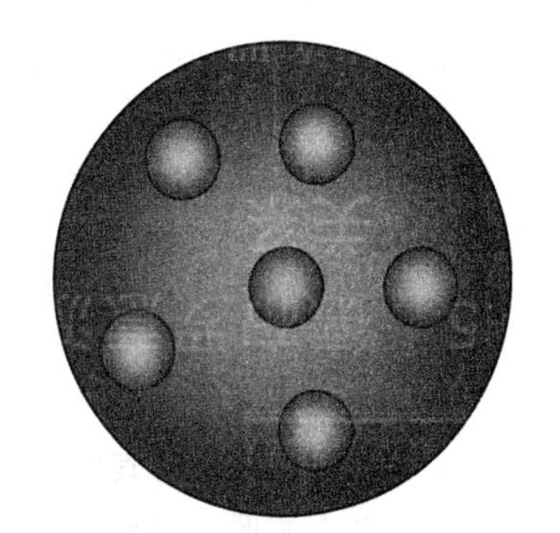

图 14.14 汤姆逊原子模型

14.4.2 卢瑟福的原子核式模型

α粒子散射实验是1909年由盖革和马斯顿在卢瑟福实验室里进行的。通过对α粒子被散射体金箔的散射线进行观察发现，大多数α粒子在通过金箔后不偏折（或散射角很小），但有1/8 000的α粒子散射角大于90°，甚至接近180°。于是，卢瑟福在该实验的基础上，于1911年提出了原子的核式模型，即原子中所有的正电荷都集中在原子中心很小的体积内，称为原子核，带负电的电子则在原子核周围；原子核几乎集中了原子的全部质量。卢瑟福的原子核式模型虽然较成功地解释了α粒子的散射实验，但这个模型面临着严重的理论困难，因为经典电磁理论预言，这样的体系将会无可避免地释放出辐射能量，并最终导致体系的崩溃。换句话说，卢瑟福的原子是不可能稳定存在超过 1 s 的，并且根据该模型也无法说明原子的线状光谱规律。

14.4.3 氢原子光谱的实验规律

光谱是研究原子结构的重要途径之一，是电磁辐射的波长成分和强度分布的记录。在很早的时候，人们已经知道，任何元素在被加热时都会释放出含有特定波长的光线，将这些光线通过分光镜投射到屏幕上，便得到光谱线。实验发现，各种元素的原子光谱都由分立的谱线组成，并且谱线的分布具有确定的规律。但是，这些光谱线呈现什么规律以及为什么会有这些规律，却是一个难题。氢原子是最简单的原子，其光谱也是最简单的，人们首先开始认识了氢原子光谱。

1885 年从某些星体的光谱中观测到的氢谱线已达 14 条，同一年巴耳末首先发现这些光谱线的波长可用一简单的经验公式表示：

$$\lambda = B\frac{n^2}{n^2-4}\quad (n=3,4,5,\cdots) \tag{14.20}$$

式中 $B = 364.56\ \text{nm}$

此公式称为巴耳末公式。其所对应的一组谱线称为巴耳末系。

后来，里德伯发现巴耳末公式可改写为

$$\tilde{\nu} = \frac{1}{\lambda} = \frac{1}{B}\frac{n^2-4}{n^2} = \frac{4}{B}\left(\frac{1}{2^2}-\frac{1}{n^2}\right) = R_{\mathrm{H}}\left(\frac{1}{2^2}-\frac{1}{n^2}\right) \tag{14.21}$$

式中 R_{H}——氢原子的里德伯常数，$R_{\mathrm{H}} = 1.096\,775\,8\times10^7\,/\,\text{m}$；

$\tilde{\nu}$——波数，$\tilde{\nu} = \dfrac{1}{\lambda}$。

后来，氢原子光谱的其他谱线系先后被发现。1 个在紫外区，由赖曼发现，还有 3 个在红外区，分别由帕邢、布喇开、普方德发现。这些谱线系也像巴耳末系一样，可用一个简单的公式来表示：

$$\left.\begin{array}{lll}
\text{赖曼系:} & \tilde{\nu}=R_{\mathrm{H}}\left[\dfrac{1}{1^2}-\dfrac{1}{n^2}\right] & (n=2,\ 3,\ 4,\ \cdots)\ (\text{紫外}) \\
\text{巴耳末系:} & \tilde{\nu}=R_{\mathrm{H}}\left[\dfrac{1}{2^2}-\dfrac{1}{n^2}\right] & (n=3,\ 4,\ 5\cdots)\ (\text{紫外可见}) \\
\text{帕邢系:} & \tilde{\nu}=R_{\mathrm{H}}\left[\dfrac{1}{3^2}-\dfrac{1}{n^2}\right] & (n=4,\ 5,\ 6\cdots)\ (\text{红外}) \\
\text{布喇开系:} & \tilde{\nu}=R_{\mathrm{H}}\left[\dfrac{1}{4^2}-\dfrac{1}{n^2}\right] & (n=5,\ 6,\ 7\cdots)\ (\text{远红外}) \\
\text{普方德系:} & \tilde{\nu}=R_{\mathrm{H}}\left[\dfrac{1}{5^2}-\dfrac{1}{n^2}\right] & (n=6,\ 7,\ 8\cdots)\ (\text{远红外})
\end{array}\right\} \tag{14.22}$$

以上谱线系出现的规律性，可以概括为

$$\begin{gathered}
\tilde{\nu}=R_{\mathrm{H}}\left[\frac{1}{k^2}-\frac{1}{n^2}\right] \quad \begin{cases} k=1,\ 2,\ 3,\ \cdots \\ n=k+1,\ k+2,\ \cdots \end{cases} \\
\tilde{\nu}=T(k)-T(n)
\end{gathered} \tag{14.23}$$

在各谱线系中取 $n=\infty$，可以得到该谱线系的最短波长，称为该谱线系的线系限。

由式（14.23）看到，氢原子光谱的波数 $\tilde{\nu}$ 可以表示为 $T(k)$ 和 $T(n)$ 两项的差，T 称为光谱项。当 k 取不同值时得出原子光谱的不同谱线系；当 k 一定，n 取不同值时，得出同一谱线系的各条谱线，上式称为里德伯并合原则。

综上所述：氢原子光谱可总结为以下三条特点。

（1）线光谱，谱线位置确定，且彼此分立。

（2）谱线间有一定关系：

① 谱线构成各谱线系；

② 不同系的谱线有关系。

（3）每一谱线的波数都可以表示为两光谱项之差。

在原子的核式结构模型建立以后，按照原子的有核模型，根据经典电磁理论，原子中的电子应该像太阳系中的行星绕日旋转那样围绕原子核沿圆周或椭圆轨道运动。由于这是一种加速运动，所以必然要不断发射电磁波，而电子本身由于能量损失不断减速，轨道半径要不断缩小，以致最后被吸引到原子核上。同时，电子加速运动所发射的电磁波的频率与电子作圆周运动的频率相同。在电子轨道不断缩小的过程中，电子运动周期不断减小，所发射电磁波的频率不断增大，从大量原子平均来看，它们发射的电磁波谱应该是连续的。这样，由经典理论出发得出原子不稳定、原子光谱是连续光谱的结论与原子是稳定的、发射线状光谱的实验事实相对立，即经典理论无法解释原子线状光谱的规律。

14.4.4 玻尔的氢原子理论

玻尔为了解决上述困难，在卢瑟福的原子有核结构模型、普朗克能量子假设和里德伯并合原则等基础上，于 1913 年创立了氢原子结构的半经典量子理论，提出了 3 条基本假设。

14.4.4.1 基本假设

1. 定态假设

原子只能够处于一系列具有分立能量的稳定状态，简称定态。在这些状态中，电子绕核运动但并不辐射电磁波。

2. 跃迁假设

原子体系在两个定态之间发生跃迁时，要发射或吸收频率为 ν_{kn} 的光子，光子的频率 ν_{kn} 由两定态的能量差决定

$$\nu_{kn}=\frac{|E_k-E_n|}{h} \tag{14.24}$$

该式称为辐射频率公式。

3. 轨道角动量量子化假设

处于定态的电子，其轨道角动量（动量矩）$L=mvr$ 只能等于 $\frac{h}{2\pi}$ 的整数倍，即

$$L=n\frac{h}{2\pi}=n\hbar \quad (n=1,2,3,\cdots) \tag{14.25}$$

式中　n——量子数，$n=1,\ 2,\ 3,\ \cdots$；

$\hbar=\frac{h}{2\pi}=1.05\times10^{-34}\ \mathrm{J\cdot s}$。

式（14.25）称为轨道角动量量子化条件。

14.4.4.2 玻尔的 3 条假设在氢原子里的应用

玻尔认为，电子作圆周运动时，还遵循库仑定律、牛顿定律，再根据玻尔的轨道角动量量子化条件可得

$$\begin{cases} L=mv_nr_n=n\frac{h}{2\pi}=n\hbar \\ m\frac{v_n^{\ 2}}{r_n}=\frac{1}{4\pi\varepsilon_0}\frac{e^2}{r_n^{\ 2}} \end{cases} \tag{14.26}$$

以上两式消去 v_n，即可得原子处于第 n 个定态时电子轨道半径、速度：

$$r_n=\frac{4\pi\varepsilon_0n^2\hbar^2}{me^2}\ (n=1,\ 2,\ 3,\ \cdots) \tag{14.27}$$

$$v_n=\frac{e^2}{2\varepsilon_0hn}\ (n=1,\ 2,\ 3,\ \cdots) \tag{14.28}$$

另外，氢原子的能量应等于电子的动能与势能之和，即

$$E_n = E_k + E_p = \frac{1}{2}mv_n^2 + \left(-\frac{e^2}{4\pi\varepsilon_0 r_n}\right) = -\frac{1}{n^2}\left(\frac{me^4}{8\varepsilon_0{}^2 h^2}\right) \tag{14.29}$$

以上各式表明氢原子核外电子的轨道半径、轨道速率、氢原子系统的能量都只能取一系列分立的值，即氢原子系统是量子化的。

我们把 $n=1$ 的定态叫作氢原子的基态，其余的叫作激发态。对应 $n=1$，轨道半径为

$$r_1 = \frac{4\pi\varepsilon_0\hbar^2}{me^2} = 5.29\times10^{-11}\ (\mathrm{m}) = 0.052\ 9\ \mathrm{nm} \tag{14.30}$$

基态能量为

$$E_1 = \frac{me^4}{8\varepsilon_0^2 h^2}\frac{1}{n^2} = -2.18\times10^{-18}\ (\mathrm{J}) = -13.6\ \mathrm{eV} \tag{14.31}$$

于是，r_n 和 E_n 又可以写成

$$r_n = n^2\ r_1 \tag{14.32}$$

$$E_n = \frac{1}{n^2}E_1 \tag{14.33}$$

式中　r_1——氢原子核外最小的轨道半径，也称玻尔半径；

　　　E_1——氢原子的基态能量。

由式（14.33）知，核外电子的能量是量子化的，这种能量称为能级。基态能级的能量最低，原子最稳定。随量子数增大，能量 E_n 也增大，能量间隔减小。当 $n\to\infty$ 时，$r_n\to\infty$，$E_n\to0$，能级趋于连续，原子趋于电离。$E>0$ 时，原子处于电离状态，这时能量可连续变化。如图 14.15 和图 14.16 所示。

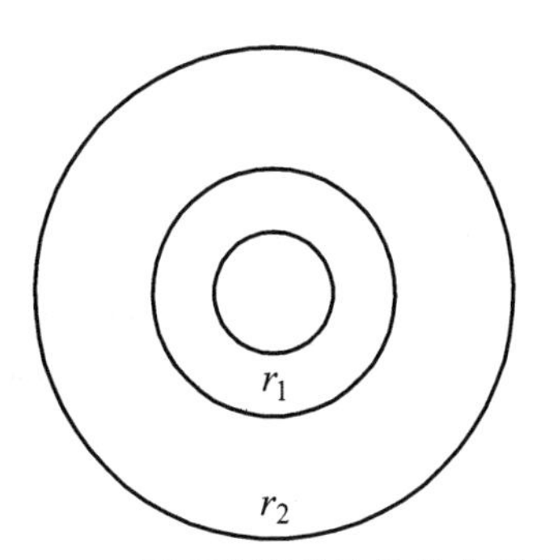

图 14.15　氢原子模型的核外电子半径

使原子或分子电离所需要的能量称为电离能。根据玻尔理论算出的基态氢原子能量值与实验测得的氢原子的电离能值 13.6 eV 相符合。将电子通过一定电势差加速后，使其与原子碰撞，若电子具有的动能刚能使原子电离，则上述加速电势差称为这种原子的电离电势。显然，基态氢原子的电离电势为 13.6 V。

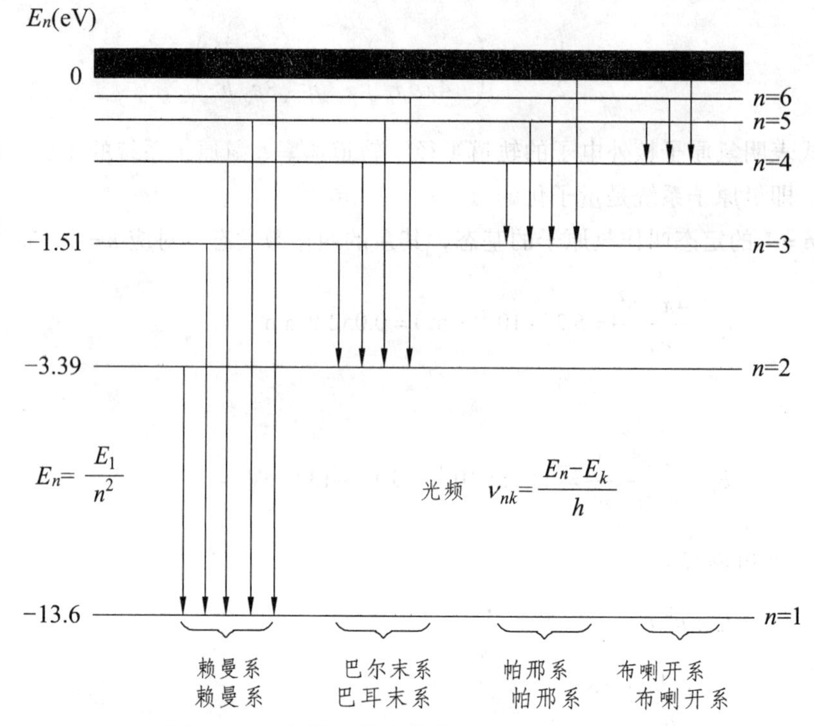

图 14.16　氢原子模型的电子能级及能级跃迁

根据玻尔理论还可以推导里德伯公式，我们知道其他定态的能量为

$$E_n=-\frac{13.6}{n^2}(\mathrm{eV})\ (n>1) \tag{14.34}$$

当氢原子从高能级跃迁到低能级时，所发出的光谱的频率为

$$\begin{aligned} h\nu_{kn}&=E_n-E_k \\ \nu_{kn}&=\frac{E_n-E_k}{h} \end{aligned} \tag{14.35}$$

波数为

$$\tilde{\nu}_{kn}=\frac{1}{\lambda}=\frac{\nu_{kn}}{c}=\frac{1}{hc}(E_n-E_k)\Rightarrow\tilde{\nu}_{kn}=\frac{me^4}{8\varepsilon_0^2h^3c}\left(\frac{1}{k^2}-\frac{1}{n^2}\right) \tag{14.36}$$

于是得出里德伯恒量的理论值为

$$R_{\mathrm{H}}=\frac{me^2}{8\varepsilon_0^2h^3c}=1.097\,373\,1\times10^7\ (\mathrm{m}^{-1}) \tag{14.37}$$

以上与实验值符合得很好。

【例 14.4】　氢原子光谱的巴耳末系中，有一谱线的波长为 434 nm。

（1）求与这一谱线相应的光子的能量；

（2）设该谱线是氢原子由能级 E_n 跃迁到能级 E_k 产生的，n 和 k 各为多少？

（3）最高能级为 E_5 的大量氢原子，最多可以发射几个线系？共几条谱线？试在能级图中表示出来。

解：（1）$E = h\nu = \dfrac{hc}{\lambda} = \dfrac{6.63\times10^{-34}\times3\times10^{8}}{4340\times10^{-10}\times1.6\times10^{-19}} = 2.86$（eV）

（2）由于该谱线属巴耳末系，所以 $k = 2$，有能级公式和跃迁条件

$$h\nu = E_n - E_k = \frac{E_1}{n^2} - \frac{E_1}{k^2}$$

$$2.86 = (-13.6)\left(\frac{1}{n^2} - \frac{1}{2^2}\right)$$

解得 $n = 5$

如图 14.7 所示，最高能级为 E_5 的大量氢原子在跃迁中可以发出 4 个线系的 10 条谱线，其中波长最短的是由 $n = 5$ 跃迁到 $n = 1$ 的谱线，属于赖曼系。

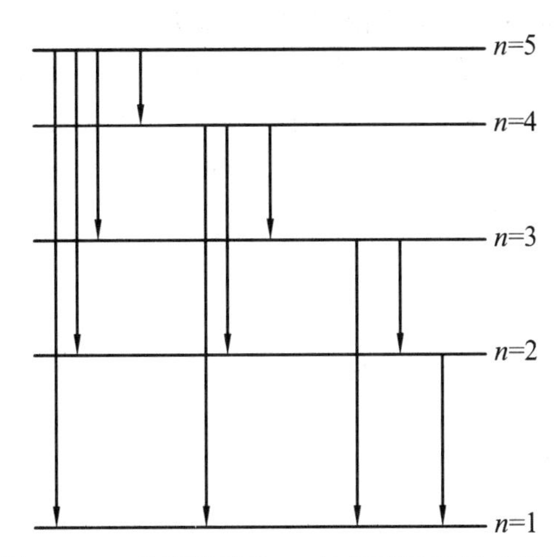

图 14.17　最高能级为 E_5 的氢原子能级跃迁图

14.4.4.3　玻尔氢原子理论的改进及其局限

玻尔理论成功地解释了氢原子光谱。但是，它也有很大的局限性。玻尔理论不能解释比氢原子稍微复杂一点的氦原子和碱金属的光谱，另外，它完全没有涉及谱线强度、宽度及偏振性等。从理论体系来讲，这个理论带有浓厚的经典理论色彩，如采用了轨道这一经典概念来描述电子运动，用牛顿运动定律来计算等，还生硬地加上与经典理论不相容的若干重要假设，如定态不辐射和量子化条件，因此它并不是一个系统的完善的理论体系。但是，玻尔的理论第一次使光谱实验得到了理论上的说明，第一次指出经典理论不能完全适用于原子的内部结构，揭示出微观体系特有的量子化规律，它是原子物理发展史上一个重要的里程碑，对于以后建立量子力学理论起了巨大的推动作用。

14.5 德布罗意波 微观粒子的波粒二象性 不确定关系

14.5.1 德布罗意波

14.5.1.1 假设的提出及理论解释

普朗克的能量子假设、爱因斯坦的光电效应和玻尔的氢原子假设标志普量子物理的开端，它们都在说明一个问题，光具有粒子性。那么，实物粒子是否具有波动性呢？法国物理学家德布罗意提出了这样的问题："整个世纪以来，在辐射理论上，比起波动的研究方法来，是过于忽略了粒子的研究方法；在实物理论上，是否发生了相反的错误呢？是不是我们关于粒子的图像想得太多，而过分地忽略了波的图像？"

于是，德布罗意于 1924 年在其博士论文中，首次大胆地提出了微观粒子也应具有波粒二象性的假设。他假设；不仅光具有波粒二象性，一切实物粒子如电子、原子、分子等也都具有波粒二象性；德布罗意采用了类比的方法，他提出当质量为 m 的自由粒子以速度 v 运动时，从粒子方面来看，具有能量 E 和动量 p；从波动方面来看，具有波长 λ 和频率 ν。这些物理量之间的关系与光的情况相类似：

$$\begin{cases} E = h\nu \\ p = h/\lambda \end{cases} \quad 或 \quad \begin{cases} \nu = \dfrac{E}{h} \\ \lambda = h/p \end{cases} \tag{14.38}$$

式中
$$\begin{cases} m = \dfrac{m_0}{\sqrt{1-v^2/c^2}} \\ E = mc^2 \\ p = mv \end{cases}$$

式（14.38）称为德布罗意公式，和实物粒子相联系的波称为德布罗意波或物质波。表 14.2 列出一些实物粒子的德布罗意波长

表 14.2 自由粒子的德布罗意波长

粒 子	质量（kg）	速度（m/s）	德布罗意波长（nm）
飞行的子弹	1.0×10^{-2}	5.0×10^{2}	1.3×10^{-25}
小球	1.0×10^{-3}	1.0	6.6×10^{-22}
尘埃	1.0×10^{-9}	1.0×10^{1}	6.6×10^{-17}
布朗运动花粉	1.0×10^{-13}	1.0	6.6×10^{-12}
微尘	1.0×10^{-15}	1.0×10^{-2}	6.6×10^{-8}
显像管中的电子	9.1×10^{-31}	5.0×10^{7}	1.4×10^{-2}

【例 14.5】 计算经过电势差 $U_1 = 150$ V 和 $U_2 = 10^4$ V 加速的电子的德布罗意波长（不考虑相对论效应）。

解： 根据 $\frac{1}{2}m_0v^2 = eU$ ，加速后电子的速度为

$$v = \sqrt{\frac{2eU}{m_0}}$$

根据德布罗意关系 $p = h/\lambda$ ，电子的德布罗意波长为

$$\lambda = \frac{h}{m_0 v} = \frac{h}{\sqrt{2m_0 e}}\frac{1}{\sqrt{U}} = \frac{1.225}{\sqrt{U}}$$

波长分别为

$$\lambda_1 = 0.1\ \text{nm}, \quad \lambda_1 = 0.012\,3\ \text{nm}$$

德布罗意还用物质波概念解释了玻尔氢原子理论中的轨道角动量量子化条件。在氢原子中，作稳定的圆周运动的电子相应驻波形状如图 14.18 所示。绕原子核传播一周后，驻波应光滑地衔接起来，则要求圆周是波长的整数倍

$$2\pi r = n\lambda \ \ (n=1, 2, 3, \cdots) \tag{14.39}$$

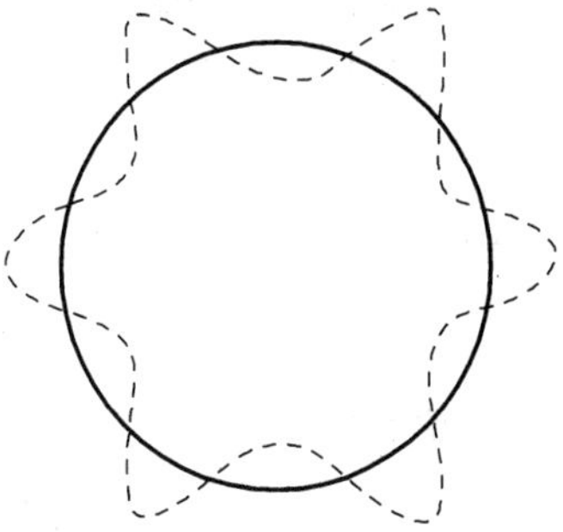

图 14.18 电子驻波

式中 r——轨道半径。

将式（14.39）写成

$$\lambda = 2\pi r / n \tag{14.40}$$

代入德布罗意关系式 $\lambda = h/p$ ，可求出粒子的动量

$$p = \frac{nh}{2\pi r} \ \ (n=1, 2, 3, \cdots) \tag{14.41}$$

粒子的角动量

$$L = rp = n\hbar \ \ (n=1, 2, 3, \cdots) \tag{14.42}$$

这正是玻尔的角动量量子化条件。

14.5.1.2 物质波的实验验证

1927 年，戴维孙和革末的电子衍射实验证实了德布罗意假说的正确性，实验装置如图 14.19 所示。

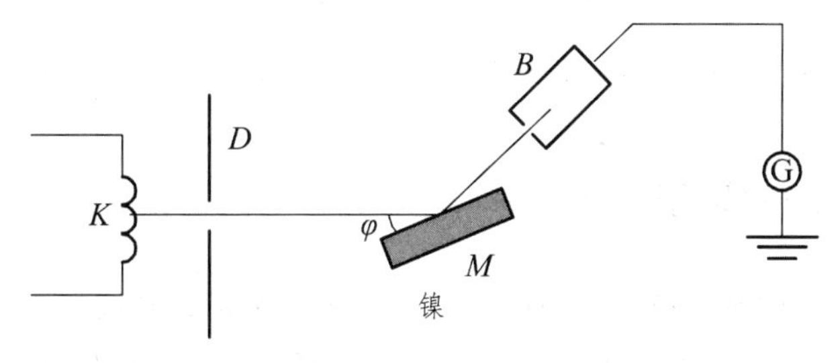

图 14.19 戴维孙和革末的电子衍射实验

实验时，保持φ角不变，只改变加速电压U，得到的I-U曲线如图 14.20，I不随U增大而线性增大，只有U在某些特定值时，I有极大值。这说明，以一定方向投射到晶面上的电子，只有它的速度或能量满足一定的条件时，才能按反射定律自晶面反射，这与布拉格反射很相似。

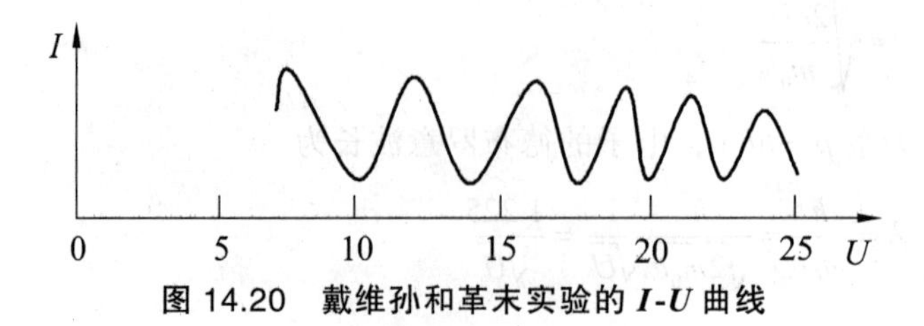

图 14.20　戴维孙和革末实验的 I-U 曲线

实验值：$\varphi = 65°$，$U = 54$ V，I出现极大值。

由布拉格公式：

$$\alpha d\sin\phi = k\lambda\,,\quad \lambda_1 = \alpha d\sin\phi_1\quad (k=1)$$

对镍，$d = 0.091$ nm，得到

$$\lambda_1 = 0165\ \text{nm}$$

而其德布罗意波长为

$$\lambda = \frac{12.2}{\sqrt{54}}\times 10^{-10} = 0.167\quad (\text{nm})$$

既然电子具有波的性质，若将上述实验中的 X 射线换为加速的电子，应该得到电子的衍射图样，实验结果也确实如此（图 14.21）。

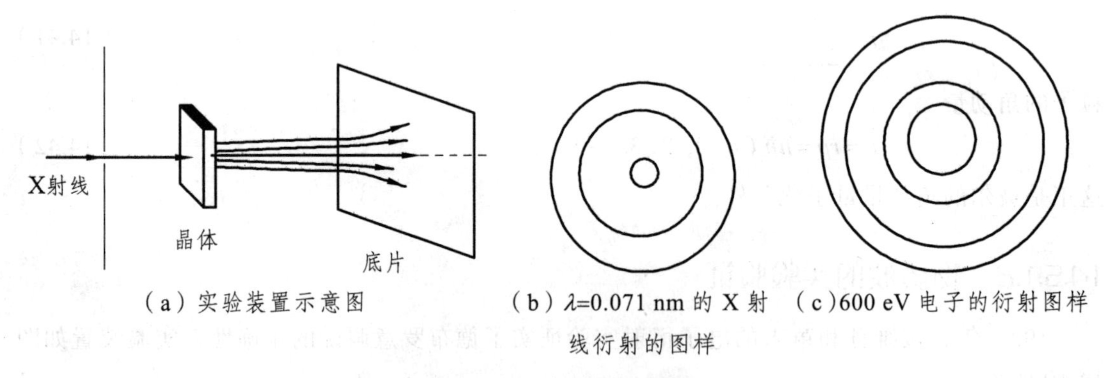

（a）实验装置示意图　（b）λ=0.071 nm 的 X 射线衍射的图样　（c）600 eV 电子的衍射图样

图 14.21　物质波的验证

还有一些其他的近代实验都准确地证明了电子具有与光波相同的波动性。

14.5.1.3　电子波动性质的应用

目前，电子的波动性质已被广泛地应用，如电子显微镜，其波长为$\lambda = 10^{-2} \sim 10^{-3}$ nm，分辨率高达 0.144 nm，能够用来研究晶体结构，病毒和细胞的组织。如在 1993 年，克罗米

等人用扫描隧道显微镜技术，把蒸发到铜（111）表面上的铁原子排列成了半径为 7.13 nm 的圆环形量子围栏。在量子围栏内，受到铁原子强散射的电子波与入射的电子波发生干涉，从而形成了驻波。如图 14.22 所示的是他们用实验观测到的在量子围栏内形成的同心圆驻波，它直观地证实了电子的波动性。

图 14.22 量子围栏内的电子驻波

14.5.2 不确定关系

我们知道，在经典力学中，粒子的运动状态是用坐标位置和动量来描述的。在任何时刻都有完全确定的位置和动量，但是微观粒子则不然。由于微观粒子具有波粒二象性，其位置坐标与动量不能同时有确定的值。于是，在 1927 年，海森伯以其著名的不确定关系量化了这种不确定性。

设想，如果一个粒子的位置坐标具有一个不确定量 Δx，则同一时刻其动量也有一个不确定量 Δp_x，Δx 与 Δp_x 的乘积总是大于一定的数值 $\hbar$，即有

$$\Delta x \cdot \Delta p_x \geqslant \frac{\hbar}{2} \tag{14.43}$$

式（14.43）称为海森伯坐标和动量的不确定关系。

式（14.43）可以根据量子力学严格导出，基于课程要求，这一规律可以根据电子单缝衍射这一理想实验来说明。

设想一束动量为 p 的电子通过宽为 Δx 的单缝，在屏上形成衍射条纹，如图 14.23 所示。对于一个电子，可以从缝上任何一点通过单缝，因此在电子通过单缝时刻，其位置的不确定量就是缝宽 Δx。如果忽略次级明纹，这个电子通过单缝后，可能射到中央明纹区内任一位置。这说明除了原动量 p_0 方向外，还出现了与 p_0 方向垂直的 x 方向的动量分量 p_x。设 φ 为中央明纹旁第一级暗纹的衍射角，则

$$\sin\varphi = \frac{\lambda}{\Delta x}$$

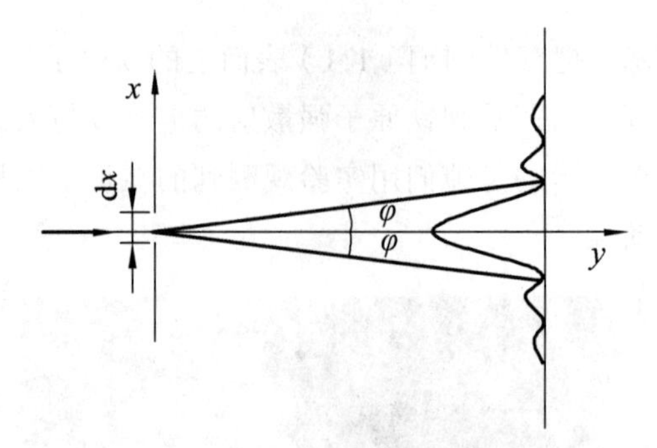

图 14.23 不确定关系的推导

又有 $\Delta p_x \doteq p \cdot \sin\varphi$，再由德布罗意关系式 $p\lambda = h$，可得

$$\Delta p_x \doteq p \cdot \sin\varphi = p \cdot \frac{\lambda}{\Delta x} = \frac{h}{\Delta x}$$

即 $$\Delta x \cdot \Delta p_x \geqslant h$$

式中大于号是在考虑到还有一些电子落在中央明纹以外区域的情况加上的。以上只是粗略估算，严格推导得到的为

$$\Delta x \cdot \Delta p_x \geqslant \frac{\hbar}{2}$$

可见，Δx 越小，Δp_x 越大，即单缝越窄，衍射图样分布越宽，这说明粒子的动量和坐标不可能同时准确测量。

由动量和坐标的不确定关系，还可推得能量和时间的不确定关系：

$$\Delta t \cdot \Delta E \geqslant \hbar \quad 或 \quad \Delta t \cdot \Delta E \geqslant h$$

$$E = \frac{1}{2}mv^2 = \frac{p^2}{2m} \Rightarrow \Delta E = \frac{p}{m}\Delta P = \Delta p \cdot v = \Delta p \cdot \frac{\Delta x}{\Delta t}$$

所以 $$\Delta t \cdot \Delta E = \Delta p \cdot \Delta x \geqslant \hbar$$

当然，该式可以应用量子力学严格推导出来，公式如下：

$$\Delta E \cdot \Delta t \geqslant \frac{\hbar}{2} \tag{14.44}$$

能量和时间的不确定关系主要反映了原子能级宽度ΔE 和原子在该能级的平均寿命Δt 之间的关系。平均寿命是指大量同类原子在同一高能级停留的平均时间。根据能量和时间的不确定关系，平均寿命越长，对应的能级宽度则越窄。对于基态原子来说，其平均寿命 $\Delta t \to \infty$，$\Delta E \to 0$，即原子基态能量有确定值。

【例 14.6】 质量 10 g 的子弹具有 200 m/s 的速率，若动量的不确定范围为动量的 0.01%，问位置的不确定范围多大？

解： $p = mv = 0.01 \times 200 = 2$（kg · m/s）

$\Delta p = 0.01\% \times p = 2 \times 10^{-4}$（kg · m/s）

$$\Delta x = \frac{h}{\Delta p} = \frac{6.63\times10^{-34}}{2\times10^{-4}} = 3.3\times10^{-30}\ (\mathrm{m})$$

可见，子弹的这个位置不确定范围是微不足道的，所以说，子弹的位置和动量都可以精确地确定。换言之，不确定关系对宏观物体来说，实际上是不起作用的。

【例 14.7】 电子具有 200 m · s 的速率，动量的不确定范围为动量的 0.01%，问该电子的位置不确定范围多大？

解：

$$p = mv = 9.1\times10^{-31}\times200 = 1.8\times10^{28}\ (\mathrm{kg\cdot m/s})$$

$$\Delta p = 0.01\%\times p = 1.8\times10^{-32}\ (\mathrm{kg\cdot m/s})$$

由不确定关系得

$$\Delta x = \frac{h}{\Delta p} = \frac{6.63\times10^{-34}}{1.8\times10^{-32}} = 3.7\times10^{-2}\ (\mathrm{m}) = 3.7\ \mathrm{cm}$$

讨论： 原子大小的量级为 10^{-10} m，电子则更小，而电子位置的不确定范围比原子的大小还大 10^{8} 倍（亿倍），可见电子的位置和动量不可能精确地确定。

14.6 波函数 薛定谔方程

微观粒子具有波粒二象性。如何系统地对此规律进行描述，这里我们要借助数学语言符号进行描述。这种描述微观粒子运动规律的系统理论称为量子力学。量子力学有两套理论，一种是波动力学，是由薛定谔根据德布罗意的波粒二象性假设，从粒子波动性出发，用波动方程来描述粒子和粒子体系的运动规律。另一种是从粒子的粒子性出发，用矩阵形式来描述粒子和粒子体系的运动规律，主要由海森伯、玻恩、泡利等创建的，也称矩阵力学。我们这里只介绍波动力学。

14.6.1 波函数

微观粒子具有波动性，于是，1926 年，奥地利物理学家借用波函数来描述微观粒子的运动状态，是物质波的数学表达式。其形式如同经典波函数，物质波波函数也是时间和空间坐标的函数，表示为 $\Psi(\boldsymbol{r}, t)$ 。

如何建立微观粒子的波函数呢？我们首先从一维、处于自由状态的微观粒子开始。设一个沿 x 轴正方向运动、不受任何外力作用的自由粒子，则其速度 v、动量 p 、能量 E 均保持不变。根据德布罗意公式可得，其物质波的频率 ν 和波长 λ 也是一个定值。因此，与一维自由粒子相联系的物质波是一列单色平面波。其波动方程为

$$\Psi(x,\ t)=\Psi_0\cos 2\pi(\nu t-x/\lambda)$$
$$=\Psi_0\cos 2\pi\left(\frac{E}{h}t-\frac{x}{h/p}\right)=\Psi_0\cos\frac{1}{\hbar}(Et-px) \tag{14.45}$$

在量子力学里，波函数通常用复数的形式来表示，即

$$\psi(x,\ t)=\psi_0 e^{-\frac{i}{\hbar}(Et-px)} \tag{14.46}$$

我们看到，该函数既包括反映波动性的波动方程形式，又包含体现粒子性的物理量——能量和动量，体现了微观粒子的波粒二象性。那么，波函数是怎样描述微观粒子的运动状态的呢？微观粒子的波动性与粒子性究竟是怎样统一起来的？

1926 年，德国物理学家玻恩提出了物质波函数的统计解释，回答了上述问题。玻恩指出，实物粒子的物质波是一种概率波；t 时刻粒子在空间 r 处附近的体积元 $\mathrm{d}V$ 中出现的概率 $\mathrm{d}W$ 与该处波函数绝对值的平方成正比，可以写成

$$\mathrm{d}W=\left|\Psi(\boldsymbol{r},\ t)\right|^2\mathrm{d}V=\Psi(\boldsymbol{r},\ t)\Psi^*(\boldsymbol{r},\ t)\,\mathrm{d}V \tag{14.47}$$

式中　$\Psi^*(\boldsymbol{r},\ t)$——波函数 $\Psi(\boldsymbol{r},\ t)$ 的共轭复数。

于是，某时刻，空间某点处的波函数的模的平方描述了该时刻粒子在该处出现的概率，又称为概率密度。这就是波函数的物理意义。于是物质波也被称为概率波。在这里，我们要从经典波的概念里跳出来，它与经典波完全不同。在经典波中，机械波的波函数表示质点位移变化的规律。而物质波不代表任何实在的物理量的波动，只是波函数的强度对应着粒子在空间的概率分布。传统观念中的严格因果关系在量子世界是不存在的，必须以一种统计性的解释来取而代之。

概率波的概念，我们可以通过电子束的双缝干涉实验进行说明。实验中，电子一个一个地打到检测屏上，如图 14.24 所示，图中涉及的电子数目依次增多。

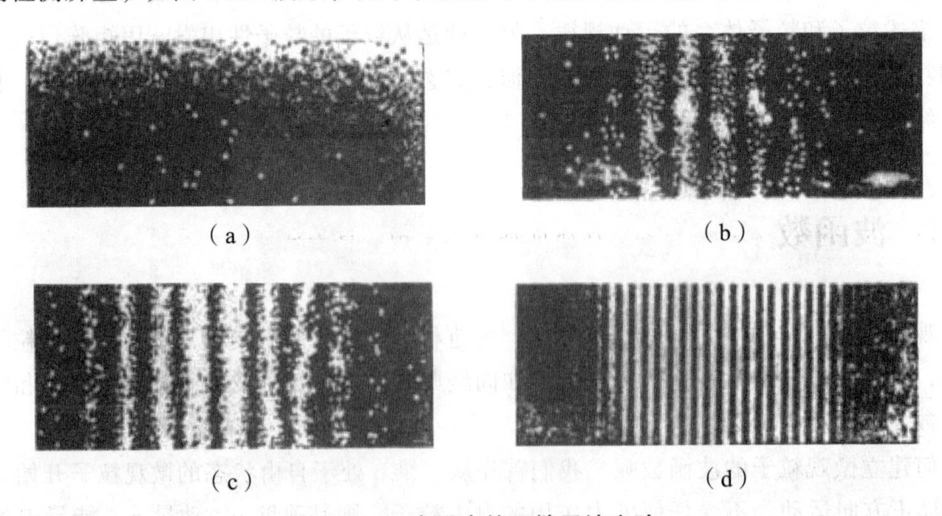

（a）　（b）　（c）　（d）

图 14.24　电子束的双缝干涉实验

我们看到，当只有少数电子的时候，电子的落点位置是随机的，随着电子数的增加，我们就可以从图上看到明确的干涉条纹。从波动的观点来看，明条纹表示波在该处相互加强，

暗条纹表示该处的波相互抵消，但是电子作为一个基本粒子，是不能分割的。那么，只能说明干涉图样代表了电子数在空间的分布,电子的波动性是大量电子在同一实验中的统计结果。明条纹处，电子到达的机会多，概率大；暗条纹处，电子没有机会到达，出现的概率为零。那么我们就可以将电子的物质波的强度与电子在空间出现的概率联系起来。也就是说，与微观粒子相联系的物质波并不代表什么实在的物理量的波动，只不过是描述粒子在空间分布的概率波。

波函数既然代表了微观粒子在空间出现的概率，那么它必须满足一定的条件。由于在空间任一点粒子出现的几率应该唯一和有限，空间各点几率分布应该连续变化，因此波函数必须单值、有限、连续，不符合这 3 个条件的波函数是没有物理意义的，它就不代表物理实在。又因为粒子必定要在空间的某一点出现，因此任意时刻粒子在空间各点出现的几率总和应该等于 1，即

$$\iiint |\psi|^2 \mathrm{d}x\mathrm{d}y\mathrm{d}z = 1 \tag{14.48}$$

式（14.48）称为波函数的归一化条件，其中积分区域遍及粒子可能达到的整个区域。

14.6.2 定态薛定谔方程

上面介绍了自由粒子的情况，那么在粒子受外力的情况下，波函数又是怎样的呢？1926 年薛定谔提出了适用于低速情况的、描述微观粒子在外力场中运动的微分方程，也就是物质波波函数所满足的方程，称为薛定谔方程。该方程是量子力学的基本方程，其地位与牛顿定律方程在经典力学中的地位相当。

质量为 m 的粒子在外力场中运动时，一般情况下，其势能 V 可能是空间坐标和时间的函数，$V = V(\boldsymbol{r}, t)$，则薛定谔方程为

$$-\frac{\hbar^2}{2m}\nabla^2\Psi(\boldsymbol{r}, t) + V(\boldsymbol{r}, t)\Psi(\boldsymbol{r}, t) = i\hbar\frac{\partial\Psi(\boldsymbol{r}, t)}{\partial t} \tag{14.49}$$

式中　∇^2——拉普拉斯算符，在直角坐标系中，它的表达式为 $\nabla^2 = \frac{\partial^2}{\partial x^2} + \frac{\partial^2}{\partial y^2} + \frac{\partial^2}{\partial z^2}$。

显然，方程是一个关于 $\boldsymbol{r}$ 和 t 的线性偏微分方程，具有波动方程的形式。薛定谔方程是量子力学的基本方程，它不是由更基本的原理经过逻辑推理得到的，是薛定谔“猜”加“凑”出来的。但这个方程应用于分子、原子等微观体系所得到的大量结果都和实验符合，这就说明了它的正确性。我们的课程不可能对薛定谔方程进行一般的讨论，只讨论最为简单的情况，即定态薛定谔方程。本课程只着重讨论粒子在恒定势场中运动的情形，即势能函数不随时间变化。在这种情形下，式（14.49）可用分离变量法求解。作为“波”函数，应包含时间的周期函数，而此时波函数应有下述形式：

$$\psi(x, y, z, t) = \Phi(x, y, z)\mathrm{e}^{-\frac{i}{\hbar}Et} \tag{14.50}$$

式中　E——粒子的能量。

将式（14.50）代入式（14.49），可知波函数的空间部分应该满足的方程为

$$-\frac{\hbar^2}{2m}\nabla^2\Phi+(V-E)\Phi=0 \tag{14.51}$$

方程（14.51）称为定态薛定谔方程。对于各种定态问题，求解薛定谔方程，可以得到定态波函数，同时也就确定了概率密度的分布以及能量和角动量等。但是作为有物理意义的波函数，这些解必须是单值的、有限的和连续的。这些条件叫作波函数的标准条件。令人惊奇的是，根据这些条件，由薛定谔方程“自然地”“顺理成章地”就能得出微观粒子的重要待征——量子化条件。这些量子化条件在普朗克和玻尔那里都是“强加”给微观系统的。作为量子力学基本方程的薛定谔方程当然还给出了微观系统的许多其他奇异的性质。

14.6.3　薛定谔方程的简单应用

如何应用薛定谔方程来解决实际问题呢？我们一般通过以下几个步骤：

（1）首先找出问题中的势能函数 $U(\boldsymbol{r})$ 的数学形式，并代入薛定谔方程.

（2）求解薛定谔方程，得出波函数的一般解。

（3）由波函数归一化条件和标准条件确定积分常数。

（4）求出概率密度 $|\psi|^2$，讨论其物理意义。

下面我们来看一个一维无限深势阱的薛定谔方程的求解。

一维无限深势阱是从实际问题中抽象出来的一种理想模型。金属中自由电子的运动，是被限制在一个有限的范围，这种状态称为束缚态。作为近似，我们认为这些电子在一维无限深势阱中运动，即它的势能函数为

$$U(x)=\begin{cases}0 & (0<x<a)\\ \infty & (x\leqslant 0,\ x\geqslant a)\end{cases} \tag{14.52}$$

这种势场中粒子可在势阱中运动，但不能越出势阱，因为 $x\leqslant 0$，$x\geqslant a$ 区的势能为无穷大（图 14.25）。

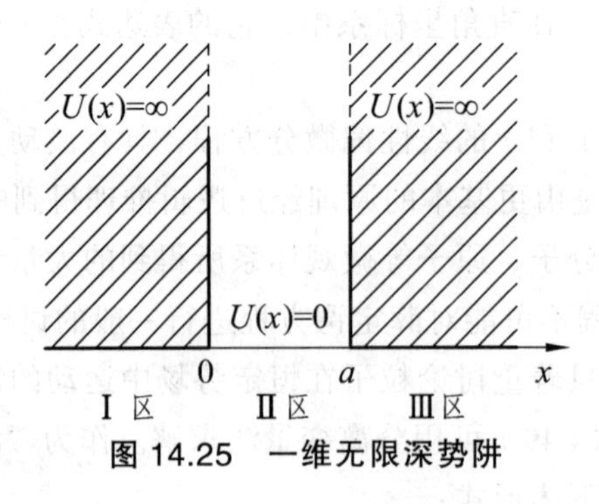

图 14.25　一维无限深势阱

按照一维定态薛定谔方程

$$\frac{\mathrm{d}^2\psi}{\mathrm{d}x^2}+\frac{2m}{\hbar^2}(E-U)\psi=0 \tag{14.53}$$

由于在Ⅰ、Ⅲ两区的 $U(x)=\infty$，为保证波函数有限的物理条件，显然应

$$\psi_{\mathrm{I}}=0\,,\quad \psi_{\mathrm{III}}=0 \tag{14.54}$$

由于Ⅱ区的 $U(x)=0$，因此该区薛定谔方程为

$$\frac{\mathrm{d}^2\psi}{\mathrm{d}x^2}+\frac{2m}{\hbar^2}E\psi=0 \tag{14.55}$$

令 $k^2=\dfrac{2m}{\hbar^2}E$，则

$$\frac{\mathrm{d}^2\psi}{\mathrm{d}x^2}+k^2\psi=0 \tag{14.56}$$

这一方程的通解为

$$\psi_{\mathrm{II}}=A\cos kx+B\sin kx \tag{14.57}$$

式中　A，B——由物理（自然）条件决定的常数。

波函数的解必须有限、单值的条件自然得到满足，下面使其满足连续性：由于 $\psi(x)$ 在 $x=0$ 处必须连续，$\psi_{\mathrm{I}}(0)=0$，因此有

$$\psi_{\mathrm{II}}(0)=A=0$$

又由于 $\psi(x)$ 在 $x=a$ 处必须连续，$\psi_{\mathrm{II}}(a)=0$，因此有

$$\psi_{\mathrm{II}}(a)=B\sin ka=0$$

因为 $B\neq 0$，所以必有

$$\sin ka=0$$

即 $ka=n\pi$

$$k=\frac{n\pi}{a}\quad（n=1, 2, 3, \cdots，称为量子数） \tag{14.58}$$

因此，Ⅱ区波函数的形式为

$$\psi_{\mathrm{II}}(x)=B\sin\frac{n\pi}{a}x \tag{14.59}$$

再由归一化条件 $\int_{-\infty}^{+\infty}|\Psi(x)|^2\,\mathrm{d}x=1$，可得

$$\int_0^a B^2\sin^2\left(\frac{n\pi}{a}x\right)\mathrm{d}x=\frac{1}{2}aB^2=1$$

所以

$$B=\sqrt{\frac{2}{a}}$$

将脚标Ⅱ去掉，代之以量子数 n，最后得无限深势阱内粒子的定态波函数为

$$\psi_n(x)=\sqrt{\frac{2}{a}}\sin\frac{n\pi}{a}x \tag{14.60}$$

概率密度为

$$|\psi_n(x)|^2 = \frac{2}{a}\sin^2\left(\frac{n\pi}{a}x\right) \tag{14.61}$$

因 $k = \frac{n\pi}{a}$（$n = 1, 2, 3, \cdots$，为量子数），而 $k^2 = \frac{2m}{\hbar^2}E$，得

$$E = n^2 \frac{\pi^2\hbar^2}{2ma^2} \tag{14.62}$$

可见，能量是不连续的。

图 14.26 是波函数、概率密度与坐标 x 的关系。

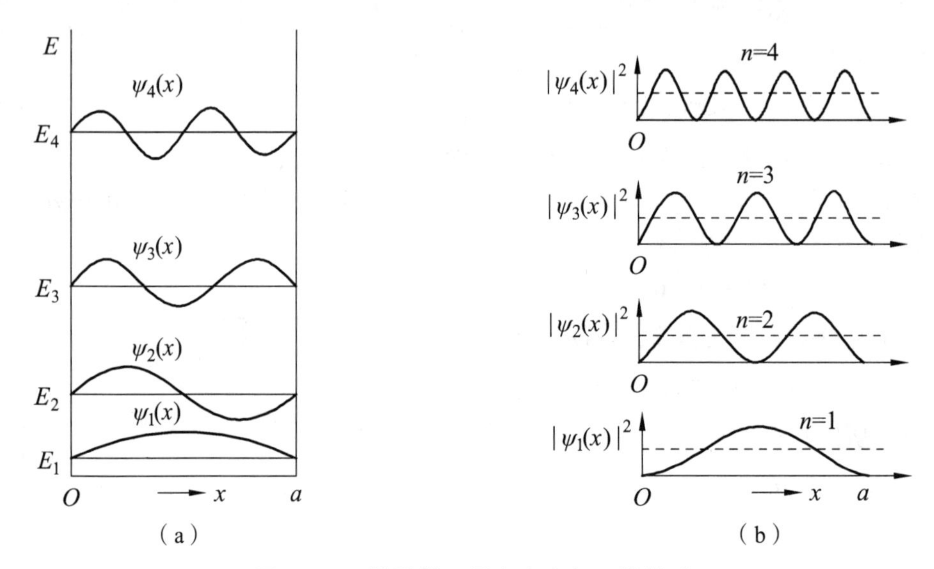

图 14.26　波函数、概率密度与 x 的关系

通过求解该一维无限深势阱的薛定谔方程可知：

（1）势阱中自由粒子的能量是量子化的；

（2）势阱中粒子的波函数为驻波。

对于定态问题，除了一维无限深势阱，还有有限深势阱、势垒等问题，限于课程，我们在这里不一一列举。对于有限高和有限宽势垒，即使粒子能量低于势垒高度，粒子也有一定的几率能透过势垒并进入邻区，称为势垒穿透或隧道效应，这在经典理论中认为是不可能的，但在实验中已被观察到了，现在隧道效应器件已经应用到半导体和超导体中。

14.7　氢原子结构的量子理论

氢原子由一个质子和一个电子组成。它们都属于微观粒子，具有波粒二象性，遵循量子力学规律。这里我们通过求解薛定谔方程求出描述电子运动状态的波函数，来正确描述氢原子核外电子的运动。

14.7.1 氢原子的量子力学结果

氢原子是只有一个电子在原子核库仑场中运动的最简单的原子。电子处在核所形成的平均场中运动，近似地认为核不动，因此库仑场是不随时间而变的，是定态问题，相互作用势为

$$V(r)=-\frac{e^2}{4\pi\varepsilon_0 r} \tag{14.63}$$

把该势能带入薛定谔方程中，有

$$\nabla^2\psi+\frac{2m}{\hbar^2}\left(E+\frac{e^2}{4\pi\varepsilon_0 r}\right)\psi=0 \tag{14.64}$$

因为相互作用势具有球对称性，因而式（14.64）在球坐标中求解比较方便，球坐标中的拉普拉斯算符∇^2为

$$\nabla^2=\frac{1}{r^2}\frac{\partial}{\partial r}\left(r^2\frac{\partial}{\partial r}\right)+\frac{1}{r^2\sin\theta}\frac{\partial}{\partial\theta}\left(\sin\theta\frac{\partial}{\partial\theta}\right)+\frac{1}{r^2\sin^2\theta}\frac{\partial^2}{\partial\varphi^2} \tag{14.65}$$

则式（14.64）变为

$$\frac{1}{r^2}\frac{\partial}{\partial r}\left(r^2\frac{\partial\psi}{\partial r}\right)+\frac{1}{r^2\sin\theta}\frac{\partial}{\partial\theta}\left(\sin\theta\frac{\partial\psi}{\partial\theta}\right)+\frac{1}{r^2\sin^2\theta}\frac{\partial^2\psi}{\partial\varphi^2}+\frac{2m}{\hbar^2}\left(E+\frac{e^2}{4\pi\varepsilon_0 r^2}\right)\psi=0 \tag{14.66}$$

利用分离变量法，设氢原子中电子的波函数为

$$\psi(r,\theta,\varphi)=R(r)\Theta(\theta)\Phi(\varphi) \tag{14.67}$$

进而可以得到 3 个常微分方程：

$$\frac{\partial^2\Phi}{\partial\varphi^2}+m_l^2\Phi=0 \tag{14.68}$$

$$\frac{1}{\sin\theta}\frac{\partial}{\partial\theta}\left(\sin\theta\frac{\partial\Theta}{\partial\theta}\right)+\left[l(l+1)-\frac{m_l^2}{\sin^2\theta}\right]\Theta=0 \tag{14.69}$$

$$\frac{1}{r^2}\frac{\partial}{\partial r}\left[r^2\frac{\partial R(r)}{\partial r}\right]+\frac{2m}{\hbar^2}\left[E+\frac{e^2}{4\pi\varepsilon_0 r^2}-\frac{\hbar^2}{2m}\frac{l(l+1)}{r^2}\right]R=0 \tag{14.70}$$

式（14.68）、（14.69）、（14.70）为由氢原子薛定谔方程整理得到的 3 个微分方程，解出这 3 个微分方程即可得到氢原子的能量本征值和本征函数及描述氢原子的量子数。

定态波函数 $\psi(r,\theta,\varphi)$ 的模方 $|\psi(r,\theta,\varphi)|^2$ 给出电子在空间 (r,θ,φ) 各点出现的概率密度，概率分布的不同，说明电子在某处出现的机会多些，在另外的某处出现的机会少些，

而不能断言电子一定会在某处出现。为描述这种现象，常引入电子云的概念，概率密度大的地方就把电子云画得密些，概率小的地方就把电子云画得稀疏些，这只是一个形象化的比喻。

而$|R(r)|^2$、$|\Theta(\theta)|^2$、$|\Phi(\varphi)|^2$则代表电子在不同 r、θ、φ 处所出现的概率，图 14.27 是 1s、2s、3s 电子随 r 的概率密度分布。其中

$$a_0=\frac{\varepsilon_0 h^2}{\pi m e^2}=0.053\ (\text{nm}) \tag{14.71}$$

1s 电子在 a_0 处出现的几率最大，这正是按玻尔氢原子理论得到的基态轨道半径。

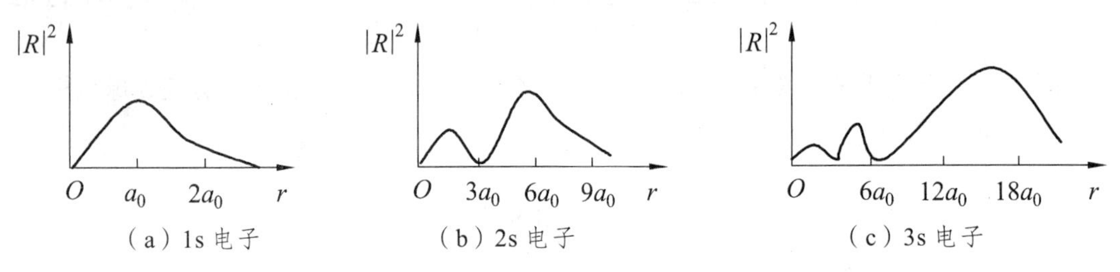

图 14.27　1s、2s、3s 电子分别随 r 的几率密度分布

由边界条件及归一化条件解方程（14.68）、（14.69）、（14.70）可得到Φ、Θ、R 方程有解的条件要求：

$$m_l=0,\pm1,\pm2,\cdots \text{（称为磁量子数）}$$

代入式（14.69）可得

$$l=0,1,2,\cdots$$

且要求

$$l\geqslant|m_l|$$

解式（14.70）可得

$$E_n=-\frac{me^4}{(4\pi\varepsilon_0)^2(2\hbar^2)}\cdot\frac{1}{n^2}\quad(n=1,2,\cdots,\ \text{且}\ n\leqslant l+1)$$

式中　l——角动量量子数；

　　　n——主量子数。

1. 能量量子化

从薛定谔方程的解可以看出，当能量大于零时，可以连续地取所有的值，当能量小于零时，则只能取一系列分立的值，即对氢原子，能量为

$$E_n = -\frac{1}{n^2}\left(\frac{me^4}{8\varepsilon_0^2 h^2}\right) = -\frac{E_1}{n^2} \tag{14.72}$$

与玻尔的能级公式相同。同时我们看到主量子数大体上决定了电子能量。

2. 角动量量子化

同样，上面方程的解也说明了氢原子绕核运动的角动量也是量子化的，即对氢原子，电子绕核转动的角动量 L 的大小为

$$L = \sqrt{l(l+1)}\hbar \quad (l = 0, 1, 2, \cdots, n-1) \tag{14.73}$$

则角动量量子数主要决定电子的轨道角动量大小，如果考虑到相对论效应，则对能量也有稍许影响。同时，我们发现该公式与玻尔理论中的角动量量子化公式稍有不同，通过实验验证量子力学的结论是正确的，玻尔理论的角动量量子化条件并不正确。

3. 角动量的空间量子化

求解薛定谔方程还指出，电子绕核运动的角动量 L 的方向在空间的取向也不能连续改变，而只能取一些特定的方向，即角动量 L 在外磁场方向的投影必须满足量子化的条件：

$$L_z = m_l \hbar \tag{14.74}$$

式中　m_l——磁量子数，$m_l = 0, \pm 1, \pm 2, \cdots, \pm l$。

对于一定的角量子数 l，m_l 可取 $2l+1$ 个值，这表明角动量在空间的取向只有 $2l+1$ 种可能。图 14.28 所示的是 $l = 1, 2, 3$ 时电子角动量空间取向量子化的示意图。

所以磁量子数决定电子轨道角动量空间取向也是量子化的，这叫作空间量子化。

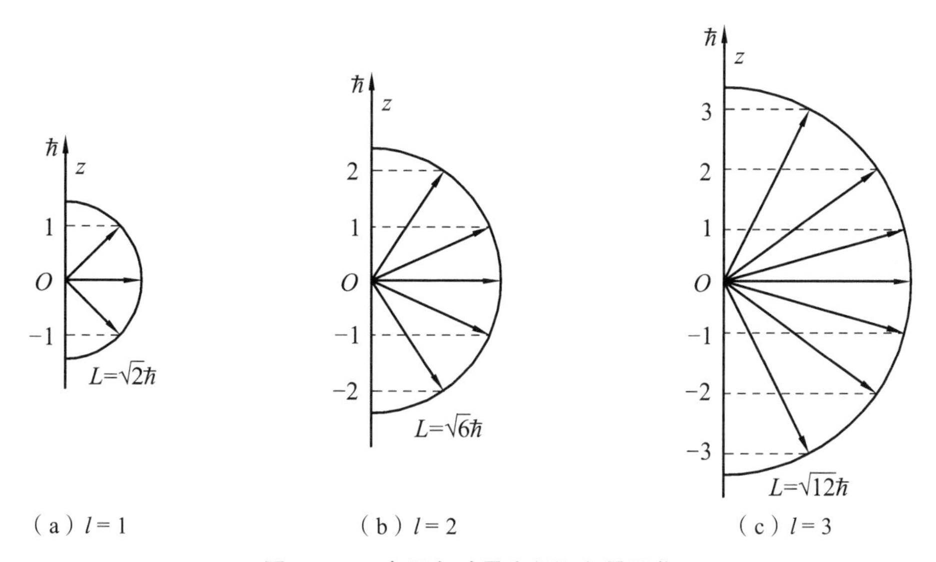

图 14.28　电子角动量空间取向量子化

14.7.2 电子自旋

1. 斯特恩-盖拉赫实验

1921 年，斯特恩和盖拉赫观察原子射线束通过不均匀磁场的情况，最初的目的是用于验证索末菲空间量子化假设。实验装置如图 14.29 所示，O 是银原子射线源，通过电炉加热使银蒸发，产生的银原子束通过狭缝 S_1 和 S_2，经过如图 14.29（b）所示的不均匀磁场域后，打在照相底板 P 上。整个装置放在真空容器中。

实验发现，在不加磁场时，底板 P 上呈现一条正对狭缝的原子沉积；加上磁场后呈现上下两条沉积，如图 14.29（c）所示，说明原子束经过非均匀磁场后分为两束。这一现象证实了原子具有磁矩，且磁矩在外磁场中只有两种可能取向，即空间取向是量子化的。

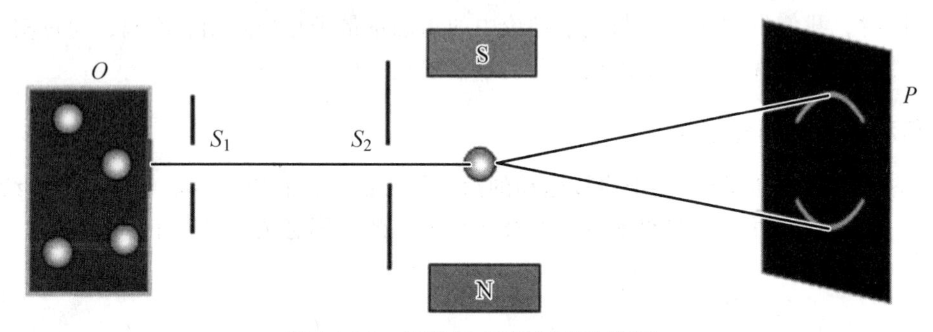

图 14.29　斯特恩-盖拉赫实验装置

2. 电子自旋

为了说明上述斯特恩-盖拉赫实验的结果，1925 年，乌沦贝克和古兹密特提出电子具有自旋运动的假设，并且根据实验结果指出，电子自旋角动量和自旋磁矩在外磁场中只有两种可能取向。上述实验中银原子处于基态，且 $l=0$，即处于轨道角动量和磁矩皆为零的状态，因而只有自旋角动量和自旋磁矩。

人为规定，电子自旋角动量必须遵从量子化的条件，其电子自旋角动量大小：

$$S=\sqrt{s(s+1)}\,\hbar \tag{14.75}$$

式中　s——自旋量子数。

同时还规定电子自旋角动量在空间的取向也是量子化的（图 14.30），那么 S 在外磁场方向的投影：

$$S_z=m_s\hbar \tag{14.76}$$

式中　m_s——自旋磁量子数，其取值为

$$2s+1=2$$

则

$$s=1/2，\quad m_s=\pm 1/2$$

$$S=\sqrt{\frac{1}{2}\left(\frac{1}{2}+1\right)}\,\hbar=\sqrt{\frac{3}{4}}\,\hbar \tag{14.77}$$

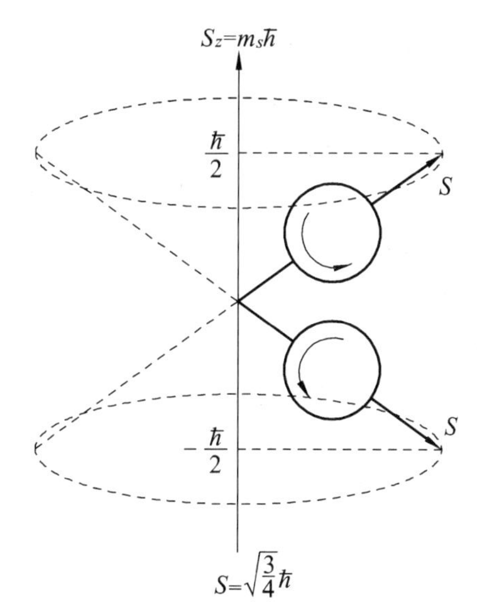

图 14.30 电子自旋角动量在空间取向量子化

引入电子自旋概念后，碱金属原子光谱的双线结构（如钠黄光的 589 nm 和 589.6 nm）等现象得到了很好的解释。

理论和实验研究表明，一切微观粒子都具有各自特有的自旋，自旋是一个非常重要的概念。

14.7.3 原子的壳层结构

14.7.3.1 4 个量子数

综上所述，由量子力学得出，电子的稳定运动状态应该用 4 个量子数来表征，其中 3 个决定了电子轨道运动状态，1 个决定电子自旋运动状态。它们是：

（1）主量子数 n：$n = 1, 2, 3, \cdots$；它大体上决定了原子中电子的能量。

（2）角量子数 l：$l = 0, 1, 2, \cdots, n-1$；它决定了原子中电子的轨道角动量大小。另外，由于轨道磁矩和自旋磁矩的相互作用、相对论效应等，角量子数 l 对能量也有稍许影响。

（3）磁量子数 m_l：$m_l = 0, \pm 1, \pm 2, \cdots, \pm l$；它决定了电子轨道角动量 L 在外磁场中的取向。

（4）自旋磁量子数 m_s：$m_s = \pm\frac{1}{2}$，它决定了电子自旋角动量 S 在外磁场中的取向。

14.7.3.2 电子的运动状态

实验表明，原子中各电子的运动状态同时满足泡利不相容原理和能量最小原理。

1. 泡利不相容原理

泡利提出：不可能有 2 个或 2 个以上的电子处在同一量子状态，即原子中的电子不可能有完全相同的 4 个量子数。

原子中具有相同主量子数 n 的电子属于同一（主）壳层。

把 $n=1$，2，3，4，5，6，…的电子壳层，分别称为

K，L，M，N，O，P，…（主）壳层。

在每一（主）壳层中，具有相同角量子数 l 的电子称为属于同一支壳层。

把 $l=0$，1，2，3，4，…的支壳层，分别用

s，p，d，f，g，…表示。

例如，$n=1$，$l=0$ 的电子，称为 1s 状态的电子。

各电子（主）壳层中可能容纳的最多电子数为

$$Z_n=\sum_{0}^{n-1}2(2l+1)=2n^2$$

2. 能量最小原理

原子处于正常状态时，每一个电子都占据尽可能低的能级。能级的高低主要取决于主量子数 n，n 越小，能级越低。因此电子一般按照 n 由小到大的次序填入各能级。但是，由于能级还和角量子数有一定关系，所以在个别情况下，n 较小的壳层尚未填满时，n 较大的壳层上就开始有电子填入了。当原子中只有价电子的能量发生变化时，“原子的能量”常常是指其价电子的能量。

本章小结

1. 普朗克的能量量子化假设

$$E=nh\nu$$

式中　n——量子数，n 为正整数。

谐振子的能量是某一最小能量 $\varepsilon=h\nu$ 的整数倍。

2. 爱因斯坦光电效应方程

$$h\nu=A+\frac{1}{2}mv_{\mathrm{m}}^2$$

式中　A——逸出功，即一个电子脱离金属表面时为克服表面阻力所需做的功。

3. 康普顿效应

$$\Delta\lambda=\lambda-\lambda_0=\frac{h}{m_0c}(1-\cos\theta)$$

式中　λ_{C}——电子的康普顿波长，$\lambda_{\mathrm{C}}=h/m_0c=0.002\ 426\ 310\ 58\ \mathrm{nm}$。

4. 玻尔的氢原子理论

$$E_n = \frac{1}{n^2} E_1$$

式中　E_1——氢原子的基态能量，$E_1 = -13.6\ \text{eV}$。

5. 微观粒子的波粒二象性

德布罗意波长

$$\lambda = \frac{h}{p}$$

6. 不确定关系

$$\Delta x \cdot \Delta p_x \geqslant \frac{\hbar}{2}$$

$$\Delta E \cdot \Delta t \geqslant \frac{\hbar}{2}$$

7. 轨道角动量大小

$$L = \sqrt{l(l+1)}\hbar$$

式中　l——角量子数。

8. 四个量子数（$\boldsymbol{n}, \boldsymbol{l}, \boldsymbol{m_l}, \boldsymbol{m_s}$）

（1）主量子数 n：$n = 1, 2, 3, \cdots$；它大体上决定了原子中电子的能量。

（2）角量子数 l：$l = 0, 1, 2, \cdots, n-1$；它决定了原子中电子的轨道角动量大小。另外，由于轨道磁矩和自旋磁矩的相互作用、相对论效应等，角量子数 l 对能量也有稍许影响。

（3）磁量子数 m_l：$m_l = 0, \pm 1, \pm 2, \cdots, \pm l$；它决定了电子轨道角动量 L 在外磁场中的取向。

（4）自旋磁量子数 m_s：$m_s = \pm\frac{1}{2}$，它决定了电子自旋角动量 S 在外磁场中的取向。

9. 各电子壳层中可能容纳的最多电子数

$$Z_n = 2n^2$$

式中　n——电子壳层，$n = 1, 2, 3, 4, 5, 6, \cdots$。

思 考 题

14.1　以一定频率的单色光照射在某种金属上，测出其光电流曲线如图 14.31 中实线所示。然后保持光的频率不变，增大照射光的强度，测出其光电流曲线如图中虚线所示，试问哪一个图是正确的？

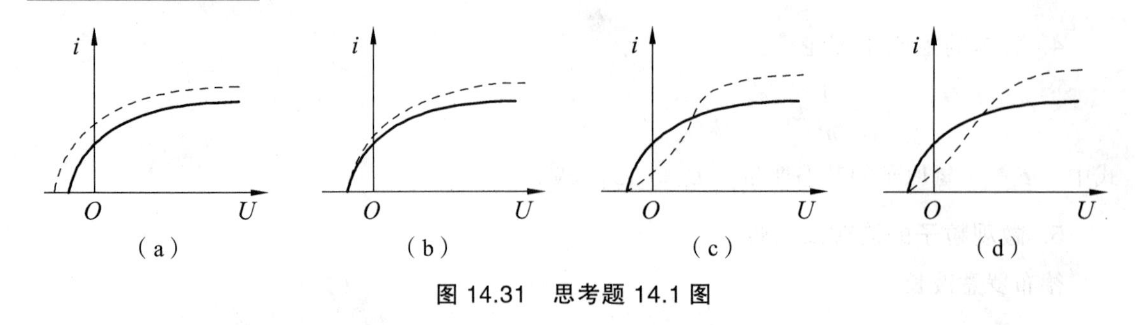

图 14.31　思考题 14.1 图

14.2　以一定频率的单色光照射在某种金属上，测出其光电流曲线如图 14.32 中实线所示。然后在光强不变的条件下增大照射光的频率，测出其光电流曲线如图中虚线所示。试问哪一个图正确？

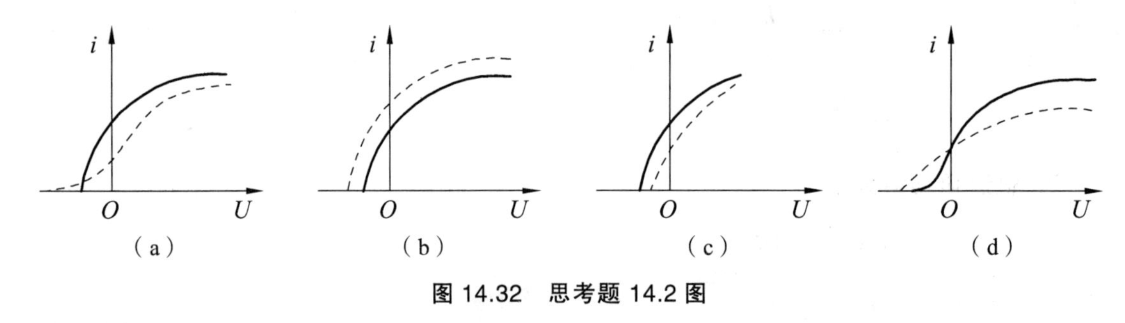

图 14.32　思考题 14.2 图

14.3　为什么即使入射光是单色的，射出的光电子也会有一定的速率分布？

14.4　今有如下材料，它们的逸出功在括号内标出。如果要制造用可见光工作的光电池，应选取哪种材料？

钽（4.2 eV），钨（4.5 eV），铝（4.2 eV），钡（2.5 eV），锂（2.3 eV）

14.5　可以用可见光来做康普顿散射实验吗？为什么？

14.6　在康普顿散射实验中，自由电子能不能只吸收入射光子而不发射散射光子？光电效应中的光子为什么能够如此？

14.7　实物粒子的德布罗意波与电磁波、机械波有什么区别？

14.8　何谓不确定关系？为什么说不确定关系与实验技术或仪器的改进无关？

14.9　不确定关系对宏观物体是否适用？为什么经典力学在考虑粒子运动规律时都不考虑其波动性？

14.10　说明波函数的统计意义，波函数应满足什么物理条件？

14.11　将波函数在空间各点的振幅同时增为原来的 k 倍，则粒子在空间分布的概率将：（1）增为 k^2 倍；（2）增为 $2k$ 倍；（3）增为 k 倍；（4）不变。

14.12　根据量子力学理论，氢原子中电子的运动状态可以用 n、l、m_l、m_s 4 个量子数来描述，试说明它们各自确定什么物理量？

14.13　为什么电子填充外层轨道的次序并不单调地随主量子数增加而依次填充（例如，先填充 4s 轨道，然后填充 3d 轨道）？

习 题

一、选择题

14.1 在下列关于光电效应的表述中，正确的是（　　）

A. 任何波长的可见光照射到任何金属表面都能产生光电效应

B. 若入射光的频率均大于一给定金属的红限频率，则该金属分别受到不同频率的光照射时，逸出的光电子的最大初动能也不同

C. 若入射光的频率均大于一给定金属的红限频率，则该金属分别受到不同频率、强度相等的光照射时，单位时间逸出的光电子数一定相等

D. 若入射光的频率均大于一给定金属的红限频率，则当入射光频率不变而强度增大一倍时，该金属的饱和光电流也增大一倍

14.2 已知某单色光照射到一金属表面产生了光电效应，若此金属的逸出电势是 U_0（使电子从金属逸出需做功 eU_0），则此单色光的波长 λ 必须满足（　　）

A. $\lambda \leqslant hc/(eU_0)$　　B. $\lambda \geqslant hc/(eU_0)$

C. $\lambda \leqslant eU_0/(hc)$　　D. $\lambda \geqslant eU_0/(hc)$

14.3 光子能量为 0.5 MeV 的 X 射线，入射到某种物质上而发生康普顿散射，若反冲电子的能量为 0.1 MeV，则散射光波长的改变量 $\Delta\lambda$ 与入射光波长 λ_0 的比值为（　　）

A. 0.20　　B. 0.25

C. 0.30　　D. 0.35

14.4 光电效应和康普顿效应都包含电子与光子的相互作用，仅就光子和电子的相互作用而言，下列说法正确的是（　　）

A. 两种效应都属于光子和电子的弹性碰撞过程

B. 光电效应是由于金属中的电子吸收光子而形成光电子，康普顿效应是由于光子和自由电子弹性碰撞而形成散射光子和反冲电子

C. 康普顿效应同时遵守动量守恒和能量守恒定律，光电效应只遵守能量守恒定律

D. 两种效应都遵守动量守恒和能量守恒定律

14.5 氢原子光谱的巴耳末系中，波长最小的谱线用 λ_1 表示，波长最大的谱线用 λ_2 表示，则这两个波长的比值 λ_1/λ_2 为（　　）

A. 59　　B. 49

C. 79　　D. 29

14.6 如图 14.33 所示，在电子波的单缝衍射实验中，一束动量为 p 的电子，通过缝宽为 a 的狭缝，在距离狭缝为 R 处放置一荧光屏，则屏上电子衍射图样的中央明纹宽度 d 为（　　）

A. 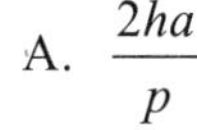 $\dfrac{2ha}{p}$　　B. $\dfrac{2ha}{Rp}$

C. $\dfrac{2a^2}{R}$　　D. $\dfrac{2Rh}{ap}$

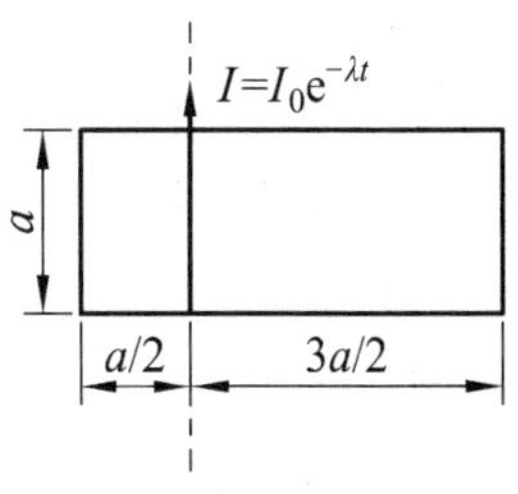

图 14.33　习题 14.6 图

14.7　关于不确定关系$\Delta x \cdot \Delta p_x \geqslant h$，正确的理解是（　　）

A. 粒子的动量不可能确定

B. 粒子的坐标不可能确定

C. 粒子的动量和坐标不可能同时确定

D. 不确定关系不仅适用于光子和电子，也适用于其他粒子

14.8　按照玻尔理论，电子绕核作圆周运动时，电子的动量矩 L 的可能值为（　　）

A. 任意值　　B. nh（$n = 1, 2, 3, \cdots$）

C. $2\pi nh$（$n = 1, 2, 3, \cdots$）　　D. $\dfrac{nh}{2\pi}$（$n = 1, 2, 3, \cdots$）

14.9　已知粒子在一维矩形无限深势阱中运动，其波函数为

$$\Psi(x) = \frac{1}{\sqrt{a}} \cdot \cos\frac{3\pi x}{2a} \quad (-a \leqslant x \leqslant a)$$

那么粒子在 $x = 5a/6$ 处出现的几率密度为（　　）

A. $1/(2a)$　　B. $1/a$

C. $1/2a$　　D. $1/a$

14.10　要使处于基态的氢原子受激发后能发射赖曼系（由激发态跃迁到基态发射的各谱线组成的谱线系）的最长波长的谱线，至少应向基态氢原子提供的能量是（　　）

A. 1.5 eV　　B. 3.4 eV

C. 10.2 eV　　D. 13.6 eV

二、填空题

14.11　由斯特潘-玻尔兹曼定律和维恩定律可知，对黑体加热后，测得总辐出度增大为原来的 16 倍，则黑体的温度为原来的______倍，它的最大单辐出度所对应的波长为原来的_______倍。

14.12　根据爱因斯坦的光子理论，波长为λ 的光子，其能量为 $E =$ _____；动量为 $p =$ _____；质量为 $m =$ _______。

14.13　在康普顿效应中，散射光中波长的偏移$\Delta\lambda$ 仅与________有关，而与________无关。当散射角为 $\theta = \dfrac{\pi}{2}$ 时，散射光波长与入射光波长的改变量$\Delta\lambda =$ ________。

14.14　在康普顿散射中，若入射光子与散射光子的波长分别为λ 和λ'，则反冲电子获得的动能 $E_k =$ _________。

14.15　电子经电场加速，加速电压为 $U = 630$ V，按非相对论效应计算，电子的德布罗意波长为$\lambda =$ _______m。

14.16　原子内电子的量子态由 n、l、m_l 及 m_s 4 个量子数表征。当 n、l、m_l 一定时，不同的量子态数目为___________；当 n、l 一定时，不同的量子态数目为____________；当 n 一定时，不同的量子态数目为_____________。

14.17　在下列各量子数的空格上，填上适当的数值，以使它们可以描述原子中电子的状态：

（1）$n = 2$，$l =$ ______，$m_l = -1$，$m_s = \dfrac{1}{2}$；

（2）$n=2$，$l=0$，$m_l=$ ________，$m_s=\frac{1}{2}$；

（3）$n=2$，$l=1$，$m_l=0$，$m_s=$ ________。

三、计算题

14.18 在太阳辐射光谱中，峰值波长为$\lambda_{\mathrm{m}}=490\ \mathrm{nm}$，试估算太阳表面的温度。

14.19 铝（Al）的逸出功 $A=4.2\ \mathrm{eV}$，用波长$\lambda=200\ \mathrm{nm}$的紫外光照射铝表面，试求：

（1）光电子的最大动能；

（2）截止电压；

（3）铝的红限波长。

14.20 粒子在一维矩形无限深势阱中运动，其波函数为$\Psi_n(x)=\sqrt{2/a}\sin(n\pi x/a)$（$0<x<a$），若粒子处于 $n=1$ 的状态，在 0 ~（1/4）a 区间发现该粒子的几率是多少？[提示：$\int\sin^2 x\mathrm{d}x=12x(1/4)\sin 2x+C$]

14.21 试用不确定关系式证明：如果粒子位置的不确定量等于其德布罗意波长，则它的速度不确定量等于其速度。

附　录

基本物理常数表

物理量	符号	数值	单位	相对标准不确定度
真空中光速	c	299792458	m/s	精确
牛顿引力常数	G	6.67428×10^{-11}	$m^3/(kg\cdot s^2)$	1.0×10^{-4}
阿伏加德罗常数	N_A	6.02214179×10^{23}	mol^{-1}	5.0×10^{-8}
普适摩尔气体常数	R	8.314472	J/(mol·K)	1.7×10^{-6}
玻尔兹曼常数（R/N_A）	k	1.3806504×10^{-23}	J/K	1.7×10^{-6}
理想气体摩尔体积	V_m	22.413996×10^{-3}	m^3/mol	1.7×10^{-6}
基本电荷	e	$1.602176487\times10^{-19}$	C	2.5×10^{-8}
原子质量常数	m_u	$1.660538782\times10^{-27}$	kg	5.0×10^{-8}
电子质量	m_e	9.10938215×10^{-31}	kg	5.0×10^{-8}
电子荷质比	$-e/m_e$	$-1.758820150\times10^{11}$	C/kg	2.5×10^{-8}
质子质量	m_p	$1.672621637\times10^{-27}$	kg	5.0×10^{-8}
中子质量	m_n	$1.674927211\times10^{-27}$	kg	5.0×10^{-8}
真空电容率（电常数）	ε_0	$8.854187817\times10^{-12}$	F/m	精确
真空磁导率（磁常数）	μ_0	$12.566370614\times10^{-7}$	N/A^2	精确
电子磁矩	μ_e	$-9.28476377\times10^{-24}$	J/T	2.5×10^{-8}
质子磁矩	μ_p	$1.410606662\times10^{-26}$	J/T	2.6×10^{-8}
玻尔半径	α_0	$5.2917720859\times10^{-11}$	m	6.8×10^{-10}
玻尔磁子	μ_B	9.27400915×10^{-24}	J/T	2.5×10^{-8}
核磁子	μ_N	5.05078324×10^{-27}	J/T	2.5×10^{-8}
普朗克常数	h	6.62606896×10^{-34}	J·s	5.0×10^{-8}
里德伯常数	R_∞	$1.0973731568527\times10^{7}$	m^{-1}	6.6×10^{-12}
质子-电子质量比	m_p/m_e	1836.15267247		4.3×10^{-10}

注：国际科技数据委员会（CODATA）2006年推荐。

参考文献

[1] 吴百诗. 大学物理基础（上下册）[M]. 北京：科学出版社，2005.
[2] 张三慧. 大学物理基础学（上下册）[M]. 北京：清华大学出版社，2003.
[3] 王莉，徐行可. 大学物理（上下册）[M]. 北京：机械工业出版社，2006.
[4] 李艳平，申先甲. 物理学史教程[M]. 北京：科学出版社，2003.
[5] 郭永康，鲍培谛. 光学教程[M]. 成都：四川大学出版社，1989.
[6] 肖永廉，谬钟英. 电磁学教程[M]. 成都：四川大学出版社，1989.